U0170365

数 学 分 析

（上册）

李成福　编著

科学出版社

北 京

内 容 简 介

　　本书为首批国家级一流本科课程数学分析的配套教材,分上、下两册出版.本册是上册,共 8 章,主要讲述一元函数微积分的内容,包括集合与函数、数列极限、函数极限与连续函数、导数与微分、微分中值定理及应用、不定积分、定积分、反常积分.本书每节选用了适量有代表性和启发性的例题,还配有足够数量的习题,其中既有一般难度的题目,也有较难的题目,供读者酌情选做.书末附有部分习题答案与提示,供读者参考.

　　本书可作为综合性大学和高等师范院校数学类各专业的教材,也可供计算机类、力学、物理学等专业学生选用及广大数学工作与爱好者参考.

图书在版编目(CIP)数据

数学分析. 上册/ 李成福编著. —北京:科学出版社,2023.3
ISBN 978-7-03-073358-0

Ⅰ. ①数… Ⅱ. ①李… Ⅲ. ①数学分析–高等学校–教材 Ⅳ. ①O17

中国版本图书馆 CIP 数据核字(2022)第 184410 号

责任编辑:王　静　李香叶 / 责任校对:杨聪敏
责任印制:张　伟 / 封面设计:陈　敬

科 学 出 版 社 出版
北京东黄城根北街 16 号
邮政编码:100717
http://www.sciencep.com
北京天宇星印刷厂印刷
科学出版社发行　各地新华书店经销

*

2023 年 3 月第　一　版　开本:720×1000　1/16
2024 年 6 月第二次印刷　印张:26 1/4
字数:529 000
定价:89.00 元
(如有印装质量问题,我社负责调换)

前　　言

　　数学分析是高等学校数学类专业本科生最重要的一门专业基础课, 它对培养具有良好数学素养的数学及其应用人才起着非常重要的作用, 是学习后续课程的基础. 数学分析的主要内容是微积分, 其基础是牛顿和莱布尼茨在三百年前建立的. 它是 17 世纪人类在科学中最伟大的成就之一. 由此产生了数学的一些主要分支, 如微分方程、微分几何、变分法、复变函数等.

　　在微积分的发展历史上, 微积分的运算体系形成在先, 用实数与极限理论为运算体系建立严格的数学基础在后. 本书的编写, 采用先把实数、极限、连续、导数等阐述清楚, 在此基础上, 把定积分、重积分、曲线积分、曲面积分、数项级数以及函数项级数看成不同形式的极限. 但要特别注意两个问题: 其一, 尽管极限概念与运算贯穿全书, 但对极限概念的学习, 是一个循序渐进的过程, 不能急于求成, 对极限概念的掌握与灵活运用, 也是随着对微积分各部分内容的学习与研究而逐步加深的, 不能指望一蹴而就; 其二, 不要因为极限概念贯彻全书而掩盖了微积分研究函数微分运算与积分运算体系的本质.

　　本书保留了经典的数学分析课程的基本内容, 注重基本概念、基本理论与基本训练. 作者在阐述概念时, 力求表述清楚、简洁, 讲清概念提出的背景、概念的性质、用途或与其他概念的关系. 强调学生要学会一些概念不成立时应该怎样叙述或用肯定语气来叙述一些否命题, 以此来检验学生是否真正弄懂概念或命题.

　　为了让学生易于理解, 本书尽量采用几何的叙述方法.

　　在内容的选取上, 本书注重 "基本" 要求, 不加重学生的学习负担, 不占用后续课程的学习时间, 在与现代数学的接轨上, 更多地体现在内容叙述的观点上, 不强调增加新的内容. 例如我们讨论函数在某个闭区间上黎曼可积时, 我们先定义达布大和与达布小和, 在此基础上给出了黎曼可积的几个充分必要条件, 最后给出了定积分的性质. 但是作为这一部分的结尾, 我们不加证明地介绍了实变函数论课程中非常著名的勒贝格定理, 那就是 "设函数 $f(x)$ 在闭区间 $[a,b]$ 上有界, 则函数 $f(x)$ 在 $[a,b]$ 上黎曼可积的充分必要条件是 $f(x)$ 在 $[a,b]$ 上不连续点构成的集合为零测集". 尽管这个结论可以用数学分析课程中的概念与方法去证明, 但我们的关注点不是去证明这个结论本身, 而是希望在不过多增加篇幅的条件下, 让学生通过这个定理, 回过头去更深刻地理解前面介绍的黎曼可积的若干条件以及积分的若干性质, 让学生真正认识到 "函数 $f(x)$ 在 $[a,b]$ 上黎曼可积的本质是

$f(x)$ 在 $[a,b]$ 上几乎处处连续" 这一经典结论.

　　本书精心挑选了许多典型例题, 尽可能使例题不仅配合理论学习, 而且能使学生从中学到分析问题和解决问题的方法. 教材每一节后, 配备了大量难易程度不同的习题, 力求让学生获得足够的训练. 学生对较难的习题一时做不出是很正常的现象, 建议学生不要急于从书本上或其他的教学参考资料上去寻找现成的答案, 而是要学会将问题记在心里, 经常去思考. 如果学生能够通过自己的独立思考和不懈努力, 做出一些难题, 那么他们的数学素养和解决问题的能力就会得到切实的提高, 为日后从事数学研究养成良好的习惯, 打下坚实的基础.

　　在撰写本书的过程中, 作者参考了国内外与数学分析课程相关的许多优秀教材与著作, 在此恕不一一列出和致谢.

　　湘潭大学数学与计算科学学院长期以来非常重视数学分析课程建设. 数学分析课程先后被评为校级品牌课程、湖南省重点课程、湖南省一流本科课程以及国家级一流本科课程. 本教材是湘潭大学重点支持的品牌教材, 一直得到湘潭大学教务处、数学与计算科学学院领导的关心与大力支持, 对此作者表示衷心感谢. 在本书编写过程中, 湘潭大学刘建州教授、周勇教授、喻祖国教授、耿世峰教授、梁琴教授、易年余教授、王冬岭教授、张璐副教授、王俊仙副教授对本书提出了许多宝贵的意见, 在此对他们表示衷心地感谢. 在本书出版过程中, 2017 数学类韶峰班的肖扬同学, 绘制了书中的图形, 科学出版社的编辑王静、李香叶同志为本书的出版付出了辛勤的劳动, 在此一并致以诚挚的谢意.

　　本书获湘潭大学精品教材立项出版资助.

　　该教材大部分内容已在湘潭大学数学类韶峰班 (教育部基础学科拔尖学生培养计划 2.0 基地) 试讲多年. 但由于编者水平有限, 许多新的设想和特点也还不成熟, 书中错误与不妥之处在所难免, 敬请读者批评指正.

李成福

2022 年 5 月于湘潭大学

目　　录

第 1 章　集合与函数

数学分析的主要内容是微积分, 它的研究对象是实函数. 本章主要介绍集合的基本概念及运算、实数系的连续性与函数的表示方法、运算及函数的简单性质. 本章的难点是实数系的连续性, 希望读者能理解其本质特征及描述方法.

1.1　集　　合

集合论的基础是由德国数学家康托尔 (Cantor) 奠定的, 后经过许多卓越的数学家近半个世纪的努力, 确立了其在现代数学理论体系中的基础地位. 从 19 世纪末到 20 世纪初, 集合论语言成为最通用的数学语言, 有学者甚至把 "数学就是研究集合上各种结构 (关系) 的学科" 作为数学的定义. 本节主要介绍集合的基本概念与运算.

1.1.1　集合的概念

所谓**集合** (简称集), 是指具有某种特定性质的对象汇集成的总体, 这些对象称为该集合的**元素**. 集合通常用大写字母 A, B, C, X, Y 等表示, 元素通常用小写字母 a, b, c, x, y 等表示.

若 x 是集合 X 的元素, 则称 x 属于 X, 记为 $x \in X$. 若 y 不是集合 X 的元素, 则称 y 不属于 X, 记为 $y \notin X$.

习惯上, 我们通常用 $\mathbf{N}^+, \mathbf{Z}, \mathbf{Q}, \mathbf{R}$ 分别表示正整数集、整数集、有理数集、实数集.

集合的表示方式通常有两种. 一种是**列举法**, 它是将集合中的元素全部列出, 例如, 由三个元素 a, b, c 组成的集合可以表示为 $A = \{a, b, c\}$, 正整数集 $\mathbf{N}^+$ 可以表示为 $\mathbf{N}^+ = \{1, 2, 3, \cdots, n, \cdots\}$, **整数集 $\mathbf{Z}$** 可以表示为 $\mathbf{Z} = \{0, \pm 1, \pm 2, \pm 3, \cdots, \pm n, \cdots\}$. 另一种是**描述法**. 若集合 A 是由具有性质 P 的元素的全体所构成的, 则 A 可表示为 $A = \{x | x \text{ 具有性质 } P\}$. 例如由 5 的平方根组成的集合可表示为 $A = \{x | x^2 = 5\}$, **有理数集**可表示为

$$\mathbf{Q} = \left\{ x \,\middle|\, x = \frac{q}{p}, \text{其中 } p \in \mathbf{N}^+, q \in \mathbf{Z} \right\}.$$

有一类特殊的集合, 它不包含任何元素, 如 $\{x | x \in \mathbf{R}, x^2 < 0\}$, 称之为**空集**, 记为 $\varnothing$.

在本课程的学习中, 经常会遇到以下形式的实数集 $\mathbf{R}$ 的子集:

闭区间
$$[a,b] = \{x \in \mathbf{R} \mid a \leqslant x \leqslant b\};$$

开区间
$$(a,b) = \{x \in \mathbf{R} \mid a < x < b\};$$

左闭右开区间
$$[a,b) = \{x \in \mathbf{R} \mid a \leqslant x < b\};$$

左开右闭区间
$$(a,b] = \{x \in \mathbf{R} \mid a < x \leqslant b\},$$

其中 $a, b \in \mathbf{R}$, 且 $a < b$.

1.1.2　包含关系

若集合 A 的所有元素都属于集合 B, 则称 B 包含 A, 记为 $A \subset B$, 此时也称 A 是 B 的子集. 若集合 A 与集合 B 的元素完全相同, 则称集合 A 与集合 B 相等, 记为 $A = B$.

若 $A \subset B$ 且 $A \neq B$, 则称 A 是 B 的**真子集**.

为了叙述方便, 本书引入两个常用记号 $\forall$ 和 $\exists$: $\forall$ 表示 "任意一个"; $\exists$ 表示 "存在".

利用上述记号, 我们可以将 $A \subset B$ 的定义表述为: 对 $\forall x \in A$, 有 $x \in B$.

1.1.3　集合的运算

给定集合 A 和 B, 定义如下运算 (图 1.1.1):

$A \cup B = \{x \mid x \in A \text{ 或 } x \in B\}$ 称为 A 与 B 的**并**;

$A \cap B = \{x \mid x \in A \text{ 且 } x \in B\}$ 称为 A 与 B 的**交**;

$A \backslash B = \{x \mid x \in A \text{ 且 } x \notin B\}$ 称为 A 与 B 的**差**.

设集合 A 是集合 X 的一个子集, 称 $X \backslash A$ 为 A 关于集合 X 的**补集**, 记为 A^C.

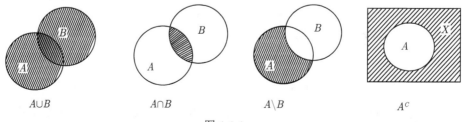

$A \cup B$　　　　　$A \cap B$　　　　　$A \backslash B$　　　　　A^c

图 1.1.1

容易验证, 集合的运算具有下列性质:

(1) **交换律**　$A \cup B = B \cup A,\ A \cap B = B \cap A.$

(2) **结合律**

$$A \cup (B \cup D) = (A \cup B) \cup D,$$

$$A \cap (B \cap D) = (A \cap B) \cap D.$$

(3) **分配律**

$$A \cap (B \cup D) = (A \cap B) \cup (A \cap D),$$

$$A \cup (B \cap D) = (A \cup B) \cap (A \cup D).$$

(4) **对偶律** (De Morgan 公式)

$$(A \cup B)^C = A^C \cap B^C,$$

$$(A \cap B)^C = A^C \cup B^C.$$

1.1.4　有限集与无限集

若集合 A 只有有限个元素, 则称集合 A 为**有限集**, 不是有限集的集合称为**无限集**.

$\{a, b, c\}, \{x | x^2 = 1\}$ 都是有限集. $\mathbf{Z}, \mathbf{Q}, \mathbf{R}$ 都是无限集.

如果一个无限集中的元素可以按某种规律排成一列, 或者说可表示为

$$\{a_1, a_2, \cdots, a_n, \cdots\},$$

则称该集合为**可列集**, 例如整数集 $\mathbf{Z}$ 是可列集.

无限集不一定是可列集 (后面我们将证明实数集 $\mathbf{R}$ 是不可列的), 但每个无限集一定包含可列子集.

注　要证明一个无限集是可列集, 关键是构造出一种排列规则, 使得按此规则, 集合的所有元素可以无重复也无遗漏地排成一列.

例 1.1.1　整数集 $\mathbf{Z}$ 是可列集.

证明　因为整数集 $\mathbf{Z}$ 可以按规则

$$0, -1, 1, -2, 2, \cdots, -n, n, \cdots$$

排成一列, 根据可列集的定义, 整数集 $\mathbf{Z}$ 是可列集.

设 A_n 是可列集, $n = 1, 2, 3, \cdots$, 定义它们的并为

$$\bigcup_{n=1}^{\infty} A_n = A_1 \cup A_2 \cup \cdots \cup A_n \cup \cdots = \big\{ x \big| \text{ 存在 } n \in \mathbf{N}^+, \text{ 使得 } x \in A_n \big\}.$$

定理 1.1.1　可列个可列集之并也是可列集.

证明　对每个正整数 n, 设 A_n 是可列集, 不妨设 A_n 可表示为

$$A_n = \{x_{n1}, x_{n2}, x_{n3}, \cdots, x_{nk}, \cdots\},$$

则 $\bigcup\limits_{n=1}^{\infty} A_n$ 的所有元素可排列成下面无穷矩阵的形式:

$$
\begin{array}{cccccc}
x_{11} & x_{12} & x_{13} & x_{14} & \cdots & x_{1n} & \cdots \\
& \nearrow & \nearrow & \nearrow & & & \\
x_{21} & x_{22} & x_{23} & x_{24} & \cdots & x_{2n} & \cdots \\
& \nearrow & \nearrow & & & & \\
x_{31} & x_{32} & x_{33} & x_{34} & \cdots & x_{3n} & \cdots \\
& \nearrow & & & & & \\
x_{41} & x_{42} & x_{43} & x_{44} & \cdots & x_{4n} & \cdots \\
\vdots & \vdots & \vdots & \vdots & & \vdots &
\end{array}
$$

下面, 我们采用**对角线法则**, 将上面的所有元素无重复也无遗漏地排成一列, 具体排法如下: 从左上角开始, 依次按照每条 "对角线" (如图中箭头所示), 将元素从左下至右上的次序排列为

$$x_{11}, x_{21}, x_{12}, x_{31}, x_{22}, x_{13}, x_{41}, x_{32}, x_{23}, x_{14}, \cdots, x_{n1}, x_{(n-1)2}, \cdots, x_{1n}, \cdots,$$

上面的对角线排列, 可以保证矩阵中的每个元素不会遗漏.

注意到两个不同的集合 A_k 与 A_l $(k \neq l)$, 它们的交集可能非空, 这样可能会导致有些元素在对角线排列中多次出现. 如果我们只保留第一次出现的数, 而把后面重复出现的数去掉, 那么这样形成的排列就会无重复也无遗漏地表示了集合 $\bigcup\limits_{n=1}^{\infty} A_n$, 从而证明了 $\bigcup\limits_{n=1}^{\infty} A_n$ 为可列集.　　　　　　　　　　　　　　　　证毕

例 1.1.2　有理数集 **Q** 是可列集.

证明　由于 $(-\infty, +\infty)$ 可以表示为可列个区间 $(n, n+1]$ $(n \in \mathbf{Z})$ 的并, 令 A_n 表示 $(n, n+1]$ $(n \in \mathbf{Z})$ 中有理数的全体, 要证每个 A_n 是可列集, 我们只需证明: 区间 $(0, 1]$ 中的全体有理数 A_0 是可列集.

由于 A_0 中的元素可唯一地表示为既约分数 $\dfrac{q}{p}$, 其中 $p \in \mathbf{N}^+, q \in \mathbf{N}^+, q \leqslant p$ 且 p, q 互质. 我们将 A_0 中的元素排列如下:

分母 $p = 1$ 的既约分数只有一个, 记为 $a_{11} = 1$;

分母 $p=2$ 的既约分数只有一个, 记为 $a_{21}=\dfrac{1}{2}$;

分母 $p=3$ 的既约分数只有两个, 记为 $a_{31}=\dfrac{1}{3}, a_{32}=\dfrac{2}{3}$;

······

一般地, 分母 $p=n$ 的既约分数不超过 n 个, 将它们记为 $a_{n1}, a_{n2}, \cdots, a_{nl(n)}$, 其中 $l(n)$ 为正整数, 且 $l(n) \leqslant n$. 从而区间 $(0,1]$ 中的有理数 A_0 可按如下方式排成一列:

$$a_{11}, a_{21}, a_{31}, a_{32}, \cdots, a_{n1}, \cdots, a_{nl(n)}, \cdots,$$

根据可列集的定义, A_0 为可列集, 从而 A_n 为可列集. 由定理 1.1.1 知, 有理数集 **Q** 为可列集.

1.1.5　集合的笛卡儿乘积

设 A, B 是任意两个集合. 任取 $x \in A, y \in B$, 组成一个有序对 (x, y). 把这样的有序对作为新的元素, 它们全体组成的集合称为集合 A 与集合 B 的**笛卡儿** (Descartes) **乘积**或**直积**, 记为 $A \times B$, 即

$$A \times B = \{(x, y) | x \in A \text{ 且 } y \in B\}.$$

当集合 A 与集合 B 都是实数集 **R** 时, $\mathbf{R} \times \mathbf{R}$ (记作 $\mathbf{R}^2$) 表示平面直角坐标系下用坐标表示的点的集合.

类似地, 我们可以定义多个集合的笛卡儿乘积或直积.

$\mathbf{R} \times \mathbf{R} \times \mathbf{R}$ (记作 $\mathbf{R}^3$) 表示空间直角坐标系下用坐标表示的点的集合.

习　题　1.1

1. 证明: (1) $(A \cup B)^C = A^C \cap B^C$;　(2) $(A \cap B)^C = A^C \cup B^C$.
2. 证明: 任意无限集必包含可列子集.
3. 设 $A_n = \left[-2+\dfrac{1}{n}, 3-\dfrac{1}{n}\right], n=1,2,\cdots$, 试求 $\bigcup\limits_{n=1}^{\infty} A_n$.
4. 设 $B_n = \left[-1-\dfrac{1}{n}, 5+\dfrac{1}{n}\right], n=1,2,\cdots$, 试求 $\bigcap\limits_{n=1}^{\infty} B_n$.

1.2　实　　数

微积分是 17 世纪下半叶由**牛顿** (Newton) 和**莱布尼茨** (Leibniz) 创立的, 其主要研究对象是实函数, 即自变量为实数且在实数中取值的函数. 微积分的诞生, 解决了许多过去被认为是高不可攀的难题. 但是在很长一段时间, 微积分一直未

能为自己的方法提供逻辑上严密的、无懈可击的理论说明, 这也引起了人们长达一个多世纪的争论. 直到 19 世纪初, **柯西 (Cauchy)** 才以极限理论为微积分奠定了坚实的基础. 又过了半个世纪以后, **康托尔 (Cantor)** 和**戴德金 (Dedekind)** 通过仔细研究发现, 极限理论的某些基本原理, 实际上依赖于实数系的一个重要性质——连续性.

1.2.1　实数的无限小数表示与顺序

1. 数系的发展历史

若一个集合中的任意两个元素进行某种运算后, 所得的结果仍属于这个集合, 则称该集合对这种运算是**封闭**的. 人类认识的第一个数系是**自然数系 N** $= \{0, 1, 2, 3, \cdots\}$, 其基本特征是 "可数的" 或 "离散的". 虽然它对于计数来说是够用了, 但是它不是一个完善的数系. 一方面, 作为量的描述手段, 它只能表示一个单位量的整数倍, 而无法表示此单位量的部分, 由此可见自然数系不足以度量物体的长短, 这是因为长短是连续变化的, 这种 "连续" 变化的量自然不能完全通过上述 "可数的" 或 "离散的" 量来表示. 另一方面, 虽然自然数系 **N** 对于加法与乘法运算是封闭的, 但对于减法运算不封闭. 为保证自然数系 **N** 对减法运算封闭, 人们引进了负数, 把自然数系扩充成**整数系 Z**. 尽管整数系 **Z** 对加法、减法与乘法运算封闭, 但它对于除法运算不封闭, 于是人们又把整数系 **Z** 扩充为**有理数系**

$$\mathbf{Q} = \left\{ x \,\middle|\, x = \frac{q}{p}, 其中\ p \in \mathbf{N}^+, q \in \mathbf{Z} \right\}.$$

有理数系 **Q** 的一个重要性质就是**稠密性**, 即对任意有理数 a 与 b (设 $a < b$), 必存在有理数 c, 使得 $a < c < b$. 这个结果是明显的, 事实上, 令 $c = \dfrac{a+b}{2}$, 则 c 为有理数且 $a < c < b$. 由此可以推出, 任意两个不同的有理数之间, 总有无穷多个有理数存在.

在建立了数轴后, 整数系 **Z** 的每一个元素, 都能在数轴上找到与之对应的点, 这些点称为**整数点**. 每一个有理数 $x = \dfrac{q}{p}$, 也能在数轴上找到自己相对应的点, 这些点称为**有理点**. 以上讨论表明: 有理点是密密麻麻分布在数轴上, 我们形象地称有理数系具有稠密性.

但有理数系 **Q** 仍然不是一个完善的数系. 例如, 若用 c 表示两条直角边均为 1 的直角三角形的斜边的长度, 则 $c = \sqrt{2}$ 就无法用有理数来表示. 事实上, 假若 $\sqrt{2}$ 为有理数, 不妨设 $\sqrt{2} = \dfrac{q}{p}$, 其中 $p, q \in \mathbf{N}^+$, 且 p, q 互质, 则 $q^2 = 2p^2$. 所以 q^2 必为偶数, 从而 q 也为偶数, 不妨设 $q = 2r, r \in \mathbf{N}^+$, 于是 $p^2 = 2r^2$, 由此得到 p 也为偶数, 这与 p, q 互质相矛盾, 所以 $c = \sqrt{2}$ 不是有理数. 由此可见, 虽然有理点在数轴上密密麻麻, 但并没有布满整个数轴, 留有许多 "空隙". 这说明还有新的数存在, 只是没有严格被定义, 也就是说, 需要对有理数系进行扩充, 使其能填补有理数在数轴上留下的这些 "空隙".

我们已经知道, 任何有理数都可以表示为有限小数或无限循环小数. 例如 $\dfrac{9}{4} = 2.25$, 此为有限小数.

$\dfrac{15}{7} = 2.\dot{1}4285\dot{7}$, 此为无限循环小数. 事实上, 用 7 除 15, 除不尽, 产生余数 1, 再除, 产生余数 3, 再除, 产生余数 2. 如此出下去, 每次余数只能是 $0, 1, 2, \cdots, 6$ 这 7 个数之一. 因此最多除 7 次, 必然会产生重复出现的余数. 如果在除的过程中出现余数 0, 就得有限小数, 否则就得到无限循环小数.

反过来, 有限小数或无限循环小数是不是一定都是有理数呢? 答案是肯定的. 例如

$$1.25 = \frac{125}{100} = \frac{5}{4}.$$

无限循环小数 $2.\dot{1}4285\dot{7}$ 也可以通过如下的方法表示成有理数. 记 $2.\dot{1}4285\dot{7} = 2 + h$, 其中 $h = 0.\dot{1}4285\dot{7}$, 则

$$10^6 \times 2.\dot{1}4285\dot{7} = 10^6(2 + h), \quad 即 \quad 2142857 + h = 2000000 + 10^6 h,$$

从而

$$(10^6 - 1)h = 142857, \quad 即 \quad h = \frac{142857}{999999} = \frac{1}{7},$$

因此

$$2.\dot{1}4285\dot{7} = 2 + \frac{1}{7} = \frac{15}{7}.$$

既然有理数都可以表示为有限小数或无限循环小数, 那么人们自然会想到, 扩充有理数最直接的方式之一, 就是将无限不循环小数 (称为无理数) 吸纳进来, 从而将有理数系扩充为实数系. 有理数和无理数统称为实数.

2. 实数的无限小数表示

定义 1.2.1 形如

$$\pm a_0.a_1 a_2 \cdots a_n \cdots$$

这样的表示称为**无限小数**, 其中 $a_0 \in \mathbf{N}$, 而 $a_n \in \{0, 1, 2, \cdots, 9\}, n = 1, 2, 3, \cdots$, 其中 $\mathbf{N}$ 为非负整数集. 形如 $+a_0.a_1 a_2 \cdots a_n \cdots$ 这样的无限小数通常简写为 $a_0.a_1 a_2 \cdots a_n \cdots$. 我们还约定: 形如 $\pm a_0.a_1 a_2 \cdots a_m 000 \cdots$ 这样的无限小数一般写成 $\pm a_0.a_1 a_2 \cdots a_m$, 并称之为**有限小数**.

对于无限小数, 我们规定如下的**等同关系**:

$-0.000\cdots = +0.000\cdots ,$

$\pm a_0.a_1a_2\cdots a_m999\cdots = \pm a_0.a_1a_2\cdots (a_m+1)000\cdots ,$　　其中 $a_m < 9$.

上面两式等号左边的无限小数称为**非规范小数**, 其他的无限小数都称为**规范小数**. 通过等同关系, 每一个非规范小数等同于一个与它相对应的规范小数. 在所有的无限小数中, 把彼此等同的无限小数视为同一个数, 这样就得到了实数. 因此, 每一个实数都有唯一的规范小数表示. 规范表示为 $a_0.a_1a_2\cdots a_n\cdots$ 的实数称为非负实数, 规范表示为 $+0.000\cdots$ 的实数记为 0, 规范表示为 $-b_0.b_1b_2\cdots b_n\cdots$ 的实数称为负实数.

若两个非零实数符号相反, 但它们规范表示对应的各位数字都相同, 则我们称这两个实数互为**相反数**. 0 的相反数规定为 0 自己. 实数 x 的相反数通常记为 $-x$.

实数 x 的绝对值 $|x|$ 定义如下:

$$|x| = \begin{cases} x, & x \text{ 是非负实数,} \\ -x, & x \text{ 是负实数.} \end{cases}$$

3. 实数的顺序

利用实数的规范小数表示, 我们现在来定义实数的大小顺序, 规则如下:

(1) 任何非负实数大于任何负实数;

(2) 对于非负实数 a,b, 规范表示为 $a=a_0.a_1a_2\cdots a_n\cdots$ 和 $b=b_0.b_1b_2\cdots b_n\cdots$, 若存在非负整数 p, 使得 $a_0=b_0,\cdots,a_{p-1}=b_{p-1},a_p>b_p$, 则称 a 大于 b, 记为 $a>b$;

(3) 对于负实数 c,d, 规范表示为 $c=-c_0.c_1c_2\cdots c_n\cdots$ 和 $d=-d_0.d_1d_2\cdots d_n\cdots$, 若存在非负整数 q, 使得 $c_0=d_0,\cdots,c_{q-1}=d_{q-1},c_q<d_q$, 则称 c 大于 d, 记为 $c>d$.

实数 a 大于实数 b 时, 我们也称实数 b 小于实数 a, 记为 $b<a$. 若两个实数 a,b 具有相同的规范小数表示, 则我们就称这两个实数相等, 记为 $a=b$.

利用上述规则, 我们在实数中定义了大于 ">"、小于 "<" 和等于 "=" 这三种关系, 且这样定义的关系具有下列性质:

1° 对任何实数 a,b, 在 $a>b,a=b,a<b$ 中, 恰有一种关系成立.

2° 若 $a>b,b>c$, 则 $a>c$.

3° 若 $a>b$, 则 $-a<-b$.

我们约定: 记号 "$a\geqslant b$" 表示 "$a>b$ 或者 $a=b$", 记号 "$a\leqslant b$" 表示 "$a<b$ 或者 $a=b$".

4. 有限小数在实数系中处处稠密

下面我们证明: 任意两个不相等的实数之间, 一定可以插进一个有限小数.

定理 1.2.1　设 a, b 为实数, 且 $a < b$, 证明: 存在有限小数 c, 使得 $a < c < b$.

证明　(1) 若 $a < 0 < b$, 则取 $c = 0$ 即可.

(2) 下面我们证明: 对于 $0 \leqslant a < b$ 情形, 结论成立.

设实数 a, b 的规范小数表示为

$$a = a_0.a_1 a_2 \cdots a_n \cdots,$$
$$b = b_0.b_1 b_2 \cdots b_n \cdots.$$

由于 $a < b$, 所以存在 $p \in \mathbf{N}$, 使得

$$a_0 = b_0, \cdots, a_{p-1} = b_{p-1}, a_p < b_p.$$

又因为 $a_0.a_1 a_2 \cdots a_n \cdots$ 为规范小数, 所以存在 $q > p$, 使得 $a_q < 9$.

取 $c = a_0.a_1 a_2 \cdots a_p \cdots a_{q-1}(a_q + 1)000 \cdots$, 则 c 是有限小数, 显然有 $a < c$. 由于 $a_0 = b_0, \cdots, a_{p-1} = b_{p-1}, a_p < b_p$, 所以 $a_p + 1 \leqslant b_p$, 从而我们有

$$b \geqslant a_0.a_1 a_2 \cdots a_{p-1} b_p 000 \cdots$$
$$\geqslant a_0.a_1 a_2 \cdots a_{p-1}(a_p + 1)000 \cdots$$
$$> a_0.a_1 a_2 \cdots a_p \cdots a_{q-1}(a_q + 1)000 \cdots = c,$$

综上所述, 有 $a < c < b$.

(3) 再证明: 对于 $a < b \leqslant 0$ 情形, 结论仍成立.

由于 $a < b \leqslant 0$, 所以 $0 \leqslant -b < -a$. 利用 (2) 的结论, 存在有限小数 d, 使得

$$-b < d < -a, \quad \text{从而} \quad a < -d < b.$$

令 $c = -d$, 则 c 为有限小数, 结论得证.

注　由于有限小数为有理数, 所以该定理表明: 任意两个不相等的实数之间, 都可以插进一个有理数. 由此可以推出, 任意两个不同的实数之间, 总有无穷多个有理数存在. 这个结论, 形象地称为**有理数在实数系中处处稠密**.

1.2.2　实数系的连续性

关于实数系的连续性, 有许多种等价的描述方法. 下面介绍的 "**确界原理**", 就是其中直观且便于应用的一种陈述方式.

定义 1.2.2　设 E 是一个非空数集, 若存在 $M \in \mathbf{R}$, 使得对 $\forall x \in E$, 均有 $x \leqslant M$, 则称 E 是**有上界的**, 这时数 M 就叫做 E 的一个**上界**. 若存在 $m \in \mathbf{R}$, 使

得对 $\forall x \in E$, 均有 $x \geqslant m$, 则称 E 是**有下界的**, 这时数 m 就叫做 E 的一个**下界**. 既有上界又有下界的数集叫做**有界集**.

显然, E 为有界集当且仅当存在 $X > 0$, 使得对 $\forall x \in E$, 有 $|x| \leqslant X$.

若数集 E 是有上界的, 则它的上界必有无穷多个. 记 U 为 E 的上界全体所组成的集合, 显然 U 没有最大数. 下面将证明: U 必有最小数. 设 U 的最小数为 β, 这时数 β 就叫做 E 的**上确界**, 即最小上界, 记为 $\beta = \sup E$.

从上面的定义可知, 数集 E 的上确界 β 应满足

(1) β 是数集 E 的上界: $\forall x \in E$, 有 $x \leqslant \beta$;

(2) 任何小于 β 的数, 都不是数集 E 的上界:

$$\forall \varepsilon > 0, \quad \exists x_0 \in E, \quad 使得 \quad x_0 > \beta - \varepsilon.$$

若数集 E 有下界, 则它的下界必有无穷多个. 记 L 为 E 的下界全体所组成的集合, 显然 L 没有最小数. 同理可证: L 必有最大数. 设 L 的最大数为 α, 这个数 α 就叫做 E 的**下确界**, 即最大下界, 记为 $\alpha = \inf E$.

类似地, 数集 E 的下确界 α 应满足

(1) α 是数集 E 的下界: $\forall x \in E$, 有 $x \geqslant \alpha$;

(2) 任何大于 α 的数, 都不是 E 的下界:

$$\forall \varepsilon > 0, \quad \exists x_0 \in E, \quad 使得 \quad x_0 < \alpha + \varepsilon.$$

定理 1.2.2 (确界存在定理)　非空有下 (上) 界的实数集必有下 (上) 确界.

证明　我们分两种情形来证明: 非空有下界的实数集必有下确界.

情形 1　设 0 是非空数集 E 的下界. 由于 E 非空, 所以存在 $x_0 \in E$ 以及正整数 n_0, 使得 $n_0 > x_0$. 显然 n_0 不是 E 的下界. 因此存在 $a_0 \in \{0, 1, 2, \cdots, n_0 - 1\}$, 使得 a_0 是 E 的下界, 但 $a_0 + 1$ 不是 E 的下界.

依次考察 $a_0.0, a_0.1, \cdots, a_0.9$ 这些数, 必存在 $a_1 \in \{0, 1, 2, \cdots, 9\}$, 使得 $a_0.a_1$ 是 E 的下界, 但 $a_0.a_1 + \dfrac{1}{10}$ 不是 E 的下界.

再依次考察 $a_0.a_1 0, a_0.a_1 1, \cdots, a_0.a_1 9$ 这些数, 必存在 $a_2 \in \{0, 1, 2, \cdots, 9\}$, 使得 $a_0.a_1 a_2$ 是 E 的下界, 但 $a_0.a_1 a_2 + \dfrac{1}{10^2}$ 不是 E 的下界.

重复上述过程, 得到一串数:

$$a_0, a_0.a_1, a_0.a_1 a_2, a_0.a_1 a_2 a_3, \cdots, a_0.a_1 a_2 a_3 \cdots a_n, \cdots,$$

满足条件:

(1) $a_0.a_1 a_2 a_3 \cdots a_n$ 是 E 的下界;

(2) $a_0.a_1a_2a_3\cdots a_n + \dfrac{1}{10^n}$ 不是 E 的下界.

下面我们证明: $\alpha = a_0.a_1a_2a_3\cdots$ 是 E 的下确界. 首先, 证明: 对 $\forall e \in E$, 均有

$$e \geqslant a_0.a_1a_2a_3\cdots.$$

用反证法. 若上式不成立, 则存在非负整数 k, 使得

$$e < a_0.a_1a_2a_3\cdots a_k,$$

这与 $a_0.a_1a_2a_3\cdots a_k$ 是 E 的下界相矛盾.

其次, 对任给 $\varepsilon > 0$, 存在正整数 m, 使得 $\dfrac{1}{10^m} < \varepsilon$. 从而

$$a_0.a_1a_2a_3\cdots a_m + \dfrac{1}{10^m} < \alpha + \varepsilon.$$

由于 $a_0.a_1a_2a_3\cdots a_m + \dfrac{1}{10^m}$ 不是 E 的下界, 所以 $\alpha + \varepsilon$ 也不是 E 的下界. 综上所述, $\alpha = a_0.a_1a_2a_3\cdots$ 是 E 的下确界.

情形 2　设 0 不是 E 的下界. 此时存在正数 l, 使得 0 是 $E_l = \{x + l | x \in E\}$ 的下界. 由情形 1 的结论知: E_l 有下确界, 记 E_l 的下确界为 α'. 令 $\overline{\alpha} = \alpha' - l$, 下面证明: $\overline{\alpha}$ 是 E 的下确界.

首先, 对任意 $x \in E$, 有 $x + l \geqslant \alpha'$, 即 $x \geqslant \alpha' - l = \overline{\alpha}$, 这说明 $\overline{\alpha}$ 是 E 的下界.

其次, 对任意 $\varepsilon > 0$, 由于 α' 是 E_l 的下确界, 所以 $\alpha' + \varepsilon$ 不再是 E_l 的下界, 从而存在 $x \in E$, 使得 $x + l < \alpha' + \varepsilon$, 即 $x < \alpha' - l + \varepsilon = \overline{\alpha} + \varepsilon$, 这说明 $\overline{\alpha} + \varepsilon$ 不是 E 的下界.

综上可知, $\overline{\alpha}$ 是 E 的下确界.

上确界情形的证明是类似的, 留给读者去完成.　　　　　　　　　　　　　证毕

定理 1.2.3　非空有界实数集的上 (下) 确界是唯一的.

证明　用反证法. 假设非空有界实数集 E 有上确界 β 与 γ, 且 $\beta < \gamma$. 由于 γ 为 E 的上确界, 根据上确界的定义, 对于 $\varepsilon = \dfrac{\gamma - \beta}{2} > 0$, 存在 $x \in E$, 使得 $x > \gamma - \dfrac{\gamma - \beta}{2}$, 从而 $x > \dfrac{\gamma + \beta}{2} > \beta$, 这与 β 为数集 E 的上确界矛盾, 所以 $\beta = \gamma$, 即非空有界实数集的上确界是唯一的. 同理可证: 非空有下界实数集的下确界是唯一的.　　　　　　　　　　　　　　　　　　　　　证毕

附录　戴德金 (Dedekind) 切割定理

戴德金从有理数集 **Q** 的切割出发, 给出了无理数的定义, 进一步定义整个实数集 **R**.

定义 1　设 A 和 B 是有理数集 $\mathbf{Q}$ 的两个子集, 若它们满足

(1) $A \neq \varnothing, B \neq \varnothing$;

(2) $A \cup B = \mathbf{Q}$;

(3) $\forall a \in A, b \in B$, 有 $a < b$,

则称 A, B 为有理数集 $\mathbf{Q}$ 的一个**切割**, 记为 $A|B$.

对有理数集 $\mathbf{Q}$ 的任一切割 $A|B$, 有且仅有以下三种情形之一发生:

(1) 集合 A 有最大数 a_0, 集合 B 没有最小数;

(2) 集合 A 没有最大数, 集合 B 有最小数 b_0;

(3) 集合 A 没有最大数, 集合 B 没有最小数.

事实上, 集合 A 有最大数且 B 有最小数这种情形是不可能发生的. 因为根据切割的定义, 假若集合 A 有最大数 a_0 且集合 B 有最小数 b_0, 则 $a_0 < b_0$. 记 $c_0 = \dfrac{a_0 + b_0}{2}$, 则 c_0 也是有理数, 由于 $a_0 < c_0 < b_0$, 可见 c_0 既不属于集合 A, 也不属于集合 B, 这与 $A \cup B = \mathbf{Q}$ 矛盾.

对于情形 (1), 我们称切割 $A|B$ 确定了有理数 a_0;

对于情形 (2), 我们称切割 $A|B$ 确定了有理数 b_0;

对于情形 (3), 由于切割 $A|B$ 没有确定任何有理数, 此时有理数集合 A 与集合 B 之间存在一个 "空隙", 因此有必要引进一个新的数 (无理数), 作为这一切割的确定对象.

定义 2　设 $A|B$ 是有理数集 $\mathbf{Q}$ 的一个切割, 若集合 A 没有最大数, B 没有最小数, 则称切割 $A|B$ 确定了无理数 c, c 大于 A 中任何有理数, 且小于 B 中任何有理数.

例 1　记 $A = \{x \in \mathbf{Q}|x \leqslant 0 \text{ 或 } x > 0 \text{ 且 } x^2 < 2\}, B = \mathbf{Q}\backslash A$, 则 $A|B$ 是有理数集 $\mathbf{Q}$ 的一个切割, 此时集合 A 没有最大数, B 没有最小数, 切割 $A|B$ 确定了无理数 $\sqrt{2}$.

对于情形 (1) 和 (2), 由于 $A|B$ 均确定了有理数, 此时称 $A|B$ 为有理切割;

对于情形 (3), 由于 $A|B$ 确定了一个无理数, 此时称 $A|B$ 为无理切割.

定义 3　由全体有理数与无理数所构成的集合称为实数集, 记为 $\mathbf{R}$.

利用有理数的四则运算, 可以定义实数的四则运算. 例如, 切割 $A_1|B_1$ 确定了 $c \in \mathbf{R}$, 切割 $A_2|B_2$ 确定了 $d \in \mathbf{R}$, 记 $A = \{x_1 + x_2|x_1 \in A_1, x_2 \in A_2\}, B = \mathbf{Q}\backslash A$. 不难证明: $A|B$ 是有理数集 $\mathbf{Q}$ 的一个切割, 因此 $A|B$ 确定了一个实数, 定义这个数为 $c + d$.

前面我们已经指出, 有理数系具有稠密性, 但没有连续性, 即有理数之间有许多 "空隙". 下面的戴德金切割定理告诉我们, 在有理数系中加入无理数之后, 就没有 "空隙" 了, 也就是说实数系 $\mathbf{R}$ 具有连续性. 究竟什么是连续性呢? 戴德金在他

的名著《连续性与无理数》中这样写道: "经过长期徒劳的思考, 我终于发现, 它的实质是很平凡的. 直线上的一点, 把直线分割成左右两部分. 连续性的本质就在于反回去: 把直线分割成左右两部分, 必有唯一的分点." 这句平凡的话就揭开了连续性的秘密.

对于一个数集 E, 若其中任意两个数之间的所有数都在 E 中, 则称数集 E 是**连通的**. 实数集 $\mathbf{R}$ 的连续性也就是说实数集 $\mathbf{R}$ 是连通的集合.

定义 4 设 A' 和 B' 是实数集 $\mathbf{R}$ 的两个子集, 若它们满足

(1) $A' \neq \varnothing, B' \neq \varnothing$;

(2) $A' \cup B' = \mathbf{R}$;

(3) $\forall a \in A', b \in B'$, 有 $a < b$,

则称 A', B' 为实数集 $\mathbf{R}$ 的一个切割, 记为 $A'|B'$.

定理 1 (戴德金切割定理) 设 $A'|B'$ 为实数集 $\mathbf{R}$ 的一个切割, 则或者 A' 有最大数, 或者 B' 有最小数.

证明 设 A, B 分别表示 A', B' 中有理数全体所成的集合, 则 $A|B$ 为有理数集 $\mathbf{Q}$ 的一个切割. 根据前面的讨论知, 有且仅有以下三种情形之一发生:

(1) 集合 A 没有最大数, 集合 B 有最小数 b_0;

(2) 集合 A 有最大数 a_0, 集合 B 没有最小数;

(3) 集合 A 没有最大数, 集合 B 没有最小数.

对于情形 (1), 我们先证明: b_0 也是集合 B' 的最小数.

利用反证法. 假若 b_0 不是集合 B' 的最小数, 则存在 $b' \in B'$, 使得 $b' < b_0$. 由有理数的稠密性知, 存在有理数 $b \in (b', b_0)$. 由于 $b > b'$ 知 $b \in B'$, 从而 $b \in B$, 这与 b_0 是集合 B 的最小数矛盾. 故 b_0 也是集合 B' 的最小数.

再证明: 集合 A' 没有最大数. 对任意 $a' \in A'$, 则有 $a' < b_0$, 由有理数的稠密性知, 存在有理数 $a \in (a', b_0)$. 由 $a < b_0$ 知, $a \in A'$, 但 $a > a'$, 这表明集合 A' 没有最大数.

对于情形 (2), 同理可证: a_0 也是集合 A' 的最大数, 集合 B' 没有最小数.

对于情形 (3), 切割 $A|B$ 确定了一个无理数, 记为 c, 则 c 大于 A 中任何有理数, 且 c 小于 B 中任何有理数.

由于 $c \in A' \cup B' = \mathbf{R}$, 故 $c \in A'$ 或者 $c \in B'$. 若 $c \in A'$, 则 c 必为集合 A' 的最大数, 否则存在 $a_0' \in A'$, 使得 $a_0' > c$. 由有理数的稠密性知, 存在有理数 $a \in (c, a_0')$. 由 $a < a_0'$ 知, $a \in A$, 又因为 $a > c$, 所以 $a \in B$, 矛盾.

同理可证: 若 $c \in B'$, 则 c 必为集合 B' 的最小数. 证毕

戴德金切割定理说明: 对实数集 $\mathbf{R}$ 的任一切割 $A'|B'$, 都存在唯一的实数 c, 它大于或等于 A' 中的每一个实数, 小于或等于 B' 中的每一个实数.

定理 2 (确界存在定理)　非空有上界的实数集必有上确界, 非空有下界的实数集必有下确界.

证明　我们只证明上确界的情形. 设 E 为非空有上界的实数集, 令 B 为 E 的上界全体所成的集合, $A = \mathbf{R} \backslash B$, 则 $A|B$ 构成了实数集 $\mathbf{R}$ 的一个切割. 由戴德金切割定理, 或者 A 有最大数, 或者 B 有最小数. 下面证明: A 没有最大数.

对任意 $a \in A$, 因为 a 不是 E 的上界, 所以存在 $x \in E$, 使得 $x > a$. 令 $x' = \dfrac{a+x}{2}$, 则 $a < x' < x$, 一方面, 由 $x' < x$ 知 x' 不是 E 的上界, 所以 $x' \in A$. 另一方面, 由 $a < x'$ 可知, a 不是 A 的最大数. 由 a 的任意性可知, A 没有最大数. 于是由戴德金切割定理, B 有最小数, 这表明: 实数集 E 有最小上界即上确界.

下确界情形的证明是类似的, 留给读者去完成.　　　　　　　　证毕

习 题 1.2

1. 设 a 为有理数, b 为无理数. 证明: $a+b$ 与 $a-b$ 均为无理数.
2. 证明: $\sqrt[3]{2}$ 为无理数.
3. 证明: 非空有下界实数集的下确界是唯一的.
4. 设 A 和 B 是两个非空有界的实数集合, 定义数集
$$C = \{x+y | x \in A, y \in B\}.$$
证明: (1) $\sup C = \sup A + \sup B$;
(2) $\inf C = \inf A + \inf B$.
5. 设 $f(x)$ 和 $g(x)$ 是定义在 D 上的有界非负函数, 证明:
(1) $\inf\limits_{x \in D} f(x) \inf\limits_{x \in D} g(x) \leqslant \inf\limits_{x \in D} [f(x)g(x)]$;
(2) $\sup\limits_{x \in D} [f(x)g(x)] \leqslant \sup\limits_{x \in D} f(x) \sup\limits_{x \in D} g(x)$.
6. 证明: 定理 1.2.2 情形 1 中构造的数集 E 的下确界 $\alpha = a_0.a_1a_2a_3 \cdots$ 是规范小数.
7. (1) 设数集 E 有上界, 试问: 它是否一定有上确界, 是否一定有最大值?
(2) 设数集 E 有最大值, 试问: 它是否一定有上确界?

1.3　函　　数

1.3.1　函数的概念

我们在观察各种自然现象或研究实际问题的时候, 经常会遇到许多不同的量, 这些量通常可分为两种: 一种是在我们观察或研究过程中保持不变的量, 称这种量为**常量**. 另一种是在观察或研究过程中会起变化的量, 称这种量为**变量**. 例如,

在研究自由落体运动时, 落体的下降时间和下降距离是变量, 落体的重力加速度 g 始终不变, 是一个常量. 本书只讨论实变量和实常量.

在观察各种自然现象或研究实际问题时, 所遇到的各种变量, 通常不是独立变化的, 它们之间是相互联系和相互制约的. 变量之间的这种相互依赖的关系, 就是所谓的函数关系. 例如, 做自由落体运动的物体, 其运动规律可以描述为

$$h = \frac{1}{2}gt^2,$$

其中 h 表示下降距离, t 表示下降时间, g 表示重力加速度.

定义 1.3.1 对于给定的集合 $X \subset \mathbf{R}$, 若存在某种对应法则 f, 使得对 X 中的每一个数 x, 在 $\mathbf{R}$ 中存在唯一的数 y 与之对应, 则称 f 是定义在 X 上的实函数, 记作

$$f: X \to \mathbf{R},$$
$$x \mapsto y = f(x),$$

也经常记为

$$y = f(x), \quad x \in X.$$

数集 X 称为函数 f 的**定义域**, 记为 D_f, 数集 $\{f(x)|x \in X\}$ 称为函数 f 的**值域**, 记为 R_f, x 称作自变量, y 称作因变量.

从函数的定义可知, 函数的确定主要取决于定义域 X 和对应法则 f. 两个函数相等是指它们的定义域相同, 且对应法则也相同.

设函数 $y = f(x)$ 是定义在 X 上的一个函数, 称平面点集

$$G = \{(x,y)|y = f(x), x \in X\}$$

为函数 $y = f(x)$ 的**图像**.

1.3.2 初等函数

在初等数学中, 经常遇到以下 6 类函数:

常数函数: $y = C$;

幂函数: $y = x^{\mu}(\mu \neq 0)$;

指数函数: $y = a^x(a > 0$ 且 $a \neq 1)$;

对数函数: $y = \log_a x(a > 0$ 且 $a \neq 1)$;

三角函数: 如 $y = \sin x, y = \cos x, y = \tan x, y = \cot x$ 等;

反三角函数: 如 $y = \arcsin x, y = \arccos x, y = \arctan x, y = \operatorname{arccot} x$ 等.

以上这六类函数统称为**基本初等函数**.

由基本初等函数经过有限次四则运算与有限次复合运算所得到的函数, 称为**初等函数**. 例如

$$y = ax^3 + bx^2 + cx + d, \quad y = \mathrm{e}^{x^2} + \sin 2x, \quad y = \frac{\arctan 5x + \log_a(2 + x)}{\sqrt{x^4 + 1}}$$

等都是初等函数. 在本课程中所讨论的函数绝大多数都是初等函数. 以后在掌握了积分和级数的工具后, 还会看到一些很有用的非初等函数. 初等函数是分析和研究非初等函数的基础. 初等函数的**自然定义域**是指其自变量的最大取值范围. 应用上常遇到以 e 为底的指数函数 $y = \mathrm{e}^x$ 和 $y = \mathrm{e}^{-x}$ 所产生的双曲函数. 它们的定义如下:

双曲正弦　$\mathrm{sh}x = \dfrac{\mathrm{e}^x - \mathrm{e}^{-x}}{2}$;

双曲余弦　$\mathrm{ch}x = \dfrac{\mathrm{e}^x + \mathrm{e}^{-x}}{2}$;

双曲正切　$\mathrm{th}x = \dfrac{\mathrm{sh}x}{\mathrm{ch}x} = \dfrac{\mathrm{e}^x - \mathrm{e}^{-x}}{\mathrm{e}^x + \mathrm{e}^{-x}}$.

双曲正弦 $\mathrm{sh}x$ 的定义域为 $(-\infty, +\infty)$, 它在 $(-\infty, +\infty)$ 上单调递增, 其图形通过原点且关于原点对称. 当 $|x|$ 充分大时, 它的图形在第一象限内接近于曲线 $y = \dfrac{1}{2}\mathrm{e}^x$, 在第三象限内接近于曲线 $y = -\dfrac{1}{2}\mathrm{e}^{-x}$ (图 1.3.1).

双曲余弦 $\mathrm{ch}x$ 的定义域为 $(-\infty, +\infty)$, 它在 $(0, +\infty)$ 上单调递增, 在 $(-\infty, 0)$ 上单调递减, 其图形通过点 $(0, 1)$ 且关于 y 轴对称. 当 $|x|$ 充分大时, 它的图形在第一象限内接近于曲线 $y = \dfrac{1}{2}\mathrm{e}^x$, 在第二象限内接近于曲线 $y = \dfrac{1}{2}\mathrm{e}^{-x}$ (图 1.3.1).

双曲正切 $\mathrm{th}x$ 的定义域为 $(-\infty, +\infty)$, 它在 $(-\infty, +\infty)$ 上单调递增, 其图形通过原点且关于原点对称. 它的图形夹在直线 $y = -1$ 与 $y = 1$ 之间, 且当 $|x|$ 充分大时, 它的图形在第一象限内接近于水平直线 $y = 1$, 在第三象限内接近于水平直线 $y = -1$ (图 1.3.2).

根据双曲函数的定义, 可以证明类似于三角函数的恒等式:

$$\mathrm{sh}(x + y) = \mathrm{sh}x\mathrm{ch}y + \mathrm{ch}x\mathrm{sh}y,$$

$$\mathrm{sh}(x - y) = \mathrm{sh}x\mathrm{ch}y - \mathrm{ch}x\mathrm{sh}y,$$

$$\mathrm{ch}(x + y) = \mathrm{ch}x\mathrm{ch}y + \mathrm{sh}x\mathrm{sh}y,$$

$$\mathrm{ch}(x - y) = \mathrm{ch}x\mathrm{ch}y - \mathrm{sh}x\mathrm{sh}y.$$

在上面的式子中, 令 $x = y$, 并注意到 ch0 = 1, 得到

$$\text{sh}2x = 2\text{sh}x\text{ch}x,$$

$$\text{ch}2x = \text{ch}^2x + \text{sh}^2x,$$

$$\text{ch}^2x - \text{sh}^2x = 1.$$

令 $X = \text{ch}x, Y = \text{sh}x$, 则 X 与 Y 满足双曲方程 $X^2 - Y^2 = 1$. 这是双曲函数名称由来的原因之一. 双曲函数是研究单位圆盘上的非欧几何——双曲几何的重要工具.

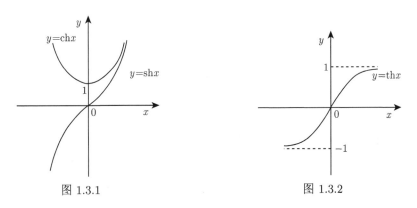

图 1.3.1　　　　　　　　　　　　图 1.3.2

1.3.3　函数的分段表示、隐式表示以及参数表示

1. 函数的分段表示

例 1.3.1　符号函数 sgn x

$$\text{sgn}\,x = \begin{cases} 1, & x > 0, \\ 0, & x = 0, \\ -1, & x < 0. \end{cases}$$

显然, 函数 sgn x 的定义域为 $(-\infty, +\infty)$, 值域为 $\{-1, 0, 1\}$, 它的图形如图 1.3.3 所示. 对任意实数 x, 下列关系成立:

$$x = \text{sgn}\,x \cdot |x|.$$

初学者容易误解的是: 以为上面的 sgn x 是 "三个" 函数, 因为它被三

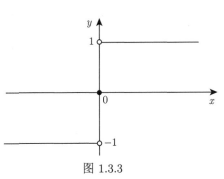

图 1.3.3

个 "式子" 表示. 正确的理解是: 上述三个 "式子" 联合表示一个函数 $\operatorname{sgn} x$. 这种函数称作分段函数.

例 1.3.2　狄利克雷 (Dirichlet) 函数

$$y = D(x) = \begin{cases} 1, & x \text{ 为有理数}, \\ 0, & x \text{ 为无理数}. \end{cases}$$

它的定义域为 $(-\infty, +\infty)$, 值域为 $\{0,1\}$. 这个函数在数学史上起过非常重要作用, 帮助澄清过许多概念. 这个函数的图形是分布在两条直线 $y = 0$ 和 $y = 1$ 上的离散点集.

例 1.3.3　特征函数.

设 $E \subset \mathbf{R}$, 在实数集 $\mathbf{R}$ 上定义如下函数:

$$y = \chi_E(x) = \begin{cases} 1, & x \in E, \\ 0, & x \notin E. \end{cases}$$

它的定义域为 $(-\infty, +\infty)$, 值域为 $R = \{0,1\}$. 称这个函数为数集 E 的特征函数.

例 1.3.4　高斯 (Gauss) 取整函数.

$y = [x] = n, n \leqslant x < n+1, n \in \mathbf{Z}$, 即 $[x]$ 表示不超过 x 的最大整数. 例如,

$$[-0.1] = -1, \quad [1.4] = 1, \quad [\sqrt{3}] = 1, \quad [\pi] = 3, \quad [5] = 5.$$

函数 $y = [x]$ 的定义域为 $D = (-\infty, +\infty)$, 值域为 $\mathbf{R} = \mathbf{Z}$, 它的图形如图 1.3.4 所示.

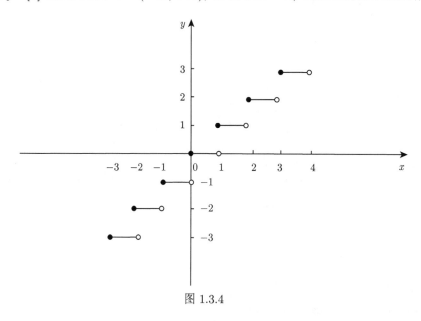

图 1.3.4

例 1.3.5 "非负小数部分" 函数

$$y = (x) = x - [x], \quad x \in (-\infty, +\infty).$$

它的定义域为 $(-\infty, +\infty)$, 值域为 $[0,1)$, 它的图形如图 1.3.5 所示.

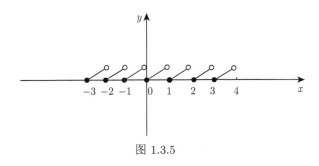

图 1.3.5

2. 函数的隐式表示

形如 $y = f(x)$ 的函数, 称作**显函数** (或函数的**显式表示**), 其特点是因变量 y 单独放在等式的左边, 而等式的右边是只含有自变量 x 的表达式.

方程 $F(x,y) = 0$ 在一定条件下, 可确定 y 与 x 之间的函数关系, 通常称为**隐函数** (或函数的**隐式表示**), 这也是一种重要的函数表示形式.

例 1.3.6 平面上的单位圆方程: $x^2 + y^2 = 1$ 反映了变量 x 与 y 之间的关系. 当 $x \in (-1,1)$ 时, 对应的 y 不是唯一确定的, 所以从整体来说, 变量 y 还不能说是变量 x 的函数. 但在一定条件下, 如要求 $y \geqslant 0$ (或 $y \leqslant 0$), 即只考虑上半圆周 (或下半圆周), 变量 y 就是变量 x 的函数, 此时, 函数还可显式表示为 $y = \sqrt{1-x^2}, x \in [-1,1]$ (或 $y = -\sqrt{1-x^2}, x \in [-1,1]$). 于是, $x^2 + y^2 = 1, y \geqslant 0$ (或 $y \leqslant 0$) 是函数的隐式表示.

3. 函数的参数表示

在研究变量 x 与 y 之间的函数关系时, 有时我们需要引入参数 t, 通过建立 x 与 t、y 与 t 之间的函数关系, 间接确定 y 与 x 之间的函数关系, 即

$$\begin{cases} x = \varphi(t), \\ y = \psi(t), \end{cases} \quad t \in [a,b],$$

这种表示函数的方法称为**函数的参数表示**.

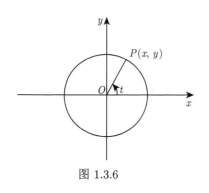

图 1.3.6

例如, 圆方程 $x^2 + y^2 = R^2$ 所确定的函数关系, 可以用参数方程表示为

$$\begin{cases} x = R\cos t, \\ y = R\sin t, \end{cases} \quad t \in [0, \pi] \quad (\text{或 } [\pi, 2\pi]),$$

其中 $P = P(x, y)$ 表示圆周上任意一点, t 表示 x 轴正方向按逆时针方向旋转至射线 $\overline{OP}$ 的角的弧度 (图 1.3.6).

1.3.4   函数的简单特性

1. 有界性

定义 1.3.2   设 $y = f(x)$ 是定义在 X 上的函数. 若存在常数 m 和 M, 使得

$$m \leqslant f(x) \leqslant M, \quad \forall x \in X,$$

则称函数 $y = f(x)$ 在 X 上**有界**, 同时称 M 为函数 $f(x)$ 的一个**上界**, m 为函数 $f(x)$ 的一个**下界**. 若函数 $y = f(x)$ 不是 X 上有界函数, 则称函数 $f(x)$ 在 X 上**无界**.

显然, 函数 $y = f(x)$ 在 X 上有界当且仅当存在 $M > 0$ 时, 使得对 $\forall x \in X$, 有 $|f(x)| \leqslant M$.

2. 单调性

设 $y = f(x)$ 是定义在 X 上的函数. 若对任意 $x_1, x_2 \in X$, 当 $x_1 < x_2$ 时, 成立 $f(x_1) \leqslant f(x_2)$ (或 $f(x_1) < f(x_2)$), 则称函数 $f(x)$ 在 X 上单调递增 (或严格单调递增); 若对任意 $x_1, x_2 \in X$, 当 $x_1 < x_2$ 时, 成立 $f(x_1) \geqslant f(x_2)$ (或 $f(x_1) > f(x_2)$), 则称函数 $f(x)$ 在 X 上单调递减 (或严格单调递减).

3. 奇偶性

设 $y = f(x)$ 是定义在 X 上的函数, 且 X 关于原点对称, 即 $x \in X \Leftrightarrow -x \in X$.

若 $f(-x) = -f(x), \forall x \in X$, 则称 $f(x)$ 是 X 上的**奇函数**;

若 $f(-x) = f(x), \forall x \in X$, 则称 $f(x)$ 是 X 上的**偶函数**.

显然, 奇函数的图形关于原点对称, 偶函数的图形关于 y 轴对称. 例如, 函数 $y = x^n$, 当 n 为奇数时为奇函数, 当 n 为偶数时为偶函数.

$\sin x, \tan x, \arcsin x$ 都是奇函数, $\cos x, \ln(1 + x^2)$ 都是偶函数.

若已知函数的奇偶性, 我们就只需在 $X \cap [0, +\infty)$ 上研究函数的性质, 再通过对称性, 得到它在 $X \cap (-\infty, 0]$ 的性质.

例 1.3.7 证明: 函数 $f(x) = \ln(x + \sqrt{1 + x^2})$ 为奇函数.

证明 因为 $f(-x) = \ln(-x + \sqrt{1 + x^2}) = \ln \dfrac{1}{x + \sqrt{1 + x^2}} = -f(x)$, 所以 $f(x)$ 是奇函数.

4. 周期性

定义 1.3.3 设 $y = f(x)$ 是定义在 X 上的函数. 若存在 $T > 0$, 使得对任一 $x \in X$, 均有 $x \pm T \in X$, 且 $f(x + T) = f(x)$, 则称 $f(x)$ 为**周期函数**, T 称为它的一个**周期**. 若存在满足上述条件的最小的 T, 则称它为函数 $f(x)$ 的**最小正周期**.

例如, $f(x) = \sin x$ 是 $(-\infty, +\infty)$ 上的周期函数, $2n\pi$ ($n \in \mathbf{N}^+$) 都是它的周期, 2π 是它的最小正周期. $g(x) = |\sin x|$ 是 $(-\infty, +\infty)$ 上的周期函数, $n\pi$ ($n \in \mathbf{N}^+$) 都是它的周期, π 是它的最小正周期.

注 并非每个周期函数都有最小正周期. 例如, 对于 Dirichlet 函数

$$D(x) = \begin{cases} 1, & x \text{ 为有理数}, \\ 0, & x \text{ 为无理数}. \end{cases}$$

容易证明, 任何正有理数都是它的周期, 由于没有最小正有理数, 所以 $D(x)$ 没有最小正周期.

1.3.5　由已知函数构造新函数的方法

从已知函数出发, 可以通过四则运算、复合运算、取反函数以及限制与延拓等手段, 构造出新的函数.

1. 函数的四则运算

设函数 $f(x), g(x)$ 的定义域依次为 $D_f, D_g, D = D_f \cap D_g \neq \varnothing$, 通过实数的四则运算, 我们可以构造新的函数如下:

$$(f \pm g)(x) = f(x) \pm g(x), \quad x \in D;$$

$$(f \cdot g)(x) = f(x) \cdot g(x), \quad x \in D;$$

$$\left(\frac{f}{g}\right)(x) = \frac{f(x)}{g(x)}, \quad x \in D \backslash \{x | g(x) = 0, x \in D\}.$$

2. 复合函数

设函数 $y = f(u)$ 的定义域为 D_f, 而函数 $u = g(x)$ 的定义域为 D_g, 且其值域 $R_g \subset D_f$, 则由下式所确定的函数

$$y = f(g(x)), \quad x \in D_g$$

称为由函数 $y = f(u)$ 与函数 $u = g(x)$ 构成的**复合函数**, 记为 $f \circ g$, 即

$$f \circ g(x) = f(g(x)).$$

复合函数 $f \circ g(x)$ 的定义域为 D_g, 变量 u 称为**中间变量**.

例 1.3.8　设函数 $f(x) = 2x^2 + 1, g(x) = \cos x$, 求 $f(g(x)), g(f(x)), f(f(x))$.

解

$$f(g(x)) = 2\cos^2 x + 1,$$

$$g(f(x)) = \cos(2x^2 + 1),$$

$$f(f(x)) = 2(2x^2 + 1)^2 + 1 = 8x^4 + 8x^2 + 3.$$

例 1.3.9　设函数 $f(x) = \dfrac{x}{\sqrt{1 + x^2}}$, 求 n 次复合函数 $\underbrace{f \circ f \circ \cdots \circ f}_{n}(x)$ 的表达式.

解　由于 $f(x) = \dfrac{x}{\sqrt{1 + x^2}}$ 的定义域为 $(-\infty, +\infty)$, 因此 $f \circ f(x)$ 是有意义的.

$$f \circ f(x) = \frac{\dfrac{x}{\sqrt{1 + x^2}}}{\sqrt{1 + \dfrac{x^2}{1 + x^2}}} = \frac{x}{\sqrt{1 + 2x^2}},$$

$$f \circ f \circ f(x) = f \circ (f \circ f)(x) = \frac{\dfrac{x}{\sqrt{1 + 2x^2}}}{\sqrt{1 + \dfrac{x^2}{1 + 2x^2}}} = \frac{x}{\sqrt{1 + 3x^2}},$$

由数学归纳法, 容易证明

$$\underbrace{f \circ f \circ \cdots \circ f}_{n}(x) = \frac{x}{\sqrt{1 + nx^2}}.$$

3. 反函数

设 $f : X \to Y$ 为一个函数. 若对任意 $x_1, x_2 \in X$, 只要 $x_1 \neq x_2$, 就有 $f(x_1) \neq f(x_2)$, 则称 $f(x)$ 为**单的**; 若 $Y = f(X)$, 则称 $f(x)$ 为**满的**; 若 $f(x)$ 既是单的又是满的, 则称它为**一一对应**.

定义 1.3.4 设 $f : X \to Y$ 是一个函数. 若对于 Y 中的每个 y, 都有唯一的 $x \in X$, 使得 $f(x) = y$, 则按照这种方式定义的 x 作为 y 的函数, 称为 f 的**反函数**, 记为 f^{-1}, 它在 y 处的函数值记为 $f^{-1}(y)$, 即 $x = f^{-1}(y)$.

显然, 反函数 $x = f^{-1}(y)$ 的定义域和值域就是原来函数 $y = f(x)$ 的值域和定义域, 且有

$$f^{-1}(f(x)) = x, \quad x \in X;$$

$$f(f^{-1}(y)) = y, \quad y \in Y.$$

一般说来, 函数在定义域上不一定存在反函数. 但是, 将函数限定在定义域的某个子集上, 就可能存在反函数. 例如函数 $y = x^2$, $x \in (-\infty, +\infty)$ 就不存在反函数, 因为对于每个 $y > 0$, 与之对应的 x 不唯一. 但如果我们将函数限定在 $[0, +\infty)$ 上, 这时函数 $y = x^2$, $x \in [0, +\infty)$ 就存在反函数 $x = \sqrt{y}, y \in [0, +\infty)$.

注 函数 $y = f(x)$ 和 $x = f^{-1}(y)$ 的图形为同一条曲线, 而函数 $y = f(x)$ 和 $y = f^{-1}(x)$ 的图形关于直线 $y = x$ 对称.

由函数严格单调的定义, 不难证明下面的定理.

定理 1.3.1 设函数 $y = f(x)$ 在区间 X 上严格单调递增 (或递减), 且其值域为 Y, 则函数 $y = f(x)$ 存在反函数, 且反函数 $x = f^{-1}(y)$ 在 Y 上也是严格单调递增 (或递减).

证明 不妨设 $y = f(x)$ 在区间 X 上严格单调递增. 对任何 $x_1, x_2 \in X$, 如果 $x_1 < x_2$, 必有 $f(x_1) < f(x_2)$. 这表明: 对 Y 内的每一个 y, 在 X 内绝不可能有两个不同的点 x_1, x_2, 使得 $f(x_1) = f(x_2) = y$. 因此, 函数 $f : X \to Y$ 是一一对应, 这就证明了反函数 $x = f^{-1}(y)$ 的存在性.

下面我们证明: 反函数 $x = f^{-1}(y)$ 在 Y 上严格单调递增. 设 y_1, y_2 是 Y 内的任何两点, 并且 $y_1 < y_2$. 又设

$$x_1 = f^{-1}(y_1), \quad x_2 = f^{-1}(y_2),$$

对于这两个 x_1, x_2, 则只可能出现三种情形: $x_1 < x_2, x_1 = x_2, x_1 > x_2$. 又由于 $y = f(x)$ 在 X 上严格单调递增以及 $y_1 < y_2$, 这就排除了 $x_1 = x_2, x_1 > x_2$ 这两种可能, 于是 $x_1 < x_2$, 这说明反函数 $x = f^{-1}(y)$ 在 Y 上严格单调递增.　　　证毕

例如, $y = \sin x$ 在 $\left[-\dfrac{\pi}{2}, \dfrac{\pi}{2}\right]$ 上严格单调递增, 其值域为 $[-1, 1]$, 因此, 反函数 $x = \arcsin y$ 在 $[-1, 1]$ 上存在且严格单调递增.

又如, 函数 $y = a^x (a > 0$ 且 $a \neq 1)$ 在 $(-\infty, +\infty)$ 上严格单调, 值域为 $(0, +\infty)$, 它的反函数 $x = \log_a y$ 在 $(0, +\infty)$ 上存在且严格单调.

1.3.6 几个常用不等式

下面我们介绍几个在数学分析的学习及应用中, 经常用到的不等式.

定理 1.3.2 (三角不等式) 设 a, b 是任意实数, 则有

$$||a| - |b|| \leqslant |a + b| \leqslant |a| + |b|.$$

证明 由于

$$-|a||b| \leqslant ab \leqslant |a||b|,$$

所以

$$|a|^2 - 2|a||b| + |b|^2 \leqslant a^2 + 2ab + b^2 \leqslant |a|^2 + 2|a||b| + |b|^2,$$

即

$$(|a| - |b|)^2 \leqslant (a + b)^2 \leqslant (|a| + |b|)^2,$$

因此

$$||a| - |b|| \leqslant |a + b| \leqslant |a| + |b|. \qquad \text{证毕}$$

定理 1.3.3 设 $n \geqslant 2, a_1, a_2, \cdots, a_n$ 是正数, 证明

$$(1 + a_1)(1 + a_2) \cdots (1 + a_n) > 1 + (a_1 + a_2 + \cdots + a_n).$$

证明 由于 $(1 + a_1)(1 + a_2) = 1 + (a_1 + a_2) + a_1 a_2 > 1 + (a_1 + a_2)$, 这说明 $n = 2$ 时结论成立. 设 $k \geqslant 2$ 时结论成立, 即 $(1 + a_1)(1 + a_2) \cdots (1 + a_k) > 1 + (a_1 + a_2 + \cdots + a_k)$, 两端乘以 $1 + a_{k+1}$ 得

$$(1 + a_1)(1 + a_2) \cdots (1 + a_k)(1 + a_{k+1}) > (1 + (a_1 + a_2 + \cdots + a_k))(1 + a_{k+1})$$
$$> 1 + (a_1 + a_2 + \cdots + a_k + a_{k+1}),$$

由数学归纳法, 结论得证. $\qquad \text{证毕}$

定理 1.3.4 设 $n \geqslant 2, a_1, a_2, \cdots, a_n$ 是小于 1 的正数, 证明

$$(1 - a_1)(1 - a_2) \cdots (1 - a_n) > 1 - (a_1 + a_2 + \cdots + a_n).$$

利用数学归纳法, 证明留给读者去完成.

推论 (Bernoulli 不等式)　设 $n \geqslant 2, a > 0$ 或 $-1 < a < 0$, 则

$$(1+a)^n > 1 + na.$$

注　由于当 $n = 1$ 或 $a = 0$ 时, 上式两边取等号, 而当 $n \geqslant 2, a = -1$ 时, 上面的不等式显然成立, 故对任意 $a \geqslant -1, n \in \mathbf{N}^+$, 均有 $(1+a)^n \geqslant 1 + na$.

定义 1.3.5　设 $a_1, a_2, \cdots, a_n$ 为 n 个正数, 则称 $\dfrac{a_1 + a_2 + \cdots + a_n}{n}$ 是它们的**算术平均值**, $\sqrt[n]{a_1 a_2 \cdots a_n}$ 是它们的**几何平均值**, $n \left/ \left(\dfrac{1}{a_1} + \dfrac{1}{a_2} + \cdots + \dfrac{1}{a_n} \right) \right.$ 是它们的调和平均值.

定理 1.3.5 (平均值不等式)　对任意 n 个正数 $a_1, a_2, \cdots, a_n$, 成立

$$\frac{a_1 + a_2 + \cdots + a_n}{n} \geqslant \sqrt[n]{a_1 a_2 \cdots a_n} \geqslant n \left/ \left(\frac{1}{a_1} + \frac{1}{a_2} + \cdots + \frac{1}{a_n} \right) \right..$$

证明　(1) 首先利用数学归纳法, 证明

$$\frac{a_1 + a_2 + \cdots + a_n}{n} \geqslant \sqrt[n]{a_1 a_2 \cdots a_n}.$$

当 $n = 1$ 时结论是平凡的. 当 $n = 2$ 时, 利用 $\left(\sqrt{a_1} - \sqrt{a_2} \right)^2 \geqslant 0$, 结论显然成立. 现假设 $n = k$ 时, 不等式成立. 下面考虑 $n = k+1$ 个正数 $a_1, a_2, \cdots, a_k, a_{k+1}$ 的情形. 不妨假定 a_{k+1} 是这 $k+1$ 个数中最大的一个, 并且记

$$\frac{a_1 + a_2 + \cdots + a_k}{k} = A,$$

则

$$a_{k+1} \geqslant A \geqslant \sqrt[k]{a_1 a_2 \cdots a_k}.$$

因此, 经简单计算不难得到

$$\left(\frac{a_1 + a_2 + \cdots + a_k + a_{k+1}}{k+1} \right)^{k+1} = \left(\frac{kA + a_{k+1}}{k+1} \right)^{k+1}$$

$$= \left(A + \frac{a_{k+1} - A}{k+1} \right)^{k+1}$$

$$\geqslant A^{k+1} + (k+1)A^k \frac{a_{k+1} - A}{k+1}$$

$$= A^k a_{k+1} \geqslant a_1 a_2 \cdots a_{k+1},$$

即

$$\frac{a_1 + a_2 + \cdots + a_{k+1}}{k + 1} \geqslant \sqrt[k+1]{a_1 a_2 \cdots a_{k+1}}.$$

由数学归纳法知, 左边的不等式成立.

(2) 对 $\dfrac{1}{a_1}, \dfrac{1}{a_2}, \cdots, \dfrac{1}{a_n}$ 应用上面的结论, 便得到右边的不等式.　　　　证毕

注　在平均值不等式中, 等号当且仅当 $a_1, a_2, \cdots, a_n$ 全部取等号时成立.

习　题　1.3

1. 用分段函数表示函数 $f(x) = |x + 2| - |x - 2|$.

2. 设定义在 $(-\infty, +\infty)$ 上的函数 $f(x)$ 满足

$$2f(x) + f(1 - x) = x^2, \quad x \in (-\infty, +\infty),$$

试求函数 $f(x)$ 的表达式.

3. 判定下列各函数中哪些是周期函数? 对于周期函数, 指出其最小正周期.

(1) $y = \sin(x + 5)$;　　　　　　　　　　(2) $y = \sin 4x$;

(3) $y = \sin^2 x$;　　　　　　　　　　　　(4) $y = x^2 \sin x$.

4. 设下面所考虑的函数都是定义在区间 $(-l, l)$ 上的函数. 证明:

(1) 两个偶函数的乘积是偶函数, 两个奇函数的乘积是偶函数, 偶函数与奇函数的乘积是奇函数;

(2) 两个偶函数的和是偶函数, 两个奇函数的和是奇函数.

5. 设函数 $f(x)$ 在 $(-l, l)$ 上有定义, 证明: 存在 $(-l, l)$ 上的偶函数 $g(x)$ 及奇函数 $h(x)$, 使得

$$f(x) = g(x) + h(x).$$

6. 设

$$f(x) = \begin{cases} 1, & |x| < 1, \\ 0, & |x| = 1, \\ -1, & |x| > 1, \end{cases} \quad g(x) = \mathrm{e}^x,$$

求 $f(g(x))$ 和 $g(f(x))$, 并画出函数的图形.

7. 设 $f(x)$ 是定义在 $(-\infty, +\infty)$ 上以 $T > 0$ 为周期的函数, a 为任一给定的数. 证明: 若 $f(x)$ 在 $[a, a + T]$ 上有界, 则 $f(x)$ 是在 $(-\infty, +\infty)$ 上有界.

8. 求双曲正弦 $x = \mathrm{sh}\, y = \dfrac{\mathrm{e}^y - \mathrm{e}^{-y}}{2}$ 的反函数 $y = \mathrm{arsh}\, x$.

9. 设 a, b 是任意实数, $\max\{a, b\}$ 和 $\min\{a, b\}$ 分别表示 a, b 中的较大者和较小者. 证明

$$\max\{a, b\} = \frac{a + b + |a - b|}{2},$$

$$\min\{a, b\} = \frac{a + b - |a - b|}{2}.$$

10. 设有限数集

$$S = \left\{ \frac{a_1}{b_1}, \frac{a_2}{b_2}, \cdots, \frac{a_n}{b_n} \right\},$$

其中 $b_k > 0$, $k = 1, 2, \cdots, n$. 证明

$$\min S \leqslant \frac{a_1 + a_2 + \cdots + a_n}{b_1 + b_2 + \cdots + b_n} \leqslant \max S.$$

11. 证明: 对 $n = 2, 3, \cdots$ 有

$$\left(1 + \frac{1}{n - 1}\right)^{n-1} < \left(1 + \frac{1}{n}\right)^n < 3.$$

12. 证明: 对实数 $a_1, a_2, \cdots, a_n$ 和 $b_1, b_2, \cdots, b_n$ 成立

$$\left(\sum_{i=1}^{n} a_i b_i\right)^2 \leqslant \left(\sum_{i=1}^{n} a_i^2\right) \cdot \left(\sum_{i=1}^{n} b_i^2\right) \quad \text{(柯西不等式)}.$$

13. 证明: 对任何实数 x, 成立

(1) $|x - 1| + |x - 2| \geqslant 1$;

(2) $|x - 1| + |x - 2| + |x - 3| \geqslant 2$.

并说明等号何时成立.

14. 设 n 为正整数, 记阶乘 $n! = 1 \cdot 2 \cdot 3 \cdots n$. 证明

(1) 当 $n > 1$ 时, 成立 $n! < \left(\dfrac{n + 1}{2}\right)^n$;

(2) 当 $n > 1$ 时, 成立 $n! < \left(\dfrac{n + 2}{\sqrt{6}}\right)^n$;

(3) 比较 (1) 和 (2) 中两个不等式的优劣, 并说明原因;

(4) 对任意实数 t, 成立 $\left(\displaystyle\sum_{k=1}^{n} k^t\right)^n \geqslant n^n (n!)^t$.

第 2 章　数 列 极 限

我们在第 1 章已经指出, 数学分析这门课程的研究对象是实函数. 那么数学分析究竟用什么方法去研究函数呢？ 这个方法就是极限. 极限是数学分析中最重要的概念, 数学分析课程中的许多其他概念都是通过极限来给出的. 极限理论是数学分析的理论基础. 本章主要讨论数列极限的定义、性质以及实数系的基本定理.

2.1　数列极限的概念与性质

2.1.1　数列极限的定义

先说明数列的概念. 所谓数列, 实质就是指定义在正整数集 $\mathbf{N}^+$ 上的一个函数 $f : \mathbf{N}^+ \to \mathbf{R}$, 即对每个 $n \in \mathbf{N}^+$, 对应着一个确定的实数 $x_n = f(n)$, 这些实数 x_n 按照下标 n 从小到大排列得到的一个序列

$$x_1, x_2, \cdots, x_n, \cdots$$

就叫做**数列**, 通常记为 $\{x_n\}$.

数列中的每一个数称作数列的**项**, 第 n 项 x_n 称作数列的**通项**.

例如:

$$\left\{ \frac{1}{n} \right\} : 1, \frac{1}{2}, \frac{1}{3}, \cdots, \frac{1}{n}, \cdots;$$

$$\left\{ \frac{n}{n+1} \right\} : \frac{1}{2}, \frac{2}{3}, \frac{3}{4}, \cdots, \frac{n}{n+1}, \cdots;$$

$$\{n^2\} : 1, 4, 9, \cdots, n^2, \cdots;$$

$$\{(-1)^n\} : -1, 1, -1, 1, \cdots, (-1)^n, \cdots;$$

$$\left\{ \frac{n + (-1)^{n-1}}{n} \right\} : 2, \frac{1}{2}, \frac{4}{3}, \cdots, \frac{n + (-1)^{n-1}}{n}, \cdots.$$

对于给定的数列 $\{x_n\}$, 我们关心的是: 当 n 无限增大时, 数列 $\{x_n\}$ 的变化趋势, 换句话说, 当 n 无限增大时, 对应的实数 x_n 是否能无限接近某个确定的实数? 如果能的话, 这个实数等于多少？

下面我们来看几个例子. 通过观察, 不难发现:

数列 $\left\{\dfrac{1}{n}\right\}$, 当 n 无限增大时, 对应的实数 $x_n = \dfrac{1}{n}$ 越来越趋于 0.

数列 $\left\{\dfrac{n}{n+1}\right\}$, 当 n 无限增大时, 对应的实数 $x_n = \dfrac{n}{n+1}$ 越来越趋于 1.

为了给出数列极限的定义, 我们先讨论数列 $\left\{\dfrac{n+(-1)^{n-1}}{n}\right\}$:

$$2, \frac{1}{2}, \frac{4}{3}, \cdots, \frac{n+(-1)^{n-1}}{n}, \cdots$$

的变化趋势. 这个数列的通项为

$$x_n = \frac{n+(-1)^{n-1}}{n} = 1 + \frac{(-1)^{n-1}}{n}.$$

显然该数列的变化趋势是 "当 n 无限增大时, 数列 $\left\{\dfrac{n+(-1)^{n-1}}{n}\right\}$ 无限趋近于 1". 数 1 就是数列 $\left\{\dfrac{n+(-1)^{n-1}}{n}\right\}$ 的 "极限". 在这里借助 "无限增大" 和 "无限接近" 这类通俗的形象的语言, 对极限作了定性的描述. 但极限这种定性描述, 无法在数学中进行严谨的论证, 为此必须把极限的定义, 从朴素的定性描述提升为精确的定量描述. 何谓 "当 n 无限增大时, 数列 $\left\{\dfrac{n+(-1)^{n-1}}{n}\right\}$ 无限趋近于 1" 呢? 我们知道, 两个人之间的接近程度, 可以用两个人之间的距离来度量, 距离越小, 接近程度越高. 同样, 两个数 b, c 之间的接近程度, 也可以用两个数之间的距离即这两个数之差的绝对值 $|b-c|$ 来度量, $|b-c|$ 越小, 表明 b 与 c 就越接近. 因此, "当 n 无限增大时, 数列 $\left\{\dfrac{n+(-1)^{n-1}}{n}\right\}$ 无限趋近于 1" 就是, 当 n 充分大时, 数列的第 n 项 x_n 与 1 的距离 $|x_n-1| = \dfrac{1}{n}$ 能任意小, 并保持任意小. 何谓 "距离 $|x_n-1| = \dfrac{1}{n}$ 能任意小, 并保持任意小" 呢? 那就是, 从某一项后, $|x_n-1| = \dfrac{1}{n}$ 可以小于事先给定的任何正数. 例如, 给定 $\varepsilon = \dfrac{1}{10}$, 欲使 $\dfrac{1}{n} < \dfrac{1}{10}$, 只要 $n > 10$, 即从第 11 项开始, 都能使不等式

$$|x_n-1| < \frac{1}{10}$$

成立.

同样, 给定 $\varepsilon = \dfrac{1}{100}$, 欲使 $\dfrac{1}{n} < \dfrac{1}{100}$, 只要 $n > 100$, 即从第 101 项开始, 都能使不等式

$$|x_n - 1| < \frac{1}{100}$$

成立.

给定 $\varepsilon = \dfrac{1}{1000}$, 欲使 $\dfrac{1}{n} < \dfrac{1}{1000}$, 只要 $n > 1000$, 即从第 1001 项开始, 都能使不等式

$$|x_n - 1| < \frac{1}{1000}$$

成立.

一般地, 不论给定的正数 ε 多么小, 欲使 $\dfrac{1}{n} < \varepsilon$, 只要 $n > \dfrac{1}{\varepsilon}$, 取 $N = \left[\dfrac{1}{\varepsilon}\right]$, 数列从第 $N + 1$ 项开始, 都能使不等式

$$|x_n - 1| < \varepsilon$$

成立. 这就是数列 $x_n = \dfrac{n + (-1)^{n-1}}{n}$ 当 $n \to \infty$ 时无限接近 1 的本质.

综上所述, "数列 $\left\{\dfrac{n + (-1)^{n-1}}{n}\right\}$ 的极限为 1" 的精确描述应为: 对于任意给定的 $\varepsilon > 0$, 总存在正整数 $N = \left[\dfrac{1}{\varepsilon}\right]$, 当 $n > N$ 时, 有

$$|x_n - 1| < \varepsilon.$$

下面, 我们给出数列极限的严格定义.

定义 2.1.1　设 $\{x_n\}$ 是一给定数列, 若存在常数 $a \in \mathbf{R}$, 使得对于任意给定的 $\varepsilon > 0$, 总存在正整数 N, 当 $n > N$ 时, 有

$$|x_n - a| < \varepsilon$$

成立, 则称数列 $\{x_n\}$ **收敛**, 并称 a 是该数列的**极限** (或者说, 数列 $\{x_n\}$ 收敛于 a), 记为

$$\lim_{n \to \infty} x_n = a,$$

或

$$x_n \to a \quad (n \to \infty).$$

如果不存在这样的常数 a, 就称 $\{x_n\}$ 没有极限, 或者称数列 $\{x_n\}$ **发散**.

数列 $\{x_n\}$ 以 a 为极限, 可简要表述为

$$\lim_{n\to\infty} x_n = a \Leftrightarrow \forall \varepsilon > 0, \quad \exists N \in \mathbf{N}^+, \forall n > N, \text{ 有} |x_n - a| < \varepsilon.$$

这就是数列极限的 $\varepsilon\text{-}N$ 定义.

现在, 我们给出 $\lim\limits_{n\to\infty} x_n = a$ 的几何解释. 在极限的定义中, 不等式

$$|x_n - a| < \varepsilon, \quad n > N$$

可以改写成

$$a - \varepsilon < x_n < a + \varepsilon, \quad n > N,$$

它表示数列 $\{x_n\}$ 从第 N 项以后的所有项 $x_{N+1}, x_{N+2}, \cdots$ 都落在开区间 $(a - \varepsilon, a + \varepsilon)$ 内 (图 2.1.1).

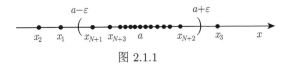

图 2.1.1

我们把开区间 $(a - \varepsilon, a + \varepsilon)$ 也称为点 a 的 ε **邻域**, 记为 $O(a, \varepsilon)$.

注意到 ε 具有任意性, 所以开区间 $(a - \varepsilon, a + \varepsilon)$ 的长度可以任意收缩, 但区间长度不管收缩得多么小, 从某一项后数列的所有项都会落在这个小区间 $(a - \varepsilon, a + \varepsilon)$ 内, 这表明实数 a 恰是数列 $\{x_n\}$ 的极限.

关于数列极限的定义, 我们作两点说明.

1. 关于 ε

引入的任意正数 ε 是数列极限从定性描述转变到定量描述的关键. 一方面, 正数 ε 具有绝对的任意性; 另一方面, 正数 ε 又具有相对的固定性. 显然, 正数 ε 的绝对任意性正是通过无限多个相对固定的 ε 表现出来的, 这正是极限定义的精髓.

在数列极限的定义中, 虽然正数 ε 是任意的, 但我们真正关心的是充分小的正数 ε, 否则, 不等式 $|x_n - a| < \varepsilon$ 成立并不能保证数列 $\{x_n\}$ 无限趋近于 a.

若 ε 是任意给定的正数, 则 $M\varepsilon$ (M 是正常数) 也是任意给定的正数. 虽然它在形式上与 ε 不同, 但它的本质与 ε 是相同的. 今后在利用极限的定义证明极限问题时, 经常会用到与 ε 本质相同的这个形式.

2. 关于 N

在数列极限的定义中, "存在正整数 N", 在于强调正整数 N 的存在性, 与 N 的大小无关. 事实上, 若当 $n > N$ 时, 有 $|x_n - a| < \varepsilon$ 成立, 则对于比 N 大的任何正整数 N_1, 当 $n > N_1$ 时, 同样有 $|x_n - a| < \varepsilon$ 成立. 这说明, 在用定义证明数列的极限时, 对于任意正数 ε, 找出满足条件的 N 不是唯一的, 而是有无穷多个, 我们只需找一个即可.

例 2.1.1   证明: $\lim\limits_{n \to \infty} \dfrac{n}{n+2} = 1$.

证明   对任意给定的 $\varepsilon > 0$, 要使

$$\left| \frac{n}{n+2} - 1 \right| = \frac{2}{n+2} < \varepsilon,$$

只需

$$n > \frac{2}{\varepsilon} - 2.$$

取大于 $\dfrac{2}{\varepsilon} - 2$ 的任意正整数作为 N, 例如取 $N = \left[\dfrac{2}{\varepsilon} \right]$, 其中 $[x]$ 表示不超过 x 的最大整数, 则当 $n > N$ 时, 必有 $n > \dfrac{2}{\varepsilon} - 2$, 于是成立

$$\left| \frac{n}{n+2} - 1 \right| = \frac{2}{n+2} < \varepsilon,$$

这就证明了 $\lim\limits_{n \to \infty} \dfrac{n}{n+2} = 1$.

例 2.1.2   证明 $\lim\limits_{n \to \infty} q^n = 0 (|q| < 1)$.

证明   不妨设 $q \neq 0$, 否则该数列为常数列 $x_n \equiv 0, n = 1, 2, \cdots$, 结论显然成立.

对任意给定的 $\varepsilon > 0$ (不妨设 $\varepsilon < 1$), 要使

$$|q^n - 0| = |q|^n < \varepsilon,$$

即 $n \ln |q| < \ln \varepsilon$, 只要

$$n > \frac{\ln \varepsilon}{\ln |q|}.$$

为保证 N 为正整数, 可取 $N = \max \left\{ \left[\dfrac{\ln \varepsilon}{\ln |q|} \right], 1 \right\}$, 则当 $n > N$ 时, 成立

$$|q^n - 0| = |q|^n < \varepsilon,$$

这就证明了 $\lim\limits_{n\to\infty} q^n = 0$.

利用数列极限的定义来证明某一数列收敛, 其关键是对任意给定的 $\varepsilon > 0$, 通过解不等式 $|x_n - a| < \varepsilon$, 寻找正整数 N. 在上面的两例题中, N 都是通过解不等式 $|x_n - a| < \varepsilon$ 而得到的. 特别要指出的是 N 不是唯一的. 但在大多数情况下, 这个不等式并不容易求解. 实际上, 数列极限的定义并不要求找到最小的正整数 N, 所以在证明中常常对 $|x_n - a|$ 适度地做一些放大处理, 这是用定义来证明极限的一种常用的技巧.

例 2.1.3 设 $a > 1$, 证明: $\lim\limits_{n\to\infty} \sqrt[n]{a} = 1$.

证明 方法 1 任给 $\varepsilon > 0$, 要使 $|\sqrt[n]{a} - 1| = \sqrt[n]{a} - 1 < \varepsilon$, 只要 $\dfrac{1}{n}\ln a < \ln(1+\varepsilon)$, 即 $n > \dfrac{\ln a}{\ln(1+\varepsilon)}$, 取 $N = \left[\dfrac{\ln a}{\ln(1+\varepsilon)}\right]$, 则当 $n > N$ 时, 就有 $|\sqrt[n]{a} - 1| < \varepsilon$, 这就证明了 $\lim\limits_{n\to\infty} \sqrt[n]{a} = 1$.

方法 2 令 $\sqrt[n]{a} = 1 + y_n, y_n > 0 \ (n = 2, 3, \cdots)$, 应用二项式定理,

$$a = (1 + y_n)^n = 1 + ny_n + \frac{n(n-1)}{2}y_n^2 + \cdots + y_n^n > ny_n,$$

由此得到

$$\left|\sqrt[n]{a} - 1\right| = y_n < \frac{a}{n}.$$

于是, 对于任意给定的 $\varepsilon > 0$, 要使 $\left|\sqrt[n]{a} - 1\right| < \varepsilon$, 只要 $\dfrac{a}{n} < \varepsilon$, 即 $n > \dfrac{a}{\varepsilon}$. 取 $N = \left[\dfrac{a}{\varepsilon}\right]$, 则当 $n > N$ 时, 成立

$$\left|\sqrt[n]{a} - 1\right| < \frac{a}{n} < \varepsilon,$$

这就证明了 $\lim\limits_{n\to\infty} \sqrt[n]{a} = 1$.

例 2.1.4 证明: $\lim\limits_{n\to\infty} \sqrt[n]{n} = 1$.

证明 令 $\sqrt[n]{n} = 1 + y_n, y_n > 0 \ (n = 2, 3, \cdots)$, 应用二项式定理得

$$n = (1 + y_n)^n = 1 + ny_n + \frac{n(n-1)}{2}y_n^2 + \cdots + y_n^n > 1 + \frac{n(n-1)}{2}y_n^2,$$

化简得到

$$\left|\sqrt[n]{n} - 1\right| = |y_n| < \sqrt{\frac{2}{n}}.$$

于是, 对于任意给定的 $\varepsilon > 0$, 要使 $\left| \sqrt[n]{n} - 1 \right| < \varepsilon$, 只要 $\sqrt{\dfrac{2}{n}} < \varepsilon$, 即 $n > \dfrac{2}{\varepsilon^2}$.

取 $N = \left[\dfrac{2}{\varepsilon^2} \right]$, 当 $n > N$ 时, 成立

$$\left| \sqrt[n]{n} - 1 \right| < \sqrt{\frac{2}{n}} < \varepsilon,$$

这就证明了 $\lim\limits_{n \to \infty} \sqrt[n]{n} = 1$.

例 2.1.5　证明: $\lim\limits_{n \to \infty} \dfrac{3n^2}{n^2 + 4} = 3$.

证明　任给 $\varepsilon > 0$, 要使 $\left| \dfrac{3n^2}{n^2 + 4} - 3 \right| < \varepsilon$, 注意到

$$\left| \frac{3n^2}{n^2 + 4} - 3 \right| = \frac{12}{n^2 + 4} < \frac{12}{n^2},$$

只要 $\left| \dfrac{3n^2}{n^2 + 4} - 3 \right| < \dfrac{12}{n^2} < \varepsilon$, 即 $n > \sqrt{\dfrac{12}{\varepsilon}}$, 取 $N = \left[\sqrt{\dfrac{12}{\varepsilon}} \right]$, 当 $n > N$ 时, 成立

$$\left| \frac{3n^2}{n^2 + 4} - 3 \right| < \frac{12}{n^2} < \varepsilon,$$

这就证明了 $\lim\limits_{n \to \infty} \dfrac{3n^2}{n^2 + 4} = 3$.

例 2.1.6　设 $\lim\limits_{n \to \infty} x_n = a$, 证明: $\lim\limits_{n \to \infty} |x_n| = |a|$.

证明　因为 $\lim\limits_{n \to \infty} x_n = a$, 所以 $\forall \varepsilon > 0, \exists N, \forall n > N$, 均有

$$|x_n - a| < \varepsilon$$

成立. 由三角不等式

$$\left| |x_n| - |a| \right| \leqslant |x_n - a|,$$

因此, 当 $n > N$ 时, 有

$$\left| |x_n| - |a| \right| < \varepsilon,$$

利用极限的定义, 这就证明了 $\lim\limits_{n \to \infty} |x_n| = |a|$.

例 2.1.7　设 $\lim\limits_{n \to \infty} x_n = a$, 证明: $\lim\limits_{n \to \infty} \dfrac{x_1 + x_2 + \cdots + x_n}{n} = a$.

证明　对任意给定的 $\varepsilon > 0$, 由于 $\lim\limits_{n \to \infty} x_n = a$, 因此存在正整数 N_1, 当 $n > N_1$ 时, 成立

$$|x_n - a| < \frac{\varepsilon}{2}.$$

对于取定的 N_1, $|x_1 - a| + |x_2 - a| + \cdots + |x_{N_1} - a|$ 是一个常数, 因此存在正整数 N_2, 当 $n > N_2$ 时, 成立

$$\frac{|x_1 - a| + |x_2 - a| + \cdots + |x_{N_1} - a|}{n} < \frac{\varepsilon}{2}.$$

取 $N = \max\{N_1, N_2\}$, 则当 $n > N$ 时, 有

$$\left| \frac{x_1 + x_2 + \cdots + x_n}{n} - a \right|$$

$$\leqslant \frac{|x_1 - a| + |x_2 - a| + \cdots + |x_n - a|}{n}$$

$$= \frac{|x_1 - a| + \cdots + |x_{N_1} - a|}{n} + \frac{|x_{N_1+1} - a| + \cdots + |x_n - a|}{n}$$

$$< \frac{\varepsilon}{2} + \frac{n - N_1}{n} \cdot \frac{\varepsilon}{2} < \varepsilon,$$

利用极限的定义, 这就证明了 $\lim\limits_{n \to \infty} \dfrac{x_1 + x_2 + \cdots + x_n}{n} = a$.

定义 2.1.2 设 $\{x_n\}$ 是一个数列, 若 $\lim\limits_{n \to \infty} x_n = 0$, 则称 $\{x_n\}$ 为无穷小量, 记为 $x_n = o(1)$ $(n \to \infty)$.

例 2.1.2 表明: 当 $|q| < 1$ 时, 数列 $\{q^n\}$ 为无穷小量.

例 2.1.8 证明: 数列 $\left\{ \dfrac{2^n}{n!} \right\}$ 为无穷小量.

证明 由于 $\dfrac{2^n}{n!} = \dfrac{2}{1} \cdot \dfrac{2}{2} \cdot \dfrac{2}{3} \cdots \dfrac{2}{n} < \dfrac{4}{n}$, 对于任给 $\varepsilon > 0$, 要使

$$\left| \frac{2^n}{n!} - 0 \right| < \varepsilon,$$

只要

$$\frac{4}{n} < \varepsilon, \quad \text{即} \quad n > \frac{4}{\varepsilon}.$$

取 $N = \left[\dfrac{4}{\varepsilon} \right]$, 当 $n > N$ 时, 就有

$$\left| \frac{2^n}{n!} - 0 \right| < \varepsilon$$

成立, 这就证明了 $\lim\limits_{n \to \infty} \dfrac{2^n}{n!} = 0$, 即数列 $\left\{ \dfrac{2^n}{n!} \right\}$ 为无穷小量.

从无穷小量的定义, 容易得到下面结论.

定理 2.1.1   设 $\{x_n\}$ 是一个数列, 则

(1) $\{x_n\}$ 是无穷小量的充分必要条件为 $\{|x_n|\}$ 是无穷小量;

(2) 若 $\{x_n\}$ 是无穷小量, M 是一个常数, 则 $\{Mx_n\}$ 也是无穷小量;

(3) $\lim\limits_{n\to\infty} x_n = a$ 的充分必要条件为 $\{x_n - a\}$ 是无穷小量.

2.1.2   数列极限的性质

定理 2.1.2 (唯一性)   收敛数列的极限是唯一的.

证明   用反证法. 假设 $\{x_n\}$ 有两个相异极限 a,b, 不妨设 $b > a$. 对于 $\varepsilon = \dfrac{b-a}{2} > 0$, 因为 $\lim\limits_{n\to\infty} x_n = a$, 对于 $\varepsilon = \dfrac{b-a}{2} > 0$, 必存在正整数 N_1, 使得当 $n > N_1$ 时, 有

$$|x_n - a| < \frac{b-a}{2},$$

从而

$$x_n < \frac{a+b}{2}, \quad \forall n > N_1.$$

因为 $\lim\limits_{n\to\infty} x_n = b$, 对于 $\varepsilon = \dfrac{b-a}{2} > 0$, 必存在正整数 N_2, 使得当 $n > N_2$ 时, 有

$$|x_n - b| < \frac{b-a}{2},$$

从而

$$x_n > \frac{a+b}{2}, \quad \forall n > N_2.$$

取 $N = \max\{N_1, N_2\}$, 则当 $n > N$ 时, 有

$$x_n < \frac{a+b}{2} \quad \text{且} \quad x_n > \frac{a+b}{2},$$

这显然是不可能的, 定理得证.   证毕

定理 2.1.3 (有界性)   收敛数列必有界.

证明   设数列 $\{x_n\}$ 收敛, 极限为 a.

由极限的定义, 取 $\varepsilon = 1$, 则 $\exists N, \forall n > N : |x_n - a| < \varepsilon$, 从而

$$|x_n| < |a| + 1, \quad n > N.$$

取 $M = \max\{|x_1|, |x_2|, \cdots, |x_N|, |a| + 1\}$, 则

$$|x_n| \leqslant M, \quad n = 1, 2, \cdots,$$

所以数列 $\{x_n\}$ 有界.   证毕

定理 2.1.4 (保序性) 给定数列 $\{x_n\}, \{y_n\}$, 若 $\lim\limits_{n\to\infty} x_n = a, \lim\limits_{n\to\infty} y_n = b$, 且 $a < b$, 则存在正整数 N, 当 $n > N$ 时, 成立 $x_n < y_n$.

证明 取 $\varepsilon = \dfrac{b-a}{2} > 0$. 由 $\lim\limits_{n\to\infty} x_n = a$ 知: $\exists N_1, \forall n > N_1$, 有 $|x_n - a| < \dfrac{b-a}{2}$, 从而

$$x_n < a + \frac{b-a}{2} = \frac{a+b}{2}.$$

又由 $\lim\limits_{n\to\infty} y_n = b$ 知: $\exists N_2, \forall n > N_2$, 有 $|y_n - b| < \dfrac{b-a}{2}$, 因此

$$y_n > b - \frac{b-a}{2} = \frac{a+b}{2}.$$

取 $N = \max\{N_1, N_2\}$, 则对 $\forall n > N$, 均有 $x_n < \dfrac{a+b}{2} < y_n$.   证毕

注 若 $\lim\limits_{n\to\infty} x_n = a, \lim\limits_{n\to\infty} y_n = b$, 且当 $n > N$ 时, $x_n < y_n$, 则 $a \leqslant b$. 但我们并不能得出 $a < b$, 例如, 取 $x_n = \dfrac{1}{n}, y_n = \dfrac{2}{n}$, 显然 $x_n < y_n, n = 1, 2, \cdots$, 但 $\lim\limits_{n\to\infty} x_n = \lim\limits_{n\to\infty} y_n = 0$.

推论 (1) 若 $\lim\limits_{n\to\infty} y_n = b > 0$, 则存在正整数 N, 当 $n > N$ 时, 有

$$y_n > \frac{b}{2} > 0.$$

(2) 若 $\lim\limits_{n\to\infty} y_n = b < 0$, 则存在正整数 N, 当 $n > N$ 时, 有

$$y_n < \frac{b}{2} < 0.$$

综上所述, 若 $\lim\limits_{n\to\infty} y_n = b \neq 0$, 则存在正整数 N, 当 $n > N$ 时, 有

$$|y_n| > \frac{|b|}{2} > 0.$$

定理 2.1.5 (夹逼性准则) 设三个数列 $\{x_n\}, \{y_n\}, \{z_n\}$ 满足

$$x_n \leqslant y_n \leqslant z_n, \quad \forall n > N_0,$$

且 $\lim\limits_{n\to\infty} x_n = \lim\limits_{n\to\infty} z_n = a.$

证明: $\lim\limits_{n\to\infty} y_n = a.$

证明　$\forall \varepsilon > 0$, 由 $\lim\limits_{n\to\infty} x_n = a$ 可知, $\exists N_1, \forall n > N_1$, 有 $|x_n - a| < \varepsilon$, 从而

$$x_n > a - \varepsilon, \quad \forall n > N_1.$$

又由 $\lim\limits_{n\to\infty} z_n = a$ 可知, $\exists N_2, \forall n > N_2$, 有 $|z_n - a| < \varepsilon$, 从而

$$z_n < a + \varepsilon, \quad \forall n > N_2.$$

取 $N = \max\{N_0, N_1, N_2\}$, 则对 $\forall n > N$, 有

$$a - \varepsilon < x_n \leqslant y_n \leqslant z_n < a + \varepsilon,$$

即

$$|y_n - a| < \varepsilon, \quad \forall n > N,$$

这就证明了 $\lim\limits_{n\to\infty} y_n = a.$ 　　　　　　　　　　　　　　　　　　证毕

定理 2.1.6 (极限的四则运算法则)　设 $\lim\limits_{n\to\infty} x_n = a, \lim\limits_{n\to\infty} y_n = b$, 则

(1) $\lim\limits_{n\to\infty} (\alpha x_n + \beta y_n) = \alpha a + \beta b$, 其中 α, β 是常数;

(2) $\lim\limits_{n\to\infty} (x_n y_n) = ab$;

(3) $\lim\limits_{n\to\infty} \dfrac{x_n}{y_n} = \dfrac{a}{b} (b \neq 0).$

证明　(1) 由 $\lim\limits_{n\to\infty} x_n = a$ 可知, $\forall \varepsilon > 0, \exists N_1, \forall n > N_1$, 有 $|x_n - a| < \varepsilon$. 再由 $\lim\limits_{n\to\infty} y_n = b$ 可知, $\forall \varepsilon > 0, \exists N_2, \forall n > N_2$, 有 $|y_n - b| < \varepsilon$. 取 $N = \max\{N_1, N_2\}$, 则对 $\forall n > N$, 有

$$|(\alpha x_n + \beta y_n) - (\alpha a + \beta b)| \leqslant |\alpha| \cdot |x_n - \alpha| + |\beta| \cdot |y_n - \beta|$$
$$< (|\alpha| + |\beta|)\varepsilon,$$

根据极限的定义, (1) 式成立.

(2) 由 $\lim\limits_{n\to\infty} x_n = a$ 可知, $\{x_n\}$ 有界, 即存在 $M > 0$, 使得

$$|x_n| \leqslant M, \quad n = 1, 2, \cdots.$$

另一方面, 由 $\lim\limits_{n\to\infty} x_n = a$ 知, $\forall \varepsilon > 0, \exists N, \forall n > N$, 有 $|x_n - a| < \varepsilon$.

而

$$|x_n y_n - ab| = |x_n(y_n - b) + b(x_n - a)|$$

$$\leqslant |x_n| \cdot |y_n - b| + |b| \cdot |x_n - a| < (M + |b|)\varepsilon, \quad n > N.$$

根据极限的定义, (2) 式成立.

(3) 由于 $\lim\limits_{n \to \infty} y_n = b \neq 0$, 利用定理 2.1.4 的推论: 存在正整数 N_3, 当 $n > N_3$ 时, 有

$$|y_n| > \frac{|b|}{2} > 0.$$

取 $N = \max\{N_1, N_2, N_3\}$, 则对 $\forall n > N$, 有

$$\left| \frac{x_n}{y_n} - \frac{a}{b} \right| = \left| \frac{b(x_n - a) - a(y_n - b)}{y_n b} \right| < \frac{2(|a| + |b|)}{b^2} \varepsilon,$$

根据极限的定义, (3) 式成立. 证毕

例 2.1.9 求极限 $\lim\limits_{n \to \infty} (1 + q + q^2 + \cdots + q^n)(|q| < 1)$.

解
$$\lim\limits_{n \to \infty} (1 + q + q^2 + \cdots + q^n) = \lim\limits_{n \to \infty} \frac{1 - q^{n+1}}{1 - q}$$

$$= \frac{1}{1 - q} \lim\limits_{n \to \infty} (1 - q^{n+1}),$$

因为 $|q| < 1$, 所以 $\lim\limits_{n \to \infty} q^n = 0$, 从而

$$\lim\limits_{n \to \infty} (1 + q + q^2 + \cdots + q^n) = \frac{1}{1 - q}.$$

例 2.1.10 证明: 当 $a > 0$ 时, $\lim\limits_{n \to \infty} \sqrt[n]{a} = 1$.

证明 当 $a = 1$ 时, 结论显然成立.

当 $a > 1$ 时, 由例 2.1.3 知 $\lim\limits_{n \to \infty} \sqrt[n]{a} = 1$.

当 $0 < a < 1$, 有 $\dfrac{1}{a} > 1$, 利用极限的四则运算, 有

$$\lim\limits_{n \to \infty} \sqrt[n]{a} = \lim\limits_{n \to \infty} \frac{1}{\sqrt[n]{\dfrac{1}{a}}} = 1.$$

例 2.1.11 设 $x_n - \sqrt{n}(\sqrt{n+1} - \sqrt{n})$, 求 $\lim\limits_{n \to \infty} x_n$.

解
$$x_n = \sqrt{n}(\sqrt{n+1} - \sqrt{n})$$

$$= \frac{\sqrt{n}}{\sqrt{n+1} + \sqrt{n}} = \frac{1}{1 + \sqrt{1 + \dfrac{1}{n}}},$$

由 $1 < \sqrt{1 + \frac{1}{n}} < 1 + \frac{1}{n}$, 得到 $\lim\limits_{n\to\infty} \sqrt{1 + \frac{1}{n}} = 1$, 利用极限的四则运算, 有

$$\lim_{n\to\infty} x_n = \frac{1}{2}.$$

例 2.1.12　求极限 $\lim\limits_{n\to\infty} \left(\frac{1}{\sqrt{n^2+1}} + \frac{1}{\sqrt{n^2+2}} + \cdots + \frac{1}{\sqrt{n^2+n}} \right)$.

解　记 $x_n = \frac{1}{\sqrt{n^2+1}} + \frac{1}{\sqrt{n^2+2}} + \cdots + \frac{1}{\sqrt{n^2+n}}$, 则

$$\frac{n}{\sqrt{n^2+n}} \leqslant x_n \leqslant \frac{n}{\sqrt{n^2+1}},$$

而

$$\lim_{n\to\infty} \frac{n}{\sqrt{n^2+n}} = \lim_{n\to\infty} \frac{n}{\sqrt{n^2+1}} = 1,$$

由夹逼性准则, 得到 $\lim\limits_{n\to\infty} x_n = 1$.

从上面的例子可以看出: 数列极限的四则运算, 只能推广到有限个数列的情形, 但不能随意推广到无限个数列或不定个数的数列上去, 换句话说, 对于无穷项或不定项而言, 和的极限不一定等于极限之和.

例 2.1.13　证明: $\lim\limits_{n\to\infty} (a_1^n + a_2^n + \cdots + a_m^n)^{\frac{1}{n}} = \max\limits_{1\leqslant i\leqslant m} \{a_i\}$, 其中 $a_i \geqslant 0 (i = 1, 2, \cdots, m)$.

证明　令 $a = \max\limits_{1\leqslant i\leqslant m} \{a_i\}$, 于是

$$a \leqslant (a_1^n + a_2^n + \cdots + a_m^n)^{\frac{1}{n}} \leqslant a \cdot \sqrt[n]{m}.$$

因为 $\lim\limits_{n\to\infty} \sqrt[n]{m} = 1$, 易知 $\lim\limits_{n\to\infty} a \cdot \sqrt[n]{m} = a$, 由夹逼性准则, 得到

$$\lim_{n\to\infty} (a_1^n + a_2^n + \cdots + a_m^n)^{\frac{1}{n}} = \max_{1\leqslant i\leqslant m} \{a_i\}.$$

例 2.1.14　设 $a_n > 0 (n = 1, 2, \cdots)$ 且 $\lim\limits_{n\to\infty} a_n = a$, 证明:

$$\lim_{n\to\infty} \sqrt[n]{a_1 a_2 \cdots a_n} = a.$$

证明　由 $a_n > 0$ 且 $\lim\limits_{n\to\infty} a_n = a$ 可知: $a \geqslant 0$.

(1) 当 $a > 0$ 时, 由平均值不等式, 有

$$\frac{a_1 + a_2 + \cdots + a_n}{n} \geqslant \sqrt[n]{a_1 a_2 \cdots a_n} \geqslant n \bigg/ \left(\frac{1}{a_1} + \frac{1}{a_2} + \cdots + \frac{1}{a_n} \right).$$

由 $\lim\limits_{n\to\infty} a_n = a$, 利用例 2.1.7, 得到 $\lim\limits_{n\to\infty} \dfrac{a_1 + a_2 + \cdots + a_n}{n} = a$.

由 $\lim\limits_{n\to\infty} a_n = a > 0$, 可知 $\lim\limits_{n\to\infty} \dfrac{1}{a_n} = \dfrac{1}{a}$, 从而 $\lim\limits_{n\to\infty} \dfrac{1}{n}\left(\dfrac{1}{a_1} + \dfrac{1}{a_2} + \cdots + \dfrac{1}{a_n}\right) = \dfrac{1}{a}$, 因此

$$\lim_{n\to\infty} n \Big/ \left(\frac{1}{a_1} + \frac{1}{a_2} + \cdots + \frac{1}{a_n}\right) = a.$$

由夹逼性准则, 得到

$$\lim_{n\to\infty} \sqrt[n]{a_1 a_2 \cdots a_n} = a.$$

(2) 当 $a = 0$ 时, 由于 $\dfrac{a_1 + a_2 + \cdots + a_n}{n} \geqslant \sqrt[n]{a_1 a_2 \cdots a_n} > 0$, 由夹逼性准则, 结论仍然成立.

例 2.1.15 设 $x_n = (n!)^{\frac{1}{n^2}}$, 求 $\lim\limits_{n\to\infty} x_n$.

解 由于 $1 \leqslant x_n \leqslant (n^n)^{\frac{1}{n^2}} = \sqrt[n]{n}$, 以及 $\lim\limits_{n\to\infty} \sqrt[n]{n} = 1$, 由夹逼性准则, 得到 $\lim\limits_{n\to\infty} x_n = 1$.

例 2.1.16 求极限 $\lim\limits_{n\to\infty} \dfrac{2n^2 + 5n + 1}{3n^2 + 4n + 7}$.

解
$$\lim_{n\to\infty} \frac{2n^2 + 5n + 1}{3n^2 + 4n + 7} = \lim_{n\to\infty} \frac{2 + \dfrac{5}{n} + \dfrac{1}{n^2}}{3 + \dfrac{4}{n} + \dfrac{7}{n^2}} = \frac{2}{3}.$$

例 2.1.17 求极限 $\lim\limits_{n\to\infty} \dfrac{9^{n+1} + (-5)^n}{2 \cdot 9^n + 3 \cdot 7^n}$.

解
$$\lim_{n\to\infty} \frac{9^{n+1} + (-5)^n}{2 \cdot 9^n + 3 \cdot 7^n} = \lim_{n\to\infty} \frac{9 + \left(-\dfrac{5}{9}\right)^n}{2 + 3 \cdot \left(\dfrac{7}{9}\right)^n} = \frac{9}{2}.$$

例 2.1.18 设 $\lim\limits_{n\to\infty} a_n = a, \lim\limits_{n\to\infty} b_n = b$. 记

$$S_n = \max\{a_n, b_n\}, \quad T_n = \min\{a_n, b_n\}, \quad n = 1, 2, \cdots.$$

求 (1) $\lim\limits_{n\to\infty} S_n$; (2) $\lim\limits_{n\to\infty} T_n$.

解 (1) 由于 $S_n = \max\{a_n, b_n\} = \dfrac{a_n + b_n + |a_n - b_n|}{2}$, 所以

$$\lim_{n\to\infty} S_n = \lim_{n\to\infty} \frac{a_n + b_n + |a_n - b_n|}{2}$$

$$= \frac{\lim\limits_{n\to\infty} a_n + \lim\limits_{n\to\infty} b_n + |\lim\limits_{n\to\infty} a_n - \lim\limits_{n\to\infty} b_n|}{2}$$

$$= \frac{a + b + |a - b|}{2} = \max\{a, b\}.$$

(2) 由于 $T_n = \min\{a_n, b_n\} = \dfrac{a_n + b_n - |a_n - b_n|}{2}$, 同理可得

$$\lim_{n\to\infty} T_n = \lim_{n\to\infty} \frac{a_n + b_n - |a_n - b_n|}{2}$$

$$= \min\{a, b\}.$$

例 2.1.19 设 $c > 1, a_1 = \dfrac{c}{2}$, 且 $a_n = \dfrac{c}{2} + \dfrac{a_{n-1}^2}{2}, n \geqslant 2$. 证明: 数列 $\{a_n\}$ 发散.

证明 利用反证法. 假设数列 $\{a_n\}$ 收敛, 记 $\lim\limits_{n\to\infty} a_n = a$.

对 $a_n = \dfrac{c}{2} + \dfrac{a_{n-1}^2}{2}$ 两边同时取极限, 并利用极限的四则运算法则, 有

$$a = \frac{c}{2} + \frac{a^2}{2},$$

整理得到

$$(a - 1)^2 = 1 - c < 0,$$

上式显然是不可能成立, 因此数列 $\{a_n\}$ 发散.

习 题 2.1

1. 按定义证明下列极限:

(1) $\lim\limits_{n\to\infty} \dfrac{n+1}{n^2+3} = 0$;

(2) $\lim\limits_{n\to\infty} \left(\dfrac{1}{n^2} + \dfrac{2}{n^2} + \cdots + \dfrac{n}{n^2} \right) = \dfrac{1}{2}$;

(3) $\lim\limits_{n\to\infty} \dfrac{\sqrt{n^2+2n}}{n} = 1$;

(4) $\lim\limits_{n\to\infty} \dfrac{\sin n}{n} = 0$;

(5) $\lim\limits_{n\to\infty} \dfrac{n^3}{n!} = 0$;

(6) $\lim\limits_{n\to\infty} \dfrac{n}{2^n} = 0$.

2. 设 $\lim\limits_{n\to\infty} x_{2n} = \lim\limits_{n\to\infty} x_{2n-1} = a$, 证明: $\lim\limits_{n\to\infty} x_n = a$.

3. 设 $x_n \geqslant 0$, 且 $\lim\limits_{n\to\infty} x_n = a$. 证明: $\lim\limits_{n\to\infty} \sqrt{x_n} = \sqrt{a}$.

4. 求下列数列的极限:

(1) $\lim\limits_{n\to\infty} \dfrac{(-2)^n + 5^n}{(-2)^{n+1} + 5^{n+1}}$;

(2) $\lim\limits_{n\to\infty} \dfrac{1 + a + a^2 + \cdots + a^n}{1 + b + b^2 + \cdots + b^n}(|a| < 1, |b| < 1)$;

(3) $\lim\limits_{n\to\infty} \dfrac{4n^3 - 5n + 7}{n^3 + 2n^2 - 3n + 1}$;

(4) $\lim\limits_{n\to\infty} \left(\dfrac{1^2}{n^3} + \dfrac{2^2}{n^3} + \cdots + \dfrac{n^2}{n^3} \right)$;

(5) $\lim\limits_{n\to\infty} \left(\dfrac{1}{1 \cdot 2} + \dfrac{1}{2 \cdot 3} + \cdots + \dfrac{1}{n \cdot (n+1)} \right)$;

(6) $\lim\limits_{n\to\infty} \left(\dfrac{1}{1 \cdot 2 \cdot 3} + \dfrac{1}{2 \cdot 3 \cdot 4} + \cdots + \dfrac{1}{n \cdot (n+1) \cdot (n+2)} \right)$;

(7) $\lim\limits_{n\to\infty} \dfrac{\sqrt[3]{n^2} \cos n!}{n + 2}$;

(8) $\lim\limits_{n\to\infty} \left(\dfrac{1}{2} + \dfrac{3}{2^2} + \dfrac{5}{2^3} + \cdots + \dfrac{2n - 1}{2^n} \right)$;

(9) $\lim\limits_{n\to\infty} \sqrt[3]{n}(\sqrt[3]{n+1} - \sqrt[3]{n})$;

(10) $\lim\limits_{n\to\infty} (1 + \alpha)(1 + \alpha^2)(1 + \alpha^4) \cdots (1 + \alpha^{2n}), |\alpha| < 1$.

5. 求下列数列的极限:

(1) $\lim\limits_{n\to\infty} \left(1 + \dfrac{1}{2} + \cdots + \dfrac{1}{n} \right)^{\frac{1}{n}}$;

(2) $\lim\limits_{n\to\infty} \left(\dfrac{1}{n^2 + n + 1} + \dfrac{2}{n^2 + n + 2} + \cdots + \dfrac{n}{n^2 + n + n} \right)$;

(3) $\lim\limits_{n\to\infty} \sqrt[n]{1^n + 2^n + \cdots + 9^n}$;

(4) 设 $x_n = \sum\limits_{k=n^2}^{(n+1)^2} \dfrac{1}{\sqrt{k}}$, 求 $\lim\limits_{n\to\infty} x_n$;

(5) $\lim\limits_{n\to\infty} \dfrac{1 \cdot 3 \cdot 5 \cdots (2n - 1)}{2 \cdot 4 \cdot 6 \cdots 2n}$;

(6) $\lim\limits_{n\to\infty} \sqrt[n]{n^2 \ln n}$;

(7) $\lim\limits_{n\to\infty} [(n+1)^\alpha - n^\alpha], 0 < \alpha < 1$.

6. 设 $x_1 = a, x_2 = b, x_{n+2} = \dfrac{x_n + x_{n+1}}{2}, n = 1, 2, \cdots$, 求 $\lim\limits_{n\to\infty} x_n$.

7. (1) 若 $\{x_n\}$ 收敛, $\{y_n\}$ 发散, 试问: $\{x_n + y_n\}$ 是否必发散? $\{x_n y_n\}$ 是否必发散?

(2) 若 $\{x_n\}, \{y_n\}$ 都发散, 试问: $\{x_n + y_n\}, \{x_n y_n\}$ 是否必发散?

(3) 若 $\{x_n y_n\}$ 是无穷小量, 试问: $\{x_n\}$ 与 $\{y_n\}$ 是否必为无穷小量?

8. 设 $\lim\limits_{n\to\infty} \dfrac{x_n - a}{x_n + a} = 0$, 证明: $\lim\limits_{n\to\infty} x_n = a$.

9. 设 $x_n \leqslant a \leqslant y_n, n = 1, 2, \cdots$, 且 $\lim\limits_{n \to \infty}(y_n - x_n) = 0$. 证明: $\lim\limits_{n \to \infty} x_n = \lim\limits_{n \to \infty} y_n = a$.

2.2 无穷大量

2.2.1 无穷大量的概念

对于数列 $x_n = (-1)^n$ 和 $y_n = (-2)^n$, 按照极限的定义, 它们都不存在极限, 但这两者之间有本质的区别: 随着 n 增大, x_n 在 -1 和 1 之间跳动, 数列 $\{x_n\}$ 显然是有界的, 但 y_n 随着 n 增大, 其绝对值无限地增大. 这样的数列称为无穷大量, 下面我们给出其严格的数学定义.

定义 2.2.1 设 $\{x_n\}$ 是一个数列, 若对任意 $G > 0$, 总存在正整数 N, 使得当 $n > N$ 时成立

$$|x_n| > G,$$

则称数列 $\{x_n\}$ 为无穷大量, 记为

$$\lim_{n \to \infty} x_n = \infty.$$

若对任意 $G > 0$, 总存在正整数 N, 使得当 $n > N$ 时成立

$$x_n > G,$$

则称数列 $\{x_n\}$ 为正无穷大量, 记为

$$\lim_{n \to \infty} x_n = +\infty.$$

若对任意 $G > 0$, 总存在正整数 N, 使得当 $n > N$ 时, 成立 $x_n < -G$, 则称数列 $\{x_n\}$ 为负无穷大量, 记为

$$\lim_{n \to \infty} x_n = -\infty.$$

注 1 虽然用记号 $\lim\limits_{n \to \infty} x_n = \infty$ 表示 $\{x_n\}$ 为无穷大量, 有时甚至也说 $\{x_n\}$ 的极限是 ∞, 但这里 "极限" 的含义, 与 2.1 节中极限的定义是完全不同的, 只是为了今后在记号上和叙述上的方便才这样说的.

注 2 无穷大量是一个变量, 它的绝对值随着 n 的增大而无限增大, 切不可把它同很大的量混淆起来.

例 2.2.1 设 $|q| > 1$, 证明: $\{q^n\}$ 是无穷大量.

证明 $\forall G > 1$, 要 $|q^n| > G$, 即 $n \ln |q| > \ln G$, 只要 $n > \dfrac{\ln G}{\ln |q|}$.

取 $N = \left[\dfrac{\ln G}{\ln |q|}\right]$, 于是当 $n > N$ 时, 成立

$$n > \frac{\ln G}{\ln |q|},$$

因此

$$|q|^n > G,$$

这就证明了 $\{q^n\}$ 是无穷大量.

例 2.2.2 设 $\lim\limits_{n \to \infty} x_n = +\infty$, 证明: $\lim\limits_{n \to \infty} \dfrac{x_1 + x_2 + \cdots + x_n}{n} = +\infty$.

证明 因为 $\lim\limits_{n \to \infty} x_n = +\infty$, 所以 $\forall G > 0, \exists N_1$, 使得当 $n > N_1$ 时成立

$$|x_n| > 2G, \quad 且 \quad x_1 + x_2 + \cdots + x_{N_1} > 0,$$

于是

$$\frac{x_1 + x_2 + \cdots + x_n}{n} > \frac{x_{N_1+1} + x_{N_1+2} + \cdots + x_n}{n} > \frac{2(n - N_1)}{n}G,$$

因 $\lim\limits_{n \to \infty} \dfrac{2(n - N_1)}{n} = 2$, 所以存在 N_2, 使得当 $n > N_2$ 时成立 $\dfrac{2(n - N_1)}{n} > 1$, 取 $N = \max\{N_1, N_2\}$, 则当 $n > N$ 时有

$$\frac{x_1 + x_2 + \cdots + x_n}{n} > G,$$

这就证明了 $\lim\limits_{n \to \infty} \dfrac{x_1 + x_2 + \cdots + x_n}{n} = +\infty$.

思考题 (1) 若 $\lim\limits_{n \to \infty} x_n = -\infty$, 是否有 $\lim\limits_{n \to \infty} \dfrac{x_1 + x_2 + \cdots + x_n}{n} = -\infty$?

(2) 若 $\lim\limits_{n \to \infty} x_n = \infty$, 是否有 $\lim\limits_{n \to \infty} \dfrac{x_1 + x_2 + \cdots + x_n}{n} = \infty$?

(3) 若 $\{x_n\}$ 发散, $\left\{\dfrac{x_1 + x_2 + \cdots + x_n}{n}\right\}$ 是否一定发散?

(4) 若 $\{x_n\}$ 无界, 是否一定有 $\lim\limits_{n \to \infty} x_n = \infty$?

2.2.2 无穷大量的性质和运算

1. 无穷大量与无穷小量之间的关系

定理 2.2.1 设 $x_n \neq 0$, 则 $\{x_n\}$ 是无穷大量的充分必要条件是 $\left\{\dfrac{1}{x_n}\right\}$ 是无穷小量.

证明 必要性 $\forall \varepsilon > 0$, 由于 $\{x_n\}$ 是无穷大量, 取 $G = \dfrac{1}{\varepsilon} > 0$, 于是 $\exists N, \forall n > N$ 时, 有

$$|x_n| > G = \frac{1}{\varepsilon},$$

从而

$$\left| \frac{1}{x_n} \right| < \varepsilon,$$

这表明 $\left\{ \dfrac{1}{x_n} \right\}$ 是无穷小量.

充分性 $\forall G > 0$, 由于 $\left\{ \dfrac{1}{x_n} \right\}$ 是无穷小量, 取 $\varepsilon = \dfrac{1}{G} > 0$, 于是 $\exists N, \forall n > N$ 时, 有

$$\left| \frac{1}{x_n} \right| < \varepsilon = \frac{1}{G},$$

从而 $|x_n| > G$, 这就证明了 $\{x_n\}$ 是无穷大量.   证毕

2. 无穷大量的运算

定理 2.2.2 设 $\{x_n\}, \{y_n\}$ 都是正 (或负) 无穷大量, 则它们的和 $\{x_n + y_n\}$ 也是正 (或负) 无穷大量.

证明 我们只证明 $\{x_n\}, \{y_n\}$ 都是正无穷大量的情形. 因为 $\{x_n\}$ 是正无穷大量, 所以

$$\forall G > 0, \exists N_1, \text{当 } n > N_1 \text{ 时, 成立 } x_n > G.$$

又因为 $\{y_n\}$ 是正无穷大量, 所以

$$\forall G > 0, \exists N_2, \text{当 } n > N_2 \text{ 时, 成立 } y_n > G.$$

取 $N = \max\{N_1, N_2\}$, 则当 $n > N$ 时, 有

$$x_n + y_n > 2G,$$

这表明 $\{x_n + y_n\}$ 是正无穷大量.   证毕

需要指出的是, 任意两个非同号的无穷大量之和不一定是无穷大量, 例如数列 $\{n\}, \{-n\}$ 都是无穷大量, 但它们的和为 $\{0\}$, 显然该数列不是无穷大量.

定理 2.2.3 设 $\{x_n\}$ 是无穷大量, 若当 $n > N_1$ 时, $|y_n| \geqslant \delta > 0$ 成立, 则 $\{x_n y_n\}$ 是无穷大量.

证明 因为 $\{x_n\}$ 是无穷大量, 所以 $\forall G > 0, \exists N_2$, 当 $n > N_2$ 时, 成立

$$|x_n| > G.$$

取 $N = \max\{N_1, N_2\}$, 则当 $n > N$ 时, 有

$$|x_n y_n| > \delta G,$$

这样就证明了 $\{x_n y_n\}$ 是无穷大量. 证毕

推论 设 $\{x_n\}$ 是无穷大量, $\lim\limits_{n \to \infty} y_n = b \neq 0$, 则 $\{x_n y_n\}$ 与 $\left\{\dfrac{x_n}{y_n}\right\}$ 都是无穷大量.

例 2.2.3 求 $\lim\limits_{n \to \infty} \dfrac{a_0 n^k + a_1 n^{k-1} + \cdots + a_k}{b_0 n^l + b_1 n^{l-1} + \cdots + b_l}$, 其中 k, l 都是正整数, 并且 $a_0 \neq 0, b_0 \neq 0, a_i, b_j (i = 1, 2, \cdots, k, j = 1, 2, \cdots, l)$ 都是与 n 无关的常数.

解 由于 $\dfrac{a_0 n^k + a_1 n^{k-1} + \cdots + a_k}{b_0 n^l + b_1 n^{l-1} + \cdots + b_l} = n^{k-l} \dfrac{a_0 + \dfrac{a_1}{n} + \cdots + \dfrac{a_k}{n^k}}{b_0 + \dfrac{b_1}{n} + \cdots + \dfrac{b_l}{n^l}}$, 利用极限的四则运算法则, 有

$$\lim_{n \to \infty} \left(a_0 + \frac{a_1}{n} + \cdots + \frac{a_k}{n^k}\right) = a_0, \quad \lim_{n \to \infty} \left(b_0 + \frac{b_1}{n} + \cdots + \frac{b_l}{n^l}\right) = b_0.$$

注意到

$$\lim_{n \to \infty} n^{k-l} = \begin{cases} 0, & k < l, \\ 1, & k = l, \\ \infty, & k > l, \end{cases}$$

所以

$$\lim_{n \to \infty} \frac{a_0 n^k + a_1 n^{k-1} + \cdots + a_k}{b_0 n^l + b_1 n^{l-1} + \cdots + b_l} = \begin{cases} 0, & k < l, \\ \dfrac{a_0}{b_0}, & k = l, \\ \infty, & k > l. \end{cases}$$

2.2.3 Stolz 定理

定理 2.2.4 $\left(\dfrac{*}{\infty} \text{型 Stolz 定理}\right)$ 设 $\{y_n\}$ 是严格单调增加的正无穷大量, 且

$$\lim_{n \to \infty} \frac{x_n - x_{n-1}}{y_n - y_{n-1}} = a \quad (a \text{ 可以为有限数}, +\infty \text{ 与 } -\infty),$$

则

$$\lim_{n \to \infty} \frac{x_n}{y_n} = a.$$

证明 (1) 首先证明: 当 a 为有限数时, 结论成立.

(i) 当 $a = 0$ 时, 由 $\lim\limits_{n \to \infty} \dfrac{x_n - x_{n-1}}{y_n - y_{n-1}} = 0$ 可知, $\forall \varepsilon > 0, \exists N_1, \forall n > N_1$, 有

$$|x_n - x_{n-1}| < \varepsilon(y_n - y_{n-1}).$$

由于 $\{y_n\}$ 是正无穷大量, 显然可要求 $y_{N_1} > 0$, 于是

$$|x_n - x_{N_1}| \leqslant |x_n - x_{n-1}| + |x_{n-1} - x_{n-2}| + \cdots + |x_{N_1+1} - x_{N_1}|$$

$$< \varepsilon(y_n - y_{n-1}) + \varepsilon(y_{n-1} - y_{n-2}) + \cdots + \varepsilon(y_{N_1+1} - y_{N_1})$$

$$= \varepsilon(y_n - y_{N_1}).$$

不等式两边同除以 y_n, 得到

$$\left| \frac{x_n}{y_n} - \frac{x_{N_1}}{y_n} \right| < \varepsilon \left(1 - \frac{y_{N_1}}{y_n} \right) < \varepsilon,$$

对于固定的 N_1, 存在正整数 $N > N_1$, 使得对 $\forall n > N$, 有

$$\left| \frac{x_{N_1}}{y_n} \right| < \varepsilon,$$

从而

$$\left| \frac{x_n}{y_n} \right| < \varepsilon + \left| \frac{x_{N_1}}{y_n} \right| < 2\varepsilon,$$

这就证明了 $\lim\limits_{n \to \infty} \dfrac{x_n}{y_n} = 0$.

(ii) 当 $a \neq 0$ 时, 令 $x_n' = x_n - a y_n$, 则

$$\lim_{n \to \infty} \frac{x_n' - x_{n-1}'}{y_n - y_{n-1}} = \lim_{n \to \infty} \frac{x_n - x_{n-1}}{y_n - y_{n-1}} - a = 0.$$

由 (i) 的结论, 得到 $\lim\limits_{n \to \infty} \dfrac{x_n'}{y_n} = 0$, 从而

$$\lim_{n \to \infty} \frac{x_n}{y_n} = \lim_{n \to \infty} \frac{x_n'}{y_n} + a = a.$$

(2) 当 $a = +\infty$ 时, 因为 $\lim\limits_{n \to \infty} \dfrac{x_n - x_{n-1}}{y_n - y_{n-1}} = +\infty$, 所以存在 N, 当 $n > N$ 时, 成立

$$\frac{x_n - x_{n-1}}{y_n - y_{n-1}} > 1.$$

因为 $\{y_n\}$ 是严格单调增加的正无穷大量, 所以

$$x_n - x_{n-1} > y_n - y_{n-1} \quad 且 \quad x_n - x_N > y_n - y_N,$$

由此得到: $\{x_n\}$ 亦是严格单调增加的正无穷大量. 由于 $\lim\limits_{n\to\infty} \dfrac{x_n - x_{n-1}}{y_n - y_{n-1}} = +\infty$, 利用无穷大量与无穷小量的关系, 得到

$$\lim_{n\to\infty} \frac{y_n - y_{n-1}}{x_n - x_{n-1}} = 0.$$

再由 (1) 的结论得到 $\lim\limits_{n\to\infty} \dfrac{y_n}{x_n} = 0$, 因此 $\lim\limits_{n\to\infty} \dfrac{x_n}{y_n} = +\infty$.

(3) 当 $a = -\infty$ 时, 令 $x'_n = -x_n$, 则 $\lim\limits_{n\to\infty} \dfrac{x'_n - x'_{n-1}}{y_n - y_{n-1}} = +\infty$, 利用 (2) 的结论得到 $\lim\limits_{n\to\infty} \dfrac{x'_n}{y_n} = +\infty$, 从而 $\lim\limits_{n\to\infty} \dfrac{x_n}{y_n} = -\infty$.   证毕

注 在例 2.1.7 中, 我们已经证明了如下结论.

若 $\lim\limits_{n\to\infty} a_n = a$, 则 $\lim\limits_{n\to\infty} \dfrac{a_1 + a_2 + \cdots + a_n}{n} = a$.

令 $x_n = a_1 + a_2 + \cdots + a_n, y_n = n$, 上述结论从 Stolz 定理可直接得到.

定理 2.2.5 $\left(\dfrac{0}{0}\ 型\ \text{Stolz}\ 定理\right)$ 设 $\{x_n\}, \{y_n\}$ 都是无穷小量, $\{y_n\}$ 是严格单调减少的数列, 且

$$\lim_{n\to\infty} \frac{x_{n+1} - x_n}{y_{n+1} - y_n} = a \quad (a\ 可以为有限数, +\infty\ 与\ -\infty),$$

则

$$\lim_{n\to\infty} \frac{x_n}{y_n} = a.$$

证明 下面仅对 a 为有限数来证明, 其他情形的证明, 留给读者去完成.

因为 $\lim\limits_{n\to\infty} \dfrac{x_{n+1} - x_n}{y_{n+1} - y_n} = a$, 所以 $\forall \varepsilon > 0, \exists N, \forall n > N$, 有

$$\left| \frac{x_{n+1} - x_n}{y_{n+1} - y_n} - a \right| < \varepsilon,$$

即

$$a - \varepsilon < \frac{x_n - x_{n+1}}{y_n - y_{n+1}} < a + \varepsilon,$$

又由于 $\{y_n\}$ 是严格单调减少的数列, 即 $y_n > y_{n+1}, n = 1, 2, \cdots,$ 于是

$$(a - \varepsilon)(y_n - y_{n+1}) < x_n - x_{n+1} < (a + \varepsilon)(y_n - y_{n+1}).$$

任取 $m > n$, 将上式中的 n 依次换成 $n+1, n+2, \cdots, m-1$, 再将所有不等式相加得到

$$(a - \varepsilon)(y_n - y_m) < x_n - x_m < (a + \varepsilon)(y_n - y_m),$$

变形得到

$$\left| \frac{x_n - x_m}{y_n - y_m} - a \right| < \varepsilon,$$

再注意到 $\{x_n\}, \{y_n\}$ 都无穷小量, 所以 $\lim\limits_{m \to \infty} x_m = \lim\limits_{m \to \infty} y_m = 0$. 在上面不等式中令 $m \to +\infty$, 得到当 $n > N$ 时, 成立

$$\left| \frac{x_n}{y_n} - a \right| \leqslant \varepsilon,$$

这就证明了 $\lim\limits_{n \to \infty} \dfrac{x_n}{y_n} = a$.   证毕

思考题 在定理 2.2.4、定理 2.2.5 的条件中将 a 换成不带符号的 ∞, 定理的结论是否仍然成立? 若结论成立, 请给出证明; 若结论不成立, 请举出反例.

例 2.2.4 求极限

$$\lim_{n \to \infty} \frac{1! + 2! + \cdots + n!}{n!}.$$

解 令 $x_n = 1! + 2! + \cdots + n!, y_n = n!$, 利用 Stolz 定理, 得到

$$\lim_{n \to \infty} \frac{1! + 2! + \cdots + n!}{n!} = \lim_{n \to \infty} \frac{(n+1)!}{(n+1)! - n!} = \lim_{n \to \infty} \frac{(n+1)!}{n!n} = 1.$$

例 2.2.5 求极限

$$\lim_{n \to \infty} \frac{1^k + 2^k + \cdots + n^k}{n^{k+1}} \quad (k \text{ 为正整数}).$$

解 令 $x_n = 1^k + 2^k + \cdots + n^k, y_n = n^{k+1}$, 由

$$\lim_{n \to \infty} \frac{x_{n+1} - x_n}{y_{n+1} - y_n} = \lim_{n \to \infty} \frac{(n+1)^k}{(n+1)^{k+1} - n^{k+1}}$$

$$= \lim_{n \to \infty} \frac{(n+1)^k}{(k+1)n^k + \mathrm{C}_{k+1}^2 n^{k-1} + \cdots + \mathrm{C}_{k+1}^k n + 1} = \frac{1}{k+1},$$

利用 Stolz 定理, 得到

$$\lim_{n\to\infty} \frac{1^k + 2^k + \cdots + n^k}{n^{k+1}} = \frac{1}{k+1}.$$

例 2.2.6 设 $\lim\limits_{n\to\infty} a_n = a$, 求极限

$$\lim_{n\to\infty} \frac{a_1 + 2a_2 + \cdots + na_n}{n^2}.$$

解 令 $x_n = a_1 + 2a_2 + \cdots + na_n$, $y_n = n^2$, 由

$$\lim_{n\to\infty} \frac{x_{n+1} - x_n}{y_{n+1} - y_n} = \lim_{n\to\infty} \frac{(n+1)a_{n+1}}{(n+1)^2 - n^2} = \lim_{n\to\infty} \frac{(n+1)a_{n+1}}{2n+1} = \frac{a}{2},$$

利用 Stolz 定理, 得到

$$\lim_{n\to\infty} \frac{a_1 + 2a_2 + \cdots + na_n}{n^2} = \frac{a}{2}.$$

例 2.2.7 设 $A_n = \sum\limits_{k=1}^{n} x_k$ 且 $\lim\limits_{n\to\infty} A_n$ 存在, $\{p_n\}$ 为单调递增的正数列, $\lim\limits_{n\to\infty} p_n = +\infty$. 证明:

$$\lim_{n\to\infty} \frac{\sum\limits_{k=1}^{n} p_k x_k}{p_n} = 0.$$

证明 首先, 我们证明 $\sum\limits_{k=1}^{n} p_k x_k = p_n A_n - \sum\limits_{k=1}^{n-1} (p_{k+1} - p_k) A_k$. 记 $A_0 = 0$, 则

$$\sum_{k=1}^{n} p_k x_k = \sum_{k=1}^{n} p_k (A_k - A_{k-1}) = \sum_{k=1}^{n} p_k A_k - \sum_{k=1}^{n} p_k A_{k-1}$$

$$= \sum_{k=1}^{n} p_k A_k - \sum_{k=2}^{n} p_k A_{k-1} = \sum_{k=1}^{n} p_k A_k - \sum_{k=1}^{n-1} p_{k+1} A_k$$

$$= p_n A_n + \sum_{k=1}^{n-1} p_k A_k - \sum_{k=1}^{n-1} p_{k+1} A_k$$

$$= p_n A_n - \sum_{k=1}^{n-1} (p_{k+1} - p_k) A_k.$$

利用上面的结论以及 Stolz 定理, 得到

$$\lim_{n\to\infty}\frac{\sum_{k=1}^{n}p_kx_k}{p_n}=\lim_{n\to\infty}\frac{p_nA_n-\sum_{k=1}^{n-1}(p_{k+1}-p_k)A_k}{p_n}$$

$$=\lim_{n\to\infty}A_n-\lim_{n\to\infty}\frac{\sum_{k=1}^{n-1}(p_{k+1}-p_k)A_k}{p_n}$$

$$=\lim_{n\to\infty}A_n-\lim_{n\to\infty}\frac{(p_{n+1}-p_n)A_n}{p_{n+1}-p_n}=0.$$

注 公式 $\sum_{k=1}^{n}p_kx_k=p_nA_n-\sum_{k=1}^{n-1}(p_{k+1}-p_k)A_k$ 通常称作**阿贝尔** (Abel) **变换**, 它在数学分析的学习中, 经常会用到.

习 题 2.2

1. 按定义证明下列数列为无穷大量:

(1) $\left\{\dfrac{n^2+1}{n+3}\right\}$;

(2) $\{2^n\}$;

(3) $\left\{\log_a\left(\dfrac{1}{n}\right)\right\}$;

(4) $\left\{\dfrac{1}{\sqrt{n+1}}+\dfrac{1}{\sqrt{n+2}}+\cdots+\dfrac{1}{\sqrt{2n}}\right\}$.

2. 设 $\lim\limits_{n\to\infty}(a_n-a_{n-1})=l$, 证明: $\lim\limits_{n\to\infty}\dfrac{a_n}{n}=l$.

3. 设 $\lim\limits_{n\to\infty}(a_1+a_2+\cdots+a_n)$ 存在, 证明:

(1) $\lim\limits_{n\to\infty}\dfrac{a_1+2a_2+\cdots+na_n}{n}=0$;

(2) $\lim\limits_{n\to\infty}(n!a_1a_2\cdots a_n)^{\frac{1}{n}}=0\ (a_i>0,i=1,2,\cdots,n)$.

4. 求下列数列的极限:

(1) $\lim\limits_{n\to\infty}\dfrac{\ln n}{n}$;

(2) $\lim\limits_{n\to\infty}\dfrac{n^k}{a^n},a>1,k$ 为正整数;

(3) $\lim\limits_{n\to\infty}\dfrac{1^2+3^2+5^2+\cdots+(2n+1)^2}{n^3}$;

(4) $\lim\limits_{n\to\infty}\dfrac{1+\frac{1}{2}+\cdots+\frac{1}{n}}{\ln n}$;

(5) $\lim\limits_{n\to\infty}\dfrac{1+\frac{1}{\sqrt{2}}+\cdots+\frac{1}{\sqrt{n}}}{\sqrt{n}}$.

5. 设 $a_1 > 0, a_{n+1} = a_n + \dfrac{1}{a_n}, n = 1, 2, \cdots$. 证明: $\lim\limits_{n\to\infty} \dfrac{a_n}{\sqrt{2n}} = 1$.

2.3 单调收敛原理及应用

研究一个数列的收敛性问题, 仅从定义出发是远远不够的. 本节我们介绍单调收敛原理以及它的典型应用.

2.3.1 单调收敛原理

定理 2.3.1 单调有界数列必收敛.

证明 不妨设数列 $\{x_n\}$ 单调递增且有上界, 根据确界存在定理, 由 $\{x_n\}$ 构成的数集必有上确界 β, 它满足

(1) $\forall n \in \mathbf{N}^+$, $x_n \leqslant \beta$;

(2) $\forall \varepsilon > 0, \exists x_N, x_N > \beta - \varepsilon$.

于是 $\beta - \varepsilon < x_N \leqslant \beta$.

利用数列 $\{x_n\}$ 单调递增可知: 对 $\forall n > N$, 有

$$\beta - \varepsilon < x_N \leqslant x_n \leqslant \beta,$$

由此得到

$$|x_n - \beta| < \varepsilon, \quad n > N,$$

这就证明了 $\lim\limits_{n\to\infty} x_n = \beta$.   证毕

例 2.3.1 设 $x_1 = \sqrt{a}$, $x_{n+1} = \sqrt{a + x_n}$, $n = 1, 2, 3, \cdots$, 其中 $a > 0$. 证明: 数列 $\{x_n\}$ 收敛, 并求它的极限.

解 显然 $x_2 > x_1$ 且 $x_n \geqslant \sqrt{a}, n = 1, 2, 3, \cdots$. 注意到

$$x_{n+1} - x_n = \sqrt{a + x_n} - \sqrt{a + x_{n-1}} = \frac{x_n - x_{n-1}}{\sqrt{a + x_n} + \sqrt{a + x_{n-1}}},$$

由此可见 $x_{n+1} - x_n$ 与 $x_n - x_{n-1}$ 同号, 因此数列 $\{x_n\}$ 单调. 又因为 $x_2 > x_1$, 所以 $\{x_n\}$ 为单调递增数列.

$$x_n^2 = a + x_{n-1} \leqslant a + x_n,$$

两端除以 x_n, 得

$$x_n \leqslant 1 + \frac{a}{x_n} \leqslant 1 + \frac{a}{\sqrt{a}} = 1 + \sqrt{a},$$

这表明数列 $\{x_n\}$ 有上界. 由单调收敛原理知: 数列 $\{x_n\}$ 收敛, 不妨设 $\lim\limits_{n\to\infty} x_n = l$.

对 $x_{n+1}^2 = a + x_n$ 两边同时取极限, 得到

$$l^2 = l + a,$$

于是 $l = \dfrac{1 \pm \sqrt{1 + 4a}}{2}$.

由于 $\{x_n\}$ 为正数列, 它的极限 l 不可能为负数, 因此

$$\lim_{n \to \infty} x_n = \frac{1 + \sqrt{1 + 4a}}{2}.$$

例 2.3.2　设 $0 < x_1 < 1, x_{n+1} = x_n(1 - x_n), n = 1, 2, 3, \cdots$.

(1) 证明: $\{x_n\}$ 收敛, 并求极限 $\lim\limits_{n \to \infty} x_n$;

(2) 求极限 $\lim\limits_{n \to \infty} nx_n$.

解　(1) 应用数学归纳法, 可以得到对一切 $n \in \mathbf{N}^+$, 有 $0 < x_n < 1$. 由 $x_{n+1} = x_n(1 - x_n)$ 可得

$$x_{n+1} - x_n = -x_n^2 < 0,$$

因此 $\{x_n\}$ 单调递减有下界. 由单调收敛原理知, $\{x_n\}$ 收敛, 不妨设 $\lim\limits_{n \to \infty} x_n = a$.

在 $x_{n+1} = x_n(1 - x_n)$ 两边同时求极限, 得到

$$a = a(1 - a),$$

注意到 $0 \leqslant a < 1$, 因此 $a = 0$, 即 $\lim\limits_{n \to \infty} x_n = 0$.

(2) 利用 Stolz 定理, 有

$$\lim_{n \to \infty} nx_n = \lim_{n \to \infty} \frac{n}{\dfrac{1}{x_n}} = \lim_{n \to \infty} \frac{1}{\dfrac{1}{x_{n+1}} - \dfrac{1}{x_n}}$$

$$= \lim_{n \to \infty} \frac{x_n x_{n+1}}{x_n - x_{n+1}} = \lim_{n \to \infty} \frac{x_n^2(1 - x_n)}{x_n^2} = 1.$$

例 2.3.3　设 $x_1 > 0, x_{n+1} = 1 + \dfrac{x_n}{1 + x_n}, n = 1, 2, 3, \cdots$. 证明: 数列 $\{x_n\}$ 收敛, 并求它的极限.

解　首先, 由数学归纳法可直接得到: 当 $n \geqslant 2$ 时, 有 $1 < x_n < 2$.

再由 $x_{n+1} = 1 + \dfrac{x_n}{1 + x_n}$ 可得

$$x_{n+1} - x_n = \frac{x_n - x_{n-1}}{(1 + x_n)(1 + x_{n-1})}.$$

由此可见 $x_{n+1}-x_n$ 与 x_n-x_{n-1} 同号, 从而 $\{x_n\}$ 单调. 由单调收敛原理知, $\{x_n\}$ 收敛.

设 $\lim\limits_{n\to\infty} x_n = a$, 在等式 $x_{n+1} = 1 + \dfrac{x_n}{1+x_n}$ 两边同时求极限, 得到

$$a = 1 + \frac{a}{1+a},$$

解方程得 $a = \dfrac{1\pm\sqrt{5}}{2}$. 由 $x_n > 1$, 因此极限 a 非负, 从而有

$$\lim_{n\to\infty} x_n = \frac{1+\sqrt{5}}{2}.$$

2.3.2 无理数 e 和欧拉常数 c

下面我们利用单调收敛原理, 导出无理数 e 和欧拉 (Euler) 常数 c.

例 2.3.4 证明: 数列 $\left\{\left(1+\dfrac{1}{n}\right)^n\right\}$ 单调递增, $\left\{\left(1+\dfrac{1}{n}\right)^{n+1}\right\}$ 单调递减, 且两者收敛于同一极限.

证明 记 $x_n = \left(1+\dfrac{1}{n}\right)^n$, $y_n = \left(1+\dfrac{1}{n}\right)^{n+1}$, 由平均值不等式得到

$$x_n = \left(1+\frac{1}{n}\right)^n \cdot 1 \leqslant \left[\frac{n\left(1+\frac{1}{n}\right)+1}{n+1}\right]^{n+1} = \left(1+\frac{1}{n+1}\right)^{n+1} = x_{n+1},$$

$$\frac{1}{y_n} = \left(\frac{n}{n+1}\right)^{n+1} \cdot 1 \leqslant \left[\frac{(n+1)\frac{n}{n+1}+1}{n+2}\right]^{n+2} = \frac{1}{y_{n+1}},$$

这表明: 数列 $\{x_n\}$ 单调递增, $\{y_n\}$ 单调递减.

从数列 $\{x_n\}$, $\{y_n\}$ 的表达式不难看出

$$2 = x_1 \leqslant x_n < y_n \leqslant y_1 = 4,$$

由单调收敛原理知, 数列 $\{x_n\}$ 与 $\{y_n\}$ 都收敛. 又因为 $y_n = x_n\left(1+\dfrac{1}{n}\right)$, 所以它们具有相同的极限.

习惯上用字母 e 来表示这一极限, 即

$$\lim_{n\to\infty}\left(1+\frac{1}{n}\right)^n = \lim_{n\to\infty}\left(1+\frac{1}{n}\right)^{n+1} = e,$$

其中 $e = 2.718281828459\cdots$ 是一个无理数.

以 e 为底的对数称为自然对数, 通常把 $\log_e x$ 记为 $\ln x$.

注 从上面的证明过程, 可以看出

$$\left(1+\frac{1}{n}\right)^n < e < \left(1+\frac{1}{n}\right)^{n+1},$$

取对数得到

$$\frac{1}{n+1} < \ln\left(1+\frac{1}{n}\right) < \frac{1}{n}.$$

例 2.3.5 求极限 $\lim_{n\to\infty}\left(1+\frac{1}{3n}\right)^n$.

解 $$\lim_{n\to\infty}\left(1+\frac{1}{3n}\right)^n = \lim_{n\to\infty}\left[\left(1+\frac{1}{3n}\right)^{3n}\right]^{\frac{1}{3}} = e^{\frac{1}{3}}.$$

例 2.3.6 求极限 $\lim_{n\to\infty}\left(1+\frac{1}{n^2}\right)^n$.

解 由于 $1 < \left(1+\frac{1}{n}\right)^n < 3$, 所以 $1 < \left(1+\frac{1}{n^2}\right)^{n^2} < 3$, 从而

$$1 < \left(1+\frac{1}{n^2}\right)^n < \sqrt[n]{3},$$

由于 $\lim_{n\to\infty}\sqrt[n]{3} = 1$, 利用夹逼性准则, 得到

$$\lim_{n\to\infty}\left(1+\frac{1}{n^2}\right)^n = 1.$$

例 2.3.7 记 $b_n = 1+\frac{1}{2}+\frac{1}{3}+\cdots+\frac{1}{n}-\ln n, n = 1,2,\cdots$, 证明: 数列 $\{b_n\}$ 收敛.

证明 由例 2.3.4 的注, 有

$$\frac{1}{n+1} < \ln\left(1+\frac{1}{n}\right) < \frac{1}{n},$$

于是

$$b_{n+1} - b_n = \frac{1}{n+1} - \ln(n+1) + \ln n = \frac{1}{n+1} - \ln\left(1 + \frac{1}{n}\right) < 0,$$

这说明 $\{b_n\}$ 单调递减. 又由于

$$b_n = 1 + \frac{1}{2} + \frac{1}{3} + \cdots + \frac{1}{n} - \ln n > \ln\frac{2}{1} + \ln\frac{3}{2} + \ln\frac{4}{3} + \cdots + \ln\frac{n+1}{n} - \ln n$$

$$= \ln(n+1) - \ln n > 0,$$

于是 $\{b_n\}$ 有下界.

由单调收敛原理知, $\{b_n\}$ 收敛. 记

$$\lim_{n \to \infty}\left(1 + \frac{1}{2} + \frac{1}{3} + \cdots + \frac{1}{n} - \ln n\right) = c,$$

其中 $c = 0.577215664\cdots$, 称 c 为**欧拉 (Euler) 常数**. 欧拉常数是一个很重要的常数, 迄今为止, 人们还不知道它是有理数还是无理数. 有时将上述极限写为

$$1 + \frac{1}{2} + \frac{1}{3} + \cdots + \frac{1}{n} = \ln n + c + \alpha_n,$$

其中 c 为欧拉常数, $\lim_{n \to \infty} \alpha_n = 0$.

例 2.3.8 求极限 $\lim_{n \to \infty}\left(\dfrac{1}{n+1} + \dfrac{1}{n+2} + \cdots + \dfrac{1}{2n}\right)$.

解 记 $c_n = \dfrac{1}{n+1} + \dfrac{1}{n+2} + \cdots + \dfrac{1}{2n}$, 则有

$$c_n = b_{2n} - b_n + \ln(2n) - \ln n = b_{2n} - b_n + \ln 2.$$

由 $\lim\limits_{n \to \infty} b_n = \lim\limits_{n \to \infty} b_{2n} = c$, 得到

$$\lim_{n \to \infty}\left(\frac{1}{n+1} + \frac{1}{n+2} + \cdots + \frac{1}{2n}\right) = \ln 2.$$

例 2.3.9 求极限 $\lim\limits_{n \to \infty}\left(1 - \dfrac{1}{2} + \dfrac{1}{3} - \cdots + \dfrac{(-1)^{n-1}}{n}\right)$.

解 记 $x_n = 1 - \dfrac{1}{2} + \dfrac{1}{3} - \cdots + \dfrac{(-1)^{n-1}}{n}$, 则有

$$x_{2n} = \sum_{k=1}^{2n}\frac{1}{k} - 2\sum_{k=1}^{n}\frac{1}{2k} = \ln 2n + c + \alpha_{2n} - (\ln n + c + \alpha_n)$$

$$= \ln 2 + \alpha_{2n} - \alpha_n,$$

其中 c 是欧拉常数, $\lim\limits_{n\to\infty} \alpha_n = 0$. 所以 $\lim\limits_{n\to\infty} x_{2n} = \ln 2$.

注意到

$$\lim_{n\to\infty} x_{2n+1} = \lim_{n\to\infty} \left(x_{2n} + \frac{1}{2n+1} \right) = \ln 2,$$

因此 $\lim\limits_{n\to\infty} x_n = \ln 2$.

例 2.3.10　求极限 $\lim\limits_{n\to\infty} \dfrac{n}{\sqrt[n]{n!}}$.

解　由 $\left(1 + \dfrac{1}{n} \right)^n < \mathrm{e} < \left(1 + \dfrac{1}{n} \right)^{n+1}$, 得到

$$\prod_{k=1}^{n} \left(1 + \frac{1}{k} \right)^k < \mathrm{e}^n < \prod_{k=1}^{n} \left(1 + \frac{1}{k} \right)^{k+1},$$

整理得

$$\frac{(n+1)^n}{n!} < \mathrm{e}^n < \frac{(n+1)^{n+1}}{n!},$$

即

$$\frac{(n+1)^n}{\mathrm{e}^n} < n! < \frac{(n+1)^{n+1}}{\mathrm{e}^n},$$

从而

$$\frac{n+1}{\mathrm{e}} < \sqrt[n]{n!} < \frac{(n+1)\sqrt[n]{n+1}}{\mathrm{e}},$$

于是

$$\frac{n+1}{n\mathrm{e}} < \frac{\sqrt[n]{n!}}{n} < \frac{(n+1)\sqrt[n]{n+1}}{n\mathrm{e}},$$

注意到 $\sqrt[n]{n} < \sqrt[n]{n+1} \leqslant \sqrt[n]{2n} = \sqrt[n]{2} \cdot \sqrt[n]{n}$ 以及 $\lim\limits_{n\to\infty} \sqrt[n]{n} = 1$, $\lim\limits_{n\to\infty} \sqrt[n]{2} = 1$, 所以 $\lim\limits_{n\to\infty} \sqrt[n]{n+1} = 1$. 由夹逼性准则有 $\lim\limits_{n\to\infty} \dfrac{n}{\sqrt[n]{n!}} = \mathrm{e}$.

例 2.3.11　设 $a_1 > b_1 > 0$, 令

$$a_{n+1} = \frac{a_n + b_n}{2}, \quad b_{n+1} = \sqrt{a_n b_n}, \quad n = 1, 2, \cdots.$$

证明: $\{a_n\}$ 与 $\{b_n\}$ 均收敛且极限相等.

证明　由于 $a_1 > b_1 > 0$, 利用数学归纳法不难证明: $\{a_n\}$ 与 $\{b_n\}$ 均为正数列.

$$a_{n+1} = \frac{a_n + b_n}{2} \geqslant \sqrt{a_n b_n} = b_{n+1}, \quad n = 1, 2, \cdots.$$

由于

$$a_{n+1} = \frac{a_n + b_n}{2} \leqslant \frac{a_n + a_n}{2} = a_n,$$

$$b_{n+1} = \sqrt{a_n b_n} \geqslant \sqrt{b_n b_n} = b_n, \quad n = 1, 2, \cdots.$$

这表明 $\{a_n\}$ 单调递减, $\{b_n\}$ 单调递增. 注意到

$$b_1 \leqslant b_2 \leqslant \cdots \leqslant b_n \leqslant a_n \leqslant \cdots \leqslant a_2 \leqslant a_1,$$

因此数列 $\{a_n\}$ 单调递减且有下界 b_1, $\{b_n\}$ 单调递增且有上界 a_1, 利用单调收敛原理知, 数列 $\{a_n\}$ 与 $\{b_n\}$ 都收敛. 不妨设 $\lim\limits_{n\to\infty} a_n = a$, $\lim\limits_{n\to\infty} b_n = b$. 对 $a_{n+1} = \frac{a_n + b_n}{2}$ 两边取极限得 $a = \frac{a+b}{2}$, 因此 $a = b$.

习 题 2.3

1. 求下列数列的极限:

(1) $\lim\limits_{n\to\infty} \left(1 + \dfrac{1}{n+2}\right)^n$;

(2) $\lim\limits_{n\to\infty} \left(1 - \dfrac{1}{n}\right)^n$;

(3) $\lim\limits_{n\to\infty} \left(1 + \dfrac{1}{2n}\right)^n$;

(4) $\lim\limits_{n\to\infty} \left(1 + \dfrac{2}{n}\right)^n$;

(5) $\lim\limits_{n\to\infty} \left(1 + \dfrac{1}{n} - \dfrac{1}{n^2}\right)^n$.

2. 设 $a_n = \left(1 - \dfrac{1}{2}\right)\left(1 - \dfrac{1}{2^2}\right)\left(1 - \dfrac{1}{2^3}\right)\cdots\left(1 - \dfrac{1}{2^n}\right), n = 1, 2, \cdots$. 证明: $\{a_n\}$ 收敛.

3. 设 $a_n = \left(1 + \dfrac{1}{2}\right)\left(1 + \dfrac{1}{2^2}\right)\left(1 + \dfrac{1}{2^3}\right)\cdots\left(1 + \dfrac{1}{2^n}\right), n = 1, 2, \cdots$. 证明: $\{a_n\}$ 收敛.

4. 设 $a_n = 1 + \dfrac{1}{2^2} + \dfrac{1}{3^2} + \cdots + \dfrac{1}{n^2}, n = 1, 2, \cdots$. 证明: $\{a_n\}$ 收敛.

5. 利用单调收敛原理, 证明下列数列收敛, 并求数列的极限.

(1) $x_1 = 1, x_{n+1} = \sqrt{4 + 3x_n}, n = 1, 2, \cdots$;

(2) $x_1 = \sqrt{2}, x_{n+1} = \sqrt{2x_n}, n = 1, 2, \cdots$;

(3) $0 < x_1 < 1, x_{n+1} = x_n(2 - x_n), n = 1, 2, \cdots$;

(4) $s_1 = \ln a, a > 1, s_n = \sum\limits_{k=1}^{n-1} \ln(a - s_k), n = 2, 3, \cdots$.

6. 设 $b > 0, a_1 > 0$, 且

$$a_{n+1} = \frac{1}{2}\left(a_n + \frac{b}{a_n}\right), \quad n = 1, 2, \cdots.$$

证明: 数列 $\{a_n\}$ 收敛, 并求其极限.

2.4 实数系基本定理

前面, 我们已经介绍了确界存在定理 (也称实数系的连续性) 以及单调收敛原理. 在这一节, 我们介绍闭区间套定理、有限覆盖定理、致密性定理以及柯西收敛原理. 最后证明这六个定理是等价的.

2.4.1 闭区间套定理

定理 2.4.1 (闭区间套定理)   如果一列闭区间 $\{[a_n, b_n]\}$ 满足

(1) $[a_{n+1}, b_{n+1}] \subseteq [a_n, b_n], n = 1, 2, \cdots$;

(2) $\lim\limits_{n \to \infty} (b_n - a_n) = 0$,

则存在唯一的实数 ξ, 使得 $\xi \in [a_n, b_n], n = 1, 2, \cdots$, 且 $\lim\limits_{n \to \infty} a_n = \lim\limits_{n \to \infty} b_n = \xi$.

证明   由条件 (1) 可得

$$a_1 \leqslant \cdots \leqslant a_n < a_{n+1} < b_{n+1} \leqslant b_n \leqslant \cdots \leqslant b_1,$$

这表明: 数列 $\{a_n\}$ 单调递增且有上界 b_1, $\{b_n\}$ 单调递减且有下界 a_1. 由单调收敛原理知, $\{a_n\}$ 与 $\{b_n\}$ 都收敛. 设 $\lim\limits_{n \to \infty} a_n = \xi$, 则

$$\lim_{n \to \infty} b_n = \lim_{n \to \infty} [(b_n - a_n) + a_n] = \lim_{n \to \infty} (b_n - a_n) + \lim_{n \to \infty} a_n = \xi.$$

由于 ξ 是 $\{a_n\}$ 所构成的数集的上确界, 也是 $\{b_n\}$ 所构成的数集的下确界, 于是有 $a_n \leqslant \xi \leqslant b_n$, 即 ξ 属于所有闭区间 $[a_n, b_n], n = 1, 2, \cdots$.

若另有实数 η 属于所有的闭区间 $[a_n, b_n]$, 则有

$$a_n \leqslant \eta \leqslant b_n, \quad n = 1, 2, 3, \cdots,$$

令 $n \to \infty$, 得到 $\xi \leqslant \eta \leqslant \xi$, 从而 $\xi = \eta$. 因此 ξ 是所有区间 $[a_n, b_n]$ 的唯一公共点.   证毕

注   若将闭区间套改为开区间套, 则定理的结论不一定成立. 例如, 对于一列开区间 $\left\{\left(0, \dfrac{1}{n}\right)\right\}$, 定理中的条件 (1),(2) 显然成立, 但 $\bigcap\limits_{n=1}^{\infty} \left(0, \dfrac{1}{n}\right) = \varnothing$.

我们知道有理数集 $\mathbf{Q}$ 是可列集. 下面我们利用闭区间套定理来证明: 实数集 $\mathbf{R}$ 是不可列集.

例 2.4.1   证明: 实数集 $\mathbf{R}$ 是不可列集.

证明   用反证法. 假设实数集 $\mathbf{R}$ 是可列集, 则可以找到一种排列的规则, 使

$$\mathbf{R} = \{x_1, x_2, \cdots, x_n, \cdots\}.$$

取闭区间 $[a_1, b_1]$, 使 $x_1 \notin [a_1, b_1]$;

将 $[a_1, b_1]$ 三等分, 则在闭区间 $\left[a_1, \dfrac{2a_1+b_1}{3}\right]$, $\left[\dfrac{2a_1+b_1}{3}, \dfrac{a_1+2b_1}{3}\right]$, $\left[\dfrac{a_1+2b_1}{3}, b_1\right]$ 中, 至少有一个闭区间不含 x_2, 把它记为 $[a_2, b_2]$, 即 $x_2 \bar{\in} [a_2, b_2]$;

将 $[a_2, b_2]$ 三等分, 在闭区间 $\left[a_2, \dfrac{2a_2+b_2}{3}\right]$, $\left[\dfrac{2a_2+b_2}{3}, \dfrac{a_2+2b_2}{3}\right]$, $\left[\dfrac{a_2+2b_2}{3}, b_2\right]$ 中, 至少有一个闭区间不含 x_3, 把它记为 $[a_3, b_3]$, 即 $x_3 \bar{\in} [a_3, b_3]$;

······

重复上述过程, 得到一列闭区间 $\{[a_n, b_n]\}$, 它满足闭区间套定理的条件且

$$x_n \bar{\in} [a_n, b_n], \quad n = 1, 2, 3, \cdots.$$

由闭区间套定理, 存在唯一的实数 ξ 属于所有闭区间 $[a_n, b_n]$. 再根据上述闭区间的构造可知, $\xi \neq x_n$ $(n = 1, 2, 3, \cdots)$, 这与实数集 $\mathbf{R} = \{x_1, x_2, \cdots, x_n, \cdots\}$ 相矛盾. 这样便证明了实数集 $\mathbf{R}$ 是不可列集.

2.4.2 有限覆盖定理

定义 2.4.1 设 A 是实数集 $\mathbf{R}$ 的一个子集, $\{I_\lambda\}_{\lambda \in \Lambda}$ 是一个开区间族, 其中 Λ 称为指标集. 如果

$$A \subset \bigcup_{\lambda \in \Lambda} I_\lambda,$$

那么称开区间族 $\{I_\lambda\}_{\lambda \in \Lambda}$ 是数集 A 的一个**开覆盖**, 或者说 $\{I_\lambda\}_{\lambda \in \Lambda}$ 盖住了数集 A.

定理 2.4.2 (有限覆盖定理) 设 $\{I_\lambda\}_{\lambda \in \Lambda}$ 是有限闭区间 $[a, b]$ 的任意一个开覆盖, 则一定可以从 $\{I_\lambda\}_{\lambda \in \Lambda}$ 中选出有限个开区间, 它们也构成了 $[a, b]$ 的一个覆盖.

证明 用反证法. 假设定理的结论不成立, 则 $\{I_\lambda\}_{\lambda \in \Lambda}$ 中任意有限个开区间都不能覆盖 $[a, b]$. 记 $a_1 = a, b_1 = b$, 把 $[a_1, b_1]$ 等分为两个区间:

$$\left[a_1, \frac{a_1 + b_1}{2}\right], \quad \left[\frac{a_1 + b_1}{2}, b_1\right],$$

显然这两个区间中至少有一个不能被 $\{I_\lambda\}_{\lambda \in \Lambda}$ 中有限个开区间所覆盖, 把这个区间记为 $[a_2, b_2]$. 再把 $[a_2, b_2]$ 等分为两个区间:

$$\left[a_2, \frac{a_2 + b_2}{2}\right], \quad \left[\frac{a_2 + b_2}{2}, b_2\right],$$

这两个区间中至少有一个不能被 $\{I_\lambda\}_{\lambda\in\Lambda}$ 中有限个开区间所覆盖, 把这个区间记为 $[a_3, b_3]$.

$$\cdots\cdots$$

重复上述过程, 得到一列闭区间 $\{[a_n, b_n]\}$, 满足

(1) $[a_{n+1}, b_{n+1}] \subseteq [a_n, b_n], n = 1, 2, \cdots$;

(2) $b_{n+1} - a_{n+1} = \dfrac{b-a}{2^n} \to 0(n \to \infty)$;

(3) 每个 $[a_n, b_n]$ 都不能被 $\{I_\lambda\}_{\lambda\in\Lambda}$ 中有限个开区间所覆盖.

由闭区间套定理, 存在唯一的 $\eta \in [a_n, b_n], n = 1, 2, \cdots$, 且 $\lim\limits_{n\to\infty} a_n = \lim\limits_{n\to\infty} b_n = \eta$. 因为 $\eta \in [a_1, b_1] = [a, b]$, 且 $\{I_\lambda\}_{\lambda\in\Lambda}$ 是 $[a, b]$ 的一个开覆盖, 所以在 $\{I_\lambda\}_{\lambda\in\Lambda}$ 中存在区间 (α, β), 使得 $\eta \in (\alpha, \beta)$. 由于 $\lim\limits_{n\to\infty} a_n = \lim\limits_{n\to\infty} b_n = \eta$, 所以只要 n 充分大, 便有

$$[a_n, b_n] \subset (\alpha, \beta).$$

这说明 $\{I_\lambda\}_{\lambda\in\Lambda}$ 中一个开区间 (α, β) 就可以覆盖 $[a_n, b_n]$, 这与 (3) 矛盾.　　证毕

上述定理也称为 **Heine-Borel 定理**.

注　若把有限闭区间改为开区间或无穷区间, 定理的结论不一定成立. 例如, 开区间族 $\left\{\left(\dfrac{1}{n}, 1\right)\right\}, n = 2, 3, \cdots$ 是开区间 $(0, 1)$ 的一个开覆盖, 但不可能从中选出有限个开区间来覆盖区间 $(0, 1)$; $\{(-n, n)\}, n = 1, 2, 3, \cdots$ 是无穷区间 $(-\infty, +\infty)$ 的一个开覆盖, 但从中也不可能选出有限个开区间来覆盖 $(-\infty, +\infty)$.

例 2.4.2　证明: 闭区间 $[0, 1]$ 是不可列集.

证明　用反证法. 假设闭区间 $[0, 1]$ 是可列集, 不妨设

$$[0, 1] = \{x_1, x_2, \cdots, x_n, \cdots\},$$

取 $0 < \varepsilon < \dfrac{1}{2}$, 显然开区间族 $I = \left\{\left(x_n - \dfrac{\varepsilon}{2^n}, x_n + \dfrac{\varepsilon}{2^n}\right), n = 1, 2, \cdots\right\}$ 构成了 $[0, 1]$ 的一个开覆盖. 由有限覆盖定理, 可从中选取有限个开区间

$$\left(x_{n_1} - \frac{\varepsilon}{2^{n_1}}, x_{n_1} + \frac{\varepsilon}{2^{n_1}}\right), \left(x_{n_2} - \frac{\varepsilon}{2^{n_2}}, x_{n_2} + \frac{\varepsilon}{2^{n_2}}\right), \cdots, \left(x_{n_l} - \frac{\varepsilon}{2^{n_l}}, x_{n_l} + \frac{\varepsilon}{2^{n_l}}\right),$$

它们也构成了闭区间 $[0, 1]$ 的一个覆盖. 既然它们覆盖了 $[0, 1]$, 因此这 l 个区间长度之和大于 1. 记

$$m = \max\{n_1, n_2, \cdots, n_l\},$$

则

$$1 < 2 \sum_{k=1}^{l} \frac{\varepsilon}{2^{n_k}} \leqslant 2\varepsilon \sum_{k=1}^{m} \frac{1}{2^k} = 2\varepsilon \frac{\frac{1}{2} - \frac{1}{2^{m+1}}}{1 - \frac{1}{2}} < 2\varepsilon < 1,$$

这一矛盾说明闭区间 $[0,1]$ 是不可列集.

2.4.3 致密性定理

1. 子列

定义 2.4.2 设 $\{x_n\}$ 是一个数列, 而

$$n_1 < n_2 < \cdots < n_k < n_{k+1} < \cdots$$

是一列严格单调递增的正整数, 则

$$x_{n_1}, x_{n_2}, \cdots, x_{n_k}, \cdots$$

也形成一个数列, 称为数列 $\{x_n\}$ 的**子列**, 记为 $\{x_{n_k}\}$.

注 x_{n_k} 表示子列 $\{x_{n_k}\}$ 的第 k 项, 原数列 $\{x_n\}$ 的第 n_k 项. 对任意正整数 k, 均有 $n_k \geqslant k$; 对任意正整数 i, j, 若 $i \geqslant j$, 则 $n_i \geqslant n_j$.

定理 2.4.3 若数列 $\{x_n\}$ 收敛于 a, 则它的任何子列 $\{x_{n_k}\}$ 也收敛于 a.

证明 由 $\lim\limits_{n\to\infty} x_n = a$, 则 $\forall \varepsilon > 0, \exists N \in \mathbf{N}^+, \forall n > N$, 有

$$|x_n - a| < \varepsilon.$$

取 $K = N$, 于是当 $k > K$ 时, 有 $n_k \geqslant k > N$, 因而成立

$$|x_{n_k} - a| < \varepsilon,$$

这就证明了 $\lim\limits_{k\to\infty} x_{n_k} = a$. 证毕

推论 若存在数列 $\{x_n\}$ 的两个子列 $\{x_{n_k^{(1)}}\}$ 与 $\{x_{n_k^{(2)}}\}$, 它们分别收敛于不同的极限, 则数列 $\{x_n\}$ 必定发散.

上述推论给出了一种判别一个数列发散的方法.

2. 致密性定理

通过前面的学习, 我们已经知道, 收敛的数列一定是有界的, 但有界数列不一定收敛; 对于任何有界数列, 如果它收敛, 那么它的任意子列都收敛, 且与原数列收敛于同一极限. 但如果一个有界数列发散, 那么它是否还有收敛子列呢? 下面介绍的致密性定理, 对这个问题作了肯定的回答. 致密性定理是由德国数学家魏尔斯特拉斯 (Weierstrass) 首先得到的, 有时也称它为**魏尔斯特拉斯定理**.

定理 2.4.4 (致密性定理)   任何有界数列必有收敛子列.

证明   设数列 $\{x_n\}$ 有界, 于是存在实数 a_1, b_1, 成立

$$a_1 \leqslant x_n \leqslant b_1, \quad n = 1, 2, \cdots.$$

将 $[a_1, b_1]$ 等分为两个小区间 $\left[a_1, \dfrac{a_1 + b_1}{2}\right]$ 与 $\left[\dfrac{a_1 + b_1}{2}, b_1\right]$, 则其中至少有一个小区间含有数列 $\{x_n\}$ 中的无穷多项, 把这个小区间记为 $[a_2, b_2]$;

再将 $[a_2, b_2]$ 等分为两个小区间 $\left[a_2, \dfrac{a_2 + b_2}{2}\right]$ 与 $\left[\dfrac{a_2 + b_2}{2}, b_2\right]$, 同样其中至少有一个小区间含有数列 $\{x_n\}$ 中的无穷多项, 把这个小区间记为 $[a_3, b_3]$;

······

重复上述过程, 得到一个闭区间套 $\{[a_k, b_k]\}$, 其中每一个闭区间 $[a_k, b_k]$ 中都含有数列 $\{x_n\}$ 中的无穷多项. 根据闭区间套定理, 存在实数 ξ, 满足

$$\xi = \lim_{k \to \infty} a_k = \lim_{k \to \infty} b_k.$$

下面证明: 数列 $\{x_n\}$ 必有一子列收敛于实数 ξ.

在 $[a_1, b_1]$ 中选取 $\{x_n\}$ 中某一项, 记它为 x_{n_1};

因为 $[a_2, b_2]$ 含有 $\{x_n\}$ 的无穷多项, 可以选取位于 x_{n_1} 后的某一项, 记它为 x_{n_2};

······

在选取 $x_{n_k} \in [a_k, b_k]$ 后, 因为 $[a_{k+1}, b_{k+1}]$ 仍含有 $\{x_n\}$ 中无穷多项, 可以选取位于 x_{n_k} 后的某一项, 记它为 $x_{n_{k+1}}$.

重复上述过程, 就得到数列 $\{x_n\}$ 的一个子列 $\{x_{n_k}\}$, 满足

$$a_k \leqslant x_{n_k} \leqslant b_k, \quad k = 1, 2, 3, \cdots.$$

由于 $\lim\limits_{k \to \infty} a_k = \lim\limits_{k \to \infty} b_k = \xi$, 利用夹逼性准则, 得到 $\lim\limits_{k \to \infty} x_{n_k} = \xi$.   证毕

对于无界数列, 也有和致密性定理相对应的结论, 它很好地刻画了无界数列的特性.

定理 2.4.5   若 $\{x_n\}$ 是一个无界数列, 则存在子列 $\{x_{n_k}\}$, 使得 $\lim\limits_{k \to \infty} x_{n_k} = \infty$.

证明   因为 $\{x_n\}$ 是一个无界数列, 所以 $\forall M > 0, \{x_n\}$ 中必存在无穷多个 x_n, 使得

$$|x_n| > M.$$

取 $M = 1, \exists n_1 \in \mathbf{N}^+$, 使得 $|x_{n_1}| > 1$;

取 $M = 2, \exists n_2 > n_1$, 使得 $|x_{n_2}| > 2$;

$$\cdots\cdots$$

重复上述过程, 得到数列 $\{x_n\}$ 的一个子列 $\{x_{n_k}\}$, 它满足 $|x_{n_k}| > k, k = 1, 2, \cdots$, 这表明 $\lim\limits_{k \to \infty} x_{n_k} = \infty$. 证毕

2.4.4 柯西收敛原理

从数列本身的特征出发, 直接判断它是否收敛, 是一个很有意义的问题. 尽管单调有界数列必收敛是极限存在的一个重要判别法, 但它只是极限存在的充分条件, 而不是必要条件. 关于极限存在的充分必要条件的寻求, 经过许多数学家的不懈努力, 最终法国数学家柯西 (Cauchy) 获得了完美的结果, 该结果称为**柯西收敛原理**. 先引进基本数列 (或柯西数列) 的概念.

定义 2.4.3 若 $\{x_n\}$ 满足: 对于任意给定的 $\varepsilon > 0$, 存在正整数 N, 使得当 $n, m > N$ 时有

$$|x_m - x_n| < \varepsilon$$

成立, 则称数列 $\{x_n\}$ 是一个**基本数列** (或柯西数列).

例 2.4.3 设 $x_n = 1 + \dfrac{1}{2^2} + \dfrac{1}{3^2} + \cdots + \dfrac{1}{n^2}, n = 1, 2, \cdots$. 证明: $\{x_n\}$ 是一个基本数列.

证明 对任意正整数 n 与 m, 不妨设 $m > n$, 则

$$
\begin{aligned}
|x_m - x_n| &= \frac{1}{(n+1)^2} + \frac{1}{(n+2)^2} + \cdots + \frac{1}{m^2} \\
&< \frac{1}{n(n+1)} + \frac{1}{(n+1)(n+2)} + \cdots + \frac{1}{(m-1)m} \\
&= \left(\frac{1}{n} - \frac{1}{n+1} \right) + \left(\frac{1}{n+1} - \frac{1}{n+2} \right) + \cdots + \left(\frac{1}{m-1} - \frac{1}{m} \right) \\
&= \frac{1}{n} - \frac{1}{m} < \frac{1}{n},
\end{aligned}
$$

对任意给定的 $\varepsilon > 0$, 取 $N = \left[\dfrac{1}{\varepsilon} \right]$, 当 $m > n > N$ 时, 成立

$$|x_m - x_n| < \varepsilon,$$

这就证明了 $\{x_n\}$ 是一个基本数列.

例 2.4.4 设 $x_n = 1 + \dfrac{1}{2} + \cdots + \dfrac{1}{n}, n = 1, 2, \cdots$. 证明: $\{x_n\}$ 不是基本数列.

证明　对任意正整数 n, 有

$$x_{2n} - x_n = \frac{1}{n+1} + \frac{1}{n+2} + \cdots + \frac{1}{2n}$$

$$\geqslant n \cdot \frac{1}{2n} = \frac{1}{2},$$

取 $\varepsilon_0 = \frac{1}{2}$, 无论 N 多么大, 总存在正整数 $n > N, m = 2n > N$, 使得

$$|x_m - x_n| = |x_{2n} - x_n| \geqslant \varepsilon_0,$$

因此 $\{x_n\}$ 不是基本数列.

定理 2.4.6 (柯西收敛原理)　数列 $\{x_n\}$ 收敛的充分必要条件是它是一个基本数列.

证明　必要性　因为 $\{x_n\}$ 收敛, 不妨设 $\lim\limits_{n\to\infty} x_n = a$, 按照极限的定义, 有

$$\forall \varepsilon > 0, \quad \exists N, \quad \forall n, m > N: \quad |x_n - a| < \frac{\varepsilon}{2}, \quad |x_m - a| < \frac{\varepsilon}{2},$$

于是

$$|x_m - x_n| \leqslant |x_m - a| + |x_n - a| < \varepsilon.$$

充分性　首先证明基本数列必有界.

因为 $\{x_n\}$ 是基本数列, 所以对 $\varepsilon_0 = 1$, 存在正整数 N_0, 使得当 $n > N_0$ 时, 有

$$|x_n - x_{N_0+1}| < 1,$$

从而

$$|x_n| \leqslant |x_{N_0+1}| + 1, \quad \forall n > N_0.$$

令 $M = \max\{|x_1|, |x_2|, \cdots, |x_{N_0}|, |x_{N_0+1}| + 1\}$, 则

$$|x_n| \leqslant M, \quad n = 1, 2, \cdots,$$

这表明数列 $\{x_n\}$ 有界. 根据致密性定理, $\{x_n\}$ 必有收敛的子列 $\{x_{n_k}\}$, 不妨设 $\lim\limits_{k\to\infty} x_{n_k} = a$. 下证: $\lim\limits_{n\to\infty} x_n = a$.

因为 $\lim\limits_{k\to\infty} x_{n_k} = a$, 所以 $\forall \varepsilon > 0$, 存在正整数 K, 当 $k > K$ 时, 有

$$|x_{n_k} - a| < \frac{\varepsilon}{2}.$$

再由 $\{x_n\}$ 是基本数列, 所以 $\forall \varepsilon > 0, \exists N$, 当 $n, m > N$ 时, 有

$$|x_n - x_m| < \frac{\varepsilon}{2}.$$

选取 $k > K$, 使得 $n_k > N$, 则当 $n > N$ 时, 有

$$|x_n - a| \leqslant |x_n - x_{n_k}| + |x_{n_k} - a| < \frac{\varepsilon}{2} + \frac{\varepsilon}{2} = \varepsilon,$$

根据极限的定义, 这就证明了 $\lim\limits_{n \to \infty} x_n = a$.   证毕

定义 2.4.4 如果数系 S 中的每个基本数列都在 S 中有极限, 则称数系 S 是**完备的**.

柯西收敛原理表明实数系 $\mathbf{R}$ **是完备的**. 由于完备的数系对极限运算是封闭的, 因此实数系 $\mathbf{R}$ 对极限运算封闭.

需要指出的是, 有理数系 $\mathbf{Q}$ 是不完备的. 例如对于有理数列 $\left\{\left(1 + \dfrac{1}{n}\right)^n\right\}$, 它是基本数列, 但它的极限 e 不再是有理数. 换句话说, $\left\{\left(1 + \dfrac{1}{n}\right)^n\right\}$ 在有理数系 $\mathbf{Q}$ 中没有极限.

例 2.4.5 设 $a_n = \sin x + \dfrac{\sin 2x}{2^2} + \dfrac{\sin 3x}{3^2} + \cdots + \dfrac{\sin nx}{n^2}, x \in \mathbf{R}, n = 1, 2, \cdots$.

证明: 数列 $\{a_n\}$ 收敛.

证明 对任意正整数 m, n, 当 $m > n$ 时, 有

$$
\begin{aligned}
|a_m - a_n| &= \left| \frac{\sin(n+1)x}{(n+1)^2} + \frac{\sin(n+2)x}{(n+2)^2} + \cdots + \frac{\sin mx}{m^2} \right| \\
&\leqslant \frac{1}{(n+1)^2} + \frac{1}{(n+2)^2} + \cdots + \frac{1}{m^2} \\
&< \frac{1}{n(n+1)} + \frac{1}{(n+1)(n+2)} + \cdots + \frac{1}{(m-1)m} = \frac{1}{n} - \frac{1}{m} < \frac{1}{n},
\end{aligned}
$$

对于任给 $\varepsilon > 0$, 取 $N = \left[\dfrac{1}{\varepsilon}\right]$, 当 $m > n > N$ 时, 有

$$|a_m \quad a_n| < \frac{1}{n} < c,$$

这说明 $\{a_n\}$ 为基本数列. 由 Cauchy 收敛原理知, 数列 $\{a_n\}$ 收敛.

例 2.4.6 设数列 $\{x_n\}$ 满足如下压缩性条件: 存在 $0 < \alpha < 1$, 使得

$$|x_{n+1} - x_n| \leqslant \alpha |x_n - x_{n-1}|, \quad n = 2, 3, \cdots.$$

证明: 数列 $\{x_n\}$ 收敛.

证明 $|x_{n+1} - x_n| \leqslant \alpha|x_n - x_{n-1}| \leqslant \alpha^2|x_{n-1} - x_{n-2}| \leqslant \cdots \leqslant \alpha^{n-1}|x_2 - x_1|$.
当 $m > n$ 时, 有

$$|x_m - x_n| \leqslant |x_m - x_{m-1}| + |x_{m-1} - x_{m-2}| + \cdots + |x_{n+1} - x_n|$$

$$\leqslant (\alpha^{m-2} + \alpha^{m-3} + \cdots + \alpha^{n-1})|x_2 - x_1| = \frac{\alpha^{n-1} - \alpha^{m-1}}{1 - \alpha}|x_2 - x_1|$$

$$< \frac{\alpha^{n-1}}{1 - \alpha}|x_2 - x_1| \to 0 \quad (n \to \infty),$$

这说明 $\{x_n\}$ 为基本数列. 由柯西收敛原理知, 数列 $\{x_n\}$ 收敛.

例 2.4.7 设函数 $f(x)$ 在 $[a,b]$ 上有定义, $f([a,b]) \subset [a,b]$, 且满足

$$|f(x) - f(y)| \leqslant \alpha|x - y|, \quad \forall x, y \in [a, b],$$

其中 $0 < \alpha < 1$. 证明: 存在唯一的 $\xi \in [a,b]$, 使得 $f(\xi) = \xi$.

证明 任取 $x_0 \in [a,b]$, 由于 $f([a,b]) \subset [a,b]$, 我们可以定义

$$x_n = f(x_{n-1}), \quad n = 1, 2, \cdots.$$

由题设的条件, 有

$$|x_{n+1} - x_n| = |f(x_n) - f(x_{n-1})| \leqslant \alpha|x_n - x_{n-1}|.$$

由例 2.4.6 的结论知, 数列 $\{x_n\}$ 收敛, 不妨设 $\lim\limits_{n\to\infty} x_n = \xi$, 显然 $\xi \in [a,b]$.
又由于

$$|f(x_n) - f(\xi)| \leqslant \alpha|x_n - \xi| \to 0 \quad (n \to \infty),$$

所以

$$\lim_{n\to\infty} f(x_n) = f(\xi).$$

在等式 $x_{n+1} = f(x_n)$ 两边同时取极限, 得到 $f(\xi) = \xi$, 从而 ξ 的存在性得证.
下面证明唯一性. 用反证法. 假若还存在 $\eta \in [a,b]$ 满足 $f(\eta) = \eta$, 且 $\eta \neq \xi$.
由

$$|\eta - \xi| = |f(\eta) - f(\xi)| \leqslant \alpha|\eta - \xi|,$$

注意到 $0 < \alpha < 1$, 上式显然是不可能成立的, 从而唯一性得证.

例 2.4.8 设数列 $\{a_n\}$ 满足如下条件: 存在正数 M, 使得对所有正整数 n,
有

$$x_n = |a_2 - a_1| + |a_3 - a_2| + \cdots + |a_n - a_{n-1}| \leqslant M.$$

证明: 数列 $\{a_n\}$ 与 $\{x_n\}$ 均收敛.

证明 从数列 $\{x_n\}$ 的定义不难看出, $\{x_n\}$ 单调递增且有上界. 由单调收敛原理知, 数列 $\{x_n\}$ 收敛. 由于 $\{x_n\}$ 收敛, 因此它是基本数列, 即 $\forall \varepsilon > 0, \exists N, \forall m > n > N$, 有

$$|x_m - x_n| < \varepsilon,$$

即

$$|a_{n+1} - a_n| + |a_{n+2} - a_{n+1}| + \cdots + |a_m - a_{m-1}| < \varepsilon,$$

由此得到

$$|a_m - a_n| \leqslant |a_m - a_{m-1}| + |a_{m-1} - a_{m-2}| + \cdots + |a_{n+1} - a_n| < \varepsilon,$$

这说明 $\{a_n\}$ 为基本数列. 由柯西收敛原理, $\{a_n\}$ 收敛.

2.4.5 实数系基本定理的等价性

到现在为止, 我们已经学习了: 确界存在定理、单调收敛原理、闭区间套定理、有限覆盖定理、致密性定理以及柯西收敛原理. 从定理的证明过程可以看出: 上述定理是按照如下的逻辑关系来证明的:

确界存在定理

$\Downarrow$

单调收敛原理

$\Downarrow$

闭区间套定理 $\Rightarrow$ 有限覆盖定理

$\Downarrow$

致密性定理

$\Downarrow$

柯西收敛原理

下面我们将证明: 这六个定理是等价的. 为此, 我们分三步来证明:

　　有限覆盖定理 $\Rightarrow$ 致密性定理;

　　柯西收敛原理 $\Rightarrow$ 闭区间套定理;

　　闭区间套定理 $\Rightarrow$ 确界存在定理.

I. 有限覆盖定理 $\Rightarrow$ 致密性定理.

用反证法. 设 $\{x_n\}$ 为有界数列, 但没有收敛子列, 则存在 m, M, 使得

$$m \leqslant x_n \leqslant M, \quad n = 1, 2, \cdots.$$

由于 $\{x_n\}$ 没有收敛子列, 所以对 $\forall x \in [m, M], \exists \delta_x > 0$, 使得 $(x - \delta_x, x + \delta_x)$ 最多只含数列 $\{x_n\}$ 的有限项. 显然 $\{(x - \delta_x, x + \delta_x) | x \in [m, M]\}$ 构成了 $[m, M]$ 的一个开覆盖, 利用有限覆盖定理知, $[m, M]$ 存在有限的子覆盖 $(x_i - \delta_{x_i}, x_i + \delta_{x_i}), i = 1, 2, \cdots, r.$ 由于每个 $(x_i - \delta_{x_i}, x_i + \delta_{x_i})$ 最多只含数列 $\{x_n\}$ 的有限项, 因此数列 $\{x_n\}$ 只有有限项, 矛盾. 这就证明了有界数列 $\{x_n\}$ 必有收敛子列.

II. 柯西收敛原理 $\Rightarrow$ 闭区间套定理.

设 $\{[a_n, b_n]\}$ 是一列闭区间, 满足

(1) $[a_{n+1}, b_{n+1}] \subseteq [a_n, b_n], n = 1, 2, \cdots;$

(2) $\lim\limits_{n \to \infty} (b_n - a_n) = 0,$

当 $m > n$ 时, 有 $0 \leqslant a_m - a_n \leqslant b_n - a_n \to 0 (n \to \infty).$

因此 $\{a_n\}$ 是基本数列, 由柯西收敛原理知, $\{a_n\}$ 收敛, 不妨设 $\lim\limits_{n \to \infty} a_n = \xi.$

从而 $\lim\limits_{n \to \infty} b_n = \lim\limits_{n \to \infty} (b_n - a_n) + \lim\limits_{n \to \infty} a_n = \xi.$

注意到 $\{a_n\}$ 单调递增, $\{b_n\}$ 单调递减, 因此 $a_n \leqslant \xi \leqslant b_n, n = 1, 2, \cdots.$ 这说明 ξ 是属于所有闭区间 $[a_n, b_n]$ 的唯一实数. 这样就证明了闭区间套定理.

III. 闭区间套定理 $\Rightarrow$ 确界存在定理.

我们仅证明非空有下界的数集必有下确界. 非空有上界的数集必有上确界的证明留给读者去完成.

设数集 E 是非空有下界的实数集合, S 是由 E 的下界组成的集合, 以下证明: S 有最大数, 即 E 有下确界.

取 $a_1 \in S, b_1 \notin S,$ 显然有 $a_1 < b_1.$ 令

$$[a_2, b_2] = \begin{cases} \left[a_1, \dfrac{a_1 + b_1}{2}\right], & \dfrac{a_1 + b_1}{2} \notin S, \\[3mm] \left[\dfrac{a_1 + b_1}{2}, b_1\right], & \dfrac{a_1 + b_1}{2} \in S; \end{cases}$$

$$[a_3, b_3] = \begin{cases} \left[a_2, \dfrac{a_2 + b_2}{2}\right], & \dfrac{a_2 + b_2}{2} \notin S, \\[3mm] \left[\dfrac{a_2 + b_2}{2}, b_2\right], & \dfrac{a_2 + b_2}{2} \in S; \end{cases}$$

$$\cdots\cdots$$

重复上述过程, 得到一个闭区间套 $\{[a_n, b_n]\}$, 它满足

$$a_n \in S, \ b_n \notin S, \quad n = 1, 2, \cdots.$$

由闭区间套定理, 存在唯一的实数 $\xi \in [a_n, b_n], n = 1, 2, \cdots$, 且 $\lim\limits_{n \to \infty} a_n = \lim\limits_{n \to \infty} b_n = \xi$. 下面证明: ξ 是数集 S 的最大数.

若 $\xi \notin S$, 则存在 $x_0 \in E$, 使得 $\xi > x_0$. 由于 $\lim\limits_{n \to \infty} a_n = \xi$, 因此存在正整数 N_1, 当 $n > N_1$ 时, 有 $a_n > x_0$, 从而 $a_n \notin S, n > N_1$. 这与 $a_n \in S$ 相矛盾, 因此 $\xi \in S$.

若存在 $\eta \in S$, 使得 $\eta > \xi$, 则由 $\lim\limits_{n \to \infty} b_n = \xi$ 知, 存在正整数 N_2, 当 $n > N_2$ 时, 有 $b_n < \eta$, 从而 $b_n \in S$, 这与 $b_n \notin S$ 相矛盾, 因此 $\xi \geqslant \eta, \forall \eta \in S$. 由此得到: ξ 是数集 S 的最大数, 即 ξ 是数集 E 的下确界. 证毕

上述六个定理都称为实数系基本定理, 它们是相互等价的.

习 题 2.4

1. 设 $x_n = 1 + \dfrac{1}{2^\alpha} + \cdots + \dfrac{1}{n^\alpha} (\alpha \leqslant 1), n = 1, 2, \cdots$. 证明: $\{x_n\}$ 不是基本数列.

2. 证明下列数列收敛:

(1) $x_n = 1 - \dfrac{1}{2^2} + \dfrac{1}{3^2} - \cdots + (-1)^{n-1} \dfrac{1}{n^2}, n = 1, 2, \cdots$;

(2) $x_n = a_0 + a_1 q + a_2 q^2 + \cdots + a_n q^n, n = 1, 2, \cdots$, 其中 $\{a_n\}$ 为有界数列;

(3) $x_n = \dfrac{\sin 2x}{2(2 + \sin 2x)} + \dfrac{\sin 3x}{3(3 + \sin 3x)} + \cdots + \dfrac{\sin nx}{n(n + \sin nx)} (x \in \mathbf{R}), n = 2, 3, \cdots$;

(4) $x_n = \dfrac{a_1}{1 \cdot 2} + \dfrac{a_2}{2 \cdot 3} + \cdots + \dfrac{a_n}{n \cdot (n+1)}, n = 1, 2, \cdots$, 其中 $\{a_n\}$ 为有界数列.

3. 用闭区间套定理证明: 有上界的数集必有上确界.

4. 设 $b_1 = 1, b_{n+1} = 1 + \dfrac{1}{b_n}, n = 1, 2, \cdots$. 证明: $\{b_n\}$ 收敛, 并求出其极限.

5. 设 $\{a_n\}$ 为给定的数列, 令 $x_n = \sum\limits_{k=1}^{n} a_k, y_n = \sum\limits_{k=1}^{n} |a_k|, n = 1, 2, \cdots$. 若 $\{y_n\}$ 收敛, 证明: $\{x_n\}$ 收敛.

6. 设开区间族 $\{I_\alpha\}$ 是有限闭区间 $[a, b]$ 的一个开覆盖, 证明: 存在 $\delta > 0$, 使得对于区间 $[a, b]$ 中的任何两个点 x', x'', 只要 $|x' - x''| < \delta$, 就存在开覆盖中的一个开区间, 它覆盖 x', x'' (称 δ 为开覆盖的 Lebesgue 数).

2.5 数列的上极限与下极限

2.5.1 上极限与下极限的概念与性质

定义 2.5.1 设 $\{x_n\}$ 是一个数列, 若存在它的一个子列 $\{x_{n_k}\}$, 使得

$$\lim\limits_{k \to \infty} x_{n_k} = \xi \quad (\xi \text{ 可以是有限数}, +\infty, -\infty),$$

则称 ξ 为数列 $\{x_n\}$ 的一个极限点.

对于收敛的数列, 由于它的任一子列都收敛于同一个数, 因此它的极限点只有一个. 对于发散的数列, 如果它有界, 由致密性定理, 该数列必存在收敛的子列, 从而它至少有一个极限点; 如果数列无上界, 那么总可以找到一个子列趋于 $+\infty$, 如果数列无下界, 那么总可以找到一个子列趋于 $-\infty$. 因此, 任意数列 $\{x_n\}$ 都有极限点, 即任意数列的极限点的全体所成的集是非空的.

定义 2.5.2　设 $\{x_n\}$ 是一个数列, E 是由 $\{x_n\}$ 的极限点的全体所成的集合. 令

$$H = \sup E, \quad h = \inf E,$$

其中当 $\xi = +\infty \in E$ 时, 定义 $\sup E = +\infty$; 当 $\xi = -\infty \in E$ 时, 定义 $\inf E = -\infty$. 我们称 H 和 h 分别为数列 $\{x_n\}$ 的**上极限**和**下极限**, 记为

$$\overline{\lim_{n\to\infty}} x_n = H, \quad \underline{\lim_{n\to\infty}} x_n = h.$$

数列 $\{x_n\}$ 的上、下极限有时也分别记为 $\limsup\limits_{n\to\infty} x_n, \liminf\limits_{n\to\infty} x_n$.

这样, 对任意数列 $\{x_n\}$, 上极限 $\overline{\lim\limits_{n\to\infty}} x_n$ 与下极限 $\underline{\lim\limits_{n\to\infty}} x_n$ 都有明确的定义, 且满足

$$\underline{\lim_{n\to\infty}} x_n \leqslant \overline{\lim_{n\to\infty}} x_n.$$

例 2.5.1　设 $x_n = (-1)^n, n = 1, 2, \cdots$, 求数列 $\{x_n\}$ 的上极限与下极限.

解　由于 $\lim\limits_{n\to\infty} x_{2n} = 1, \lim\limits_{n\to\infty} x_{2n-1} = -1$, 所以 $E = \{1, -1\}$. 因此

$$\overline{\lim_{n\to\infty}} x_n = 1, \quad \underline{\lim_{n\to\infty}} x_n = -1.$$

例 2.5.2　设 $x_n = \cos\dfrac{n\pi}{2}, n = 1, 2, \cdots$, 求数列 $\{x_n\}$ 的上极限与下极限.

解　因为 $x_{4n} = \cos 2n\pi = 1, x_{4n+2} = \cos(2n+1)\pi = -1$, 且 $-1 \leqslant x_n \leqslant 1, n = 1, 2, \cdots$, 所以

$$\overline{\lim_{n\to\infty}} x_n = 1, \quad \underline{\lim_{n\to\infty}} x_n = -1.$$

定理 2.5.1　E 的上确界 H 和下确界 h 均属于 E, 即

$$H = \max E, \quad h = \min E.$$

证明　下面证明: E 的上确界 H 属于 E.

若 $H = +\infty$, 则数列 $\{x_n\}$ 无上界. 因此, 可以从 $\{x_n\}$ 中选出一个子列 $\{x_{n_k}\}$, 使得 $x_{n_k} \to +\infty (k \to \infty)$, 于是 $H \in E$.

若 $H = -\infty$, 则 $-\infty$ 是 $\{x_n\}$ 唯一的极限点, 于是 $H \in E$.

若 H 是有限数, 由 $H = \sup E$ 可知, 存在 $\eta_k \in E, k = 1, 2, \cdots$, 使得

$$\lim_{k \to \infty} \eta_k = H.$$

取 $\varepsilon_k = \dfrac{1}{k}, k = 1, 2, \cdots$.

由于 $\eta_1 \in E$, 所以 η_1 是数列 $\{x_n\}$ 的一个极限点, 即存在 $\{x_n\}$ 的一个子列收敛于 η_1, 从而在邻域 $O(\eta_1, \varepsilon_1)$ 中, 必包含数列 $\{x_n\}$ 的无穷多项, 取 $x_{n_1} \in O(\eta_1, \varepsilon_1)$;

由于 $\eta_2 \in E$, 所以 η_2 是数列 $\{x_n\}$ 的一个极限点, 从而在邻域 $O(\eta_2, \varepsilon_2)$ 中, 必包含数列 $\{x_n\}$ 的无穷多项, 取 $n_2 > n_1$, 使得 $x_{n_2} \in O(\eta_2, \varepsilon_2)$;

$\cdots\cdots$

由于 $\eta_k \in E$, 所以 η_k 是数列 $\{x_n\}$ 的一个极限点, 从而在邻域 $O(\eta_k, \varepsilon_k)$ 中, 必包含数列 $\{x_n\}$ 的无穷多项, 取 $n_k > n_{k-1}$, 使得 $x_{n_k} \in O(\eta_k, \varepsilon_k)$;

$\cdots\cdots$

重复以上过程, 得到数列 $\{x_n\}$ 的一个子列 $\{x_{n_k}\}$, 满足

$$|x_{n_k} - \eta_k| < \frac{1}{k}.$$

由于 $\lim\limits_{k \to \infty} \eta_k = H$, 所以 $\lim\limits_{k \to \infty} x_{n_k} = H$, 这表明 H 是 $\{x_n\}$ 的一个极限点, 于是 $H \in E$. 类似可以证明: $h \in E$. 证毕

例 2.5.3 设 $x_n = n^{(-1)^n}, n = 1, 2, \cdots$, 求数列 $\{x_n\}$ 的上极限与下极限.

解 因为 $x_{2n} = 2n$, 显然 $\{x_n\}$ 无上界, 所以 $\varlimsup\limits_{n \to \infty} x_n = +\infty$.

由于 $x_{2n+1} = \dfrac{1}{2n+1} \to 0(n \to \infty)$, 且 $x_n > 0$, 所以 $\varliminf\limits_{n \to \infty} x_n = 0$.

例 2.5.4 设 $x_n = (-1)^n n, n = 1, 2, \cdots$, 求数列 $\{x_n\}$ 的上极限与下极限.

解 由于数列 $\{x_n\}$ 既无上界, 又无下界, 所以 $\varlimsup\limits_{n \to \infty} x_n = +\infty, \varliminf\limits_{n \to \infty} x_n = -\infty$.

定理 2.5.2 $\lim\limits_{n \to \infty} x_n = a(a$ 可以是有限数, $+\infty, -\infty)$ 的充要条件是 $\varlimsup\limits_{n \to \infty} x_n = \varliminf\limits_{n \to \infty} x_n = a$.

证明 我们只证 a 为有限数的情形, 其他情形的证明留给读者去完成.

必要性 若 $\lim\limits_{n\to\infty} x_n = a$, 则数列 $\{x_n\}$ 的任一子列收敛于同一常数, 因此 $\{x_n\}$ 只有唯一的极限点, 即 $E = \{a\}$, 于是 $\overline{\lim\limits_{n\to\infty}} x_n = \underline{\lim\limits_{n\to\infty}} x_n = a$.

充分性 用反证法. 若 $\overline{\lim\limits_{n\to\infty}} x_n = \underline{\lim\limits_{n\to\infty}} x_n = a$ 成立, 但 $\{x_n\}$ 不收敛, 则它至少存在两个子列收敛于不同极限, 因此有 $\overline{\lim\limits_{n\to\infty}} x_n > \underline{\lim\limits_{n\to\infty}} x_n$, 矛盾. 因此, $\{x_n\}$ 收敛.   证毕

定理 2.5.3 设 $\{x_n\}$ 是有界数列, 则 $\overline{\lim\limits_{n\to\infty}} x_n = H$ 的充分必要条件是: 对任意给定的 $\varepsilon > 0$:

(1) 存在正整数 N, 使得对任意 $n > N$, 成立

$$x_n < H + \varepsilon;$$

(2) 数列 $\{x_n\}$ 中有无穷多项, 满足

$$x_n > H - \varepsilon.$$

证明 必要性 因为 $\overline{\lim\limits_{n\to\infty}} x_n = H$, 所以 H 是 $\{x_n\}$ 最大的极限点, 因此对任意给定的 $\varepsilon > 0$, 在 $[H + \varepsilon, +\infty)$ 上至多只有 $\{x_n\}$ 的有限项. 事实上, 若在 $[H + \varepsilon, +\infty)$ 含有 $\{x_n\}$ 的无穷多项, 则这些项所构成的数列必为 $\{x_n\}$ 的子列, 记为 $\{x_{n_k}\}$, 显然 $x_{n_k} \in [H + \varepsilon, +\infty), k = 1, 2, \cdots$.

因 $\{x_n\}$ 有界, 所以 $\{x_{n_k}\}$ 有界, 从而必有收敛子列, 其极限大于或等于 $H + \varepsilon$, 于是 $\overline{\lim\limits_{n\to\infty}} x_n \geqslant H + \varepsilon$, 与 $\overline{\lim\limits_{n\to\infty}} x_n = H$ 矛盾.

设在 $[H + \varepsilon, +\infty)$ 上所含 $\{x_n\}$ 的有限项中最大的下标为 n_0, 取 $N = n_0$, 则当 $n > N$ 时, 必成立

$$x_n < H + \varepsilon,$$

这就证明了 (1) 式.

因为 $\overline{\lim\limits_{n\to\infty}} x_n = H$, 所以 H 也是 $\{x_n\}$ 的极限点, 于是存在子列 $\{x_{n_k}\}$ 使得 $\lim\limits_{k\to\infty} x_{n_k} = H$, 注意到 H 是有限数, 故对任意给定 $\varepsilon > 0$, 存在正整数 K, 当 $k > K$ 时, 成立

$$|x_{n_k} - H| < \varepsilon,$$

由此得 $x_{n_k} > H - \varepsilon, \forall k > K$, 这就证明了 (2) 式.

充分性 由 (1), 对任意给定的 $\varepsilon > 0$, 存在正整数 N, 使得对一切 $n > N$ 成立 $x_n < H + \varepsilon$, 于是 $\varlimsup\limits_{n\to\infty} x_n \leqslant H + \varepsilon$. 由 ε 的任意性, 得到

$$\varlimsup_{n\to\infty} x_n \leqslant H.$$

由 (2), 数列 $\{x_n\}$ 中有无穷多项, 满足 $x_n > H - \varepsilon$, 于是 $\varlimsup\limits_{n\to\infty} x_n \geqslant H - \varepsilon$. 由 ε 的任意性, 得到

$$\varlimsup_{n\to\infty} x_n \geqslant H.$$

综上可得

$$\varlimsup_{n\to\infty} x_n = H. \hspace{3cm} \text{证毕}$$

关于下极限, 我们有如下类似结果, 证明留给读者作为练习.

定理 2.5.4 设 $\{x_n\}$ 是有界数列, 则 $\varliminf\limits_{n\to\infty} x_n = h$ 的充分必要条件是: 对任意给定的 $\varepsilon > 0$:

(1) 存在正整数 N, 使得对一切 $n > N$ 成立

$$x_n > h - \varepsilon;$$

(2) 数列 $\{x_n\}$ 中有无穷多项, 满足

$$x_n < h + \varepsilon.$$

2.5.2 上极限与下极限的运算

数列的极限满足四则运算法则, 但对于数列的上、下极限, 四则运算法则不一定成立. 例如, 令 $x_n = (-1)^n, y_n = (-1)^{n-1}$, 则 $\varlimsup\limits_{n\to\infty} (x_n + y_n) = 0$, 但 $\varlimsup\limits_{n\to\infty} x_n + \varlimsup\limits_{n\to\infty} y_n = 2$, 两者不再相等. 关于数列的上、下极限, 我们有如下运算性质.

定理 2.5.5 设 $\{x_n\}, \{y_n\}$ 是两个数列, 则

(1) $\varlimsup\limits_{n\to\infty} (x_n + y_n) \leqslant \varlimsup\limits_{n\to\infty} x_n + \varlimsup\limits_{n\to\infty} y_n$; $\varliminf\limits_{n\to\infty} (x_n + y_n) \geqslant \varliminf\limits_{n\to\infty} x_n + \varliminf\limits_{n\to\infty} y_n$.

(2) 若 $\lim\limits_{n\to\infty} x_n$ 存在, 则

$$\varlimsup_{n\to\infty} (x_n + y_n) = \lim_{n\to\infty} x_n + \varlimsup_{n\to\infty} y_n;$$

$$\varliminf_{n\to\infty} (x_n + y_n) = \lim_{n\to\infty} x_n + \varliminf_{n\to\infty} y_n.$$

(3) $\varliminf_{n\to\infty}(-x_n) = -\varlimsup_{n\to\infty}x_n$; $\varlimsup_{n\to\infty}(-x_n) = -\varliminf_{n\to\infty}x_n$.

注 要求 (1) 中两式右端不是待定型, 即不是 $(+\infty)+(-\infty)$ 等.

证明 下面只给出 (1), (2) 与 (3) 中第二式的证明, 并假定各表达式中出现的下极限为有限数. 记 $\varliminf_{n\to\infty}x_n = h_1$, $\varliminf_{n\to\infty}y_n = h_2$.

因为 $\varliminf_{n\to\infty}x_n = h_1$, $\varliminf_{n\to\infty}y_n = h_2$, 利用定理 2.5.4, 对任意给定的 $\varepsilon > 0$, 存在正整数 N, 使得对一切 $n > N$ 成立

$$x_n > h_1 - \varepsilon, \quad y_n > h_2 - \varepsilon,$$

于是

$$x_n + y_n > h_1 + h_2 - 2\varepsilon,$$

所以

$$\varliminf_{n\to\infty}(x_n + y_n) \geqslant h_1 + h_2 - 2\varepsilon.$$

由 ε 的任意性, 得到

$$\varliminf_{n\to\infty}(x_n + y_n) \geqslant h_1 + h_2 = \varliminf_{n\to\infty}x_n + \varliminf_{n\to\infty}y_n.$$

这表明 (1) 的第二式成立.

若 $\lim_{n\to\infty}x_n$ 存在, 则由已证明的结论, 有

$$\varliminf_{n\to\infty}y_n = \varliminf_{n\to\infty}[x_n+y_n-x_n] \geqslant \varliminf_{n\to\infty}(x_n+y_n)+\varliminf_{n\to\infty}(-x_n) = \varliminf_{n\to\infty}(x_n+y_n)-\lim_{n\to\infty}x_n,$$

即

$$\varliminf_{n\to\infty}(x_n + y_n) \leqslant \lim_{n\to\infty}x_n + \varliminf_{n\to\infty}y_n.$$

又由 (1) 的第二式有

$$\varliminf_{n\to\infty}(x_n + y_n) \geqslant \varliminf_{n\to\infty}x_n + \varliminf_{n\to\infty}y_n = \lim_{n\to\infty}x_n + \varliminf_{n\to\infty}y_n.$$

综上得到

$$\varliminf_{n\to\infty}(x_n + y_n) = \lim_{n\to\infty}x_n + \varliminf_{n\to\infty}y_n.$$

这表明 (2) 的第二式成立.

设 $\varliminf\limits_{n\to\infty} x_n = h$, 则由定理 2.5.4, 对任意给定的 $\varepsilon > 0$, 存在正整数 N, 使得对一切 $n > N$ 成立 $x_n > h - \varepsilon$, 且数列 $\{x_n\}$ 中有无穷多项, 满足 $x_n < h + \varepsilon$.

于是对任意给定的 $\varepsilon > 0$, 当 $n > N$ 时, 均有 $-x_n < -h + \varepsilon$ 成立, 且数列 $\{-x_n\}$ 中有无穷多项, 满足 $-x_n > -h - \varepsilon$. 由定理 2.5.3, 得到

$$\varlimsup_{n\to\infty}(-x_n) = -h = -\varliminf_{n\to\infty} x_n,$$

这表明 (3) 的第二式成立.　　　　　　　　　　　　　　　　　　　　　　　　　证毕

定理 2.5.6 设 $\{x_n\}, \{y_n\}$ 是两个数列.

(1) 若 $x_n \geqslant 0, y_n \geqslant 0$, 则

$$\varlimsup_{n\to\infty}(x_n y_n) \leqslant \varlimsup_{n\to\infty} x_n \cdot \varlimsup_{n\to\infty} y_n;$$

$$\varliminf_{n\to\infty}(x_n y_n) \geqslant \varliminf_{n\to\infty} x_n \cdot \varliminf_{n\to\infty} y_n.$$

(2) 若 $\lim\limits_{n\to\infty} x_n = x, 0 < x < +\infty$, 则

$$\varlimsup_{n\to\infty}(x_n y_n) = \lim_{n\to\infty} x_n \cdot \varlimsup_{n\to\infty} y_n;$$

$$\varliminf_{n\to\infty}(x_n y_n) = \lim_{n\to\infty} x_n \cdot \varliminf_{n\to\infty} y_n.$$

(3) 若 $\lim\limits_{n\to\infty} x_n = x, -\infty < x < 0$, 则

$$\varlimsup_{n\to\infty}(x_n y_n) = \lim_{n\to\infty} x_n \cdot \varliminf_{n\to\infty} y_n;$$

$$\varliminf_{n\to\infty}(x_n y_n) = \lim_{n\to\infty} x_n \cdot \varlimsup_{n\to\infty} y_n.$$

注 要求 (1) 中两式右端不是待定型, 即不是 $0 \cdot (+\infty)$ 等.

证明 下面只给出 (1) 的第一式的证明, 并假定 $\varlimsup\limits_{n\to\infty} x_n, \varlimsup\limits_{n\to\infty} y_n$ 都是有限数, 其余的证明留给读者去完成.

记 $\varlimsup\limits_{n\to\infty} x_n = H_1, \varlimsup\limits_{n\to\infty} y_n = H_2$. 利用定理 2.5.3, 对任意给定的 $\varepsilon > 0$, 存在正整数 N, 使得对一切 $n > N$ 成立

$$x_n < H_1 + \varepsilon, \quad y_n < H_2 + \varepsilon.$$

又由于 $x_n \geqslant 0, y_n \geqslant 0$, 于是

$$x_n y_n < (H_1 + \varepsilon)(H_2 + \varepsilon), \quad \forall n > N,$$

所以

$$\varlimsup_{n\to\infty}(x_ny_n)\leqslant(H_1+\varepsilon)(H_2+\varepsilon).$$

由 ε 的任意性, 得到

$$\varlimsup_{n\to\infty}(x_ny_n)\leqslant H_1H_2=\varlimsup_{n\to\infty}x_n\cdot\varlimsup_{n\to\infty}y_n.\qquad\qquad\text{证毕}$$

例 2.5.5　设数列 $\{x_n\}$ 满足

$$x_{n+1}=y_n+qx_n(0<q<1),\quad n=1,2,\cdots.$$

证明: $\{x_n\}$ 收敛的充分必要条件是 $\{y_n\}$ 收敛.

证明　**必要性**　由于 $\{x_n\}$ 收敛, $y_n=x_{n+1}-qx_n$, 所以 $\{y_n\}$ 收敛.

充分性　因为 $\{y_n\}$ 收敛, 所以 $\{y_n\}$ 有界, 故存在 $M>0$, 使得

$$|y_n|\leqslant M,\quad|x_1|\leqslant M,\quad n=1,2,\cdots.$$

因此

$$|x_2|\leqslant|y_1|+q|x_1|\leqslant(1+q)M,$$

$$|x_3|\leqslant|y_2|+q|x_2|\leqslant(1+q+q^2)M,$$

由归纳法可证

$$|x_n|\leqslant(1+q+q^2+\cdots+q^{n-1})M,\quad n=2,3,\cdots,$$

所以

$$|x_n|\leqslant\frac{M}{1-q},\quad n=2,3,\cdots,$$

这表明数列 $\{x_n\}$ 有界, 记

$$\varlimsup_{n\to\infty}x_n=H,\quad\varliminf_{n\to\infty}x_n=h,$$

则 H,h 均为有限数. 令 $\lim\limits_{n\to\infty}y_n=A$, 对 $x_{n+1}=y_n+qx_n$ 两边分别取上、下极限, 得到

$$\begin{cases}H=A+qH,\\h=A+qh.\end{cases}$$

两式相减得到

$$H-h=q(H-h),$$

又因 $0<q<1$, 所以 $H=h$, 从而 $\{x_n\}$ 收敛.

2.5.3 上极限和下极限的等价定义

对于数列 $\{x_n\}$, 定义

$$a_n = \inf_{k \geqslant n}\{x_k\} = \inf\{x_n, x_{n+1}, \cdots\},$$

$$b_n = \sup_{k \geqslant n}\{x_k\} = \sup\{x_n, x_{n+1}, \cdots\}.$$

若 $\{x_n\}$ 有界, 则数列 $\{a_n\}$ 单调递增有上界, 数列 $\{b_n\}$ 单调递减有下界, 从而 $\{a_n\}$ 与 $\{b_n\}$ 都收敛. 记 $h^* = \lim\limits_{n \to \infty} a_n, H^* = \lim\limits_{n \to \infty} b_n$.

若 $\{x_n\}$ 无下界但有上界, 则 $a_n = -\infty, n = 1, 2, \cdots$, 我们定义 $h^* = \lim\limits_{n \to \infty} a_n = -\infty$. 此时 $\{b_n\}$ 单调递减, $H^* = \lim\limits_{n \to \infty} b_n$ 可以是有限数或 $-\infty$.

若 $\{x_n\}$ 有下界但无上界, 则 $b_n = +\infty, n = 1, 2, \cdots$, 我们定义 $H^* = \lim\limits_{n \to \infty} b_n = +\infty$. 此时 $\{a_n\}$ 单调递增, $h^* = \lim\limits_{n \to \infty} a_n$ 可以是有限数或 $+\infty$.

若 $\{x_n\}$ 无下界且无上界, 则 $a_n = -\infty, b_n = +\infty, n = 1, 2, \cdots$, 我们定义 $h^* = -\infty, H^* = +\infty$.

通过以上分析可知, 对于任意数列 $\{x_n\}$, 尽管它可能没有极限, 但 h^*, H^* 总是存在的 (有限数, $+\infty$ 或 $-\infty$). 注意到 $a_n \leqslant b_n, n = 1, 2, \cdots$, 因此

$$h^* \leqslant H^*.$$

定理 2.5.7 对于数列 $\{x_n\}$, 定义 $a_n = \inf\limits_{k \geqslant n}\{x_k\}, b_n = \sup\limits_{k \geqslant n}\{x_k\}$, 记

$$\lim_{n \to \infty} b_n = H^*, \quad \lim_{n \to \infty} a_n = h^*.$$

则

$$\varlimsup_{n \to \infty} x_n = H^*, \quad \varliminf_{n \to \infty} x_n = h^*.$$

证明 (1) 首先证明: 若 $\lim\limits_{k \to \infty} x_{n_k} = \xi$, 则 $h^* \leqslant \xi \leqslant H^*$.

由于

$$a_{n_k} \leqslant x_{n_k} \leqslant b_{n_k}, \quad k = 1, 2, \cdots,$$

且 $\lim\limits_{n \to \infty} a_n = h^*, \lim\limits_{n \to \infty} b_n = H^*$, 所以 $\lim\limits_{k \to \infty} a_{n_k} = h^*, \lim\limits_{k \to \infty} b_{n_k} = H^*$, 从而

$$h^* \leqslant \xi \leqslant H^*.$$

(2) 下证明 H^*, h^* 都是数列 $\{x_n\}$ 的极限点, 即证存在数列 $\{x_n\}$ 的子列 $\{x_{n_k}\}$ 和 $\{x_{m_k}\}$, 使得

$$\lim_{k\to\infty} x_{n_k} = H^*, \quad \lim_{k\to\infty} x_{m_k} = h^*.$$

(i) 若 H^* 都是有限数, 取 $\varepsilon_k = \dfrac{1}{k}, k = 1, 2, \cdots$.

对 $\varepsilon_1 = 1$, 由于 $b_1 = \sup\limits_{i\geqslant 1}\{x_i\}$, 所以存在 n_1, 使得 $b_1 - 1 < x_{n_1} \leqslant b_1$;

对 $\varepsilon_2 = \dfrac{1}{2}$, 由于 $b_{n_1+1} = \sup\limits_{i\geqslant n_1+1}\{x_i\}$, 所以存在 $n_2 > n_1$, 使得 $b_{n_1+1} - \dfrac{1}{2} < x_{n_2} \leqslant b_{n_1+1}$;

$\cdots\cdots$

对 $\varepsilon_{k+1} = \dfrac{1}{k+1}$, 由于 $b_{n_k+1} = \sup\limits_{i\geqslant n_k+1}\{x_i\}$, 所以存在 $n_{k+1} > n_k$, 使得

$$b_{n_k+1} - \frac{1}{k+1} < x_{n_{k+1}} \leqslant b_{n_k+1}.$$

重复上述过程, 得到 $\{x_n\}$ 的一个子列 $\{x_{n_k}\}$, 利用夹逼性准则, 得到 $\lim\limits_{k\to\infty} x_{n_k} = H^*$.

同理可证: 若 h^* 是有限数, 则存在数列 $\{x_n\}$ 的子列 $\{x_{m_k}\}$, 使得 $\lim\limits_{k\to\infty} x_{m_k} = h^*$.

(ii) 若 $H^* = +\infty$, 则数列 $\{x_n\}$ 无上界, 从而存在 $\{x_n\}$ 的子列 $\{x_{n_k}\}$ 趋于 $+\infty$, 即

$$\lim_{k\to\infty} x_{n_k} = H^*.$$

若 $H^* = -\infty$, 则 $h^* = -\infty$. 注意到 $a_n \leqslant x_n \leqslant b_n, n = 1, 2, \cdots$, 因此

$$\lim_{n\to\infty} x_n = H^*.$$

若 $h^* = -\infty$, 则数列 $\{x_n\}$ 无下界, 从而存在 $\{x_n\}$ 的子列 $\{x_{m_k}\}$ 趋于 $-\infty$, 即

$$\lim_{k\to\infty} x_{m_k} = h^*.$$

若 $h^* = +\infty$, 则 $H^* = +\infty$. 注意到 $a_n \leqslant x_n \leqslant b_n, n = 1, 2, \cdots$, 因此

$$\lim_{n\to\infty} x_n = h^*.$$

综上所述, 我们证明了 H^* 是 $\{x_n\}$ 的最大极限点, h^* 是 $\{x_n\}$ 的最小极限点, 即

$$\varlimsup_{n\to\infty} x_n = H^*, \qquad \varliminf_{n\to\infty} x_n = h^*. \qquad\qquad 证毕$$

注　定理的结论表明: 上、下极限的两种定义是等价的, 这也是数列 $\{x_n\}$ 的上极限和下极限经常用符号 $\limsup\limits_{n\to\infty} x_n, \liminf\limits_{n\to\infty} x_n$ 来记的原因.

习　题　2.5

1. 求下列数列的上极限和下极限:

(1) $x_n = n[2 + (-1)^n]$;

(2) $x_n = \cos\dfrac{2n\pi}{5}$;

(3) $x_n = \dfrac{n}{n+2}\cos\dfrac{n\pi}{2}$;

(4) $x_n = (-1)^n n^3$;

(5) $x_n = \sqrt[n]{n^2+1} + \sin\dfrac{n\pi}{3}$;

(6) $x_n = \dfrac{\sqrt[3]{n^2}}{2n+3}\sin n^2$.

2. 证明:

$$\varlimsup_{n\to\infty} (cx_n) = \begin{cases} c\,\varlimsup\limits_{n\to\infty} x_n, & c \geqslant 0, \\ c\,\varliminf\limits_{n\to\infty} x_n, & c < 0. \end{cases}$$

3. 设 $\lim\limits_{n\to\infty} x_n = x, 0 < x < +\infty$, 证明:

(1) $\varlimsup\limits_{n\to\infty} (x_n y_n) = \lim\limits_{n\to\infty} x_n \cdot \varlimsup\limits_{n\to\infty} y_n$;

(2) $\varliminf\limits_{n\to\infty} (x_n y_n) = \lim\limits_{n\to\infty} x_n \cdot \varliminf\limits_{n\to\infty} y_n$.

4. 设 $\{x_n\}, \{y_n\}$ 是两个数列, 证明:

(1) $\varlimsup\limits_{n\to\infty} (x_n + y_n) \leqslant \varlimsup\limits_{n\to\infty} x_n + \varlimsup\limits_{n\to\infty} y_n$;

(2) 若 $\lim\limits_{n\to\infty} x_n$ 存在, 则

$$\varlimsup_{n\to\infty} (x_n + y_n) = \lim_{n\to\infty} x_n + \varlimsup_{n\to\infty} y_n.$$

5. 设 $\{x_n\}$ 是有界数列, 证明: $\varliminf\limits_{n\to\infty} x_n = h$ 的充分必要条件是: 对任意给定的 $\varepsilon > 0$,

(1) 存在正整数 N, 使得对任意 $n > N$, 成立 $x_n > h - \varepsilon$;

(2) 数列 $\{x_n\}$ 中有无穷多项, 满足 $x_n < h + \varepsilon$.

6. 设 $\{x_n\}, \{y_n\}$ 是任意给定的两个有界数列, 证明:

(1) $\varliminf_{n \to \infty} (x_n + y_n) \leqslant \varliminf_{n \to \infty} x_n + \varlimsup_{n \to \infty} y_n$;

(2) $\varlimsup_{n \to \infty} (x_n + y_n) \geqslant \varliminf_{n \to \infty} x_n + \varlimsup_{n \to \infty} y_n$.

7. 设数列 $\{a_n\}$ 对一切正整数 m, n, 满足

$$0 \leqslant a_{m+n} \leqslant a_m + a_n.$$

证明: 数列 $\left\{ \dfrac{a_n}{n} \right\}$ 收敛.

第 3 章　函数极限与连续函数

3.1　函数极限

3.1.1　函数极限的定义

在第 2 章, 我们研究了数列的极限, 本节我们将进一步研究函数的极限. 首先, 我们讨论当自变量 x 趋于 x_0 时函数的极限.

定义 3.1.1　设函数 $f(x)$ 在点 x_0 的某个去心邻域 $O(x_0, \eta)\backslash\{x_0\}$ 内有定义. 若存在实数 A, 对于任意给定的 $\varepsilon > 0$, 存在 $\delta > 0$, 使得当 $0 < |x - x_0| < \delta$ 时, 均成立

$$|f(x) - A| < \varepsilon,$$

则称当 x 趋于 x_0 时, 函数 $f(x)$ 以 A 为极限, 记为

$$\lim_{x \to x_0} f(x) = A, \quad \text{或者} \quad f(x) \to A \, (x \to x_0).$$

若不存在具有上述性质的实数 A, 则称函数 $f(x)$ 在点 x_0 处的极限不存在.

注　若 $\lim\limits_{x \to x_0} f(x) = A$, 则 $\lim\limits_{x \to x_0} |f(x)| = |A|$. 利用不等式 $||f(x)| - |A|| \leqslant |f(x) - A|$ 及极限的定义, 结论显然成立.

从极限定义不难看出, 函数 $f(x)$ 在点 x_0 处存在极限 A 与 $f(x)$ 在 x_0 是否有定义无关, 即使 $f(x)$ 在 x_0 有定义, 极限 A 也不一定等于 $f(x_0)$. 换句话说, 函数的极限是研究当自变量 x 趋于 x_0 时函数值的变化趋势, 它与函数在 x_0 点附近的函数值有关, 而与函数 $f(x)$ 在 x_0 点的情况无关.

函数 $f(x)$ 当 $x \to x_0$ 时以 A 为极限的几何意义如下: 任意给定正数 ε, 作平行于 x 轴的两条直线 $y = A + \varepsilon$ 和 $y = A - \varepsilon$, 介于这两条直线之间是一横条带状区域. 根据定义, 对于给定的 $\varepsilon > 0$, 存在点 x_0 的一个去心邻域 $O(x_0, \delta)\backslash\{x_0\}$, 当 $y = f(x)$ 的图形上的点的横坐标 x 落在去心邻域 $O(x_0, \delta)\backslash\{x_0\}$ 时, 对应点的纵坐标 $f(x)$ 满足不等式

$$|f(x) - A| < \varepsilon \quad \text{或} \quad A - \varepsilon < f(x) < A + \varepsilon,$$

换句话说, 这些点落在上面所作的横条带状区域内 (图 3.1.1).

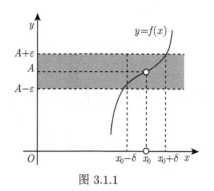

图 3.1.1

函数的极限 $\lim\limits_{x \to x_0} f(x) = A$ 也可以用符号简单表述为

$$\forall \varepsilon > 0, \ \exists \delta > 0, \ \forall x (0 < |x - x_0| < \delta): \quad |f(x) - A| < \varepsilon.$$

例 3.1.1　证明：$\lim\limits_{x \to 0} \mathrm{e}^x = 1$.

证明　按照极限的定义, 即证：对于任意给定的 $\varepsilon > 0$ (不妨设 $0 < \varepsilon < 1$), 存在 $\delta > 0$, 使得当 $0 < |x| < \delta$ 时, 成立

$$|\,\mathrm{e}^x - 1| < \varepsilon.$$

由于

$$|\,\mathrm{e}^x - 1| < \varepsilon \Leftrightarrow 1 - \varepsilon < \mathrm{e}^x < 1 + \varepsilon$$

$$\Leftrightarrow \ln(1 - \varepsilon) < x < \ln(1 + \varepsilon),$$

取 $\delta = \min\{-\ln(1 - \varepsilon), \ln(1 + \varepsilon)\}$, 则当 $0 < |x| < \delta$ 时, 成立

$$|\,\mathrm{e}^x - 1| < \varepsilon,$$

根据极限的定义, 这就证明了 $\lim\limits_{x \to 0} \mathrm{e}^x = 1$.

例 3.1.2　证明：$\lim\limits_{x \to 1} \dfrac{x^2 - 1}{x - 1} = 2$.

证明　即证：对任意给定的 $\varepsilon > 0$, 存在 $\delta > 0$, 使得当 $0 < |x - 1| < \delta$ 时, 成立

$$\left| \frac{x^2 - 1}{x - 1} - 2 \right| < \varepsilon.$$

由于 $\left| \dfrac{x^2 - 1}{x - 1} - 2 \right| = |x - 1|$, 任意给定 $\varepsilon > 0$, 取 $\delta = \varepsilon$, 当 $0 < |x - 1| < \delta$ 时, 成立

$$\left| \frac{x^2 - 1}{x - 1} - 2 \right| = |x - 1| < \varepsilon,$$

根据极限的定义, 这就证明了 $\lim\limits_{x\to 1}\dfrac{x^2-1}{x-1}=2$.

对任意给定的 $\varepsilon>0$, 满足条件的正数 δ 有无穷多个, 我们并不要求取最大的值, 所以对具体的函数极限问题, 常常采用与数列极限证明时类似地将 $|f(x)-A|<\varepsilon$ 进行适当放大的技巧.

例 3.1.3 证明: $\lim\limits_{x\to 0}x\sin\dfrac{3}{x}=0$.

证明 即证: 对任意给定的 $\varepsilon>0$, 存在 $\delta>0$ 使得当 $0<|x|<\delta$ 时, 有

$$\left|x\sin\frac{3}{x}\right|<\varepsilon.$$

由于 $\left|x\sin\dfrac{3}{x}\right|\leqslant|x|$, 所以要 $\left|x\sin\dfrac{3}{x}\right|<\varepsilon$ 成立, 只需 $|x|<\varepsilon$ 成立. 因此, 对任意给定 $\varepsilon>0$, 取 $\delta=\varepsilon$, 当 $0<|x|<\delta$ 时, 有

$$\left|x\sin\frac{3}{x}\right|\leqslant|x|<\varepsilon,$$

根据极限的定义, 这就证明了 $\lim\limits_{x\to 0}x\sin\dfrac{3}{x}=0$.

例 3.1.4 证明: $\lim\limits_{x\to 2}x^3=8$.

证明 按照极限的定义, 即证: 对任意给定的 $\varepsilon>0$, 存在 $\delta>0$, 使得当 $0<|x-2|<\delta$ 时, 有 $|x^3-8|<\varepsilon$.

由于 $|x^3-8|=|x-2|\cdot|x^2+2x+4|$, 不妨先限定 $|x-2|<1$, 即 $1<x<3$, 于是 $|x^2+2x+4|<19$, 从而有

$$|x^3-8|=|x-2|\cdot|x^2+2x+4|<19|x-2|.$$

因此, 对任意给定的 $\varepsilon>0$, 取 $\delta=\min\left\{1,\dfrac{\varepsilon}{19}\right\}$, 当 $0<|x-2|<\delta$ 时, 有

$$|x^3-8|<\varepsilon,$$

根据极限的定义, 这就证明了 $\lim\limits_{x\to 2}x^3=8$.

这个例子采用 "适当放大" 用技巧. 由于 x 是连续变量, 我们一开始可以对 x 的变化范围作一个限制, 限制以后就能适当放大 $|f(x)-A|$, 从而能方便地找到一个满足条件的 δ.

3.1.2 函数极限的性质

类似于数列极限, 函数极限也有相应于数列极限的许多性质, 其证明方法也是类似的. 希望读者仔细领会, 统一掌握, 并注意它们不同的地方.

定理 3.1.1 (唯一性)　若 $\lim\limits_{x \to x_0} f(x)$ 存在, 则极限值是唯一的.

证明　设 $\lim\limits_{x \to x_0} f(x) = A$, $\lim\limits_{x \to x_0} f(x) = B$, 根据函数极限的定义

$$\forall \varepsilon > 0,\ \exists \delta_1 > 0,\ \forall x\ (0 < |x - x_0| < \delta_1) : |f(x) - A| < \frac{\varepsilon}{2},$$

$$\forall \varepsilon > 0,\ \exists \delta_2 > 0,\ \forall x\ (0 < |x - x_0| < \delta_2) : |f(x) - B| < \frac{\varepsilon}{2},$$

取 $\delta = \min\{\delta_1, \delta_2\}$, 则当 $0 < |x - x_0| < \delta$ 时, 有

$$|A - B| \leqslant |f(x) - A| + |f(x) - B| < \varepsilon.$$

由于 ε 的任意性以及 A, B 为常数, 所以 $A = B$.　　　　　　　证毕

定理 3.1.2 (局部有界性)　若 $\lim\limits_{x \to x_0} f(x) = A$, 则存在 $\delta > 0$, 使得函数 $f(x)$ 在点 x_0 的某去心邻域 $O(x_0, \delta) \backslash \{x_0\}$ 中有界.

证明　因为 $\lim\limits_{x \to x_0} f(x) = A$, 根据函数极限的定义, 对 $\varepsilon_0 = 1$, 必存在 $\delta > 0$, 当 $0 < |x - x_0| < \delta$ 时, 有

$$|f(x) - A| < \varepsilon_0 = 1,$$

从而

$$|f(x)| < |A| + 1,$$

这表明函数 $f(x)$ 在去心邻域 $O(x_0, \delta) \backslash \{x_0\}$ 中有界.　　　　　证毕

定理 3.1.3 (局部保序性)　若 $\lim\limits_{x \to x_0} f(x) = A$, $\lim\limits_{x \to x_0} f(x) = B$, 且 $A > B$, 则存在 $\delta > 0$, 当 $0 < |x - x_0| < \delta$ 时, 有

$$f(x) > g(x).$$

证明　取 $\varepsilon_0 = \dfrac{A - B}{2} > 0$, 由于 $\lim\limits_{x \to x_0} f(x) = A, \exists \delta_1 > 0,\ \forall x\ (0 < |x - x_0| < \delta_1)$:

$$|f(x) - A| < \varepsilon_0,$$

从而当 $0 < |x - x_0| < \delta_1$ 时, 有

$$f(x) > \frac{A + B}{2}.$$

由于 $\lim\limits_{x \to x_0} f(x) = B$, $\exists \delta_2 > 0$, $\forall x \, (0 < |x - x_0| < \delta_2)$：

$$|g(x) - B| < \varepsilon_0,$$

从而当 $0 < |x - x_0| < \delta_2$ 时, 有 $g(x) < \dfrac{A + B}{2}$.

取 $\delta = \min\{\delta_1, \delta_2\}$, 当 $0 < |x - x_0| < \delta$ 时, 成立

$$g(x) < \frac{A + B}{2} < f(x). \hspace{3cm} \text{证毕}$$

推论 1 若 $\lim\limits_{x \to x_0} f(x) = A \neq 0$, 则存在 $\delta > 0$, 当 $0 < |x - x_0| < \delta$ 时, 有

$$|f(x)| > \frac{|A|}{2}.$$

证明 由 $\lim\limits_{x \to x_0} f(x) = A$ 可知 $\lim\limits_{x \to x_0} |f(x)| = |A|$. 令 $|g(x)| = \dfrac{|A|}{2}$, 由定理 3.1.3, 存在 $\delta > 0$, 当 $0 < |x - x_0| < \delta$ 时, 有

$$|f(x)| > \frac{|A|}{2}. \hspace{3cm} \text{证毕}$$

推论 2 若 $\lim\limits_{x \to x_0} f(x) = A$, $\lim\limits_{x \to x_0} f(x) = B$, 且存在 $\delta > 0$, 当 $0 < |x - x_0| < \delta$ 时, 有

$$f(x) \geqslant g(x),$$

则

$$A \geqslant B.$$

利用反证法, 证明留给读者去完成.

定理 3.1.4 (夹逼性准则) 若存在 $\delta > 0$, 当 $0 < |x - x_0| < \delta$ 时, 有

$$g(x) \leqslant f(x) \leqslant h(x),$$

且 $\lim\limits_{x \to x_0} g(x) = \lim\limits_{x \to x_0} h(x) = A$, 则 $\lim\limits_{x \to x_0} f(x) = A$.

定理的证明与数列的夹逼性准则类似, 故从略. 下面, 我们利用函数极限的夹逼性准则, 推导一个重要的函数极限.

例 3.1.5 证明：$\lim\limits_{x \to 0} \dfrac{\sin x}{x} = 1$.

证明 如图 3.1.2 所示, 作中心在原点, 半径为 1 的单位圆在第一象限的图像, 设角 $\angle AOB$ 的弧度为 x, $0 < x < \dfrac{\pi}{2}$.

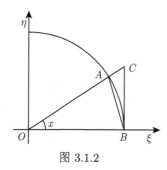

图 3.1.2

由于

$$\triangle OAB\text{面积} < \text{扇形 } OAB\text{面积} < \triangle OBC\text{面积, 从而}$$

$$\sin x < x < \tan x, \quad 0 < x < \frac{\pi}{2},$$

变形得到

$$\cos x < \frac{\sin x}{x} < 1, \quad 0 < x < \frac{\pi}{2}.$$

利用上面不等式, 显然当 $-\dfrac{\pi}{2} < x < 0$ 时, 上式也成立. 由于

$$|\cos x - 1| = 2\sin^2 \frac{x}{2} \leqslant \frac{x^2}{2},$$

这表明 $\lim\limits_{x \to 0} \cos x = 1$. 由夹逼性准则, 得到

$$\lim_{x \to 0} \frac{\sin x}{x} = 1.$$

定理 3.1.5 (四则运算法则)　设 $\lim\limits_{x \to x_0} f(x) = A$, $\lim\limits_{x \to x_0} g(x) = B$, 则

(1) $\lim\limits_{x \to x_0} (\alpha f(x) \pm \beta g(x)) = \alpha A \pm \beta B (\alpha, \beta \text{为常数})$;

(2) $\lim\limits_{x \to x_0} (f(x)g(x)) = A \cdot B$;

(3) $\lim\limits_{x \to x_0} \dfrac{f(x)}{g(x)} = \dfrac{A}{B} (B \neq 0)$.

证明　下面只给出 (2) 的证明, 其余的留给读者作为练习.

$$|f(x)g(x) - A \cdot B| = |f(x)g(x) - Ag(x) + Ag(x) - A \cdot B|$$

$$\leqslant |f(x) - A| \cdot |g(x)| + |A| \cdot |g(x) - B|.$$

由于 $\lim\limits_{x\to x_0} f(x) = A$, $\lim\limits_{x\to x_0} g(x) = B$, 根据函数极限的定义

$$\forall \varepsilon > 0, \exists \delta_1 > 0, \forall x(0 < |x - x_0| < \delta_1) : |f(x) - A| < \varepsilon,$$

$$\forall \varepsilon > 0, \exists \delta_2 > 0, \forall x(0 < |x - x_0| < \delta_2) : |g(x) - A| < \varepsilon.$$

由于 $\lim\limits_{x\to x_0} g(x) = B$, 利用局部有界性知, $\exists \delta_3 > 0, M > 0$, 使得 $\forall x(0 < |x - x_0| < \delta_3)$:

$$|g(x)| < M,$$

取 $\delta = \min\{\delta_1, \delta_2, \delta_3\}$, 当 $0 < |x - x_0| < \delta$ 时, 有

$$|f(x)g(x) - A \cdot B| < (M + |A|) \cdot \varepsilon,$$

这就证明了 $\lim\limits_{x\to x_0} (f(x)g(x)) = AB$. 证毕

例 3.1.6 求 $\lim\limits_{x\to 1} \dfrac{x + x^2 + \cdots + x^n - n}{x - 1}$, 其中 n 是一个给定的正整数.

解 $\lim\limits_{x\to 1} \dfrac{x + x^2 + \cdots + x^n - n}{x - 1}$

$= \lim\limits_{x\to 1} \left(\dfrac{x - 1}{x - 1} + \dfrac{x^2 - 1}{x - 1} + \cdots + \dfrac{x^n - 1}{x - 1} \right)$

$= \lim\limits_{x\to 1} \left[1 + (x + 1) + \cdots + (x^{n-1} + x^{n-2} + \cdots + x + 1) \right]$

$= 1 + 2 + \cdots + n = \dfrac{n(n + 1)}{2}.$

例 3.1.7 求 $\lim\limits_{x\to 0} \dfrac{\sin \alpha x}{\sin \beta x}$, 其中 $\alpha, \beta \neq 0$.

解 由于

$$\lim\limits_{x\to 0} \frac{\sin \alpha x}{x} = \alpha \lim\limits_{x\to 0} \frac{\sin \alpha x}{\alpha x} = \alpha,$$

所以

$$\lim\limits_{x\to 0} \frac{\sin \alpha x}{\sin \beta x} = \lim\limits_{x\to 0} \left(\frac{\sin \alpha x}{x} \middle/ \frac{\sin \beta x}{x} \right) = \frac{\alpha}{\beta}.$$

例 3.1.8   求 $\lim\limits_{x\to 0}\dfrac{1-\cos x}{x^2}$.

解 $\lim\limits_{x\to 0}\dfrac{1-\cos x}{x^2}=\lim\limits_{x\to 0}\dfrac{2\sin^2\frac{x}{2}}{x^2}$

$$=\frac{1}{2}\lim_{x\to 0}\left(\sin\frac{x}{2}\Big/\frac{x}{2}\right)^2=\frac{1}{2}.$$

例 3.1.9   求 $\lim\limits_{x\to 0}\dfrac{\tan x-\sin x}{x^3}$.

解 $\lim\limits_{x\to 0}\dfrac{\tan x-\sin x}{x^3}=\lim\limits_{x\to 0}\dfrac{\tan x(1-\cos x)}{x^3}$

$$=\lim_{x\to 0}\frac{\tan x}{x}\cdot\lim_{x\to 0}\frac{1-\cos x}{x^2}$$

$$=\lim_{x\to 0}\frac{\sin x}{x}\cdot\lim_{x\to 0}\frac{1}{\cos x}\cdot\lim_{x\to 0}\frac{1-\cos x}{x^2}$$

$$=\frac{1}{2}.$$

下面, 我们来讨论复合函数的极限问题. 关于复合函数的极限, 有如下结论.

定理 3.1.6   设函数 $f(u)$ 在 u_0 的某去心邻域内有定义, 且 $\lim\limits_{u\to u_0}f(u)=A$, 而 $u=g(x)$ 在 x_0 点附近 $(x\neq x_0)$ 有定义, $g(x)\neq u_0$ 且 $\lim\limits_{x\to x_0}g(x)=u_0$, 则

$$\lim_{x\to x_0}f(g(x))=A.$$

证明   由 $\lim\limits_{u\to u_0}f(u)=A$ 可知, $\forall\varepsilon>0$, $\exists\eta>0$, $\forall u(0<|u-u_0|<\eta)$:

$$|f(u)-A|<\varepsilon,$$

又由于 $\lim\limits_{x\to x_0}g(x)=u_0$, 所以对上述 $\eta>0$, 存在 $\exists\delta>0$, $\forall x(0<|x-x_0|<\delta)$:

$$|g(x)-u_0|<\eta,$$

综上得到: 对任意 $\forall x(0<|x-x_0|<\delta)$, 有

$$|f(g(x))-A|<\varepsilon,$$

这就证明了 $\lim\limits_{x\to x_0}f(g(x))=A.$ 证毕

3.1.3   函数极限概念的推广

在实际应用中, 前面给出的函数极限的概念是不够的, 例如对在闭区间 $[a,b]$ 上有定义的函数, 由于函数只在 $x=a$ 的右侧和 $x=b$ 的左侧上有定义, 我们就无法研究其在端点处的极限问题. 因此我们有必要把极限的概念加以拓广, 以便处理其他形式的极限问题.

1. 单侧极限

所谓单侧极限, 就是研究函数在某点的一侧的变化情况.

定义 3.1.2 设函数 $f(x)$ 在点 x_0 的左侧 $(x_0 - \rho, x_0)$ $(\rho > 0)$ 上有定义, A 为一常数. 若对任意给定的 $\varepsilon > 0$, 总可以找到 $\delta > 0$, 使得当 $x_0 - \delta < x < x_0$ 时, 都成立

$$|f(x) - A| < \varepsilon,$$

则称常数 A 是函数 $f(x)$ 在 x_0 点的**左极限**, 记为

$$\lim_{x \to x_0-} f(x) = A \quad 或 \quad f(x_0 - 0) = A.$$

类似地可定义函数 $f(x)$ 在点 x_0 点的**右极限**

$$\lim_{x \to x_0+} f(x) = B \quad 或 \quad f(x_0 + 0) = B.$$

例 3.1.10 设函数

$$f(x) = \begin{cases} x + 1, & x > 0, \\ 0, & x = 0, \\ x - 1, & x < 0, \end{cases}$$

求 $f(x)$ 在点 $x = 0$ 点的左、右极限.

解 $\lim\limits_{x \to 0-} f(x) = \lim\limits_{x \to 0-} (x - 1) = -1, \quad \lim\limits_{x \to 0+} f(x) = \lim\limits_{x \to 0+} (x + 1) = 1.$

定理 3.1.7 函数 $f(x)$ 在点 x_0 极限存在的充分必要条件是 $f(x)$ 在点 x_0 的左、右极限存在并相等.

证明 必要性 设 $\lim\limits_{x \to x_0} f(x) = A$, 则 $\forall \varepsilon > 0, \exists \delta > 0, \forall x(0 < |x - x_0| < \delta)$:

$$|f(x) - A| < \varepsilon.$$

特别地, 当 $x_0 - \delta < x < x_0$ 或 $x_0 < x < x_0 + \delta$ 时, 亦有

$$|f(x) - A| < \varepsilon,$$

故 $\lim\limits_{x \to x_0-} f(x), \lim\limits_{x \to x_0+} f(x)$ 都存在, 而且

$$\lim_{x \to x_0-} f(x) = \lim_{x \to x_0+} f(x) = A.$$

充分性 设 $\lim\limits_{x \to x_0-} f(x) = \lim\limits_{x \to x_0+} f(x) = A.$

由 $\lim\limits_{x \to x_0-} f(x) = A$, 有

$$\forall \varepsilon > 0,\ \exists \delta_1 > 0,\ \forall x\ (x_0 - \delta_1 < x < x_0):\ |f(x) - A| < \varepsilon.$$

又由 $\lim\limits_{x \to x_0+} f(x) = A$, 有

$$\forall \varepsilon > 0,\ \exists \delta_2 > 0,\ \forall x\ (x_0 < x < x_0 + \delta_2):\ |f(x) - A| < \varepsilon.$$

令 $\delta = \min\{\delta_1, \delta_2\}$, 当 $0 < |x - x_0| < \delta$ 时, 有

$$|f(x) - A| < \varepsilon,$$

根据极限的定义, 这就证明了 $\lim\limits_{x \to x_0} f(x) = A$.　　　　　　　　　　证毕

例 3.1.11　证明: 取整函数 $f(x) = [x]$ 在点 $x = n$ 处的极限不存在, 其中 n 为整数.

证明　由于 $\lim\limits_{x \to n-} f(x) = n - 1,\ \lim\limits_{x \to n+} f(x) = n$, 因此 $f(x) = [x]$ 在点 $x = n$ 处的极限不存在.

2. 自变量 x 趋于无穷大时函数的极限

设函数 $f(x)$ 在 $[a, +\infty)$ 上有定义, 当 x 沿着 x 轴正方向无限远离原点时, 函数 $f(x)$ 无限接近某个常数 A, 我们就称 $f(x)$ 当 $x \to +\infty$ 时以 A 为极限. 例如, 函数 $f(x) = \dfrac{1}{x+1}$ 当 x 趋于 $+\infty$ 时以 0 为极限, 又如函数 $f(x) = \arctan x$ 当 x 趋于 $+\infty$ 时以 $\dfrac{\pi}{2}$ 为极限.

定义 3.1.3　设函数 $f(x)$ 在 $(-\infty, +\infty)$ 上有定义, A 是一个确定的实数. 若对于任意给定的 $\varepsilon > 0$, 存在正数 X, 使得当 $|x| > X$ 时, 成立

$$|f(x) - A| < \varepsilon,$$

则称当 x 趋于 ∞ 时, 函数 $f(x)$ 以 A 为极限, 记为

$$\lim_{x \to \infty} f(x) = A \quad 或者 \quad f(x) \to A\ (x \to \infty).$$

类似地可以定义 $\lim\limits_{x \to +\infty} f(x) = A$ 和 $\lim\limits_{x \to -\infty} f(x) = A$.

对于这种类型的极限, 容易证明: 夹逼性准则、极限的四则运算法则、复合函数的极限等结论也是成立的, 且有

$$\lim_{x \to \infty} f(x) = A \Leftrightarrow \lim_{x \to +\infty} f(x) = A = \lim_{x \to -\infty} f(x).$$

$\lim\limits_{x \to \infty} f(x) = A$ 的几何意义是: 任给正数 ε, 作直线 $y = A + \varepsilon$ 和 $y = A - \varepsilon$, 则总存在一个正数 X, 使得当 $x > X$ 或 $x < -X$ 时, 函数 $y = f(x)$ 的图形位于这两条直线之间 (图 3.1.3). 这时, 直线 $y = A$ 是函数 $y = f(x)$ 图形的一条**水平渐近线**.

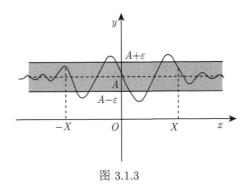

图 3.1.3

例 3.1.12 证明: $\lim\limits_{x \to +\infty} a^x = 0$, 其中 $0 < a < 1$.

证明 任给 $\varepsilon > 0$ (不妨设 $0 < \varepsilon < 1$), 由于

$$|a^x - 0| < \varepsilon \Leftrightarrow x \ln a < \ln \varepsilon \Leftrightarrow x > \frac{\ln \varepsilon}{\ln a}.$$

取 $X = \dfrac{\ln \varepsilon}{\ln a}$, 则当 $x > X$ 时, 有

$$|a^x - 0| < \varepsilon,$$

利用极限的定义, 这就证明了 $\lim\limits_{x \to +\infty} a^x = 0$.

例 3.1.13 证明: $\lim\limits_{x \to \infty} \dfrac{3x^2 + x + 1}{x^2 + 2} = 3$.

证明 由于

$$\left| \frac{3x^2 + x + 1}{x^2 + 2} - 3 \right| = \left| \frac{x - 5}{x^2 + 2} \right| \leqslant \frac{|x| + 5}{x^2 + 2} < \frac{2|x|}{x^2} = \frac{2}{|x|},$$

对所有 $|x| > 5$ 成立. 因此, 对 $\forall \varepsilon > 0$, 取 $X = \max\left\{ 5, \dfrac{2}{\varepsilon} \right\}$, 当 $|x| > X$ 时, 有

$$\left| \frac{3x^2 + x + 1}{x^2 + 2} - 3 \right| < \varepsilon,$$

利用极限的定义, 这就证明了 $\lim\limits_{x\to\infty}\dfrac{3x^2+x+1}{x^2+2}=3$.

例 3.1.14　设 $a_0\neq 0$, $b_0\neq 0$, m,n 为非负整数, 讨论极限

$$\lim_{x\to\infty}\frac{a_0x^n+a_1x^{n-1}+\cdots+a_{n-1}x+a_n}{b_0x^m+b_1x^{m-1}+\cdots+b_{m-1}x+b_m}.$$

解

$$\frac{a_0x^n+a_1x^{n-1}+\cdots+a_{n-1}x+a_n}{b_0x^m+b_1x^{m-1}+\cdots+b_{m-1}x+b_m}=x^{n-m}\cdot\frac{a_0+\dfrac{a_1}{x}+\cdots+\dfrac{a_{n-1}}{x^{n-1}}+\dfrac{a_n}{x^n}}{b_0+\dfrac{b_1}{x}+\cdots+\dfrac{b_{m-1}}{x^{m-1}}+\dfrac{b_m}{x^m}}.$$

由于

$$\lim_{x\to\infty}\frac{a_0+\dfrac{a_1}{x}+\cdots+\dfrac{a_{n-1}}{x^{n-1}}+\dfrac{a_n}{x^n}}{b_0+\dfrac{b_1}{x}+\cdots+\dfrac{b_{m-1}}{x^{m-1}}+\dfrac{b_m}{x^m}}=\frac{a_0}{b_0},$$

$$\lim_{x\to\infty}x^{n-m}=\begin{cases}1,&n=m,\\0,&n<m,\\\infty,&n>m,\end{cases}$$

所以

$$\lim_{x\to\infty}\frac{a_0x^n+a_1x^{n-1}+\cdots+a_{n-1}x+a_n}{b_0x^m+b_1x^{m-1}+\cdots+b_{m-1}x+b_m}=\begin{cases}\dfrac{a_0}{b_0},&n=m,\\0,&n<m,\\\infty,&n>m.\end{cases}$$

下面我们再推导一个重要极限.

例 3.1.15　证明: $\lim\limits_{x\to\infty}\left(1+\dfrac{1}{x}\right)^x=\mathrm{e}$.

证明　在第 2 章, 我们已经证明: $\lim\limits_{n\to\infty}\left(1+\dfrac{1}{n}\right)^n=\mathrm{e}$. 下面我们分两步来证明 $\lim\limits_{x\to\infty}\left(1+\dfrac{1}{x}\right)^x=\mathrm{e}$.

(1) 先证明: $\lim\limits_{x\to+\infty}\left(1+\dfrac{1}{x}\right)^x=\mathrm{e}$.

由于 $[x]\leqslant x<[x]+1$, 所以当 $x\geqslant 1$ 时有

$$1+\frac{1}{[x]+1}<1+\frac{1}{x}\leqslant 1+\frac{1}{[x]},$$

因此

$$\left(1 + \frac{1}{[x]+1}\right)^{[x]} < \left(1 + \frac{1}{x}\right)^x \leqslant \left(1 + \frac{1}{[x]}\right)^{[x]+1}.$$

注意到

$$\lim_{x\to+\infty} \left(1 + \frac{1}{[x]+1}\right)^{[x]} = \lim_{x\to+\infty} \left(1 + \frac{1}{[x]+1}\right)^{[x]+1} \bigg/ \left(1 + \frac{1}{[x]+1}\right) = \mathrm{e},$$

$$\lim_{x\to+\infty} \left(1 + \frac{1}{[x]}\right)^{[x]+1} = \lim_{x\to+\infty} \left(1 + \frac{1}{[x]}\right)^{[x]} \cdot \left(1 + \frac{1}{[x]}\right) = \mathrm{e},$$

由夹逼性准则, 有 $\lim\limits_{x\to+\infty} \left(1 + \dfrac{1}{x}\right)^x = \mathrm{e}$.

(2) 再证明: $\lim\limits_{x\to-\infty} \left(1 + \dfrac{1}{x}\right)^x = \mathrm{e}$.

令 $y = -x$, 则当 $x \to -\infty$ 时, 有 $y \to +\infty$.

$$\lim_{x\to-\infty} \left(1 + \frac{1}{x}\right)^x = \lim_{y\to+\infty} \left(1 - \frac{1}{y}\right)^{-y} = \lim_{y\to+\infty} \left(\frac{y-1}{y}\right)^{-y} = \lim_{y\to+\infty} \left(\frac{y}{y-1}\right)^{y}$$

$$= \lim_{y\to+\infty} \left(1 + \frac{1}{y-1}\right)^{y-1} \cdot \left(1 + \frac{1}{y-1}\right) = \mathrm{e}.$$

综合 (1), (2), 我们得到

$$\lim_{x\to\infty} \left(1 + \frac{1}{x}\right)^x = \mathrm{e}.$$

注　令 $y = \dfrac{1}{x}$, 上面的极限也可以改写为

$$\lim_{y\to 0} (1+y)^{\frac{1}{y}} = \mathrm{e}.$$

例 3.1.16　求极限 $\lim\limits_{x\to\infty} \left(1 - \dfrac{1}{x}\right)^x$.

解　令 $y = -x$, 则当 $x \to \infty$ 时, 有 $y \to \infty$. 因此

$$\lim_{x\to\infty} \left(1 - \frac{1}{x}\right)^x = \lim_{y\to\infty} \left(1 + \frac{1}{y}\right)^{-y} = \lim_{y\to\infty} \frac{1}{\left(1 + \dfrac{1}{y}\right)^y} = \frac{1}{\mathrm{e}}.$$

例 3.1.17 证明: $\lim\limits_{x\to-\infty}\mathrm{e}^x=0$.

证明 任给 $\varepsilon>0$ (不妨设 $0<\varepsilon<1$), 要 $|\mathrm{e}^x-0|<\varepsilon$, 即

$$x<\ln\varepsilon=-\ln\frac{1}{\varepsilon}.$$

取 $X=\ln\dfrac{1}{\varepsilon}>0$, 当 $x<-X$ 时, 有

$$|\mathrm{e}^x-0|=\mathrm{e}^x<\mathrm{e}^{-X}=\varepsilon,$$

由极限的定义, 这就证明了 $\lim\limits_{x\to-\infty}\mathrm{e}^x=0$.

3. 广义极限

上面我们研究了 $f(x)$ 在点 x_0 的极限 ($x\to x_0$, $x\to x_0+$, $x\to x_0-$) 以及 $f(x)$ 在无穷远处的极限 ($x\to\infty$, $x\to+\infty$, $x\to-\infty$). 接下来, 我们讨论极限不存在的情形中的一种特殊情形, 那就是在自变量的某种变化过程中 (上述 6 种情形中的某一种), 函数值趋向无穷大 (正无穷、负无穷) 的情形, 这时我们仍借用记号

$$\lim f(x)=\infty\ (+\infty,-\infty),$$

此时也称函数 $f(x)$ 在 x 的某变化过程中广义极限为无穷大 (正无穷大、负无穷大).

定义 3.1.4 设函数 $f(x)$ 在点 x_0 的某个去心邻域 $O(x_0,\eta)\backslash\{x_0\}$ 内有定义. 若对任意 $G>0$, 总存在 $\delta>0$, 当 $0<|x-x_0|<\delta$ 时, 有

$$|f(x)|>G,$$

则称当 $x\to x_0$ 时, $f(x)$ 的广义极限为 ∞, 记为

$$\lim\limits_{x\to x_0}f(x)=\infty\quad\text{或}\quad f(x)\to\infty\quad(x\to x_0).$$

类似我们可以定义 $\lim\limits_{x\to x_0}f(x)=+\infty$, $\lim\limits_{x\to x_0}f(x)=-\infty$ 等.

综上所述, 对于函数极限来说, 自变量 x 可以有六种不同的变化过程:

$$x\to x_0,\quad x\to x_0+,\quad x\to x_0-,\quad x\to\infty,\quad x\to+\infty,\quad x\to-\infty.$$

而在自变量的每种变化过程中, 函数值又可以有下面四种情况:

$$f(x)\to A,\quad f(x)\to\infty,\quad f(x)\to+\infty,\quad f(x)\to-\infty.$$

不管它们如何组合, 希望读者都能用类似 ε-δ 的语言, 写出其精确的数学定义. 例如:

$\lim\limits_{x \to x_0-} f(x) = \infty$ 的定义为

$$\forall G > 0,\ \exists \delta > 0,\ 当 x_0 - \delta < x < x_0 \ 时,\ 有\quad |f(x)| > G.$$

$\lim\limits_{x \to x_0} f(x) = +\infty$ 的定义为

$$\forall G > 0,\ \exists \delta > 0,\ 当 0 < |x - x_0| < \delta \ 时,\ 有\quad f(x) > G.$$

$\lim\limits_{x \to -\infty} f(x) = \infty$ 的定义为

$$\forall G > 0,\ \exists X > 0,\ 当 x < -X \ 时,\ 有\quad |f(x)| > G.$$

$\lim\limits_{x \to +\infty} f(x) = -\infty$ 的定义为

$$\forall G > 0,\ \exists X > 0,\ 当 x > X \ 时,\ 有\ f(x) < -G.$$

例 3.1.18 证明: $\lim\limits_{x \to 2+} \dfrac{x}{x^2 - 4} = +\infty$.

证明 先取 $0 < x - 2 < 1$, 即 $2 < x < 3$. 任给 $G > 0$, 要 $\dfrac{x}{x^2 - 4} > G$, 只要

$$\frac{x}{x^2 - 4} = \frac{x}{(x-2)(x+2)} > \frac{1}{x-2} \cdot \frac{2}{5} > G,$$

从而 $0 < x - 2 < \dfrac{2}{5G}$, 取 $\delta = \min\left\{1, \dfrac{2}{5G}\right\}$, 则当 $0 < x - 2 < \delta$ 时, 有

$$\frac{x}{x^2 - 4} > G,$$

根据极限定义, 这就证明了 $\lim\limits_{x \to 2+} \dfrac{x}{x^2 - 4} = +\infty$.

3.1.4 函数极限与数列极限的关系

定理 3.1.8 (Heine 定理) 设函数 $f(x)$ 在点 x_0 的某去心邻域内有定义, 则 $\lim\limits_{x \to x_0} f(x) = A$ 的充分必要条件是:对任意满足条件 $\lim\limits_{n \to \infty} x_n = x_0$, 且 $x_n \neq x_0 (n = 1, 2, \cdots)$ 的数列 $\{x_n\}$, 对应的函数值数列 $\{f(x_n)\}$ 都满足

$$\lim_{n \to \infty} f(x_n) = A.$$

证明　必要性　由于 $\lim\limits_{x\to x_0} f(x) = A$ 可知：$\forall \varepsilon > 0, \exists \delta > 0, \forall x(0 < |x - x_0| < \delta)$：

$$|f(x) - A| < \varepsilon.$$

又由于 $\lim\limits_{n\to\infty} x_n = x_0, x_n \neq x_0 \ (n = 1, 2, \cdots)$ 可知：对上述 $\delta > 0, \exists N, \forall n > N$：

$$0 < |x_n - x_0| < \delta,$$

于是当 $n > N$ 时, 成立

$$|f(x_n) - A| < \varepsilon,$$

这就证明了

$$\lim_{n\to\infty} f(x_n) = f(x_0).$$

充分性　用反证法. 由于

$$\lim_{x\to x_0} f(x) = A, 即 \quad \forall \varepsilon > 0, \exists \delta > 0, \forall x(0 < |x - x_0| < \delta) : |f(x) - A| < \varepsilon,$$

所以, $\lim\limits_{x\to x_0} f(x) = A$ 不成立可以表述为

$$\exists \varepsilon_0 > 0, \forall \delta > 0, \exists x'(0 < |x' - x_0| < \delta) : |f(x') - A| \geqslant \varepsilon_0.$$

这说明, 存在某个正数 ε_0, 无论正数 δ 取得多么小, 总能在去心邻域 $O(x_0, \delta)\backslash\{x_0\}$ 中找到一个点 x', 使得 $f(x')$ 与 A 的差的绝对值不小于 ε_0, 即

$$|f(x_\delta) - A| \geqslant \varepsilon_0.$$

由于 $\delta > 0$ 是任意的, 不妨取 $\delta = \dfrac{1}{n}(n = 1, 2, \cdots)$, 则对每个 n, 相应地存在 x_n 满足

$$0 < |x_n - x_0| < \frac{1}{n}, \quad 但 \quad |f(x_n) - A| \geqslant \varepsilon_0.$$

由 $0 < |x_n - x_0| < \dfrac{1}{n}$ 可知：这样构造的数列 $\{x_n\}$ 满足条件

$$\lim_{n\to\infty} x_n = x_0 \quad 且 \quad x_n \neq x_0 \quad (n = 1, 2, \cdots),$$

但由于 $|f(x_n) - A| \geqslant \varepsilon_0$ 可知数列 $\{f(x_n)\}$ 不可能以 A 为极限, 这与假设相矛盾, 故

$$\lim_{x\to x_0} f(x) = A. \qquad\qquad 证毕$$

该定理深刻揭示了函数极限与数列极限的关系. 正确理解这个定理, 有助于理解变量的连续变化和离散变化之间的关系, 从而进一步理解函数极限的概念. 定理的充分性的证明在难度上和技巧上, 比前面各定理的证明都有提高, 证明方法也很典型.

注　该定理经常用来证明函数在某点的极限不存在.

例 3.1.19　证明: $\lim\limits_{x\to 0}\sin\dfrac{1}{x}$ 不存在.

证明　利用定理 3.1.8, 我们只需找到两个数列 $\{x_n^{(1)}\}$ 和 $\{x_n^{(2)}\}$ 都以 0 为极限, 且 $x_n^{(1)}\neq 0$, $x_n^{(2)}\neq 0$ $(n=1,2,\cdots)$, 而 $\lim\limits_{n\to\infty}f(x_n^{(1)})$, $\lim\limits_{n\to\infty}f(x_n^{(2)})$ 均存在但不相等.

事实上, 我们可取

$$x_n^{(1)}=\frac{1}{n\pi},\quad n=1,2,\cdots,$$

$$x_n^{(2)}=\frac{1}{2n\pi+\dfrac{\pi}{2}},\quad n=1,2,\cdots,$$

显然有 $x_n^{(1)}\neq 0$, $x_n^{(2)}\neq 0$, $\lim\limits_{n\to\infty}x_n^{(1)}=0$, $\lim\limits_{n\to\infty}x_n^{(2)}=0$, 但是

$$\lim_{n\to\infty}\sin\frac{1}{x_n^{(1)}}=0,\quad \lim_{n\to\infty}\sin\frac{1}{x_n^{(2)}}=1,$$

这就证明了 $\lim\limits_{x\to 0}\sin\dfrac{1}{x}$ 不存在.

如果我们只关心 $f(x)$ 在 x_0 点的极限是否存在, 则定理 3.1.8 可以表述成如下结论.

定理 3.1.8′　设函数 $f(x)$ 在点 x_0 的某去心邻域内有定义, 则 $\lim\limits_{x\to x_0}f(x)$ 存在的充分必要条件是: 对任意满足条件 $\lim\limits_{n\to\infty}x_n=x_0$, 且 $x_n\neq x_0(n=1,2,\cdots)$ 的数列 $\{x_n\}$, 对应的函数值数列 $\{f(x_n)\}$ 收敛.

证明　必要性的证明和定理 3.1.8 的证明完全相同, 下面证明充分性.

因为对于任意满足条件 $\lim\limits_{n\to\infty}x_n=x_0$, 且 $x_n\neq x_0(n=1,2,\cdots)$ 的数列 $\{x_n\}$, 都有 $\{f(x_n)\}$ 收敛, 下证: $\{f(x_n)\}$ 必收敛于同一个极限. 事实上, 若存在 $\{x_n'\}$, $\{x_n''\}$ 满足 $\lim\limits_{n\to\infty}x_n'=x_0$, $\lim\limits_{n\to\infty}x_n''=x_0$, $x_n'\neq x_0$, $x_n''\neq x_0(n=1,2,\cdots)$, 使得

$$\lim_{n\to\infty}f(x_n')=A,\quad \lim_{n\to\infty}f(x_n'')=B,\quad \text{且}\quad A\neq B.$$

构造新的数列 $\{x_n\}$, 它满足 $x_{2n-1} = x'_n$, $x_{2n} = x''_n$, 显然 $\{x_n\}$ 满足条件 $\lim\limits_{n \to \infty} x_n = x_0$, 且 $x_n \neq x_0(n = 1, 2, \cdots)$, 但此时显然有 $\{f(x_n)\}$ 不收敛, 矛盾. 因此 $\{f(x_n)\}$ 必收敛于同一个极限, 利用定理 3.1.8 可知: $\lim\limits_{x \to x_0} f(x)$ 存在.   证毕

3.1.5 函数极限的柯西收敛原理

在第 2 章, 我们介绍了数列的柯西收敛原理, 对于各类函数极限, 同样也有相应的柯西收敛原理, 它们在数学分析课程后面内容的学习中经常会用到, 读者务必熟练掌握. 在下面定理的证明中, 需要用到相应的海涅 (Heine) 定理, 下面举两个例子来说明.

定理 3.1.9 设函数 $f(x)$ 在点 x_0 的某去心邻域 $O(x_0, \eta) \backslash \{x_0\}$ 内有定义, 则 $\lim\limits_{x \to x_0} f(x)$ 存在的充分必要条件是: $\forall \varepsilon > 0$, $\exists \delta > 0$, 当 $x', x'' \in O(x_0, \delta) \backslash \{x_0\}$ 时, 有

$$|f(x') - f(x'')| < \varepsilon.$$

证明 必要性 设 $\lim\limits_{x \to x_0} f(x) = A$, 则 $\forall \varepsilon > 0$, $\exists \delta > 0$, 当 $0 < |x - x_0| < \delta$ 时, 有

$$|f(x) - A| < \frac{\varepsilon}{2}.$$

于是当 $x', x'' \in O(x_0, \delta) \backslash \{x_0\}$ 时, 有

$$|f(x') - A| < \frac{\varepsilon}{2}, \quad |f(x'') - A| < \frac{\varepsilon}{2},$$

由此得到

$$|f(x') - f(x'')| \leqslant |f(x') - A| + |f(x'') - A| < \frac{\varepsilon}{2} + \frac{\varepsilon}{2} < \varepsilon.$$

充分性 在点 x_0 的某去心邻域内任意选取收敛于 x_0 的数列 $\{x_n\}$. 由充分性假定知: $\forall \varepsilon > 0$, $\exists \delta > 0$, 当 $x', x'' \in O(x_0, \delta) \backslash \{x_0\}$ 时, 有

$$|f(x') - f(x'')| < \frac{\varepsilon}{2}.$$

因为 $\lim\limits_{n \to \infty} x_n = x_0$, 所以对上述 $\delta > 0$, 存在 N, 使得当 $n > N$ 时, 有 $0 < |x_n - x_0| < \delta$. 于是对任意 $m, n > N$, 均有 $x_m, x_n \in O(x_0, \delta) \backslash \{x_0\}$, 从而有

$$|f(x_m) - f(x_n)| < \frac{\varepsilon}{2},$$

这表明数列 $\{f(x_n)\}$ 是一个 Cauchy 数列, 所以 $\{f(x_n)\}$ 收敛, 由 Heine 定理 (定理 3.1.8′) 知: $\lim\limits_{x \to x_0} f(x)$ 存在.   证毕

定理 3.1.10 $\lim\limits_{x \to +\infty} f(x)$ 存在的充分必要条件是: $\forall \varepsilon > 0,\ \exists\ X > 0,$ 当 $x', x'' > X$ 时, 有

$$|f(x') - f(x'')| < \varepsilon.$$

证明 必要性 不妨设 $\lim\limits_{x \to +\infty} f(x) = A$, 则 $\forall \varepsilon > 0, \exists X > 0,$ 当 $x > X$ 时, 有

$$|f(x) - A| < \frac{\varepsilon}{2}.$$

于是当 $x', x'' > X$ 时, 有

$$|f(x') - A| < \frac{\varepsilon}{2}, \quad |f(x'') - A| < \frac{\varepsilon}{2},$$

由此得到

$$|f(x') - f(x'')| \leqslant |f(x') - A| + |f(x'') - A| < \frac{\varepsilon}{2} + \frac{\varepsilon}{2} < \varepsilon.$$

充分性 任意选取数列 $\{x_n\}$, 满足 $\lim\limits_{n \to \infty} x_n = +\infty$, 由充分性假定知: $\forall \varepsilon > 0, \exists X > 0,$ 当 $x', x'' > X$ 时, 有

$$|f(x') - f(x'')| < \varepsilon.$$

又 $\lim\limits_{n \to \infty} x_n = +\infty$, 所以对上述 $X > 0$, 存在 N, 使得当 $n > N$ 时, 有 $x_n > X$. 于是对任意 $m, n > N$, 均有 $x_n > X,\ x_m > X$, 从而有

$$|f(x_m) - f(x_n)| < \varepsilon,$$

这表明 $\{f(x_n)\}$ 是一个柯西数列, 所以 $\{f(x_n)\}$ 收敛, 由相应的海涅定理 (本节习题 13 的结论) 知: $\lim\limits_{x \to +\infty} f(x)$ 存在. 证毕

习 题 3.1

1. 用函数极限定义证明下列极限:

(1) $\lim\limits_{x \to 3} x^2 = 9$;

(2) $\lim\limits_{x \to 2} \dfrac{x - 2}{x^2 - 4} = \dfrac{1}{4}$;

(3) $\lim\limits_{x \to 9} \sqrt{x} = 3$;

(4) $\lim\limits_{x \to 0+} \ln x = -\infty$;

(5) $\lim\limits_{x\to 2}\dfrac{x}{x^2-4}=\infty$;

(6) $\lim\limits_{x\to -\infty}\dfrac{x^2+1}{2x}=-\infty$;

(7) $\lim\limits_{x\to \infty}\dfrac{x+5}{2x+1}=\dfrac{1}{2}$;

(8) $\lim\limits_{x\to \infty}\dfrac{x^2+2x+3}{x+5}=\infty$.

2. 求下列函数的极限:

(1) $\lim\limits_{x\to 1}\dfrac{x^2-1}{2x^2-x-1}$;

(2) $\lim\limits_{x\to 0}\dfrac{x^2-1}{2x^2-x-1}$;

(3) $\lim\limits_{x\to \infty}\dfrac{x^2-1}{2x^2-x-1}$;

(4) $\lim\limits_{x\to a}\dfrac{\cos x-\cos a}{x-a}$;

(5) $\lim\limits_{x\to 0}\dfrac{(1+x)^n-1}{x}$;

(6) $\lim\limits_{x\to 0}\dfrac{(1+mx)^n-(1+nx)^m}{x^2}$;

(7) $\lim\limits_{x\to 1}\dfrac{x^n-1}{x^m-1}$ (n,m为正整数);

(8) $\lim\limits_{x\to 0}\dfrac{\cos x-\cos 5x}{x^2}$.

3. 证明: 若 $\lim\limits_{x\to x_0}f(x)=A$, 则 $\lim\limits_{x\to x_0}|f(x)|=|A|$, 但反之不成立.

4. 利用夹逼性准则求下列极限:

(1) $\lim\limits_{x\to 0+}x\left[\dfrac{1}{x}\right]$;　　　(2) $\lim\limits_{x\to +\infty}x^{\frac{1}{x}}$;　　　(3) $\lim\limits_{x\to 2-}\dfrac{[x]^2-4}{x^2-4}$,

其中 $[x]$ 表示不超过 x 的最大整数.

5. 利用夹逼性准则证明:

(1) $\lim\limits_{x\to +\infty}\dfrac{x^m}{a^x}=0$, 其中 $a>1$, m 为任意正整数;

(2) $\lim\limits_{x\to +\infty}\dfrac{\ln^k x}{x}=0$, 其中 k 为任意正整数.

6. 求下列函数在给定点的左、右极限:

(1) $f(x)=\begin{cases} x\sin\dfrac{1}{x}, & x>0, \\[2mm] & \qquad\text{在}x=0\text{点}; \\[2mm] 1+x^2, & x<0, \end{cases}$

(2) $f(x) = \dfrac{2^{\frac{1}{x}} + 1}{2^{\frac{1}{x}} - 1}$, 在 $x = 0$ 点;

(3) $f(x) = \dfrac{|x|}{x} \cdot \dfrac{1}{1 + x^2}$, 在 $x = 0$ 点;

(4) $f(x) = \dfrac{1}{x} - \left[\dfrac{1}{x}\right]$, 在 $x = \dfrac{1}{n}$ ($n = 1, 2, \cdots$);

(5) Dirichlet 函数 $D(x) = \begin{cases} 1, & x\text{为有理数,} \\ 0, & x\text{为无理数} \end{cases}$ 在任意点.

7. 设函数

$$f(x) = \left(\frac{2 + \mathrm{e}^{\frac{1}{x}}}{1 + \mathrm{e}^{\frac{4}{x}}} + \frac{\sin x}{|x|}\right),$$

试问: $\lim\limits_{x \to 0} f(x)$ 是否存在? 并说明理由.

8. 确定常数 a 和 b, 使得下列等式成立:

(1) $\lim\limits_{x \to \infty} \left(\dfrac{x^2 + 1}{x + 1} - ax - b\right)$;

(2) $\lim\limits_{x \to +\infty} \left(\sqrt{x^2 - x + 1} - ax - b\right)$.

9. 讨论下列极限:

(1) $\lim\limits_{x \to \infty} \left(x \sin \dfrac{1}{x} + \dfrac{1}{x} \sin x\right)$;

(2) $\lim\limits_{x \to \infty} \mathrm{e}^x \sin x$;

(3) $\lim\limits_{x \to +\infty} \dfrac{\sqrt{x} \sin x}{x + 3}$;

(4) $\lim\limits_{x \to +\infty} \left(\sqrt{x^2 + 1} - x\right)$;

(5) $\lim\limits_{x \to +\infty} x^{\alpha} \sin \dfrac{1}{x}$;

(6) $\lim\limits_{x \to \infty} \left(1 + \dfrac{1}{x^2}\right)^x$;

(7) $\lim\limits_{x \to \infty} \left(1 + \dfrac{1}{x}\right)^{x^2}$.

10. 求下列极限:

(1) $\lim\limits_{x \to 0} \dfrac{\tan 3x}{\sin 7x}$;

(2) $\lim\limits_{x \to 0} \left(\dfrac{1 + x}{1 - x}\right)^{\frac{1}{x}}$;

(3) $\lim\limits_{x \to 0} \dfrac{\arctan x}{x}$;

(4) $\lim\limits_{x \to \infty} \left(\dfrac{x + 5}{x + 2}\right)^x$.

11. 证明: $\lim\limits_{x \to 0} \cos \dfrac{1}{x}$ 不存在.

12. 证明: $\lim\limits_{x \to 0} f(x)$ 与 $\lim\limits_{x \to 0} f(x^3)$ 中有一个存在时, 另一个也存在, 且两者相等; $\lim\limits_{x \to 0} f(x)$ 与 $\lim\limits_{x \to 0} f(x^2)$ 是否一定同时存在?

13. 证明：$\lim\limits_{x \to +\infty} f(x)$ 存在的充分必要条件是：对任意满足条件 $\lim\limits_{n \to \infty} x_n = +\infty$ 的数列 $\{x_n\}$，都有相应的函数值数列 $\{f(x_n)\}$ 收敛.

14. 设函数 $f(x)$ 是定义在 $(-\infty, +\infty)$ 上的周期函数，且 $\lim\limits_{x \to +\infty} f(x) = 0$，证明：$f(x) \equiv 0$.

15. 设函数 $f(x)$ 定义在 $(0, +\infty)$ 上，且满足函数方程 $f(x) = f(2x)$，$\forall x \in (0, +\infty)$，且 $\lim\limits_{x \to +\infty} f(x) = A$，证明：$f(x) = A$，$\forall x \in (0, +\infty)$.

16. 证明：$\lim\limits_{x \to x_0+} f(x) = +\infty$ 的充要条件是：对满足 $x_n \to x_0\ (n \to \infty)$ 且 $x_n > x_0$ 的任何数列 $\{x_n\}$，有 $\lim\limits_{n \to \infty} f(x_n) = +\infty$.

17. 证明：$\lim\limits_{x \to +\infty} f(x) = +\infty$ 的充要条件是：对满足 $x_n \to +\infty\ (n \to \infty)$ 的任何数列 $\{x_n\}$，有 $\lim\limits_{n \to \infty} f(x_n) = +\infty$.

18. 分别写出下述函数极限存在的柯西收敛原理，并加以证明：

(1) $\lim\limits_{x \to x_0} f(x)$;　　(2) $\lim\limits_{x \to x_0-} f(x)$;　　(3) $\lim\limits_{x \to \infty} f(x)$.

3.2　函数的连续性与间断点

3.2.1　函数的连续与间断

在数学分析中，需要研究各种不同性质的函数，其中有一类重要的函数，就是**连续函数**.

"连续"与"间断"(也称不连续) 从字面上来讲，是很容易理解的. 例如图 3.2.1 中的函数 $y = 2^x$，我们说它是连续的，而图 3.2.2 中的函数 $y = \dfrac{1}{x}$，它在 $x_0 = 0$ 点是间断的.

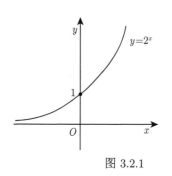

图 3.2.1

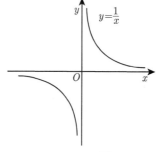

图 3.2.2

所谓函数 $f(x)$ 在 x_0 点是连续的，就是指：当 $x \to x_0$ 时，对应的函数值 $f(x)$ 无限接近 $f(x_0)$，它的直观意义是函数 $f(x)$ 不仅在 x_0 点的极限存在，而且该极限值恰好就是 $f(x)$ 在 x_0 点的函数值 $f(x_0)$，这表明函数 $f(x)$ 的图形在 x_0 点 "连接" 起来了.

定义 3.2.1 设函数 $f(x)$ 在 x_0 点的某个邻域中有定义. 若

$$\lim_{x \to x_0} f(x) = f(x_0),$$

则称函数 $f(x)$ 在 x_0 点是连续的.

函数 $f(x)$ 在 x_0 点连续, 有时也称 x_0 是 $f(x)$ 的**连续点**; $f(x)$ 在 x_0 点不连续, 有时也称 x_0 是 $f(x)$ 的**间断点**.

从上述定义可以看出, 函数 $f(x)$ 在某点 x_0 的连续与间断, 是对 x_0 点的函数值 $f(x_0)$ 与它邻近点的函数值的变化趋势是否衔接的一种数学描述与刻画, 是函数的一种局部属性.

从定义可知, $f(x)$ 在 x_0 点连续当且仅当 $f(x)$ 满足以下三个条件:

(1) 函数 $f(x)$ 在 x_0 点有定义;

(2) 极限 $\lim\limits_{x \to x_0} f(x)$ 存在;

(3) $\lim\limits_{x \to x_0} f(x) = f(x_0)$.

根据函数极限的定义, $f(x)$ 在 x_0 点连续, 也可以表述为

$$\forall \varepsilon > 0, \ \exists \delta > 0, \ \forall x \ (\ |x - x_0| < \delta) : |f(x) - f(x_0)| < \varepsilon.$$

定义 3.2.2 若函数 $f(x)$ 在开区间 (a, b) 内的每一点都连续, 则称 $f(x)$ 在开区间 (a, b) 内连续.

例 3.2.1 证明: $f(x) = \sin x$ 在 $(-\infty, +\infty)$ 上连续.

证明 任取 $x_0 \in (-\infty, +\infty)$, 由于

$$\left| \sin x - \sin x_0 \right| = \left| 2\cos\frac{x + x_0}{2} \sin\frac{x - x_0}{2} \right| \leqslant |x - x_0|,$$

因此对 $\forall \varepsilon > 0$, 取 $\delta = \varepsilon$, 当 $|x - x_0| < \delta$ 时, 有

$$|f(x) - f(x_0)| < \varepsilon,$$

这就证明了 $f(x) = \sin x$ 在 x_0 点连续. 由 x_0 的任意性知, $f(x) = \sin x$ 在 $(-\infty, +\infty)$ 上连续.

类似可以证明: $\cos x$ 在 $(-\infty, +\infty)$ 上连续.

例 3.2.2 证明: 函数 $f(x) = a^x \ (a > 0, a \neq 1)$ 在 $(-\infty, +\infty)$ 上连续.

证明 任取 $x_0 \in (-\infty, +\infty)$, 由于

$$a^x - a^{x_0} = a^{x_0}(a^{x - x_0} - 1),$$

所以要证明 a^x 在 x_0 点连续, 即 $\lim\limits_{x \to x_0} a^x = a^{x_0}$, 可以转化为证明: $\lim\limits_{t \to 0} a^t = 1$.

(1) 先证: $\lim\limits_{t \to 0+} a^t = 1$. 若 $t \to 0+$, 则当 $a > 1$ 时, 有

$1 < a^t \leqslant a^{1/\left[\frac{1}{t}\right]}$, 又 $\lim\limits_{n \to \infty} \sqrt[n]{a} = 1$, 利用夹逼性准则, 得到

$$\lim_{t \to 0+} a^t = 1.$$

当 $0 < a < 1$ 时, $\lim\limits_{t \to 0+} a^t = \lim\limits_{t \to 0+} 1 \left/ \left(\dfrac{1}{a}\right)^t \right. = 1$.

(2) 再证: $\lim\limits_{t \to 0-} a^t = 1$.

令 $y = -t$, 则当 $t \to 0-$ 时, 有 $y \to 0+$, 因此

$$\lim_{t \to 0-} a^t = \lim_{y \to 0+} a^{-y} = 1 \left/ \lim_{y \to 0+} a^y \right. = 1.$$

综合 (1), (2), 得到 $\lim\limits_{t \to 0} a^t = 1$. 这样我们就证明了 a^x 在 x_0 点连续, 从而 $f(x) = a^x$ 在 $(-\infty, +\infty)$ 上连续.

定义 3.2.3　若 $\lim\limits_{x \to x_0-} f(x) = f(x_0)$, 则称函数 $f(x)$ 在 x_0 点左连续;

若 $\lim\limits_{x \to x_0+} f(x) = f(x_0)$, 则称函数 $f(x)$ 在 x_0 点右连续.

显然, 函数 $f(x)$ 在 x_0 点连续的充分必要条件是函数 $f(x)$ 在 x_0 点既左连续且右连续.

定义 3.2.4　设函数 $f(x)$ 在闭区间 $[a,b]$ 上有定义. 若 $f(x)$ 在开区间 (a,b) 内连续, 且在 $x = a$ 点右连续, 在 $x = b$ 点左连续, 则称 $f(x)$ 在闭区间 $[a,b]$ 上连续.

3.2.2　间断点的类型

设 x_0 是函数 $f(x)$ 的间断点. 利用左右极限, 我们将间断点分为以下两类:

(i) 若 $f(x)$ 在 x_0 点的左极限 $f(x_0 - 0)$ 和右极限 $f(x_0 + 0)$ 都存在, 则称 x_0 为**第一类间断点**. 此时, 若 $f(x_0 - 0) = f(x_0 + 0)$, 则称此间断点 x_0 为**可去间断点**. 若 $f(x_0 - 0) \neq f(x_0 + 0)$, 则称此间断点 x_0 为**跳跃间断点**.

(ii) 若 $f(x)$ 在 x_0 点的左、右极限中至少有一个不存在, 则称 x_0 为**第二类间断点**.

例 3.2.3　研究函数

$$f(x) = \begin{cases} x \sin \dfrac{1}{x}, & x \neq 0, \\ 1, & x = 0 \end{cases}$$

在 $x = 0$ 处的连续性.

解 由于

$$\left| x \sin \frac{1}{x} \right| \leqslant |x|,$$

所以 $\lim\limits_{x \to 0} f(x) = 0 \neq f(0) = 1$, 从而函数 $f(x)$ 在 $x = 0$ 点不连续.

由于 $\lim\limits_{x \to 0} f(x)$ 存在, 因此 $x = 0$ 是可去间断点. 事实上, 对于函数 $f(x)$, 若仅修改函数值 $f(0) = 0$, 则函数 $f(x)$ 在 $x = 0$ 点连续.

例 3.2.4 研究取整函数 $f(x) = [x]$ 在 $x = n$ 处的连续性, 其中 n 为整数.

解 由于 $\lim\limits_{x \to n+} f(x) = n$, $\lim\limits_{x \to n-} f(x) = n - 1$, 所以 $x = n$ 为跳跃间断点 (图 3.2.3).

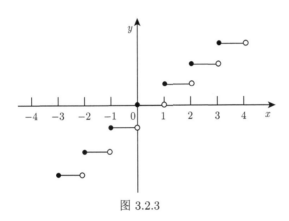

图 3.2.3

例 3.2.5 研究函数

$$f(x) = \begin{cases} \mathrm{e}^{\frac{1}{x}}, & x \neq 0, \\ 0, & x = 0 \end{cases}$$

在 $x = 0$ 处的连续性.

解 由于 $\lim\limits_{x \to 0+} f(x) = +\infty$, $\lim\limits_{x \to 0-} f(x) = 0$, 所以 $x = 0$ 为第二类间断点.

例 3.2.6 设黎曼 (Riemann) 函数

$$R(x) = \begin{cases} \dfrac{1}{p}, & x = \dfrac{q}{p} \ (p \in \mathbf{N}^+, q \in \mathbf{Z} \backslash \{0\}, p, q \text{ 互质}), \\ 1, & x = 0, \\ 0, & x \text{ 为无理数}, \end{cases}$$

证明: $R(x)$ 在所有无理点处连续, 有理点处间断.

证明　不难验证 $R(x)$ 是以 1 为周期的周期函数, 因此只要讨论 $R(x)$ 在区间 $[0,1]$ 上的连续性. 对任意 $x_0 \in [0,1]$.

(i) 若 x_0 为有理点, 不妨设 $x_0 = \dfrac{q}{p}, p \in \mathbf{N}^+, q \in \mathbf{Z}, p, q$ 互质, 则

$$R(x_0) = \frac{1}{p} > 0,$$

任意选取无理点列 $\{x_n\}$ 满足 $x_n \to x_0 \ (n \to \infty)$, 由于

$$|R(x_n) - R(x_0)| = \frac{1}{p}, \quad n = 1, 2, \cdots,$$

这说明 $\lim\limits_{n \to \infty} R(x_n) \neq R(x_0)$, 因此 $R(x)$ 在有理点 x_0 处间断.

(ii) 若 x_0 为无理点, 则 $R(x_0) = 0$. 对任给 $\varepsilon > 0$, 使得 $|R(x) - R(x_0)| \geqslant \varepsilon$ 的点 x 一定是有理点, 且这样的有理点在区间 $[0,1]$ 上最多只有有限个. 事实上, $[0,1]$ 上的有理数可以表示为 $x = \dfrac{q}{p}$, $p \in \mathbf{N}^+, q$ 为非负整数, p, q 互质, 且 $q \leqslant p$.

此时 $R(x) = R\left(\dfrac{q}{p}\right) = \dfrac{1}{p} \geqslant \varepsilon$, 于是 $0 \leqslant q \leqslant p \leqslant \dfrac{1}{\varepsilon}$, 记 $K = \left[\dfrac{1}{\varepsilon}\right]$, 则 p 的取值最多 K 个. 在区间 $[0,1]$ 上

分母为 1 的有理点只有: $\dfrac{0}{1}, \dfrac{1}{1}$.

分母为 2 的有理点只有: $\dfrac{1}{2}$, 不超过 2 个.

分母为 3 的有理点只有: $\dfrac{1}{3}, \dfrac{2}{3}$, 不超过 2 个.

$\cdots\cdots$

分母为 K 的有理点不超过 K 个.

因此在区间 $[0,1]$ 上, 满足不等式 $R(x) = R\left(\dfrac{q}{p}\right) = \dfrac{1}{p} \geqslant \varepsilon$ 的有理点最多有限个 (事实上, 不超过 $K(K+1)$ 个), 记这有限个点为 $r_1, r_2, \cdots, r_n$. 令

$$\delta = \min\{|r_1 - x_0|, |r_2 - x_0|, \cdots, |r_n - x_0|\},$$

则 $\delta > 0$. 显然当 $x \in [0,1]$ 且 $|x - x_0| < \delta$ 时, 若 x 为无理数, 则 $R(x) = 0$; 若 x 为有理数, 则 x 不可能是有理点 $r_i, i = 1, 2, \cdots, n$, 从而有 $R(x) < \varepsilon$.

综上所述, 当 $x \in [0,1]$ 且 $|x - x_0| < \delta$ 时, 成立

$$|R(x) - R(x_0)| = R(x) < \varepsilon,$$

这就证明了 $R(x)$ 在无理点 x_0 处连续.

注 从证明过程不难看出: 对任意 $x_0 \in (-\infty, +\infty)$, 有 $\lim\limits_{x \to x_0} R(x) = 0$.

3.2.3 函数连续的性质和运算

根据函数连续的定义以及极限的性质, 容易得到连续函数的如下性质.

定理 3.2.1 (1) 若函数 $f(x)$, $g(x)$ 都在 x_0 点连续, 则

$$f(x) \pm g(x), \quad f(x)g(x), \quad \frac{f(x)}{g(x)}(g(x_0) \neq 0) \text{也在} x_0 \text{点连续}.$$

(2) 若函数 $f(x)$ 在 x_0 点连续, 则必存在 $\delta > 0$, 使得 $f(x)$ 在 x_0 点的邻域 $O(x_0, \delta)$ 内有界 (也称**局部有界性**).

(3) 若函数 $f(x)$ 在 x_0 点连续, 且 $f(x_0) \neq 0$, 则必存在 $\delta > 0$, 使得对任意 $x \in O(x_0, \delta)$, $f(x)$ 与 $f(x_0)$ 具有相同的符号 (**局部保号性**).

由上述定理以及 x, $\sin x$, $\cos x$ 的连续性可知: 多项式函数在 $(-\infty, +\infty)$ 内连续, 有理函数 (两个多项式之商表示的函数) 在除去分母的零点之外的其他点处是连续的; $\tan x = \dfrac{\sin x}{\cos x}$, $\cot x = \dfrac{\cos x}{\sin x}$, $\sec x = \dfrac{1}{\cos x}$, $\csc x = \dfrac{1}{\sin x}$ 在各自的定义域上的每一点处连续.

思考题 两个不连续函数或者一个连续而另一个不连续的函数的和、积、商是否仍旧连续?

定理 3.2.2 (复合函数的连续性) 若函数 $u = g(x)$ 在 $x = x_0$ 处连续, $y = f(u)$ 在 $u_0 = g(x_0)$ 处连续, 则复合函数 $f(g(x))$ 在 $x = x_0$ 处连续.

证明 由 $f(u)$ 在 u_0 处连续可知, 对任给 $\varepsilon > 0$, 存在 $\eta > 0$, 当 $|u - u_0| < \eta$ 时, 有

$$|f(u) - f(u_0)| < \varepsilon.$$

对上述 $\eta > 0$, 由 $u = g(x)$ 在 $x = x_0$ 处连续知, 存在 $\delta > 0$, 当 $|x - x_0| < \delta$ 时, 有

$$|g(x) - g(x_0)| < \eta.$$

因此当 $|x - x_0| < \delta$ 时, 有

$$|f(g(x)) - f(g(x_0))| < \varepsilon,$$

根据连续的定义, 这就证明了复合函数 $f(g(x))$ 在 $x = x_0$ 处连续. 证毕

注 该定理的结论也可以写成 $\lim\limits_{x \to x_0} f(g(x)) = f(g(x_0)) = f\left(\lim\limits_{x \to x_0} g(x)\right)$, 即极限号 $\lim\limits_{x \to x_0}$ 可以与函数号 f 交换顺序.

由复合函数的连续性可知：$\cos(x^2+3)$, $a^{2x+1}(a>0,\ a\neq 1)$ 在 $(-\infty,+\infty)$ 上连续.

双曲正弦函数 $\mathrm{sh}x=\dfrac{\mathrm{e}^x-\mathrm{e}^{-x}}{2}$ 与双曲余弦函数 $\mathrm{ch}x=\dfrac{\mathrm{e}^x+\mathrm{e}^{-x}}{2}$ 亦在 $(-\infty,+\infty)$ 上连续.

例 3.2.7　设函数 $f(x)$ 在 (a,b) 上单调. 证明：对任意 $x_0\in(a,b)$, 都有 $\lim\limits_{x\to x_0+}f(x)$, $\lim\limits_{x\to x_0-}f(x)$ 存在.

证明　不妨设 $f(x)$ 在 (a,b) 上单调递增. 任取 $x_0\in(a,b)$, 令 $E=\{f(x)|x_0<x<b\}$, 则数集 E 有下界. 由确界存在定理, 数集 E 必有下确界, 记为 α, 即

$$\alpha=\inf\{f(x)|x_0<x<b\}.$$

根据下确界的定义, 一方面, 对任意 $x_0<x<b$, 有

$$f(x)\geqslant\alpha,$$

另一方面, 任给 $\varepsilon>0$, 必存在 $x'\in(x_0,b)$, 使得 $f(x')<\alpha+\varepsilon$. 取 $\delta=x'-x_0$, 则当 $x\in(x_0,x_0+\delta)=(x_0,x')$ 时, 有

$$f(x)\leqslant f(x')<\alpha+\varepsilon.$$

综上所述, 当 $x\in(x_0,x_0+\delta)$ 时, 成立

$$\alpha\leqslant f(x)<\alpha+\varepsilon,\quad\text{即}\quad|f(x)-\alpha|<\varepsilon,$$

这就证明了 $\lim\limits_{x\to x_0+}f(x)=\alpha$.

同理可以证明：$\lim\limits_{x\to x_0-}f(x)=\beta$, 其中 $\beta=\sup\{f(x)|a<x<x_0\}$.

注　从这个例子可知, 单调函数的不连续点必为跳跃间断点.

定理 3.2.3(反函数的连续性)　设函数 $y=f(x)$ 在闭区间 $[a,b]$ 上连续且严格单调递增, $f(a)=\alpha$, $f(b)=\beta$, 则它的反函数 $x=f^{-1}(y)$ 在 $[\alpha,\beta]$ 上连续且严格单调递增.

证明　(1) 首先证明：函数 $f(x)$ 的值域为 $[\alpha,\beta]$, 即 $f([a,b])=[\alpha,\beta]$.

因为 $f(a)=\alpha$, $f(b)=\beta$, 所以 $\alpha,\beta\in f([a,b])$. 任取 $y_0\in(\alpha,\beta)$, 令

$$E=\{x|x\in[a,b],f(x)<y_0\},$$

则数集 E 非空且有上界. 利用确界存在定理, E 必有上确界, 记 $x_0=\sup E$. 由 $y=f(x)$ 在 $[a,b]$ 上连续可知：$x_0\in(a,b)$. 由于 $f(x)$ 在 $[a,b]$ 上严格单调递增可知：

当 $x < x_0$ 时, 有 $f(x) < y_0$, 利用例 3.2.7 的结论得到 $f(x_0 - 0) \leqslant y_0$;

当 $x > x_0$ 时, 有 $f(x) > y_0$, 由例 3.2.7 的结论得到 $f(x_0 + 0) \geqslant y_0$.

由于 $f(x)$ 在 x_0 处连续, 所以 $f(x_0 - 0) = f(x_0 + 0) = y_0$, 因此 $f(x_0) = y_0$, 这表明: 函数 $f(x)$ 的值域为 $[\alpha, \beta]$.

利用反函数存在定理, 存在反函数 $x = f^{-1}(y), y \in [\alpha, \beta]$, 且 $x = f^{-1}(y)$ 在 $[\alpha, \beta]$ 上严格单调递增.

(2) 下证: $x = f^{-1}(y)$ 在 $[\alpha, \beta]$ 上连续. 对任意的 $y_0 \in (\alpha, \beta)$ 以及任意给定的 $\varepsilon > 0$, 要使

$$|f^{-1}(y) - f^{-1}(y_0)| < \varepsilon,$$

即

$$f^{-1}(y_0) - \varepsilon < f^{-1}(y) < f^{-1}(y_0) + \varepsilon,$$

记 $x_0 = f^{-1}(y_0)$, 且不妨设 $\varepsilon < \min\{x_0 - a, b - x_0\}$, 注意到 $f^{-1}(y)$ 严格单调递增, 故只要

$$f(x_0 - \varepsilon) < y < f(x_0 + \varepsilon),$$

即

$$f(x_0 - \varepsilon) - y_0 < y - y_0 < f(x_0 + \varepsilon) - y_0,$$

取 $\delta = \min\{f(x_0 + \varepsilon) - y_0, y_0 - f(x_0 - \varepsilon)\}$, 则当 $|y - y_0| < \delta$ 时, 有

$$|f^{-1}(y) - f^{-1}(y_0)| < \varepsilon,$$

这就证明了 $x = f^{-1}(y)$ 在 y_0 处连续, 由 y_0 的任意性知 $f^{-1}(y)$ 在 (α, β) 上连续.

同理可证: 函数 $f^{-1}(y)$ 在 α 处右连续, 在 β 处左连续, 因此函数 $f^{-1}(y)$ 在 $[\alpha, \beta]$ 上连续 (图 3.2.4).   证毕

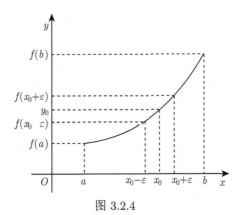

图 3.2.4

同理可证：若 $y = f(x)$ 在闭区间 $[a,b]$ 上连续且严格单调递减, $f(a) = \alpha$, $f(b) = \beta$, 则它的反函数 $x = f^{-1}(y)$ 在 $[\beta, \alpha]$ 上连续且严格单调递减.

3.2.4　初等函数的连续性

1. 指数函数和对数函数的连续性

例 3.2.2 证明了指数函数 $f(x) = a^x$ $(a > 0, a \neq 1)$ 在 $(-\infty, +\infty)$ 上连续, 利用反函数的连续性知: 对数函数 $y = \log_a x$ 在 $(0, +\infty)$ 上连续.

2. 三角函数和反三角函数的连续性

例 3.2.1 已证明 $\sin x$ 在 $(-\infty, +\infty)$ 上连续, 利用复合函数的连续性有
$$\cos x = \sin\left(x + \frac{\pi}{2}\right) \text{ 在 } (-\infty, +\infty) \text{ 上连续.}$$

再由连续函数的四则运算知:
$$\tan x = \frac{\sin x}{\cos x}, \ \cot x = \frac{\cos x}{\sin x}, \ \sec x = \frac{1}{\cos x}, \ \csc x = \frac{1}{\sin x} \text{ 在各自的定义域}$$
内连续.

利用反函数的连续性立即得到: 所有反三角函数在其定义域内连续.

3. 幂函数的连续性

例 3.2.8　设 α 为任意实数, 证明: 幂函数 $f(x) = x^\alpha$ 在 $(0, +\infty)$ 上连续.

证明　由于 $f(x) = x^\alpha = e^{\alpha \ln x}, x \in (0, +\infty)$, 它可以看成由 $y = e^u$ 与 $u = \alpha \ln x$ 复合而成, 由 e^u 与 $\ln x$ 的连续性以及复合函数的连续性知道, $f(x) = x^\alpha$ 在 $(0, +\infty)$ 上连续.

注　幂函数 x^α 的定义域与 α 有关, 例如当 α 为正整数时, 其定义域为 $(-\infty, +\infty)$; 当 α 为负整数时, 其定义域为 $(-\infty, 0) \cup (0, +\infty)$; 当 α 为正有理数 $\frac{q}{p}$(p,q 互质) 且 p 为奇数时, 其定义域为 $(-\infty, +\infty)$; 当 α 为正有理数 $\frac{q}{p}$(p,q 互质) 且 p 为偶数时, 其定义域为 $[0, +\infty)$. 总的来说, 幂函数 $f(x) = x^\alpha$ 在定义域内连续.

综上所述, 基本初等函数在其定义域内是连续的. 再根据连续函数的四则运算法则以及复合函数的连续性, 我们就得到了下面的结论.

定理 3.2.4　初等函数在其定义域内是连续的.

从这个定理可知, 求初等函数在定义域内某点的极限, 就是求该点的函数值.

根据初等函数的连续性, 若函数 $f(x)$ 在定义域内有间断点, 则该函数必不是初等函数. 例如
$$f(x) = \begin{cases} x + 1, & x \geqslant 0, \\ x - 1, & x < 0 \end{cases}$$

在 $x = 0$ 处有定义, 但该函数在此点不连续, 所以它不是初等函数. 同理可知: 符号函数、取整函数、狄利克雷函数以及黎曼函数都不是初等函数.

习 题 3.2

1. 给出下列函数在 $x = 0$ 处的函数值, 使其在该点连续:

(1) $f(x) = \dfrac{\sqrt[3]{1+x} - 1}{\sqrt{1+x} - 1}$;

(2) $f(x) = \tan x \, \sin \dfrac{1}{x}$;

(3) $f(x) = \dfrac{\tan 2x}{x}$;

(4) $f(x) = (1+x)^{\frac{1}{x}}$.

2. 设函数 $f(x)$ 在 $x = x_0$ 处连续, $g(x)$ 在 $x = x_0$ 处不连续, 问 $f(x) + g(x)$ 和 $f(x)g(x)$ 是否在 $x = x_0$ 处一定不连续?

3. 设函数 $f(x)$ 在 $x = x_0$ 处连续, 证明: $f^2(x)$ 与 $|f(x)|$ 在 $x = x_0$ 处连续. 反之, 若 $f^2(x)$ 或 $|f(x)|$ 在 $x = x_0$ 处连续, 能否断言 $f(x)$ 在 $x = x_0$ 处连续?

4. 设函数 $f(x), g(x)$ 在 $[a,b]$ 上连续, 证明: $\max\{f,g\}$ 与 $\min\{f,g\}$ 在 $[a,b]$ 上连续, 其中

$$\max\{f,g\}(x) = \max\{f(x), g(x)\}, \quad x \in [a,b];$$
$$\min\{f,g\}(x) = \min\{f(x), g(x)\}, \quad x \in [a,b].$$

5. 指出下列函数的不连续点并说明其类型:

(1) $f(x) = \operatorname{sgn}(x)$;

(2) $f(x) = \dfrac{x}{\sin x}$;

(3) $f(x) = \dfrac{x^2 - 1}{x^3 - 3x + 2}$;

(4) $f(x) = x - [x]$;

(5) $f(x) = \dfrac{x^2 - x}{|x|(x^2 - 1)}$;

(6) $f(x) = \dfrac{1}{x^3} \mathrm{e}^{-\frac{1}{x^2}}$;

(7) $f(x) = \begin{cases} \cos^2 \dfrac{1}{x}, & x \neq 0, \\ 1, & x = 0; \end{cases}$

(8) $f(x) = \begin{cases} \sin \pi x, & x\text{为有理数}, \\ 0, & x\text{为无理数}. \end{cases}$

6. 设函数 $f(x)$ 在 $x = 0$ 处连续, 且 $f(x) = f(2x)$, $\forall x \in (-\infty, +\infty)$. 证明: $f(x)$ 在 $(-\infty, +\infty)$ 上为常数.

7. 设函数 $f(x)$ 满足: $f(x) = f(x^2)$, $\forall x \in (-\infty, +\infty)$, 且 $f(x)$ 在 $x = 0, 1$ 连续, 证明: $f(x)$ 在 $(-\infty, +\infty)$ 上为常数.

8. 设函数 $f(x) = a_1 \sin x + a_2 \sin 2x + \cdots + a_n \sin nx$, 且对所有 x 成立 $|f(x)| \leqslant |\sin x|$. 证明: $|a_1 + 2a_2 + \cdots + na_n| \leqslant 1$.

9. 设 $f(x)$ 在 (a,b) 上至多只有第一类间断点, 且对任意 $x, y \in (a,b)$, 有

$$f\left(\frac{x+y}{2}\right) \leqslant \frac{f(x) + f(y)}{2}.$$

证明: $f(x)$ 在 (a,b) 上连续.

10. 设函数 $f(x)$ 在 $x = 0$ 处连续, 且

$$f(x+y) = f(x) + f(y), \quad \forall x, y \in (-\infty, +\infty).$$

证明: $f(x)$ 在 $(-\infty,+\infty)$ 上连续且 $f(x)=f(1)x$.

11. 设函数 $f(x)$ 在 $(-\infty,+\infty)$ 上连续, 且

$$f(x+y)=f(x)f(y), \quad \forall x,y \in (-\infty,+\infty).$$

证明: 这个函数方程的解除了 $f(x)\equiv 0$ 之外, 就是 $f(x)=a^x$, 其中 $a=f(1)>0$.

12. 证明: (非常数的) 连续周期函数, 必有最小正周期.

3.3　闭区间上连续函数的性质

闭区间上的连续函数具有一些重要的性质, 这些性质是开区间上的连续函数不一定具备的, 它们在微积分理论以及今后的学习中, 具有非常重要的作用.

3.3.1　有界性定理

定理 3.3.1(有界性)　若函数 $f(x)$ 在闭区间 $[a,b]$ 上连续, 则 $f(x)$ 在 $[a,b]$ 上有界.

证明　方法 1　利用闭区间套定理. 用反证法, 假设 $f(x)$ 在 $[a,b]$ 上无界, 将 $[a,b]$ 等分成两个区间, 则 $f(x)$ 至少在其中一个子区间上无界, 把这个子区间记为 $[a_1,b_1]$; 再将闭区间 $[a_1,b_1]$ 等分成两个区间, 则 $f(x)$ 至少在其中一个子区间上无界, 把这个子区间记为 $[a_2,b_2]$, 重复以上过程, 便得到一个闭区间套 $\{[a_n,b_n]\}$, 函数 $f(x)$ 在其中任何一个闭区间 $[a_n,b_n]$ 上无界.

由闭区间套定理, 存在唯一的实数 $\xi \in [a_n,b_n]$, $n=1,2,\cdots$, 并且

$$\lim_{n\to\infty} a_n = \xi = \lim_{n\to\infty} b_n.$$

由于 $\xi \in [a,b]$, 而 $f(x)$ 在 ξ 处连续, 利用局部有界性知: 存在 $\delta>0$, $M>0$, 使得

$$|f(x)| \leqslant M, \quad \forall x \in O(\xi,\delta) \cap [a,b].$$

由于 $\lim_{n\to\infty} a_n = \xi = \lim_{n\to\infty} b_n$, 所以对充分大的 n, 有

$$[a_n,b_n] \subset O(\xi,\delta) \cap [a,b],$$

因此, $f(x)$ 在 $[a_n,b_n]$(n 充分大) 上有界, 这与 $[a_n,b_n]$ 的取法矛盾, 于是函数 $f(x)$ 在 $[a,b]$ 上有界.

方法 2　用致密性定理. 利用反证法, 假设 $f(x)$ 在 $[a,b]$ 上无界, 则对任意正整数 n, 存在 $x_n \in [a,b]$, 使得 $|f(x_n)| \geqslant n$. 由致密性定理可知, 在闭区间

$[a,b]$ 上必存在 $\{x_n\}$ 的收敛子列 $\{x_{n_k}\}$, 不妨设 $\lim\limits_{k\to\infty} x_{n_k} = l \in [a,b]$. 一方面, 由 $|f(x_{n_k})| \geqslant n_k$ 得 $\lim\limits_{k\to\infty} f(x_{n_k}) = \infty$; 另一方面, 利用函数 $f(x)$ 在 $x=l$ 的连续性知

$$\lim_{k\to\infty} f(x_{n_k}) = f(l),$$

这与 $\lim\limits_{k\to\infty} f(x_{n_k}) = \infty$ 相矛盾, 于是函数 $f(x)$ 在 $[a,b]$ 上有界. 证毕

注 开区间 (a,b) 上的连续函数 $f(x)$, 不一定在 (a,b) 上有界, 例如 $f(x) = \dfrac{1}{x}$ 在 $(0,1)$ 上连续, 但 $f(x) = \dfrac{1}{x}$ 在 $(0,1)$ 上无界.

3.3.2 零点存在定理

定理 3.3.2 (零点存在定理) 若函数 $f(x)$ 在闭区间 $[a,b]$ 上连续, 且 $f(a) \cdot f(b) < 0$, 则至少存在一点 $\xi \in (a,b)$, 使得 $f(\xi) = 0$.

证明 方法 1 用闭区间套定理. 不妨设 $f(a) < 0$, $f(b) > 0$. 将 $[a,b]$ 等分成两个区间, 分点 $c_1 = \dfrac{a+b}{2}$, 若 $f(c_1) = 0$, 则取 $\xi = c_1$, 定理得证. 若 $f(c_1) < 0$, 取 $a_1 = c_1$, $b_1 = b$; 若 $f(c_1) > 0$, 取 $a_1 = a$, $b_1 = c_1$, 因此函数 $f(x)$ 在 $[a_1,b_1]$ 端点的函数值异号, 且 $f(a_1) < 0$, $f(b_1) > 0$.

再将 $[a_1,b_1]$ 两等分, 分点 $c_2 = \dfrac{a_1+b_1}{2}$, 若 $f(c_2) = 0$, 则取 $\xi = c_2$, 定理得证. 若 $f(c_2) < 0$, 取 $a_2 = c_2$, $b_2 = b_1$; 若 $f(c_2) > 0$, 取 $a_2 = a_1$, $b_2 = c_2$. 因此函数 $f(x)$ 在 $[a_2,b_2]$ 端点的函数值异号, 且 $f(a_2) < 0$, $f(b_2) > 0$; 重复以上过程, 或者存在某个 $c_n = \dfrac{a_n+b_n}{2}$, 使得 $f(c_n) = 0$, 取 $\xi = c_n$, 定理得证, 否则就把此过程无限进行下去, 便得到一个闭区间套 $\{[a_n,b_n]\}$, 满足 $f(a_n) < 0$, $f(b_n) > 0$, $n = 1,2,\cdots$. 由闭区间套定理, 存在 $\xi \in [a_n,b_n]$, 使得

$$\lim_{n\to\infty} a_n = \lim_{n\to\infty} b_n = \xi, \quad f(a_n) < 0 < f(b_n), \quad n = 1,2,\cdots.$$

将 $f(a_n) < 0 < f(b_n)$ 两边取极限, 并利用 $f(x)$ 在 $x = \xi$ 处的连续性, 有

$$f(\zeta) \leqslant 0 \leqslant f(\xi), \quad 即 \quad f(\xi) - 0.$$

由于 $f(a) \cdot f(b) < 0$, 因此 $\xi \in (a,b)$.

方法 2 不妨设 $f(a) < 0$, $f(b) > 0$, 定义集合 S:

$$S = \{x | f(x) < 0, x \in [a,b]\},$$

则数集 S 是非空有界, 令 $\xi = \sup S$, 下证明: $\xi \in (a, b)$ 且 $f(\xi) = 0$.

由 $f(a) < 0$ 及 $f(x)$ 在 $x = a$ 处连续可知: 存在 $\delta_1 > 0$, 当 $x \in [a, a + \delta_1]$ 时, 有 $f(x) < 0$; 由 $f(b) > 0$ 及 $f(x)$ 在 $x = b$ 处连续可知: 存在 $\delta_2 > 0$, 当 $x \in [b - \delta_2, b]$ 时, 有 $f(x) > 0$. 因此 $a + \delta_1 < \xi < b - \delta_2$, 从而 $\xi \in (a, b)$.

根据上确界的定义, 在数集 S 中必存在数列 $\{x_n\}$ 使得 $\lim\limits_{n \to \infty} x_n = \xi$. 由于 $f(x_n) < 0$, 以及 $f(x)$ 在 $x = \xi$ 处连续, 因此 $f(\xi) = \lim\limits_{n \to \infty} f(x_n) \leqslant 0$. 若 $f(\xi) < 0$, 由 $f(x)$ 在 $x = \xi$ 处连续可知, 存在 $\delta > 0$, 使得 $f(x) < 0$, $\forall x \in O(\xi, \delta)$, 这表明 $\sup S \geqslant \xi + \delta > \xi$, 矛盾, 因此 $f(\xi) = 0$.　　　　　　　　　证毕

例 3.3.1　证明: 三次方程 $x^3 + ax^2 + bx + c = 0$ 在 $(-\infty, +\infty)$ 上至少有一实根.

证明　令 $f(x) = x^3 + ax^2 + bx + c$, 因为 $\lim\limits_{x \to -\infty} f(x) = -\infty$, $\lim\limits_{x \to +\infty} f(x) = +\infty$, 所以存在 $\alpha < 0$, $\beta > 0$, 使得 $f(\alpha) < 0$, $f(\beta) > 0$. 又因为函数 $f(x)$ 在 $[\alpha, \beta]$ 上连续, 所以由零点存在定理, 至少存在一点 $\xi \in (\alpha, \beta)$, 使得 $f(\xi) = 0$, 即方程 $x^3 + ax^2 + bx + c = 0$ 至少有一个实根.

3.3.3　最值定理

定理 3.3.3(最值定理)　闭区间 $[a, b]$ 上的连续函数 $f(x)$ 必有最大值和最小值, 即存在 $\xi, \eta \in [a, b]$, 使得对 $[a, b]$ 上的一切 x, 有

$$f(\xi) \leqslant f(x) \leqslant f(\eta),$$

这里 $f(\xi)$, $f(\eta)$ 分别表示 $f(x)$ 在 $[a, b]$ 上的最小值和最大值.

证明　由定理 3.3.1 知, 数集 $V = \{f(x) | x \in [a, b]\}$ 是有界集. 利用确界存在定理, 可设 $m = \inf V, M = \sup V$, 则 $m \leqslant f(x) \leqslant M, \forall x \in [a, b]$. 下证明: $m \in V$, 即 m 为 $f(x)$ 为在闭区间 $[a, b]$ 上的最小值.

由确界的定义知, 对 $\varepsilon_n = \dfrac{1}{n}$, 存在 $x_n \in [a, b]$, 使得

$$m \leqslant f(x_n) < m + \frac{1}{n}.$$

利用致密性定理, 数列 $\{x_n\}$ 必有收敛子列 $\{x_{n_k}\}$, 不妨设 $\lim\limits_{k \to \infty} x_{n_k} = \xi$, 显然 $\xi \in [a, b]$. 因此

$$m \leqslant f(x_{n_k}) < m + \frac{1}{n_k},$$

在上式中令 $k \to +\infty$, 并利用 $f(x)$ 在 $x = \xi$ 处连续, 有

$$m = \lim\limits_{k \to \infty} f(x_{n_k}) = f(\xi),$$

这说明 $m \in V$.

同理可证: $M \in V$, 即 M 为函数 $f(x)$ 为在闭区间 $[a,b]$ 上的最大值. 证毕

3.3.4 介值定理

定理 3.3.4 (介值定理) 闭区间 $[a,b]$ 上的连续函数 $f(x)$ 可以取其最小值 m 和最大值 M 之间的一切值, 即 $f([a,b]) = [m, M]$.

证明 由最值定理, 必存在 ξ, $\eta \in [a,b]$, 使得 $f(\xi) = m$, $f(\eta) = M$, 不妨设 $\xi < \eta$. 任取 $m < C < M$, 作辅助函数 $g(x) = f(x) - C$, 由于 $g(x)$ 在 $[\xi, \eta]$ 上连续, 且

$$g(\xi) = f(\xi) - C < 0, \quad g(\eta) = f(\eta) - C > 0,$$

由零点存在定理, 必有 $\tau \in (\xi, \eta) \subset [a,b]$, 使得 $g(\tau) = 0$, 即 $f(\tau) = C$. 证毕

推论 3.3.1 若 $f(x)$ 在 $[a,b]$ 上连续且严格单调递增, 则 $f(x)$ 的值域为 $[f(a), f(b)]$.

例 3.3.2 设函数 $f(x)$ 在闭区间 $[a,b]$ 上连续, $a \leqslant x_1 < x_2 < \cdots < x_n \leqslant b$, 证明: 必存在 $\xi \in [a,b]$, 使得

$$f(\xi) = \frac{f(x_1) + f(x_2) + \cdots + f(x_n)}{n}.$$

证明 由于函数 $f(x)$ 在闭区间 $[a,b]$ 上连续, 所以必有最小值和最大值, 分别记为 m, M, 则

$$m \leqslant \frac{f(x_1) + f(x_2) + \cdots + f(x_n)}{n} \leqslant M,$$

利用介值定理, 存在 $\xi \in [a,b]$, 使得

$$f(\xi) = \frac{f(x_1) + f(x_2) + \cdots + f(x_n)}{n}.$$

例 3.3.3 设函数 $f(x)$ 在闭区间 $[a,b]$ 上连续, 且反函数 $f^{-1}(x)$ 存在. 证明: 函数 $f(x)$ 在 $[a,b]$ 上必严格单调.

证明 利用反证法, 假设函数 $f(x)$ 在 $[a,b]$ 上不严格单调, 则必有 $a \leqslant x_1 < x_2 < x_3 \leqslant b$, 使得以下两种情形之一发生:

(1) $f(x_1) > f(x_2)$ 且 $f(x_3) > f(x_2)$;

(2) $f(x_1) < f(x_2)$ 且 $f(x_3) < f(x_2)$.

不妨假设情形 (1) 发生, 并且取 C 满足

$$f(x_2) < C < \min\{f(x_1), f(x_3)\},$$

由介值定理, 必存在 $\xi \in (x_1, x_2)$ 和 $\eta \in (x_2, x_3)$, 使得 $f(\xi) = f(\eta) = C$, 这与反函数 $f^{-1}(x)$ 存在相矛盾, 故 $f(x)$ 在 $[a,b]$ 上必严格单调.

3.3.5　一致连续

函数 $f(x)$ 在某一区间 I 上连续, 是指函数在区间 I 上每一点都连续 (对区间的端点是指左连续和右连续), 即任取 $x_0 \in I$ 及任给 $\varepsilon > 0$, 存在 $\delta > 0$(满足连续定义的 δ 有无穷多个, 取较大者), 只要 $x \in I$ 且满足 $|x - x_0| < \delta$, 就成立

$$|f(x) - f(x_0)| < \varepsilon.$$

需特别强调的是, 这里的正数 δ, 不仅依赖于 ε, 而且也依赖于讨论的点 x_0, 也就是说, δ 可表示为 $\delta = \delta(\varepsilon, x_0)$. 一般说来, 当 ε 暂时固定时, 在 x_0 点附近函数图形变化比较 "慢" 时, 对应的 $\delta = \delta(\varepsilon, x_0)$ 较大; 在 x_0 点附近函数图形变化比较 "快" 时, 对应的 $\delta = \delta(\varepsilon, x_0)$ 较小. 于是对于无穷多个 x_0, 存在无穷多个 $\delta = \delta(\varepsilon, x_0)$, 那么在这无穷多个 $\delta = \delta(\varepsilon, x_0)$ 中, 是否存在最小的正数 $\delta = \delta(\varepsilon)$ 呢? 换句话说, 对任意给定的 $\varepsilon > 0$, 是否存在正数 $\delta = \delta(\varepsilon)$, 对区间 I 内任意两点 x_1, x_2, 只要 $|x_1 - x_2| < \delta$, 就能保证不等式 $|f(x_1) - f(x_2)| < \varepsilon$ 成立呢?

这一问题的答案是否定的. 例如, 对于函数 $f(x) = \dfrac{1}{x}$, 它在 $(0,1)$ 上连续, 但任给 $\varepsilon > 0$, 满足上述条件的公共的正数 $\delta = \delta(\varepsilon)$ 就不存在, 留给读者自己去证明. 事实上, 从 $y = \dfrac{1}{x}$, $x \in (0,1)$ 的图形可以看出, 任给 $\varepsilon > 0$, 当两点 x_1, x_2 靠近原点时, 对应的 δ 较小, 而当两点 x_1, x_2 远离原点时, 对应的 δ 较大.

定义 3.3.1　设函数 $f(x)$ 在区间 I(或开, 或闭, 或半开半闭, 可以是有限区间, 也可以是无限区间) 上有定义. 若对任意给定的 $\varepsilon > 0$, 存在 $\delta = \delta(\varepsilon) > 0$, 只要 $x_1, x_2 \in I$, 且满足 $|x_1 - x_2| < \delta$, 就有

$$|f(x_1) - f(x_2)| < \varepsilon,$$

则称函数 $f(x)$ 在区间 I 上**一致连续**.

利用一致连续的概念, 显然有下面的结论:

(1) 若函数 $f(x)$ 在区间 I 上一致连续, 则 $f(x)$ 在区间 I 上连续.

(2) 若函数 $f(x)$ 在区间 I 上一致连续, 且区间 $I_1 \subset I$, 则 $f(x)$ 在区间 I_1 上一致连续.

(3) 若函数 $f(x), g(x)$ 在区间 I 上一致连续, 则其线性组合 $\alpha f(x) + \beta g(x)$ 在区间 I 上也一致连续.

思考题　设函数 $f(x), g(x)$ 在区间 I 上一致连续, 问 $f(x)g(x)$ 在区间 I 上是否一致连续?

例 3.3.4 证明: $f(x) = \sin x$ 在 $(-\infty, +\infty)$ 上一致连续.

证明 由不等式

$$|\sin x_1 - \sin x_2| = \left| 2\cos\frac{x_1 + x_2}{2}\sin\frac{x_1 - x_2}{2} \right| \leqslant |x_1 - x_2|,$$

任给 $\varepsilon > 0$, 取 $\delta = \varepsilon$, 对任意 $x_1, x_2 \in (-\infty, +\infty)$, 只要 $|x_1 - x_2| < \delta$ 就成立

$$|\sin x_1 - \sin x_2| < \varepsilon,$$

根据定义, 这就证明了 $f(x) = \sin x$ 在 $(-\infty, +\infty)$ 上一致连续.

同理可证: $\cos x$ 在 $(-\infty, +\infty)$ 上一致连续.

例 3.3.5 证明: $f(x) = \sqrt{x}$ 在 $[0, +\infty)$ 上一致连续.

证明 对任意 $x_1, x_2 \in [0, +\infty)$, 成立不等式:

$$|\sqrt{x_2} - \sqrt{x_1}| \leqslant \sqrt{|x_2 - x_1|}.$$

任给 $\varepsilon > 0$, 取 $\delta = \varepsilon^2$, 对任意 $x_1, x_2 \in [0, +\infty)$, 当 $|x_1 - x_2| < \delta$ 时, 有

$$|\sqrt{x_2} - \sqrt{x_1}| \leqslant \sqrt{|x_2 - x_1|} < \sqrt{\varepsilon^2} = \varepsilon,$$

根据定义, 这就证明了 $f(x) = \sqrt{x}$ 在 $[0, +\infty)$ 上一致连续.

定理 3.3.5 设函数 $f(x)$ 在区间 I 上有定义, 则 $f(x)$ 在区间 I 上一致连续的充分必要条件是: 对任意序列 $\{x_n'\} \subset I$, $\{x_n''\} \subset I$, 只要满足 $\lim\limits_{n\to\infty}(x_n' - x_n'') = 0$, 就成立

$$\lim_{n\to\infty}(f(x_n') - f(x_n'')) = 0.$$

证明 必要性 由于函数 $f(x)$ 在区间 I 上一致连续, 所以任给 $\varepsilon > 0$, 存在 $\delta > 0$, 只要 $x_1, x_2 \in I$ 满足 $|x_1 - x_2| < \delta$, 就成立 $|f(x_1) - f(x_2)| < \varepsilon$. 又 $\lim\limits_{n\to\infty}(x_n' - x_n'') = 0$, 所以对上述 $\delta > 0$, 存在正整数 N, 当 $n > N$ 时, 有 $|x_n' - x_n''| < \delta$, 于是有

$$|f(x_n') - f(x_n'')| < \varepsilon,$$

这就证明了 $\lim\limits_{n\to\infty}(f(x_n') - f(x_n'')) = 0$.

充分性 用反证法. 假设函数 $f(x)$ 在区间 I 上不一致连续, 则

$$\exists \varepsilon_0 > 0, \ \forall \delta > 0, \ \exists x', \ x'' \in I, \ 满足 |x' - x''| < \delta \ 但 |f(x') - f(x'')| \geqslant \varepsilon_0.$$

取 $\delta = \dfrac{1}{n}\ (n = 1, 2, \cdots)$, 则 $\exists x_n', x_n'' \in I$, 满足

$$|x_n' - x_n''| < \frac{1}{n}, \quad |f(x_n') - f(x_n'')| \geqslant \varepsilon_0.$$

显然 $\lim\limits_{n\to\infty}(x_n' - x_n'') = 0$, 但 $\{f(x_n') - f(x_n'')\}$ 不可能收敛于 0, 矛盾. 因此函数 $f(x)$ 在区间 I 上一致连续. 　　　　　　　　　　　　　　　　证毕

例 3.3.6　证明: $f(x) = \dfrac{1}{x}$ 在 $(0, +\infty)$ 上不一致连续, 但对任意 $a > 0$, $f(x) = \dfrac{1}{x}$ 在 $[a, +\infty)$ 上一致连续.

证明　(1) 取 $x_n' = \dfrac{1}{n}$, $x_n'' = \dfrac{1}{2n} \in (0, +\infty)$, 显然 $\lim\limits_{n\to\infty}(x_n' - x_n'') = 0$, 但

$$\lim_{n\to\infty}(f(x_n') - f(x_n'')) = \infty,$$

由定理 3.3.5, 函数 $f(x) = \dfrac{1}{x}$ 在 $(0, +\infty)$ 上不一致连续.

(2) 对任意 $x_1, x_2 \in [a, +\infty)$, 由于

$$\left|\frac{1}{x_1} - \frac{1}{x_2}\right| = \frac{|x_1 - x_2|}{x_1 x_2} \leqslant \frac{|x_1 - x_2|}{a^2},$$

任给 $\varepsilon > 0$, 取 $\delta = a^2 \varepsilon$, 对 $x_1, x_2 \in [a, +\infty)$, 只要 $|x_1 - x_2| < \delta$, 就成立

$$\left|\frac{1}{x_1} - \frac{1}{x_2}\right| = \frac{|x_1 - x_2|}{x_1 x_2} \leqslant \frac{|x_1 - x_2|}{a^2} < \varepsilon,$$

根据一致连续的定义, 这就证明了函数 $f(x) = \dfrac{1}{x}$ 在 $[a, +\infty)$ 上一致连续.

例 3.3.7　证明: $f(x) = \sin\dfrac{1}{x}$ 在 $(0, 1)$ 上不一致连续.

证明　取 $x_n' = \dfrac{1}{2n\pi + \dfrac{\pi}{2}}$, $x_n'' = \dfrac{1}{2n\pi} \in (0, 1)$, 显然 $\lim\limits_{n\to\infty}(x_n' - x_n'') = 0$, 但

$$\lim_{n\to\infty}(f(x_n') - f(x_n'')) = 1 \neq 0,$$

由定理 3.3.5, 函数 $f(x) = \sin\dfrac{1}{x}$ 在 $(0, 1)$ 上不一致连续.

定理 3.3.6 (Cantor 定理)　若 $f(x)$ 闭区间 $[a, b]$ 上连续, 则 $f(x)$ 在 $[a, b]$ 上一致连续.

证明 **方法 1** 用有限覆盖定理. 任给 $x \in [a,b]$, 存在 $\delta_x > 0$, 当 $x' \in O(x, \delta_x) \cap [a,b]$ 时, 有

$$|f(x') - f(x)| < \frac{\varepsilon}{2}.$$

显然, 开集族 $\left\{ O\left(x, \dfrac{\delta_x}{2}\right) \middle| x \in [a,b] \right\}$ 构成了 $[a,b]$ 的一个开覆盖, 由有限覆盖定理, 存在有限个开集 $O\left(x_1, \dfrac{\delta_{x_1}}{2}\right), O\left(x_2, \dfrac{\delta_{x_2}}{2}\right), \cdots, O\left(x_n, \dfrac{\delta_{x_n}}{2}\right)$, 它们构成了 $[a,b]$ 的一个开覆盖.

令 $\delta = \min\left\{ \left(\dfrac{\delta_{x_1}}{2}, \dfrac{\delta_{x_2}}{2}, \cdots, \dfrac{\delta_{x_n}}{2}\right) \right\}$, 那么对于任意 x', $x'' \in [a,b]$, 只要 $|x' - x''| < \delta$, 总存在 x_k, 使得 $x' \in O\left(x_k, \dfrac{\delta_{x_k}}{2}\right)$, 从而

$$|x'' - x_k| \leqslant |x'' - x'| + |x' - x_k| < \frac{\delta_{x_k}}{2} + \frac{\delta_{x_k}}{2} < \delta_{x_k},$$

所以 $x'' \in O(x_k, \delta_{x_k})$, 因此

$$|f(x') - f(x'')| \leqslant |f(x') - f(x_k)| + |f(x'') - f(x_k)|$$
$$< \frac{\varepsilon}{2} + \frac{\varepsilon}{2} = \varepsilon,$$

根据一致连续的定义, 这就证明了函数 $f(x)$ 在闭区间 $[a,b]$ 上一致连续.

方法 2 采用反证法. 假设函数 $f(x)$ 在区间 $[a,b]$ 上不一致连续, 则 $\exists \varepsilon_0 > 0$, $\forall \delta > 0$, $\exists x', x'' \in [a,b]$, 满足 $|x' - x''| < \delta$ 但 $|f(x') - f(x'')| \geqslant \varepsilon_0$.

特别取 $\delta = \dfrac{1}{n}$ $(n = 1, 2, \cdots)$, 则 $\exists x'_n, x''_n \in [a,b]$, 满足

$$|x'_n - x''_n| < \frac{1}{n}, \quad |f(x'_n) - f(x''_n)| \geqslant \varepsilon_0.$$

因为 $\{x'_n\}$ 有界, 由致密性定理, 必存在收敛子列 $\{x'_{n_k}\}$, 不妨设

$$\lim_{k \to \infty} x'_{n_k} - \zeta \subset [a,b],$$

由于 $|x'_{n_k} - x''_{n_k}| < \dfrac{1}{n_k}$, 所以 $\lim\limits_{k \to \infty} x''_{n_k} = \xi$. 又由于 $f(x)$ 在点 ξ 处连续, 所以有

$$\lim_{k \to \infty} f(x'_{n_k}) = \lim_{k \to \infty} f(x''_{n_k}) = f(\xi),$$

于是得到

$$\lim_{k\to\infty}\left(f(x'_{n_k})-f(x''_{n_k})\right)=0,$$

这与 $|f(x'_n)-f(x''_n)|\geqslant\varepsilon_0$ 相矛盾, 因此函数 $f(x)$ 在 $[a,b]$ 上一致连续.　　　证毕

例 3.3.8　设函数 $f(x)$ 在开区间 (a,b) 上连续. 证明: $f(x)$ 在 (a,b) 上一致连续的充分必要条件是: $\lim\limits_{x\to a+}f(x)$, $\lim\limits_{x\to b-}f(x)$ 存在.

证明　充分性　设 $\lim\limits_{x\to a+}f(x)=A$, $\lim\limits_{x\to b-}f(x)=B$, 定义

$$\tilde{f}(x)=\begin{cases}A,&x=a,\\f(x),&a<x<b,\\B,&x=b,\end{cases}$$

则 $\tilde{f}(x)$ 在闭区间 $[a,b]$ 上连续, 由 Cantor 定理知, $\tilde{f}(x)$ 在 $[a,b]$ 上一致连续. 根据一致连续的定义知, $\tilde{f}(x)$ 在开区间 (a,b) 上也一致连续, 即 $f(x)$ 在 (a,b) 上一致连续.

必要性　若 $f(x)$ 在 (a,b) 上一致连续, 则由一致连续的定义以及函数极限存在的柯西收敛原理知: $\lim\limits_{x\to a+}f(x)$, $\lim\limits_{x\to b-}f(x)$ 均存在.

习　题　3.3

1. 设函数 $f(x)$ 在区间 $[a,b]$ 上连续, 试用有限覆盖定理证明: $f(x)$ 在区间 $[a,b]$ 上有界.

2. 设函数 $f(x)$ 在 $[a,+\infty)$ 上连续, 且 $\lim\limits_{x\to+\infty}f(x)=A$(有限数), 证明: 函数 $f(x)$ 在 $[a,+\infty)$ 上有界.

3. 用有限覆盖定理证明零点存在定理.

4. 设函数 $f(x)$ 在区间 $[a,b]$ 上连续, 且 $f([a,b])\subset[a,b]$, 证明: 存在 $c\in[a,b]$, 使得 $f(c)=c$, 也称 $f(x)$ 在区间 $[a,b]$ 上有不动点 c.

5. 证明: 方程 $x=a\sin x+b\,(a,b>0)$ 至少有一个正根.

6. 证明: 方程 $x^3+px+q=0\,(p>0)$ 有且仅有一个实根.

7. 设函数 $f(x)$ 在开区间 (a,b) 上连续, 且 $f(a+)$ 和 $f(b-)$ 存在, 证明: $f(x)$ 必可取到介于 $f(a+)$ 和 $f(b-)$ 之间的一切中间值.

8. 设函数 $f(x)$ 在区间 I 上连续且 $f(x)>0$, $\forall x\in I$, 且 $x_1,x_2,\cdots,x_n$ 是 I 上任意 n 个点. 证明: 存在 $\xi\in I$, 使得

$$f(\xi)=\sqrt[n]{f(x_1)f(x_2)\cdots f(x_n)}.$$

9. 设函数 $f(x)$ 在 $(-\infty,c]$ 和 $[c,+\infty)$ 上一致连续, 证明: $f(x)$ 在 $(-\infty,+\infty)$ 上一致连续.

10. 若函数 $f(x)$ 在区间 I 上满足利普希茨 (Lipschitz) 条件, 即存在常数 K, 使得

$$|f(x') - f(x'')| \leqslant K|x' - x''|, \quad \forall x', x'' \in I,$$

证明: $f(x)$ 在区间 I 上一致连续.

11. 设函数 $f(x)$ 在 $[a, +\infty)$ 上连续, 且 $\lim\limits_{x \to +\infty} f(x) = A$(有限数), 证明: $f(x)$ 在 $[a, +\infty)$ 上一致连续.

12. 证明: $\ln x$ 在 $[1, +\infty)$ 上一致连续.

13. (1) 设函数 $f(x), g(x)$ 在区间 I 上一致连续, 证明: 对任意常数 α, β, 有 $\alpha f(x) + \beta g(x)$ 在区间 I 上一致连续.

(2) 设函数 $f(x), g(x)$ 在区间 I 上一致连续, 问 $f(x)g(x)$ 在区间 I 上是否一致连续? 若结论成立, 给出证明, 若结论不成立, 举出反例.

14. 证明: 函数 $f(x) = \sin x^2$ 在 $(-\infty, +\infty)$ 上不一致连续.

15. 设函数 $f(x)$ 在 $[a, b]$ 上连续, 并且对任意的 $x \in [a, b]$, 存在 $y \in [a, b]$ 使得

$$|f(y)| \leqslant \frac{1}{2}|f(x)|.$$

证明: 存在 $\xi \in [a, b]$, 使得 $f(\xi) = 0$.

3.4 无穷小量与无穷大量的比较

3.4.1 无穷小量的比较

我们先以 $x \to x_0$ 为规范, 给出与无穷小量有关的一些概念和记号.

定义 3.4.1 设函数 $f(x)$ 在点 x_0 的某去心邻域内有定义, 若 $\lim\limits_{x \to x_0} f(x) = 0$, 则称当 $x \to x_0$ 时, $f(x)$ 是无穷小量.

注 无穷小量是以零为极限的量, 这里的极限过程 $x \to x_0$ 可以变更为

$$x \to x_{0+}, \ x_{0-}, \ \infty, \ +\infty, \ -\infty.$$

当 $x \to 0$ 时, x, x^2 都是无穷小量, 但 x^2 趋于零的速度明显比 x 趋于零的速度要 "快", 这只是直观上的描述. 何谓 "快"? "快" 到什么程度? 需要给出定量的定义, 其本质就是 "数量级" 的问题.

定义 3.4.2 设当 $x \to x_0$ 时, $f(x), g(x)$ 都是无穷小量, 且在 x_0 的某去心邻域内, $g(x) \neq 0$.

(1) 若 $\lim\limits_{x \to x_0} \dfrac{f(x)}{g(x)} = 0$, 则称当 $x \to x_0$ 时, $f(x)$ 关于 $g(x)$ 是高阶无穷小量 (或称 $g(x)$ 关于 $f(x)$ 是低阶无穷小量), 记为 $f(x) = o(g(x))(x \to x_0)$;

(2) 若 $\lim\limits_{x \to x_0} \dfrac{f(x)}{g(x)} = l \neq 0$, 则称当 $x \to x_0$ 时, $f(x)$ 与 $g(x)$ 是同阶无穷小量,

特别地, 若 $\lim\limits_{x \to x_0} \dfrac{f(x)}{g(x)} = 1$, 则称当 $x \to x_0$ 时, $f(x)$ 与 $g(x)$ 是等价无穷小量, 记为

$$f(x) \sim g(x) \ (x \to x_0);$$

(3) 若存在 $M > 0$, 使得在 x_0 的某去心邻域内, 成立

$$\left| \frac{f(x)}{g(x)} \right| \leqslant M,$$

则称当 $x \to x_0$ 时, $\dfrac{f(x)}{g(x)}$ 是有界量, 记为 $f(x) = O(g(x)) \ (x \to x_0)$.

注　记号 "o", "O" 和 "$\sim$" 都是对应于某一确定的极限过程, 一般来说, 在使用时应附上 "$x \to x_0$" 等记号, 以说明相应的极限过程, 只有在意义明确, 不会发生误解的前提下才能省略.

当 $x \to 0$ 时, $x^2 \sin \dfrac{1}{x}$ 与 x^2 都是无穷小量, 且 $\left| \dfrac{x^2 \sin \dfrac{1}{x}}{x^2} \right| \leqslant 1$, 因此

$$x^2 \sin \frac{1}{x} = O(x^2) \quad (x \to 0).$$

例 3.4.1　证明: 当 $x \to 0$ 时, 下列关系式成立:

(1) $\sin x \sim x$;

(2) $\tan x \sim x$;

(3) $\ln(1 + x) \sim x$;

(4) $\mathrm{e}^x - 1 \sim x$;

(5) $1 - \cos x \sim \dfrac{1}{2} x^2$;

(6) $\arcsin x \sim x$;

(7) $(1 + x)^\alpha - 1 \sim \alpha x$.

证明　(1) $\lim\limits_{x \to 0} \dfrac{\sin x}{x} = 1$.

(2) $\lim\limits_{x \to 0} \dfrac{\tan x}{x} = \lim\limits_{x \to 0} \dfrac{\sin x}{x} \cdot \dfrac{1}{\cos x} = 1$.

(3) $\lim\limits_{x \to 0} \dfrac{\ln(1 + x)}{x} = \lim\limits_{x \to 0} \ln(1 + x)^{\frac{1}{x}} = \ln \mathrm{e} = 1$.

(4) 令 $\mathrm{e}^x - 1 = t$, 则 $\lim\limits_{x \to 0} \dfrac{\mathrm{e}^x - 1}{x} = \lim\limits_{t \to 0} \dfrac{t}{\ln(1 + t)} = 1$.

(5) $\lim\limits_{x\to 0}\dfrac{1-\cos x}{x^2}=\lim\limits_{x\to 0}\dfrac{2\sin^2\dfrac{x}{2}}{x^2}=\dfrac{1}{2}\lim\limits_{x\to 0}\left(\dfrac{\sin\dfrac{x}{2}}{\dfrac{x}{2}}\right)^2=\dfrac{1}{2}.$

(6) 令 $\arcsin x=t$, 则 $\lim\limits_{x\to 0}\dfrac{\arcsin x}{x}=\lim\limits_{t\to 0}\dfrac{t}{\sin t}=1.$

(7) $\lim\limits_{x\to 0}\dfrac{(1+x)^{\alpha}-1}{\alpha x}=\lim\limits_{x\to 0}\left(\dfrac{\mathrm{e}^{\alpha\ln(1+x)}-1}{\alpha\ln(1+x)}\cdot\dfrac{\ln(1+x)}{x}\right)=1.$

我们常用记号 $f(x)=O(1)(x\to x_0)$ 来表示函数 $f(x)$ 在 x_0 的某去心邻域内有界; 而用记号

$$f(x)=o(1)\quad (x\to x_0)$$

来表示 $\lim\limits_{x\to x_0}f(x)=0$, 即当 $x\to x_0$ 时, $f(x)$ 是无穷小量.

例如, 当 $x\to 0$ 时, $(x+1)\sin\dfrac{1}{x}$ 是有界量, 所以可表示为

$$(x+1)\sin\dfrac{1}{x}=O(1).$$

由于 $\lim\limits_{x\to 0+}\dfrac{1}{\ln x}=0$, 所以可表示为

$$\dfrac{1}{\ln x}=o(1)\quad (x\to 0+).$$

3.4.2 无穷大量的比较

定义 3.4.3 若 $\lim\limits_{x\to x_0}f(x)=\infty(\text{或}+\infty,-\infty)$, 则称当 $x\to x_0$ 时, $f(x)$ 是**无穷大量** (或**正无穷大量**, **负无穷大量**).

定义中的极限过程 $x\to x_0$ 可以变更为

$$x\to x_{0+},\ x_{0-},\ \infty,\ +\infty,\ -\infty.$$

注 无穷大量和无界量是两个不同的概念, 无穷大量一定是无界的, 但无界量不一定是无穷大量.

例如, 函数 $f(x)=x\sin x$, 当 $x\to+\infty$ 时是无界的, 但当 $x\to+\infty$ 时, $f(x)=x\sin x$ 不是无穷大量.

定义 3.4.4 设当 $x\to x_0$ 时, $f(x),g(x)$ 都是无穷大量.

(1) 若 $\lim\limits_{x\to x_0}\dfrac{f(x)}{g(x)}=\infty$, 它表示当 $x\to x_0$ 时, $f(x)$ 趋于无穷大的速度比 $g(x)$ 趋于无穷大的速度快, 此时我们称当 $x\to x_0$ 时, $f(x)$ 关于 $g(x)$ 是**高阶无穷大量** (或称 $g(x)$ 关于 $f(x)$ 是**低阶无穷大量**).

(2) 若 $\lim\limits_{x \to x_0} \dfrac{f(x)}{g(x)} = l \neq 0$, 则称当 $x \to x_0$ 时, $f(x)$ 与 $g(x)$ 是**同阶无穷大量**.

特别地, 若 $\lim\limits_{x \to x_0} \dfrac{f(x)}{g(x)} = 1$, 则称当 $x \to x_0$ 时, $f(x)$ 与 $g(x)$ 是**等价无穷大量**, 记为

$$f(x) \sim g(x) \quad (x \to x_0).$$

(3) 若存在 $M > 0$, 使得在 x_0 的某去心邻域内, 成立

$$\left| \frac{f(x)}{g(x)} \right| \leqslant M,$$

则称当 $x \to x_0$ 时, $\dfrac{f(x)}{g(x)}$ 是有界量, 记为 $f(x) = O(g(x))(x \to x_0)$.

下面的定理表明: 在计算乘积或者商的极限时, 可以用等价无穷小量 (或无穷大量) 作替换, 这是一种很有效的求极限的方法.

定理 3.4.1　设 $f(x)$, $g(x)$, $h(x)$ 在 x_0 的某去心邻域内有定义, 且

$$f(x) \sim g(x) \quad (x \to x_0).$$

(1) 若 $\lim\limits_{x \to x_0} f(x)h(x) = A$, 则 $\lim\limits_{x \to x_0} g(x)h(x) = A$;

(2) 若 $\lim\limits_{x \to x_0} \dfrac{h(x)}{f(x)} = A$, 则 $\lim\limits_{x \to x_0} \dfrac{h(x)}{g(x)} = A$.

证明　(1) 因为 $\lim\limits_{x \to x_0} f(x)h(x) = A$, $\lim\limits_{x \to x_0} \dfrac{f(x)}{g(x)} = 1$, 所以

$$\lim\limits_{x \to x_0} g(x)h(x) = \lim\limits_{x \to x_0} f(x)h(x)\frac{g(x)}{f(x)} = \lim\limits_{x \to x_0} f(x)h(x) \lim\limits_{x \to x_0} \frac{g(x)}{f(x)} = A.$$

(2) 可以类似地证明.　　　　　　　　　　　　　　　　　　　　　　　　　　　证毕

注　如果不是乘积和商的极限, 则一般不能分别用等价无穷小 (大) 量的替换来计算.

例如

$$\lim\limits_{x \to 0} \frac{\tan x - \sin x}{x^3} = \frac{1}{2} \neq \lim\limits_{x \to 0} \frac{x - x}{x^3} = 0.$$

例 3.4.2　求当 $x \to 0$ 时, 无穷小量 $\ln \cos 2x$ 的形如 αx^β 的等价无穷小量.

解　由于当 $x \to 0$ 时, 有

$$\ln \cos 2x = \ln(1 - 2\sin^2 x) \sim -2\sin^2 x \sim -2x^2,$$

所以

$$\ln \cos 2x \sim -2x^2 \quad (x \to 0).$$

例 3.4.3 求极限 $\lim\limits_{x\to 0}\dfrac{\ln(1+2x^2)}{\tan^2 x}$.

解 由于当 $x\to 0$ 时, 有

$$\ln(1+2x^2)\sim 2x^2,\quad \tan x\sim x,$$

所以

$$\lim_{x\to 0}\frac{\ln(1+2x^2)}{\tan^2 x}=\lim_{x\to 0}\frac{2x^2}{x^2}=2.$$

例 3.4.4 求极限 $\lim\limits_{x\to 0}\dfrac{\mathrm{e}^{ax}-\mathrm{e}^{bx}}{x}$.

解 由于当 $x\to 0$ 时, 有

$$\mathrm{e}^{ax}-1\sim ax,\quad \mathrm{e}^{bx}-1\sim bx,$$

所以

$$\lim_{x\to 0}\frac{\mathrm{e}^{ax}-\mathrm{e}^{bx}}{x}=\lim_{x\to 0}\left(\frac{\mathrm{e}^{ax}-1}{x}-\frac{\mathrm{e}^{bx}-1}{x}\right)=\lim_{x\to 0}\frac{\mathrm{e}^{ax}-1}{x}-\lim_{x\to 0}\frac{\mathrm{e}^{bx}-1}{x}$$

$$=\lim_{x\to 0}\frac{ax}{x}-\lim_{x\to 0}\frac{bx}{x}=a-b.$$

习 题 3.4

1. 求当 $x\to 0$ 时, 下列无穷小量的形如 αx^β 的等价无穷小量:

(1) $f(x)=2x+x^4$;

(2) $f(x)=\dfrac{1}{1+x}-1+x$;

(3) $f(x)=\sqrt{1+\tan x}-\sqrt{1-\sin x}$;

(4) $f(x)=\sqrt{1+x}-\sqrt{1-x}$;

(5) $f(x)=\ln\cos x-\arctan x^2$;

(6) $f(x)=\mathrm{e}^{x^3+3x^2+x}-1$.

2. 求下列无穷大量的形如 αx^β 的等价无穷大量:

(1) $f(x)=2x+x^4\ (x\to\infty)$;

(2) $f(x)=\dfrac{\arcsin x}{x^2}\ (x\to 0)$;

(3) $f(x)=\sqrt{x+\sqrt{x+\sqrt{x}}}\ (x\to +\infty)$;

(4) $f(x)=\dfrac{x+1}{x^2+3x}\ (x\to 0)$.

3. 当 $x\to +\infty$ 时, 下列变量都是无穷大量, 将它们从低价到高阶进行排列, 并说明理由.

$$a^x\ (a>1),\quad x^x,\quad x^\beta\ (\beta>0),\quad \ln^k x\ (k>0).$$

4. 求下列极限:

(1) $\lim\limits_{x\to 0+}\dfrac{1-\sqrt{\cos x}}{1-\cos\sqrt{x}}$;

(2) $\lim\limits_{x\to a}\dfrac{\ln x-\ln a}{x-a}\ (a>0)$;

(3) $\lim\limits_{x\to +\infty}x\left(\ln(1+x)-\ln x\right)$;

(4) $\lim\limits_{x\to +\infty}\left(\sqrt{x+\sqrt{x+\sqrt{x}}}-\sqrt{x}\right)$;

(5) $\lim\limits_{x\to 0}\dfrac{x(1-\cos x)}{(1-\mathrm{e}^x)\sin x^2}$;

(6) $\lim\limits_{x\to 0}\dfrac{\arctan x}{\ln(1+\sin x)}$;

(7) $\lim\limits_{x\to 0}(x+\mathrm{e}^x)^{\frac{1}{x}}$;

(8) $\lim\limits_{x\to\infty}x^2\left(\sqrt{x^4-2}-x^2\right)$.

5. 设当 $x\to x_0$ 时, 无穷小量 $f_1(x)\sim f_2(x)$, 无穷大量 $g_1(x)\sim g_2(x)$, 且 $\lim\limits_{x\to x_0}f_1(x)g_1(x)$ 存在. 证明:

$$\lim_{x\to x_0}f_1(x)g_1(x)=\lim_{x\to x_0}f_2(x)g_2(x).$$

第 4 章　导数与微分

数学分析也称微积分, 它主要包含微分学和积分学两部分内容. 在这一章, 我们先介绍一元函数的微分学.

4.1　导　　数

4.1.1　引例

我们先对两个具体的问题进行分析, 在此基础上, 引入导数的概念.

1. 变速直线运动的瞬时速度

设物体做直线运动, 其运动规律由函数

$$s = f(t), \quad t \in [0, T]$$

给出, 其中 t 是时间, s 表示物体在时间 t 内所经过的路程. 现在要计算物体在 t_0 时刻的瞬时速度.

首先取从 t_0 到 t 这样一个时间间隔, 物体在 $[t_0, t]$ 内所走过的路程为

$$\Delta s = f(t) - f(t_0),$$

于是物体在这段时间内的**平均速度**为

$$\overline{v} = \frac{f(t) - f(t_0)}{t - t_0},$$

不难看出, 时间间隔长度 $t - t_0$ 越接近 0, 该平均速度就越接近物体在 t_0 时刻的瞬时速度, 于是物体在 t_0 时刻的瞬时速度 $v(t_0)$ 就应该是当 $t \to t_0$ 时, 平均速度 $\overline{v}$ 的极限, 即

$$v(t_0) = \lim_{t \to t_0} \frac{f(t) - f(t_0)}{t - t_0}.$$

2. 切线问题

设曲线 L 是函数 $y = f(x)$ 在直角坐标系中的图像. $P(x_0, f(x_0))$ 是曲线 L 上一个给定的点, $Q(x, f(x))$ 是曲线 L 上的一个动点, 过 $P(x_0, f(x_0))$ 和 $Q(x, f(x))$

两点, 可以唯一确定曲线的一条过 $P(x_0, f(x_0))$ 的割线 PQ, 并且当点 $Q(x, f(x))$ 在曲线 L 上移动时, 割线 PQ 的位置也会随之变化. 如果当动点 $Q(x, f(x))$ 沿着曲线 L 无限趋于点 $P(x_0, f(x_0))$(即 $x \to x_0$) 时, 割线存在唯一的极限位置 PT, 则把该极限位置处的直线称作曲线 $y = f(x)$ 在点 $P(x_0, f(x_0))$ 处的**切线** (图 4.1.1).

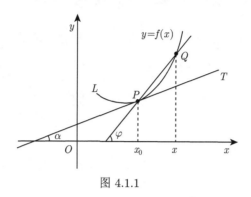

图 4.1.1

割线 PQ 的斜率为

$$\tan \varphi = \frac{\Delta y}{\Delta x} = \frac{f(x) - f(x_0)}{x - x_0},$$

其中 $\Delta x = x - x_0$, $\Delta y = f(x) - f(x_0)$.

若曲线 $y = f(x)$ 在点 $P(x_0, f(x_0))$ 处有切线, 则切线的斜率为

$$k = \tan \alpha = \lim_{\Delta x \to 0} \frac{\Delta y}{\Delta x} = \lim_{x \to x_0} \frac{f(x) - f(x_0)}{x - x_0}.$$

虽然上述两个问题的实际意义完全不同, 但从数学结构 (或形式) 上来看, 它们是完全相同的, 它们最终都归结为求函数的改变量 $\Delta y = f(x) - f(x_0)$ 与自变量的改变量 $\Delta x = x - x_0$ 之比的极限. 我们忽略问题的实际意义, 将这种数学结构抽象出来, 引入导数的概念.

4.1.2 导数概念

定义 4.1.1 设函数 $f(x)$ 在点 x_0 的某邻域 $O(x_0, \delta)$ 内有定义. 若极限

$$\lim_{x \to x_0} \frac{f(x) - f(x_0)}{x - x_0}$$

存在, 则称函数 $f(x)$ 在点 x_0 处**可导**, 并称此极限值为函数 $f(x)$ 在点 x_0 处的**导数**, 记为 $f'(x_0)$, $y'|_{x=x_0}$, $\left.\dfrac{\mathrm{d}y}{\mathrm{d}x}\right|_{x=x_0}$, 或 $\left.\dfrac{\mathrm{d}f}{\mathrm{d}x}\right|_{x=x_0}$.

导数的定义式也可取不同的形式, 常见的有

$$f'(x_0) = \lim_{\Delta x \to 0} \frac{f(x_0 + \Delta x) - f(x_0)}{\Delta x}$$

和

$$f'(x_0) = \lim_{h \to 0} \frac{f(x_0 + h) - f(x_0)}{h}.$$

例 4.1.1　求函数 $f(x) = C(C$ 为常数) 在点 $x_0 \in (-\infty, +\infty)$ 处的导数.

解　　　　$$f'(x_0) = \lim_{x \to x_0} \frac{f(x) - f(x_0)}{x - x_0} = \lim_{x \to x_0} \frac{C - C}{x - x_0} = 0.$$

例 4.1.2　求函数 $f(x) = x^2$ 在点 $x_0 = 1$ 处的导数.
解

$$f'(1) = \lim_{x \to 1} \frac{f(x) - f(1)}{x - 1} = \lim_{x \to 1} \frac{x^2 - 1}{x - 1} = 2.$$

如果函数 $f(x)$ 在开区间 I 内的每点处可导, 那么就称函数 $f(x)$ 在开区间 I 内可导. 这时, 对任一 $x \in I$, 都对应着函数 $f(x)$ 的一个确定的导数值, 这样就构成了一个新的函数, 该函数叫做函数 $f(x)$ 的**导函数**, 记作 $f'(x), y', \dfrac{\mathrm{d}y}{\mathrm{d}x}$ 或 $\dfrac{\mathrm{d}f}{\mathrm{d}x}$.

导函数的定义式也可以写成

$$f'(x) = \lim_{\Delta x \to 0} \frac{f(x + \Delta x) - f(x)}{\Delta x}$$

和

$$f'(x) = \lim_{h \to 0} \frac{f(x + h) - f(x)}{h}.$$

例 4.1.3　求 $f(x) = x^\mu \ (x > 0)$ 的导函数, 其中 μ 为任意实数.

解　　$$f'(x) = \lim_{\Delta x \to 0} \frac{(x + \Delta x)^\mu - x^\mu}{\Delta x} = x^\mu \lim_{\Delta x \to 0} \frac{\left(1 + \dfrac{\Delta x}{x}\right)^\mu - 1}{\Delta x},$$

利用等价无穷小的替换

$$\left(1 + \frac{\Delta x}{x}\right)^\mu - 1 \sim \frac{\mu \Delta x}{x} \quad (\Delta x \to 0),$$

得到

$$f'(x) = x^\mu \lim_{\Delta x \to 0} \frac{\dfrac{\mu \Delta x}{x}}{\Delta x} = \mu x^{\mu-1}.$$

注 幂函数 $f(x) = x^\mu$ 的定义域和可导范围与 μ 的取值有关. 例如,

$$f(x) = x^n \ (n \in \mathbf{N}) \text{ 的定义域为} (-\infty, +\infty), \text{且} (x^n)' = n x^{n-1}, \ \forall x \in (-\infty, +\infty);$$

$$f(x) = \frac{1}{x^n} \ (n \in \mathbf{N}) \text{ 的定义域为} x \neq 0, \text{且} \left(\frac{1}{x^n}\right)' = -\frac{n}{x^{n+1}}, \ \forall x \neq 0.$$

特别有 $\left(\dfrac{1}{x}\right)' = -\dfrac{1}{x^2}, \ \forall x \neq 0; \ f(x) = \sqrt{x}$ 的定义域为 $[0, +\infty)$, 且 $\left(\sqrt{x}\right)' = \dfrac{1}{2\sqrt{x}}, \ \forall x \in (0, +\infty).$

例 4.1.4 求函数 $f(x) = \sin x$ 的导函数.

解 $f'(x) = \lim\limits_{\Delta x \to 0} \dfrac{\sin(x + \Delta x) - \sin x}{\Delta x} = \lim\limits_{\Delta x \to 0} \dfrac{2\cos\left(x + \dfrac{\Delta x}{2}\right)\sin\dfrac{\Delta x}{2}}{\Delta x},$

利用 $\sin\dfrac{\Delta x}{2} \sim \dfrac{\Delta x}{2} \ (\Delta x \to 0)$ 以及 $\cos x$ 的连续性, 得到

$$(\sin x)' = \lim_{\Delta x \to 0} \cos\left(x + \frac{\Delta x}{2}\right) \lim_{\Delta x \to 0} \frac{2\sin\dfrac{\Delta x}{2}}{\Delta x} = \cos x.$$

同理可得

$$(\cos x)' = -\sin x.$$

例 4.1.5 求 $f(x) = a^x \ (a > 0, a \neq 1)$ 的导函数.

解 $f'(x) = \lim\limits_{\Delta x \to 0} \dfrac{a^{x+\Delta x} - a^x}{\Delta x} = a^x \lim\limits_{\Delta x \to 0} \dfrac{a^{\Delta x} - 1}{\Delta x}$

$$= a^x \lim_{\Delta x \to 0} \frac{\mathrm{e}^{\Delta x \ln a} - 1}{\Delta x},$$

因为 $\mathrm{e}^{\Delta x \ln a} - 1 \sim \Delta x \ln a \ (\Delta x \to 0)$, 所以

$$(a^x)' = a^x \ln a,$$

特别有 $(\mathrm{e}^x)' = \mathrm{e}^x.$

例 4.1.6 求 $f(x) = \log_a x \ (a > 0, a \neq 1)$ 的导函数.

解
$$f'(x) = \lim_{\Delta x \to 0} \frac{\log_a(x + \Delta x) - \log_a x}{\Delta x}$$

$$= \lim_{\Delta x \to 0} \frac{\log_a\left(1 + \dfrac{\Delta x}{x}\right)}{\Delta x} = \lim_{\Delta x \to 0} \frac{\ln\left(1 + \dfrac{\Delta x}{x}\right)}{\Delta x \ln a},$$

因为 $\ln\left(1 + \dfrac{\Delta x}{x}\right) \sim \dfrac{\Delta x}{x}(\Delta x \to 0)$, 所以

$$(\log_a x)' = \frac{1}{x \ln a},$$

特别有

$$(\ln x)' = \frac{1}{x}.$$

函数 $f(x)$ 在 x_0 处可导是指极限 $\lim\limits_{x \to x_0} \dfrac{f(x) - f(x_0)}{x - x_0}$ 存在, 而极限存在的充分必要条件是左、右极限存在并相等, 因此 $f'(x_0)$ 存在的充分必要条件是左、右极限

$$\lim_{x \to x_0-} \frac{f(x) - f(x_0)}{x - x_0} \quad 及 \quad \lim_{x \to x_0+} \frac{f(x) - f(x_0)}{x - x_0}$$

存在并相等. 这两个极限分别称为 $f(x)$ 在点 x_0 处的**左导数**和**右导数**, 记作 $f'_-(x_0)$ 及 $f'_+(x_0)$, 即

$$f'_+(x_0) = \lim_{x \to x_0+} \frac{f(x) - f(x_0)}{x - x_0},$$

$$f'_-(x_0) = \lim_{x \to x_0-} \frac{f(x) - f(x_0)}{x - x_0}.$$

左导数和右导数统称为**单侧导数**.

若函数 $f(x)$ 在开区间 (a,b) 内可导, 且 $f'_+(a)$ 及 $f'_-(b)$ 都存在, 则称 $f(x)$ 在闭区间 $[a,b]$ 上可导.

例 4.1.7 讨论函数 $f(x) = |x|$ 在 $x = 0$ 处的可导性.

解 由于

$$f'_-(0) = \lim_{x \to 0-} \frac{f(x) - f(0)}{x - 0} = \lim_{x \to 0} \frac{|x|}{x} = -1,$$

$$f'_+(0) = \lim_{x \to 0+} \frac{f(x) - f(0)}{x - 0} = \lim_{x \to 0+} \frac{|x|}{x} = 1,$$

由于 $f(x) = |x|$ 在 $x = 0$ 处的左、右导数存在但不相等, 故 $f(x)$ 在 $x = 0$ 处不可导.

4.1.3 导数的几何意义

从几何上来看, 函数 $f(x)$ 在 x_0 处的导数 $f'(x_0)$ 就是曲线 $y = f(x)$ 在点 $P(x_0, f(x_0))$ 处切线的斜率, 即 $f'(x_0) = \tan \alpha$, 其中 α 表示切线与 x 轴正向夹角.

若 $f(x)$ 在 x_0 处的导数 $f'(x_0)$ 为无穷大, 则曲线 $y = f(x)$ 在点 $P(x_0, f(x_0))$ 处具有垂直于 x 轴的切线 $x = x_0$.

根据导数的几何意义, 由直线的点斜式方程可知: 曲线 $y = f(x)$ 在点 $P(x_0, f(x_0))$ 处的**切线方程**为

$$y - f(x_0) = f'(x_0)(x - x_0).$$

过切点 $P(x_0, f(x_0))$ 且与切线垂直的直线称为曲线 $y = f(x)$ 在点 $P(x_0, f(x_0))$ 处的**法线**. 若 $f'(x_0) \neq 0$, 则法线方程为

$$y - f(x_0) = -\frac{1}{f'(x_0)}(x - x_0).$$

例 4.1.8 求曲线 $y = \dfrac{1}{x}$ 在点 $\left(\dfrac{1}{2}, 2\right)$ 处的切线的斜率, 并写出曲线在该点处的切线和法线方程.

解
$$y' = \left(\frac{1}{x}\right)' = -\frac{1}{x^2}, \quad y'|_{x=\frac{1}{2}} = -4,$$
根据导数的几何意义, 所求切线的斜率 $k = y'|_{x=\frac{1}{2}} = -4$. 所求切线方程为

$$y - 2 = -4\left(x - \frac{1}{2}\right), \quad 即 \quad y = -4x + 4;$$

法线方程为

$$y - 2 = \frac{1}{4}\left(x - \frac{1}{2}\right), \quad 即 \quad y = \frac{1}{4}x + \frac{15}{8}.$$

4.1.4 可导与连续的关系

从导数的定义可知, 若 $f(x)$ 在点 x_0 处可导, 则

$$f'(x_0) = \lim_{\Delta x \to 0} \frac{f(x_0 + \Delta x) - f(x_0)}{\Delta x},$$

因此 $f'(x_0)$ 存在的必要条件是当 $\Delta x \to 0$ 时, $\Delta y = f(x_0 + \Delta x) - f(x_0)$ 必须趋于零, 即 $\lim\limits_{x \to x_0} f(x) = f(x_0)$, 这表明 $f(x)$ 在点 x_0 处连续, 从而我们有如下结论.

定理 4.1.1(可导的必要条件)　若函数 $f(x)$ 在点 x_0 处可导, 则 $f(x)$ 在点 x_0 处连续.

从上面的定理, 我们得到: 若函数 $f(x)$ 在点 x_0 处不连续, 则它在点 x_0 处一定不可导. 但如果 $f(x)$ 在点 x_0 处连续, 它是否就一定在 x_0 处可导呢? 答案是否定的. 例如, $f(x) = |x|$ 在 $x = 0$ 处连续, 但它在 $x = 0$ 处不可导.

例 4.1.9　设函数

$$f(x) = \begin{cases} ax + b, & x > 1, \\ x^2, & x \leqslant 1, \end{cases}$$

试确定 a, b, 使得函数 $f(x)$ 在 $x = 1$ 处可导.

解　要使 $f(x)$ 在 $x = 1$ 处可导, 则 $f(x)$ 在 $x = 1$ 处必连续, 从而有

$$\lim_{x \to 1-} f(x) = \lim_{x \to 1+} f(x) = f(1),$$

由此得 $a + b = 1$;

要使函数 $f(x)$ 在 $x = 1$ 处可导, 则应有 $f'_+(1) = f'_-(1)$.

$$f'_+(1) = \lim_{x \to 1+} \frac{f(x) - f(1)}{x - 1} = \lim_{x \to 1+} \frac{ax + b - 1}{x - 1} = \lim_{x \to 1+} \frac{ax - a}{x - 1} = a,$$

$$f'_-(1) = \lim_{x \to 1-} \frac{f(x) - f(1)}{x - 1} = \lim_{x \to 1-} \frac{x^2 - 1}{x - 1} = 2,$$

由 $f'_+(1) = f'_-(1)$ 得 $a = 2$, 从而 $b = -1$.

习　题　4.1

1. 设函数 $f(x)$ 在 $x = 0$ 处可导, 且 $f(0) = 0$, 求极限 $\lim\limits_{x \to 0} \dfrac{f(x)}{x}$.

2. 设 $f'(x_0)$ 存在, 求下列各式的值:

(1) $\lim\limits_{\Delta x \to 0} \dfrac{f(x_0 - \Delta x) - f(x_0)}{\Delta x}$;

(2) $\lim\limits_{x \to x_0} \dfrac{f(x) - f(x_0)}{x - x_0}$;

(3) $\lim\limits_{h \to 0} \dfrac{f(x_0 + h) - f(x_0 - h)}{h}$.

3. 设 $f(x)$ 为偶函数, 且 $f'(0)$ 存在, 证明: $f'(0) = 0$.

4. 求曲线 $y = e^x$ 在点 $(0, 1)$ 处的切线方程.

5. 设函数 $f(x)$ 在 $(-1, 1)$ 上可导, 且满足 $|f(x)| \leqslant |\sin x|$, 证明: $|f'(0)| \leqslant 1$.

6. 证明:

(1) 可导的偶函数, 其导函数为奇函数;

(2) 可导的奇函数, 其导函数为偶函数;

(3) 可导的周期函数, 其导函数为具有相同周期的周期函数.

7. 问抛物线 $y = x^2 - 2x - 1$ 在哪一点的切线垂直于直线 $x + 2y - 1 = 0$?

8. 设函数 $g(x)$ 在 $x = a$ 处连续, $f(x) = |x - a|g(x)$. 求 $f(x)$ 在 $x = a$ 处的左、右导数, 问在什么条件下, $f(x)$ 在 $x = a$ 处可导?

9. 证明: 双曲线 $xy = a^2$ 上任一点处的切线与两个坐标轴构成的三角形的面积都等于 $2a^2$.

10. 设函数 $f(x) = \begin{cases} x^m \sin \dfrac{1}{x}, & x \neq 0, \\ 0, & x = 0 \end{cases}$ (m为正整数). 试问:

(1) 当 m 为何值时, $f(x)$ 在 $x = 0$ 处连续;

(2) 当 m 为何值时, $f(x)$ 在 $x = 0$ 处可导.

11. 求下列函数在 $x = 0$ 处的左导数和右导数:

(1) $f(x) = |\sin x|$; (2) $f(x) = e^{-|x|}$;

(3) $f(x) = |\ln(1 + x)|$.

12. 讨论下列函数在 $x = 0$ 处的可导性:

(1) $f(x) = \begin{cases} |x|^{1+\alpha} \sin \dfrac{1}{x} \ (\alpha > 0), & x \neq 0, \\ 0, & x = 0; \end{cases}$

(2) $f(x) = \begin{cases} xe^x, & x > 0, \\ ax^2, & x \leqslant 0; \end{cases}$

(3) $f(x) = \begin{cases} e^{\frac{a}{x^2}}, & x \neq 0, \\ 0, & x = 0. \end{cases}$

13. 设函数 $f(x)$ 在 $[a, b]$ 上连续, $f(a) = f(b) = 0$, 且 $f'_+(a) \cdot f'_-(b) > 0$, 证明: $f(x)$ 在 (a, b) 上至少有一个零点.

14. 设函数 $f(x)$ 是定义在 $(-\infty, +\infty)$ 上的函数, $f'(0) = 1$ 且

$$f(x_1 + x_2) = f(x_1)f(x_2), \quad \forall x_1, x_2 \in (-\infty, +\infty).$$

证明: $f'(x) = f(x), \ \forall x \in (-\infty, +\infty)$.

15. 设 $|f(x)|$ 在 $x = a$ 处可导, 且 $f(x)$ 在 $x = a$ 处连续. 证明: $f(x)$ 在 $x = a$ 处可导.

16. 设函数 $f(x)$ 在 $x = 0$ 处可导, 试问: 在什么情况下, $|f(x)|$ 在 $x = 0$ 处也可导?

17. 设函数 $f(x)$ 在 $x = 0$ 处连续, 并且 $\lim\limits_{x \to 0} \dfrac{f(2x) - f(x)}{x} = A$. 证明: $f'(0)$ 存在, 并且 $f'(0) = A$.

4.2 求导数的方法

在 4.1 节中, 我们从导数的定义出发, 导出了几个简单的基本初等函数的导数. 但直接用定义来求函数的导数, 有时计算是很复杂的. 在本节中, 我们将介绍

导数的基本运算法则, 并求出 4.1 节中尚未讨论的基本初等函数的导数. 借助这些求导法则以及基本初等函数的导数公式, 就能方便地求出许多函数的导数.

4.2.1 导数的四则运算法则

定理 4.2.1 若函数 $f(x)$, $g(x)$ 都在点 x 处可导, 则它们的和、差、积、商 (除分母为零的点外) 都在点 x 处可导, 且

(1) $(f(x) \pm g(x))' = f'(x) \pm g'(x)$;

(2) $(f(x)g(x))' = f'(x)g(x) + f(x)g'(x)$,

$(cf(x))' = cf'(x)$, 其中 c 为常数;

(3) $\left(\dfrac{f(x)}{g(x)}\right)' = \dfrac{f'(x)g(x) - f(x)g'(x)}{g^2(x)}$ $(g(x) \neq 0)$.

证明 (1) $(f(x) \pm g(x))'$

$$= \lim_{\Delta x \to 0} \frac{[f(x + \Delta x) \pm g(x + \Delta x)] - [f(x) \pm g(x)]}{\Delta x}$$

$$= \lim_{\Delta x \to 0} \frac{[f(x + \Delta x) - f(x)] \pm [g(x + \Delta x) - g(x)]}{\Delta x}$$

$$= \lim_{\Delta x \to 0} \frac{f(x + \Delta x) - f(x)}{\Delta x} \pm \lim_{\Delta x \to 0} \frac{g(x + \Delta x) - g(x)}{\Delta x}$$

$$= f'(x) \pm g'(x).$$

(2) $(f(x)g(x))'$

$$= \lim_{\Delta x \to 0} \frac{f(x + \Delta x)g(x + \Delta x) - f(x)g(x)}{\Delta x}$$

$$= \lim_{\Delta x \to 0} \frac{[f(x + \Delta x) - f(x)]g(x + \Delta x) + f(x)[g(x + \Delta x) - g(x)]}{\Delta x}$$

$$= \lim_{\Delta x \to 0} \frac{f(x + \Delta x) - f(x)}{\Delta x} \lim_{\Delta x \to 0} g(x + \Delta x) + f(x) \lim_{\Delta x \to 0} \frac{g(x + \Delta x) - g(x)}{\Delta x}$$

$$= f'(x)g(x) + f(x)g'(x),$$

其中 $\lim\limits_{\Delta x \to 0} g(x + \Delta x) = g(x)$ 是由于 $g(x)$ 在点 x 处可导, 从而在点 x 处连续.

(3) 记 $y = \dfrac{1}{g(x)}$, 则

$$y' = \lim_{\Delta x \to 0} \frac{\dfrac{1}{g(x + \Delta x)} - \dfrac{1}{g(x)}}{\Delta x}$$

$$= -\lim_{\Delta x \to 0} \frac{g(x + \Delta x) - g(x)}{\Delta x} \cdot \lim_{\Delta x \to 0} \frac{1}{g(x)g(x + \Delta x)}$$

$$= -\frac{g'(x)}{g^2(x)},$$

因此

$$\left(\frac{f(x)}{g(x)}\right)' = \left(f(x) \cdot \frac{1}{g(x)}\right)'$$

$$= f'(x) \cdot \frac{1}{g(x)} + f(x)\left(\frac{1}{g(x)}\right)'$$

$$= \frac{f'(x)g(x) - f(x)g'(x)}{g^2(x)}. \qquad\qquad 证毕$$

推论　设 $f_k(x)$ $(k = 1, 2, \cdots, n)$ 都在点 x 处可导, 则

(1) $\left(\sum_{k=1}^{n} c_k f_k(x)\right)' = \sum_{k=1}^{n} c_k f_k'(x)$, 其中 c_k 为常数;

(2) $\left(\prod_{k=1}^{n} f_k(x)\right)' = \sum_{k=1}^{n} \left(f_k'(x) \prod_{\substack{i=1 \\ i \neq k}}^{n} f_i(x)\right),$

其中 $\prod_{k=1}^{n} f_k(x) = f_1(x)f_2(x)\cdots f_n(x)$.

例 4.2.1　设函数 $f(x) = \tan x$, 求 $f'(x)$.

解　$(\tan x)' = \left(\dfrac{\sin x}{\cos x}\right)' = \dfrac{(\sin x)'\cos x - \sin x(\cos x)'}{\cos^2 x}$

$\qquad = \dfrac{\cos^2 x + \sin^2 x}{\cos^2 x} = \dfrac{1}{\cos^2 x} = \sec^2 x.$

例 4.2.2　设函数 $f(x) = \cot x$, 求 $f'(x)$.

解　$(\cot x)' = \left(\dfrac{\cos x}{\sin x}\right)' = \dfrac{(\cos x)'\sin x - \cos x(\sin x)'}{\sin^2 x}$

$\qquad = -\dfrac{\cos^2 x + \sin^2 x}{\sin^2 x} = -\dfrac{1}{\sin^2 x} = -\csc^2 x.$

用类似的方法, 可求得正割函数及余割函数的导数公式

$$(\sec x)' = \sec x \tan x,$$

$$(\csc x)' = -\csc x \cot x.$$

例 4.2.3 设函数 $f(x) = \mathrm{e}^x (\sin x + \cos x)$, 求 $f'(x)$.

解
$$f'(x) = (\mathrm{e}^x)' (\sin x + \cos x) + \mathrm{e}^x (\sin x + \cos x)'$$
$$= \mathrm{e}^x (\sin x + \cos x) + \mathrm{e}^x (\cos x - \sin x)$$
$$= 2\mathrm{e}^x \cos x.$$

4.2.2 反函数的求导法

定理 4.2.2 若函数 $f(x)$ 在点 x_0 某邻域内连续、严格单调, 且 $f'(x_0) \neq 0$, 则其反函数 $x = \varphi(y)$ 在点 $y_0 = f(x_0)$ 处可导, 且

$$\varphi'(y_0) = \frac{1}{f'(x_0)}.$$

证明 由 $f(x)$ 在点 x_0 某邻域内连续、严格单调, 则其反函数 $x = \varphi(y)$ 在点 $y_0 = f(x_0)$ 附近连续且严格单调. 若记 $\Delta x = \varphi(y_0 + \Delta y) - \varphi(y_0)$, $\Delta y = f(x_0 + \Delta x) - f(x_0)$, 则当 $\Delta y \neq 0$ 时, 有 $\Delta x \neq 0$, 且 $\lim\limits_{\Delta y \to 0} \Delta x = 0$, 因此

$$\varphi'(y_0) = \lim_{\Delta y \to 0} \frac{\varphi(y_0 + \Delta y) - \varphi(y_0)}{\Delta y} = \lim_{\Delta y \to 0} \frac{\Delta x}{\Delta y}$$
$$= \lim_{\Delta y \to 0} \frac{1}{\dfrac{\Delta y}{\Delta x}} = \lim_{\Delta x \to 0} \frac{1}{\dfrac{\Delta y}{\Delta x}} = \frac{1}{\lim\limits_{\Delta x \to 0} \dfrac{\Delta y}{\Delta x}} = \frac{1}{f'(x_0)}. \qquad \text{证毕}$$

上述结论可以简单地表述为: 反函数的导数等于直接函数导数的倒数.

下面, 我们利用反函数的求导法则, 通过三角函数的求导公式, 来求反三角函数的导数.

例 4.2.4 设 $x = \sin y, y \in \left[-\dfrac{\pi}{2}, \dfrac{\pi}{2} \right]$ 为直接函数, 则 $y = \arcsin x$ 是它的反函数. 由于 $x = \sin y$ 在开区间 $\left(-\dfrac{\pi}{2}, \dfrac{\pi}{2} \right)$ 内严格单调、可导, 且

$$(\sin y)' = \cos y > 0, \quad \forall y \in \left(-\frac{\pi}{2}, \frac{\pi}{2} \right),$$

因此反函数 $y = \arcsin x$ 在对应的区间 $(-1, 1)$ 内可导, 且

$$(\arcsin x)' = \frac{1}{(\sin y)'} = \frac{1}{\cos y} = \frac{1}{\sqrt{1 - \sin^2 y}} = \frac{1}{\sqrt{1 - x^2}},$$

所以

$$(\arcsin x)' = \frac{1}{\sqrt{1 - x^2}}, \quad -1 < x < 1.$$

同理可得: 反余弦函数的导数公式

$$(\arccos x)' = -\frac{1}{\sqrt{1-x^2}}, \quad -1 < x < 1.$$

例 4.2.5　设 $x = \tan y, y \in \left(-\frac{\pi}{2}, \frac{\pi}{2}\right)$ 为直接函数, 则 $y = \arctan x$ 是它的反函数. 由于 $x = \sin y$ 在开区间 $\left(-\frac{\pi}{2}, \frac{\pi}{2}\right)$ 内严格单调、可导, 且

$$(\tan y)' = \sec^2 y > 0, \quad \forall y \in \left(-\frac{\pi}{2}, \frac{\pi}{2}\right),$$

因此, 反函数 $y = \arctan x$ 在对应的区间 $(-\infty, +\infty)$ 内可导, 且

$$(\arctan x)' = \frac{1}{\sec^2 y} = \frac{1}{1 + \tan^2 y} = \frac{1}{1 + x^2},$$

所以

$$(\arctan x)' = \frac{1}{1 + x^2}, \quad -\infty < x < +\infty.$$

同理可得: 反余切函数的导数公式

$$(\operatorname{arccot} x)' = -\frac{1}{1 + x^2}, \quad -\infty < x < +\infty.$$

例 4.2.6　设 $x = a^y, y \in (-\infty, +\infty)$ 为直接函数, 则 $y = \log_a x$ 是它的反函数. 由于 $x = a^y \ (a > 0, \ a \neq 1)$ 在 $(-\infty, +\infty)$ 内严格单调、可导, 且

$$(a^y)' = a^y \ln a \neq 0, \quad \forall y \in (-\infty, +\infty),$$

因此, 反函数 $y = \log_a x$ 在对应的区间 $(0, +\infty)$ 内可导, 且

$$(\log_a x)' = \frac{1}{(a^y)'} = \frac{1}{a^y \ln a} = \frac{1}{x \ln a}.$$

所以

$$(\log_a x)' = \frac{1}{x \ln a}, \quad \forall x \in (0, +\infty).$$

4.2.3　复合函数的求导法

定理 4.2.3　若函数 $u = g(x)$ 在点 x_0 处可导, $y = f(u)$ 在点 $u_0 = g(x_0)$ 处可导, 则复合函数 $h(x) = f(g(x))$ 在点 x_0 处可导, 且

$$h'(x_0) = f'(u_0)g'(x_0) = f'(g(x_0))g'(x_0),$$

或写成

$$\frac{\mathrm{d}y}{\mathrm{d}x}\bigg|_{x=x_0} = \frac{\mathrm{d}y}{\mathrm{d}u}\bigg|_{u=u_0} \cdot \frac{\mathrm{d}u}{\mathrm{d}x}\bigg|_{x=x_0}.$$

证明 定义函数

$$H(u) = \begin{cases} \dfrac{f(u) - f(u_0)}{u - u_0}, & u \neq u_0, \\ f'(u_0), & u = u_0, \end{cases}$$

则

$$\lim_{u \to u_0} H(u) = \lim_{u \to u_0} \frac{f(u) - f(u_0)}{u - u_0} = f'(u_0) = H(u_0),$$

这表明: 函数 $H(u)$ 在点 u_0 处连续. 在恒等式

$$f(u) - f(u_0) = H(u)(u - u_0)$$

中令 $u = g(x)$, 得到

$$f(g(x)) - f(g(x_0)) = H(g(x))(g(x) - g(x_0)),$$

两边除以 $x - x_0$ 得

$$\frac{f(g(x)) - f(g(x_0))}{x - x_0} = H(g(x))\frac{g(x) - g(x_0)}{x - x_0},$$

由复合函数的连续性得到

$$\lim_{x \to x_0} H(g(x)) = H(g(x_0)) = H(u_0) = f'(u_0),$$

由函数 $g(x)$ 在点 x_0 处可导, 有

$$\lim_{x \to x_0} \frac{g(x) - g(x_0)}{x - x_0} = g'(x_0),$$

综上有

$$\lim_{x \to x_0} \frac{f(g(x)) - f(g(x_0))}{x - x_0} = \lim_{x \to x_0} H(g(x)) \lim_{x \to x_0} \frac{g(x) - g(x_0)}{x - x_0} = f'(u_0)g'(x_0),$$

即

$$h'(x_0) = f'(u_0)g'(x_0) = f'(g(x_0))g'(x_0). \qquad\qquad \text{证毕}$$

注 若 $y = f(u)$ 的定义域包含函数 $u = g(x)$ 的值域, 且两个函数在各自的定义域内可导, 则复合函数 $h(x) = f(g(x))$ 在定义域内可导, 且

$$h'(x) = f'(u)g'(x).$$

复合函数的求导法则也经常写成

$$\frac{\mathrm{d}y}{\mathrm{d}x} = \frac{\mathrm{d}y}{\mathrm{d}u} \cdot \frac{\mathrm{d}u}{\mathrm{d}x},$$

我们一般称它为复合函数求导的**链式法则**.

例 4.2.7 求幂函数 $y = x^\mu$ $(x > 0)$ 的导函数, 其中 μ 为任意实数.

解 在 4.1 节中, 根据导数的定义, 已经得到 $(x^\mu)' = \mu x^{\mu-1}$, 现在利用复合函数求导的链式法则, 再来求幂函数 $y = x^\mu$ $(x > 0)$ 的导函数.

$y = x^\mu = \mathrm{e}^{\mu \ln x}$ 可看成由 $y = \mathrm{e}^t, t = \mu \ln x$ 复合而成, 则由链式法则, 有

$$y' = (\mathrm{e}^t)'(\mu \ln x)' = \mathrm{e}^t \cdot \frac{\mu}{x} = \mathrm{e}^{\mu \ln x} \cdot \frac{\mu}{x} = \mu x^{\mu-1}.$$

例 4.2.8 设 $y = \sin x^2$, 求 y'.

解 $y = \sin x^2$ 可视为 $y = \sin u$ 与 $u = x^2$ 的复合, 故

$$y' = (\sin u)' \cdot (x^2)' = \cos u \cdot 2x = 2x \cos x^2.$$

例 4.2.9 设 $y = \sin^2 x$, 求 y'.

解 $y = \sin^2 x$ 可视为 $y = u^2$ 与 $u = \sin x$ 的复合, 故

$$y' = (u^2)'(\sin x)' = 2u \cdot \cos x = 2 \sin x \cos x = \sin 2x.$$

例 4.2.10 设 $y = \dfrac{1}{\sqrt{1 - x^2}}$, 求 y'.

解 $y = \dfrac{1}{\sqrt{1 - x^2}} = (1 - x^2)^{-\frac{1}{2}}$ 可视为 $y = u^{-\frac{1}{2}}$ 与 $u = 1 - x^2$ 的复合, 故

$$y' = (u^{-\frac{1}{2}})' \cdot (1 - x^2)' = -\frac{1}{2} u^{-\frac{3}{2}} \cdot (-2x) = \frac{x}{(1 - x^2)^{\frac{3}{2}}}.$$

例 4.2.11 设 $y = \dfrac{x + \sqrt{1 + x^2}}{(x+1)^2 \sqrt{1 + x^2}}$ $(x > -1)$, 求 y'.

解 两边取对数, 有

$$\ln y = \ln(x + \sqrt{1 + x^2}) - 2\ln(1 + x) - \frac{1}{2} \ln(1 + x^2),$$

上式两边同时对 x 求导, 有

$$\frac{y'}{y} = \frac{1}{x + \sqrt{1 + x^2}} \left(1 + \frac{2x}{2\sqrt{1+x^2}} \right) - \frac{2}{1+x} - \frac{1}{2} \cdot \frac{2x}{1+x^2},$$

$$= \frac{1}{\sqrt{1+x^2}} - \frac{2}{1+x} - \frac{x}{1+x^2},$$

故

$$y' = \frac{x + \sqrt{1+x^2}}{(x+1)^2 \sqrt{1+x^2}} \left(\frac{1}{\sqrt{1+x^2}} - \frac{2}{1+x} - \frac{x}{1+x^2} \right).$$

例 4.2.12 设 $y = x^{\sin x} (x > 0)$, 求 y'.

解 两边取对数, 有

$$\ln y = \sin x \ln x,$$

上式两边同时对 x 求导, 有

$$\frac{y'}{y} = \cos x \ln x + \frac{\sin x}{x},$$

故

$$y' = x^{\sin x} \left(\cos x \cdot \ln x + \frac{\sin x}{x} \right).$$

例 4.2.11 和例 4.2.12 采用的求导方法称为**对数求导法**, 它有时能简化求导运算.

例 4.2.12 也可采用求导的链式法则求得. 由于 $y = x^{\sin x} = \mathrm{e}^{\sin x \ln x}$ 可视为 $y = \mathrm{e}^u$ 与 $u = \sin x \ln x$ 的复合, 故

$$y' = (\mathrm{e}^u)'(\sin x \ln x)' = \mathrm{e}^u \left(\cos x \cdot \ln x + \frac{\sin x}{x} \right)$$

$$= \mathrm{e}^{\sin x \ln x} \left(\cos x \cdot \ln x + \frac{\sin x}{x} \right)$$

$$= x^{\sin x} \left(\cos x \cdot \ln x + \frac{\sin x}{x} \right).$$

复合函数求导的链式法则可以推广到多个中间变量的情形. 我们以两个中间变量为例, 设 $y = f(u)$, $u = g(v)$, $v = h(x)$, 则

$$\frac{\mathrm{d}y}{\mathrm{d}x} = \frac{\mathrm{d}y}{\mathrm{d}u} \cdot \frac{\mathrm{d}u}{\mathrm{d}x},$$

而 $\dfrac{\mathrm{d}u}{\mathrm{d}x} = \dfrac{\mathrm{d}u}{\mathrm{d}v} \cdot \dfrac{\mathrm{d}v}{\mathrm{d}x}$, 故复合函数 $y = f\{g[h(x)]\}$ 的导数为

$$\frac{\mathrm{d}y}{\mathrm{d}x} = \frac{\mathrm{d}y}{\mathrm{d}u} \cdot \frac{\mathrm{d}u}{\mathrm{d}v} \cdot \frac{\mathrm{d}v}{\mathrm{d}x},$$

这里假定上式右端所出现的导数在相应处均存在.

例 4.2.13 设 $y = \ln \cos(\mathrm{e}^x)$, 求 $\dfrac{\mathrm{d}y}{\mathrm{d}x}$.

解 $y = \ln \cos(\mathrm{e}^x)$ 可视为 $y = \ln u$, $u = \cos v$ 与 $v = \mathrm{e}^x$ 的复合, 故

$$\frac{\mathrm{d}y}{\mathrm{d}x} = \frac{\mathrm{d}y}{\mathrm{d}u} \cdot \frac{\mathrm{d}u}{\mathrm{d}v} \cdot \frac{\mathrm{d}v}{\mathrm{d}x} = (\ln u)' \cdot (\cos v)' \cdot (\mathrm{e}^x)'$$

$$= \frac{1}{u} \cdot (-\sin v) \cdot \mathrm{e}^x = -\frac{\sin(\mathrm{e}^x)}{\cos(\mathrm{e}^x)} \cdot \mathrm{e}^x = -\mathrm{e}^x \tan(\mathrm{e}^x).$$

对复合函数的分解熟练后, 就不必再写出中间变量, 可以采用如下的方式来计算.

$$\frac{\mathrm{d}y}{\mathrm{d}x} = [\ln \cos(\mathrm{e}^x)]' = \frac{1}{\cos(\mathrm{e}^x)} \cdot [\cos(\mathrm{e}^x)]'$$

$$= \frac{1}{\cos(\mathrm{e}^x)} \cdot [-\sin(\mathrm{e}^x)] \cdot (\mathrm{e}^x)' = -\mathrm{e}^x \tan(\mathrm{e}^x).$$

例 4.2.14 设 $y = \mathrm{e}^{\sin \frac{1}{x}}$, 求 y'.

解
$$y' = \left(\mathrm{e}^{\sin \frac{1}{x}}\right)' = \mathrm{e}^{\sin \frac{1}{x}} \left(\sin \frac{1}{x}\right)' = \mathrm{e}^{\sin \frac{1}{x}} \cos \frac{1}{x} \left(\frac{1}{x}\right)'$$

$$= -\frac{1}{x^2} \mathrm{e}^{\sin \frac{1}{x}} \cos \frac{1}{x}$$

或

$$y' = \left(\mathrm{e}^{\sin \frac{1}{x}}\right)' = \mathrm{e}^{\sin \frac{1}{x}} \cos \frac{1}{x} \left(-\frac{1}{x^2}\right) = -\frac{1}{x^2} \mathrm{e}^{\sin \frac{1}{x}} \cos \frac{1}{x}.$$

例 4.2.15 设 $y = \mathrm{e}^{\sin^2 \frac{1}{x}}$, 求 y'.

解 $y = \mathrm{e}^{\sin^2 \frac{1}{x}} \cdot 2 \sin \frac{1}{x} \cdot \cos \frac{1}{x} \cdot \left(-\frac{1}{x^2}\right) = -\frac{1}{x^2} \sin \frac{2}{x} \cdot \mathrm{e}^{\sin^2 \frac{1}{x}}.$

4.2.4 隐函数的求导法

前面讨论的函数, 都是以 $y = f(x)$ 这种形式给出的, 我们称这种形式的函数为**显函数**. 但有些函数, 自变量与因变量之间的对应法则是由一个方程确定的, 例

如

$$x^2 + y^2 = 1, \quad \frac{x^2}{a^2} + \frac{y^2}{b^2} = 1, \quad y - x - \varepsilon \sin y = 0 \quad (0 < \varepsilon < 1).$$

在一定条件下 (我们将在多元函数的微分学中探讨这些条件), 方程 $F(x, y) = 0$ 决定了 y 关于 x 的函数关系 $y = y(x)$, 我们称它为**隐函数**. 有些隐函数, 可以化成显函数, 而有些隐函数, 就不一定可以或不容易化成显函数, 例如方程 $y - x - \varepsilon \sin y = 0$ $(0 < \varepsilon < 1)$ 所确定的隐函数就无法显式表达. 但以后我们会知道, 对每个 x, 确实有且只有一个 y 与之对应, 因而它确定 y 作为 x 的函数, 不过 y 不能表示成 x 的显函数.

对于隐函数的求导, 可以利用复合函数的求导法则, 而无须将隐函数化成显函数. 下面我们通过具体例子来说明隐函数的求导方法.

例 4.2.16 求由方程 $x^2 + y^2 = 1$ 所确定的隐函数 $y = y(x)$ 的导数 $\dfrac{\mathrm{d}y}{\mathrm{d}x}$.

解 将方程 $x^2 + y^2 = 1$ 两边同时对 x 求导, 并注意到 y 是 x 的函数, 由复合函数的求导法则, 有

$$2x + 2yy' = 0,$$

变形得到

$$y' = -\frac{x}{y}.$$

例 4.2.17 求由方程 $\mathrm{e}^y = xy$ 所确定的隐函数 $y = y(x)$ 的导函数 y'.

解 将方程 $\mathrm{e}^y = xy$ 两边同时对 x 求导, 并注意到 y 是 x 的函数, 有

$$\mathrm{e}^y y' = y + xy',$$

解得

$$y' = \frac{y}{\mathrm{e}^y - x} = \frac{y}{xy - x} = \frac{y}{x(y - 1)}.$$

例 4.2.18 求由方程 $x^y = y^x$ 所确定的隐函数 $y = y(x)$ 的导函数 y'.

解 将方程 $x^y = y^x$ 两边取对数, 得

$$y \ln x = x \ln y,$$

将方程两边同时对 x 求导, 得

$$y' \ln x + \frac{y}{x} = \ln y + x \cdot \frac{y'}{y},$$

解得

$$y' = \frac{y(x \ln y - y)}{x(y \ln x - x)}.$$

例 4.2.19　求椭圆 $\dfrac{x^2}{a^2} + \dfrac{y^2}{b^2} = 1$（$a > 0, b > 0$）上点 $P(x_0, y_0)$ 处的切线方程.

解　将方程 $\dfrac{x^2}{a^2} + \dfrac{y^2}{b^2} = 1$ 两边同时对 x 求导, 得

$$\frac{2x}{a^2} + \frac{2yy'}{b^2} = 0,$$

即 $y' = -\dfrac{b^2}{a^2} \cdot \dfrac{x}{y}$, 所以

$$y'(x_0) = -\frac{b^2}{a^2} \cdot \frac{x_0}{y_0}.$$

因此, 椭圆在点 $P(x_0, y_0)$ 处的切线方程为

$$y - y_0 = -\frac{b^2}{a^2} \cdot \frac{x_0}{y_0}(x - x_0),$$

化简得

$$\frac{x_0 x}{a^2} + \frac{y_0 y}{b^2} = \frac{x_0^2}{a^2} + \frac{y_0^2}{b^2},$$

注意到点 $P(x_0, y_0)$ 在椭圆 $\dfrac{x^2}{a^2} + \dfrac{y^2}{b^2} = 1$ 上, 所以 $\dfrac{x_0^2}{a^2} + \dfrac{y_0^2}{b^2} = 1$, 于是所求的切线方程为

$$\frac{x_0 x}{a^2} + \frac{y_0 y}{b^2} = 1.$$

4.2.5　由参数方程所表示函数的求导法

在解析几何中, 常用参数方程表示曲线, 例如椭圆的参数方程为

$$\begin{cases} x = a\cos t, \\ y = b\sin t, \end{cases} \quad t \in [0, 2\pi].$$

一般地, 设曲线的参数方程为

$$\begin{cases} x = \varphi(t), \\ y = \psi(t), \end{cases} \quad t \in [a, b].$$

若 $x = \varphi(t)$ 有反函数 $t = \varphi^{-1}(x)$, 则 $y = \psi(\varphi^{-1}(x))$. 进一步假设 $\varphi(t)$ 和 $\psi(t)$ 在 $[a, b]$ 上连续、可导, 且 $\varphi'(t) \neq 0$, 则由复合函数和反函数求导法则, 得到

$$\frac{\mathrm{d}y}{\mathrm{d}x} = \frac{\mathrm{d}y}{\mathrm{d}t} \cdot \frac{\mathrm{d}t}{\mathrm{d}x} = \frac{\mathrm{d}y}{\mathrm{d}t} \cdot \frac{1}{\dfrac{\mathrm{d}x}{\mathrm{d}t}} = \frac{\psi'(t)}{\varphi'(t)}.$$

例 4.2.20 已知椭圆的参数方程为

$$\begin{cases} x = a\cos t, \\ y = b\sin t, \end{cases} \quad t \in [0, 2\pi],$$

求 $\dfrac{\mathrm{d}y}{\mathrm{d}x}$.

解
$$\frac{\mathrm{d}y}{\mathrm{d}x} = \frac{\mathrm{d}y}{\mathrm{d}t} \cdot \frac{\mathrm{d}t}{\mathrm{d}x} = \frac{y'(t)}{x'(t)} = \frac{b\cos t}{-a\sin t} = -\frac{b}{a}\cot t.$$

例 4.2.21 设曲线的极坐标方程为

$$r = r(\theta), \quad \theta \in (\alpha, \beta),$$

其中 r 表示极径, θ 表示极角, 求曲线上一点 $(\theta, r(\theta))$ 处切线的斜率.

解 利用极坐标与直角坐标之间的关系, 得到曲线的参数方程为

$$\begin{cases} x = r(\theta)\cos\theta, \\ y = r(\theta)\sin\theta. \end{cases}$$

假设 $r'(\theta)$ 存在, 且在所考虑的极角 θ 附近有

$$x'(\theta) = r'(\theta)\cos\theta - r(\theta)\sin\theta \neq 0,$$

则曲线在点 $(\theta, r(\theta))$ 处切线的斜率为

$$\frac{\mathrm{d}y}{\mathrm{d}x} = \frac{r'(\theta)\sin\theta + r(\theta)\cos\theta}{r'(\theta)\cos\theta - r(\theta)\sin\theta} = \frac{\tan\theta + \dfrac{r(\theta)}{r'(\theta)}}{1 - \tan\theta \cdot \dfrac{r(\theta)}{r'(\theta)}}.$$

习 题 4.2

1. 求下列函数的导数:

(1) $y = \sqrt{x} - \dfrac{1}{x} + x^3$;

(2) $y = \mathrm{e}^{2x}\cos 3x$;

(3) $y = \sec x$;

(4) $y = \csc x$;

(5) $y = \sqrt{x\sqrt{x\sqrt{x}}}$;

(6) $y = x^3 \cdot 3^x$;

(7) $y = \dfrac{x\sin x + \cos x}{x\sin x - \cos x}$;

(8) $y = x^3\ln x - x\mathrm{e}^x$.

2. 求下列函数的导数:

(1) $y = \ln\sin x$;

(2) $y = \ln\left(x + \sqrt{x^2 + a^2}\right)$;

(3) $y = \ln \ln x$;　　　　　　　　　　　　　　(4) $y = \sin^3 x - \cos 2x$;

(5) $y = \mathrm{e}^{-\sin^2 x}$;　　　　　　　　　　　　(6) $y = \ln \tan \dfrac{x}{2}$;

(7) $y = \ln (\sec x + \tan x)$;　　　　　　　(8) $\ln (\csc x - \cot x)$.

3. 设 $f(x)$ 可导, 求下列函数的导数:

(1) $y = f(\sqrt[3]{x^2})$;　　　　　　　　　　　(2) $\arctan f(x)$;

(3) $f\left(f\left(\mathrm{e}^{x^3}\right)\right)$;　　　　　　　　　　　(4) $\sin (f(\cos x))$.

4. 求下列函数的导数:

(1) $y = \dfrac{x}{2}\sqrt{x^2 - a^2} - \dfrac{a^2}{2}\ln\left(x + \sqrt{x^2 - a^2}\right)$; (2) $y = \arcsin\sqrt{\dfrac{1-x}{1+x}}$;

(3) $y = (\sin x)^{\cos x}$;　　　　　　　　　　(4) $y = x\dfrac{\sqrt{1-x^2}}{\sqrt{1+x^3}}$.

5. 求下列二元方程所表示函数的导数 $\dfrac{\mathrm{d}y}{\mathrm{d}x}$:

(1) $y = x + \arctan y$;　　　　　　　　　　(2) $xy - \ln(y+1) = 0$;

(3) $\arctan \dfrac{y}{x} = \ln \sqrt{x^2 + y^2}$;　　　　(4) $\sin x + \cos^2 y = 1$.

6. 求下列参数方程所确定函数的导数 $\dfrac{\mathrm{d}y}{\mathrm{d}x}$:

(1) $\begin{cases} x = a\mathrm{e}^{-t}, \\ y = b\mathrm{e}^{t}; \end{cases}$　　　　　　　　　(2) $\begin{cases} x = a\cos^3 t, \\ y = b\sin^3 t; \end{cases}$

(3) $\begin{cases} x = \ln(1+t^2), \\ y = t - \arctan t; \end{cases}$　　　　　(4) $\begin{cases} x = \mathrm{e}^{-2t}\cos^2 t, \\ y = \mathrm{e}^{-2t}\sin^2 t. \end{cases}$

7. 证明: 曲线

$$\begin{cases} x = a(\cos t + t\sin t), \\ y = a(\sin t - t\cos t) \end{cases} \quad (a > 0)$$

上任一点的法线到原点的距离等于 a.

8. 设方程 $\begin{cases} \mathrm{e}^x = 3t^2 + 2t + 1, \\ t\sin y - y + \dfrac{\pi}{2} = 0 \end{cases}$ 确定 y 为 x 的函数, 其中 t 为参变量, 求 $\left.\dfrac{\mathrm{d}y}{\mathrm{d}x}\right|_{t=0}$.

9. 设 $f(0) = 0$, $f'(0)$ 存在. 定义数列

$$x_n = f\left(\dfrac{1}{n^2}\right) + f\left(\dfrac{2}{n^2}\right) + \cdots + f\left(\dfrac{n}{n^2}\right), \quad n = 1, 2, \cdots,$$

求 $\lim\limits_{n \to \infty} x_n$.

10. 求下列数列的极限:

(1) $\lim\limits_{n \to \infty}\left(\sin\dfrac{1}{n^2} + \sin\dfrac{2}{n^2} + \cdots + \sin\dfrac{n}{n^2}\right)$;

(2) $\lim\limits_{n \to \infty}\left(1 + \dfrac{1}{n^2}\right)\left(1 + \dfrac{2}{n^2}\right)\cdots\left(1 + \dfrac{n}{n^2}\right)$.

11. 举例说明函数在某点可导, 但在这点外的每个点上可以不连续.

12. 设函数 $f(x)$ 在有限区间 (a, b) 内可导.

(1) 若 $\lim\limits_{x \to a+} f(x) = \infty$, 那么能否断定也有 $\lim\limits_{x \to a+} f'(x) = \infty$?

(2) 若 $\lim\limits_{x \to a+} f'(x) = \infty$, 那么能否断定也有 $\lim\limits_{x \to a+} f(x) = \infty$?

13. 证明组合恒等式: 当 $n \geqslant 2$ 时, 有

(1) $\displaystyle\sum_{k=1}^{n} k\mathrm{C}_n^k = n2^{n-1}$;

(2) $\displaystyle\sum_{k=1}^{n} k^2\mathrm{C}_n^k = n(n+1)2^{n-2}$.

14. 证明:

(1) $\displaystyle\sum_{k=0}^{n} k\mathrm{C}_n^k x^k(1-x)^{n-k} = nx$;

(2) $\displaystyle\sum_{k=0}^{n} k(k-1)\mathrm{C}_n^k x^k(1-x)^{n-k} = n(n-1)x^2$.

4.3　微　　分

4.3.1　微分的概念

本节讨论函数的可微性, 它是与函数在一点可导密切相关的一个概念. 在引入微分的概念之前, 先来看一个具体问题. 一块正方形金属薄片受温度变化的影响, 其边长由 x_0 变到了 $x_0 + \Delta x$, 问此薄片的面积改变了多少?

设金属薄片的边长为 x, 面积为 S, 则 $S = x^2$. 当金属薄片受温度变化的影响, 其边长由 x_0 变到了 $x_0 + \Delta x$ 时, 面积的改变量为

$$\Delta S = (x_0 + \Delta x)^2 - x_0^2 = 2x_0\Delta x + (\Delta x)^2.$$

从上式可以看出, 当边长改变 Δx 时, 面积改变量 ΔS 可以分成两部分: 第一部分 $2x_0\Delta x$ 是 Δx 的线性函数; 第二部分为 $(\Delta x)^2$, 当 $\Delta x \to 0$ 时, 它是比 Δx 高阶的无穷小, 即 $(\Delta x)^2 = o(\Delta x)$. 由此可见, 如果边长改变很小, 即当 $|\Delta x|$ 很小时, 面积改变量 ΔS 可近似用第一部分来代替.

一般地, 如果函数 $y = f(x)$ 满足一定的条件, 使得其改变量 Δy 可以表示为

$$\Delta y = f(x + \Delta x) - f(x) = A\Delta x + o(\Delta x),$$

其中 A 是不依赖于 Δx 的常数, 则此时 $A\Delta x$ 是 Δx 的线性函数, 且 Δy 与它的差

$$\Delta y - A\Delta x = o(\Delta x)$$

是比 Δx 高阶的无穷小. 因此, 当 $A \neq 0$ 且 $|\Delta x|$ 很小时, 我们就可以用 Δx 的线性函数 $A\Delta x$ 来近似表示 Δy.

对于一般的情形, 我们引入如下定义.

定义 4.3.1　设函数 $y = f(x)$ 在 x_0 的某邻域 $O(x_0, \delta)$ 内有定义. 若

$$\Delta y = f(x_0 + \Delta x) - f(x_0) = A\Delta x + o(\Delta x) \quad (\Delta x \to 0),$$

其中 A 是不依赖于 Δx 的常数, 则称函数 $y = f(x)$ 在点 x_0 处**可微**, 并称 $A\Delta x$ 为函数 $f(x)$ 在 x_0 处的**微分**, 记为

$$\mathrm{d}y = A\Delta x \quad \text{或} \quad \mathrm{d}f(x_0) = A\Delta x.$$

若函数 $y = f(x)$ 在某一区间上的每一点处可微, 则称函数 $f(x)$ 在该区间上可微.

从定义不难看出, 一个函数的微分具有如下两个重要特性:

(1) 它是自变量改变量 Δx 的线性函数;

(2) 它与函数的改变量 Δy 之差是比 Δx 高阶的无穷小量 (当 $\Delta x \to 0$ 时).

根据特性 (2), 我们就可以用 $\mathrm{d}y$ 来近似表示 Δy, 所产生的误差是一个比 Δx 高阶的无穷小量 (当 $\Delta x \to 0$ 时), 而且 $|\Delta x|$ 越小, 近似程度越好.

定理 4.3.1　函数 $y = f(x)$ 在 x_0 处可微的充分必要条件是: 函数 $y = f(x)$ 在 x_0 处可导, 且当 $y = f(x)$ 在 x_0 处可微时, 微分 $\mathrm{d}y = f'(x_0)\Delta x$.

证明　必要性　设函数 $y = f(x)$ 在 x_0 处可微, 根据可微的定义有

$$\Delta y = f(x_0 + \Delta x) - f(x_0) = A\Delta x + o(\Delta x),$$

从而

$$\frac{f(x_0 + \Delta x) - f(x_0)}{\Delta x} = A + \frac{o(\Delta x)}{\Delta x} \quad (\Delta x \to 0),$$

两边取极限得

$$f'(x_0) = \lim_{\Delta x \to 0} \frac{f(x_0 + \Delta x) - f(x_0)}{\Delta x} = A,$$

这表明 $y = f(x)$ 在 x_0 处可导, 且 $f'(x_0) = A$.

充分性　设 $y = f(x)$ 在 x_0 处可导, 即

$$f'(x_0) = \lim_{\Delta x \to 0} \frac{f(x_0 + \Delta x) - f(x_0)}{\Delta x},$$

于是有

$$\frac{f(x_0 + \Delta x) - f(x_0)}{\Delta x} = f'(x_0) + o(1) \quad (\Delta x \to 0),$$

因此

$$\Delta y = f(x_0 + \Delta x) - f(x_0) = f'(x_0)\Delta x + o(1)\Delta x \quad (\Delta x \to 0),$$

从而

$$\Delta y = f'(x_0)\Delta x + o(\Delta x) \quad (\Delta x \to 0),$$

这表明 $y = f(x)$ 在 x_0 处可微, 且微分 $\mathrm{d}y = f'(x_0)\Delta x$.　　　　　证毕

注　对一元函数而言, 可微与可导等价. 基于这一原因, 人们常把 "可微" 与 "可导" 等同起来使用.

现考虑函数 $y = x$ 的微分. 由于 $y' = 1$, 根据微分的定义知, 当 $\Delta x \to 0$ 时,

$$\mathrm{d}y = \mathrm{d}x = 1 \cdot \Delta x, \quad 即 \quad \mathrm{d}x = \Delta x.$$

上式表明自变量 x 的微分 $\mathrm{d}x$ 等于自变量 x 的改变量 Δx, 因此我们可以将微分写为

$$\mathrm{d}y = f'(x_0)\mathrm{d}x.$$

在没有引入微分概念之前, 曾用符号 $\dfrac{\mathrm{d}y}{\mathrm{d}x}$ 表示导数, 但那时它是一个完整符号, 并不具有商的意义. 而现在有了微分概念之后, 函数 $f(x)$ 的导数 $f'(x)$ 等于函数的微分 $\mathrm{d}y$ 与自变量微分 $\mathrm{d}x$ 之商. 导数又称**微商**就源于此. 换句话说, 在引入微分概念之后, 符号 $\dfrac{\mathrm{d}y}{\mathrm{d}x}$ 才具有商的意义.

例 4.3.1　求函数 $y = x^2$ 在 $x = 1$ 和 $x = 2$ 处的微分.

解　由于 $y' = 2x$, 所以函数 $y = x^2$ 在 $x = 1$ 处的微分为

$$\mathrm{d}y = 2\mathrm{d}x,$$

函数 $y = x^2$ 在 $x = 2$ 处的微分为

$$\mathrm{d}y = 4\mathrm{d}x.$$

4.3.2　微分的几何意义

设函数 $y = f(x)$ 的图形如图 4.3.1 所示. 对某一固定的 x_0, 对应曲线上一个确定的点 $P(x_0, f(x_0))$, 当自变量 x 有微小改变量 Δx 时, 就得到曲线上另一点 $Q(x_0 + \Delta x, f(x_0 + \Delta x))$, 过点 $P(x_0, f(x_0))$ 作曲线的切线 PT, 切线 PT 的斜率 $\tan \varphi = f'(x_0)$.

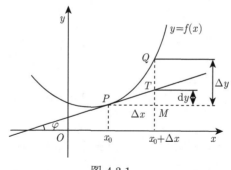

图 4.3.1

$\mathrm{d}x = \Delta x = PM$: 自变量的改变量.

$\Delta y = MQ$: 函数的改变量.

$\mathrm{d}y = f'(x_0)\Delta x = \tan\varphi \cdot \Delta x = MT$: 切线的改变量.

$\Delta y - \mathrm{d}y = o(\Delta x) = TQ$: 函数的改变量与切线的改变量之差.

对于可微函数 $y = f(x)$ 而言, Δy 是曲线 $y = f(x)$ 上的点的纵坐标的改变量, 微分 $\mathrm{d}y$ 是切线上的点的纵坐标的改变量. 当 $|\Delta x|$ 很小时, $|\Delta y - \mathrm{d}y|$ 比 $|\Delta x|$ 小得多. 因此在点 $P(x_0, f(x_0))$ 附近, 我们可以用切线段来近似代替曲线段, 即在局部范围内用线性函数近似代替非线性函数, 这在数学上称为非线性函数的局部线性化, 它是微分学的基本思想之一. 这种思想方法在自然科学和工程问题的研究中被广泛使用.

4.3.3 微分的运算法则和基本微分公式

对于一元函数而言, 可微与可导是等价的, 且函数 $y = f(x)$ 的微分 $\mathrm{d}y = f'(x)\mathrm{d}x$.

利用导数的运算法则和求导公式, 可相应地得到微分的运算法则和微分公式.

定理 4.3.2 设函数 $f(x)$ 与 $g(x)$ 可微, 则

(1) $\mathrm{d}[cf(x)] = c\,\mathrm{d}f(x)$, 其中 c 为常数;

(2) $\mathrm{d}[f(x) \pm g(x)] = \mathrm{d}f(x) \pm \mathrm{d}g(x)$;

(3) $\mathrm{d}[f(x) \cdot g(x)] = g(x)\mathrm{d}f(x) + f(x)\mathrm{d}g(x)$;

(4) $\mathrm{d}\left[\dfrac{f(x)}{g(x)}\right] = \dfrac{g(x)\mathrm{d}f(x) - f(x)\mathrm{d}g(x)}{g^2(x)}$, 其中 $g(x) \neq 0$.

证明 这里只给出 (4) 的证明, 其余的留给读者去完成.

$$\mathrm{d}\left[\frac{f(x)}{g(x)}\right] = \left[\frac{f(x)}{g(x)}\right]' \mathrm{d}x = \frac{g(x)f'(x) - f(x)g'(x)}{g^2(x)}\mathrm{d}x$$

$$= \frac{g(x)f'(x)\mathrm{d}x - f(x)g'(x)\mathrm{d}x}{g^2(x)}$$

$$= \frac{g(x)\mathrm{d}f(x) - f(x)\mathrm{d}g(x)}{g^2(x)}.$$

证毕

利用基本初等函数的导数公式, 可得到相应的微分公式:

(1) $\mathrm{d}C = 0$, 其中 C 为常数;

(2) $\mathrm{d}\left(x^\mu\right) = \mu x^{\mu-1}\mathrm{d}x$;

(3) $\mathrm{d}(\sin x) = \cos x\mathrm{d}x$;

(4) $\mathrm{d}(\cos x) = -\sin x\mathrm{d}x$;

(5) $\mathrm{d}(\tan x) = \sec^2 x\mathrm{d}x$;

(6) $\mathrm{d}(\cot x) = -\csc^2 x\mathrm{d}x$;

(7) $\mathrm{d}(a^x) = a^x \ln a\,\mathrm{d}x$;

(8) $\mathrm{d}\left(\log_a x\right) = \dfrac{1}{x\ln a}\mathrm{d}x$;

(9) $\mathrm{d}(\arcsin x) = \dfrac{\mathrm{d}x}{\sqrt{1-x^2}}$;

(10) $\mathrm{d}(\arccos x) = -\dfrac{\mathrm{d}x}{\sqrt{1-x^2}}$;

(11) $\mathrm{d}(\arctan x) = \dfrac{\mathrm{d}x}{1+x^2}$.

4.3.4 一阶微分的形式不变性

对于函数 $y = f(u)$, 若 u 为自变量, 则函数 $y = f(u)$ 的微分

$$\mathrm{d}y = \mathrm{d}\left[f(u)\right] = f'(u)\mathrm{d}u;$$

若 u 为中间变量, 不妨设 $u = g(x), x$ 为自变量, 则复合函数 $y = f\left(g(x)\right)$ 的微分

$$\mathrm{d}y = \mathrm{d}\left[f(g(x))\right] = f'(g(x))g'(x)\mathrm{d}x.$$

又由于 $\mathrm{d}u = g'(x)\mathrm{d}x$, 代入上式得到

$$\mathrm{d}y = f'(u)\mathrm{d}u.$$

上面的讨论表明: 不论 u 为自变量还是中间变量, 函数 $y = f(u)$ 的微分是相同的, 这一性质被称为 "**一阶微分的形式不变性**". 有了这个 "形式不变性" 作保证, 我们在求函数 $y = f(u)$ 的微分时, 就可以按 u 为自变量来计算它的微分 $f'(u)\mathrm{d}u$, 而无须顾忌此时 u 是自变量还是中间变量, 这使得微分运算在某些场合比求导运算方便得多.

例如, 设 $y=f(x)$ 在 x_0 处可微, 且存在反函数 $x=f^{-1}(y)$, 再假定 $f'(x_0) \neq 0$. 我们对 $y=f(x)$ 两边微分, 得到 $\mathrm{d}y = f'(x_0)\mathrm{d}x$, 再将 y 看成自变量, x 看成因变量, 得到

$$\frac{\mathrm{d}x}{\mathrm{d}y} = \frac{1}{f'(x_0)},$$

这恰好是反函数的求导公式.

又如, 求由参数方程

$$\begin{cases} x = \varphi(t), \\ y = \psi(t) \end{cases}$$

所确定的函数 $y=f(x)$ 的导数, 我们可以先对参数方程分别进行微分, 得到

$$\mathrm{d}x = \varphi'(t)\mathrm{d}t, \quad \mathrm{d}y = \psi'(t)\mathrm{d}t,$$

由此得到

$$\frac{\mathrm{d}y}{\mathrm{d}x} = \frac{\psi'(t)\mathrm{d}t}{\varphi'(t)\mathrm{d}t} = \frac{\psi'(t)}{\varphi'(t)},$$

这恰好是由参数方程所确定函数的求导公式.

例 4.3.2　设 $y=\sin(2x+3)$, 求 $\mathrm{d}y$.

解　把 $2x+3$ 看成中间变量 u, 则

$$\mathrm{d}y = \mathrm{d}(\sin u) = \cos u \mathrm{d}u$$
$$= \cos(2x+3)\mathrm{d}(2x+3) = 2\cos(2x+3)\mathrm{d}x.$$

在求复合函数的导数时, 可以不写出中间变量. 在求复合函数的微分时, 类似也可以不写出中间变量. 下面我们用这种方法来求函数的微分.

例 4.3.3　设 $y=\ln(1+\mathrm{e}^{x^2})$, 求 $\mathrm{d}y$.

解
$$\mathrm{d}y = \mathrm{d}\left[\ln(1+\mathrm{e}^{x^2})\right] = \frac{1}{1+\mathrm{e}^{x^2}}\mathrm{d}\left(1+\mathrm{e}^{x^2}\right)$$
$$= \frac{\mathrm{e}^{x^2}}{1+\mathrm{e}^{x^2}}\mathrm{d}(x^2) = \frac{2x\mathrm{e}^{x^2}}{1+\mathrm{e}^{x^2}}\mathrm{d}x.$$

例 4.3.4　设 $y=\arctan(\mathrm{e}^x)$, 求 $\mathrm{d}y$.

解
$$\mathrm{d}y = \frac{1}{1+\mathrm{e}^{2x}}\mathrm{d}(\mathrm{e}^x) = \frac{\mathrm{e}^x}{1+\mathrm{e}^{2x}}\mathrm{d}x.$$

例 4.3.5　求由方程 $\sin y^2 = \cos\sqrt{x}$ 所确定的隐函数 $y=y(x)$ 的导函数 $\dfrac{\mathrm{d}y}{\mathrm{d}x}$.

解　将方程 $\sin y^2 = \cos\sqrt{x}$ 两边同时微分得

$$\cos y^2 \mathrm{d}(y^2) = -\sin\sqrt{x}\,\mathrm{d}(\sqrt{x}),$$

从而

$$2y\cos y^2 \mathrm{d}y = -\frac{\sin\sqrt{x}}{2\sqrt{x}}\mathrm{d}x,$$

化简得到

$$\frac{\mathrm{d}y}{\mathrm{d}x} = -\frac{\sin\sqrt{x}}{4y\sqrt{x}\cos y^2}.$$

4.3.5　微分在近似计算中的应用

若函数 $y = f(x)$ 在 x_0 处可微, 则

$$\Delta y = \mathrm{d}y + o(\Delta x),$$

其中 $\Delta y = f(x_0 + \Delta x) - f(x_0), \mathrm{d}y = f'(x_0)\Delta x.$

因此, 有

$$f(x_0 + \Delta x) - f(x_0) = f'(x_0)\Delta x + o(\Delta x),$$

即

$$f(x_0 + \Delta x) = f(x_0) + f'(x_0)\Delta x + o(\Delta x).$$

令 $x = x_0 + \Delta x$, 则 $\Delta x = x - x_0$, 从而上式又可改写为

$$f(x) = f(x_0) + f'(x_0)(x - x_0) + o(x - x_0),$$

因此

$$f(x) \approx f(x_0) + f'(x_0)(x - x_0),$$

上式就是 x_0 附近点 x 的函数值 $f(x)$ 的近似计算公式.

特别地, 当 $x_0 = 0$, 且 $|x|$ 充分小时, 近似公式变为

$$f(x) \approx f(0) + f'(0)x.$$

利用上式可以导出几个常用函数的近似计算公式 (当 $|x|$ 充分小时):

(1) $\sin x \approx x$; 　　　　　　　　　　　　(2) $\tan x \approx x$;

(3) $\mathrm{e}^x \approx 1 + x$; 　　　　　　　　　　(4) $\ln(1 + x) \approx x$;

(5) $\sqrt[n]{1 + x} \approx 1 + \dfrac{x}{n}$.

例 4.3.6　求 $\tan 31°$ 的近似值.

解　函数 $f(x) = \tan x,\ x_0 = 30°, x = 31°, x - x_0 = 1° = \dfrac{\pi}{180}.$ 因此

$$f'(x) = \sec^2 x, \quad f'(x_0) = \sec^2 30° = \frac{4}{3},$$

代入公式

$$f(x) \approx f(x_0) + f'(x_0)(x - x_0)$$

有

$$\tan 31° \approx \tan 30° + \frac{4}{3} \cdot \frac{\pi}{180} = \frac{\sqrt{3}}{3} + \frac{4}{3} \cdot \frac{\pi}{180} = 0.60062.$$

($\tan 31°$ 的精确值为 $0.6008606\cdots$.)

例 4.3.7　证明近似公式:

$$\sqrt[n]{A^n + x} \approx A + \frac{x}{nA^{n-1}} \quad (A > 0),$$

其中 $|x|$ 相对于 A^n 很小. 并用此公式求 $\sqrt[5]{1027}$ 的近似值.

解　令 $f(x) = \sqrt[n]{1 + x},\ x_0 = 0$, 则有

$$f(0) = 1, \quad f'(0) = \frac{1}{n}.$$

于是当 $|x|$ 很小时, 有

$$f(x) \approx f(0) + f'(0)x,$$

即

$$\sqrt[n]{1 + x} \approx 1 + \frac{x}{n}.$$

于是当 $|x|$ 相对于 A^n 很小时, 有

$$\sqrt[n]{A^n + x} = A\sqrt[n]{1 + \frac{x}{A^n}} \approx A\left(1 + \frac{x}{nA^n}\right) = A + \frac{x}{nA^{n-1}}.$$

$$\sqrt[5]{1027} = \sqrt[5]{1024 + 3} = \sqrt[5]{4^5 + 3}$$

$$\approx 4 + \frac{3}{5 \cdot 4^4} \approx 4.002344.$$

($\sqrt[5]{1027}$ 的精确值为 4.002341008, 可见近似计算所得的结果有 6 位有效数字.)

习　题　4.3

1. 求下列函数的微分:

(1) $y = \mathrm{e}^{\sin x} + \arctan x$;

(2) $y = \mathrm{e}^{ax} \cos bx$;

(3) $y = x^{\sin x^2}$;

(4) $y = \arcsin \sqrt{1 - x^2}$.

2. 填空题:

(1) $\mathrm{d}(\ ) = \dfrac{\mathrm{d}x}{x}$;

(2) $\mathrm{d}(\ ) = \dfrac{\mathrm{d}x}{1 + x^2}$;

(3) $\mathrm{d}(\ ) = \dfrac{\mathrm{d}x}{\sqrt{x}}$;

(4) $\mathrm{d}(\ ) = \dfrac{\mathrm{d}x}{\sqrt{1 + x^2}}$;

(5) $\mathrm{d}(\ ) = \dfrac{\mathrm{d}x}{x \ln x}$;

(6) $\mathrm{d}(\ ) = \cos x \sin x \mathrm{d}x$;

(7) $\mathrm{d}(\ ) = \sec^2 3x \mathrm{d}x$;

(8) $\mathrm{d}(\ ) = \sin^2 x \mathrm{d}x$;

(9) $\mathrm{d}(\ ) = \dfrac{\cos 2x}{\cos x - \sin x} \mathrm{d}x$;

(10) $\mathrm{d}(\ ) = (1 - x^2)\sqrt{x\sqrt{x}}\,\mathrm{d}x$.

3. 设 u, v 是 x 的可微函数, 求下列函数的微分 $\mathrm{d}y$:

(1) $y = \arctan \dfrac{u}{v}$;

(2) $y = \ln \sqrt{u^2 + v^2}$;

(3) $y = \ln |\sin(u + v)|$;

(4) $y = \dfrac{1}{\sqrt{u^2 + v^2}}$.

4. 对下列方程微分, 然后解出 $\dfrac{\mathrm{d}y}{\mathrm{d}x}$:

(1) $x = y + \mathrm{e}^y$;

(2) $x^2 = y + \ln y$;

(3) $\dfrac{x^2}{a^2} + \dfrac{y^2}{b^2} = 1$;

(4) $\sqrt{x} + \sqrt{y} = \sqrt{a}$ (常数$a > 0$).

5. 利用微分求下列各式的近似值:

(1) $\sqrt[3]{1.02}$;

(2) $\mathrm{e}^{0.01}$;

(3) $\ln 1.06$;

(4) $\sin 31°$;

(5) $\sqrt{120}$.

4.4　高阶导数与高阶微分

4.4.1　高阶导数

我们知道, 变速直线运动的瞬时速度 $v(t)$ 是位置函数 $s(t)$ 对时间 t 的导数:

$$v(t) = \frac{\mathrm{d}s}{\mathrm{d}t} \quad \text{或} \quad v(t) = s'(t),$$

而加速度 $a(t)$ 又是速度 $v(t)$ 对时间的导数:

$$a(t) = \frac{\mathrm{d}v}{\mathrm{d}t} = \frac{\mathrm{d}}{\mathrm{d}t}\left(\frac{\mathrm{d}s}{\mathrm{d}t}\right) \quad \text{或} \quad a(t) = (s'(t))'.$$

这种一阶导函数的导数 $\dfrac{\mathrm{d}}{\mathrm{d}t}\left(\dfrac{\mathrm{d}s}{\mathrm{d}t}\right)$ 或 $(s'(t))'$ 叫做 $s(t)$ 对 t 的**二阶导数**, 记为

$$\frac{\mathrm{d}^2 s}{\mathrm{d}t^2} \quad \text{或} \quad s''(t).$$

也就是说, 做直线运动物体的加速度就是位置函数 $s(t)$ 对时间 t 的二阶导数.

一般地, 若函数 $y = f(x)$ 的导函数 $f'(x)$ 仍然可导, 则称 $f'(x)$ 的导数为 $f(x)$ 的**二阶导数**, 记为

$$f''(x) \quad \left(\text{或 } y''(x),\ \frac{\mathrm{d}^2 y}{\mathrm{d}x^2}, \frac{\mathrm{d}^2 f}{\mathrm{d}x^2}\right),$$

即

$$f''(x) = \lim_{\Delta x \to 0} \frac{f'(x + \Delta x) - f'(x)}{\Delta x}.$$

此时也称 $f(x)$ **二阶可导**, 或者称 $f(x)$ 的**二阶导数存在**.

类似地, 函数 $f(x)$ 的二阶导函数 $f''(x)$ 的导数, 叫做函数 $f(x)$ 的三阶导数, 记为 $f'''(x)$. 一般地, 函数 $f(x)$ 的 $n-1$ 阶导函数的导数叫做函数 $f(x)$ 的 n 阶导数, 记为

$$f^{(n)}(x) \quad \left(\text{或 } y^{(n)}(x),\ \frac{\mathrm{d}^n y}{\mathrm{d}x^n}, \frac{\mathrm{d}^n f}{\mathrm{d}x^n}\right),$$

也称函数 $f(x)$ n **阶可导**, 或者称 $f(x)$ 的 n **阶导数存在**.

二阶及二阶以上的导数统称为**高阶导数**.

由高阶导数的定义知, 求函数的 n 阶导数就是按求导法则和求导公式, 对函数 $f(x)$ 逐阶进行 n 次求导. 作为例子, 我们先求几个常用的基本初等函数的高阶导数.

例 4.4.1 设函数 $y = \mathrm{e}^{\sin x}$, 求 y''.

解 由复合函数的求导法则, 有

$$y' = \mathrm{e}^{\sin x}\cos x,$$

$$y'' = \mathrm{e}^{\sin x}\cos^2 x - \mathrm{e}^{\sin x}\sin x = \mathrm{e}^{\sin x}(\cos^2 x - \sin x).$$

例 4.4.2 设函数 $f(t)$ 二阶可导, $f''(t) \neq 0$. 曲线 L 的参数方程为

$$\begin{cases} x = f'(t), \\ y = tf'(t) - f(t), \end{cases}$$

求 $\dfrac{\mathrm{d}y}{\mathrm{d}x}, \dfrac{\mathrm{d}^2 y}{\mathrm{d}x^2}.$

解 $\dfrac{\mathrm{d}y}{\mathrm{d}t} = f'(t) + tf''(t) - f'(t) = tf''(t), \dfrac{\mathrm{d}x}{\mathrm{d}t} = f''(t),$ 于是

$$\frac{\mathrm{d}y}{\mathrm{d}x} = \frac{tf''(t)}{f''(t)} = t,$$

$$\frac{\mathrm{d}^2 y}{\mathrm{d}x^2} = \frac{\mathrm{d}}{\mathrm{d}x}\left(\frac{\mathrm{d}y}{\mathrm{d}x}\right) = \frac{\mathrm{d}t}{\mathrm{d}x} = \frac{1}{\dfrac{\mathrm{d}x}{\mathrm{d}t}} = \frac{1}{f''(t)}.$$

例 4.4.3 设函数 $y = f(x)$ 在点 x 处二阶可导, 且 $f'(x) \neq 0, y = f(x)$ 存在反函数 $x = g(y)$, 试用 $f'(x)$, $f''(x)$ 表示 $\dfrac{\mathrm{d}^2 x}{\mathrm{d}y^2}$.

解 由反函数的求导法则, 有

$$\frac{\mathrm{d}x}{\mathrm{d}y} = \frac{1}{f'(x)},$$

$$\frac{\mathrm{d}^2 x}{\mathrm{d}y^2} = \frac{\mathrm{d}}{\mathrm{d}y}\left(\frac{\mathrm{d}x}{\mathrm{d}y}\right) = \frac{\mathrm{d}}{\mathrm{d}y}\left(\frac{1}{f'(x)}\right)$$

$$= \frac{\mathrm{d}}{\mathrm{d}x}\left(\frac{1}{f'(x)}\right) \cdot \frac{\mathrm{d}x}{\mathrm{d}y} = -\frac{f''(x)}{(f'(x))^2} \cdot \frac{1}{f'(x)}$$

$$= -\frac{f''(x)}{(f'(x))^3}.$$

例 4.4.4 求由方程 $\mathrm{e}^{xy} + x^2 y - 1 = 0$ 所确定的隐函数 $y = y(x)$ 的二阶导数 $y''(x)$.

解 将方程 $\mathrm{e}^{xy} + x^2 y - 1 = 0$ 两边同时对 x 求导, 有

$$\mathrm{e}^{xy}(y + xy') + 2xy + x^2 y' = 0. \tag{1}$$

上式两边再对 x 求导, 有

$$\mathrm{e}^{xy}(y + xy')^2 + \mathrm{e}^{xy}(2y' + xy'') + 2y + 2xy' + 2xy' + x^2 y'' = 0,$$

解方程得

$$y'' = -\frac{\mathrm{e}^{xy}\left[(y + xy')^2 + 2y'\right] + 2y' + 4xy'}{x\left(\mathrm{e}^{xy} + x\right)},$$

由 (1) 得

$$y' = -\frac{(\mathrm{e}^{xy} + 2x)y}{x\left(\mathrm{e}^{xy} + x\right)},$$

代入上式, 并化简得

$$y'' = \frac{2ye^{3xy} + 8xye^{2xy} + (12x^2y - x^3y^2)e^{xy} + 6x^3y}{x^2\left(e^{xy} + x\right)^3}.$$

例 4.4.5　求由方程 $\dfrac{x^2}{a^2} + \dfrac{y^2}{b^2} = 1\ (y > 0)$ 所确定的隐函数 $y = y(x)$ 的二阶导数 $y''(x)$.

解　方法 1　由已知条件可得 $y = \dfrac{b}{a}\sqrt{a^2 - x^2}$, 直接计算有

$$y' = \frac{b}{a} \cdot \frac{1}{2}\left(a^2 - x^2\right)^{-\frac{1}{2}}(-2x) = -\frac{b}{a}x\left(a^2 - x^2\right)^{-\frac{1}{2}},$$

$$y'' = -\frac{b}{a}\left(a^2 - x^2\right)^{-\frac{1}{2}} - \frac{b}{a}x^2\left(a^2 - x^2\right)^{-\frac{3}{2}} = -\frac{b^4}{a^2y^3}.$$

方法 2　先将曲线化为参数方程

$$\begin{cases} x = a\cos t, \\ y = b\sin t, \end{cases}$$

于是

$$\frac{\mathrm{d}y}{\mathrm{d}x} = \frac{b\cos t}{-a\sin t} = -\frac{b}{a}\cot t,$$

$$\frac{\mathrm{d}^2y}{\mathrm{d}x^2} = \frac{\mathrm{d}}{\mathrm{d}x}\left(-\frac{b}{a}\cot t\right) = \frac{\mathrm{d}}{\mathrm{d}t}\left(-\frac{b}{a}\cot t\right) \cdot \frac{\mathrm{d}t}{\mathrm{d}x}$$

$$= \frac{b}{a}\csc^2 t \cdot \frac{1}{-a\sin t} = -\frac{b}{a^2\sin^3 t} = -\frac{b^4}{a^2y^3}.$$

方法 3　利用隐函数求导法, 将方程 $\dfrac{x^2}{a^2} + \dfrac{y^2}{b^2} = 1$ 两边同时对 x 求导, 有

$$\frac{2x}{a^2} + \frac{2yy'}{b^2} = 0,$$

上式两边再对 x 求导, 有

$$\frac{2}{a^2} + \frac{2(y')^2 + 2yy''}{b^2} = 0,$$

先求出 $y' = -\dfrac{b^2 x}{a^2 y}$, 代入上式得

$$y'' = -\frac{b^4}{a^2 y^3}.$$

例 4.4.6 求函数 $y = a^x$ 的 n 阶导函数.

解 由 $y' = a^x \ln a$, $y'' = a^x (\ln a)^2, \cdots$, 利用数学归纳法容易证明:

$$y^{(n)} = a^x (\ln a)^n.$$

特别地, $(\mathrm{e}^x)^{(n)} = \mathrm{e}^x$.

例 4.4.7 求幂函数 $y = x^\mu$ 的 n 阶导函数.

解 由 $y' = \mu x^{\mu-1}$, $y'' = \mu(\mu-1) x^{\mu-2}$, 利用数学归纳法容易证明:

$$y^{(n)} = \mu(\mu-1) \cdots (\mu-n+1) x^{\mu-n}.$$

由此得

$$\left(\frac{1}{x}\right)^{(n)} = \frac{(-1)^n n!}{x^{n+1}}.$$

例 4.4.8 求 $y = \ln(1+x)$ 的 n 阶导函数.

解
$$y' = \frac{1}{1+x}, \quad y^{(n)} = \left(\frac{1}{1+x}\right)^{(n-1)} = (-1)^{n-1} \frac{(n-1)!}{(1+x)^n}.$$

例 4.4.9 求 $y = \sin x$ 的 n 阶导函数.

解
$$y' = \cos x = \sin\left(x + \frac{\pi}{2}\right),$$
$$y'' = \cos\left(x + \frac{\pi}{2}\right) = \sin\left(x + \frac{2\pi}{2}\right).$$

利用数学归纳法容易证明:

$$(\sin x)^{(n)} = \sin\left(x + \frac{n\pi}{2}\right).$$

同理可证. $y = \cos x$ 的 n 阶导函数为

$$(\cos x)^{(n)} = \cos\left(x + \frac{n\pi}{2}\right).$$

定理 4.4.1 设函数 $f(x)$, $g(x)$ 都是 n 阶可导函数, 则
(1) $(f(x) + g(x))^{(n)} = f^{(n)}(x) + g^{(n)}(x)$;

(2) $(cf(x))^{(n)} = cf^{(n)}(x)$, 其中 c 为常数.

推论　$\left[\sum_{k=1}^{n} c_k f_k(x)\right]^{(n)} = \sum_{k=1}^{n} c_k f_k^{(n)}(x)$, 其中 $c_k\ (k=1,2,\cdots,n)$ 为常数.

定理 4.4.1 及推论的证明留给读者去完成.

例 4.4.10　求函数 $y = \dfrac{1}{x(1+x)}$ 的 n 阶导数.

解　$y = \dfrac{1}{x(1+x)} = \dfrac{1}{x} - \dfrac{1}{1+x}$,

$$y^{(n)} = \left(\frac{1}{x}\right)^{(n)} - \left(\frac{1}{1+x}\right)^{(n)} = (-1)^n n! \left(\frac{1}{x^{n+1}} - \frac{1}{(1+x)^{n+1}}\right).$$

定理 4.4.2 (莱布尼茨公式)　设函数 $f(x)$, $g(x)$ 都是 n 阶可导函数, 则

$$[f(x)g(x)]^{(n)} = \sum_{k=0}^{n} \mathrm{C}_n^k f^{(n-k)}(x)g^{(k)}(x),$$

其中组合数 $\mathrm{C}_n^k = \dfrac{n!}{k!(n-k)!}$.

证明　用数学归纳法.

(i) 当 $n=1$ 时, 上式为

$$[f(x)g(x)]' = \mathrm{C}_1^0 f'(x)g(x) + \mathrm{C}_1^1 f(x)g'(x)$$
$$= f'(x)g(x) + f(x)g'(x),$$

这正是乘积的求导公式, 结论成立.

(ii) 假设 $n=m$ 时公式成立, 即

$$[f(x)g(x)]^{(m)} = \sum_{k=0}^{m} \mathrm{C}_m^k f^{(m-k)}(x)g^{(k)}(x),$$

则

$$[f(x)g(x)]^{(m+1)} = \sum_{k=0}^{m} \mathrm{C}_m^k \left[f^{(m-k)}(x)g^{(k)}(x)\right]'$$
$$= \sum_{k=0}^{m} \mathrm{C}_m^k \left[f^{(m+1-k)}(x)g^{(k)}(x) + f^{(m-k)}(x)g^{(k+1)}(x)\right]$$

$$= \sum_{k=0}^{m} \mathrm{C}_m^k f^{(m+1-k)}(x)g^{(k)}(x) + \sum_{k=0}^{m} \mathrm{C}_m^k f^{(m-k)}(x)g^{(k+1)}(x),$$

注意到

(1) $\displaystyle\sum_{k=0}^{m} \mathrm{C}_m^k f^{(m+1-k)}(x)g^{(k)}(x) = f^{(m+1)}(x)g(x) + \sum_{k=1}^{m} \mathrm{C}_m^k f^{(m+1-k)}(x)g^{(k)}(x)$,

(2) $\displaystyle\sum_{k=0}^{m} \mathrm{C}_m^k f^{(m-k)}(x)g^{(k+1)}(x) = \sum_{k=0}^{m-1} \mathrm{C}_m^k f^{(m-k)}(x)g^{(k+1)}(x) + f(x)g^{(m+1)}(x)$

$$= \sum_{k=1}^{m} \mathrm{C}_m^{k-1} f^{(m+1-k)}(x)g^{(k)}(x) + f(x)g^{(m+1)}(x),$$

(3) $\mathrm{C}_m^0 = \mathrm{C}_{m+1}^0 = 1$, $\mathrm{C}_m^m = \mathrm{C}_{m+1}^{m+1} = 1$, $\mathrm{C}_m^k + \mathrm{C}_m^{k-1} = \mathrm{C}_{m+1}^k$, 所以

$$[f(x)g(x)]^{(m+1)} = f^{(m+1)}(x)g(x) + \sum_{k=1}^{m} \left(\mathrm{C}_m^k + \mathrm{C}_m^{k-1} \right) f^{(m+1-k)}(x)g^{(k)}(x)$$

$$+ f(x)g^{(m+1)}(x)$$

$$= f^{(m+1)}(x)g(x) + \sum_{k=1}^{m} \mathrm{C}_{m+1}^k f^{(m+1-k)}(x)g^{(k)}(x) + f(x)g^{(m+1)}(x)$$

$$= \sum_{k=0}^{m+1} \mathrm{C}_{m+1}^k f^{(m+1-k)}(x)g^{(k)}(x),$$

这表明当 $n = m+1$ 时, 公式仍然成立.

由数学归纳法, 莱布尼茨公式对任意正整数都成立.   证毕

注 函数的零阶导数理解为不求导, 即为函数本身, 且由于 $\mathrm{C}_n^k = \mathrm{C}_n^{n-k}$, 莱布尼茨公式也可以写成

$$[f(x)g(x)]^{(n)} = \sum_{k=0}^{n} \mathrm{C}_n^k f^{(k)}(x)g^{(n-k)}(x).$$

请读者将**莱布尼茨**公式和二项展开式 $(u+b)^n = \displaystyle\sum_{k=0}^{n} \mathrm{C}_n^k a^{n-k}b^k$ 相比较, 以便于记忆.

例 4.4.11 设 $y = x^2 e^{2x}$, 求 $y^{(20)}$.

解 $y^{(20)} = C_{20}^0 x^2 (e^{2x})^{(20)} + C_{20}^1 (x^2)' (e^{2x})^{(19)} + C_{20}^2 (x^2)'' (e^{2x})^{(18)}$

$$= x^2 \cdot 2^{20} \cdot e^{2x} + 20 \cdot 2x \cdot 2^{19} \cdot e^{2x} + \frac{20 \cdot 19}{2!} \cdot 2 \cdot 2^{18} \cdot e^{2x}$$

$$= 2^{20} e^{2x} (x^2 + 20x + 95).$$

例 4.4.12 设 $y = x^2 \sin x$, 求 $y^{(50)}$.

解 $y^{(50)} = C_{50}^0 x^2 (\sin x)^{(50)} + C_{50}^1 (x^2)' (\sin x)^{(49)} + C_{50}^2 (x^2)'' (\sin x)^{(48)}$

$$= x^2 (\sin x)^{(50)} + 50 \cdot 2x (\sin x)^{(49)} + \frac{50 \cdot 49}{2!} \cdot 2 \cdot (\sin x)^{(48)}$$

$$= x^2 \sin\left(x + \frac{50}{2}\pi\right) + 50 \cdot 2x \sin\left(x + \frac{49}{2}\pi\right)$$

$$+ \frac{50 \cdot 49}{2!} \cdot 2 \cdot \sin\left(x + \frac{48}{2}\pi\right)$$

$$= (2450 - x^2) \sin x + 100x \cos x.$$

例 4.4.13 设 $y = (\arcsin x)^2$, 求 $y^{(n)}(0)$.

解 由 $y' = \dfrac{2\arcsin x}{\sqrt{1 - x^2}}$, 两边平方可得

$$(1 - x^2)(y')^2 = 4y, \tag{1}$$

将上式两边对 x 求导, 整理得

$$-xy' + (1 - x^2)y'' = 2, \tag{2}$$

对上式应用莱布尼茨公式, 两边同时求 n 阶导数, 有

$$-xy^{(n+1)} - ny^{(n)} + (1 - x^2)y^{(n+2)} - 2nxy^{(n+1)} - n(n-1)y^{(n)} = 0, \tag{3}$$

在 (1)—(3) 式中令 $x = 0$ 得

$$y'(0) = 0, \quad y''(0) = 2,$$

$$y^{(n+2)}(0) = n^2 y^{(n)}(0).$$

由此递推关系有

$$y^{(2n+1)}(0) = 0, \quad n = 0, 1, 2, \cdots,$$

$$y^{(2n)}(0) = (2n-2)^2 y^{(2n-2)}(0) = (2n-2)^2 (2n-4)^2 y^{(2n-4)}(0)$$

$$= (2n-2)^2(2n-4)^2 \cdots 2^2 \cdot y''(0)$$

$$= (2n-2)^2(2n-4)^2 \cdots 2^2 \cdot 2$$

$$= 2^{2n-1} \cdot ((n-1)!)^2, \quad n = 1, 2, 3, \cdots.$$

例 4.4.14 证明:

$$\left(x^{n-1}\mathrm{e}^{\frac{1}{x}}\right)^{(n)} = \frac{(-1)^n}{x^{n+1}}\mathrm{e}^{\frac{1}{x}}.$$

证明 利用数学归纳法. 当 $n = 1, 2$ 时, 可直接验证上式成立.

假设当 $n = k$, $k+1$ 时, 结论成立, 下证: 当 $n = k+2$ 时, 结论也成立.

$$\left(x^{k+1}\mathrm{e}^{\frac{1}{x}}\right)^{(k+2)} = \left[\left(x^{k+1}\mathrm{e}^{\frac{1}{x}}\right)'\right]^{(k+1)}$$

$$= \left[(k+1)x^k\mathrm{e}^{\frac{1}{x}} - x^{k-1}\mathrm{e}^{\frac{1}{x}}\right]^{(k+1)}$$

$$= (k+1)\left(x^k\mathrm{e}^{\frac{1}{x}}\right)^{(k+1)} - \left[\left(x^{k-1}\mathrm{e}^{\frac{1}{x}}\right)^{(k)}\right]'$$

$$= (k+1) \cdot \frac{(-1)^{k+1}}{x^{k+2}}\mathrm{e}^{\frac{1}{x}} - \left[\frac{(-1)^k}{x^{k+1}}\mathrm{e}^{\frac{1}{x}}\right]'$$

$$= (k+1) \cdot \frac{(-1)^{k+1}}{x^{k+2}}\mathrm{e}^{\frac{1}{x}} + (-1)^{k+1}\left(-\frac{(k+1)}{x^{k+2}}\mathrm{e}^{\frac{1}{x}} - \frac{1}{x^{k+3}}\mathrm{e}^{\frac{1}{x}}\right)$$

$$= \frac{(-1)^{k+2}}{x^{k+3}}\mathrm{e}^{\frac{1}{x}},$$

这表明 $n = k+2$ 时, 结论也成立.

由数学归纳法, 结论对任意正整数都成立.

4.4.2 高阶微分

若函数 $y = f(x)$ 在区间 (a,b) 内可微, 则 $y = f(x)$ 的一阶微分为

$$\mathrm{d}y = f'(x)\mathrm{d}x,$$

其中 x 和 $\mathrm{d}x$ 是两个独立的变量.

函数 $y = f(x)$ 的微分 $\mathrm{d}y = f'(x)\mathrm{d}x$ ($\mathrm{d}x$ 为常数) 的微分, 就称为 $y = f(x)$ 的**二阶微分**, 记为 d^2y 或 d^2f, 即

$$\mathrm{d}^2y = \mathrm{d}\left(\mathrm{d}y\right) = \mathrm{d}\left(f'(x)\mathrm{d}x\right) = \left(f'(x)\mathrm{d}x\right)' \mathrm{d}x = f''(x)\mathrm{d}x^2,$$

其中 $\mathrm{d}x^2 = (\mathrm{d}x)^2$, 读者应注意 $\mathrm{d}x^2 \neq \mathrm{d}(x^2) = 2x\mathrm{d}x$.

类似地, 可以定义函数 $y = f(x)$ 的三阶微分

$$\mathrm{d}^3 y = \mathrm{d}\left(\mathrm{d}^2 y\right) = \mathrm{d}\left(f''(x)\mathrm{d}x^2\right) = f'''(x)\mathrm{d}x^3,$$

其中 $\mathrm{d}x^3 = (\mathrm{d}x)^3$.

一般地, 我们定义函数 $y = f(x)$ 的 n 阶微分为

$$\mathrm{d}^n y = \mathrm{d}\left(\mathrm{d}^{n-1} y\right) = \mathrm{d}\left(f^{(n-1)}(x)\mathrm{d}x^{n-1}\right) = f^{(n)}(x)\mathrm{d}x^n,$$

其中 $\mathrm{d}x^n = (\mathrm{d}x)^n$, 从而

$$\mathrm{d}^n y = f^{(n)}(x)\mathrm{d}x^n \quad \text{或} \quad \frac{\mathrm{d}^n y}{\mathrm{d}x^n} = f^{(n)}(x).$$

二阶以及二阶以上的微分, 统称为**高阶微分**.

在引入高阶微分概念之前, 函数 $y = f(x)$ 的 n 阶导数 $\dfrac{\mathrm{d}^n y}{\mathrm{d}x^n}$ 是一个完整的符号, 不具有商的意义. 在引入高阶微分概念之后, $\mathrm{d}^n y$ 是函数 $y = f(x)$ 的 n 阶微分, 函数 $y = f(x)$ 的 n 阶导数 $f^{(n)}(x) = \dfrac{\mathrm{d}^n y}{\mathrm{d}x^n}$ 是函数 $y = f(x)$ 的 n 阶微分与自变量微分 $\mathrm{d}x$ 的 n 次方 $\mathrm{d}x^n$ 之商, 这正是 n 阶导数符号 $\dfrac{\mathrm{d}^n y}{\mathrm{d}x^n}$ 的由来.

利用高阶导数的性质, 容易证明高阶微分具有如下运算法则:

设 f, g 都是 x 的 n 阶可微函数, 则

(1) $\mathrm{d}^n(f \pm g) = \mathrm{d}^n f \pm \mathrm{d}^n g$;

(2) $\mathrm{d}^n(cf) = c\mathrm{d}^n f$, 其中 c 为常数;

(3) $\mathrm{d}^n(f \cdot g) = \sum\limits_{k=0}^{n} \mathrm{C}_n^k \mathrm{d}^{n-k} f \cdot \mathrm{d}^k g$.

一阶微分具有形式不变性, 即对于函数 $y = f(x)$, 无论 x 是自变量还是中间变量, 都有一阶微分 $\mathrm{d}y = f'(x)\mathrm{d}x$, 高阶微分是否也具有形式不变性呢? 即当 x 是中间变量时, 公式 $\mathrm{d}^n y = f^{(n)}(x)\mathrm{d}x^n$ 是否仍然成立呢? 答案是否定的. 读者可以从下面的例子看出.

设 $y = \mathrm{e}^x$, 当 x 是自变量时, 有二阶微分

$$\mathrm{d}^2 y = \mathrm{e}^x \mathrm{d}x^2.$$

又若 $x = t^2$, 则复合函数为 $y = \mathrm{e}^{t^2}$, 直接计算有

$$\mathrm{d}^2 y = \left(\mathrm{e}^{t^2}\right)'' \mathrm{d}t^2 = \left(2 + 4t^2\right)\mathrm{e}^{t^2}\mathrm{d}t^2.$$

但是

$$e^x dx^2 = e^{t^2}(2tdt)^2 = 4t^2 e^{t^2} dt^2,$$

可见当 x 是中间变量时, $d^2y = e^x dx^2$ 不再成立, 它少了一项 $2e^{t^2}dt^2$.

一般地, 若 $y = f(x)$, $x = g(t)$, 由一阶微分形式不变性有

$$dy = f'(x)dx,$$

由于这时 x 是中间变量, 故 dx 和 x 不再独立, 它们都是自变量的函数, 在求二阶微分时应用乘积的微分法则, 有

$$d^2y = d\left(f'(x)dx\right) = d\left(f'(x)\right)dx + f'(x)d(dx)$$

$$= f''(x)dx^2 + f'(x)d^2x,$$

与 x 是自变量情形相比, 它多了第二项 $f'(x)d^2x$, 因此, 当 $d^2x \neq 0$, 即 $g''(t) \neq 0$ 时, 二阶微分就不具有形式不变性了, 这就说明了高阶微分不具有形式不变性. 因此在含有高阶微分的等式中, 不能随便使用变量代换, 这是高阶微分与一阶微分的重要差别.

习 题 4.4

1. 求下列函数的高阶导数:

(1) $y = x^4 \ln x$, 求 y'';

(2) $y = \dfrac{x^2}{\sqrt{1+x}}$, 求 y'';

(3) $y = \dfrac{\ln x}{x^2}$, 求 y'';

(4) $y = e^{-x^2} \arcsin x$, 求 y''.

2. 对下列隐函数, 求 $\dfrac{d^2y}{dx^2}$:

(1) $e^{x^2+y} - x^2 y = 0$;

(2) $2y \sin x + x \ln y = 0$.

3. 对下列参数形式的函数, 求 $\dfrac{d^2y}{dx^2}$:

(1) $\begin{cases} x = a\, t \cos t, \\ y = a\, t \sin t; \end{cases}$

(2) $\begin{cases} x = t(1 - \sin t), \\ y = t \cos t; \end{cases}$

(3) $\begin{cases} x = \sqrt{1+t}, \\ y = \sqrt{1-t}; \end{cases}$

(4) $\begin{cases} x = \sin at, \\ y = \cos bt. \end{cases}$

4. 设 $f(x)$ 任意次可微, 求:

(1) $[\ln f(x)]''$;

(2) $[f(\ln x)]''$;

(3) $[f(\arctan x)]''$;

(4) $[f(e^{-x})]''$.

5. 利用反函数的求导公式 $\dfrac{dx}{dy} = \dfrac{1}{y'}$, 证明:

$$\frac{d^3x}{dy^3} = \frac{3\left(y''\right)^2 - y'y'''}{\left(y'\right)^5}.$$

6. 设 $y = \arctan x$.

(1) 证明：它满足方程 $(1 + x^2)y'' + 2xy' = 0$;

(2) 计算 $y^{(n)}(0)$.

7. 设 $y = \arcsin x$.

(1) 证明：它满足方程

$$\left(1 - x^2\right) y^{(n+2)} - (2n + 1)\, x y^{(n+1)} - n^2 y^{(n)} = 0;$$

(2) 计算 $y^{(n)}(0)$.

8. 求下列函数的 n 阶导数：

(1) $y = \dfrac{1}{x^2 - 3x + 2}$;

(2) $y = \sin^2 x$;

(3) $y = \left(x^2 + 2x - 3\right) \mathrm{e}^{2x}$;

(4) $y = \sin^4 x + \cos^4 x$;

(5) $y = \mathrm{e}^x \sin x$;

(6) $y = \dfrac{x^n}{1 - x}$;

(7) $y = \dfrac{\ln x}{x}$.

9. 求下列函数的高阶微分：

(1) $y = x^4 \mathrm{e}^{-x}$, 求 $\mathrm{d}^2 y$;

(2) $y = x^x$, 求 $\mathrm{d}^2 y$;

(3) $y = x^n \cos 2x$, 求 $\mathrm{d}^n y$.

第 5 章 微分中值定理及应用

本章我们将应用导数来研究函数以及曲线的某些性态, 并利用这些知识来解决一些实际问题. 为此, 我们先介绍微分学的几个中值定理, 它们是导数应用的理论基础. 因为中值定理是把函数在某个区间上的函数值的变化与导数联系起来, 所以才有可能通过反映局部性质与状态的导数, 来研究函数在区间上的整体性质与状态.

5.1 微分中值定理

5.1.1 费马定理

定义 5.1.1 若函数 $f(x)$ 在点 x_0 的某邻域 $O(x_0, \delta)$ 内, 恒有

$$f(x) \leqslant f(x_0) \quad (\text{或 } f(x) \geqslant f(x_0)),$$

则称 $f(x_0)$ 为**极大值** (或**极小值**), 相应的点 x_0 称为 $f(x)$ 的**极大值点** (或**极小值点**). 极大值和极小值统称为**极值**, 极大值点和极小值点统称为**极值点**.

注 极值是函数的一个局部特性, 函数的某些极小值可能大于某些极大值.

定理 5.1.1 (费马 (Fermat) 定理) 若函数 $f(x)$ 在点 x_0 处可导, 且 x_0 是 $f(x)$ 的极值点, 则

$$f'(x_0) = 0.$$

证明 不妨设 x_0 是 $f(x)$ 的极大值点. 根据极值的定义, 必存在 $\delta > 0$, 使得

$$f(x) \leqslant f(x_0), \quad \forall x \in O(x_0, \delta),$$

由于函数 $f(x)$ 在点 x_0 处可导, 所以

$$f'(x_0) = \lim_{x \to x_0} \frac{f(x) - f(x_0)}{x - x_0}$$

$$= \lim_{x \to x_0+} \frac{f(x) - f(x_0)}{x - x_0} = \lim_{x \to x_0-} \frac{f(x) - f(x_0)}{x - x_0}.$$

当 $x > x_0$ 时, 有 $\dfrac{f(x) - f(x_0)}{x - x_0} \leqslant 0$, 令 $x \to x_0+$, 得到

$$f'(x_0) = \lim_{x \to x_0+} \frac{f(x) - f(x_0)}{x - x_0} \leqslant 0.$$

当 $x < x_0$ 时, 有 $\dfrac{f(x) - f(x_0)}{x - x_0} \geqslant 0$. 令 $x \to x_0-$, 得到

$$f'(x_0) = \lim_{x \to x_0-} \frac{f(x) - f(x_0)}{x - x_0} \geqslant 0.$$

综上有 $f'(x_0) = 0$.   证毕

　　费马定理的几何意义: 若函数 $f(x)$ 在点 x_0 处取得极值, 并且曲线 $y = f(x)$ 在点 $P(x_0, f(x_0))$ 处有切线, 则曲线在该点处的切线一定平行 x 轴. 如图 5.1.1 所示, x_1 是极大值点, x_2 是极小值点, 曲线 $y = f(x)$ 在点 $M_1(x_1, f(x_1))$ 与点 $M_2(x_2, f(x_2))$ 处的切线都平行 x 轴.

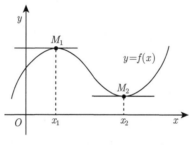

图 5.1.1

　　若 $f'(x_0) = 0$, 则称点 x_0 为 $f(x)$ 的**驻点**. 费马定理表明: 若函数 $f(x)$ 在极值点处可导, 则该极值点必为驻点. 但驻点不一定是极值点, 例如对于函数 $y = x^3$, 容易看出, $x = 0$ 是它的驻点, 但不是极值点.

5.1.2　罗尔定理

　　定理 5.1.2(罗尔 (Rolle) 定理)　若函数 $f(x)$ 在闭区间 $[a, b]$ 上连续, 在 (a, b) 内可导, 且 $f(a) = f(b)$, 则在 (a, b) 内至少存在一点 ξ, 使得

$$f'(\xi) = 0.$$

　　证明　由于 $f(x)$ 在 $[a, b]$ 上连续, 所以 $f(x)$ 在 $[a, b]$ 上必有最大值 M 和最小值 m, 于是存在 $\xi, \eta \in [a, b]$ 使得 $f(\xi) = M, f(\eta) = m$. 这样只有两种可能情形:

　　(1) $M = m$. 这时 $f(x)$ 在 $[a, b]$ 上为常数函数, 因此对任取 $\xi \in (a, b)$, 都有 $f'(\xi) = 0$.

　　(2) $M > m$. 由于 $f(a) = f(b)$, 所以 M, m 中至少有一个不等于 $f(a)$. 不妨设 $M \neq f(a)$, 这表明最大值 M 在开区间 (a, b) 内取得, 此时最大值也是极大值, 即 $\xi \in (a, b)$ 为一个极大值点, 由费马定理可知 $f'(\xi) = 0$.   证毕

罗尔定理的几何意义: 在一段每点都有切线的曲线上, 若曲线两端点的高度相同, 则在此曲线上至少存在一点, 使得曲线在该点处的切线是水平的 (图 5.1.2).

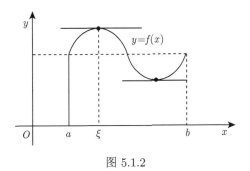

图 5.1.2

例 5.1.1 不求出函数 $f(x) = (x-1)(x-2)(x-3)(x-4)$ 的导数, 说明方程 $f'(x) = 0$ 有几个实根, 并指出它们所在的区间.

解 不难验证, 函数 $f(x)$ 在 $[1,2]$ 上满足罗尔定理的三个条件, 所以至少存在一点 $\xi_1 \in (1,2)$, 使得 $f'(\xi_1) = 0$, 这表明方程 $f'(x) = 0$ 在 $(1,2)$ 内至少有一个实根. 同理可证: 方程 $f'(x) = 0$ 分别在 $(2,3)$ 和 $(3,4)$ 内至少有一个实根. 由于 $f(x)$ 为四次实系数多项式, 所以 $f'(x)$ 为三次多项式, 因此方程 $f'(x) = 0$ 最多有三个实根. 综上所述, 方程 $f'(x) = 0$ 有且只有三个实根, 它们分别落在区间 $(1,2), (2,3)$ 和 $(3,4)$ 中.

例 5.1.2 证明: 当 $\dfrac{a_0}{n+1} + \dfrac{a_1}{n} + \cdots + \dfrac{a_{n-1}}{2} + a_n = 0$ 时, 方程

$$a_0 x^n + a_1 x^{n-1} + \cdots + a_{n-1}x + a_n = 0$$

在 $(0,1)$ 内至少有一实根.

证明 令 $F(x) = \dfrac{a_0}{n+1}x^{n+1} + \dfrac{a_1}{n}x^n + \cdots + \dfrac{a_{n-1}}{2}x^2 + a_n x$.

显然 $F(x)$ 在 $[0,1]$ 上连续, 在 $(0,1)$ 内可导且 $F(0) = F(1) = 0$, 由罗尔定理可知方程 $F'(x) = 0$ 在 $(0,1)$ 内至少有一实根, 即方程 $a_0 x^n + a_1 x^{n-1} + \cdots + a_{n-1}x + a_n = 0$ 在 $(0,1)$ 内至少有一实根.

例 5.1.3 设函数 $f(x)$ 在 (a,b) 内可微, 证明: $f(x)$ 在 (a,b) 内的两个零点之间必有 $f(x) + f'(x)$ 的零点.

证明 令 $F(x) = \mathrm{e}^x f(x)$, 设 x_1, x_2 为 $f(x)$ 在 (a,b) 内的任意两个零点, 不妨设 $x_1 < x_2$. 由于 $f(x)$ 在 (a,b) 内可微, 不难验证函数 $F(x)$ 在 $[x_1, x_2]$ 上满足罗尔定理的三个条件, 所以方程 $F'(x) = 0$ 在 (x_1, x_2) 内至少有一个根. 又因为 $F'(x) = \mathrm{e}^x[f(x) + f'(x)]$, 所以方程 $f(x) + f'(x) = 0$ 在 (x_1, x_2) 内至少有一个根, 这就证明了函数 $f(x) + f'(x)$ 在 (x_1, x_2) 内至少有一个零点.

5.1.3　拉格朗日中值定理

罗尔定理要求函数在所讨论区间端点的函数值相等, 这个苛刻的条件给它的应用范围带来了很大的限制. 因此, 一个自然的问题就是: 如果去掉 "$f(a) = f(b)$" 这个条件, 将会有什么结论呢? 事实上, 若 $f(a) \neq f(b)$, 我们保持坐标原点不动, 适当旋转坐标轴, 建立新的坐标系 $Ox'y'$, 使得 Ox' 轴平行于两点 $A(a, f(a))$ 和 $B(b, f(b))$ 之间的连线. 在新的坐标系下, 这段曲线就满足罗尔定理的全部条件, 因此存在曲线上一点, 使得曲线在该点处的切线平行于 Ox' 轴, 即切线与两点 $A(a, f(a))$ 和 $B(b, f(b))$ 的连线平行. 这正是一个可微函数的图像所具有的几何特征. 因此, 去掉 "$f(a) = f(b)$" 这个条件, 便有如下结论.

定理 5.1.3 (拉格朗日 (Lagrange) 中值定理)　若函数 $f(x)$ 在闭区间 $[a, b]$ 上连续, 在 (a, b) 内可导, 则在 (a, b) 内至少存在一点 ξ, 使得

$$f'(\xi) = \frac{f(b) - f(a)}{b - a}.$$

在该定理中, 如果再加上条件 "$f(a) = f(b)$", 就得到 Rolle 定理. 因此, 拉格朗日中值定理是罗尔定理的推广.

在证明之前, 先看一下定理的几何意义. 如图 5.1.3 所示, $\dfrac{f(b) - f(a)}{b - a}$ 表示弦 AB 的斜率, 而 $f'(\xi)$ 为曲线 $y = f(x)$ 在点 C 处的切线的斜率. 因此拉格朗日中值定理的几何意义是: 若连续曲线 $y = f(x)$ 的弧 AB 上除端点外处处具有不垂直于 x 轴的切线, 则在弧 AB 上至少有一点 C, 使曲线 $y = f(x)$ 在点 C 处的切线平行于弦 AB.

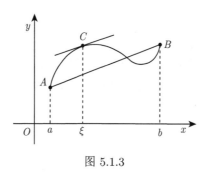

图 5.1.3

定理 5.1.3 的证明　过两点 $A(a, f(a))$ 和 $B(b, f(b))$ 的割线 AB 的方程为

$$y = f(a) + \frac{f(b) - f(a)}{b - a}(x - a).$$

设辅助函数 $\varphi(x)$ 是函数 $f(x)$ 与割线 AB 的纵坐标之差, 即

$$\varphi(x) = f(x) - f(a) - \frac{f(b)-f(a)}{b-a}(x-a).$$

由于 $f(x)$ 在闭区间 $[a,b]$ 上连续, 在 (a,b) 内可导, 所以 $\varphi(x)$ 也在闭区间 $[a,b]$ 上连续, 在 (a,b) 内可导, 并且有

$$\varphi(a) = \varphi(b),$$

由罗尔定理, 至少存在一点 $\xi \in (a,b)$, 使得 $\varphi'(\xi) = 0$, 而

$$\varphi'(x) = f'(x) - \frac{f(b)-f(a)}{b-a},$$

由 $\varphi'(\xi) = 0$, 得到

$$f'(\xi) = \frac{f(b)-f(a)}{b-a}. \qquad\qquad \text{证毕}$$

因为不论 $a < b$ 或 $a > b$, 比值 $\dfrac{f(b)-f(a)}{b-a}$ 不变, 所以定理的结论对 $a < b$ 或 $a > b$ 都成立.

定理中的公式也可以写成

$$f(b) - f(a) = f'(\xi)(b-a),$$

通常称为**拉格朗日中值公式**. 由于 $\xi \in (a,b)$, 令 $\theta = \dfrac{\xi-a}{b-a}$, 则 $0 < \theta < 1$, 这时 $\xi = a + \theta(b-a)$, 所以拉格朗日中值公式也可以写成

$$f(b) - f(a) = f'(a+\theta(b-a))(b-a), \quad 0 < \theta < 1.$$

推论 1 若函数 $f(x)$ 在 $[a,b]$ 上连续, 在 (a,b) 内可导, 且 $f'(x) = 0$, $\forall x \in (a,b)$, 则 $f(x)$ 在 $[a,b]$ 上恒为常数.

证明 任取 $x_1, x_2 \in (a,b)$, 不妨设 $x_1 < x_2$, 在闭区间 $[x_1, x_2]$ 上应用拉格朗日中值定理, 得到

$$f(x_2) - f(x_1) = f'(\xi)(x_2 - x_1),$$

由于 $\xi \in (x_1, x_2) \subset (a,b)$, 所以 $f'(\xi) = 0$, 因此 $f(x_1) = f(x_2)$. 由 x_1, x_2 的任意性得到 $f(x)$ 在 (a,b) 上恒为常数, 不妨设 $f(x) \equiv C$, $\forall x \in (a,b)$. 利用 $f(x)$ 在 $[a,b]$ 上连续, 可知

$$f(a) = \lim_{x \to a+} f(x) = C, \quad f(b) = \lim_{x \to b-} f(x) = C,$$

故函数 $f(x)$ 在 $[a,b]$ 上恒为常数.　　　　　　　　　　　　证毕

推论 2　若函数 $f(x),g(x)$ 在 (a,b) 内可导, 且 $f'(x)=g'(x),\forall x\in(a,b)$, 则对任意 $x\in(a,b)$, 有

$$f(x)=g(x)+C,\quad \text{其中 } C \text{ 为常数}.$$

证明　令 $h(x)=f(x)-g(x)$, 应用推论 1 即得.　　　　　　证毕

例 5.1.4　证明: $|\sin x-\sin y|\leqslant|x-y|, \forall x,y\in(-\infty,+\infty)$.

证明　令 $f(t)=\sin t$, 则 $f'(t)=\cos t$, 应用拉格朗日中值定理知

$$|\sin x-\sin y|\leqslant|\cos\xi\cdot(x-y)|\leqslant|x-y|,\quad \forall x,y\in(-\infty,+\infty).$$

同理可证 $|\cos x-\cos y|\leqslant|x-y|, \forall x,y\in(-\infty,+\infty)$.

例 5.1.5　证明: 当 $x>-1$ 且 $x\neq0$ 时, 有 $\dfrac{x}{1+x}<\ln(1+x)<x$.

证明　令 $f(t)=\ln(1+t)$, 则 $f'(t)=\dfrac{1}{1+t}$, 应用拉格朗日中值定理知

$$f(x)-f(0)=f'(\xi)x,\quad \xi \text{ 在 } 0 \text{ 与 } x \text{ 之间},$$

即

$$\ln(1+x)-\ln 1=\frac{x}{1+\xi},$$

于是

$$\ln(1+x)=\frac{x}{1+\xi},\quad \xi \text{ 在 } 0 \text{ 与 } x \text{ 之间}.$$

当 $x>0$ 时, 有 $\dfrac{1}{1+x}<\dfrac{1}{1+\xi}<1$, 因此 $\dfrac{x}{1+x}<\ln(1+x)<x$;

当 $-1<x<0$ 时, 有 $1<\dfrac{1}{1+\xi}<\dfrac{1}{1+x}$, 因此 $\dfrac{x}{1+x}<\ln(1+x)<x$.

注　在 $\dfrac{x}{1+x}<\ln(1+x)<x$ 中, 取 $x=\dfrac{1}{n}$, 得到下面的不等式:

$$\frac{1}{n+1}<\ln\left(1+\frac{1}{n}\right)<\frac{1}{n}.$$

例 5.1.6　证明: $\arcsin x+\arccos x=\dfrac{\pi}{2},x\in[0,1]$.

证明　令 $f(x)=\arcsin x+\arccos x,x\in[0,1]$. 由于 $f(x)$ 在 $[0,1]$ 上连续, 在 $(0,1)$ 内可导, 且

$$f'(x)=\frac{1}{\sqrt{1-x^2}}-\frac{1}{\sqrt{1-x^2}}=0,\quad \forall x\in(0,1),$$

所以 $f(x)$ 在 $[0,1]$ 上为常数, 而 $f(0) = \dfrac{\pi}{2}$, 故所证等式成立.

例 5.1.7 设函数 $f(x)$ 在区间 I 上可导, 且导函数在 I 上有界. 证明: $f(x)$ 在区间 I 上一致连续.

证明 因为 $f(x)$ 的导函数在 I 上有界, 所以存在 $M > 0$, 使得

$$|f'(x)| \leqslant M, \quad x \in I.$$

任取 $x', x'' \in I$, 应用拉格朗日中值定理知

$$|f(x') - f(x'')| = |f'(\xi)(x' - x'')| \leqslant M|x' - x''|, \quad \forall x', x'' \in I,$$

于是, 对于任给 $\varepsilon > 0$, 取 $\delta = \dfrac{\varepsilon}{M}$, 当 $x', x'' \in I$ 且 $|x' - x''| < \delta$ 时, 均有

$$|f(x') - f(x'')| < \varepsilon,$$

根据一致连续的定义, 这就证明了函数 $f(x)$ 在区间 I 上一致连续.

例 5.1.8 证明: 函数 $f(x) = x^{\alpha}\,(0 < \alpha \leqslant 1)$ 在 $[0, +\infty)$ 上一致连续.

证明 由于函数 $f(x) = x^{\alpha}\,(0 < \alpha \leqslant 1)$ 在 $[0, +\infty)$ 上连续, 所以 $f(x) = x^{\alpha}$ 在 $[0, 1]$ 上连续, 利用康托尔定理, $f(x) = x^{\alpha}$ 在 $[0, 1]$ 上一致连续, 即对于任给 $\varepsilon > 0$, 存在 $\delta_1 > 0$, 当 $x', x'' \in [0,1]$ 且 $|x' - x''| < \delta_1$ 时, 均有

$$|f(x') - f(x'')| < \frac{\varepsilon}{2}.$$

另一方面, 由于 $|f'(x)| = |\alpha x^{\alpha-1}| \leqslant \alpha \leqslant 1$, $\forall x \in [1, +\infty)$, 这说明 $f(x) = x^{\alpha}$ 的导函数在 $[1, +\infty)$ 上有界, 利用例 5.1.7 的结论, 知 $f(x) = x^{\alpha}$ 在 $[1, +\infty)$ 上一致连续, 即对于任给 $\varepsilon > 0$, 存在 $\delta_2 > 0$, 当 $x', x'' \in [1, +\infty)$ 且 $|x' - x''| < \delta_2$ 时, 均有

$$|f(x') - f(x'')| < \frac{\varepsilon}{2}.$$

取 $\delta = \min\{\delta_1, \delta_2\}$, 当 $x', x'' \in [0, +\infty)$ 且 $|x' - x''| < \delta$ 时, 下证:

$$|f(x') - f(x'')| < \varepsilon.$$

(1) 若 x', x'' 同属于 $[0, 1]$, 或同属于 $[1, +\infty)$ 且 $|x' - x''| < \delta$ 时, 结论显然成立;

(2) 若 $x' < 1 < x''$ 或 $x'' < 1 < x'$, 且 $|x' - x''| < \delta$ 时, 有

$$|f(x') - f(x'')| \leqslant |f(x') - f(1)| + |f(1) - f(x'')| < \frac{\varepsilon}{2} + \frac{\varepsilon}{2} = \varepsilon,$$

综上所述, 函数 $f(x) = x^{\alpha}\,(0 < \alpha \leqslant 1)$ 在 $[0, +\infty)$ 上一致连续.

5.1.4   柯西中值定理

定理 5.1.4(柯西中值定理)   若函数 $f(x), g(x)$ 在闭区间 $[a, b]$ 上连续, 在 (a, b) 内可导, 且 $g'(x) \neq 0, \forall x \in (a, b)$, 则至少存在一点 $\xi \in (a, b)$, 使得

$$\frac{f'(\xi)}{g'(\xi)} = \frac{f(b) - f(a)}{g(b) - g(a)}.$$

显然, 令 $g(x) = x$, 上式就是拉格朗日中值定理, 所以柯西中值定理是拉格朗日中值定理的推广.

在证明该定理之前, 我们先来看一下它的几何意义. 事实上, 设想曲线用参数方程

$$\begin{cases} x = g(t), \\ y = f(t), \end{cases} \quad a \leqslant t \leqslant b$$

表示, 这时柯西中值定理中等式的右边是连接两点 $A(g(a), f(a))$ 与 $B(g(b), f(b))$ 的直线的斜率, 等式左边恰好表示由参数方程表示的曲线在 $t = \xi$ 对应的点处切线的斜率. 因此, 定理的几何解释仍然是, 存在曲线上的一点, 其切线平行于两端点的连线.

定理 5.1.4 的证明   由 $g'(x) \neq 0, \forall x \in (a, b)$, 知 $g(a) \neq g(b)$. 作辅助函数

$$\varphi(x) = f(x) - f(a) - \frac{f(b) - f(a)}{g(b) - g(a)}(g(x) - g(a)),$$

由定理的条件, 显然有 $\varphi(x)$ 也在闭区间 $[a, b]$ 上连续, 在 (a, b) 内可导, 并且有

$$\varphi(a) = \varphi(b),$$

由罗尔定理, 至少存在一点 $\xi \in (a, b)$, 使得 $\varphi'(\xi) = 0$, 而

$$\varphi'(x) = f'(x) - \frac{f(b) - f(a)}{g(b) - g(a)}g'(x),$$

由 $\varphi'(\xi) = 0$, 得到

$$\frac{f'(\xi)}{g'(\xi)} = \frac{f(b) - f(a)}{g(b) - g(a)}. \qquad\qquad\qquad 证毕$$

柯西中值定理也常写成

$$\frac{f(b) - f(a)}{g(b) - g(a)} = \frac{f'(a + \theta(b - a))}{g'(a + \theta(b - a))},$$

其中 $0 < \theta < 1$, 且不要求 $b > a$.

例 5.1.9 设函数 $f(x)$ 在闭区间 $[a,b]$ $(a > 0)$ 上连续, 在 (a,b) 内可导, 证明: 存在 $\xi \in (a,b)$, 使得

$$f(b) - f(a) = \xi f'(\xi) \ln \frac{b}{a}.$$

证明 将上式改写为

$$\frac{f(b) - f(a)}{\ln b - \ln a} = \xi f'(\xi).$$

令 $g(x) = \ln x$, 显然 $f(x), g(x)$ 在闭区间 $[a,b]$ 上满足柯西中值定理的条件, 于是存在 $\xi \in (a,b)$, 使得

$$\frac{f(b) - f(a)}{\ln b - \ln a} = \frac{f'(\xi)}{g'(\xi)} = \xi f'(\xi),$$

变形后得到所需证明的等式.

例 5.1.10 设 $0 < a < b$. 证明: 存在 $\xi \in (a,b)$, 使得

$$ae^b - be^a = (1 - \xi)e^{\xi}(a - b).$$

证明 将上式改写为

$$\frac{ae^b - be^a}{a - b} = (1 - \xi)e^{\xi}, \quad 变形得到 \quad \frac{\dfrac{e^b}{b} - \dfrac{e^a}{a}}{\dfrac{1}{b} - \dfrac{1}{a}} = (1 - \xi)e^{\xi}.$$

令 $f(x) = \dfrac{e^x}{x}$, $g(x) = \dfrac{1}{x}$, 则容易验证 $f(x), g(x)$ 在闭区间 $[a,b]$ 上满足柯西中值定理的条件, 于是存在 $\xi \in (a,b)$, 使得

$$\frac{f(b) - f(a)}{g(b) - g(a)} = \frac{f'(\xi)}{g'(\xi)},$$

将函数代入上式, 化简后得到所需证明的等式.

例 5.1.11 设函数 $f(x), g(x)$ 在闭区间 $[a,b]$ 上连续, 在 (a,b) 内可导, 且 $g'(x) \neq 0, \forall x \in (a,b)$, 证明: 存在 $\xi \in (a,b)$, 使得

$$\frac{f(\xi) - f(a)}{g(b) - g(\xi)} = \frac{f'(\xi)}{g'(\xi)}.$$

证明　作辅助函数

$$\varphi(x) = [f(x) - f(a)] \, [g(b) - g(x)],$$

则 $\varphi(x)$ 在闭区间 $[a, b]$ 上连续, 在 (a, b) 内可导, 且 $\varphi(a) = \varphi(b)$. 由罗尔定理, 存在 $\xi \in (a, b)$, 使得 $\varphi'(\xi) = 0$, 化简变形得到所需证明的等式.

　　本节中的罗尔定理、拉格朗日中值定理以及柯西中值定理, 前一个定理都是后一个定理的特例, 它们统称为 "**微分中值定理**". 它们的共同特征是: 对所研究的函数, 要求在闭区间 $[a, b]$ 上连续, 在开区间 (a, b) 内可导; 在结论中都断言在开区间 (a, b) 内至少存在一点 ξ. 定理只是说明这种点的 "存在性", 但这种点到底有多少个以及在什么位置, 定理都没有给出. 除了一些比较简单的函数, 一般都很难精确求出 ξ 的值. 三个中值定理各自适合不同的场合, 是我们利用导数研究函数性态的强有力的工具.

习　题　5.1

　　1. (达布 (Darboux) 定理) 设 $f(x)$ 在 (a, b) 内可导, $x_1, x_2 \in (a, b)$. 若 $f'(x_1)f'(x_2) < 0$, 证明: 在 x_1 与 x_2 之间存在一点 ξ, 使得 $f'(\xi) = 0$.

　　2. 设函数 $f(x)$ 在 $(-\infty, +\infty)$ 内满足 $f'(x) = f(x)$, 且 $f(0) = 1$, 证明: $f(x) = \mathrm{e}^x$.

　　3. 设 $f(x)$ 在 (a, b) 内二阶可导, 且 $f(x_1) = f(x_2) = f(x_3)$, 其中 $a < x_1 < x_2 < x_3 < b$, 证明: 存在 $\xi \in (x_1, x_3)$, 使得 $f''(\xi) = 0$.

　　4. 设 $b > a > 0$, 证明:

$$\frac{b-a}{b} < \ln \frac{b}{a} < \frac{b-a}{a}.$$

　　5. 设 $b > a > 0$, $n > 1$, 证明:

$$na^{n-1}(b-a) < b^n - a^n < nb^{n-1}(b-a).$$

　　6. 证明下列不等式:

(1) $|\arctan b - \arctan a| \leqslant |b - a|$;

(2) $\mathrm{e}^x > 1 + x \ (x > 0)$.

　　7. 证明:

(1) $\arctan x = \arcsin \left(\dfrac{x}{\sqrt{1 + x^2}} \right), \ \forall x \in (-\infty, +\infty)$;

(2) $3 \arccos x - \arccos \left(3x - 4x^3 \right) = \pi, \ x \in \left[-\dfrac{1}{2}, \dfrac{1}{2} \right]$;

(3) $2 \arctan x + \arcsin \dfrac{2x}{1 + x^2} = \pi, \ x \in [1, +\infty)$;

(4) $\arctan \dfrac{1+x}{1-x} = \arctan x + \dfrac{\pi}{4}, \ x \in (-\infty, 1)$.

　　8. 设 $f(x)$ 在区间 $[a, b]$ 上有定义, 且

$$|f(x_2) - f(x_1)| \leqslant (x_2 - x_1)^2, \quad \forall x_1, x_2 \in [a, b],$$

证明: 函数 $f(x)$ 在 $[a, b]$ 上恒为常数.

9. 设函数 $f(x)$ 在闭区间 $[a, b]$ 上连续, 在 (a, b) 内可导, 且 $f(a) = f(b) = 0$. 证明: 对任给实数 α, 存在 $\xi \in (a, b)$, 使得 $f'(\xi) = \alpha f(\xi)$.

10. 设函数 $f(x)$ 在闭区间 $[0, 1]$ 上连续, 在 $(0, 1)$ 内可导, 且 $f(0) = f(1) = 0, f\left(\dfrac{1}{2}\right) = 1$.

证明:

(1) 存在 $\xi \in \left(\dfrac{1}{2}, 1\right)$, 使得 $f(\xi) = \xi$;

(2) 对于任意实数 λ, 必存在 $\eta \in (0, \xi)$, 使得 $f'(\eta) - \lambda [f(\eta) - \eta] = 1$.

11. 设函数 $f(x)$ 在 $[a, b]$ 上可导 (端点指单侧导数), $f'(a) < f'(b)$. 证明: 对任意 c : $f'(a) < c < f'(b)$, 存在 $\xi \in (a, b)$, 使得 $f'(\xi) = c$.

12. 设 $f(x)$ 在 (a, b) 内二阶可导, 且 $f(a) = f(b) = 0$. 证明: 对每个 $x \in (a, b)$, 存在 $\xi \in (a, b)$, 使得 $f(x) = \dfrac{f''(\xi)}{2}(x - a)(x - b)$.

13. 设 $f(x)$ 在 $x = 0$ 的某邻域内有 n 阶导数, 且 $f(0) = f'(0) = \cdots = f^{(n-1)}(0) = 0$, 用柯西中值定理证明:

$$\frac{f(x)}{x^n} = \frac{f^{(n)}(\theta x)}{n!} \quad (0 < \theta < 1).$$

14. 设 $f(x)$ 为 $(-\infty, +\infty)$ 上二次连续可微函数, 且

$$|f(x)| \leqslant 1, \quad \forall x \in \mathbf{R}, \quad (f(0))^2 + (f'(0))^2 = 4.$$

证明: 存在实数 ξ, 使得 $f(\xi) + f''(\xi) = 0$.

15. 设函数 $f(x)$ 在 $[a, b]$ 上连续, 在 (a, b) 内二阶可导, 证明: 存在 $\xi \in (a, b)$, 使得

$$f(b) + f(a) - 2f\left(\frac{a+b}{2}\right) = \left(\frac{b-a}{2}\right)^2 f''(\xi).$$

16. 证明: n 次勒让德 (Legendre) 多项式

$$P_n(x) = \frac{1}{2^n n!} \frac{\mathrm{d}^n}{\mathrm{d}x^n} \left\{ \left(x^2 - 1\right)^n \right\}$$

在 $(-1, 1)$ 上恰有 n 个不同的根.

17. 设函数 $f(x)$ 在 $[a, +\infty)$ 上可微, 且 $\lim\limits_{x \to +\infty} f'(x) = 0$, 证明: $\lim\limits_{x \to +\infty} \dfrac{f(x)}{x} = 0$.

18. 设函数 $f(x)$ 在 $[1, +\infty)$ 上连续, 在 $(1, +\infty)$ 内可导, 且已知函数 $\mathrm{e}^{-x} f'(x)$ 在 $(1, +\infty)$ 上有界, 证明: $\mathrm{e}^{-x} f(x)$ 在 $(1, +\infty)$ 上有界.

19. 设多项式 $P(x)$ 有且仅有 n 个互不相同且大于 1 的零点, 证明

$$Q(x) = (x^2 + 1)P(x)P'(x) + x((P(x))^2 + (P'(x))^2)$$

存在 $2n - 1$ 个互不相同的零点.

20. 设函数 $f(x)$ 在 $[a, b]$ 上可导, $f'(a) = f'(b)$. 证明: 存在 $\xi \in (a, b)$, 使得 $f'(\xi) = \dfrac{f(\xi) - f(a)}{\xi - a}$.

5.2　洛必达法则

在计算分式函数的极限时, 经常会遇到分子分母都趋于 0 或都趋于 ∞ 的情形, 例如

$$\lim_{x\to 0}\frac{\sin x}{x}, \quad \lim_{x\to 0}\frac{1-\cos x}{x^2}, \quad \lim_{x\to 0}\frac{\tan x}{x^2}$$

都属于分子、分母的极限都是 0, 通常称这种类型的极限为 $\dfrac{0}{0}$ **待定型**, 简称 $\dfrac{0}{0}$ **型**, 又如

$$\lim_{x\to 0+}\frac{\ln\tan mx}{\ln\sin nx}, \quad \lim_{x\to\infty}\frac{a_0 x^n + a_1 x^{n-1} + \cdots + a_{n-1}x + a_n}{b_0 x^m + b_1 x^{m-1} + \cdots + b_{m-1}x + b_m}$$

都属于分子、分母都趋于 ∞, 通常称这种类型的极限为 $\dfrac{\infty}{\infty}$ **待定型**, 简称 $\dfrac{\infty}{\infty}$ **型**. 在计算这两类待定型的极限时, 由于无法使用 "商的极限等于极限之商" 的运算法则, 这给极限的计算带来了很大的困难. 事实上, 这时的极限可能存在, 也可能不存在. 即使极限存在时, 极限的值也会有多种可能性. 类似的待定型还有 $0 \cdot \infty$ 型、$\infty \pm \infty$ 型、∞^0 型、1^∞ 型、0^0 型等. 以后将会看到, 这些类型都可以转化为 $\dfrac{0}{0}$ 型或 $\dfrac{\infty}{\infty}$ 型来计算. 下面介绍的洛必达 (L'Hospital) 法则, 是专门计算这类极限的一个强有力的工具.

5.2.1　$\dfrac{0}{0}$ 及 $\dfrac{\infty}{\infty}$ 待定型

定理 5.2.1 $\left(\dfrac{0}{0} \text{ 型}, x \to a+\right)$　若

(1) $f(x), g(x)$ 在 $(a, a+\delta)$ 内可导 (δ 是某个正数), 且 $g'(x) \neq 0$;

(2) $\displaystyle\lim_{x\to a+} f(x) = \lim_{x\to a+} g(x) = 0$;

(3) $\displaystyle\lim_{x\to a+} \frac{f'(x)}{g'(x)} = A$(可以是有限数或 ∞),

则

$$\lim_{x\to a+}\frac{f(x)}{g(x)} = \lim_{x\to a+}\frac{f'(x)}{g'(x)} = A.$$

证明　补充定义 $f(a) = g(a) = 0$, 则当 $x \in (a, a+\delta)$ 时, 便可对函数 $f(x)$ 与 $g(x)$ 在区间 $[a, x]$ 上应用柯西中值定理, 有

$$\frac{f(x)}{g(x)} = \frac{f(x) - f(a)}{g(x) - g(a)} = \frac{f'(\xi)}{g'(\xi)}, \quad a < \xi < x.$$

当 $x \to a+$ 时, 有 $\xi \to a+$, 因此

$$\lim_{x \to a+} \frac{f(x)}{g(x)} = \lim_{\xi \to a+} \frac{f'(\xi)}{g'(\xi)} = A. \qquad \text{证毕}$$

注 该定理的结果, 可以推广到 $x \to a-, x \to a$ 的情形, 也就是说, 若

$$\lim_{x \to a-} \frac{f(x)}{g(x)}, \quad \lim_{x \to a} \frac{f(x)}{g(x)}$$

都是 $\dfrac{0}{0}$ 型, 则在与上述定理相类似的条件下, 相应地也有类似结果:

$$\lim_{x \to a-} \frac{f(x)}{g(x)} = \lim_{x \to a-} \frac{f'(x)}{g'(x)};$$

$$\lim_{x \to a} \frac{f(x)}{g(x)} = \lim_{x \to a} \frac{f'(x)}{g'(x)}.$$

例 5.2.1 求极限 $\lim\limits_{x \to 0} \dfrac{\sqrt[3]{x}}{1 - \mathrm{e}^{2\sqrt[3]{x}}}$.

解 这是 $\dfrac{0}{0}$ 型, 令 $t = \sqrt[3]{x}$, 则有

$$\lim_{x \to 0} \frac{\sqrt[3]{x}}{1 - \mathrm{e}^{2\sqrt[3]{x}}} = \lim_{t \to 0} \frac{t}{1 - \mathrm{e}^{2t}} = \lim_{t \to 0} \frac{1}{-2\mathrm{e}^{2t}} = -\frac{1}{2}.$$

例 5.2.2 求极限 $\lim\limits_{x \to 0} \dfrac{x - \tan x}{x^3}$.

解 这是 $\dfrac{0}{0}$ 型, 应用洛必达法则来计算极限.

方法 1
$$\lim_{x \to 0} \frac{x - \tan x}{x^3} = \lim_{x \to 0} \frac{1 - \sec^2 x}{3x^2}$$
$$= -\frac{1}{3} \lim_{x \to 0} \frac{\tan^2 x}{x^2} = -\frac{1}{3} \lim_{x \to 0} \frac{2\tan x \sec^2 x}{2x}$$
$$= -\frac{1}{3} \lim_{x \to 0} \left(\frac{\sin x}{x} \cdot \frac{1}{\cos^3 x} \right) = -\frac{1}{3}.$$

方法 2
$$\lim_{x \to 0} \frac{x - \tan x}{x^3} = \lim_{x \to 0} \frac{1 - \sec^2 x}{3x^2}$$
$$= -\frac{1}{3} \lim_{x \to 0} \frac{\tan^2 x}{x^2} = -\frac{1}{3} \lim_{x \to 0} \frac{x^2}{x^2}$$
$$= -\frac{1}{3} \quad (\text{因为} \tan x \sim x, \quad x \to 0).$$

注　应用洛必达法则求极限时, 如能结合等价无穷小替换, 往往会简化计算.

例 5.2.3　求极限 $\lim\limits_{x\to 0}\dfrac{1-\cos x^2}{x^3\sin x}$.

解　**方法 1**　这是 $\dfrac{0}{0}$ 型, 直接应用洛必达法则, 得到

$$\lim_{x\to 0}\frac{1-\cos x^2}{x^3\sin x}=\lim_{x\to 0}\frac{2\sin x^2}{3x\sin x+x^2\cos x}=\lim_{x\to 0}\frac{4x\cos x^2}{5x\cos x+(3-x^2)\sin x}$$

$$=\lim_{x\to 0}\frac{4\cos x^2-8x^2\sin x^2}{(8-x^2)\cos x-7x\sin x}=\frac{1}{2}.$$

方法 2　由于 $\sin x\sim x,\ x\to 0$, 利用等价无穷小替换, 可以得到

$$\lim_{x\to 0}\frac{1-\cos x^2}{x^3\sin x}=\lim_{x\to 0}\frac{1-\cos x^2}{x^4}=\lim_{x\to 0}\frac{2x\sin x^2}{4x^3}=\lim_{x\to 0}\frac{2x\cdot x^2}{4x^3}=\frac{1}{2}.$$

定理 5.2.2　$\left(\dfrac{0}{0}\ 型, x\to +\infty\right)$　若

(1) $f(x),g(x)$ 在 $(a,+\infty)$ 内可导, 且 $g'(x)\neq 0$;

(2) $\lim\limits_{x\to +\infty}f(x)=\lim\limits_{x\to +\infty}g(x)=0$;

(3) $\lim\limits_{x\to +\infty}\dfrac{f'(x)}{g'(x)}=A$ (可以是有限数或 ∞),

则

$$\lim_{x\to +\infty}\frac{f(x)}{g(x)}=\lim_{x\to +\infty}\frac{f'(x)}{g'(x)}=A.$$

证明　作变量代换 $x=\dfrac{1}{t}$, 则当 $x\to +\infty$ 时, 有 $t\to +0$, 于是

$$\lim_{x\to +\infty}\frac{f(x)}{g(x)}=\lim_{t\to 0+}\frac{f\left(\dfrac{1}{t}\right)}{g\left(\dfrac{1}{t}\right)}=\lim_{t\to 0+}\frac{f'\left(\dfrac{1}{t}\right)\left(-\dfrac{1}{t^2}\right)}{g'\left(\dfrac{1}{t}\right)\left(-\dfrac{1}{t^2}\right)}$$

$$=\lim_{t\to 0+}\frac{f'\left(\dfrac{1}{t}\right)}{g'\left(\dfrac{1}{t}\right)}=\lim_{x\to +\infty}\frac{f'(x)}{g'(x)}=A.\qquad 证毕$$

注　把 $x\to +\infty$ 改为 $x\to -\infty$ 或 $x\to \infty$, 上述定理的结论仍然成立.

例 5.2.4 求极限 $\lim\limits_{x \to +\infty} \dfrac{\dfrac{\pi}{2} - \arctan x}{\dfrac{1}{x}}$.

解
$$\lim\limits_{x \to +\infty} \dfrac{\dfrac{\pi}{2} - \arctan x}{\dfrac{1}{x}} = \lim\limits_{x \to +\infty} \dfrac{-\dfrac{1}{1 + x^2}}{-\dfrac{1}{x^2}} = 1.$$

从理论上来说, $\dfrac{\infty}{\infty}$ 型可转化为 $\dfrac{0}{0}$ 型, 但是有时候这样做不仅不能解决问题, 还会使得问题变得更加复杂. 例如, 求 $\lim\limits_{x \to +\infty} \dfrac{\ln x}{x^\alpha}$ ($\alpha > 0$), 读者不妨去尝试一下. 因此我们有必要专门研究求 $\dfrac{\infty}{\infty}$ 型极限的方法.

定理 5.2.3 $\left(\dfrac{\infty}{\infty}\ \text{型},\ x \to a+\right)$ 若

(1) $f(x), g(x)$ 在 $(a, a + \delta)$ 内可导, 且 $g'(x) \neq 0$, 其中 $\delta > 0$;

(2) $\lim\limits_{x \to a+} g(x) = \infty$;

(3) $\lim\limits_{x \to a+} \dfrac{f'(x)}{g'(x)} = A$(可以是有限数或 ∞),

则 $\lim\limits_{x \to a+} \dfrac{f(x)}{g(x)} = \lim\limits_{x \to a+} \dfrac{f'(x)}{g'(x)} = A.$

证明 我们只对 A 为有限数的情形来证明, 其他情形留给读者去完成.

设 x_0 是 $(a, a + \delta)$ 内任意一个固定的点, 当 $x \neq x_0$ 时, 有

$$\frac{f(x)}{g(x)} = \frac{f(x) - f(x_0)}{g(x)} + \frac{f(x_0)}{g(x)}$$

$$= \frac{g(x) - g(x_0)}{g(x)} \cdot \frac{f(x) - f(x_0)}{g(x) - g(x_0)} + \frac{f(x_0)}{g(x)}$$

$$= \left[1 - \frac{g(x_0)}{g(x)}\right] \frac{f(x) - f(x_0)}{g(x) - g(x_0)} + \frac{f(x_0)}{g(x)},$$

而 $A = \left[1 - \dfrac{g(x_0)}{g(x)}\right] A + \dfrac{g(x_0)}{g(x)} A$, 于是

$$\frac{f(x)}{g(x)} - A = \left[1 - \frac{g(x_0)}{g(x)}\right] \cdot \left[\frac{f(x) - f(x_0)}{g(x) - g(x_0)} - A\right] + \frac{f(x_0) - Ag(x_0)}{g(x)},$$

从而

$$\left|\frac{f(x)}{g(x)} - A\right| \leqslant \left|1 - \frac{g(x_0)}{g(x)}\right| \cdot \left|\frac{f(x) - f(x_0)}{g(x) - g(x_0)} - A\right| + \left|\frac{f(x_0) - Ag(x_0)}{g(x)}\right|.$$

因为 $\lim\limits_{x\to a+}\dfrac{f'(x)}{g'(x)}=A$, 所以 $\forall \varepsilon>0,\ \exists \eta>0$, 不妨设 $0<\eta<\delta$, 当 $a<x<a+\eta$ 时, 有

$$\left|\frac{f'(x)}{g'(x)}-A\right|<\varepsilon.$$

取定 $x_0=a+\eta$, 由柯西中值定理, 对任意 $a<x<x_0$, 存在 $\xi\in(x,x_0)$, 使得

$$\left|\frac{f(x)-f(x_0)}{g(x)-g(x_0)}-A\right|=\left|\frac{f'(\xi)}{g'(\xi)}-A\right|<\varepsilon.$$

又由于 $\lim\limits_{x\to a+}g(x)=\infty$, 所以

$$\lim_{x\to a+}\left(1-\frac{g(x_0)}{g(x)}\right)=1,\qquad \lim_{x\to a+}\frac{f(x_0)-Ag(x_0)}{g(x)}=0,$$

由极限存在的局部有界性知: 当 $x\to a+$ 时, 下面表达式

$$\left|\frac{f(x)}{g(x)}-A\right|\leqslant\left|1-\frac{g(x_0)}{g(x)}\right|\cdot\left|\frac{f(x)-f(x_0)}{g(x)-g(x_0)}-A\right|+\left|\frac{f(x_0)-Ag(x_0)}{g(x)}\right|$$

中, 右边两项都可以任意小, 这就证明了

$$\lim_{x\to a+}\frac{f(x)}{g(x)}=A. \qquad\qquad \text{证毕}$$

注 1 定理的证明只用到条件 $\lim\limits_{x\to a+}g(x)=\infty$, 对 $f(x)$ 的变化趋势没有任何要求, 即当 $x\to a+$ 时, 无论 $f(x)$ 有无极限、有界或无界, 只要 $\lim\limits_{x\to a+}\dfrac{f'(x)}{g'(x)}$ 存在, 定理的结论仍然成立. 所以尽管习惯上大家将它称作 "$\dfrac{\infty}{\infty}$ 型", 但实际上其应用范围为 "$\dfrac{*}{\infty}$ 型" "$*$" 可以是任意变化类型.

注 2 把 $x\to a+$ 改为 $x\to a-$, $x\to a$ 或 $x\to\pm\infty$, $x\to\infty$, 上述定理的结论仍然成立, 请读者自己给出证明.

例 5.2.5 求极限 $\lim\limits_{x\to+\infty}\dfrac{\ln x}{x^\lambda}$, 其中 $\lambda>0$.

解 这是 $\dfrac{\infty}{\infty}$ 型, 应用洛必达法则, 可以得到

$$\lim_{x\to+\infty}\frac{\ln x}{x^\lambda}=\lim_{x\to+\infty}\frac{1}{\lambda x^\lambda}=0.$$

例 5.2.6 求极限 $\lim\limits_{x \to +\infty} \dfrac{x^\alpha}{\mathrm{e}^x}$.

解 当 $\alpha \leqslant 0$ 时, 显然有 $\lim\limits_{x \to +\infty} \dfrac{x^\alpha}{\mathrm{e}^x} = 0$.

当 $\alpha > 0$ 时, 这是 $\dfrac{\infty}{\infty}$ 型, 反复应用洛必达法则, 得

$$\lim_{x \to +\infty} \frac{x^\alpha}{\mathrm{e}^x} = \lim_{x \to +\infty} \frac{\alpha x^{\alpha-1}}{\mathrm{e}^x} = \cdots = \lim_{x \to +\infty} \frac{(\alpha-1)\cdots(\alpha-[\alpha])x^{\alpha-[\alpha]-1}}{\mathrm{e}^x},$$

注意到 $\alpha - [\alpha] - 1 < 0$, 故 $\lim\limits_{x \to +\infty} \dfrac{x^\alpha}{\mathrm{e}^x} = 0$.

上面两个例子表明, 当 $x \to +\infty$ 时, 通俗地讲, 幂函数 $x^\lambda \ (\lambda > 0)$ 趋于无穷大的速度比对数函数 $\log_a x \ (a > 1)$ 趋于无穷大的速度快, 指数函数 $a^x \ (a > 1)$ 趋于无穷大的速度比幂函数 $x^\lambda \ (\lambda > 0)$ 趋于无穷大的速度要快. 严格地说, 当 $x \to +\infty$ 时, 指数函数 $a^x \ (a > 1)$ 是比幂函数 $x^\lambda \ (\lambda > 0)$ 高阶的无穷大量, 而幂函数 $x^\lambda \ (\lambda > 0)$ 是比对数函数 $\log_a x \ (a > 1)$ 高阶的无穷大量.

应该指出的是

(1) 利用洛必达法则求极限, 当 $\lim \dfrac{f'(x)}{g'(x)}$ 不存在时, $\lim \dfrac{f(x)}{g(x)}$ 仍可能存在. 例如, $\lim\limits_{x \to \infty} \dfrac{x + \cos x}{x} = 1$, 但用洛必达法则, $\lim\limits_{x \to \infty} \dfrac{x + \cos x}{x} = \lim\limits_{x \to \infty} (1 - \sin x)$ 不存在.

(2) 每次用洛必达法则之前, 务必验证条件, 不能盲目使用, 否则就会得出错误结论. 例如, $\lim\limits_{x \to \infty} \dfrac{x + \sin x}{x - \sin x} = 1$, 但下列做法是错误的:

$$\lim_{x \to \infty} \frac{x + \sin x}{x - \sin x} = \lim_{x \to \infty} \frac{1 + \cos x}{1 - \cos x} = \lim_{x \to \infty} \frac{-\sin x}{\sin x} = -1.$$

(3) 使用洛必达法则时, 若能结合等价无穷小替换以及极限的运算法则, 把有极限的因子分离出去, 则将会使计算大为简化, 达到事半功倍之效.

5.2.2 其他待定型

其他待定型可转化为 $\dfrac{0}{0}$ 型及 $\dfrac{\infty}{\infty}$ 型两种待定型来解决.

例 5.2.7 求极限 $\lim\limits_{x \to 0+} x^\alpha \ln x \ (\alpha > 0)$.

解 这是 $0 \cdot \infty$ 型, 将其转化为 $\dfrac{\infty}{\infty}$ 型:

$$\lim_{x \to 0+} x^\alpha \ln x = \lim_{x \to 0+} \frac{\ln x}{x^{-\alpha}} = \lim_{x \to 0+} \frac{\dfrac{1}{x}}{-\alpha x^{-\alpha-1}} = -\frac{1}{\alpha} \lim_{x \to 0+} x^\alpha = 0.$$

例 5.2.8　求极限 $\lim\limits_{x\to 0}\left(\dfrac{1}{\sin^2 x}-\dfrac{1}{x^2}\right)$.

解　这是 $\infty-\infty$ 型, 将其转化为 $\dfrac{0}{0}$ 型, 注意到 $\sin x \sim x\ (x\to 0)$, 有

$$\lim_{x\to 0}\left(\frac{1}{\sin^2 x}-\frac{1}{x^2}\right)=\lim_{x\to 0}\frac{x^2-\sin^2 x}{x^2\sin^2 x}=\lim_{x\to 0}\frac{x^2-\sin^2 x}{x^4}$$

$$=\lim_{x\to 0}\frac{2x-\sin 2x}{4x^3}=\lim_{x\to 0}\frac{2-2\cos 2x}{12x^2}$$

$$=\lim_{x\to 0}\frac{\sin 2x}{6x}=\frac{1}{3}.$$

例 5.2.9　求极限 $\lim\limits_{x\to 0+} x^{\sin x}$.

解　这是 0^0 型, 令 $y=x^{\sin x}$,　则 $\ln y=\sin x\ln x$,

$$\lim_{x\to 0+}\ln y=\lim_{x\to 0+}\sin x\ln x=\lim_{x\to 0+}\left(x\ln x\cdot\frac{\sin x}{x}\right)$$

$$=\lim_{x\to 0+}x\ln x=\lim_{x\to 0+}\frac{\ln x}{\dfrac{1}{x}}=-\lim_{x\to 0+}x=0,$$

所以

$$\lim_{x\to 0+}x^{\sin x}=\lim_{x\to 0+}\mathrm{e}^{\ln y}=1.$$

例 5.2.10　求极限 $\lim\limits_{x\to b}\left(\dfrac{a_1^x+a_2^x+\cdots+a_n^x}{n}\right)^{\frac{1}{x}}$, 其中 $a_i>0,\ i=1,2,\cdots,n$, 这里 $b=0$ 或 $\pm\infty$.

解　令 $y=\left(\dfrac{a_1^x+a_2^x+\cdots+a_n^x}{n}\right)^{\frac{1}{x}}$, 则

$$\ln y=\frac{\ln\left(a_1^x+a_2^x+\cdots+a_n^x\right)-\ln n}{x},$$

$$\lim_{x\to b}\ln y=\lim_{x\to b}\frac{\ln\left(a_1^x+a_2^x+\cdots+a_n^x\right)-\ln n}{x}.$$

下面分三种情形来求极限 $\lim\limits_{x\to b}\ln y$.

(1) 当 $b = 0$ 时, 有

$$\lim_{x \to 0} \ln y = \lim_{x \to 0} \frac{a_1^x \ln a_1 + a_2^x \ln a_2 + \cdots + a_n^x \ln a_n}{a_1^x + a_2^x + \cdots + a_n^x}$$

$$= \frac{\ln a_1 + \ln a_2 + \cdots + \ln a_n}{n} = \ln \sqrt[n]{a_1 a_2 \cdots a_n},$$

所以

$$\lim_{x \to 0} y = \lim_{x \to 0} e^{\ln y} = \sqrt[n]{a_1 a_2 \cdots a_n}.$$

(2) 当 $b = +\infty$ 时, 有

$$\lim_{x \to +\infty} \ln y = \lim_{x \to +\infty} \frac{a_1^x \ln a_1 + a_2^x \ln a_2 + \cdots + a_n^x \ln a_n}{a_1^x + a_2^x + \cdots + a_n^x}.$$

记 $M = \max\{a_1, a_2, \cdots, a_n\}$, 则

$$\lim_{x \to +\infty} \ln y = \lim_{x \to +\infty} \frac{\left(\frac{a_1}{M}\right)^x \ln a_1 + \left(\frac{a_2}{M}\right)^x \ln a_2 + \cdots + \left(\frac{a_n}{M}\right)^x \ln a_n}{\left(\frac{a_1}{M}\right)^x + \left(\frac{a_2}{M}\right)^x + \cdots + \left(\frac{a_n}{M}\right)^x} = \ln M,$$

所以

$$\lim_{x \to +\infty} y = \lim_{x \to +\infty} e^{\ln y} = M = \max\{a_1, a_2, \cdots, a_n\}.$$

(3) 当 $b = -\infty$ 时, 有

$$\lim_{x \to -\infty} \ln y = \lim_{x \to -\infty} \frac{a_1^x \ln a_1 + a_2^x \ln a_2 + \cdots + a_n^x \ln a_n}{a_1^x + a_2^x + \cdots + a_n^x}.$$

记 $m = \min\{a_1, a_2, \cdots, a_n\}$, 则

$$\lim_{x \to -\infty} \ln y = \lim_{x \to -\infty} \frac{\left(\frac{a_1}{m}\right)^x \ln a_1 + \left(\frac{a_2}{m}\right)^x \ln a_2 + \cdots + \left(\frac{a_n}{m}\right)^x \ln a_n}{\left(\frac{a_1}{m}\right)^x + \left(\frac{a_2}{m}\right)^x + \cdots + \left(\frac{a_n}{m}\right)^x} = \ln m,$$

所以

$$\lim_{x \to -\infty} y = \lim_{x \to -\infty} e^{\ln y} = m = \min\{a_1, a_2, \cdots, a_n\}.$$

例 5.2.11 求极限 $\lim\limits_{x\to 0+}\left(\ln\dfrac{1}{x}\right)^{x}$.

解 这是 ∞^{0} 型, 令 $y=\left(\ln\dfrac{1}{x}\right)^{x}$, 则 $\ln y=x\ln\left(-\ln x\right),$

$$
\begin{aligned}
\lim_{x\to 0+}\ln y &= \lim_{x\to 0+} x\ln\left(-\ln x\right)\\
&= \lim_{x\to 0+}\frac{\ln\left(-\ln x\right)}{\dfrac{1}{x}}\quad\left(\frac{\infty}{\infty}\text{型}\right)\\
&= \lim_{x\to 0+}\frac{\dfrac{1}{x\ln x}}{-x^{-2}} = -\lim_{x\to 0+}\frac{x}{\ln x}=0,
\end{aligned}
$$

所以

$$
\lim_{x\to 0+}\left(\ln\frac{1}{x}\right)^{x}=\lim_{x\to 0+}\mathrm{e}^{\ln y}=1.
$$

最后我们指出, 有些数列的极限, 可以转化为相应函数的极限来计算, 主要用到如下结论.

若 $\lim\limits_{x\to+\infty}f(x)=A$, 则 $\lim\limits_{n\to\infty}f(n)=A.$

例 5.2.12 求极限 $\lim\limits_{n\to\infty}\dfrac{n^{k}}{a^{n}}$, 其中 $a>1,k$ 是正整数.

解 该数列极限可以利用 Stolz 公式来计算, 下面我们把它转化为对应函数的极限.

考虑函数极限 $\lim\limits_{x\to+\infty}\dfrac{x^{k}}{a^{x}}$, 它是 $\dfrac{\infty}{\infty}$ 型, 应用洛必达法则, 有

$$
\lim_{x\to+\infty}\frac{x^{k}}{a^{x}}=\lim_{x\to+\infty}\frac{kx^{k-1}}{a^{x}\ln a}=\lim_{x\to+\infty}\frac{k(k-1)x^{k-2}}{a^{x}(\ln a)^{2}}=\cdots=\lim_{x\to+\infty}\frac{k!}{a^{x}(\ln a)^{k}}=0,
$$

于是

$$
\lim_{n\to\infty}\frac{n^{k}}{a^{n}}=0.
$$

例 5.2.13 求极限 $\lim\limits_{n\to\infty}n\left[\mathrm{e}-\left(1+\dfrac{1}{n}\right)^{n}\right]$.

解 考虑 $\lim\limits_{x\to+\infty}x\left[\mathrm{e}-\left(1+\dfrac{1}{x}\right)^{x}\right]$, 令 $t=\dfrac{1}{x}$, 则当 $x\to+\infty$ 时, 有 $t\to 0^{+}$, 于是

$$
\lim_{x\to+\infty}x\left[\mathrm{e}-\left(1+\frac{1}{x}\right)^{x}\right]=\lim_{t\to 0+}\frac{\mathrm{e}-(1+t)^{\frac{1}{t}}}{t}=\lim_{t\to 0+}\frac{\mathrm{e}-\mathrm{e}^{\frac{\ln(1+t)}{t}}}{t}
$$

$$= e \lim_{t \to 0+} \frac{1 - e^{\frac{\ln(1+t)}{t} - 1}}{t}.$$

由于 $\dfrac{\ln(1+t)}{t} - 1 \to 0 \ (t \to 0+)$, 所以

$$e^{\frac{\ln(1+t)}{t} - 1} - 1 \sim \frac{\ln(1+t)}{t} - 1 \quad (t \to 0+),$$

故

$$\lim_{x \to +\infty} x \left[e - \left(1 + \frac{1}{x}\right)^x \right] = -e \lim_{t \to 0+} \frac{\dfrac{\ln(1+t)}{t} - 1}{t}$$

$$= -e \lim_{t \to 0+} \frac{\ln(1+t) - t}{t^2} = \frac{e}{2},$$

从而

$$\lim_{n \to \infty} n \left[e - \left(1 + \frac{1}{n}\right)^n \right] = \frac{e}{2}.$$

习　题　5.2

1. 求下列极限:

(1) $\lim\limits_{x \to 1} \dfrac{x^n - 1}{x - 1}$, n 为正整数;

(2) $\lim\limits_{x \to 1} \dfrac{x - 1}{\ln x}$;

(3) $\lim\limits_{x \to \frac{\pi}{2}} \dfrac{\ln(\sin x)}{(\pi - 2x)^2}$;

(4) $\lim\limits_{x \to 0+} \dfrac{\ln(\tan 7x)}{\ln(\tan 2x)}$;

(5) $\lim\limits_{x \to 0} \dfrac{x \tan x - \sin^2 x}{x^4}$;

(6) $\lim\limits_{x \to 0} \left(\dfrac{1}{\sin x} - \dfrac{1}{x} \right)$;

(7) $\lim\limits_{x \to 0} \dfrac{(1+x)^{\frac{1}{x}} - e}{x}$;

(8) $\lim\limits_{x \to +\infty} \left(\dfrac{\pi}{2} - \arctan x \right)^{\frac{1}{\ln x}}$;

(9) $\lim\limits_{x \to +\infty} \left(\dfrac{2}{\pi} \arctan x \right)^x$;

(10) $\lim\limits_{x \to 0+} \left(\dfrac{1 + x^a}{1 + x^b} \right)^{\frac{1}{\ln x}}$, 其中 a, b 为正数;

(11) $\lim\limits_{x \to 0} \left(\dfrac{\sin x}{x} \right)^{\frac{1}{1 - \cos x}}$;

(12) $\lim\limits_{x \to 0} \dfrac{\cos(\sin x) - \cos x}{x^4}$;

(13) $\lim\limits_{n \to \infty} n^2 \ln \left(n \sin \dfrac{1}{n} \right)$.

2. 由拉格朗日中值定理有

$$\ln(1+x) = \frac{x}{1 + \theta x} \quad (0 < \theta < 1).$$

证明: $\lim\limits_{x \to 0} \theta = \dfrac{1}{2}$.

3. 由拉格朗日中值定理有

$$\arcsin x = \frac{x}{\sqrt{1 - \theta^2 x^2}} \quad (0 < \theta < 1).$$

证明: $\lim\limits_{x \to 0} \theta = \dfrac{1}{\sqrt{3}}$.

4. 以下几个函数的极限均不宜用洛必达法则, 为什么?

(1) $\lim\limits_{x \to 1} \dfrac{x^5 + \sin x}{x^2 + x + 3}$;

(2) $\lim\limits_{x \to +\infty} \dfrac{x}{\sqrt{1 + x^2}}$;

(3) $\lim\limits_{x \to 0} \dfrac{x^2 \sin \dfrac{1}{x}}{\sin x}$;

(4) $\lim\limits_{x \to +\infty} \dfrac{\mathrm{e}^x + \mathrm{e}^{-x}}{\mathrm{e}^x - \mathrm{e}^{-x}}$.

5. 设 $x_0 \in \left(0, \dfrac{\pi}{2}\right)$, $x_n = \sin x_{n-1}$, $n = 1, 2, \cdots$, 求 $\lim\limits_{n \to \infty} n x_n^2$.

6. 设 $x_1 > 0$, $x_{n+1} = \ln(1 + x_n)$, $n = 1, 2, \cdots$, 求 $\lim\limits_{n \to \infty} n x_n$.

7. 设函数 $f(x)$ 在 $x = 0$ 的某邻域内二阶可导, 且

$$\lim\limits_{x \to 0} \left(\frac{\sin 3x}{x^3} + \frac{f(x)}{x^2} \right) = 0.$$

(1) 求 $f(0), f'(0), f''(0)$;

(2) 求 $\lim\limits_{x \to 0} \left(\dfrac{3}{x^2} + \dfrac{f(x)}{x^2} \right)$.

8. 讨论函数

$$f(x) = \begin{cases} \left[\dfrac{(1+x)^{\frac{1}{x}}}{\mathrm{e}} \right]^{\frac{1}{x}}, & x > 0, \\ \mathrm{e}^{-\frac{1}{2}}, & x \leqslant 0 \end{cases}$$

在 $x = 0$ 处的连续性.

9. 设函数 $f(x)$ 在 $(a, +\infty)$ 上可导, 且 $\lim\limits_{x \to +\infty} [f(x) + f'(x)] = k$, 证明: $\lim\limits_{x \to +\infty} f(x) = k$.

10. 设函数 $f(x)$ 在 $(a, +\infty)$ 上有直到 n 阶导数, 且 $\lim\limits_{x \to +\infty} f(x) = A$, $\lim\limits_{x \to +\infty} f^{(n)}(x) = B$. 证明: $B = 0$.

5.3   泰勒公式及应用

在理论上, 用简单函数去逼近 (或近似代替) 复杂函数, 是数学的重要研究课题. 多项式是我们十分熟悉又非常简单、性质很好的函数, 在本节中, 我们将考虑两类多项式的逼近问题: 一类是研究在一点的充分小的邻域内的逼近问题; 另一类是研究在一个区间上的逼近问题, 这就是下面要介绍的两类泰勒 (Taylor) 公式: 带佩亚诺 (Peano) 余项和带拉格朗日余项的泰勒公式. 带佩亚诺余项的泰勒公式

已成为研究函数在一点近旁的性质的有力工具, 它不仅可以方便地计算许多 "待定型" 的极限, 而且可以比较彻底地研究函数的极值. 带拉格朗日余项的泰勒公式可以从理论上讨论函数的单调性、凸性、证明一些不等式、计算函数在一点上的近似值以及在一个区间上用多项式来逼近一个比较复杂的函数.

5.3.1 带佩亚诺余项的泰勒公式

我们已经知道, 如果函数 $f(x)$ 在 x_0 处可微, 则根据微分的定义可知, 在 x_0 附近有

$$f(x_0 + \Delta x) - f(x_0) = f'(x_0)\Delta x + o(\Delta x)$$

或

$$f(x) = f(x_0) + f'(x_0)(x - x_0) + o(x - x_0).$$

上式说明: 当我们在 x_0 附近用一次多项式 $f(x_0) + f'(x_0)(x - x_0)$ 去近似代替函数 $f(x)$ 时, 其误差是比 $x - x_0$ 高阶的无穷小.

一个自然的问题是, 我们能否用高次多项式去近似代替 $f(x)$, 使得近似的误差是更高阶的无穷小量? 关于这个问题, 当函数 $f(x)$ 在 x_0 处有高阶导数且 $f'(x_0), \cdots, f^{(n)}(x_0)$ 不全为零时, 回答是肯定的.

定理 5.3.1(带佩亚诺余项的泰勒公式) 若函数 $f(x)$ 在 x_0 点处有 n 阶导数, 即 $f^{(n)}(x_0)$ 存在, 则当 $x \to x_0$ 时, 有

$$f(x) = f(x_0) + f'(x_0)(x - x_0) + \frac{f''(x_0)}{2!}(x - x_0)^2 + \cdots$$

$$+ \frac{f^{(n)}(x_0)}{n!}(x - x_0)^n + o\left((x - x_0)^n\right).$$

证明 令

$$r_n(x) = f(x) - \left[f(x_0) + f'(x_0)(x - x_0) + \frac{f''(x_0)}{2!}(x - x_0)^2 \right.$$

$$\left. + \cdots + \frac{f^{(n)}(x_0)}{n!}(x - x_0)^n \right].$$

下面证明: $r_n(x) = o\left((x - x_0)^n\right)$ $(x \to x_0)$.

显然 $r_n(x_0) = r_n'(x_0) = r_n''(x_0) = \cdots = r_n^{(n-1)}(x_0) = 0$, 应用 $n-1$ 次洛必达法则

$$\lim_{x \to x_0} \frac{r_n(x)}{(x - x_0)^n} = \lim_{x \to x_0} \frac{r_n'(x)}{n(x - x_0)^{n-1}} = \lim_{x \to x_0} \frac{r_n''(x)}{n(n-1)(x - x_0)^{n-2}} = \cdots$$

$$= \lim_{x \to x_0} \frac{r_n^{(n-1)}(x)}{n(n-1)\cdots 2(x - x_0)}$$

$$= \frac{1}{n!} \lim_{x \to x_0} \left[\frac{f^{(n-1)}(x) - f^{(n-1)}(x_0) - f^{(n)}(x_0)(x - x_0)}{x - x_0} \right]$$

$$= \frac{1}{n!} \left[\lim_{x \to x_0} \frac{f^{(n-1)}(x) - f^{(n-1)}(x_0)}{x - x_0} - f^{(n)}(x_0) \right]$$

$$= \frac{1}{n!} \left[f^{(n)}(x_0) - f^{(n)}(x_0) \right] = 0,$$

这表明 $r_n(x) = o((x - x_0)^n)$ $(x \to x_0)$. 　　　　　　　　　　　证毕

注　设函数 $f(x)$ 在 x_0 点处有 n 阶导数, 我们把多项式

$$P_n(x) = f(x_0) + f'(x_0)(x - x_0) + \frac{f''(x_0)}{2!}(x - x_0)^2 + \cdots + \frac{f^{(n)}(x_0)}{n!}(x - x_0)^n$$

称为 $f(x)$ 在 x_0 处的 n 次**泰勒多项式**, 而把

$$f(x) = f(x_0) + f'(x_0)(x - x_0) + \frac{f''(x_0)}{2!}(x - x_0)^2 + \cdots$$

$$+ \frac{f^{(n)}(x_0)}{n!}(x - x_0)^n + o((x - x_0)^n)$$

称为函数 $f(x)$ 在 x_0 处的**带佩亚诺余项的泰勒公式**, 其中 $r_n(x) = f(x) - P_n(x)$ 称为**泰勒公式的余项**. 特别, 当 $x_0 = 0$ 时的泰勒公式称为**麦克劳林 (Maclaurin) 公式**.

值得指出的是, 若函数 $f(x)$ 在 x_0 点处有 n 阶导数, 且在点 x_0 附近成立

$$f(x) = f(x_0) + a_1(x - x_0) + a_2(x - x_0)^2 + \cdots + a_n(x - x_0)^n + o((x - x_0)^n),$$

则必有

$$a_k = \frac{f^{(k)}(x_0)}{k!}, \quad k = 0, 1, 2, \cdots, n.$$

这个结果表明: 函数的泰勒公式是唯一的, 请读者自己给出证明.

例 5.3.1　求 $f(x) = e^x$ 的带佩亚诺余项的麦克劳林公式.

解　由 $f^{(k)}(x) = e^x$ 知 $f^{(k)}(0) = 1, k = 0, 1, \cdots, n$, 所以

$$e^x = 1 + x + \frac{x^2}{2!} + \cdots + \frac{x^n}{n!} + o(x^n) \quad (x \to 0).$$

例 5.3.2　求 $f(x) = \sin x$ 的带佩亚诺余项的麦克劳林公式.

解　由 $f^{(k)}(x) = \sin\left(x + \frac{k\pi}{2}\right)$ 知, $f^{(k)}(0) = \sin\frac{k\pi}{2}, k = 0, 1, \cdots, n$, 于是

$$f^{(2k)}(0) = 0, \quad f^{(2k+1)}(0) = (-1)^k, \quad k = 0, 1, \cdots, n,$$

所以

$$\sin x = x - \frac{x^3}{3!} + \cdots + (-1)^{n-1}\frac{x^{2n-1}}{(2n-1)!} + o(x^{2n}) \quad (x \to 0).$$

例 5.3.3 求 $f(x) = \cos x$ 的带佩亚诺余项的麦克劳林公式.

解 由 $f^{(k)}(x) = \cos\left(x + \frac{k\pi}{2}\right)$ 知, $f^{(k)}(0) = \cos\frac{k\pi}{2}$, $k = 0, 1, \cdots, n$, 于是

$$f^{(2k)}(0) = (-1)^k, \quad f^{(2k+1)}(0) = 0, \quad k = 0, 1, \cdots, n,$$

所以

$$\cos x = 1 - \frac{x^2}{2!} + \cdots + (-1)^n\frac{x^{2n}}{(2n)!} + o(x^{2n+1}) \quad (x \to 0).$$

例 5.3.4 求 $f(x) = \ln(1+x)$ 的带佩亚诺余项的麦克劳林公式.

解 由 $f^{(k)}(x) = (-1)^{k-1}\frac{(k-1)!}{(1+x)^k}$ 知

$$f(0) = 0, \quad f^{(k)}(0) = (-1)^{k-1}(k-1)!, \quad k = 1, 2, \cdots, n,$$

所以

$$\ln(1+x) = x - \frac{x^2}{2} + \frac{x^3}{3} + \cdots + (-1)^{n-1}\frac{x^n}{n} + o(x^n) \quad (x \to 0).$$

例 5.3.5 求 $f(x) = (1+x)^\alpha$ (α 为任意实数) 的带佩亚诺余项的麦克劳林公式.

解 由 $f^{(k)}(x) = \alpha(\alpha-1)\cdots(\alpha-k+1)(1+x)^{\alpha-k}$ 知

$$f(0) = 1, \quad f^{(k)}(0) = \alpha(\alpha-1)\cdots(\alpha-k+1), \quad k = 1, 2, \cdots, n.$$

记 $\begin{pmatrix} \alpha \\ k \end{pmatrix} = \dfrac{\alpha(\alpha-1)\cdots(\alpha-k+1)}{k!}$, 并规定 $\begin{pmatrix} \alpha \\ 0 \end{pmatrix} = 1$, 所以

$$(1+x)^\alpha = \begin{pmatrix} \alpha \\ 0 \end{pmatrix} + \begin{pmatrix} \alpha \\ 1 \end{pmatrix}x + \begin{pmatrix} \alpha \\ 2 \end{pmatrix}x^2 + \cdots + \begin{pmatrix} \alpha \\ n \end{pmatrix}x^n + o(x^n) \quad (x \to 0).$$

注 (1) 当 α 为正整数 n 时, 有 $(1+x)^n = \sum_{k=0}^{n}\begin{pmatrix} n \\ k \end{pmatrix}x^k = \sum_{k=0}^{n}C_n^k x^k$, 这就是二项展开式, 此时余项为零.

(2) 当 $\alpha = -1$ 时, 有 $\begin{pmatrix} -1 \\ k \end{pmatrix} = (-1)^k$, 于是

$$\frac{1}{1+x} = 1 - x + x^2 + \cdots + (-1)^n x^n + o(x^n) \quad (x \to 0).$$

以上几个函数的麦克劳林公式, 在今后的学习中经常会用到, 请务必牢记.

定理 5.3.2　若函数 $f(x)$ 在 x_0 的某邻域内有 $n+1$ 阶导数, 则它的 $n+1$ 次泰勒多项式的导数就是 $f'(x)$ 的 n 次泰勒多项式.

此定理的证明留给读者去完成.

注　由 $f(x)$ 在 x_0 处的带佩亚诺余项的泰勒公式, 直接求导可得 $f'(x)$ 在 x_0 处的带佩亚诺余项的泰勒公式, 这一性质, 有时会简化带佩亚诺余项的泰勒公式的计算. 例如,

$$\sin x = x - \frac{x^3}{3!} + \cdots + (-1)^n \frac{x^{2n+1}}{(2n+1)!} + o(x^{2n+2}) \ (x \to 0), \quad 且 \quad (\sin x)' = \cos x,$$

利用定理 5.3.2, 直接得到

$$\cos x = 1 - \frac{x^2}{2!} + \cdots + (-1)^n \frac{x^{2n}}{(2n)!} + o(x^{2n+1}) \quad (x \to 0).$$

又如, $\ln(1 + x) = x - \frac{x^2}{2} + \frac{x^3}{3} + \cdots + (-1)^n \frac{x^{n+1}}{n+1} + o(x^{n+1})(x \to 0)$, 且 $(\ln(1 + x))' = \frac{1}{1+x}$, 利用定理 5.3.2, 直接得到

$$\frac{1}{1+x} = 1 - x + x^2 + \cdots + (-1)^n x^n + o(x^n) \quad (x \to 0),$$

这与例 5.3.5 的结果是一致的.

例 5.3.6　求 $f(x) = \arctan x$ 的带佩亚诺余项的麦克劳林公式.

解　**方法 1**　由 $f(x) = \arctan x$ 得 $f(0) = 0$, $f'(x) = \frac{1}{1+x^2}$, 于是

$$f'(0) = 1.$$

将等式 $(1 + x^2) f'(x) = 1$ 两边, 对 x 求 n 阶导数, 利用莱布尼茨公式, 有

$$(1 + x^2) f^{(n+1)}(x) + 2nx f^{(n)}(x) + n(n-1)f^{(n-1)}(x) = 0,$$

在上式中令 $x = 0$, 得到

$$f^{(n+1)}(0) = -n(n-1)f^{(n-1)}(0),$$

由此得到

$$f^{(2k)}(0) = 0, \quad f^{(2k+1)}(0) = (-1)^k (2k)!, \quad k = 0, 1, 2, \cdots,$$

所以

$$\arctan x = x - \frac{x^3}{3} + \frac{x^5}{5} - \cdots + (-1)^n \frac{x^{2n+1}}{2n+1} + o\left(x^{2n+2}\right) \quad (x \to 0).$$

方法 2 由例 5.3.5 知, 函数 $\dfrac{1}{1+x^2}$ 的麦克劳林公式为

$$\frac{1}{1+x^2} = 1 - x^2 + x^4 + \cdots + (-1)^n x^{2n} + o(x^{2n}) \quad (x \to 0).$$

设 $\arctan x$ 的麦克劳林公式为

$$\arctan x = a_0 + a_1 x + a_2 x^2 + \cdots + a_{2n+1} x^{2n+1} + o(x^{2n+1}),$$

显然有 $a_0 = 0$. 由定理 5.3.2, 有

$$(\arctan x)' = a_1 + 2a_2 x + 3a_3 x^2 + \cdots + (2n+1)a_{2n+1} x^{2n} + o(x^{2n}),$$

由于 $(\arctan x)' = \dfrac{1}{1+x^2}$, 比较 $\dfrac{1}{1+x^2}$ 的两个表达式, 得到

$$a_{2k} = 0, \quad a_{2k+1} = (-1)^k \frac{1}{2k+1}, \quad k = 0, 1, 2, \cdots, n.$$

因此

$$\arctan x = x - \frac{x^3}{3} + \frac{x^5}{5} - \cdots + (-1)^n \frac{x^{2n+1}}{2n+1} + o\left(x^{2n+2}\right) \quad (x \to 0).$$

下面我们再举几个例子来说明如何求函数的泰勒公式.

例 5.3.7 求下列函数的带佩亚诺余项的麦克劳林公式:

(1) $f(x) = \mathrm{e}^x \ln(1+x)$, 展开到含 x^4 的项;

(2) $f(x) = \mathrm{e}^{\cos x}$, 展开到含 x^4 的项;

(3) $f(x) = \tan x$, 展开到含 x^5 的项.

解 (1) 由于 $\mathrm{e}^x = 1 + x + \dfrac{x^2}{2!} + \dfrac{x^3}{3!} + o(x^3)\ (x \to 0)$,

$$\ln(1+x) = x - \frac{x^2}{2} + \frac{x^3}{3} - \frac{x^4}{4} + o(x^4) \quad (x \to 0),$$

所以

$$\mathrm{e}^x \ln(1+x) = x + \frac{x^2}{2} + \frac{x^3}{3} + o(x^4) \quad (x \to 0).$$

(2) 由于 $\cos x = 1 - \dfrac{x^2}{2!} + \dfrac{x^4}{4!} + o(x^4) \ (x \to 0)$,

$$\mathrm{e}^x = 1 + x + \frac{x^2}{2!} + o(x^2) \quad (x \to 0),$$

所以

$$\mathrm{e}^{\cos x} = \mathrm{e} \cdot \mathrm{e}^{\cos x - 1} = \mathrm{e}\left[1 + (\cos x - 1) + \frac{(\cos x - 1)^2}{2!} + o\left((\cos x - 1)^2\right)\right]$$

$$= \mathrm{e}\left[1 + \left(-\frac{x^2}{2!} + \frac{x^4}{4!} + o(x^4)\right) + \frac{1}{2!}\left(-\frac{x^2}{2!} + o(x^2)\right)^2 + o\left(x^4\right)\right]$$

$$= \mathrm{e} - \frac{\mathrm{e}}{2}x^2 + \frac{\mathrm{e}}{6}x^4 + o\left(x^4\right) \quad (x \to 0).$$

(3) $\tan x = \dfrac{\sin x}{\cos x}$

$$= \left(x - \frac{x^3}{3!} + \frac{x^5}{5!} + o(x^5)\right) \cdot \frac{1}{1 - \dfrac{x^2}{2!} + \dfrac{x^4}{4!} + o(x^5)}$$

$$= \left(x - \frac{x^3}{3!} + \frac{x^5}{5!} + o(x^5)\right)$$

$$\cdot \left[1 + \frac{x^2}{2!} - \frac{x^4}{4!} + \left(\frac{x^2}{2!} - \frac{x^4}{4!}\right)^2 + o(x^5)\right],$$

化简整理得

$$\tan x = x + \frac{1}{3}x^3 + \frac{2}{15}x^5 + o(x^5) \quad (x \to 0).$$

例 5.3.8 求下列函数在指定点处的带佩亚诺余项的泰勒公式:

(1) $f(x) = \ln x$, $x_0 = 1$;

(2) $f(x) = \dfrac{x-1}{x+1}$, $x_0 = 1$.

解　(1) $\ln x = \ln(1 + x - 1)$

$$= (x-1) - \frac{1}{2}(x-1)^2 + \cdots + \frac{(-1)^{n-1}}{n}(x-1)^n$$

$$+ o\left((x-1)^n\right) \quad (x \to 1);$$

(2) $\dfrac{x-1}{x+1} = 1 - \dfrac{2}{x+1} = 1 - \dfrac{2}{2+x-1}$

$$= 1 - \frac{1}{1 + \dfrac{x-1}{2}}$$

$$= 1 - \left[1 - \frac{x-1}{2} + \left(\frac{x-1}{2} \right)^2 - \cdots \right.$$

$$\left. + (-1)^n \left(\frac{x-1}{2} \right)^n + o\left((x-1)^n \right) \right]$$

$$= \frac{x-1}{2} - \left(\frac{x-1}{2} \right)^2 + \cdots + (-1)^{n-1} \left(\frac{x-1}{2} \right)^n + o\left((x-1)^n \right),$$

于是

$$\frac{x-1}{x+1} = \frac{1}{2}(x-1) - \frac{1}{2^2}(x-1)^2 + \cdots + \frac{(-1)^{n-1}}{2^n}(x-1)^n + o\left((x-1)^n \right) \quad (x \to 1).$$

5.3.2 带拉格朗日余项的泰勒公式

前面讲的带有佩亚诺余项的泰勒公式, 讨论了在 x_0 点附近用多项式去近似代替函数 $f(x)$ 的问题, 相应的误差 $o\left((x-x_0)^n \right)$ 只给出了定性描述, 不能具体估计误差的大小, 所以它只适合于研究函数在一个给定点的近旁的近似行为, 而不便于讨论函数在较大范围内的性质. 这种类型的泰勒公式, 主要用于求极限或无穷小量的阶. 若要具体计算函数值并且使所得到的近似值达到预先指定的精度, 就必须给出余项的定量描述. 带拉格朗日余项的泰勒公式就很好地解决了这一问题.

定理 5.3.3 设函数 $f(x)$ 在 $[a,b]$ 上具有 n 阶连续导数, 在开区间 (a,b) 内有 $n+1$ 阶导数, x_0 为 $[a,b]$ 内的一个定点, 则对任意 $x \in [a,b]$, 有

$$f(x) = f(x_0) + f'(x_0)(x-x_0) + \frac{f''(x_0)}{2!}(x-x_0)^2 + \cdots + \frac{f^{(n)}(x_0)}{n!}(x-x_0)^n + r_n(x),$$

其中

$$r_n(x) = \frac{f^{(n+1)}(\xi)}{(n+1)!}(x-x_0)^{n+1}, \quad \xi \text{ 在 } x_0 \text{ 和 } x \text{ 之间}.$$

上述公式称为 $f(x)$ 在 x_0 处的**带拉格朗日余项的泰勒公式**, $r_n(x)$ 称为**拉格朗日余项**.

证明　作辅助函数

$$F(t) = f(x) - \sum_{k=0}^{n} \frac{f^{(k)}(t)}{k!}(x-t)^k \quad \text{和} \quad G(t) = (x-t)^{n+1}.$$

容易验证 $F(t), G(t)$ 在区间 $[x_0, x]$（或 $[x, x_0]$）上满足柯西中值定理的条件，且

$$F(x) = G(x) = 0, \quad F'(t) = -\frac{f^{(n+1)}(t)}{n!}(x-t)^n, \quad G'(t) = -(n+1)(x-t)^n,$$

于是

$$\frac{F(x_0)}{G(x_0)} = \frac{F(x_0) - F(x)}{G(x_0) - G(x)} = \frac{F'(\xi)}{G'(\xi)} = \frac{f^{(n+1)}(\xi)}{(n+1)!},$$

由此得到

$$f(x) = f(x_0) + f'(x_0)(x-x_0) + \cdots + \frac{f^{(n)}(x_0)}{n!}(x-x_0)^n + \frac{f^{(n+1)}(\xi)}{(n+1)!}(x-x_0)^{n+1}. \quad \text{证毕}$$

拉格朗日余项 $r_n(x)$ 中的 ξ 经常写为

$$\xi = x_0 + \theta(x - x_0), \quad \text{其中} \quad 0 < \theta < 1.$$

注　当 $n = 0$ 时，Taylor 公式变为

$$f(x) = f(x_0) + f'(\xi)(x - x_0), \quad \xi \text{ 在 } x_0 \text{ 和 } x \text{ 之间},$$

这正是拉格朗日中值定理的结果. 因此, 带拉格朗日余项的泰勒公式可以看成拉格朗日中值定理的推广.

下面我们列出几个常见函数在 $x_0 = 0$ 处的带拉格朗日余项的泰勒公式:

$$e^x = 1 + x + \frac{x^2}{2!} + \cdots + \frac{x^n}{n!} + \frac{e^{\theta x} x^{n+1}}{(n+1)!};$$

$$\sin x = x - \frac{x^3}{3!} + \cdots + \frac{(-1)^{n-1}}{(2n-1)!}x^{2n-1} + (-1)^n \frac{\cos \theta x}{(2n+1)!} x^{2n+1};$$

$$\cos x = 1 - \frac{x^2}{2!} + \cdots + \frac{(-1)^n}{(2n)!}x^{2n} + (-1)^{n+1} \frac{\cos \theta x}{(2n+2)!} x^{2n+2};$$

$$\ln(1+x) = x - \frac{x^2}{2} + \frac{x^3}{3} + \cdots + (-1)^{n-1}\frac{x^n}{n} + (-1)^n \frac{x^{n+1}}{(n+1)(1+\theta x)^{n+1}};$$

$$(1+x)^{\alpha} = \begin{pmatrix} \alpha \\ 0 \end{pmatrix} + \begin{pmatrix} \alpha \\ 1 \end{pmatrix} x + \begin{pmatrix} \alpha \\ 2 \end{pmatrix} x^2 + \cdots + \begin{pmatrix} \alpha \\ n \end{pmatrix} x^n$$

$$+ \begin{pmatrix} \alpha \\ n+1 \end{pmatrix} (1+\theta x)^{\alpha-n-1} x^{n+1},$$

其中 $0 < \theta < 1$.

上述公式中余项推导, 留给读者去完成.

5.3.3 泰勒公式的应用

下面我们通过一些例子, 介绍泰勒公式的应用.

1. 求极限

极限的计算, 是数学分析课程的重要内容之一. 对于初等函数在定义域点处的极限, 只需要计算函数值, 对于待定型的极限问题, 一般可以采用洛必达法则. 但是对于一些求导比较烦琐, 特别是需多次使用洛必达法则的情形, 带佩亚诺余项的泰勒公式往往比洛必达法则更有效.

例 5.3.9 求极限 $\lim\limits_{x\to 0} \dfrac{\cos x - \mathrm{e}^{-\frac{x^2}{2}}}{x^4}$.

解 **方法 1** 这是 $\dfrac{0}{0}$ 型, 直接应用洛必达法则四次, 可以得到其结果.

方法 2 应用 Taylor 公式.

$$\lim_{x\to 0} \frac{\cos x - \mathrm{e}^{-\frac{x^2}{2}}}{x^4} = \lim_{x\to 0} \frac{1 - \dfrac{x^2}{2!} + \dfrac{x^4}{4!} + o(x^4) - \left[1 - \dfrac{x^2}{2} + \dfrac{1}{2!}\left(-\dfrac{x^2}{2}\right)^2 + o(x^4)\right]}{x^4}$$

$$= \lim_{x\to 0} \frac{-\dfrac{x^4}{12} + o(x^4)}{x^4} = -\frac{1}{12}.$$

例 5.3.10 求极限 $\lim\limits_{x\to 0} \dfrac{\cos(\sin x) - \cos x}{x^4}$.

解 **方法 1** 只要计算分子的麦克劳林展开式直到 x^4 项即可.

$$\cos(\sin x) - \cos x$$

$$= 1 - \frac{1}{2!}(\sin x)^2 + \frac{1}{4!}(\sin x)^4 + o\left((\sin x)^5\right) - \left(1 - \frac{x^2}{2!} + \frac{x^4}{4!} + o(x^5)\right)$$

$$= -\frac{1}{2!}\left(x - \frac{x^3}{3!} + o(x^5)\right)^2 + \frac{1}{4!}\left(x - \frac{x^3}{3!} + o(x^5)\right)^4 + \frac{x^2}{2!} - \frac{x^4}{4!} + o(x^5)$$

$$=-\frac{1}{2!}\left(x^2-\frac{x^4}{3}\right)+\frac{1}{4!}x^4+\frac{x^2}{2!}-\frac{x^4}{4!}+o(x^5)$$

$$=\frac{x^4}{6}+o(x^5),$$

所以

$$\lim_{x\to 0}\frac{\cos(\sin x)-\cos x}{x^4}=\lim_{x\to 0}\frac{\dfrac{x^4}{6}+o(x^5)}{x^4}=\frac{1}{6}.$$

方法 2　应用拉格朗日中值定理, 有

$$\cos(\sin x)-\cos x=-\sin\xi\,(\sin x-x),\quad \xi\text{ 在 }x\text{ 与 }\sin x\text{ 之间}.$$

$$\lim_{x\to 0}\frac{\cos(\sin x)-\cos x}{x^4}=\lim_{x\to 0}\frac{-\sin\xi\,(\sin x-x)}{x^4}$$

$$=-\lim_{x\to 0}\left[\left(\frac{\sin x-x}{x^3}\right)\cdot\frac{\sin\xi}{\xi}\cdot\frac{\xi}{x}\right]$$

$$=-\lim_{x\to 0}\frac{\sin x-x}{x^3}=-\lim_{x\to 0}\frac{x-\dfrac{x^3}{3!}+o(x^3)-x}{x^3}=\frac{1}{6}.$$

例 5.3.11　求极限 $\displaystyle\lim_{x\to\infty}\left(\sqrt[5]{x^5+x^4}-\sqrt[5]{x^5-x^4}\right)$.

解　$\displaystyle\lim_{x\to\infty}\left(\sqrt[5]{x^5+x^4}-\sqrt[5]{x^5-x^4}\right)=\lim_{x\to\infty}x\left(\sqrt[5]{1+\frac{1}{x}}-\sqrt[5]{1-\frac{1}{x}}\right),$

令 $t=\dfrac{1}{x}$, 则当 $x\to\infty$ 时, 有 $t\to 0$, 于是

$$\lim_{x\to\infty}\left(\sqrt[5]{x^5+x^4}-\sqrt[5]{x^5-x^4}\right)=\lim_{t\to 0}\frac{\sqrt[5]{1+t}-\sqrt[5]{1-t}}{t}$$

$$=\lim_{t\to 0}\frac{1+\dfrac{1}{5}t+o(t)-\left(1-\dfrac{1}{5}t+o(t)\right)}{t}=\frac{2}{5}.$$

例 5.3.12　求极限 $\displaystyle\lim_{n\to\infty}n\sin\left(2\pi en!\right)$.

解　由于 $\mathrm{e}^x=1+x+\dfrac{x^2}{2!}+\cdots+\dfrac{x^n}{n!}+\dfrac{x^{n+1}}{(n+1)!}+\dfrac{\mathrm{e}^{\theta x}x^{n+2}}{(n+2)!}.$

令 $x=1$, 得到

$$\mathrm{e}=1+1+\frac{1}{2!}+\cdots+\frac{1}{n!}+\frac{1}{(n+1)!}+\frac{\mathrm{e}^\theta}{(n+2)!},\quad 0<\theta<1,$$

$$n!\mathrm{e} = n!\left(1 + 1 + \frac{1}{2!} + \cdots + \frac{1}{n!} + \frac{1}{(n+1)!} + \frac{\mathrm{e}^\theta}{(n+2)!}\right)$$

$$= m + \frac{1}{n+1} + \frac{\mathrm{e}^\theta}{(n+1)(n+2)},$$

其中 $m = n!\left(1 + 1 + \dfrac{1}{2!} + \cdots + \dfrac{1}{n!}\right)$ 为正整数, 于是

$$\lim_{n\to\infty} n\sin\left(2\pi\mathrm{e}n!\right) = \lim_{n\to\infty} n\sin\left(2m\pi + \frac{2\pi}{n+1} + \frac{2\pi\mathrm{e}^\theta}{(n+1)(n+2)}\right)$$

$$= \lim_{n\to\infty} n\sin\left(\frac{2\pi}{n+1} + \frac{2\pi\mathrm{e}^\theta}{(n+1)(n+2)}\right),$$

又由于

$$\frac{2\pi}{n+1} + \frac{2\pi\mathrm{e}^\theta}{(n+1)(n+2)} \sim \frac{2\pi}{n+1} \quad (n\to\infty),$$

故

$$\lim_{n\to\infty} n\sin\left(2\pi\mathrm{e}n!\right) = \lim_{n\to\infty} n\sin\frac{2\pi}{n+1} = \lim_{n\to\infty} n\cdot\frac{2\pi}{n+1} = 2\pi.$$

2. 证明不等式

下面我们通过例子说明, 泰勒公式是证明不等式的一种重要方法.

例 5.3.13 设 $\alpha > 1$. 证明: 当 $x > -1$ 时, 成立

$$(1+x)^\alpha \geqslant 1 + \alpha x, \quad \text{且等号仅当 } x = 0 \text{ 时成立.}$$

证明 设 $f(x) = (1+x)^\alpha$, 则 $f(0) = 1$, $f'(x) = \alpha(1+x)^{\alpha-1}$, $f'(0) = \alpha$,

$$f''(x) = \alpha(\alpha-1)(1+x)^{\alpha-2},$$

于是当 $x > -1$ 时, 利用带拉格朗日余项的泰勒公式, 有

$$(1+x)^\alpha = 1 + \alpha x + \frac{\alpha(\alpha-1)}{2}(1+\theta x)^{\alpha-2}x^2, \quad 0 < \theta < 1.$$

注意到当 $x > -1$ 时, $\dfrac{\alpha(\alpha-1)}{2}(1+\theta x)^{\alpha-2}x^2 \geqslant 0$, 且等号仅当 $x = 0$ 时成立, 结论得证.

例 5.3.14 设函数 $f(x)$ 在 $[a,b]$ 上二阶可导, 且 $f''(x) < 0$, 证明: 对任意 $a \leqslant x_1 < x_2 < \cdots < x_n \leqslant b, \lambda_k \geqslant 0, \sum_{k=1}^{n} \lambda_k = 1$, 有

$$f\left(\sum_{k=1}^{n} \lambda_k x_k\right) > \sum_{k=1}^{n} \lambda_k f(x_k).$$

证明　取 $x_0 = \sum_{k=1}^{n} \lambda_k x_k$, 将 $f(x)$ 在 x_0 点作泰勒展开:

$$f(x) = f(x_0) + f'(x_0)(x - x_0) + \frac{f''(\xi)}{2!}(x - x_0)^2,$$

于是

$$f(x_k) = f(x_0) + f'(x_0)(x_k - x_0) + \frac{f''(\xi)}{2!}(x_k - x_0)^2$$

$$< f(x_0) + f'(x_0)(x_k - x_0),$$

$$\sum_{k=1}^{n} \lambda_k f(x_k) < \sum_{k=1}^{n} \lambda_k \left(f(x_0) + f'(x_0)(x_k - x_0) \right)$$

$$= f(x_0) + f'(x_0)\left(\sum_{k=1}^{n} \lambda_k x_k - x_0 \sum_{k=1}^{n} \lambda_k\right) = f(x_0),$$

即

$$f\left(\sum_{k=1}^{n} \lambda_k x_k\right) > \sum_{k=1}^{n} \lambda_k f(x_k).$$

例 5.3.15　设 $f(x)$ 在 $[0,1]$ 上二阶可导, 且 $f(0) = f(1) = 0$, $\max\limits_{0 \leqslant x \leqslant 1} f(x) = 2$. 证明:

$$\min_{0 \leqslant x \leqslant 1} f''(x) \leqslant -16.$$

证明　由题设条件知, 存在 $x_0 \in (0,1)$, 使得 $f(x_0) = 2$, 利用费马定理, 得到 $f'(x_0) = 0$. 将 $f(x)$ 在 x_0 点作泰勒展开:

$$f(x) = f(x_0) + f'(x_0)(x - x_0) + \frac{f''(\xi)}{2!}(x - x_0)^2 = f(x_0) + \frac{f''(\xi)}{2!}(x - x_0)^2,$$

于是

$$f(0) = 2 + \frac{f''(\xi_1)}{2!}(0 - x_0)^2, \quad f(1) = 2 + \frac{f''(\xi_2)}{2!}(1 - x_0)^2,$$

注意到 $f(0) = f(1) = 0$, 所以

$$f''(\xi_1) = -\frac{4}{x_0^2}, \quad f''(\xi_2) = -\frac{4}{(1-x_0)^2},$$

因此

$$\min_{0 \leqslant x \leqslant 1} f''(x) \leqslant \min\{f''(\xi_1), \ f''(\xi_2)\} = \min\left\{-\frac{4}{x_0^2}, \ -\frac{4}{(1-x_0)^2}\right\},$$

而

当 $x_0 \in \left[0, \dfrac{1}{2}\right]$ 时, $\min\left\{-\dfrac{4}{x_0^2}, -\dfrac{4}{(1-x_0)^2}\right\} = -\dfrac{4}{x_0^2} \leqslant -16$;

当 $x_0 \in \left[\dfrac{1}{2}, 1\right]$ 时, $\min\left\{-\dfrac{4}{x_0^2}, -\dfrac{4}{(1-x_0)^2}\right\} = -\dfrac{4}{(1-x_0)^2} \leqslant -16$,

综上所述, 有 $\min\limits_{0 \leqslant x \leqslant 1} f''(x) \leqslant -16$.

3. 近似计算

例 5.3.16 求 e 的近似值, 使得其误差不超过 10^{-5}.

解 由于 $e^x = 1 + x + \dfrac{x^2}{2!} + \cdots + \dfrac{x^n}{n!} + \dfrac{e^{\theta x} x^{n+1}}{(n+1)!}, \quad 0 < \theta < 1.$

令 $x = 1$, 得到

$$e = 1 + 1 + \frac{1}{2!} + \cdots + \frac{1}{n!} + \frac{e^\theta}{(n+1)!}, \quad 0 < \theta < 1,$$

于是, 当我们用 $1 + 1 + \dfrac{1}{2!} + \cdots + \dfrac{1}{n!}$ 作为 e 的近似值时, 对应的误差为 $\dfrac{e^\theta}{(n+1)!}$.

由 $\dfrac{e^\theta}{(n+1)!} < \dfrac{e}{(n+1)!} < \dfrac{3}{(n+1)!} < 10^{-5}$, 得到 $n \geqslant 8$. 取 $n = 8$, 我们有

$$e \approx 1 + 1 + \frac{1}{2!} + \cdots + \frac{1}{n!} \approx 2.71828.$$

下面是一个估计整体逼近的误差的例子.

例 5.3.17 在区间 $[0, \pi]$ 上, 用 9 次多项式

$$x - \frac{x^3}{3!} + \frac{x^5}{5!} - \frac{x^7}{7!} + \frac{x^9}{9!}$$

去逼近函数 $\sin x$, 试求出误差的一个上界.

解　由于

$$\sin x = x - \frac{x^3}{3!} + \frac{x^5}{5!} - \frac{x^7}{7!} + \frac{x^9}{9!} - \frac{\cos\theta x}{11!}x^{11}, \quad 0 < \theta < 1,$$

所以当用 $x - \dfrac{x^3}{3!} + \dfrac{x^5}{5!} - \dfrac{x^7}{7!} + \dfrac{x^9}{9!}$ 去逼近 $\sin x$ 时, 误差为

$$|r_{10}(x)| \leqslant \frac{1}{11!}x^{11} \leqslant \frac{1}{11!}\pi^{11} = 0.00734.$$

在结束本节之前, 我们要指出: 切勿以为只要提高泰勒多项式的次数, 就能不断地改进对函数的逼近的程度. 反例如下: 对于

$$f(x) = \begin{cases} \mathrm{e}^{-\frac{1}{x^2}}, & x \neq 0, \\ 0, & x = 0, \end{cases}$$

显然函数 $f(x)$ 为偶函数, 且在任意点 $x\,(\neq 0)$ 处有任意阶导数. 利用导数的定义以及洛必达法则, 可以证明

$$f^{(n)}(0) = 0, \quad n = 1, 2, \cdots,$$

由此可得: 函数 $f(x)$ 的任意次麦克劳林多项式恒等于零. 因此, 无论怎样提高多项式的次数, 都不能改进它对函数 $f(x)$ 在 $x \neq 0$ 处的逼近程度. 事实上, 此时 n 次麦克劳林多项式 $P_n(x) \equiv 0, \ n = 1, 2, \cdots$, 但是余项 $r_n(x) = f(x) - P_n(x) \equiv f(x)$ 与多项式次数 n 无关.

习　题　5.3

1. 求下列函数在指定点处的带佩亚诺余项的泰勒公式:

(1) $f(x) = \ln x, x_0 = 10$;

(2) $f(x) = \sin x^2, x_0 = 0$;

(3) $f(x) = x^4 - 5x^3 + x^2 - 3x + 4; x_0 = 4$;

(4) $f(x) = (x^2 - 3x + 1)^3, x_0 = 0$;

(5) $f(x) = \sin^3 x, x_0 = 0$;

(6) $f(x) = \dfrac{1}{x^2}, x_0 = -1$;

(7) $f(x) = \dfrac{x}{2 - x - x^2}, x_0 = 0$.

2. 求下列函数在 $x = 0$ 处的带佩亚诺余项的泰勒公式 (展开到指定的 n 次):

(1) $f(x) = \mathrm{e}^{\sin x}$, $n = 4$; 　　　　　(2) $f(x) = \tan x \sin^2 x$, $n = 7$;

(3) $f(x) = \mathrm{e}^{2x - x^2}$, $n = 5$; 　　　　　(4) $f(x) = \dfrac{x}{\mathrm{e}^x - 1}$, $n = 4$;

(5) $f(x) = \ln \cos x, \quad n = 6;$　　　　　　(6) $f(x) = \dfrac{x}{\sin x}, \quad n = 4;$

(7) $f(x) = \sqrt[3]{\sin x^3}, \quad n = 13;$　　　　(8) $f(x) = \ln \dfrac{\sin x}{x}, \quad n = 4.$

3. 求下列函数的极限:

(1) $\lim\limits_{x \to 0} \dfrac{\mathrm{e}^{x^3} - 1 - x^3}{\sin^6 x};$　　　　　　(2) $\lim\limits_{x \to 0} \dfrac{\mathrm{e}^x \sin x - x - x^2}{x^3};$

(3) $\lim\limits_{x \to \infty} \dfrac{1}{x} \left(\dfrac{1}{\tan x} - \dfrac{1}{x} \right);$　　　　(4) $\lim\limits_{x \to +\infty} \left(\sqrt[3]{x^3 - 3x} - \sqrt{x^2 - 2x} \right);$

(5) $\lim\limits_{x \to +\infty} x^{\frac{7}{4}} \left(\sqrt[4]{x+1} + \sqrt[4]{x-1} - 2\sqrt[4]{x} \right);$

(6) $\lim\limits_{x \to +\infty} \left[\left(x^3 - x^2 + \dfrac{x}{2} \right) \mathrm{e}^{\frac{1}{x}} - \sqrt{x^6 - 1} \right];$　　(7) $\lim\limits_{x \to \infty} x^2 \ln \left(x \sin \dfrac{1}{x} \right).$

4. 确定常数 a, b, 使得当 $x \to 0$ 时, $f(x) = (a + b\cos x)\sin x - x$ 为 x 的 5 阶无穷小量.

5. 设函数 $f(x)$ 在 $x = 0$ 的某邻域内二阶可导, 且

$$\lim_{x \to 0} \left(1 + x + \frac{f(x)}{x} \right)^{\frac{1}{x}} = \mathrm{e}^3.$$

(1) 求 $f(0), \ f'(0), \ f''(0);$

(2) 求 $\lim\limits_{x \to 0} \left(1 + x + \dfrac{f(x)}{x} \right)^{\frac{1}{x}}.$

6. 设函数 $f(x)$ 在 $[0, a]$ 上具有二阶导数, 且 $\left| f''(x) \right| \leqslant M$, $f(x)$ 在 $(0, a)$ 上取得最大值. 证明: $\left| f'(0) \right| + \left| f'(a) \right| \leqslant Ma.$

7. 证明不等式:

(1) $x - \dfrac{x^2}{2} \leqslant \ln(1 + x) \leqslant x - \dfrac{x^2}{2} + \dfrac{x^3}{3}, \quad x > 0;$

(2) $(1 + x)^\alpha < 1 + \alpha x + \dfrac{\alpha(\alpha - 1)}{2} x^2, \quad 1 < \alpha < 2, \quad x > 0.$

8. 设 $f(x)$ 在 $[a, b]$ 上有二阶导数, $f'\left(\dfrac{a+b}{2} \right) = 0$, 证明: 存在 $\xi \in (a, b)$, 使得

$$\left| f''(\xi) \right| \geqslant \frac{4}{(b-a)^2} \left| f(b) - f(a) \right|.$$

9. 设 $f(x)$ 在 $[a, b]$ 上有二阶导数, $f'(a) = f'(b) = 0$, 证明: 存在 $\xi \in (a, b)$, 使得

$$\left| f''(\xi) \right| \geqslant \frac{4}{(b-a)^2} \left| f(b) - f(a) \right|.$$

10. 设 $f(x)$ 在 $[0, 1]$ 上具有二阶导数, $f(0) = f(1) = 0$, $\min\limits_{0 \leqslant x \leqslant 1} f(x) = -1$. 证明:

$$\max_{0 \leqslant x \leqslant 1} f''(x) \geqslant 8.$$

11. 设 $f(x)$ 在 a 点某邻域内具有 $n + 2$ 阶连续导数, $f^{(n+2)}(a) \neq 0$, 且

$$f(a + h) = f(a) + f'(a)h + \cdots + \frac{f^{(n)}(a)}{n!} h^{n+1} + \frac{f^{(n+1)}(a + \theta h)}{(n+1)!} h^{n+1}, \quad 0 < \theta < 1.$$

证明: $\displaystyle\lim_{h \to 0} \theta = \frac{1}{n+1}$.

12. 设函数 $f(x)$ 在 $(-\infty, +\infty)$ 上有三阶导数, 并且 $f(x)$ 和 $f'''(x)$ 在 $(-\infty, +\infty)$ 上有界. 证明: $f'(x)$ 和 $f''(x)$ 在 $(-\infty, +\infty)$ 上有界.

13. 设函数 $f(x)$ 在 $(-\infty, +\infty)$ 上有二阶导数, 且

$$M_0 = \sup_{x \in (-\infty, +\infty)} |f(x)| < +\infty, \quad M_2 = \sup_{x \in (-\infty, +\infty)} |f''(x)| < +\infty.$$

证明: $M_1 = \displaystyle\sup_{x \in (-\infty, +\infty)} |f'(x)| < +\infty$, 且 $M_1^2 \leqslant M_0 M_2$.

14. 设 $f(x)$ 在 $[0, +\infty)$ 上有二阶连续可微, 若 $\displaystyle\lim_{x \to +\infty} f(x)$ 存在, 且 $f''(x)$ 在 $[0, +\infty)$ 上有界. 证明: $\displaystyle\lim_{x \to +\infty} f'(x) = 0$.

15. 证明: 在 $(-\infty, +\infty)$ 上二阶可微的函数 $f(x)$ 不可能对于一切 x 同时满足不等式

$$f(x) > 0, \quad f'(x) > 0, \quad f''(x) < 0.$$

5.4　导数的应用

在这一节, 我们将利用导数来研究函数的单调性、极值、最值以及凸性与拐点, 从而根据函数的这些特性, 作出函数的图形.

5.4.1　函数的单调性

作为拉格朗日中值定理的应用, 下面我们来研究如何根据导数的符号来判别函数的单调性.

定理 5.4.1　设函数 $f(x)$ 在区间 I 内可导, 则

(1) $f(x)$ 在区间 I 内单调递增的充分必要条件是: $f'(x) \geqslant 0, \forall x \in I$, 特别, 当 $f'(x) > 0, \forall x \in I$ 时, 有 $f(x)$ 在区间 I 内严格单调递增;

(2) $f(x)$ 在区间 I 内单调递减的充分必要条件是: $f'(x) \leqslant 0, \forall x \in I$, 特别, 当 $f'(x) < 0, \forall x \in I$ 时, 有 $f(x)$ 在区间 I 内严格单调递减.

证明　(1)　**充分性**　设 x_1, x_2 是区间 I 内任意两点, 不妨设 $x_1 < x_2$.

由拉格朗日中值定理, 有

$$f(x_2) - f(x_1) = f'(\xi)(x_2 - x_1), \quad x_1 < \xi < x_2.$$

若 $f'(x) \geqslant 0, \forall x \in I$, 则 $f(x_2) \geqslant f(x_1)$, 这表明 $f(x)$ 在区间 I 内单调递增;

若 $f'(x) > 0, \forall x \in I$, 则 $f(x_2) > f(x_1)$, 即 $f(x)$ 在区间 I 内严格单调递增.

必要性 设 $f(x)$ 在区间 I 内单调递增. 任取 $x \in I$, 取充分小的 $\Delta x > 0$, 使得 $x + \Delta x \in I$, 于是有

$$\frac{f(x + \Delta x) - f(x)}{\Delta x} \geqslant 0,$$

由于函数 $f(x)$ 在区间 I 内可导, 因此有

$$f'(x) = \lim_{\Delta x \to 0} \frac{f(x + \Delta x) - f(x)}{\Delta x} = \lim_{\Delta x \to 0+} \frac{f(x + \Delta x) - f(x)}{\Delta x} \geqslant 0.$$

(2) 的证明是类似的, 留给读者去完成. 证毕

注 若函数 $f(x)$ 在区间 I 中除有限个点外, 都有 $f'(x) > 0$, 则函数 $f(x)$ 在区间 I 中仍严格单调递增. 因此 "$f'(x) > 0$" 是函数 $f(x)$ 在区间 I 中严格单调递增的充分条件, 而非必要条件.

例 5.4.1 证明不等式: $\tan x > x + \dfrac{x^3}{3}$, $0 \leqslant x < \dfrac{\pi}{2}$.

证明 令 $f(x) = \tan x - x - \dfrac{x^3}{3}$, $0 \leqslant x < \dfrac{\pi}{2}$, 则

$$f'(x) = \sec^2 x - 1 - x^2 = \tan^2 x - x^2$$

$$= (\tan x - x)(\tan x + x).$$

再令 $g(x) = \tan x - x$, 则 $g'(x) = \sec^2 x - 1 = \tan^2 x > 0$, $\forall x \in \left(0, \dfrac{\pi}{2}\right)$, 所以 $g(x)$ 在 $\left[0, \dfrac{\pi}{2}\right)$ 上严格单调递增, 又 $g(0) = 0$, 于是

$$g(x) > 0, \quad \forall x \in \left(0, \dfrac{\pi}{2}\right), \quad 即 \quad \tan x > x, \, 0 < x < \dfrac{\pi}{2}.$$

由此得

$$f'(x) > 0, \quad \forall x \in \left(0, \dfrac{\pi}{2}\right),$$

所以, $f(x)$ 在 $\left[0, \dfrac{\pi}{2}\right)$ 上严格单调递增, 又 $f(0) = 0$, 因此 $f(x) > 0, 0 < x < \dfrac{\pi}{2}$, 结论得证.

例 5.4.2 证明不等式:

$$\frac{2}{\pi} x < \sin x < x, \quad 0 < x < \frac{\pi}{2}.$$

证明 设 $f(x) = \dfrac{\sin x}{x}$, $0 < x \leqslant \dfrac{\pi}{2}$, 则

$$f'(x) = \frac{x \cos x - \sin x}{x^2} = \frac{(x - \tan x) \cos x}{x^2} < 0, \quad 0 < x < \frac{\pi}{2},$$

所以 $f(x) = \dfrac{\sin x}{x}$ 在 $\left(0, \dfrac{\pi}{2}\right]$ 上单调递减, 于是

$$\frac{2}{\pi} = f\left(\frac{\pi}{2}\right) < f(x) < \lim_{x \to 0+} f(x) = 1, \quad 0 < x < \frac{\pi}{2},$$

即

$$\frac{2}{\pi}x < \sin x < x, \quad 0 < x < \frac{\pi}{2}.$$

例 5.4.3 设函数 $f(x)$ 在 $[0, +\infty)$ 可导, 且满足

$$0 \leqslant f'(x) \leqslant f(x), \quad f(0) = 0.$$

证明 $f(x) \equiv 0, \ \forall x \in [0, +\infty)$.

证明 由于 $\left(e^{-x}f(x)\right)' = e^{-x}\left(f'(x) - f(x)\right) \leqslant 0$, 所以 $e^{-x}f(x)$ 在 $[0, +\infty)$ 上单调递减, 而 $e^{-0}f(0) = 0$, 于是 $e^{-x}f(x) \leqslant 0, \ x \in [0, +\infty)$, 从而 $f(x) \leqslant 0$.

再由题目条件知 $f(x) \geqslant 0$, 综上得

$$f(x) \equiv 0, \quad \forall x \in [0, +\infty).$$

例 5.4.4 设 a, b 为实数, 证明不等式:

$$\frac{|a+b|}{1+|a+b|} \leqslant \frac{|a|}{1+|a|} + \frac{|b|}{1+|b|}.$$

证明 设 $f(x) = \dfrac{x}{1+x}$, 则 $f'(x) = \dfrac{1}{(1+x)^2} > 0, \ \forall x \in (0, +\infty)$, 所以 $f(x)$ 在 $[0, +\infty)$ 上单调递增, 由于 $|a+b| \leqslant |a| + |b|$, 于是

$$\frac{|a+b|}{1+|a+b|} \leqslant \frac{|a|+|b|}{1+|a|+|b|}$$
$$= \frac{|a|}{1+|a|+|b|} + \frac{|b|}{1+|a|+|b|}$$
$$\leqslant \frac{|a|}{1+|a|} + \frac{|b|}{1+|b|}.$$

5.4.2　函数的极值

费马定理告诉我们: 若函数 $f(x)$ 在点 x_0 处可导, 且 x_0 是 $f(x)$ 的极值点, 则 $f'(x_0) = 0$, 即可导函数的极值点一定是驻点 (导数为零的点), 但驻点不一定是极值点.

根据极值的定义, 显然函数 $f(x) = |x|$ 在 $x = 0$ 处取得极小值, 但它在 $x = 0$ 处不可导.

上面的分析表明: 函数的极值点既可能是驻点, 也可能是导数不存在的点. 很自然会提出一个问题: 驻点或导数不存在的点在什么样的条件下就一定是极值点呢? 下面的定理回答了这个问题.

定理 5.4.2 设 $f(x)$ 在点 x_0 处连续, 在某去心邻域 $O(x_0, \delta) \backslash \{x_0\}$ 内可导.

(1) 若当 $x_0 - \delta < x < x_0$ 时, 有 $f'(x) \geqslant 0$, 而当 $x_0 < x < x_0 + \delta$ 时, 有 $f'(x) \leqslant 0$, 则函数 $f(x)$ 在点 x_0 处取极大值;

(2) 若当 $x_0 - \delta < x < x_0$ 时, 有 $f'(x) \leqslant 0$, 而当 $x_0 < x < x_0 + \delta$ 时, 有 $f'(x) \geqslant 0$, 则函数 $f(x)$ 在点 x_0 处取极小值;

(3) 若 $f'(x)$ 在 $(x_0 - \delta, x_0)$ 与 $(x_0, x_0 + \delta)$ 上不变号, 则 x_0 不是 $f(x)$ 的极值点.

定理的几何意义十分明显, 证明留给读者去完成.

例 5.4.5 求函数 $f(x) = x \sqrt[3]{(x-5)^2}$ 的极值.

解 函数 $f(x)$ 在 $(-\infty, +\infty)$ 上连续, 当 $x \neq 5$ 时, 有

$$f'(x) = \sqrt[3]{(x-5)^2} + \frac{2}{3}x(x-5)^{-\frac{1}{3}} = \frac{5(x-3)}{3(x-5)^{\frac{1}{3}}},$$

令 $f'(x) = 0$ 得驻点 $x = 3$. 由于

当 $x \in (-\infty, 3)$ 时, 有 $f'(x) > 0$;

当 $x \in (3, 5)$ 时, 有 $f'(x) < 0$;

当 $x \in (5, +\infty)$ 时, 有 $f'(x) > 0$,

所以 $f(x)$ 在 $x = 3$ 处有极大值 $f(3) = 3\sqrt[3]{4}$, 在 $x = 5$ 处有极小值 $f(5) = 0$.

定理 5.4.3 设函数 $f(x)$ 在 x_0 处 n 阶可导, $f(x_0) = f'(x_0) = \cdots = f^{(n-1)}(x_0) = 0$, 且 $f^{(n)}(x_0) \neq 0$, 则

(1) 当 n 为奇数时, x_0 不是极值点;

(2) 当 n 为偶数且 $f^{(n)}(x_0) > 0$ 时, x_0 是极小值点;

(3) 当 n 为偶数且 $f^{(n)}(x_0) < 0$ 时, x_0 是极大值点.

证明 利用函数 $f(x)$ 在点 x_0 处带佩亚诺余项的泰勒公式, 有

$$f(x) = f(x_0) + f'(x_0)(x - x_0) + \cdots + \frac{f^{(n)}(x_0)}{n!}(x - x_0)^n + o\left((x - x_0)^n\right),$$

由于 $f(x_0) = f'(x_0) = \cdots = f^{(n-1)}(x_0) = 0$, 得到

$$f(x) - f(x_0) = \frac{f^{(n)}(x_0)}{n!}(x - x_0)^n + o\left((x - x_0)^n\right)$$

$$= \left(\frac{f^{(n)}(x_0)}{n!} + o(1) \right) (x - x_0)^n.$$

由于

$$\lim_{x \to x_0} \left(\frac{f^{(n)}(x_0)}{n!} + o(1) \right) = \frac{f^{(n)}(x_0)}{n!},$$

因此存在 $\delta > 0$, 使得当 $x \in o(x_0, \delta)$ 时, $\dfrac{f^{(n)}(x_0)}{n!} + o(1)$ 与 $\dfrac{f^{(n)}(x_0)}{n!}$ 同号.

(1) 当 n 为奇数时, 注意到 $f(x) - f(x_0)$ 在 $o(x_0, \delta)$ 内变号, 因此 x_0 不是极值点;

(2) 当 n 为偶数且 $f^{(n)}(x_0) > 0$ 时, 注意到 $f(x) - f(x_0) \geqslant 0, \forall x \in o(x_0, \delta)$, 因此 $f(x)$ 在 x_0 处取极小值;

(3) 当 n 为偶数且 $f^{(n)}(x_0) < 0$ 时, 注意到 $f(x) - f(x_0) \leqslant 0, \forall x \in o(x_0, \delta)$, 因此 $f(x)$ 在 x_0 处取极大值.   证毕

推论 设函数 $f(x)$ 在 x_0 处二阶可导, $f(x_0) = 0, f''(x_0) \neq 0$, 则

(1) 若 $f''(x_0) > 0$, 则 $f(x)$ 在 x_0 处取极小值;

(2) 若 $f''(x_0) < 0$, 则 $f(x)$ 在 x_0 处取极大值.

例 5.4.6 求函数 $f(x) = (x^2 - 1)^3 + 1$ 的极值.

解 函数 $f(x)$ 的定义域为 $(-\infty, +\infty)$,

$$f'(x) = 6x(x^2 - 1)^2, \quad f''(x) = 6(x^2 - 1)^2(5x^2 - 1).$$

令 $f'(x) = 0$ 得驻点: $x = -1, x = 0$ 和 $x = 1$. 由于 $f''(0) = 6 > 0$, 所以 $f(0) = 0$ 为极小值. 由于 $f''(\pm 1) = 0$, 不能用定理 5.4.3 来判别极值.

但由于 $f'(x)$ 在 $x = -1$ 与 $x = 1$ 的左、右侧不变号, 故 $f(-1)$ 与 $f(1)$ 都不是极值.

5.4.3 函数的最值

求函数的最大值和最小值问题, 在现实生活中经常会遇到, 下面我们就来讨论这类问题.

函数的最大值和最小值, 统称为函数的**最值**, 使函数取到最大值 (或最小值) 的点称为函数的最大值点 (或最小值点), 最大值点或最小值点统称为**最值点**.

若函数 $f(x)$ 在闭区间 $[a, b]$ 上连续, 则必有最大值和最小值. 最值可能在区间的端点取得, 也可能在开区间 (a, b) 内取得, 此时最值一定是极值. 注意到极值可能在驻点取得, 也可能在导数不存在的点取得, 因此我们得到闭区间上连续函数最值的求法如下:

(1) 找出 $f(x)$ 在 (a, b) 内所有驻点和导数不存在的点, 记为 $x_1, x_2, \cdots, x_n$;

(2) 计算 $f(a), f(b), f(x_k), k = 1, 2, \cdots, n$;

(3) 最大值 $M = \max\{f(a), f(b), f(x_1), \cdots, f(x_n)\}$, 最小值$m = \min\{f(a), f(b), f(x_1), \cdots, f(x_n)\}$.

例 5.4.7 求函数 $f(x) = |2x^3 - 9x^2 + 12x|$ 在 $[-1, 3]$ 上的最大值和最小值.

解 $f(x)$ 在 $[-1, 3]$ 上连续, 故最大值和最小值必存在.

由于 $2x^3 - 9x^2 + 12x = x\left[2\left(x - \dfrac{9}{4}\right)^2 + \dfrac{15}{8}\right]$, 因此

$$f(x) = (2x^3 - 9x^2 + 12x)\,\mathrm{sgn}x = \begin{cases} -2x^3 + 9x^2 - 12x, & -1 \leqslant x \leqslant 0, \\ 2x^3 - 9x^2 + 12x, & 0 < x \leqslant 3. \end{cases}$$

分别求出 $f(x)$ 在 $[-1, 0]$ 和 $[0, 3]$ 上的最大值和最小值, 再比较.

由于 $(2x^3 - 9x^2 + 12x)' = 6(x-1)(x-2)$, 所以 $f(x)$ 在 $[-1, 0]$ 上无驻点, 在 $[0, 3]$ 上驻点为 $x_1 = 1, x_2 = 2$.

$$f(-1) = 23, \quad f(0) = 0, \quad f(1) = 5, \quad f(2) = 4, \quad f(3) = 9,$$

比较上述各函数值, 即得最大值为 $f(-1) = 23$, 最小值为 $f(0) = 0$.

例 5.4.8 用铁皮做一个圆柱形无盖铁桶, 容积一定, 设为 V_0. 问铁桶的底半径与高的比例为多少时, 才能使用料最省?

解 设铁桶的底半径为 r, 高为 h, 则所需铁皮的面积为

$$s = \pi r^2 + 2\pi r h.$$

由题设条件: $V_0 = \pi r^2 h$, 得 $h = \dfrac{V_0}{\pi r^2}$, 于是所需铁皮的面积

$$s(r) = \pi r^2 + \frac{2V_0}{r}, \quad 0 < r < +\infty.$$

因此问题转化为求函数 $s(r)$ 在 $(0, +\infty)$ 上的最小值.

$$s'(r) = 2\pi r - \frac{2V_0}{r^2}.$$

令 $s'(r) = 0$, 得到唯一的驻点 $r_0 = \sqrt[3]{\dfrac{V_0}{\pi}}$.

又由实际问题本身可知: $s(r)$ 在 $(0, +\infty)$ 上最小值一定存在, 则 $r_0 = \sqrt[3]{\dfrac{V_0}{\pi}}$ 必为最小值点, 此时有 $h = \left.\dfrac{V_0}{\pi r^2}\right|_{r=r_0} = r_0$, 即当底半径 r 与高 h 相等时, 用料最省.

5.4.4　函数的凸性与拐点

讨论函数 $y = f(x)$ 的性态, 仅仅知道函数 $y = f(x)$ 在区间 I 上严格单调还不够, 因为函数 $y = f(x)$ 在区间 I 上严格单调还有不同的方式. 为此, 我们先来分析函数

$$y = x^2 \quad \text{和} \quad y = \sqrt{x}$$

在 $(0, +\infty)$ 内的图像. 虽然这两个函数都在 $(0, +\infty)$ 内单调递增, 但函数图形弯曲的方向不同. 直观来讲, $y = x^2$ 的图像是下凸的, 而曲线 $y = \sqrt{x}$ 的图像是上凸的 (图 5.4.1).

曲线 $y = f(x)$ 在区间 I 上下凸的特征是: 曲线 $y = f(x)$ 上任意两点间的弧段总是位于这两点间连线的下方, 即对任意 $x_1, x_2 \in I$, 且 $x_1 < x_2$, 曲线 $y = f(x)$ 上任意两点 $A(x_1, f(x_1))$ 与 $B(x_2, f(x_2))$ 之间的弧段 $\widehat{AB}$ 位于弦 $\overline{AB}$ 的下方 (图 5.4.2). 曲线 $y = f(x)$ 在区间 I 上上凸的特征, 恰好与此相反, 曲线 $y = f(x)$ 上任意两点间的弧段总是位于这两点间连线的上方, 即对任意 $x_1, x_2 \in I$, 且 $x_1 < x_2$, 曲线 $y = f(x)$ 上任意两点 $A(x_1, f(x_1))$ 与 $B(x_2, f(x_2))$ 之间的弧段 $\widehat{AB}$ 位于弦 $\overline{AB}$ 的上方 (图 5.4.3).

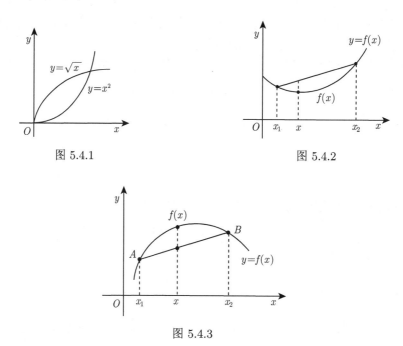

图 5.4.1　　　　　　　　　　　　图 5.4.2

图 5.4.3

那么如何严格来描述函数的凸性呢? 以下以凸函数 $f(x)$ 为例, 对于曲线 $y = f(x)$ 上任意两个不同的点 $(x_1, f(x_1))$ 和 $(x_2, f(x_2))$, 连接两点的弦总位于曲线的

上方, 而弦所在的直线方程为

$$g(x) = f(x_1) + \frac{f(x_2) - f(x_1)}{x_2 - x_1}(x - x_1),$$

x_1 与 x_2 之间的任意点可以表示为

$$x = \lambda x_1 + (1 - \lambda)x_2, \quad 0 < \lambda < 1,$$

因此弦在曲线的上方可以用分析语言表示为

$$f(\lambda x_1 + (1 - \lambda)x_2) \leqslant g(\lambda x_1 + (1 - \lambda)x_2),$$

整理得到

$$f(\lambda x_1 + (1 - \lambda)x_2) \leqslant \lambda f(x_1) + (1 - \lambda)f(x_2),$$

这启发我们给出函数凸性的概念.

定义 5.4.1 设函数 $f(x)$ 在区间 I 上有定义. 若对任意 $x_1, x_2 \in I$ 和 $\lambda \in (0, 1)$, 都有

$$f(\lambda x_1 + (1 - \lambda)x_2) \leqslant \lambda f(x_1) + (1 - \lambda)f(x_2),$$

则称 $f(x)$ 是区间 I 上的**下凸函数**, 或简称函数 $f(x)$ 在区间 I 上是下凸; 若不等号严格成立, 则称 $f(x)$ 是区间 I 上的**严格下凸函数**, 或简称函数 $f(x)$ 在区间 I 上是严格下凸.

若将上述定义中的不等号 "$\leqslant$ (或 $<$)" 改为 "$\geqslant$ (或 $>$)", 就得到**上凸** (或**严格上凸**) 函数的定义.

注 $f(x)$ 是区间 I 上的下凸函数当且仅当 $-f(x)$ 是区间 I 上的上凸函数.

下面只讨论下凸函数, 先给出下凸函数的一个等价条件.

定理 5.4.4 函数 $f(x)$ 为区间 I 上的下凸函数的充要条件是对 I 中任意三点 $x_1 < x_2 < x_3$, 有

$$\frac{f(x_2) - f(x_1)}{x_2 - x_1} \leqslant \frac{f(x_3) - f(x_2)}{x_3 - x_2}.$$

证明 由于

$$\frac{f(x_2) - f(x_1)}{x_2 - x_1} \leqslant \frac{f(x_3) - f(x_2)}{x_3 - x_2}$$

$$\Leftrightarrow (x_3 - x_2)(f(x_2) - f(x_1)) \leqslant (x_2 - x_1)(f(x_3) - f(x_2))$$

$$\Leftrightarrow (x_3 - x_2)f(x_2) + (x_2 - x_1)f(x_2) \leqslant (x_3 - x_2)f(x_1) + (x_2 - x_1)f(x_3)$$

$$\Leftrightarrow f(x_2) \leqslant \frac{x_3 - x_2}{x_3 - x_1} f(x_1) + \frac{x_2 - x_1}{x_3 - x_1} f(x_3).$$

令 $\lambda = \dfrac{x_3 - x_2}{x_3 - x_1}$, 则 $0 < \lambda < 1$ 且 $1 - \lambda = \dfrac{x_2 - x_1}{x_3 - x_1}$, $x_2 = \lambda x_1 + (1 - \lambda)x_3$, 代入上式得

$$f\left(\lambda x_1 + (1 - \lambda)x_3\right) \leqslant \lambda f(x_1) + (1 - \lambda)f(x_3),$$

这就证明了定理的结论.   证毕

定理 5.4.4 的几何意义: 任取 $x_1 < x_2 < x_3$, 对应于曲线上三点: $P_i\left(x_i, f(x_i)\right)$, $i = 1, 2, 3$, 则 $f(x)$ 为区间 I 上的下凸函数当且仅当 $P_1 P_2$ 的斜率小于或等于 $P_2 P_3$ 的斜率 (图 5.4.4).

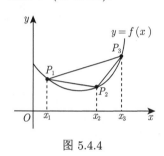

图 5.4.4

定理 5.4.5 设函数 $f(x)$ 在 $[a, b]$ 上连续, 在 (a, b) 内可导, 则 $f(x)$ 在 $[a, b]$ 为下凸函数的充分必要条件是 $f'(x)$ 在 (a, b) 上单调递增.

证明 充分性 对 $[a, b]$ 中任意三点 x_1, x_2, x_3, 当 $x_1 < x_2 < x_3$ 时, 利用拉格朗日中值定理, 有

$$\frac{f(x_2) - f(x_1)}{x_2 - x_1} = f'(\xi_1), \quad \xi_1 \in (x_1, x_2),$$

$$\frac{f(x_3) - f(x_2)}{x_3 - x_2} = f'(\xi_2), \quad \xi_2 \in (x_2, x_3).$$

因为 $\xi_1 < \xi_2$, 而 $f'(x)$ 在区间 $[a, b]$ 上单调递增, 所以

$$f'(\xi_1) \leqslant f'(\xi_2),$$

即

$$\frac{f(x_2) - f(x_1)}{x_2 - x_1} \leqslant \frac{f(x_3) - f(x_2)}{x_3 - x_2}.$$

由定理 5.4.4, 函数 $f(x)$ 为 $[a, b]$ 上的下凸函数.

必要性 对任意 $x_1, x_2 \in (a, b)$, $x_1 < x_2$, 下证: $f'(x_1) \leqslant f'(x_2)$.

取 $h > 0$, 使得 $x_1 - h, x_2 + h \in (a, b)$, 则由定理 5.4.4, 有

$$\frac{f(x_1) - f(x_1 - h)}{h} \leqslant \frac{f(x_2) - f(x_1)}{x_2 - x_1} \leqslant \frac{f(x_2 + h) - f(x_2)}{h}.$$

在上式中令 $h \to 0+$, 得到

$$f'(x_1) \leqslant \frac{f(x_2) - f(x_1)}{x_2 - x_1} \leqslant f'(x_2),$$

这表明导函数 $f'(x)$ 在 $[a, b]$ 上单调递增.   证毕

推论 设函数 $f(x)$ 在 $[a,b]$ 上连续, 在 (a,b) 内二阶可导, 则 $f(x)$ 在 $[a,b]$ 上为下凸函数的充分必要条件是对任意 $x \in (a,b)$, 均有 $f''(x) \geqslant 0$.

从下凸函数的定义出发, 利用数学归纳法, 可以证明如下结论.

定理 5.4.6(詹森 (Jensen) 不等式) 设 $f(x)$ 为区间 I 的下凸 (或上凸) 函数, 则对任意的 $x_1, x_2, \cdots, x_n \in I$,

$$\sum_{k=1}^{n} \lambda_k = 1 \quad (\lambda_k > 0),$$

有

$$f\left(\sum_{k=1}^{n} \lambda_k x_k\right) \leqslant \sum_{k=1}^{n} \lambda_k f(x_k) \quad \left(\text{或 } f\left(\sum_{k=1}^{n} \lambda_k x_k\right) \geqslant \sum_{k=1}^{n} \lambda_k f(x_k)\right).$$

特别地, 取 $\lambda_i = \dfrac{1}{n}$, $i = 1, 2, \cdots, n$, 得到

$$f\left(\frac{1}{n}\sum_{k=1}^{n} x_k\right) \leqslant \frac{1}{n}\sum_{k=1}^{n} f(x_k) \quad \left(\text{或 } f\left(\frac{1}{n}\sum_{k=1}^{n} x_k\right) \geqslant \frac{1}{n}\sum_{k=1}^{n} f(x_k)\right).$$

定理的证明作为练习, 请读者去完成. 事实上, 在例 5.3.14 中, 利用 Taylor 公式, 我们给出了上述其中一个不等式的证明.

例 5.4.9 证明: 对任意 $a, b > 0$, 有

$$a\ln a + b\ln b \geqslant (a+b)[\ln(a+b) - \ln 2].$$

证明 令 $f(x) = x\ln x$, 则 $f'(x) = 1 + \ln x$, $f''(x) = \dfrac{1}{x} > 0$, $\forall x \in (0, +\infty)$, 于是 $f(x)$ 在 $(0, +\infty)$ 上是严格下凸函数. 因此, 根据下凸函数的定义, 对任意 $a, b > 0$, 有

$$\frac{f(a) + f(b)}{2} \geqslant f\left(\frac{a+b}{2}\right),$$

即

$$\frac{a\ln a + b\ln b}{2} \geqslant \frac{a+b}{2}\ln\frac{a+b}{2},$$

变形即得要证的不等式.

例 5.4.10 利用凸函数的性质, 证明均值不等式: 对任意 n 个正数 $x_1, x_2, \cdots, x_n$, 有

$$\frac{x_1 + x_2 + \cdots + x_n}{n} \geqslant \sqrt[n]{x_1 x_2 \cdots x_n}.$$

证明 设 $f(x) = \ln x$, 则 $f'(x) = \dfrac{1}{x}, f''(x) = -\dfrac{1}{x^2} < 0, \forall x \in (0, +\infty)$, 于是 $f(x)$ 在 $(0, +\infty)$ 上是严格上凸函数. 由詹森不等式得, 对任意 n 个正数 $x_1, x_2, \cdots, x_n$, 有

$$\ln\left(\frac{x_1 + x_2 + \cdots + x_n}{n}\right) \geqslant \frac{\ln x_1 + \ln x_2 + \cdots + \ln x_n}{n} = \ln \sqrt[n]{x_1 x_2 \cdots x_n},$$

由此得

$$\frac{x_1 + x_2 + \cdots + x_n}{n} \geqslant \sqrt[n]{x_1 x_2 \cdots x_n}.$$

例 5.4.11 设 $a, b \geqslant 0$, p, q 为满足 $\dfrac{1}{p} + \dfrac{1}{q} = 1$ 的正数. 证明

$$ab \leqslant \frac{1}{p}a^p + \frac{1}{q}b^q.$$

证明 当 a, b 中有一个为 0 时, 结论显然成立.

下证: 当 $a > 0, b > 0$ 时, 结论也成立.

设 $f(x) = \ln x$, 则 $f(x)$ 在 $(0, +\infty)$ 上是严格上凸. 由上凸函数的定义, 有

$$\frac{1}{p}f(a^p) + \frac{1}{q}f(b^q) \leqslant f\left(\frac{1}{p}a^p + \frac{1}{q}b^q\right),$$

化简得

$$\ln(ab) \leqslant \ln\left(\frac{1}{p}a^p + \frac{1}{q}b^q\right),$$

因此

$$ab \leqslant \frac{1}{p}a^p + \frac{1}{q}b^q.$$

定义 5.4.2 设函数 $f(x)$ 在 x_0 处连续. 若曲线 $y = f(x)$ 在点 $(x_0, f(x_0))$ 的近旁两侧分别为上凸和下凸, 则称点 $(x_0, f(x_0))$ 为曲线 $y = f(x)$ 的**拐点**.

从定义可知, 拐点是曲线 $y = f(x)$ 上凸和下凸的分界点.

定理 5.4.7 若 $(x_0, f(x_0))$ 为曲线 $y = f(x)$ 的拐点, 且 $f''(x_0)$ 存在, 则

$$f''(x_0) = 0.$$

证明 由 $f''(x_0)$ 存在知, 函数 $f(x)$ 在 x_0 的近旁可导, 且 $f'(x)$ 在 x_0 处连续.

又由于 $(x_0, f(x_0))$ 为曲线 $y = f(x)$ 的拐点, 所以由定理 5.4.5 知, $f'(x)$ 在 x_0 两侧近旁的单调性相反, 因此 x_0 是 $f'(x)$ 的极值点, 由费马定理知, $f''(x_0) = 0$.

证毕

这个定理说明: 若 $(x_0, f(x_0))$ 为曲线 $y = f(x)$ 的拐点, 则 $f''(x_0) = 0$ 或者 $f''(x_0)$ 不存在.

如何判别上述这些点是否确为拐点呢? 根据上面的讨论易知, 求曲线 $y = f(x)$ 的拐点, 可转化为求导函数 $f'(x)$ 的极值点, 因此我们有下面结论.

定理 5.4.8 设函数 $f(x)$ 在区间 I 上连续, $(x_0 - \delta, x_0 + \delta) \subset I$, 且 $f(x)$ 在 $(x_0 - \delta, x_0)$ 与 $(x_0, x_0 + \delta)$ 上二阶可导.

(1) 若 $f''(x)$ 在 $(x_0 - \delta, x_0)$ 与 $(x_0, x_0 + \delta)$ 上符号相反, 则 $(x_0, f(x_0))$ 是曲线 $y = f(x)$ 的拐点;

(2) 若 $f''(x)$ 在 $(x_0 - \delta, x_0)$ 与 $(x_0, x_0 + \delta)$ 上符号相同, 则 $(x_0, f(x_0))$ 不是曲线 $y = f(x)$ 的拐点.

定理的结论是显然的, 证明留给读者去完成.

例 5.4.12 求曲线 $y = \frac{1}{3}x \sqrt[3]{(x-5)^2}$ 的拐点.

解 直接计算得到

$$y' = \frac{5}{9}(x-3)(x-5)^{-\frac{1}{3}}, \quad y'' = \frac{10}{27} \cdot \frac{x-6}{(x-5)^{\frac{4}{3}}}.$$

当 $x < 6$ 且 $x \ne 5$ 时, $y'' < 0$, 故在 $(-\infty, 5)$ 与 $(5, 6)$ 上, 曲线是上凸;

当 $x > 6$ 时, $y'' > 0$, 故在 $(6, +\infty)$ 上, 曲线是下凸.

由于当 $x = 6$ 时, $y = 2$, 故曲线的拐点为 $(6, 2)$.

5.4.5 渐近线

定义 5.4.3 若曲线 $C: y = f(x)$ 上的动点 P 到某一固定直线 $L: y = ax+b$ 的距离在 $x \to +\infty$ 或 $x \to -\infty$ 时无限趋于零 (图 5.4.5), 则称直线 L 是曲线 C 的一条**非垂直渐近线**.

当 $k = 0$ 时, 直线 $y = b$ 称为曲线 $y = f(x)$ 的一条水平渐近线;

当 $k \ne 0$ 时, 直线 $y = kx + b$ 称为曲线 $y = f(x)$ 的一条斜渐近线.

非垂直渐近线包含水平渐近线与斜渐近线.

1) 水平渐近线

若 $\lim\limits_{x \to +\infty} f(x) = A$, 或 $\lim\limits_{x \to -\infty} f(x) = A$, 则直线 $y = A$ 是曲线 $y = f(x)$ 的一条水平渐近线.

例如, 对于曲线 $y = \frac{1}{x}$, 由于 $\lim\limits_{x \to \infty} \frac{1}{x} = 0$, 所以曲线 $y = \frac{1}{x}$ 有水平渐近线 $y = 0$.

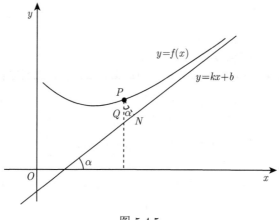

图 5.4.5

2) 斜渐近线

若曲线有斜渐近线 $y = kx + b$, 由点到直线的距离公式知, 曲线 $y = f(x)$ 上的点 $(x, f(x))$ 到直线 $y = kx + b$ 的距离为

$$|PN| = \frac{|f(x) - kx - b|}{\sqrt{1 + k^2}},$$

根据渐近线定义, 有

$$\lim_{x \to +\infty} \frac{|f(x) - kx - b|}{\sqrt{1 + k^2}} = 0 \quad \left(或 \lim_{x \to -\infty} \frac{|f(x) - kx - b|}{\sqrt{1 + k^2}} = 0 \right).$$

这等价于 $\lim\limits_{x \to +\infty} (f(x) - kx - b) = 0 \left(或 \lim\limits_{x \to -\infty} (f(x) - kx - b) = 0 \right)$.

因此

$$k = \lim_{x \to +\infty} \frac{f(x)}{x} \quad \left(或 k = \lim_{x \to -\infty} \frac{f(x)}{x} \right),$$

$$b = \lim_{x \to +\infty} (f(x) - kx) \quad \left(或 b = \lim_{x \to -\infty} (f(x) - kx) \right).$$

下面考虑垂直渐近线.

3) 垂直渐近线

定义 5.4.4　若 $\lim\limits_{x \to x_0+} f(x) = \infty \left(或 \lim\limits_{x \to x_0-} f(x) = \infty \right)$, 则称直线 $x = x_0$ 是曲线 $y = f(x)$ 的一条垂直渐近线.

对于曲线 $y = \dfrac{1}{x}$, 因为 $\lim\limits_{x \to 0} \dfrac{1}{x} = \infty$, 所以直线 $x = 0$ 是曲线 $y = \dfrac{1}{x}$ 的一条垂直渐近线.

对于曲线 $y = \tan x$, 由于 $\lim\limits_{x \to \frac{\pi}{2}} \tan x = \infty$, 因此直线 $x = \dfrac{\pi}{2}$ 是曲线 $y = \tan x$ 的一条垂直渐近线.

注 通过以上分析, 求曲线 $y = f(x)$ 的渐近线方程, 其本质就是求函数的极限.

例 5.4.13 求曲线 $y = \dfrac{(x-3)^2}{2(x-1)}$ 的渐近线.

解 由于 $\lim\limits_{x \to 1} \dfrac{(x-3)^2}{2(x-1)} = \infty$, 所以直线 $x = 1$ 是曲线的一条垂直渐近线.

因为

$$k = \lim_{x \to \infty} \frac{y}{x} = \lim_{x \to \infty} \frac{(x-3)^2}{2x(x-1)} = \frac{1}{2},$$

$$b = \lim_{x \to \infty} \left(\frac{(x-3)^2}{2(x-1)} - \frac{1}{2}x \right) = -\frac{5}{2},$$

所以, 直线 $y = \dfrac{1}{2}x - \dfrac{5}{2}$ 是曲线的一条斜渐近线.

5.4.6 函数作图

在解决实际问题时, 经常需要描绘出函数的图形, 它对我们分析问题和解决问题有很大帮助.

最基本的作图方法是描点法, 计算机就是用此方法作出函数的图形. 例如, 要描绘出函数 $y = f(x)$ 在 $[a, b]$ 上的图形, 先用一组分点把 $[a, b]$ 分成若干个小区间, 在每个分点 x_i 上计算 $f(x_i)$, 然后描出点 $(x_i, f(x_i))$, 最后用光滑曲线将各点连起来, 得到函数的大致图形.

但是手工作图不能采取这种方法, 因为这样做, 计算量太大. 但是, 我们可以借助一阶导数的符号, 确定函数图形在哪个区间上单调递增, 在哪个区间上单调递减; 借助二阶导数的符号, 确定函数的图形在哪个区间上为下凸, 在哪个区间上为上凸, 在什么位置有拐点. 知道了函数图形的单调性、凸性和拐点以及曲线的渐近线后, 就可以较好地掌握函数的性态, 从而把函数的图形画得比较准确, 具体步骤如下:

(1) 求出函数的定义域;

(2) 研究函数的奇偶性、周期性;

(3) 计算 $f'(x)$, 并确定函数的单调区间以及极值点;

(4) 计算 $f''(x)$, 并确定函数的下凸、上凸区间以及拐点;

(5) 求出曲线的渐近线;

(6) 计算一些重要点 (如 $f'(x), f''(x)$ 的零点以及导数不存在的点) 的函数值, 定出对应的点;

(7) 用光滑曲线连接这些点, 结合函数的性质以及变化趋势, 画出函数的图形.

例 5.4.14　作出函数 $y = \dfrac{1}{\sqrt{2\pi}} \mathrm{e}^{-\frac{x^2}{2}}$ 的图形.

解　(1) 函数 $f(x) = \dfrac{1}{\sqrt{2\pi}} \mathrm{e}^{-\frac{x^2}{2}}$ 的定义域为 $(-\infty, +\infty)$, 且为偶函数, 其图形关于 y 轴对称, 下面我们只讨论它在 $[0, +\infty)$ 上的图形.

(2) $f'(x) = -\dfrac{1}{\sqrt{2\pi}} x \mathrm{e}^{-\frac{x^2}{2}}$, $f''(x) = \dfrac{1}{\sqrt{2\pi}} \mathrm{e}^{-\frac{x^2}{2}} \left(x^2 - 1 \right)$.

(3) 在 $[0, +\infty)$ 上, 令 $f'(x) = 0$ 得 $x = 0$, 令 $f''(x) = 0$ 得 $x = 1$. 用点 $x = 1$ 把 $[0, +\infty)$ 划分成两个区间 $[0, 1]$ 和 $[1, +\infty)$.

(4) 在 $(0, 1)$ 内, $f'(x) < 0, f''(x) < 0$, 所以函数在 $[0, 1]$ 上单调递减且为上凸.

在 $[1, +\infty)$ 内, $f'(x) < 0, f''(x) > 0$, 所以函数在 $[1, +\infty)$ 上单调递减且为下凸.

为明确起见, 我们把所得结果列表如下:

x	0	$(0, 1)$	1	$(1, +\infty)$
$f'(x)$	0	$-$	$-$	$-$
$f''(x)$	$-$	$-$	0	$+$
$f(x)$		↘	拐点 $(1, f(1))$	↘

(5) 由于 $\lim\limits_{x \to \infty} f(x) = 0$, 所以直线 $y = 0$ 为函数图形的一条水平渐近线.

(6) 直接计算得 $f(0) = \dfrac{1}{\sqrt{2\pi}}$, $f(1) = \dfrac{1}{\sqrt{2\pi \mathrm{e}}}$, 从而得到函数

$$y = \dfrac{1}{\sqrt{2\pi}} \mathrm{e}^{-\frac{x^2}{2}}.$$

图形上两个点 $P_1 \left(0, \dfrac{1}{\sqrt{2\pi}} \right)$, $P_2 \left(1, \dfrac{1}{\sqrt{2\pi \mathrm{e}}} \right)$.

根据上面的分析, 大致画出函数 $y = \dfrac{1}{\sqrt{2\pi}} \mathrm{e}^{-\frac{x^2}{2}}$ 在 $[0, +\infty)$ 的图形, 再由对称性, 得到函数在 $(-\infty, +\infty)$ 上的图形 (图 5.4.6).

例 5.4.15 作出函数 $y = \dfrac{2x}{1+x^2}$ 的图形.

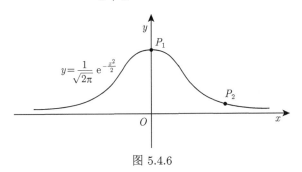

图 5.4.6

解 (1) 函数的定义域为 $(-\infty, +\infty)$. 由于函数为奇函数, 其图形关于坐标原点对称, 因此我们只讨论它在 $[0, +\infty)$ 上的图形.

(2) $$y' = \frac{2(1-x^2)}{(1+x^2)^2}, \qquad y'' = \frac{4x(x^2-3)}{(1+x^2)^3},$$

令 $y' = 0$, 得驻点 $x = \pm 1$, 令 $y'' = 0, x = 0, \pm\sqrt{3}$.

利用 $x = 0, 1, \sqrt{3}$ 把 $[0, +\infty)$ 分成三个部分区间:

$$[0, 1], \quad [1, \sqrt{3}], \quad [\sqrt{3}, +\infty).$$

(3) 把函数在各个部分区间上的单调性、凸性及拐点等结果, 列表如下:

x	0	$(0,1)$	1	$(1,\sqrt{3})$	$\sqrt{3}$	$(\sqrt{3}, +\infty)$
$f'(x)$	+	+	0	$-$	$-$	$-$
$f''(x)$	0	$-$	$-$	$-$	0	+
$f(x)$	↗		极大值 $f(1)=1$	↘	拐点 $\left(\sqrt{3}, \dfrac{\sqrt{3}}{2}\right)$	↘

(4) 由于 $\lim\limits_{x\to\infty} f(x) = 0$ 知, 直线 $y = 0$ 为曲线的一条水平渐近线.

根据上面的讨论, 描绘出函数的大致图形 (图 5.4.7).

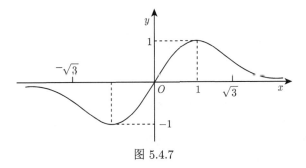

图 5.4.7

例 5.4.16　描绘出函数 $y = 1 + \dfrac{36x}{(x+3)^2}$ 的图形.

解　(1) 函数的定义域为 $(-\infty, -3)$, $(-3, +\infty)$.

(2) 直接计算得 $y' = \dfrac{36(3-x)}{(x+3)^3}, y'' = \dfrac{72(x-6)}{(x+3)^4}$, 令 $y' = 0$, 得驻点 $x = 3$, 令 $y'' = 0, x = 6$.

利用 $x = 3, 6$ 将定义域分成四个部分区间:

$$(-\infty, -3), \quad (-3, 3], \quad [3, 6], \quad [6, +\infty).$$

(3) 把函数在各个部分区间上的单调性、凸性及拐点等结果, 列表如下:

x	$(-\infty, -3)$	$(-3, 3)$	3	$(3, 6)$	6	$(6, +\infty)$
$f'(x)$	$-$	$+$	0	$-$	$-$	$-$
$f''(x)$	$-$	$-$	$-$	$-$	0	$+$
$f(x)$	↘	↗	极大值 $f(3) = 4$	↘	拐点 $\left(6, \dfrac{11}{3}\right)$	↘

(4) 由于 $\lim\limits_{x \to \infty} f(x) = 1$ 知, 直线 $y = 1$ 为曲线的一条水平渐近线.

由于 $\lim\limits_{x \to -3} f(x) = \infty$ 知, 直线 $x = -3$ 为一条垂直渐近线.

(5) 描出两个重要的点: $P_1(3, 4)$, $P_2\left(6, \dfrac{11}{3}\right)$, 补充四个点: $P_3(0, 1)$, $P_4(-1, -8)$, $P_5(-9, -8)$, $P_6\left(-15, -\dfrac{11}{4}\right)$.

根据上面的讨论, 描绘出函数的大致图形 (图 5.4.8).

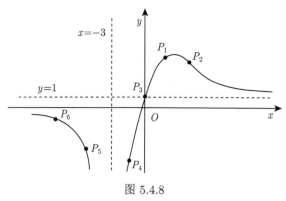

图 5.4.8

习　题　5.4

1. 证明不等式:

(1) $x - \dfrac{x^2}{2} < \ln(1+x) < x, \ x > 0$;

(2) $\dfrac{1}{2^{p-1}} \leqslant x^p + (1-x)^p \leqslant 1, \quad x \in [0,1], \ p > 1$;

(3) $\tan x + 2\sin x > 3x, \quad x \in \left(0, \dfrac{\pi}{2}\right)$;

(4) $\dfrac{\tan x}{x} > \dfrac{x}{\sin x}, \quad x \in \left(0, \dfrac{\pi}{2}\right)$;

(5) $(1+x)\ln^2(1+x) < x^2, \quad x \in (0,1)$;

(6) $\dfrac{1}{\ln 2} - 1 < \dfrac{1}{\ln(1+x)} - \dfrac{1}{x} < \dfrac{1}{2}, \ x \in (0,1)$;

(7) $1 + x\ln\left(x + \sqrt{1+x^2}\right) > \sqrt{1+x^2}, \quad x > 0$;

(8) $2^x > x^2, \quad x \in (4, +\infty)$.

2. 确定下列函数的单调区间:

(1) $y = 2x^3 - 6x^2 - 18x - 7$;   (2) $y = \ln\left(x + \sqrt{1+x^2}\right)$;

(3) $y = (x-1)(x+1)^3$;   (4) $y = x^n e^{-x} \ (n \in \mathbf{N}^+, x \geqslant 0)$.

3. 讨论方程 $\ln x = ax$ (其中 $a > 0$) 有几个实根?

4. 求下列函数的极值:

(1) $y = x = \ln(1+x)$;   (2) $y = -x^4 + 2x^2$;

(3) $y = e^x \cos x$;   (4) $y = x^{\frac{1}{x}}$.

5. 证明: 当 $b^2 - 3ac < 0$ 时, 函数 $y = ax^3 + bx^2 + cx + d$ 没有极值.

6. 对于每个正整数 $n \ (n \geqslant 2)$, 证明方程

$$x^n + x^{n-1} + \cdots + x^2 + x = 1$$

在 $(0,1)$ 内有唯一实根 x_n, 并求极限 $\lim\limits_{n \to \infty} x_n$.

7. 设 $k > 0$, 试问当 k 为何值时, 方程 $\arctan x - kx = 0$ 有正实根?

8. 求下列函数的最大值和最小值:

(1) $y = 2x^3 - 3x^2, \ -1 \leqslant x \leqslant 4$;   (2) $y = x + \sqrt{1-x}, \ -5 \leqslant x \leqslant 1$.

9. 求内接于椭圆 $\dfrac{x^2}{a^2} + \dfrac{y^2}{b^2} = 1$, 边与椭圆的轴平行的面积最大的矩形的边长.

10. 某地区防空洞的截面拟建成矩形加半圆 (图 5.4.9), 截面的面积为 5m². 问底宽 x 为多少时才能使截面的周长最小, 从而使建造时所用的材料最省?

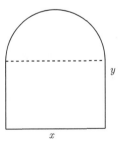

图 5.4.9

11. 设椭圆 $\dfrac{x^2}{a^2} + \dfrac{y^2}{b^2} = 1$ 的切线分别与 x 轴和 y 轴交于 A 和 B 两点.

(1) 求线段 AB 的最小长度;

(2) 求线段 AB 与坐标轴所围成的三角形的最小面积.

12. 在底为 a 高为 h 的三角形中作内接矩形, 矩形的一条边与三角形的底边重合, 求此内接矩形的最大面积.

13. 求下列函数图形的拐点及下凸或上凸区间:

(1) $y = x^3 - 5x^2 + 3x + 5$;   (2) $y = xe^{-x}$;

(3) $y = \ln(1 + x^2)$;   (4) $y = e^{\arctan x}$.

14. 利用下列函数的凸性, 证明不等式:

(1) $\dfrac{1}{2}(x + y)^n > \left(\dfrac{x+y}{2}\right)^n$　$(x > 0, y > 0,\ x \neq y,\ n > 1)$;

(2) $\dfrac{e^x + e^y}{2} > e^{\frac{x+y}{2}}$ $(x \neq y)$.

15. 设 $f(x)$, $g(x)$ 均为区间 $[a, b]$ 上的下凸函数. 证明:

$$F(x) = \max\{f(x), g(x)\}, \quad x \in [a, b]$$

也为 $[a, b]$ 上的下凸函数.

16. 设 $f(x)$ 均为区间 $[a, b]$ 上的下凸函数, 且二阶可导. 证明: $F(x) = e^{f(x)}$ 也为区间 $[a, b]$ 上的下凸函数.

17. 设 $f(x)$ 在区间 I 上有定义, 对任意 $x_1, x_2, x_3 \in I, x_1 < x_2 < x_3$, 则以下条件等价:

(1) $f(x)$ 为区间 I 上的下凸函数;   (2) $\dfrac{f(x_2) - f(x_1)}{x_2 - x_1} \leqslant \dfrac{f(x_3) - f(x_1)}{x_3 - x_1}$;

(3) $\dfrac{f(x_3) - f(x_1)}{x_3 - x_1} \leqslant \dfrac{f(x_3) - f(x_2)}{x_3 - x_2}$;   (4) $\dfrac{f(x_2) - f(x_1)}{x_2 - x_1} \leqslant \dfrac{f(x_3) - f(x_2)}{x_3 - x_2}$.

(对于严格下凸函数, 有类似结果, 只要将 "$\leqslant$" 改为 "$<$" 即可.)

18. 设 $f(0) = 0, f(x)$ 在 $[0, +\infty)$ 上为非负的严格下凸函数, $F(x) = \dfrac{f(x)}{x}$ $(x > 0)$. 证明:

(1) $f(x) > 0,\ x \in (0, +\infty)$;

(2) $f(x), F(x)$ 在 $(0, +\infty)$ 上严格单调递增.

19. 设 $f(x)$ 为区间 I 上的下凸函数. 证明: 函数 $f(x)$ 在区间 I 的任一闭子区间上有界.

20. 求下列曲线的渐近线:

(1) $y = \dfrac{(x+1)^3}{(x-1)^2}$;   (2) $y = \dfrac{x^4 + 8}{x^3 + 1}$;

(3) $y = \dfrac{x^2 - 1}{x^2 - 5x + 6}$;   (4) $y = \dfrac{(x-1)^2}{3(x+1)}$;

(5) $y = x^{-\frac{1}{2}} e^{-x}$;   (6) $y = \sqrt[3]{x^3 - x^2 - x + 1}$.

21. 研究下列函数的性态并描绘出它们的图像:

(1) $y = \sqrt[3]{x^3 - x^2 - x + 1}$;   (2) $y = (x+1)(x-2)^2$;

(3) $y = x^2 + \dfrac{1}{x}$;   (4) $y = e^{-(x-1)^2}$.

第 6 章 不 定 积 分

在第 4 章中, 我们讨论了如何求一个函数的导函数, 本章将讨论它的反问题, 即求一个可导函数, 使它的导函数等于预先给定的函数. 这是积分学的基本问题之一.

6.1 原函数与不定积分

6.1.1 原函数与不定积分的概念

定义 6.1.1 设 $f(x)$ 为区间 I 上给定的函数, 若存在区间 I 上的可导函数 $F(x)$, 使得对任一 $x \in I$, 都有

$$F'(x) = f(x), \quad \text{或} \quad \mathrm{d}F(x) = f(x)\mathrm{d}x,$$

则称函数 $F(x)$ 为 $f(x)$ 在区间 I 上的一个**原函数**, 或简称 $F(x)$ 是 $f(x)$ 的原函数.

例如, 因为 $(\sin x)' = \cos x$, 所以 $\sin x$ 是 $\cos x$ 在 $(-\infty, +\infty)$ 上的一个原函数.

又如, 因为 $(\arcsin x)' = \dfrac{1}{\sqrt{1-x^2}}$, $\forall x \in (-1,1)$, 所以 $\arcsin x$ 是 $\dfrac{1}{\sqrt{1-x^2}}$ 在 $(-1,1)$ 上的一个原函数.

关于原函数, 需要说明两点:

第一, 若 $F(x)$ 为 $f(x)$ 在区间 I 上的一个原函数, 则对任意常数 C, 函数 $F(x) + C$ 也为 $f(x)$ 在区间 I 上的原函数. 这说明: 若函数有原函数, 则它必有无穷多个原函数.

第二, 函数的任意两个原函数之间只相差一个常数. 事实上, 若 $F(x)$, $G(x)$ 均为 $f(x)$ 在区间 I 上的原函数, 即

$$F'(x) = f(x), \quad G'(x) = f(x),$$

于是有

$$(G(x) - F(x))' = 0, \quad \forall x \in I.$$

我们知道, 若一个函数在某个区间上的导数恒为零, 则该函数必为常数, 因此存在常数 C_0, 使得 $G(x) - F(x) = C_0$, $\forall x \in I$.

综上所述, 若 $F(x)$ 为 $f(x)$ 在区间 I 上的一个原函数, 则当 C 为任意常数时, $F(x) + C$ 可以表示 $f(x)$ 的任意一个原函数, 换句话说, $F(x) + C$ 可以表示 $f(x)$ 的全部原函数.

定义 6.1.2 函数 $f(x)$ 的原函数全体, 称为 $f(x)$ 的**不定积分**, 记作

$$\int f(x)\mathrm{d}x.$$

其中 $\int$ 称为**积分号**, $f(x)$ 称为**被积函数**, $f(x)\mathrm{d}x$ 称为**被积表达式**, x 称为**积分变量**.

由不定积分的定义及上面的说明可知: 若 $F(x)$ 为 $f(x)$ 在区间 I 上的一个原函数, 则

$$\int f(x)\mathrm{d}x = F(x) + C.$$

求函数 $f(x)$ 的不定积分 $\int f(x)\mathrm{d}x$, 就是通过函数的微分 $f(x)\mathrm{d}x$, 求 $f(x)$ 的原函数, 因此, 微分运算 "d" 与不定积分运算 "$\int$" 构成了一对逆运算:

$$\mathrm{d}\left(\int f(x)\mathrm{d}x\right) = f(x)\mathrm{d}x, \quad 即 \quad \left(\int f(x)\mathrm{d}x\right)' = f(x)$$

与

$$\int \mathrm{d}F(x) = F(x) + C.$$

通俗地讲, 就是微分运算 (以记号 d 表示) 与求不定积分运算 (简称积分运算, 以记号 $\int$ 表示) 是互逆的. 当记号 d 与 $\int$ 连在一起时, 或相互抵消, 或抵消后相差一个常数.

例 6.1.1 求 $\int x^3\mathrm{d}x$.

解 由于 $\left(\dfrac{x^4}{4}\right)' = x^3$, 因此

$$\int x^3\mathrm{d}x = \frac{x^4}{4} + C.$$

例 6.1.2 求 $\int \dfrac{1}{x}\mathrm{d}x$.

解 当 $x > 0$ 时, 由于 $(\ln x)' = \dfrac{1}{x}$, 所以 $\ln x$ 是 $\dfrac{1}{x}$ 在 $(0, +\infty)$ 内的一个原函数, 于是

$$\int \frac{1}{x}\mathrm{d}x = \ln x + C \quad (x > 0).$$

当 $x < 0$ 时, 由于 $[\ln(-x)]' = \dfrac{1}{x}$, 所以 $\ln(-x)$ 是 $\dfrac{1}{x}$ 在 $(-\infty, 0)$ 内的一个原函数, 于是

$$\int \frac{1}{x}\mathrm{d}x = \ln(-x) + C \quad (x < 0).$$

综上所述, 得到

$$\int \frac{1}{x}\mathrm{d}x = \ln|x| + C.$$

例 6.1.3 设曲线过原点 $(0,0)$, 且其上任一点处的切线斜率等于这点横坐标的两倍, 求此曲线的方程.

解 设所求曲线的方程为 $y = f(x)$, 依题设有

$$f'(x) = 2x,$$

这说明 $f(x)$ 是 $2x$ 的一个原函数.

因为 $\int 2x\mathrm{d}x = x^2 + C$, 所以存在常数 C, 使得 $f(x) = x^2 + C$. 又由于曲线过原点, 所以 $f(0) = 0$, 由此得 $C = 0$. 故所求的曲线方程为

$$y = x^2.$$

函数 $f(x)$ 的原函数的图形称为函数 $f(x)$ 的**积分曲线**. 这个例子本质上就是求函数 $2x$ 的过原点 $(0,0)$ 的那条积分曲线.

6.1.2 基本积分表

既然积分运算是微分运算的逆运算, 那么很自然地可以从导数公式得到相应的积分公式. 我们把一些基本的不定积分公式列成一个表, 称作**基本积分表**.

(1) $\int k\mathrm{d}x = kx + C$ (k 为常数);

(2) $\int x^\mu \mathrm{d}x = \dfrac{1}{\mu + 1}x^{\mu+1} + C$ ($\mu \neq -1$);

(3) $\int \dfrac{1}{x}\mathrm{d}x = \ln|x| + C$;

(4) $\displaystyle\int \frac{1}{1+x^2}\mathrm{d}x = \arctan x + C;$

(5) $\displaystyle\int \frac{1}{\sqrt{1-x^2}}\mathrm{d}x = \arcsin x + C;$

(6) $\displaystyle\int \cos x\mathrm{d}x = \sin x + C;$

(7) $\displaystyle\int \sin x\mathrm{d}x = -\cos x + C;$

(8) $\displaystyle\int a^x\mathrm{d}x = \frac{a^x}{\ln a} + C,$ 特别地, $\displaystyle\int \mathrm{e}^x\mathrm{d}x = \mathrm{e}^x + C;$

(9) $\displaystyle\int \sec^2 x\mathrm{d}x = \tan x + C;$

(10) $\displaystyle\int \csc^2 x\mathrm{d}x = -\cot x + C;$

(11) $\displaystyle\int \sec x\tan x\mathrm{d}x = \sec x + C;$

(12) $\displaystyle\int \csc x\cot x\mathrm{d}x = -\csc x + C.$

例 6.1.4 求 $\displaystyle\int x\sqrt{x}\mathrm{d}x.$

解 $\displaystyle\int x\sqrt{x}\mathrm{d}x = \int x^{\frac{3}{2}}\mathrm{d}x = \frac{2}{5}x^{\frac{5}{2}} + C.$

例 6.1.5 求 $\displaystyle\int \frac{1}{x^2}\mathrm{d}x.$

解 $\displaystyle\int \frac{1}{x^2}\mathrm{d}x = \int x^{-2}\mathrm{d}x = -\frac{1}{x} + C.$

6.1.3 不定积分的基本性质

根据不定积分的定义, 可以推得它有如下两个基本结论.

定理 6.1.1 若函数 $f(x)$ 和 $g(x)$ 都存在原函数, 则

$$\int [f(x) \pm g(x)]\mathrm{d}x = \int f(x)\mathrm{d}x \pm \int g(x)\mathrm{d}x.$$

证明 因为

$$\left(\int f(x)\mathrm{d}x \pm \int g(x)\mathrm{d}x\right)' = \left(\int f(x)\mathrm{d}x\right)' \pm \left(\int g(x)\mathrm{d}x\right)' = f(x) \pm g(x),$$

根据不定积分的定义, 这就证明了

$$\int [f(x) \pm g(x)]\mathrm{d}x = \int f(x)\mathrm{d}x \pm \int g(x)\mathrm{d}x. \qquad\qquad 证毕$$

这个法则可推广到 n 个 (有限个) 函数, 即 n 个函数代数和的不定积分等于这 n 个函数不定积分的代数和.

定理 6.1.2 若函数 $f(x)$ 存在原函数, k 为非零常数, 则

$$\int kf(x)\mathrm{d}x = k \int f(x)\mathrm{d}x.$$

证明 因为 $\left(k\displaystyle\int f(x)\mathrm{d}x\right)' = kf(x)$, 根据不定积分的定义, 这就证明了

$$\int kf(x)\mathrm{d}x = k \int f(x)\mathrm{d}x. \qquad\qquad 证毕$$

例 6.1.6 求 $\displaystyle\int (2\mathrm{e}^x - 3\cos x)\mathrm{d}x$.

解 $\displaystyle\int (2\mathrm{e}^x - 3\cos x)\mathrm{d}x = 2\int \mathrm{e}^x\mathrm{d}x - 3\int \cos x\mathrm{d}x = 2\mathrm{e}^x - 3\sin x + C.$

例 6.1.7 求 $\displaystyle\int \tan^2 x\mathrm{d}x$.

解 $\displaystyle\int \tan^2 x\mathrm{d}x = \int (\sec^2 x - 1)\mathrm{d}x = \int \sec^2 x\mathrm{d}x - \int 1\mathrm{d}x = \tan x - x + C.$

例 6.1.8 求 $\displaystyle\int \cos^2 \frac{x}{2}\mathrm{d}x$.

解
$$\int \cos^2 \frac{x}{2}\mathrm{d}x = \int \frac{1 + \cos x}{2}\mathrm{d}x = \frac{1}{2}\left(\int 1\mathrm{d}x + \int \cos x\mathrm{d}x\right)$$
$$= \frac{1}{2}(x + \sin x) + C.$$

例 6.1.9 求 $\displaystyle\int \frac{x^4}{x^2 + 1}\mathrm{d}x$.

解
$$\int \frac{x^4}{x^2 + 1}\mathrm{d}x = \int \left(x^2 - 1 + \frac{1}{x^2 + 1}\right)\mathrm{d}x$$
$$= \int x^2\mathrm{d}x - \int 1\mathrm{d}x + \int \frac{1}{x^2 + 1}\mathrm{d}x$$
$$= \frac{1}{3}x^3 - x + \arctan x + C.$$

例 6.1.10 求 $\displaystyle\int \frac{\cos 2x}{\cos^2 x \sin^2 x}\mathrm{d}x$.

解 $\displaystyle\int \frac{\cos 2x}{\cos^2 x \sin^2 x}\mathrm{d}x = \int \frac{\cos^2 x - \sin^2 x}{\cos^2 x \sin^2 x}\mathrm{d}x$

$$= \int \left(\frac{1}{\sin^2 x} - \frac{1}{\cos^2 x} \right)\mathrm{d}x$$

$$= \int \csc^2 x\mathrm{d}x - \int \sec^2 x\mathrm{d}x = -\cot x - \tan x + C.$$

例 6.1.11 求 $\displaystyle\int \left(\frac{2}{\sqrt{1-x^2}} - 2^x \mathrm{e}^x + \sqrt{x\sqrt{x\sqrt{x}}} \right)\mathrm{d}x.$

解 $\displaystyle\int \left(\frac{2}{\sqrt{1-x^2}} - 2^x \mathrm{e}^x + \sqrt{x\sqrt{x\sqrt{x}}} \right)\mathrm{d}x$

$$= \int \frac{2}{\sqrt{1-x^2}}\mathrm{d}x - \int (2\mathrm{e})^x\mathrm{d}x + \int x^{\frac{1}{2}+\frac{1}{4}+\frac{1}{8}}\mathrm{d}x$$

$$= 2\arcsin x - \frac{(2\mathrm{e})^x}{\ln(2\mathrm{e})} + \int x^{\frac{7}{8}}\mathrm{d}x$$

$$= 2\arcsin x - \frac{2^x \mathrm{e}^x}{1+\ln 2} + \frac{8}{15}x^{\frac{15}{8}} + C.$$

习题 6.1

1. 利用求导运算, 验证下列等式:

(1) $\displaystyle\int \frac{1}{\sqrt{1+x^2}}\mathrm{d}x = \ln\left(x + \sqrt{1+x^2} \right) + C;$

(2) $\displaystyle\int x\mathrm{e}^{x^2}\mathrm{d}x = \frac{1}{2}\mathrm{e}^{x^2} + C;$

(3) $\displaystyle\int \sec x\mathrm{d}x = \ln|\sec x + \tan x| + C;$

(4) $\displaystyle\int \mathrm{e}^x \cos x\mathrm{d}x = \frac{1}{2}\mathrm{e}^x(\sin x + \cos x) + C.$

2. 求下列不定积分:

(1) $\displaystyle\int \frac{1}{x^3}\mathrm{d}x;$ 　　　　(2) $\displaystyle\int x\sqrt[3]{x}\,\mathrm{d}x;$

(3) $\displaystyle\int \left(\sqrt{x} + 1 \right)\left(\sqrt{x^3} - 1 \right)\mathrm{d}x;$ 　　(4) $\displaystyle\int \left(\frac{2}{1+x^2} - \frac{1}{\sqrt{1-x^2}} \right)\mathrm{d}x;$

(5) $\displaystyle\int \sec x(\sec x - \tan x)\,\mathrm{d}x;$ 　　(6) $\displaystyle\int \cot^2 x\mathrm{d}x;$

(7) $\displaystyle\int \sin^2 \frac{x}{2}\,\mathrm{d}x;$ 　　(8) $\displaystyle\int \left(2^x + \frac{1}{3^x} \right)^2\mathrm{d}x;$

(9) $\displaystyle\int \frac{\cos 2x}{\cos x - \sin x}\,\mathrm{d}x;$ 　　(10) $\displaystyle\int \frac{3x^4 + 2x^2}{x^2+1}\,\mathrm{d}x.$

3. 证明: 若 $\int f(x)\mathrm{d}x = F(x) + C$, 则

$$\int f(ax+b)\mathrm{d}x = \frac{1}{a}F(ax+b) + C \quad (a \neq 0).$$

4. 设曲线过点 $(1,2)$, 且其上任一点处的切线斜率等于该点横坐标的倒数, 求此曲线的方程.

6.2 换元积分法

利用基本积分表以及积分的线性性质, 能够直接求出不定积分的函数类是非常有限的. 因此有必要研究求不定积分的方法. 本节将复合函数的微分法反过来用于求不定积分, 利用中间变量的代换, 得到复合函数的积分法, 称为**换元积分法**, 简称**换元法**. 换元法可以分成两种类型, 我们先介绍第一类换元法.

6.2.1 第一类换元法

设 $f(u)$ 有原函数 $F(u)$, 即

$$\int f(u)\mathrm{d}u = F(u) + C.$$

若 u 是中间变量, 不妨设 $u = \varphi(x)$, 且设 $\varphi(x)$ 可微, 则由复合函数的微分法, 有

$$\mathrm{d}F[\varphi(x)] = f[\varphi(x)]\varphi'(x),$$

从而

$$\int f[\varphi(x)]\varphi'(x)\mathrm{d}x = \left[\int f(u)\mathrm{d}u\right]_{u=\varphi(x)} = F[\varphi(x)] + C.$$

于是我们得到如下结论:

定理 6.2.1 若 $\int f(u)\mathrm{d}u = F(u) + C$, 且 $u = \varphi(x)$ 可微, 则有

$$\int f[\varphi(x)]\varphi'(x)\mathrm{d}x = F[\varphi(x)] + C.$$

利用第一类换元法求不定积分 $\int g(x)\mathrm{d}x$ 时, 关键是先将 $g(x)$ 化为 $f[\varphi(x)] \cdot \varphi'(x)$ 的形式. 计算不定积分的过程可表述为

$$\int g(x)\mathrm{d}x = \int f[\varphi(x)]\varphi'(x)\mathrm{d}x \xrightarrow{\varphi(x)=u} \int f(u)\mathrm{d}u$$

$$= F(u) + C \xlongequal{u=\varphi(x)} F[\varphi(x)] + C.$$

第一类换元法是将被积表达式 "凑" 成微分的形式, 也称 "**凑微分法**".

例 6.2.1　求 $\int \cos 2x \mathrm{d}x$.

解　$\displaystyle\int \cos 2x \mathrm{d}x = \frac{1}{2} \int \cos 2x \, (2x)' \mathrm{d}x$

$$= \frac{1}{2} \int \cos 2x \, \mathrm{d}(2x) \, (\text{作变量代换 } u = 2x)$$

$$= \frac{1}{2} \int \cos u \, \mathrm{d}u = \frac{1}{2} \sin u + C$$

$$= \frac{1}{2} \sin 2x + C.$$

例 6.2.2　求 $\int x \mathrm{e}^{x^2} \mathrm{d}x$.

解　$\displaystyle\int x \mathrm{e}^{x^2} \mathrm{d}x = \frac{1}{2} \int \mathrm{e}^{x^2} \left(x^2\right)' \, \mathrm{d}x = \frac{1}{2} \int \mathrm{e}^{x^2} \, \mathrm{d}\left(x^2\right) (\text{作变量代换 } u = x^2)$

$$= \frac{1}{2} \int \mathrm{e}^u \, \mathrm{d}u = \frac{1}{2} \mathrm{e}^u + C$$

$$= \frac{1}{2} \mathrm{e}^{x^2} + C.$$

例 6.2.3　求 $\int \frac{1}{x-a} \mathrm{d}x$.

解　$\displaystyle\int \frac{1}{x-a} \mathrm{d}x = \int \frac{1}{x-a} (x-a)' \mathrm{d}x$

$$= \int \frac{1}{x-a} \mathrm{d}(x-a) \, (\text{作变量代换 } u = x-a)$$

$$= \int \frac{1}{u} \mathrm{d}u = \ln|u| + C = \ln|x-a| + C.$$

同理可得

$$\int \frac{1}{(x-a)^n} \mathrm{d}x = -\frac{1}{n-1} \cdot \frac{1}{(x-a)^{n-1}} + C \quad (n > 1).$$

例 6.2.4 求 $\displaystyle\int x\sqrt{1-x^2}\mathrm{d}x.$

解
$$\int x\sqrt{1-x^2}\mathrm{d}x = -\frac{1}{2}\int \sqrt{1-x^2}(1-x^2)'\mathrm{d}x \ (\text{作变量代换 } u = 1-x^2)$$
$$= -\frac{1}{2}\int \sqrt{u}\mathrm{d}u = -\frac{1}{3}u^{\frac{3}{2}} + C$$
$$= -\frac{1}{3}\left(1-x^2\right)^{\frac{3}{2}} + C.$$

在变量代换熟练之后, 中间变量 u 不一定要写出来.

例 6.2.5 求 $\displaystyle\int \frac{1}{\sqrt{a^2-x^2}}\mathrm{d}x \ (a > 0).$

解
$$\int \frac{1}{\sqrt{a^2-x^2}}\mathrm{d}x = \int \frac{1}{\sqrt{1-\left(\dfrac{x}{a}\right)^2}}\mathrm{d}\left(\frac{x}{a}\right) = \arcsin\frac{x}{a} + C.$$

例 6.2.6 求 $\displaystyle\int \frac{1}{a^2+x^2}\mathrm{d}x \ (a > 0).$

解
$$\int \frac{1}{a^2+x^2}\mathrm{d}x = \frac{1}{a}\int \frac{1}{1+\left(\dfrac{x}{a}\right)^2}\mathrm{d}\left(\frac{x}{a}\right) = \frac{1}{a}\arctan\frac{x}{a} + C.$$

例 6.2.7 求 $\displaystyle\int \frac{1}{x^2-a^2}\mathrm{d}x \ (a > 0).$

解 由于
$$\frac{1}{x^2-a^2} = \frac{1}{2a}\left(\frac{1}{x-a} - \frac{1}{x+a}\right),$$

所以
$$\int \frac{1}{x^2-a^2}\mathrm{d}x = \frac{1}{2a}\int \left(\frac{1}{x-a} - \frac{1}{x+a}\right)\mathrm{d}x$$
$$= \frac{1}{2a}\left(\int \frac{1}{x-a}\mathrm{d}(x-a) - \int \frac{1}{x+a}\mathrm{d}(x+a)\right)$$
$$= \frac{1}{2a}\ln\left|\frac{x-a}{x+a}\right| + C.$$

例 6.2.8 求 $\displaystyle\int \tan x\mathrm{d}x.$

解
$$\int \tan x\mathrm{d}x = \int \frac{\sin x}{\cos x}\mathrm{d}x = -\int \frac{1}{\cos x}\mathrm{d}(\cos x) = -\ln|\cos x| + C.$$

例 6.2.9　求 $\int \sec x \mathrm{d}x$.

解　$\int \sec x \mathrm{d}x = \int \dfrac{1}{\cos x}\mathrm{d}x = \int \dfrac{\cos x}{\cos^2 x}\mathrm{d}x$

$$= \int \frac{1}{1-\sin^2 x}\mathrm{d}(\sin x) = \frac{1}{2}\ln\left|\frac{1+\sin x}{1-\sin x}\right| + C$$

$$= \frac{1}{2}\ln\frac{(1+\sin x)^2}{1-\sin^2 x} + C = \ln\left|\frac{1+\sin x}{\cos x}\right| + C$$

$$= \ln|\sec x + \tan x| + C.$$

例 6.2.10　求 $\int \dfrac{1}{\sqrt{x}(1+x)}\mathrm{d}x$.

解　$\int \dfrac{1}{\sqrt{x}(1+x)}\mathrm{d}x = 2\int \dfrac{1}{1+x}\mathrm{d}(\sqrt{x})$

$$= 2\int \frac{1}{1+(\sqrt{x})^2}\mathrm{d}(\sqrt{x}) = 2\arctan\sqrt{x} + C.$$

例 6.2.11　求 $\int \dfrac{\mathrm{e}^{\sqrt{x}}}{\sqrt{x}}\mathrm{d}x$.

解　$\int \dfrac{\mathrm{e}^{\sqrt{x}}}{\sqrt{x}}\mathrm{d}x = 2\int \mathrm{e}^{\sqrt{x}}\mathrm{d}(\sqrt{x}) = 2\mathrm{e}^{\sqrt{x}} + C.$

例 6.2.12　求 $\int \sin^2 x \mathrm{d}x$.

解　$\int \sin^2 x \mathrm{d}x = \int \dfrac{1-\cos 2x}{2}\mathrm{d}x$

$$= \frac{1}{2}\left(\int 1 \mathrm{d}x - \frac{1}{2}\int \cos 2x \mathrm{d}(2x)\right) = \frac{1}{2}\left(x - \frac{1}{2}\sin 2x\right) + C$$

$$= \frac{x}{2} - \frac{\sin 2x}{4} + C.$$

例 6.2.13　求 $\int \sin^3 x \mathrm{d}x$.

解　$\int \sin^3 x \mathrm{d}x = \int \sin^2 x \sin x \mathrm{d}x = -\int \left(1-\cos^2 x\right)\mathrm{d}(\cos x)$

$$= -\cos x + \frac{1}{3}\cos^3 x + C.$$

例 6.2.14　求 $\int \sin^2 x \cos^4 x \mathrm{d}x$.

解 $\displaystyle\int \sin^2 x \cos^4 x \mathrm{d}x = \frac{1}{8} \int (1 - \cos 2x)(1 + \cos 2x)^2 \mathrm{d}x$

$$= \frac{1}{8} \int (1 + \cos 2x - \cos^2 2x - \cos^3 2x) \mathrm{d}x$$

$$= \frac{1}{8} \int (\cos 2x - \cos^3 2x) \mathrm{d}x + \frac{1}{8} \int \sin^2 2x \mathrm{d}x$$

$$= \frac{1}{16} \int \sin^2 2x \mathrm{d}(\sin 2x) + \frac{1}{8} \int \frac{1 - \cos 4x}{2} \mathrm{d}x$$

$$= \frac{1}{48} \sin^3 2x + \frac{x}{16} - \frac{1}{64} \sin 4x + C.$$

例 6.2.15 求 $\displaystyle\int \cos mx \cos nx \mathrm{d}x \ (m \neq n)$.

解 利用三角函数的积化和差公式, 有

$$\cos mx \cos nx = \frac{1}{2} \left[\cos(m - n)x + \cos(m + n)x \right].$$

$$\int \cos mx \cos nx \mathrm{d}x = \frac{1}{2} \int [\cos(m - n)x + \cos(m + n)x] \mathrm{d}x$$

$$= \frac{\sin(m - n)x}{2(m - n)} + \frac{\sin(m + n)x}{2(m + n)} + C.$$

例 6.2.16 求 $\displaystyle\int \sec^6 x \mathrm{d}x$.

解 $\displaystyle\int \sec^6 x \mathrm{d}x = \int \left(\sec^2 x \right)^2 \sec^2 x \mathrm{d}x = \int \left(1 + \tan^2 x \right)^2 \mathrm{d}(\tan x)$

$$= \int \left(1 + 2\tan^2 x + \tan^4 x \right) \mathrm{d}(\tan x)$$

$$= \tan x + \frac{2}{3} \tan^3 x + \frac{1}{5} \tan^5 x + C.$$

例 6.2.17 求 $\displaystyle\int \frac{1}{a^2 \sin^2 x + b^2 \cos^2 x} \mathrm{d}x \ (ab \neq 0)$.

解 $\displaystyle\int \frac{1}{a^2 \sin^2 x + b^2 \cos^2 x} \mathrm{d}x = \int \frac{1}{b^2 \cos^2 x \left(1 + \dfrac{a^2}{b^2} \tan^2 x \right)} \mathrm{d}x$

$$= \frac{1}{ab} \int \frac{1}{1 + \left(\dfrac{a}{b} \tan x \right)^2} \mathrm{d}\left(\frac{a}{b} \tan x \right)$$

$$= \frac{1}{ab} \arctan \left(\frac{a}{b} \tan x \right) + C.$$

6.2.2 第二类换元法

若 $\int f(x)\mathrm{d}x$ 不能直接求出, 有时可以通过适当地变量代换 $x = h(t)$(要求它的反函数 $t = h^{-1}(x)$ 存在), 将 $\int f(x)\mathrm{d}x$ 化为

$$\int f(x)\mathrm{d}x = \int f(h(t))h'(t)\mathrm{d}t,$$

若能直接求出 $\int f(h(t))h'(t)\mathrm{d}t = F(t) + C$, 则有

$$\int f(x)\mathrm{d}x = F(t) + C = F(h^{-1}(x)) + C.$$

综上所述, 我们得到下面的结论.

定理 6.2.2 设函数 $x = h(t)$ 在某一开区间上可导, 且 $h'(t) \neq 0$. 若

$$\int f(h(t))h'(t)\mathrm{d}t = F(t) + C,$$

则

$$\int f(x)\mathrm{d}x = F(h^{-1}(x)) + C,$$

其中 $t = h^{-1}(x)$ 是函数 $x = h(t)$ 的反函数.

证明 由 $h'(t) \neq 0$ 以及达布定理 (导数介值定理) 知, $h'(t)$ 或恒大于零, 或恒小于零, 所以 $x = h(t)$ 是严格单调的连续函数, 从而其反函数 $t = h^{-1}(x)$ 存在、可导且有

$$\frac{\mathrm{d}t}{\mathrm{d}x} = \left(h^{-1}(x)\right)' = \frac{1}{h'(t)}.$$

由于 $\int f(h(t))h'(t)\mathrm{d}t = F(t) + C$, 所以

$$F'(t) = f(h(t))h'(t).$$

利用复合函数求导法则, 有

$$\left[F(h^{-1}(x))\right]' = F'(t)(h^{-1}(x))' = f(h(t))h'(t)\frac{1}{h'(t)} = f(x),$$

这就证明了

$$\int f(x)\mathrm{d}x = F(h^{-1}(x)) + C. \qquad 证毕$$

例 6.2.18 求 $\displaystyle\int \sqrt{a^2 - x^2}\mathrm{d}x \ (a > 0)$.

解 令 $x = a\sin t, \ -\dfrac{\pi}{2} < t < \dfrac{\pi}{2}$, 则

$$\begin{aligned}
\int \sqrt{a^2 - x^2}\mathrm{d}x &= \int a^2 \cos^2 t\,\mathrm{d}t = a^2 \int \frac{1 + \cos 2t}{2}\mathrm{d}t \\
&= \frac{a^2}{2}t + \frac{a^2}{4}\sin 2t + C = \frac{a^2}{2}\sin t \cos t + \frac{a^2}{2}t + C \\
&= \frac{1}{2}x\sqrt{a^2 - x^2} + \frac{a^2}{2}\arcsin \frac{x}{a} + C.
\end{aligned}$$

例 6.2.19 求 $\displaystyle\int \frac{1}{\sqrt{x^2 + a^2}}\mathrm{d}x \ (a > 0)$.

解 令 $x = a\tan t, \ 0 < t < \dfrac{\pi}{2}$, 则

$$\int \frac{1}{\sqrt{x^2 + a^2}}\mathrm{d}x = \int \frac{a\sec^2 t}{a\sec t}\mathrm{d}t = \int \sec t\,\mathrm{d}t$$

$$= \ln|\sec t + \tan t| + C.$$

为了将 $\sec t$ 表示为 x 的函数, 根据 $\tan t = \dfrac{x}{a}$ 作直角三角形, 如图 6.2.1 所示.

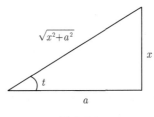

图 6.2.1

因此

$$\sec t = \frac{\sqrt{x^2 + a^2}}{a},$$

从而有

$$\int \frac{1}{\sqrt{x^2 + a^2}}\mathrm{d}x = \ln\left(\frac{\sqrt{a^2 + x^2}}{a} + \frac{x}{a}\right) + C = \ln\left(x + \sqrt{a^2 + x^2}\right) + C_1.$$

例 6.2.20   求 $\displaystyle\int \frac{1}{\sqrt{x^2-a^2}}\mathrm{d}x$ $(a>0)$.

解   令 $x = a\sec t$, $0 < t < \dfrac{\pi}{2}$, 则

$$\int \frac{1}{\sqrt{x^2-a^2}}\mathrm{d}x = \int \frac{a\sec t\tan t}{a\tan t}\mathrm{d}t = \int \sec t\mathrm{d}t$$

$$= \ln|\sec t + \tan t| + C.$$

为了将 $\tan t$ 表示为 x 的函数, 我们根据 $\sec t = \dfrac{x}{a}$ 作直角三角形, 如图 6.2.2 所示.

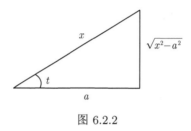

图 6.2.2

因此

$$\tan t = \frac{\sqrt{x^2-a^2}}{a},$$

从而

$$\int \frac{1}{\sqrt{x^2-a^2}}\mathrm{d}x = \ln\left|\frac{x}{a} + \frac{\sqrt{x^2-a^2}}{a}\right| + C$$

$$= \ln|x + \sqrt{x^2-a^2}| + C_1.$$

上面几个例子, 我们在用第二类换元法求不定积分时, 用的是三角代换, 其目的是消去被积函数中的根号. 下面, 我们通过例子来介绍另一种变量代换——**倒代换**, 利用它可消去被积函数的分母中的变量因子 x.

例 6.2.21   求 $\displaystyle\int \frac{\sqrt{a^2-x^2}}{x^4}\mathrm{d}x$ $(a>0)$.

解   令 $x = \dfrac{1}{t}$, 则 $\mathrm{d}x = -\dfrac{1}{t^2}\mathrm{d}t$, 于是

$$\int \frac{\sqrt{a^2-x^2}}{x^4}\mathrm{d}x = \int t^4\sqrt{a^2-\frac{1}{t^2}}\left(-\frac{1}{t^2}\right)\mathrm{d}t = -\int \left(a^2t^2-1\right)^{\frac{1}{2}}|t|\mathrm{d}t.$$

当 $x > 0$ 时, 有

$$\int \frac{\sqrt{a^2 - x^2}}{x^4}\mathrm{d}x = -\int (a^2 t^2 - 1)^{\frac{1}{2}}\, t\mathrm{d}t = -\frac{1}{2a^2}\int (a^2 t^2 - 1)^{\frac{1}{2}}\,\mathrm{d}(a^2 t^2 - 1)$$

$$= -\frac{1}{3a^2}(a^2 t^2 - 1)^{\frac{3}{2}} + C = -\frac{(a^2 - x^2)^{\frac{3}{2}}}{3a^2 x^3} + C,$$

当 $x < 0$ 时, 有相同的结果.

例 6.2.22 求 $\int \dfrac{1}{x^2\sqrt{x^2 + 1}}\mathrm{d}x$.

解 方法 1 令 $x = \dfrac{1}{t}$, 则 $\mathrm{d}x = -\dfrac{1}{t^2}\mathrm{d}t$. 当 $x > 0$ 时, 有

$$\int \frac{1}{x^2\sqrt{x^2 + 1}}\mathrm{d}x = -\int \frac{t}{\sqrt{1 + t^2}}\mathrm{d}t = -\frac{1}{2}\int \frac{1}{\sqrt{1 + t^2}}\mathrm{d}(1 + t^2)$$

$$= -\sqrt{1 + t^2} + C = -\frac{\sqrt{1 + x^2}}{x} + C.$$

当 $x < 0$ 时, 有相同的结果.

方法 2 令 $x = \tan t, 0 < t < \dfrac{\pi}{2}$, 则 $\mathrm{d}x = \sec^2 t\mathrm{d}t$, 于是

$$\int \frac{1}{x^2\sqrt{x^2 + 1}}\mathrm{d}x = \int \frac{\sec^2 t}{\tan^2 t \sec t}\mathrm{d}t = \int \frac{\cos t}{\sin^2 t}\,\mathrm{d}t$$

$$= \int \frac{1}{\sin^2 t}\,\mathrm{d}(\sin t) = -\frac{1}{\sin t} + C,$$

代回变量, 化简得

$$\int \frac{1}{x^2\sqrt{x^2 + 1}}\mathrm{d}x = -\frac{\sqrt{1 + x^2}}{x} + C.$$

习题 6.2

1. 求下列不定积分:

(1) $\int x\mathrm{e}^{-x^2}\mathrm{d}x$;

(2) $\int x\cos x^2\mathrm{d}x$;

(3) $\int \dfrac{\sin\sqrt{x}}{\sqrt{x}}\mathrm{d}x$;

(4) $\int \dfrac{\sin x + \cos x}{\sqrt[3]{\sin x - \cos x}}\mathrm{d}x$;

(5) $\int \dfrac{\sin x}{\cos^3 x}\mathrm{d}x$;

(6) $\int \dfrac{x^3}{1 - x^4}\mathrm{d}x$;

(7) $\int \dfrac{1}{x^2 - 2x + 2}\mathrm{d}x$;

(8) $\int \sin^5 x\mathrm{d}x$;

(9) $\displaystyle\int \frac{1+\ln x}{(x\ln x)^2}\mathrm{d}x;$

(10) $\displaystyle\int \tan^{10} x\sec^2 x\mathrm{d}x;$

(11) $\displaystyle\int \frac{1}{x\ln x\ln\ln x}\mathrm{d}x;$

(12) $\displaystyle\int \frac{(1+x)^2}{1+x^2}\mathrm{d}x;$

(13) $\displaystyle\int \frac{\sin x\cos x}{1+\sin^4 x}\mathrm{d}x;$

(14) $\displaystyle\int \frac{\mathrm{d}x}{(\arcsin x)^2\sqrt{1-x^2}};$

(15) $\displaystyle\int \frac{\arctan\sqrt{x}}{\sqrt{x}(1+x)}\mathrm{d}x;$

(16) $\displaystyle\int \frac{x}{\sqrt{1+x^2}}\tan\sqrt{1+x^2}\mathrm{d}x;$

(17) $\displaystyle\int \frac{x^2}{(1-x)^{100}}\mathrm{d}x;$

(18) $\displaystyle\int \frac{1-x}{\sqrt{9-4x^2}}\mathrm{d}x.$

2. 求下列不定积分:

(1) $\displaystyle\int x^2\sqrt[3]{1-x}\,\mathrm{d}x;$

(2) $\displaystyle\int \frac{x^3}{9+x^2}\mathrm{d}x;$

(3) $\displaystyle\int \frac{1}{\sqrt{1+\mathrm{e}^{2x}}}\mathrm{d}x;$

(4) $\displaystyle\int \frac{\sqrt{x^2-9}}{x}\mathrm{d}x;$

(5) $\displaystyle\int \frac{x^2}{\sqrt{a^2-x^2}}\mathrm{d}x\ (a>0);$

(6) $\displaystyle\int \frac{1}{1+\sqrt{1-x^2}}\mathrm{d}x;$

(7) $\displaystyle\int \frac{1}{(1-x^2)^{\frac{3}{2}}}\mathrm{d}x;$

(8) $\displaystyle\int \sqrt{a^2-x^2}\mathrm{d}x\ (a>0);$

(9) $\displaystyle\int \frac{1}{(x^2+a^2)^{\frac{3}{2}}}\mathrm{d}x;$

(10) $\displaystyle\int \frac{1}{x\sqrt{x^2-1}}\mathrm{d}x;$

(11) $\displaystyle\int \sqrt{\frac{x-a}{x+a}}\mathrm{d}x;$

(12) $\displaystyle\int \frac{x^3+1}{(x^2+1)^2}\mathrm{d}x.$

3. 设 $f'(x^2)=\dfrac{1}{x}\ (x>0)$, 求 $f(x)$.

6.3 分部积分法

在 6.2 节, 我们从复合函数微分法出发, 得到了换元积分法. 现在我们利用两个函数乘积的求导法则, 来推导另一个求积分的基本方法——**分部积分法**.

设 $u=u(x),\ v=v(x)$ 为任意两个可微函数, 由函数乘积的求导公式, 有

$$(uv)' = u'v + uv',$$

对上式两边求不定积分, 得到

$$uv = \int u'(x)v(x)\mathrm{d}x + \int u(x)v'(x)\mathrm{d}x,$$

即

$$\int u(x)v'(x)\mathrm{d}x = uv - \int u'(x)v(x)\mathrm{d}x \qquad (1)$$

或
$$\int u \mathrm{d}v = uv - \int v \mathrm{d}u. \tag{2}$$

这两个公式都叫做**分部积分公式**.

例 6.3.1 求 $\int x \mathrm{e}^x \mathrm{d}x$.

解 将 x 看成 $u(x)$, e^x 看成 $v'(x)$, 则 $u'(x) = 1$, $v(x) = \mathrm{e}^x$, 代入得
$$\int x \mathrm{e}^x \mathrm{d}x = \int x \mathrm{d}(\mathrm{e}^x) = x \mathrm{e}^x - \int \mathrm{e}^x \mathrm{d}x$$
$$= x \mathrm{e}^x - \mathrm{e}^x + C.$$

例 6.3.2 求 $\int x \cos x \mathrm{d}x$.

解 将 x 看成 $u(x)$, $\cos x$ 看成 $v'(x)$, 则 $u'(x) = 1$, $v(x) = \sin x$, 代入得
$$\int x \cos x \mathrm{d}x = \int x \mathrm{d}(\sin x) = x \sin x - \int \sin x \mathrm{d}x$$
$$= x \sin x + \cos x + C.$$

对某些函数, 需要多次使用分部积分法, 才能求出它的不定积分. 与此同时, 待到我们运算熟练以后, 中间步骤可以省去.

例 6.3.3 求 $\int x^2 \cos x \mathrm{d}x$.

解
$$\int x^2 \cos x \mathrm{d}x = \int x^2 \mathrm{d}(\sin x) = x^2 \sin x - \int \sin x \mathrm{d}(x^2)$$
$$= x^2 \sin x - 2 \int x \sin x \mathrm{d}x = x^2 \sin x + 2 \int x \mathrm{d}(\cos x)$$
$$= x^2 \sin x + 2x \cos x - 2 \int \cos x \mathrm{d}x$$
$$= x^2 \sin x + 2x \cos x - 2 \sin x + C.$$

注 如果被积函数中出现幂函数、指数函数与三角函数中两类或两类以上的乘积, 或者出现对数函数、反三角函数, 都可以考虑用分部积分法. 应用分部积分法, 最重要的是如何正确选择 $u(x)$ 与 $v(x)$. 一般来说, 要注意以下两个原则:

(1) $v(x)$ 要比较容易求出;

(2) $\int v \mathrm{d}u$ 要比 $\int u \mathrm{d}v$ 容易计算.

对于上面提到的五类基本初等函数, 有人总结出 "**反对幂三指**" 五个字, 这里 "反""对""幂""三""指" 依次是反三角函数、对数函数、幂函数、三角函数和指数函数, 应用分部积分法时, 一般应将排列次序在后面的函数优先与 $\mathrm{d}x$ 结合为 $\mathrm{d}v$.

例 6.3.4 求 $\displaystyle\int \ln x \mathrm{d}x$.

解 直接利用公式 (2), 有

$$\int \ln x \mathrm{d}x = x \ln x - \int x \mathrm{d}(\ln x) = x \ln x - \int x \cdot \frac{1}{x} \mathrm{d}x$$

$$= x \ln x - x + C.$$

例 6.3.5 求 $\displaystyle\int x \arctan x \mathrm{d}x$.

解 $\displaystyle\int x \arctan x \mathrm{d}x = \int \arctan x \mathrm{d}\left(\frac{x^2}{2}\right) = \frac{x^2}{2} \arctan x - \int \frac{x^2}{2} \cdot \frac{1}{1+x^2} \mathrm{d}x$

$$= \frac{x^2}{2} \arctan x - \frac{1}{2} \int \left(1 - \frac{1}{1+x^2}\right) \mathrm{d}x$$

$$= \frac{1+x^2}{2} \arctan x - \frac{x}{2} + C.$$

例 6.3.6 求 $\displaystyle\int \frac{x}{1+\cos x} \mathrm{d}x$.

解 $\displaystyle\int \frac{x}{1+\cos x} \mathrm{d}x = \int \frac{x}{2\cos^2 \frac{x}{2}} \mathrm{d}x = \int x \mathrm{d}\left(\tan \frac{x}{2}\right)$

$$= x \tan \frac{x}{2} - \int \tan \frac{x}{2} \mathrm{d}x = x \tan \frac{x}{2} + 2 \ln \left|\cos \frac{x}{2}\right| + C.$$

下面两个例子所用的计算不定积分的方法, 称为**循环法**, 其特点是通过分部积分, 产生一个关于所求积分的方程, 然后解这个方程得到所要计算的结果.

例 6.3.7 求 $\displaystyle\int \mathrm{e}^x \sin x \mathrm{d}x$.

解 $\displaystyle\int \mathrm{e}^x \sin x \mathrm{d}x = \int \sin x \mathrm{d}(\mathrm{e}^x) = \mathrm{e}^x \sin x - \int \mathrm{e}^x \cos x \mathrm{d}x$

$$= \mathrm{e}^x \sin x - \int \cos x \mathrm{d}(\mathrm{e}^x)$$

$$= \mathrm{e}^x \sin x - \mathrm{e}^x \cos x - \int \mathrm{e}^x \sin x \mathrm{d}x,$$

注意到等式两边都出现了所要求的 $\displaystyle\int \mathrm{e}^x \sin x \mathrm{d}x$, 把它们都移到等式的左边, 解得

$$\int \mathrm{e}^x \sin x \mathrm{d}x = \frac{1}{2} \mathrm{e}^x (\sin x - \cos x) + C.$$

类似可以得到

$$\int e^x \cos x dx = \frac{1}{2} e^x (\sin x + \cos x) + C.$$

例 6.3.8 求 $\int \sqrt{x^2 + a^2} dx$.

解
$$\int \sqrt{x^2 + a^2} dx = x\sqrt{x^2 + a^2} - \int \frac{x^2}{\sqrt{x^2 + a^2}} dx$$

$$= x\sqrt{x^2 + a^2} - \int \frac{x^2 + a^2 - a^2}{\sqrt{x^2 + a^2}} dx$$

$$= x\sqrt{x^2 + a^2} - \int \sqrt{x^2 + a^2} dx + \int \frac{a^2}{\sqrt{x^2 + a^2}} dx,$$

移项, 解得

$$\int \sqrt{x^2 + a^2} dx = \frac{1}{2} \left(x\sqrt{x^2 + a^2} + \int \frac{a^2}{\sqrt{x^2 + a^2}} dx \right)$$

$$= \frac{1}{2} \left(x\sqrt{x^2 + a^2} + a^2 \ln \left(x + \sqrt{x^2 + a^2} \right) \right) + C.$$

此例也可作变换 $x = a \tan t$, 用第二类换元法求出, 留给读者去完成.
类似可以得到

$$\int \sqrt{x^2 - a^2} dx = \frac{1}{2} \left(x\sqrt{x^2 - a^2} + a^2 \ln \left| x + \sqrt{x^2 - a^2} \right| \right) + C.$$

下面例子所用的计算不定积分的方法, 称为**递推法**.

例 6.3.9 求 $I_n = \int \frac{dx}{(x^2 + a^2)^n}$ (n 为正整数, $a > 0$).

解
$$I_1 = \int \frac{dx}{x^2 + a^2} = \frac{1}{a} \arctan \frac{x}{a} + C,$$

当 $n \geqslant 2$ 时, 有

$$I_n = \int \frac{dx}{(x^2 + a^2)^n} = \frac{1}{a^2} \int \frac{(x^2 + a^2) - x^2}{(x^2 + a^2)^n} dx = \frac{I_{n-1}}{a^2} - \frac{1}{a^2} \int \frac{x^2}{(x^2 + a^2)^n} dx.$$

而

$$\int \frac{x^2}{(x^2 + a^2)^n} dx = \frac{1}{2(1-n)} \int x d\left(x^2 + a^2 \right)^{1-n}$$

$$= \frac{1}{2(1-n)} \left(\frac{x}{(x^2 + a^2)^{n-1}} - I_{n-1} \right),$$

代入上式, 得到递推公式

$$I_n = \frac{2n-3}{2(n-1)a^2}I_{n-1} + \frac{1}{2(n-1)a^2} \cdot \frac{x}{(x^2+a^2)^{n-1}}, \quad n \geqslant 2,$$

$$I_1 = \frac{1}{a}\arctan\frac{x}{a} + C.$$

类似可以得到递推公式

$$\int \sin^n x\mathrm{d}x = -\frac{1}{n}\cos x \sin^{n-1} x + \frac{n-1}{n}\int \sin^{n-2} x\mathrm{d}x,$$

$$\int \cos^n x\mathrm{d}x = \frac{1}{n}\sin x \cos^{n-1} x + \frac{n-1}{n}\int \cos^{n-2} x\mathrm{d}x,$$

当 $n = 1, 2$ 时, 上面的积分可以直接求出.

下面例子所用的计算不定积分的方法, 称为**配对法**.

例 6.3.10 求 $\displaystyle\int \frac{\mathrm{d}x}{1+x^4}$.

解 令 $M(x) = \displaystyle\int \frac{\mathrm{d}x}{1+x^4}$, $N(x) = \displaystyle\int \frac{x^2\mathrm{d}x}{1+x^4}$, 则有

$$M(x) - N(x) = \int \frac{1-x^2}{1+x^4}\mathrm{d}x = -\int \frac{1-\dfrac{1}{x^2}}{x^2+\dfrac{1}{x^2}}\,\mathrm{d}x$$

$$= -\int \frac{1}{\left(x+\dfrac{1}{x}\right)^2 - 2}\,\mathrm{d}\left(x+\frac{1}{x}\right),$$

利用 $\displaystyle\int \frac{1}{u^2-a^2}\mathrm{d}u = \frac{1}{2a}\ln\left|\frac{u-a}{u+a}\right| + C$, 可得

$$M(x) - N(x) = -\frac{1}{2\sqrt{2}}\ln\frac{x^2-\sqrt{2}x+1}{x^2+\sqrt{2}x+1} + C.$$

类似可以得到

$$M(x) + N(x) = \int \frac{1+x^2}{1+x^4}\mathrm{d}x = \int \frac{1+\dfrac{1}{x^2}}{x^2+\dfrac{1}{x^2}}\,\mathrm{d}x$$

$$= \int \frac{1}{\left(x-\dfrac{1}{x}\right)^2 + 2}\,\mathrm{d}\left(x-\frac{1}{x}\right) = \frac{1}{\sqrt{2}}\arctan\frac{x^2-1}{\sqrt{2}x} + C.$$

综上两式, 可得所求积分

$$M(x) = -\frac{1}{4\sqrt{2}} \ln \frac{x^2 - \sqrt{2}x + 1}{x^2 + \sqrt{2}x + 1} + \frac{1}{2\sqrt{2}} \arctan \frac{x^2 - 1}{\sqrt{2}x} + C.$$

下面的例子说明, 在计算不定积分时, 往往需要兼用换元法和分部积分法.

例 6.3.11 求 $\int e^{\sqrt{x}} dx$.

解 令 $\sqrt{x} = t$, 则 $x = t^2$, $dx = 2tdt$, 于是

$$\int e^{\sqrt{x}} dx = 2 \int t e^t dt = 2 \int t d(e^t) = 2 \left(te^t - \int e^t dt \right)$$
$$= 2(t-1)e^t + C = 2(\sqrt{x} - 1)e^{\sqrt{x}} + C.$$

例 6.3.12 求 $\int \frac{x \arctan x}{(1+x^2)^2} dx$.

解 $\int \frac{x \arctan x}{(1+x^2)^2} dx = -\frac{1}{2} \int \arctan x \, d\left(\frac{1}{1+x^2} \right)$
$$= -\frac{1}{2} \left(\frac{\arctan x}{1+x^2} - \int \frac{1}{1+x^2} d(\arctan x) \right).$$

对括号里后一个积分, 作变量代换 $\arctan x = t$, 则 $x = \tan t$, $dx = \sec^2 t dt$, 故

$$\int \frac{1}{1+x^2} d(\arctan x) = \int \frac{1}{\sec^2 t} dt = \int \cos^2 t dt$$
$$= \int \frac{1 + \cos 2t}{2} dt = \frac{t}{2} + \frac{1}{4} \sin 2t + C$$
$$= \frac{1}{2} \arctan x + \frac{1}{2} \cdot \frac{x}{1+x^2} + C,$$

因此

$$\int \frac{x \arctan x}{(1+x^2)^2} dx = -\frac{1}{2} \frac{\arctan x}{1+x^2} + \frac{1}{4} \arctan x + \frac{1}{4} \cdot \frac{x}{1+x^2} + C$$
$$= \frac{1}{4} \left(\frac{x^2 - 1}{x^2 + 1} \arctan x + \frac{x}{1+x^2} \right) + C.$$

例 6.3.13 求 $I = \int x^2 \sqrt{x^2 + 1} \, dx$.

解　方法 1　当 $x > 0$ 时, 有

$$I = \frac{1}{2} \int \sqrt{x^4 + x^2} \mathrm{d}(x^2) \ (\diamondsuit u = x^2)$$

$$= \frac{1}{2} \int \sqrt{u^2 + u}\, \mathrm{d}u = \frac{1}{2} \int \sqrt{\left(u + \frac{1}{2}\right)^2 - \left(\frac{1}{2}\right)^2}\, \mathrm{d}\left(u + \frac{1}{2}\right).$$

利用 $\displaystyle\int \sqrt{t^2 - a^2}\mathrm{d}t = \frac{1}{2}\left(t\sqrt{t^2 - a^2} - a^2 \ln\left|t + \sqrt{t^2 - a^2}\right|\right) + C,$

$$I = \frac{1}{4}\left(x^2 + \frac{1}{2}\right)\sqrt{x^4 + x^2} - \frac{1}{16}\ln\left|x^2 + \frac{1}{2} + \sqrt{x^4 + x^2}\right| + C$$

$$= \frac{1}{8}x\left(2x^2 + 1\right)\sqrt{x^2 + 1} - \frac{1}{16}\ln\left(x + \sqrt{x^2 + 1}\right)^2 + C_1$$

$$= \frac{1}{8}x\left(2x^2 + 1\right)\sqrt{x^2 + 1} - \frac{1}{8}\ln\left(x + \sqrt{x^2 + 1}\right) + C_1.$$

当 $x < 0$ 时, 有相同的结果.

方法 2

$$I = \frac{1}{3}\int x\, \mathrm{d}(x^2 + 1)^{\frac{3}{2}} = \frac{1}{3}x\left(x^2 + 1\right)^{\frac{3}{2}} - \frac{1}{3}\int (x^2 + 1)\sqrt{x^2 + 1}\mathrm{d}x$$

$$= \frac{1}{3}x\left(x^2 + 1\right)^{\frac{3}{2}} - \frac{1}{3}\int x^2\sqrt{x^2 + 1}\mathrm{d}x - \frac{1}{3}\int \sqrt{x^2 + 1}\mathrm{d}x$$

$$= \frac{1}{3}x\left(x^2 + 1\right)^{\frac{3}{2}} - \frac{I}{3} - \frac{1}{6}\left(x\sqrt{x^2 + 1} + \ln(x + \sqrt{x^2 + 1}\,)\right),$$

化简得

$$I = \frac{1}{4}x\left(x^2 + 1\right)^{\frac{3}{2}} - \frac{1}{8}\left(x\sqrt{x^2 + 1} + \ln(x + \sqrt{x^2 + 1}\,)\right) + C$$

$$= \frac{1}{8}x\left(2x^2 + 1\right)\sqrt{x^2 + 1} - \frac{1}{8}\ln\left(x + \sqrt{x^2 + 1}\right) + C.$$

方法 3　因为

$$\left(x^3\sqrt{x^2 + 1}\right)' = 3x^2\sqrt{x^2 + 1} + \frac{x^4}{\sqrt{x^2 + 1}} = 4x^2\sqrt{x^2 + 1} - \sqrt{x^2 + 1} + \frac{1}{\sqrt{x^2 + 1}},$$

所以

$$x^2\sqrt{x^2+1}=\frac{1}{4}\left[\left(x^3\sqrt{x^2+1}\right)'+\sqrt{x^2+1}-\frac{1}{\sqrt{x^2+1}}\right],$$

两边积分, 得到

$$
\begin{aligned}
I &= \frac{1}{4}\left(x^3\sqrt{x^2+1}+\frac{1}{2}x\sqrt{x^2+1}-\frac{1}{2}\ln(x+\sqrt{x^2+1}\,)\right)+C \\
&= \frac{1}{4}x\left(x^2+1\right)^{\frac{3}{2}}-\frac{1}{8}\left(x\sqrt{x^2+1}+\ln(x+\sqrt{x^2+1}\,)\right)+C \\
&= \frac{1}{8}x\left(2x^2+1\right)\sqrt{x^2+1}-\frac{1}{8}\ln\left(x+\sqrt{x^2+1}\right)+C.
\end{aligned}
$$

注 1 对于不定积分, 并不存在能对一切情形都适用的万能的求积分的方法, 必须具体问题具体分析. 初学者必须通过相当数量的解题训练, 不断积累经验, 才能掌握计算不定积分的技能.

注 2 上面我们所举例子中, 遇到的初等函数的原函数都为初等函数, 但并非所有初等函数的原函数都是初等函数, 例如

$$\int e^{\pm x^2}dx,\quad \int \sin x^2 dx,\quad \int \frac{\sin x}{x}dx,\quad \int \frac{1}{\ln x}dx$$

便是如此, 这时我们也说积分积不出来. 不定积分的计算, 实际上就是求出原函数为初等函数的不定积分.

习题 6.3

1. 求下列不定积分:

(1) $\displaystyle\int xe^{-x}dx$;

(2) $\displaystyle\int x^2\ln xdx$;

(3) $\displaystyle\int x^2\arctan xdx$;

(4) $\displaystyle\int x\tan^2 xdx$;

(5) $\displaystyle\int e^{-x}\cos xdx$;

(6) $\displaystyle\int \sec^3 xdx$;

(7) $\displaystyle\int \frac{\ln^3 x}{x^2}dx$;

(8) $\displaystyle\int e^x\sin^2 xdx$;

(9) $\displaystyle\int (\arcsin x)^2 dx$;

(10) $\displaystyle\int \ln\left(x+\sqrt{1+x^2}\right)dx$;

(11) $\displaystyle\int \cos(\ln x)dx$;

(12) $\displaystyle\int \frac{x\ln x}{(1+x^2)^2}dx$.

2. 求下列不定积分的递推公式 (n 为非负整数):

(1) $I_n = \int \cos^n x \mathrm{d}x;$ (2) $I_n = \int \tan^n x \mathrm{d}x;$

(3) $I_n = \int \mathrm{e}^x \sin^n x \mathrm{d}x;$ (4) $I_n = \int \dfrac{1}{x^n \sqrt{1+x}} \mathrm{d}x.$

3. 对自然数 m, n, 定义 $I(m,n) = \int \cos^m x \sin^n x \mathrm{d}x$, 证明:

(1) $I(m,n) = \dfrac{\cos^{m-1} x \sin^{n+1} x}{m+n} + \dfrac{m-1}{m+n} I(m-2, n);$

(2) $I(m,n) = -\dfrac{\cos^{m+1} x \sin^{n-1} x}{m+n} + \dfrac{n-1}{m+n} I(m, n-2);$

(3) $I(n,n) = \dfrac{\cos 2x \sin^{n-1} 2x}{n2^{n+1}} + \dfrac{n-1}{4n} I(n-2, n-2).$

4. 用配对法求下列不定积分:

(1) $\int \dfrac{\sin x}{a \cos x + b \sin x} \mathrm{d}x;$ (2) $\int \mathrm{e}^{ax} \cos bx \mathrm{d}x \ (ab \neq 0).$

5. 设 $p(x)$ 是一个 n 次多项式, 试用 $p(x)$ 的各阶导数来表示下面的不定积分

$$\int p(x) \mathrm{e}^{2x} \mathrm{d}x.$$

6. 试利用公式 $\int (f(x) + f'(x)) \mathrm{e}^x \mathrm{d}x = \int (\mathrm{e}^x f(x))' \mathrm{d}x = \mathrm{e}^x f(x) + C$, 求下列不定积分:

(1) $\int \dfrac{x \mathrm{e}^x}{(1+x)^2} \mathrm{d}x;$ (2) $\int \dfrac{1 + \sin x}{1 + \cos x} \mathrm{e}^x \mathrm{d}x.$

6.4 有理函数的不定积分及应用

6.4.1 有理函数的不定积分

两个实系数多项式之商称为**有理函数**, 记为

$$R(x) = \frac{P_n(x)}{Q_m(x)},$$

其中 $P_n(x)$ 和 $Q_m(x)$ 分别表示 n 次和 m 次多项式, 且它们没有共同的零点.

若 $n \geqslant m$, 则称有理函数为**假分式**; 若 $n < m$, 则称有理函数为**真分式**. 于是有理函数可分为真分式和假分式两类. 对于任何一个假分式, 一定可以通过多项式的除法, 把它表示成一个多项式与真分式之和, 例如

$$\frac{x^4 + 5x + 4}{x^2 + 5x + 4} = x^2 - 5x + 21 - \frac{80}{x+4}.$$

由于多项式积分的计算非常简单, 因此有理函数的积分就归结为讨论真分式的积分. 为了讨论真分式的积分, 我们需要如下结论.

定理 6.4.1(部分分式定理) 设 $\dfrac{P(x)}{Q(x)}$ 是一个真分式, 且分母 $Q(x)$ 有分解式:

$$Q(x) = (x-a)^\alpha \cdots (x-b)^\beta (x^2+px+q)^\mu \cdots (x^2+rx+s)^\lambda,$$

其中 $a, \cdots, b, p, q, \cdots, r, s$ 为实数, $\alpha, \cdots, \beta, \mu, \cdots, \lambda$ 为正整数, 且 $p^2 - 4q < 0, \cdots, r^2 - 4s < 0$, 则

$$
\begin{aligned}
\frac{P(x)}{Q(x)} =& \frac{A_1}{x-a} + \frac{A_2}{(x-a)^2} + \cdots + \frac{A_\alpha}{(x-a)^\alpha} + \cdots \\
&+ \frac{B_1}{x-b} + \frac{B_2}{(x-b)^2} + \cdots + \frac{B_\beta}{(x-b)^\beta} \\
&+ \frac{C_1 x + D_1}{x^2+px+q} + \frac{C_2 x + D_2}{(x^2+px+q)^2} + \cdots + \frac{C_\mu x + D_\mu}{(x^2+px+q)^\mu} + \cdots \\
&+ \frac{E_1 x + F_1}{x^2+rx+s} + \frac{E_2 x + F_2}{(x^2+rx+s)^2} + \cdots + \frac{E_\lambda x + F_\lambda}{(x^2+rx+s)^\lambda},
\end{aligned}
$$

其中 $A_1, \cdots, A_\alpha; \cdots; B_1, \cdots, B_\beta; C_1, \cdots, C_\mu; D_1, \cdots, D_\mu; E_1, \cdots, E_\lambda; F_1, \cdots, F_\lambda$ 均为实数, 并且这种分解式中的所有系数是唯一确定的.

定理的证明在这里略去, 有兴趣的读者, 可以查阅复变函数课程.

注 由代数学基本定理知, 实系数多项式的根或者是实数, 或者是成对的共轭复根, 这一结论保证了分母 $Q(x)$ 在理论上一定可以进行形如定理中的分解.

部分分式定理告诉我们, 任一真分式在理论上都可分解为以下两类简单分式之和:

(1) $\dfrac{A}{(x-a)^k}$; (2) $\dfrac{Ex+F}{(x^2+px+q)^k}$ $(p^2-4q<0)$,

其中 k 为正整数. 因此, 求真分式的积分, 就转化为计算这两类简单真分式的不定积分. 下面我们分别介绍以上两类简单分式的积分的求法.

(1) $\displaystyle\int \frac{1}{(x-a)^k}\mathrm{d}x = \begin{cases} \ln|x-a| + C, & k=1, \\ \dfrac{1}{1-k}\cdot\dfrac{1}{(x-a)^{k-1}} + C, & k\geqslant 2. \end{cases}$

(2) 由于 $x^2+px+q = \left(x+\dfrac{p}{2}\right)^2 + \dfrac{4q-p^2}{4} \triangleq t^2 + a^2$, 其中

$$x + \frac{p}{2} = t, \quad a = \frac{\sqrt{4q-p^2}}{2}.$$

(i) 当 $k=1$ 时, 有

$$\int \frac{Ex+F}{x^2+px+q}\mathrm{d}x = \int \frac{E\left(x+\dfrac{p}{2}\right)+F-\dfrac{Ep}{2}}{\left(x+\dfrac{p}{2}\right)^2+\dfrac{4q-p^2}{4}}\mathrm{d}\left(x+\frac{p}{2}\right)$$

$$= E\int \frac{t}{t^2+a^2}\mathrm{d}t + \left(F-\frac{Ep}{2}\right)\int \frac{1}{t^2+a^2}\mathrm{d}t$$

$$= \frac{E}{2}\ln(t^2+a^2) + \frac{1}{a}\left(F-\frac{Ep}{2}\right)\arctan\frac{t}{a} + C$$

$$= \frac{E}{2}\ln(x^2+px+q) + \frac{2F-pE}{\sqrt{4q-p^2}}\arctan\frac{2x+p}{\sqrt{4q-p^2}} + C.$$

(ii) 当 $k \geqslant 2$ 时, 同理可得

$$\int \frac{Ex+F}{(x^2+px+q)^k}\mathrm{d}x = E\int \frac{t}{(t^2+a^2)^k}\mathrm{d}t + \left(F-\frac{Ep}{2}\right)\int \frac{1}{(t^2+a^2)^k}\mathrm{d}t.$$

注意到

$$\int \frac{t}{(t^2+a^2)^k}\mathrm{d}t = \frac{1}{2}\int \frac{1}{(t^2+a^2)^k}\mathrm{d}(t^2+a^2) = \frac{1}{2(1-k)}\cdot\frac{1}{(t^2+a^2)^{k-1}} + C;$$

$\displaystyle\int \frac{1}{(t^2+a^2)^k}\mathrm{d}t$ 可以利用例 6.3.9 中的递推公式求出.

综上所述, 我们可以求出 $\displaystyle\int \frac{Ex+F}{(x^2+px+q)^k}\mathrm{d}x$.

例 6.4.1 求 $\displaystyle\int \frac{x^4+5x+4}{x^2+5x+4}\mathrm{d}x$.

解 被积函数为假分式, 先用多项式的除法, 将它表示为多项式与真分式之和:

$$\frac{x^4+5x+4}{x^2+5x+4} = x^2 - 5x + 21 - \frac{80}{x+4}.$$

于是

$$\int \frac{x^4+5x+4}{x^2+5x+4}\mathrm{d}x = \frac{1}{3}x^3 - \frac{5}{2}x^2 + 21x - 80\ln|x+4| + C.$$

例 6.4.2 求 $\displaystyle\int \frac{x^2+1}{(x-1)(x+1)^2}\mathrm{d}x$.

解 先将被积函数分解成简单分式之和. 设

$$\frac{x^2+1}{(x-1)(x+1)^2} = \frac{A}{x-1} + \frac{B}{x+1} + \frac{C}{(x+1)^2},$$

其中 A, B, C 是待定系数. 下面介绍两种确定待定系数的方法.

方法 1(比较系数法) 将上式两边同乘以 $(x-1)(x+1)^2$, 得

$$x^2+1 = A(x+1)^2 + B(x-1)(x+1) + C(x-1),$$

$$= (A+B)x^2 + (2A+C)x + A - B - C.$$

比较两端同次幂的系数, 得方程组

$$\begin{cases} A+B = 1, \\ 2A+C = 0, \\ A-B-C = 1. \end{cases}$$

解方程组得 $A = B = \dfrac{1}{2}$, $C = -1$.

方法 2 (取特殊值法) 将上式两边同乘以 $(x-1)(x+1)^2$, 得

$$x^2+1 = A(x+1)^2 + B(x-1)(x+1) + C(x-1),$$

令 $x = 1$, 得 $A = \dfrac{1}{2}$; 令 $x = -1$, 得 $C = -1$; 令 $x = 0$, 得 $A - B - C = 1$, 从而 $B = \dfrac{1}{2}$. 因此

$$\int \frac{x^2+1}{(x-1)(x+1)^2}\mathrm{d}x = \int \left(\frac{1}{2(x-1)} + \frac{1}{2(x+1)} - \frac{1}{(x+1)^2} \right)\mathrm{d}x$$

$$= \frac{1}{2}\ln|x^2-1| + \frac{1}{x+1} + C.$$

例 6.4.3 求 $\displaystyle\int \frac{x+1}{(x-1)(x^2+1)^2}\mathrm{d}x$.

解 先将被积函数分解成简单分式之和. 设

$$\frac{x+1}{(x-1)(x^2+1)^2} = \frac{A}{x-1} + \frac{Bx+C}{x^2+1} + \frac{Dx+E}{(x^2+1)^2},$$

化简得

$$x+1 = A(x^2+1)^2 + (Bx+C)(x-1)(x^2+1) + (x-1)(Dx+E),$$

其中 A,B,C,D,E 是待定系数. 下面仍用两种方法来确定待定系数.

方法 1(比较系数法) 比较两端同次幂的系数, 得方程组

$$\begin{cases} A + B = 0, \\ -B + C = 0, \\ 2A + B - C + D = 0, \\ -B + C - D + E = 1, \\ A - C - E = 1. \end{cases}$$

解方程组得 $A = \dfrac{1}{2}$, $B = C = -\dfrac{1}{2}, D = -1, E = 0$.

方法 2 (取特殊值法) 在等式

$$x + 1 = A(x^2 + 1)^2 + (Bx + C)(x - 1)(x^2 + 1) + (x - 1)(Dx + E),$$

令 $x = 1$, 得 $A = \dfrac{1}{2}$; 令 $x = \mathrm{i}$, 即 $x^2 = -1$, 得 $\mathrm{i} + 1 = (E - D)\mathrm{i} - D - E$, 再令它们的实部和虚部分别相等, 得 $D = -1$, $E = 0$. 令 $x = 0$, 得 $C = -\dfrac{1}{2}$; 令 $x = -1$, 得 $B = -\dfrac{1}{2}$. 因此

$$\begin{aligned} \int \frac{x + 1}{(x - 1)(x^2 + 1)^2} \mathrm{d}x &= \int \left(\frac{1}{2(x - 1)} - \frac{x + 1}{2(x^2 + 1)} - \frac{x}{(x^2 + 1)^2} \right) \mathrm{d}x \\ &= \frac{1}{2} \ln |x - 1| - \frac{1}{4} \ln(1 + x^2) - \frac{1}{2} \arctan x + \frac{1}{2(1 + x^2)} + C \\ &= \frac{1}{2} \left(\ln |x - 1| - \frac{1}{2} \ln(1 + x^2) - \arctan x + \frac{1}{1 + x^2} \right) + C. \end{aligned}$$

上面介绍的两种将真分式分解成简单分式之和的方法, 有时计算会很烦琐, 一般情况下, 应尽量避免用比较系数法. 对于有些真分式, 可利用适当的拼凑技巧进行分解.

例 6.4.4 求 $\displaystyle\int \frac{1}{x(1 + x)(1 + x + x^2)} \mathrm{d}x$.

解 因为

$$\begin{aligned} \frac{1}{(x + x^2)(1 + x + x^2)} &= \frac{1}{x + x^2} - \frac{1}{1 + x + x^2} = \frac{1}{x(1 + x)} - \frac{1}{1 + x + x^2} \\ &= \frac{1}{x} - \frac{1}{1 + x} - \frac{1}{1 + x + x^2}, \end{aligned}$$

所以

$$\int \frac{1}{x(1+x)(1+x+x^2)}\mathrm{d}x = \ln\left|\frac{x}{1+x}\right| - \frac{2}{\sqrt{3}}\arctan\frac{2x+1}{\sqrt{3}} + C.$$

例 6.4.5 求 $\displaystyle\int \frac{x^3+x^2+2}{(x^2+2)^2}\mathrm{d}x.$

解
$$\int \frac{x^3+x^2+2}{(x^2+2)^2}\mathrm{d}x = \int \frac{x^3+2x-2x+x^2+2}{(x^2+2)^2}\mathrm{d}x$$

$$= \int \frac{x+1}{x^2+2}\mathrm{d}x - \int \frac{2x}{(x^2+2)^2}\mathrm{d}x$$

$$= \frac{1}{2}\ln(x^2+2) + \frac{1}{\sqrt{2}}\arctan\frac{x}{\sqrt{2}}$$

$$- \int \frac{1}{(x^2+2)^2}\mathrm{d}(x^2+2)$$

$$= \frac{1}{2}\ln(x^2+2) + \frac{1}{\sqrt{2}}\arctan\frac{x}{\sqrt{2}} + \frac{1}{x^2+2} + C.$$

例 6.4.6 求 $\displaystyle I = \int \frac{x^2+2}{(x^2+x+1)^2}\mathrm{d}x.$

解 由于

$$\frac{x^2+2}{(x^2+x+1)^2} = \frac{x^2+x+1-x+1}{(x^2+x+1)^2} = \frac{1}{x^2+x+1} + \frac{-x+1}{(x^2+x+1)^2},$$

而

$$\int \frac{1}{x^2+x+1}\mathrm{d}x = \int \frac{1}{\left(x+\dfrac{1}{2}\right)^2 + \left(\dfrac{\sqrt{3}}{2}\right)^2}\mathrm{d}x$$

$$= \frac{2}{\sqrt{3}}\arctan\frac{2}{\sqrt{3}}\left(x+\frac{1}{2}\right) + C$$

$$= \frac{2}{\sqrt{3}}\arctan\frac{2x+1}{\sqrt{3}} + C,$$

$$\int \frac{-x+1}{(x^2+x+1)^2}\mathrm{d}x = \frac{1}{2}\int \frac{-(2x+1)+3}{(x^2+x+1)^2}\mathrm{d}x$$

$$= -\frac{1}{2}\int \frac{1}{(x^2+x+1)^2}\mathrm{d}(x^2+x+1) + \frac{3}{2}\int \frac{1}{(x^2+x+1)^2}\mathrm{d}x$$

$$= \frac{1}{2}\cdot\frac{1}{x^2+x+1} + \frac{3}{2}\int \frac{1}{(x^2+x+1)^2}\mathrm{d}x,$$

由例 6.3.9 的递推公式, 有

$$\int \frac{1}{(x^2+x+1)^2}\mathrm{d}x = \frac{2}{3}\left(\int \frac{1}{x^2+x+1}\mathrm{d}x + \frac{1}{2}\cdot\frac{2x+1}{x^2+x+1}\right) + C,$$

故

$$I = \frac{4}{\sqrt{3}}\arctan\frac{2x+1}{\sqrt{3}} + \frac{x+1}{x^2+x+1} + C.$$

注　若直接用分解式: $\dfrac{x^2+2}{(x^2+x+1)^2} = \dfrac{Ax+B}{x^2+x+1} + \dfrac{Cx+D}{(x^2+x+1)^2}$, 则需要确定四个常数, 计算较烦琐.

例 6.4.7　求 $\displaystyle\int \frac{1}{x^3+1}\mathrm{d}x$.

解　**方法 1**　由于

$$\frac{1}{x^3+1} = \frac{1}{(x+1)(x^2-x+1)} = \frac{A}{x+1} + \frac{Bx+C}{x^2-x+1},$$

用取特殊值的方法, 不难求得 $A = \dfrac{1}{3}$, $B = -\dfrac{1}{3}$, $C = \dfrac{2}{3}$.

因此

$$\begin{aligned}
\int \frac{1}{x^3+1}\mathrm{d}x &= \frac{1}{3}\int\left(\frac{1}{x+1} + \frac{-x+2}{x^2-x+1}\right)\mathrm{d}x \\
&= \frac{1}{3}\ln|x+1| - \frac{1}{6}\int\frac{\mathrm{d}(x^2-x+1)}{x^2-x+1} + \frac{1}{2}\int\frac{1}{x^2-x+1}\mathrm{d}x \\
&= \frac{1}{3}\ln|x+1| - \frac{1}{6}\ln(x^2-x+1) + \frac{\sqrt{3}}{3}\arctan\frac{2x-1}{\sqrt{3}} + C.
\end{aligned}$$

方法 2　$\displaystyle\int \frac{1}{x^3+1}\mathrm{d}x = \int \frac{1+x-x}{x^3+1}\mathrm{d}x = \int\frac{1}{x^2-x+1}\mathrm{d}x - \int\frac{x}{x^3+1}\mathrm{d}x.$

下面用 "配对法" 来计算. 设 $I = \displaystyle\int \frac{1}{x^3+1}\mathrm{d}x$, $J = \displaystyle\int\frac{x}{x^3+1}\mathrm{d}x$, 则

$$I + J = \int\frac{1}{x^2-x+1}\mathrm{d}x = \frac{2}{\sqrt{3}}\arctan\frac{2x-1}{\sqrt{3}} + C;$$

$$\begin{aligned}
I - J &= \int\frac{1-x}{x^3+1}\mathrm{d}x = \int\frac{1-x+x^2-x^2}{x^3+1}\mathrm{d}x \\
&= \int\frac{1}{x+1}\mathrm{d}x - \frac{1}{3}\int\frac{1}{x^3+1}\mathrm{d}(x^3+1)
\end{aligned}$$

$$= \ln|x+1| - \frac{1}{3}\ln|x^3+1| + C.$$

由此解得

$$\int \frac{1}{x^3+1}\mathrm{d}x = \frac{1}{2}\ln|x+1| - \frac{1}{6}\ln|x^3+1| + \frac{\sqrt{3}}{3}\arctan\frac{2x-1}{\sqrt{3}} + C$$

$$= \frac{1}{3}\ln|x+1| - \frac{1}{6}\ln(x^2-x+1) + \frac{\sqrt{3}}{3}\arctan\frac{2x-1}{\sqrt{3}} + C.$$

注 在方法 2 中, 本题只要计算单个积分 I, 但是在计算过程中, 又 "冒出" 一个新积分 J, 将 I, J 联立计算, 要比单独计算 I 要简单得多.

6.4.2 可化为有理函数的不定积分

有些函数本身不是有理函数, 但经过适当的变量代换之后, 可以化为关于新变量的有理函数, 然后我们就可以按有理函数的不定积分来计算. 从这个角度, 我们可以认为这类函数的原函数的计算问题, 已经得到解决. 下面我们讨论两类可化为有理函数的不定积分.

1. 三角函数有理式的积分

形如

$$\sum_{k=0}^{m}\sum_{l=0}^{n} a_{kl}\, x^k y^l$$

的表达式称为 x 与 y 的**二元多项式**, 其中实数 a_{kl} 称为多项式的系数. 若 $R(x,y)$ 是两个二元多项式之商, 则称 $R(x,y)$ 为**二元有理函数**.

形如 $R(\sin x, \cos x)$ 的函数, 称为**三角函数有理式**, 它是由基本三角函数 $\sin x$, $\cos x, \tan x, \cot x, \sec x, \csc x$ 经过有限次四则运算所得的函数. 下面证明: 三角函数有理式的积分 $\displaystyle\int R(\cos x, \sin x)\mathrm{d}x$ 一定可以表示成初等函数.

令 $\tan\dfrac{x}{2} = t\ (-\pi < x < \pi)$, 有

$$x = 2\arctan t, \quad \mathrm{d}x = \frac{2}{1+t^2}\mathrm{d}t,$$

$$\sin x = 2\sin\frac{x}{2}\cos\frac{x}{2} = \frac{2\tan\dfrac{x}{2}}{\sec^2\dfrac{x}{2}} = \frac{2\tan\dfrac{x}{2}}{1+\tan^2\dfrac{x}{2}} = \frac{2t}{1+t^2},$$

$$\cos x = \cos^2\frac{x}{2} - \sin^2\frac{x}{2} = \frac{1-\tan^2\dfrac{x}{2}}{1+\tan^2\dfrac{x}{2}} = \frac{1-t^2}{1+t^2},$$

则

$$\int R(\sin x, \cos x)\mathrm{d}x = \int R\left(\frac{2t}{1+t^2}, \frac{1-t^2}{1+t^2}\right)\frac{2}{1+t^2}\mathrm{d}t.$$

这样, 我们就将三角函数有理式的积分化成了有理函数的积分, 从而可以按有理函数的积分法求出, 这也就证明了三角函数有理式的积分一定可以表示成初等函数.

变换 $\tan\dfrac{x}{2} = t$ 或 $x = 2\arctan t$ 通常称为**万能变换**.

例 6.4.8　求 $\displaystyle\int \frac{1+\sin x}{\sin x(1+\cos x)}\,\mathrm{d}x.$

解　令 $\tan\dfrac{x}{2} = t$, 有

$$x = 2\arctan t, \quad \mathrm{d}x = \frac{2}{1+t^2}\mathrm{d}t,$$

$$\sin x = \frac{2t}{1+t^2}, \quad \cos x = \frac{1-t^2}{1+t^2}.$$

因此

$$\int \frac{1+\sin x}{\sin x(1+\cos x)}\,\mathrm{d}x = \frac{1}{2}\int \frac{(t+1)^2}{t}\mathrm{d}t = \frac{t^2}{4} + t + \frac{1}{2}\ln|t| + C$$

$$= \frac{1}{4}\left(\tan\frac{x}{2}\right)^2 + \tan\frac{x}{2} + \frac{1}{2}\ln\left|\tan\frac{x}{2}\right| + C.$$

例 6.4.9　求 $\displaystyle\int \frac{1}{1+\cos x}\,\mathrm{d}x.$

解　**方法 1**　用万能变换, 化成有理函数的积分, 留给读者完成.

方法 2　$\displaystyle\int \frac{1}{1+\cos x}\,\mathrm{d}x = \int \frac{1}{2\cos^2\dfrac{x}{2}}\,\mathrm{d}x = \int \sec^2\frac{x}{2}\mathrm{d}\left(\frac{x}{2}\right) = \tan\frac{x}{2} + C.$

方法 3　$\displaystyle\int \frac{1}{1+\cos x}\,\mathrm{d}x = \int \frac{1-\cos x}{\sin^2 x}\,\mathrm{d}x = \int \csc^2 x\mathrm{d}x - \int \frac{1}{\sin^2 x}\,\mathrm{d}(\sin x)$

$$= -\cot x + \frac{1}{\sin x} + C = \frac{1-\cos x}{\sin x} + C$$

$$= \tan\frac{x}{2} + C.$$

例 6.4.10　求 $\displaystyle\int \frac{\sin^{100} x}{\cos^{102} x}\,\mathrm{d}x.$

解　$\displaystyle\int \frac{\sin^{100} x}{\cos^{102} x}\,\mathrm{d}x = \int \tan^{100} x\sec^2 x\mathrm{d}x = \int \tan^{100} x\mathrm{d}(\tan x)$

$$= \frac{1}{101}\tan^{101} x + C.$$

例 6.4.11 求 $\displaystyle\int \frac{\sin x}{a\sin x + b\cos x}\,\mathrm{d}x$ 与 $\displaystyle\int \frac{\cos x}{a\sin x + b\cos x}\,\mathrm{d}x$.

解 记 $I = \displaystyle\int \frac{\sin x}{a\sin x + b\cos x}\,\mathrm{d}x,\ J = \int \frac{\cos x}{a\sin x + b\cos x}\,\mathrm{d}x$, 则

$$aI + bJ = \int 1\mathrm{d}x = x + C,$$

$$bI - aJ = \int \frac{b\sin x - a\cos x}{a\sin x + b\cos x}\mathrm{d}x = -\int \frac{\mathrm{d}(a\sin x + b\cos x)}{a\sin x + b\cos x}$$

$$= -\ln|a\sin x + b\cos x| + C.$$

解方程组得

$$\int \frac{\sin x}{a\sin x + b\cos x}\,\mathrm{d}x = \frac{1}{a^2 + b^2}\left(ax - b\ln|a\sin x + b\cos x|\right) + C.$$

$$\int \frac{\cos x}{a\sin x + b\cos x}\,\mathrm{d}x = \frac{1}{a^2 + b^2}\left(bx + a\ln|a\sin x + b\cos x|\right) + C.$$

注 三角函数有理式的不定积分, 其计算方法灵活多样. 尽管万能变换在理论上很重要, 但是计算量大, 并不简便. 因此在求三角函数有理式的积分时, 要学会具体问题具体分析, 可以利用三角恒等变形, 也可根据被积函数的特点选择变换, 并不是所有三角函数有理式的积分, 都非用万能变换不可, 而且万能变换方法通常不是最简单的方法.

2. 某些无理函数的积分

对形如 $R\left(x, \sqrt[n]{\dfrac{ax + b}{cx + d}}\right)$ $(n > 1,\ ad - bc \neq 0, R(u, v)$ 为二元有理函数) 的无理函数, 它的不定积分也可以转化成有理函数的积分来计算.

为了去根号, 作变换

$$\sqrt[n]{\frac{ax + b}{cx + d}} = t, \quad \text{则} \quad \frac{ax + b}{cx + d} = t^n,$$

于是

$$x = \frac{dt^n - b}{a - ct^n}, \quad \mathrm{d}x = \frac{n(ad - bc)t^{n-1}}{(a - ct^n)^2}\mathrm{d}t.$$

因此

$$\int R\left(x, \sqrt[n]{\frac{ax + b}{cx + d}}\right)\mathrm{d}x = \int R\left(\frac{dt^n - b}{a - ct^n}, t\right)\frac{n(ad - bc)t^{n-1}}{(a - ct^n)^2}\mathrm{d}t,$$

这样, 我们就将无理函数的积分化成了有理函数的积分, 从而可以按有理函数的积分法求出, 即这类无理函数的原函数一定是初等函数.

例 6.4.12 求 $\displaystyle\int \frac{1}{x}\sqrt{\frac{x+2}{x-2}}\,\mathrm{d}x$.

解 方法 1 令 $\displaystyle\sqrt{\frac{x+2}{x-2}}=t$, 则 $\displaystyle x=\frac{2(t^2+1)}{t^2-1}$, $\displaystyle\mathrm{d}x=-\frac{8t}{(t^2-1)^2}\mathrm{d}t$.

$$\int \frac{1}{x}\sqrt{\frac{x+2}{x-2}}\,\mathrm{d}x = \int \frac{-4t^2}{(t^2+1)(t^2-1)}\mathrm{d}t = -2\int\left(\frac{1}{t^2-1}+\frac{1}{t^2+1}\right)\mathrm{d}t$$

$$= -\ln\left|\frac{t-1}{t+1}\right| - 2\arctan t + C$$

$$= \ln\left|\frac{\sqrt{x+2}+\sqrt{x-2}}{\sqrt{x+2}-\sqrt{x-2}}\right| - 2\arctan\sqrt{\frac{x+2}{x-2}} + C$$

$$= \ln\left|x+\sqrt{x^2-4}\right| - 2\arctan\sqrt{\frac{x+2}{x-2}} + C.$$

方法 2 $\displaystyle\int \frac{1}{x}\sqrt{\frac{x+2}{x-2}}\,\mathrm{d}x = \int \frac{1}{x}\frac{x+2}{\sqrt{x^2-4}}\,\mathrm{d}x$

$$= \int \frac{1}{\sqrt{x^2-4}}\,\mathrm{d}x + 2\int \frac{1}{x\sqrt{x^2-4}}\,\mathrm{d}x.$$

而

$$\int \frac{1}{x\sqrt{x^2-4}}\,\mathrm{d}x = \int \frac{1}{x^2\sqrt{1-\left(\dfrac{2}{x}\right)^2}}\,\mathrm{d}x = -\frac{1}{2}\int \frac{1}{\sqrt{1-\left(\dfrac{2}{x}\right)^2}}\,\mathrm{d}\left(\frac{2}{x}\right)$$

$$= -\frac{1}{2}\arcsin\frac{2}{x} + C,$$

所以

$$\int \frac{1}{x}\sqrt{\frac{x+2}{x-2}}\,\mathrm{d}x = \ln\left|x+\sqrt{x^2-4}\right| - \arcsin\frac{2}{x} + C.$$

例 6.4.13 求 $\displaystyle\int \frac{\mathrm{d}x}{\sqrt[3]{(x+1)^2(x-1)^4}}$.

解 方法 1 $\displaystyle\sqrt[3]{(x+1)^2(x-1)^4} = (x^2-1)\sqrt[3]{\frac{x-1}{x+1}}$, 令 $\displaystyle\sqrt[3]{\frac{x-1}{x+1}}=t$,则

$$x = \frac{1+t^3}{1-t^3},\quad \mathrm{d}x = \frac{6t^2}{(1-t^3)^2}\mathrm{d}t.$$

代入原积分, 有

$$\int \frac{\mathrm{d}x}{(x^2-1)\sqrt[3]{\frac{x-1}{x+1}}} = \frac{3}{2}\int \frac{1}{t^2}\mathrm{d}t = -\frac{3}{2t} + C = -\frac{3}{2}\sqrt[3]{\frac{x+1}{x-1}} + C.$$

方法 2 $\sqrt[3]{(x+1)^2(x-1)^4} = (x-1)^2 \sqrt[3]{\left(\frac{x+1}{x-1}\right)^2}.$

令 $\frac{x+1}{x-1} = t$ 即 $1 + \frac{2}{x-1} = t$, 两边微分得

$$-\frac{2}{(x-1)^2}\mathrm{d}x = \mathrm{d}t,$$

因此

$$\int \frac{\mathrm{d}x}{(x-1)^2 \sqrt[3]{\left(\frac{x+1}{x-1}\right)^2}} = -\frac{1}{2}\int t^{-\frac{2}{3}}\mathrm{d}t$$

$$= -\frac{3}{2}t^{\frac{1}{3}} + C = -\frac{3}{2}\sqrt[3]{\frac{x+1}{x-1}} + C.$$

除了上面的无理函数外, 还有许多其他类型的无理函数, 其积分也可化为有理函数的积分, 在此就不一一列出. 对于读者来说, 最关键的是要学会处理问题的方法.

例 6.4.14 求 $\int \frac{\mathrm{d}x}{\sqrt{x}+\sqrt[4]{x}}$.

解 为了去根号, 令 $\sqrt[4]{x} = t$, $x = t^4$, 于是

$$\int \frac{\mathrm{d}x}{\sqrt{x}+\sqrt[4]{x}} = \int \frac{4t^3\mathrm{d}t}{t^2+t} = 4\int \frac{t^2}{t+1}\mathrm{d}t$$

$$= 4\int \left(t-1+\frac{1}{t+1}\right)\mathrm{d}t = 2t^2 - 4t + 4\ln|t+1| + C$$

$$= 2\sqrt{x} - 4\sqrt[4]{x} + 4\ln|\sqrt[4]{x}+1| + C.$$

例 6.4.15 求 $\int \frac{\mathrm{d}x}{x+\sqrt{x^2+x+1}}$.

解 令 $x+\sqrt{x^2+x+1} = t$, 则 $\sqrt{x^2+x+1} = -x+t$, 两边平方可得

$$x = \frac{t^2-1}{1+2t}, \quad \mathrm{d}x = \frac{2(t^2+t+1)}{(1+2t)^2}\mathrm{d}t,$$

于是

$$\int \frac{\mathrm{d}x}{x + \sqrt{x^2 + x + 1}} = \int \frac{2(t^2 + t + 1)}{t(1 + 2t)^2} \mathrm{d}t$$

$$= \int \left(\frac{2}{t} - \frac{3}{2t + 1} - \frac{3}{(2t + 1)^2} \right) \mathrm{d}t$$

$$= 2 \ln |t| - \frac{3}{2} \ln |2t + 1| + \frac{3}{2(2t + 1)} + C.$$

再把 $t = x + \sqrt{x^2 + x + 1}$ 代入, 即得所求结果.

习题 6.4

1. 求下列有理函数的积分:

(1) $\displaystyle\int \frac{x}{x^3 - 3x + 2} \mathrm{d}x$;

(2) $\displaystyle\int \frac{x^2 + 1}{(x + 1)^2(x - 1)} \mathrm{d}x$;

(3) $\displaystyle\int \frac{\mathrm{d}x}{(x + 1)(x + 2)^2(x + 3)^3}$;

(4) $\displaystyle\int \frac{\mathrm{d}x}{(x^2 - 4x + 4)(x^2 - 4x + 5)}$;

(5) $\displaystyle\int \frac{\mathrm{d}x}{x^4 - 1}$;

(6) $\displaystyle\int \frac{\mathrm{d}x}{x^4 + x^2 + 1}$;

(7) $\displaystyle\int \frac{\mathrm{d}x}{x^5 - x^4 + x^3 - x^2 + x - 1}$;

(8) $\displaystyle\int \frac{x^3}{(x - 1)^{100}} \mathrm{d}x$;

(9) $\displaystyle\int \frac{x}{x^8 - 1} \mathrm{d}x$;

(10) $\displaystyle\int \frac{x^{11}}{x^8 + 3x^4 + 2} \mathrm{d}x$;

(11) $\displaystyle\int \frac{x^9}{(x^{10} + 2x^5 + 2)^2} \mathrm{d}x$;

(12) $\displaystyle\int \frac{1}{x(x^{10} + 1)^2} \mathrm{d}x$;

(13) $\displaystyle\int \frac{x^{3n-1}}{(x^{2n} + 1)^2} \mathrm{d}x \ (n \in \mathbf{N}^+)$;

(14) $\displaystyle\int \frac{x^2 + 1}{x^4 + x^2 + 1} \mathrm{d}x$.

2. 设 $P_n(x)$ 是一个 n 次多项式, 试用 $P_n(x)$ 在 $x = a$ 处的各阶导数来表示下列积分

$$\int \frac{P_n(x)}{(x - a)^{n+1}} \mathrm{d}x.$$

3. 求下列三角函数有理式的积分:

(1) $\displaystyle\int \frac{\mathrm{d}x}{5 - 3\cos x}$;

(2) $\displaystyle\int \frac{\mathrm{d}x}{1 + 2\sin 2x}$;

(3) $\displaystyle\int \frac{\mathrm{d}x}{1 + \sin x + \cos x}$;

(4) $\displaystyle\int \frac{\sin 2x}{\sin^2 x + \cos x} \mathrm{d}x$;

(5) $\displaystyle\int \frac{\sin^3 x}{\cos^4 x} \mathrm{d}x$;

(6) $\displaystyle\int \frac{\cos^4 x}{\sin^3 x} \mathrm{d}x$;

(7) $\displaystyle\int \frac{\mathrm{d}x}{\sin^4 x \cos^4 x}$;

(8) $\displaystyle\int \frac{\mathrm{d}x}{\sin^3 x \cos^5 x}$;

(9) $\displaystyle\int \frac{\mathrm{d}x}{2\sin x - \cos x + 5}$;

(10) $\displaystyle\int \frac{\mathrm{d}x}{(2 + \cos x)\sin x}$.

4. 求下列不定积分:

(1) $\displaystyle\int \frac{\mathrm{d}x}{1+\sqrt{x}}$;

(2) $\displaystyle\int \frac{\sqrt{x+1}-\sqrt{x-1}}{\sqrt{x+1}+\sqrt{x-1}}\mathrm{d}x$;

(3) $\displaystyle\int \frac{\mathrm{d}x}{\sqrt{x}\left(1+\sqrt[4]{x}\right)^3}$;

(4) $\displaystyle\int \frac{1-\sqrt{x+1}}{1+\sqrt[3]{x+1}}\mathrm{d}x$;

(5) $\displaystyle\int \frac{\mathrm{d}x}{1+\sqrt{x}+\sqrt{x+1}}$;

(6) $\displaystyle\int \frac{\mathrm{d}x}{(1-x)^2\sqrt{1-x^2}}$;

(7) $\displaystyle\int \frac{\mathrm{d}x}{x^3\sqrt{x^2+1}}$;

(8) $\displaystyle\int \frac{4x-3}{\sqrt{x^2-2x}}\mathrm{d}x$;

(9) $\displaystyle\int (x+1)\sqrt{x^2-2x+5}\mathrm{d}x$;

(10) $\displaystyle\int \frac{\mathrm{d}x}{x\sqrt[4]{x^4+1}}$.

第 7 章　定 积 分

本章讨论积分学的另一个基本问题——定积分. 我们先从几何与物理问题出发, 引入定积分的概念, 在此基础上, 讨论函数可积的条件、积分的基本性质、计算方法及应用. 微积分的基本定理是本章的重点, 也是本书的核心所在.

7.1　定积分的概念

7.1.1　引例

1. 曲边梯形的面积

在初等几何中, 我们知道如何计算三角形的面积 (从而可计算多边形的面积) 和圆的面积. 如何计算由任意形状的闭曲线所围成的平面图形的面积, 这是一个一般的几何问题, 这个问题只有通过极限的方法才能得到圆满的解决.

一条封闭曲线所围成的平面图形, 常常可用互相垂直的两组平行直线将它分成若干个部分 (图 7.1.1), 它们有的是矩形, 有的是**曲边三角形** (两条互相垂直的直线与曲线围成), 有的是**曲边梯形** (图 7.1.2). 由于矩形的面积是可计算的, 曲边三角形是曲边梯形的特殊情形, 因此只要能计算曲边梯形的面积, 就可以计算出闭曲线所围平面图形的面积.

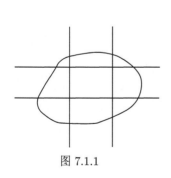

图 7.1.1

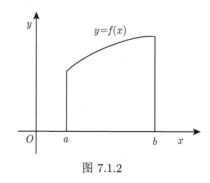

图 7.1.2

设 $y = f(x)$ 在 $[a,b]$ 上非负、连续. 曲边梯形由直线 $x = a, x = b, y = 0$ 及曲线 $y = f(x)$ 所围成 (图 7.1.3). 下面, 我们分四个步骤来计算曲边梯形的面积.

(1) 在区间 $[a,b]$ 中任意插入若干个分点

$$a = x_0 < x_1 < x_2 < \cdots < x_{n-1} < x_n = b,$$

它们把 $[a,b]$ 分成 n 个小区间 $[x_{i-1}, x_i], i = 1, 2, \cdots, n$, 这相当于把原来的大曲边梯形分成了 n 个小曲边梯形, 从而大曲边梯形的面积等于 n 个小曲边梯形面积之和.

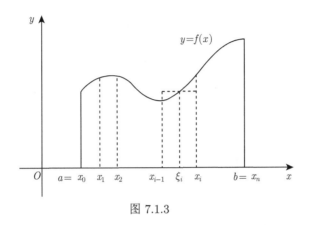

图 7.1.3

(2) 对每个小曲边梯形, 我们用小矩形的面积作为它的近似值. 具体来说, 对于区间 $[x_{i-1}, x_i]$ 所对应的小曲边梯形, 任取 $\xi_i \in [x_{i-1}, x_i]$, 作以 $[x_{i-1}, x_i]$ 为底, 以 $f(\xi_i)$ 为高的小矩形, 则 $[x_{i-1}, x_i]$ 所对应的小曲边梯形的面积近似等于 $f(\xi_i)\Delta x_i$, 其中 $\Delta x_i = x_i - x_{i-1}$.

(3) 把 n 个小矩形面积之和作为原来大曲边梯形面积 A 的近似值, 即

$$A \approx \sum_{i=1}^{n} f(\xi_i)\Delta x_i.$$

(4) 设想当分点越来越多且越来越密时, 如果上述和式的极限存在, 则该极限便应是所求曲边梯形的面积. 记 $\lambda = \max_{1 \leqslant i \leqslant n}\{\Delta x_i\}$, 则分点越来越多且越来越密便可以用 $\lambda \to 0$ 来表示. 因此, 如果极限 $\lim_{\lambda \to 0} \sum_{i=1}^{n} f(\xi_i)\Delta x_i$ 存在, 则它就等于所求曲边梯形的面积, 而且该极限的值与区间 $[a,b]$ 的分法以及 ξ_i 的取法无关, 即

$$A = \lim_{\lambda \to 0} \sum_{i=1}^{n} f(\xi_i)\Delta x_i.$$

2. 变速直线运动的路程

设物体做变速直线运动, 速度 $v(t)$ 在 $[T_1, T_2]$ 上连续, 求物体在 $[T_1, T_2]$ 内所经过的路程 S.

我们知道, 匀速直线运动的路程公式为: 路程 = 速度 × 时间, 但是现在讨论的速度不是常量, 而是随时间变化的量, 因此所求的路程不能直接按匀速直线运动的路程公式来计算. 但由于速度 $v(t)$ 在 $[T_1, T_2]$ 上连续, 从而一致连续, 所以在很短的一段时间内, 速度的变化应该很小, 可近似当作匀速来处理. 因此, 如果时间间隔很小, 我们可以用匀速运动代替变速运动, 那么就可以求出部分路程的近似值; 再求和, 得到整个路程的近似值; 最后通过对时间间隔无限细分的极限过程, 求出所有部分路程的近似值之和的极限, 它就是所求变速直线运动在 $[T_1, T_2]$ 内所经过的路程 S 的精确值. 类似曲边梯形面积的计算, 上述计算过程可分为四个步骤:

(1) 在 $[T_1, T_2]$ 中任意插入若干个分点

$$T_1 = t_0 < t_1 < t_2 < \cdots < t_{n-1} < t_n = T_2,$$

它们把 $[T_1, T_2]$ 分成 n 个小区间 $[t_{i-1}, t_i], i = 1, 2, \cdots, n$, 此时整个路程等于每个小时间间隔上路程之和.

(2) 对每个小区间 $[t_{i-1}, t_i]$, 我们用匀速运动代替变速运动, 得到物体在这一小间隔内所经过路程的近似值. 具体来说, 任取 $\xi_i \in [t_{i-1}, t_i]$, 物体在 $[t_{i-1}, t_i]$ 内所经过的路程近似等于 $v(\xi_i) \Delta t_i$, 其中 $\Delta t_i = t_i - t_{i-1}$.

(3) 物体在时间间隔 $[T_1, T_2]$ 内所经过的路程

$$S \approx \sum_{i=1}^{n} v(\xi_i) \Delta t_i.$$

(4) 设想当分点越来越多且越来越密时, 如果上述和式的极限存在, 则该极限便应是所求的路程. 记 $\lambda = \max\limits_{1 \leqslant i \leqslant n} \{\Delta t_i\}$, 则分点越来越多且越来越密便可以用 $\lambda \to 0$ 来表示. 因此, 如果极限 $\lim\limits_{\lambda \to 0} \sum\limits_{i=1}^{n} v(\xi_i) \Delta t_i$ 存在, 则它就等于所求路程, 而且该极限的值与区间 $[T_1, T_2]$ 的分法以及 ξ_i 的取法无关, 即

$$S = \lim_{\lambda \to 0} \sum_{i=1}^{n} v(\xi_i) \Delta t_i.$$

从上面两个实际例子可以看到: 尽管所要计算的量的实际意义不同, 第一个是几何问题, 第二个是物理问题, 但是从数学结构来看, 它们是完全相同的, 它们都归结为具有相同结构的一种特定和式的极限, 且极限的值都是由一个函数及其自变量的变化区间所决定的, 其求解过程都可以用 “**分割取近似, 求和取极限**” 来概述.

抛开这些问题的具体意义, 紧紧抓住它们在数量关系上共同的本质与特性加以概括, 我们就抽象出定积分的概念.

7.1.2 定积分的定义

定义 7.1.1 设函数 $f(x)$ 在区间 $[a,b]$ 上有定义. 对于区间 $[a,b]$ 的一个分割

$$\Delta : a = x_0 < x_1 < x_2 < \cdots < x_{n-1} < x_n = b,$$

记 $\Delta x_i = x_i - x_{i-1}, i = 1, 2, \cdots, n, \lambda(\Delta) = \max\limits_{1 \leqslant i \leqslant n} \{\Delta x_i\}$. 在每个小区间 $[x_{i-1}, x_i]$ 上任取 ξ_i, 作和式

$$\sum_{i=1}^{n} f(\xi_i) \Delta x_i.$$

若当 $\lambda(\Delta) \to 0$ 时, 上述和式存在极限 I, 且 I 与 $[a,b]$ 的分割 Δ 无关, 与 ξ_i 在 $[x_{i-1}, x_i]$ 上选取无关, 则称函数 $f(x)$ 在区间 $[a,b]$ 上黎曼 (Riemann) 可积. 和式

$$\sum_{i=1}^{n} f(\xi_i) \Delta x_i$$

称为黎曼和, 其极限值 I 称为 $f(x)$ 在区间 $[a,b]$ 上的**定积分**, 记为 $\displaystyle\int_a^b f(x) \mathrm{d}x$, 即

$$\int_a^b f(x)\mathrm{d}x = \lim_{\lambda(\Delta)\to 0} \sum_{i=1}^{n} f(\xi_i)\Delta x_i,$$

其中 $f(x)$ 称为**被积函数**, $[a,b]$ 称为**积分区间**, x 称为**积分变量**, a, b 分别称为**积分下限**和**积分上限**.

今后, 我们用记号 $f(x) \in R[a,b]$ 表示函数 $f(x)$ 在区间 $[a,b]$ 上可积.

在不会发生混淆的情况下, 一般就把黎曼可积简称为可积 (以后我们还会学习其他意义下的积分, 例如在实变函数中, 我们将学习**勒贝格** (Lebesgue) **积分**).

利用 "ε-δ" 语言, 上述定积分的定义也可以表述如下.

定义 7.1.1′ 设函数 $f(x)$ 在区间 $[a,b]$ 上有定义. 若存在常数 I, 使得对任意给定的正数 ε, 存在 $\delta > 0$, 使得对于区间 $[a,b]$ 的任意一个分割

$$\Delta : a = x_0 < x_1 < x_2 < \cdots < x_{n-1} < x_n = b$$

和任意点 $\xi_i \in [x_{i-1}, x_i]$, 只要 $\lambda = \max\limits_{1 \leqslant i \leqslant n} \{\Delta x_i\} < \delta$, 都有

$$\left| \sum_{i=1}^{n} f(\xi_i) \Delta x_i - I \right| < \varepsilon,$$

则称 $f(x)$ 在区间 $[a,b]$ 上黎曼可积, 并称 I 为 $f(x)$ 在区间 $[a,b]$ 上的定积分.

特别要指出的是, 若 $f(x)$ 在区间 $[a,b]$ 上黎曼可积, 则定积分的值 I 是一个常数, 它仅与被积函数 $f(x)$ 及积分区间 $[a,b]$ 有关, 与积分变量的选取无关, 例如把积分变量 x 换为积分变量 t, 则有

$$\int_a^b f(x)\mathrm{d}x = \int_a^b f(t)\mathrm{d}t.$$

在定积分的定义中, 假定了 $a < b$, 如果 $a > b$, 则分割应为

$$\Delta : a = x_0 > x_1 > x_2 > \cdots > x_{n-1} > x_n = b,$$

假设定义中的其他条件都不变, 我们仍可定义 $\int_a^b f(x)\mathrm{d}x$. 因此, 无论 a,b 大小如何, 均有

$$\int_a^b f(x)\mathrm{d}x = -\int_b^a f(x)\mathrm{d}x,$$

由此得到

$$\int_a^a f(x)\mathrm{d}x = 0.$$

从定积分的定义 7.1.1 不难看出, 定积分具有以下简单性质:

(1) 常数函数 $f(x) = 1$ 在区间 $[a,b]$ 上可积且 $\int_a^b 1\mathrm{d}x = b - a$.

(2) 若函数 $f(x)$ 在区间 $[a,b]$ 上可积且非负, 则 $\int_a^b f(x)\mathrm{d}x \geqslant 0$.

(3) 若 $f(x), g(x)$ 在区间 $[a,b]$ 上可积且 $f(x) \geqslant g(x), \forall x \in [a,b]$, 则

$$\int_a^b f(x)\mathrm{d}x \geqslant \int_a^b g(x)\mathrm{d}x.$$

(4) 若 $f(x), g(x)$ 在区间 $[a,b]$ 上可积, 则 $f(x) \pm g(x)$ 也在区间 $[a,b]$ 上可积且

$$\int_a^b (f(x) \pm g(x))\,\mathrm{d}x = \int_a^b f(x)\mathrm{d}x \pm \int_a^b g(x)\mathrm{d}x.$$

(5) 若 $f(x)$ 在区间 $[a,b]$ 上可积, k 为常数, 则 $kf(x)$ 在区间 $[a,b]$ 上可积, 且

$$\int_a^b kf(x)\mathrm{d}x = k\int_a^b f(x)\mathrm{d}x.$$

以上性质可以从定积分的定义, 利用极限的性质推导出来, 证明留给读者去完成.

例 7.1.1 讨论狄利克雷 (Dirichlet) 函数

$$D(x) = \begin{cases} 1, & x \text{ 为有理数}, \\ 0, & x \text{ 为无理数} \end{cases}$$

在 $[0,1]$ 上的可积性.

解 对于区间 $[0,1]$ 的任意分割

$$\Delta: 0 = x_0 < x_1 < x_2 < \cdots < x_{n-1} < x_n = 1,$$

由于有理数和无理数在实数域 **R** 上的稠密性知, 在每个小区间 $[x_{i-1}, x_i]$ 上, 既有有理数, 又有无理数.

当 ξ_i 全部取有理数时, 有

$$\lim_{\lambda(\Delta) \to 0} \sum_{i=1}^{n} D(\xi_i) \Delta x_i = \lim_{\lambda(\Delta) \to 0} \sum_{i=1}^{n} 1 \cdot \Delta x_i = 1;$$

当 ξ_i 全部取无理数时, 有

$$\lim_{\lambda(\Delta) \to 0} \sum_{i=1}^{n} D(\xi_i) \Delta x_i = \lim_{\lambda(\Delta) \to 0} \sum_{i=1}^{n} 0 \cdot \Delta x_i = 0.$$

这表明黎曼和的极限与 $[x_{i-1}, x_i]$ 上点 ξ_i 的选取有关, 因此狄利克雷函数 $D(x)$ 在 $[0,1]$ 上不可积.

7.1.3 定积分的几何意义

下面我们讨论定积分的几何意义. 设函数 $f(x)$ 在区间 $[a, b]$ 上连续.

当 $f(x) \geqslant 0, \forall x \in [a, b]$ 时, 我们已经知道, 定积分 $\int_a^b f(x) \mathrm{d}x$ 表示由直线 $x = a, x = b, y = 0$ 与曲线 $y = f(x)$ 所围成的曲边梯形的面积.

当 $f(x) \leqslant 0, \forall x \in [a, b]$ 时, 由直线 $x = a, x = b, y = 0$ 与曲线 $y = f(x)$ 所围成的曲边梯形位于 x 轴的下方, 定积分 $\int_a^b f(x) \mathrm{d}x$ 表示曲边梯形面积的负值.

当 $f(x)$ 在 $[a, b]$ 上既取得正值又取得负值时, 函数 $f(x)$ 的图形某些部分在 x 轴的下方, 某些部分在 x 轴的上方 (例如图 7.1.4), 此时定积分 $\int_a^b f(x) \mathrm{d}x$ 表示位

于 x 轴上方图形的面积减去位于 x 轴下方图形的面积, 即

$$\int_a^b f(x)\mathrm{d}x = S_1 - S_2 + S_3 - S_4.$$

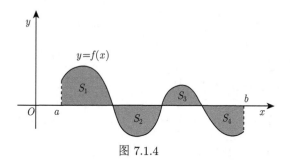

图 7.1.4

根据定积分的几何意义, 显然有

$$\int_0^{2\pi} \sin x\mathrm{d}x = 0, \qquad \int_0^a \sqrt{a^2 - x^2}\mathrm{d}x = \frac{\pi a^2}{4} \quad (a > 0).$$

例 7.1.2　已知函数 $f(x) = \mathrm{e}^x$ 在区间 $[0,1]$ 上可积, 用定积分的定义计算 $\int_0^1 \mathrm{e}^x\mathrm{d}x$.

解　因为被积函数 $f(x) = \mathrm{e}^x$ 在区间 $[0,1]$ 上可积, 所以积分 $\int_0^1 \mathrm{e}^x\mathrm{d}x$ 与区间 $[0,1]$ 的分割及点 ξ_i 的选取无关. 因此, 为便于计算, 不妨将 $[0,1]$ n 等分, 分点为 $x_i = \dfrac{i}{n}, i = 0, 1, 2, \cdots, n$. 这样每个小区间 $[x_{i-1}, x_i]$ 的长度 $\Delta x_i = \dfrac{1}{n}$. 取 $\xi_i = \dfrac{i}{n}, i = 1, 2, \cdots, n$. 于是, 得黎曼和为

$$\sum_{i=1}^n f(\xi_i)\Delta x_i = \sum_{i=1}^n \mathrm{e}^{\frac{i}{n}} \cdot \frac{1}{n} = \frac{1}{n}\sum_{i=1}^n \mathrm{e}^{\frac{i}{n}} = \frac{1}{n} \cdot \frac{\mathrm{e}^{\frac{1}{n}}(1-\mathrm{e})}{1 - \mathrm{e}^{\frac{1}{n}}},$$

由于

$$\lim_{n\to\infty} \mathrm{e}^{\frac{1}{n}} = 1, \quad \lim_{n\to\infty} \frac{\dfrac{1}{n}}{1 - \mathrm{e}^{\frac{1}{n}}} = -1 \quad \left(\mathrm{e}^{\frac{1}{n}} - 1 \sim \frac{1}{n}, n \to \infty\right),$$

所以

$$\int_0^1 \mathrm{e}^x\mathrm{d}x = \lim_{n\to\infty} \sum_{i=1}^n f(\xi_i)\Delta x_i = \mathrm{e} - 1.$$

习 题 7.1

1. 设 $f(x), g(x)$ 在区间 $[a,b]$ 上可积, 证明: 对任意常数 $\alpha, \beta, \alpha f(x) + \beta g(x)$ 也在区间 $[a,b]$ 上可积, 且

$$\int_a^b (\alpha f(x) + \beta g(x))\,\mathrm{d}x = \alpha \int_a^b f(x)\mathrm{d}x + \beta \int_a^b g(x)\mathrm{d}x.$$

2. 设 $f(x)$ 在区间 $[a,b]$ 上可积且非负, 证明: $\displaystyle\int_a^b f(x)\mathrm{d}x \geqslant 0$.

3. 设 $f(x), g(x)$ 在区间 $[a,b]$ 上可积且 $f(x) \geqslant g(x), \forall x \in [a,b]$, 证明

$$\int_a^b f(x)\mathrm{d}x \geqslant \int_a^b g(x)\mathrm{d}x.$$

4. 已知下列函数在指定的区间上可积, 用定义求下列定积分:

(1) $\displaystyle\int_a^b x\mathrm{d}x\ (0 < a < b)$;

(2) $\displaystyle\int_a^b x^2\mathrm{d}x$.

5. 证明下列不等式:

(1) $\displaystyle\int_0^{2\pi} |a\cos x + b\sin x|\mathrm{d}x \leqslant 2\pi\sqrt{a^2 + b^2}$;

(2) $\displaystyle\frac{2}{\sqrt[4]{\mathrm{e}}} \leqslant \int_0^2 \mathrm{e}^{x^2-x}\mathrm{d}x \leqslant 2\mathrm{e}^2$.

6. 利用定积分的几何意义, 求下列定积分:

(1) $\displaystyle\int_{-1}^1 x^3\mathrm{d}x$;

(2) $\displaystyle\int_a^b \left|x - \frac{a+b}{2}\right|\mathrm{d}x(a < b)$;

(3) $\displaystyle\int_{-\pi}^\pi \sin x\mathrm{d}x = 0$;

(4) $\displaystyle\int_{-3}^3 \sqrt{9 - x^2}\mathrm{d}x$.

7.2 可积性问题

从 7.1 节的例子知道, 并不是所有的函数都是可积的. 在本节中, 我们将讨论函数的可积性问题.

7.2.1 可积的必要条件

定理 7.2.1 若函数 $f(x)$ 在区间 $[a,b]$ 上可积, 则 $f(x)$ 在 $[a,b]$ 上有界.

证明 设 $f(x)$ 在 $[a,b]$ 上的积分值为 I, 根据定积分的定义 7.1.1′, 对 $\varepsilon = 1$, 必存在区间 $[a,b]$ 的一个分割 $\Delta: a = x_0 < x_1 < x_2 < \cdots < x_{n-1} < x_n = b$, 使得对任意 $\xi_i \in [x_{i-1}, x_i]$, 有

$$\left|\sum_{i=1}^n f(\xi_i)\Delta x_i - I\right| < 1,$$

于是

$$\left|\sum_{i=1}^{n} f(\xi_i)\Delta x_i\right| < |I| + 1.$$

由此得到

$$|f(\xi_1)|\Delta x_1 < |I| + 1 + \left|\sum_{i=2}^{n} f(\xi_i)\Delta x_i\right|,$$

即

$$|f(\xi_1)| < \frac{1}{\Delta x_1}\left(|I| + 1 + \left|\sum_{i=2}^{n} f(\xi_i)\Delta x_i\right|\right).$$

在上式右端, 取 $\xi_i = x_i, i = 2, \cdots, n$, 这样右边就是一个确定的正数. 而 ξ_1 可以在 $[x_0, x_1]$ 上任取, 这说明 $f(x)$ 在 $[x_0, x_1]$ 上有界.

同理可证: $f(x)$ 在 $[x_{i-1}, x_i](i = 2, \cdots, n)$ 上有界, 故函数 $f(x)$ 在 $[a, b]$ 上有界.   证毕

由于 $f(x) = \dfrac{1}{x}$ 在 $(0, 1]$ 上无界, 所以它在 $[0, 1]$ 上不可积.

在下面讨论中, 我们总假定 $f(x)$ 在区间 $[a, b]$ 上有界, 它在 $[a, b]$ 上的上确界和下确界分别记为 M, m. 并把 $\omega = M - m$ 称为 $f(x)$ 在 $[a, b]$ 上的**振幅**.

一个自然的问题是: 有界函数是否一定可积呢? 答案是否定的, 读者可以从例 7.1.1 看出. 既然有界函数不一定可积, 那么什么样的有界函数是可积的呢? 换句话说, 定义在 $[a, b]$ 上有界函数 $f(x)$ 满足什么条件, $\sum\limits_{i=1}^{n} f(\xi_i)\Delta x_i$(当 $\lambda(\Delta) \to 0$ 时) 的极限存在, 且极限值与 $[a, b]$ 的分割无关, 与 $[x_{i-1}, x_i]$ 上点 ξ 的选取无关.

由于 $\sum\limits_{i=1}^{n} f(\xi_i)\Delta x_i$ 不仅与区间 $[a, b]$ 的分割有关, 而且还与 $[x_{i-1}, x_i]$ 上点 ξ_i 的选取有关, 这给我们讨论黎曼和的极限带来困难. 为此, 首先给出对掌握 $\sum\limits_{i=1}^{n} f(\xi_i)\Delta x_i$ 变化非常有用的达布大和与达布小和的概念, 并讨论其性质.

7.2.2 达布和

定义 7.2.1 设函数 $f(x)$ 在区间 $[a, b]$ 上有界. 对于区间 $[a, b]$ 的分割

$$\Delta : a = x_0 < x_1 < x_2 < \cdots < x_{n-1} < x_n = b,$$

记 M_i, m_i 为 $f(x)$ 在 $[x_{i-1}, x_i]$ 上的上确界和下确界, 即

$$M_i = \sup\{f(x)|x_{i-1} \leqslant x \leqslant x_i\}, \quad m_i = \inf\{f(x)|x_{i-1} \leqslant x \leqslant x_i\},$$

$$i = 1, 2, \cdots, n.$$

定义和式

$$\overline{S}(\Delta) = \sum_{i=1}^{n} M_i \Delta x_i, \quad \underline{S}(\Delta) = \sum_{i=1}^{n} m_i \Delta x_i,$$

$\overline{S}(\Delta), \underline{S}(\Delta)$ 分别称为函数 $f(x)$ 关于分割 Δ 的**达布大和与达布小和** (统称为**达布和**).

注 达布和只依赖于区间 $[a,b]$ 的分割, 黎曼和不仅依赖 $[a,b]$ 的分割, 而且与 $[x_{i-1}, x_i]$ 上 ξ_i 的选取有关, 它们之间满足

$$\sum_{i=1}^{n} m_i \Delta x_i \leqslant \sum_{i=1}^{n} f(\xi_i) \Delta x_i \leqslant \sum_{i=1}^{n} M_i \Delta x_i.$$

显然, 当 $f(x)$ 在区间 $[a,b]$ 上连续时, $\overline{S}(\Delta), \underline{S}(\Delta)$ 也属于黎曼和.

定义 7.2.2 设 Δ, Δ' 是 $[a,b]$ 的两个分割, 若 Δ 的点都是 Δ' 的点, 则 Δ' 叫做 Δ 的**加密** (也称 Δ' 比 Δ 密), 记为 $\Delta \subset \Delta'$. 任给 $[a,b]$ 的两个分割 Δ_1, Δ_2, 称 $\Delta^* = \Delta_1 \cup \Delta_2$ 为它们的**公共加密**.

达布大和与达布小和具有如下性质.

性质 7.2.1 设 Δ, Δ' 是 $[a,b]$ 的两个分割, 并设 Δ' 是在 Δ 中增加了 p 个新分点得到的分割, 则

(1) $\overline{S}(\Delta) - p\omega \cdot \lambda(\Delta) \leqslant \overline{S}(\Delta') \leqslant \overline{S}(\Delta)$;

(2) $\underline{S}(\Delta) \leqslant \underline{S}(\Delta') \leqslant \underline{S}(\Delta) + p\omega \cdot \lambda(\Delta)$,

其中 $\omega = M - m$ 表示 $f(x)$ 在 $[a,b]$ 上的振幅, $\lambda(\Delta) = \max\limits_{1 \leqslant i \leqslant n} \{\Delta x_i\}$.

证明 我们只证明 (1). (2) 的证明是类似的, 留给读者去完成.

设 Δ 是 $[a,b]$ 的一个分割:

$$\Delta : a = x_0 < x_1 < x_2 < \cdots < x_{n-1} < x_n = b,$$

设 Δ' 是在分割 Δ 中增加了一个新分点 x' 后所得到的分割, 不失一般性, 设增加的分点 $x' \in (x_{i-1}, x_i)$, 记 $f(x)$ 在 $[x_{i-1}, x_i], [x_{i-1}, x']$ 和 $[x', x_i]$ 的上确界分别为 M_i, M_i', M_i'', 下确界分别为 m_i, m_i', m_i'', 则

$$M_i' \leqslant M_i \leqslant M, \quad M_i'' \leqslant M_i \leqslant M,$$

$$m_i' \geqslant m_i \geqslant m, \quad m_i'' \geqslant m_i \geqslant m,$$

其中 M, m 分别表示 $f(x)$ 在 $[a,b]$ 上的上确界和下确界.

一方面,

$$\overline{S}(\Delta) - \overline{S}(\Delta') = M_i(x_i - x_{i-1}) - M_i'(x' - x_{i-1}) - M_i''(x_i - x')$$

$$\geqslant M_i(x_i - x_{i-1}) - M_i(x' - x_{i-1}) - M_i(x_i - x') = 0.$$

另一方面,

$$\overline{S}(\Delta) - \overline{S}(\Delta') = M_i(x_i - x_{i-1}) - M_i'(x' - x_{i-1}) - M_i''(x_i - x')$$

$$\leqslant M(x_i - x_{i-1}) - m(x' - x_{i-1}) - m(x_i - x'),$$

即

$$\overline{S}(\Delta) - \overline{S}(\Delta') \leqslant (M - m)\Delta x_i \leqslant \omega\lambda(\Delta).$$

综上我们得到: 在分割 Δ 中增加一个新分点后, 有

$$\overline{S}(\Delta) - \omega\lambda(\Delta) \leqslant \overline{S}(\Delta') \leqslant \overline{S}(\Delta).$$

对于在 Δ 中加入 p 个新分点得到分割 Δ' 的情形, 我们只需逐次增加一个分点, 反复利用上述结论便得到

$$\overline{S}(\Delta) - p\omega \cdot \lambda(\Delta) \leqslant \overline{S}(\Delta') \leqslant \overline{S}(\Delta),$$

这样我们就证明了 (1).

同理可以证明: $\underline{S}(\Delta) \leqslant \underline{S}(\Delta') \leqslant \underline{S}(\Delta) + p\omega \cdot \lambda(\Delta).$ 证毕

该性质表明, 若对分割加密, 则达布大和递减, 小和递增.

性质 7.2.2 设 Δ, Δ' 是 $[a, b]$ 的两个任意两个分割, 则有

$$m(b - a) \leqslant \underline{S}(\Delta) \leqslant \overline{S}(\Delta') \leqslant M(b - a),$$

其中 M, m 分别为 $f(x)$ 在 $[a, b]$ 上的上确界和下确界.

证明 由于 $[a, b]$ 的任意分割都可以看成是由分割

$$a = x_0 < x_1 = b$$

中插入若干个分点加密得到的, 由性质 7.2.1 可知, 性质 7.2.2 的第一个和第三个不等式显然成立. 下面证明: $\underline{S}(\Delta) \leqslant \overline{S}(\Delta').$

记 Δ^* 为 Δ 与 Δ' 的公共加密, 即 $\Delta^* = \Delta \cup \Delta'$, 则由性质 7.2.1, 得到

$$\underline{S}(\Delta) \leqslant \underline{S}(\Delta^*) \leqslant \overline{S}(\Delta^*) \leqslant \overline{S}(\Delta').$$ 证毕

该性质表明: 对任何两个分割来说, 一个分割的达布小和总是不超过另一个分割的达布大和.

用 $\overline{S}$ 表示所有达布大和所成的集合, $\underline{S}$ 表示所有达布小和所成的集合. 利用性质 7.2.2 容易看出:

(1) $\overline{S}$ 有下界, 从而有下确界, 记下确界为 $\overline{I}$, 即 $\overline{I} = \inf\{\overline{S}(\Delta)|\overline{S}(\Delta) \in \overline{S}\}$, 并称 $\overline{I}$ 为函数 $f(x)$ 在区间 $[a,b]$ 上的**上积分**.

(2) $\underline{S}$ 有上界, 从而有上确界, 记上确界为 $\underline{I}$, 即 $\underline{I} = \sup\{\underline{S}(\Delta)|\underline{S}(\Delta) \in \underline{S}\}$, 并称 $\underline{I}$ 为函数 $f(x)$ 在区间 $[a,b]$ 上的**下积分**.

根据性质 7.2.2 以及上积分与下积分的定义, 我们得到:

推论 任何有界函数 $f(x)$ 的上、下积分都是存在的, 且有不等式

$$\underline{S}(\Delta) \leqslant \underline{I} \leqslant \overline{I} \leqslant \overline{S}(\Delta'),$$

其中 Δ, Δ' 为 $[a,b]$ 的任意分割.

定理 7.2.2 (达布定理) 设函数 $f(x)$ 在 $[a,b]$ 上有界, 则

$$\lim_{\lambda(\Delta)\to 0} \underline{S}(\Delta) = \underline{I}, \quad \lim_{\lambda(\Delta)\to 0} \overline{S}(\Delta) = \overline{I}.$$

证明 我们只证明上积分的情形, 下积分的证明是类似的, 留给读者去完成.

由于 $\overline{I} = \inf\{\overline{S}(\Delta)|\overline{S}(\Delta) \in \overline{S}\}$, 所以对任给 $\varepsilon > 0$, 存在 $[a,b]$ 的一个分割

$$\Delta_1 : a = x_0' < x_1' < x_2' < \cdots < x_{N-1}' < x_N' = b,$$

使得

$$0 \leqslant \overline{S}(\Delta_1) - \overline{I} < \frac{\varepsilon}{2}.$$

下面我们证明: 对 $[a,b]$ 的任意分割 $\Delta : a = x_0 < x_1 < x_2 < \cdots < x_{n-1} < x_n = b$, 只要 $\lambda(\Delta) < \dfrac{\varepsilon}{2(N-1)\omega + 1}$, 就有

$$0 \leqslant \overline{S}(\Delta) - \overline{I} < \varepsilon.$$

事实上, 令 Δ^* 为分割 Δ_1 与 Δ 的公共加密, 即 $\Delta^* = \Delta_1 \cup \Delta$, 这时分割 Δ^* 是在 Δ 的基础上最多增加了 $N-1$ 个分点, 由性质 7.2.1 的结论 (1) 得到

$$\begin{aligned}
0 \leqslant \overline{S}(\Delta) - \overline{I} &\leqslant \overline{S}(\Delta^*) + (N-1)\omega \cdot \lambda(\Delta) - \overline{I} \\
&\leqslant \overline{S}(\Delta_1) - \overline{I} + (N-1)\omega \cdot \lambda(\Delta) \\
&< \frac{\varepsilon}{2} + (N-1)\omega \cdot \frac{\varepsilon}{2(N-1)\omega + 1} < \varepsilon.
\end{aligned}$$

这就证明了

$$\lim_{\lambda(\Delta)\to 0} \overline{S}(\Delta) = \overline{I}. \qquad\qquad 证毕$$

7.2.3 可积准则

定理 7.2.3 设 $f(x)$ 在闭区间 $[a,b]$ 上有界. 则 $f(x)$ 在 $[a,b]$ 上可积的充分必要条件是上积分与下积分相等, 即 $\overline{I} = \underline{I}$.

证明 必要性 设 $f(x)$ 在 $[a,b]$ 上可积且积分值为 I, 则对于 $\forall \varepsilon > 0, \exists \delta > 0$, 对 $[a,b]$ 的任意分割

$$\Delta : a = x_0 < x_1 < x_2 < \cdots < x_{n-1} < x_n = b,$$

当 $\lambda(\Delta) < \delta$ 时, 对任意 $\xi_i \in [x_{i-1}, x_i]$, 都有

$$\left| \sum_{i=1}^{n} f(\xi_i) \Delta x_i - I \right| < \frac{\varepsilon}{2}.$$

由于 M_i 为 $f(x)$ 在区间 $[x_{i-1}, x_i]$ 上的上确界, 所以存在 $\xi_i' \in [x_{i-1}, x_i]$, 使得

$$0 \leqslant M_i - f(\xi_i') < \frac{\varepsilon}{2(b-a)}.$$

于是

$$\left| \overline{S}(\Delta) - \sum_{i=1}^{n} f(\xi_i') \Delta x_i \right| = \sum_{i=1}^{n} [M_i - f(\xi_i')] \Delta x_i < \frac{\varepsilon}{2},$$

所以

$$|\overline{S}(\Delta) - I| \leqslant \left| \overline{S}(\Delta) - \sum_{i=1}^{n} f(\xi_i') \Delta x_i \right| + \left| \sum_{i=1}^{n} f(\xi_i') \Delta x_i - I \right|$$
$$< \frac{\varepsilon}{2} + \frac{\varepsilon}{2} = \varepsilon,$$

这就证明了

$$\lim_{\lambda(\Delta) \to 0} \overline{S}(\Delta) = I, \quad 即 \quad \overline{I} = I.$$

同理可证

$$\lim_{\lambda(\Delta) \to 0} \underline{S}(\Delta) = I, \quad 即 \quad \underline{I} = I.$$

于是

$$\overline{I} = \underline{I}.$$

充分性 根据达布和与黎曼和的定义, 对 $[a,b]$ 的任意分割

$$\Delta : a = x_0 < x_1 < x_2 < \cdots < x_{n-1} < x_n = b,$$

以及任意 $\xi_i \in [x_{i-1}, x_i]$, 都有

$$\underline{S}(\Delta) \leqslant \sum_{i=1}^{n} f(\xi_i)\Delta x_i \leqslant \overline{S}(\Delta).$$

记 $\lim\limits_{\lambda(\Delta) \to 0} \overline{S}(\Delta) = \lim\limits_{\lambda(\Delta) \to 0} \underline{S}(\Delta) = I$, 对上式两边取极限, 得到

$$\lim_{\lambda(\Delta) \to 0} \sum_{i=1}^{n} f(\xi_i)\Delta x_i = I,$$

根据积分的定义, 这就证明了函数 $f(x)$ 在区间 $[a,b]$ 上可积.   证毕

若记 $\omega_i = M_i - m_i$ 为 $f(x)$ 在 $[x_{i-1}, x_i]$ 上的**振幅**, 则定理 7.2.3 可以等价地表述为如下定理.

定理 7.2.4 设函数 $f(x)$ 在 $[a,b]$ 上有界, 则 $f(x)$ 在 $[a,b]$ 上可积的充分必要条件是

$$\lim_{\lambda(\Delta) \to 0} \sum_{i=1}^{n} \omega_i \Delta x_i = 0.$$

定理 7.2.5 设函数 $f(x)$ 在 $[a,b]$ 上有界, 则 $f(x)$ 在 $[a,b]$ 上可积的充分必要条件是对于任意 $\varepsilon > 0$, 存在 $[a,b]$ 的一个分割

$$\Delta : a = x_0 < x_1 < x_2 < \cdots < x_{n-1} < x_n = b,$$

使得

$$\sum_{i=1}^{n} \omega_i \Delta x_i < \varepsilon.$$

证明 充分性 对 $[a,b]$ 的任意分割 $\Delta : a = x_0 < x_1 < x_2 < \cdots < x_{n-1} < x_n = b$, 均有

$$\underline{S}(\Delta) \leqslant \underline{I} \leqslant \overline{I} \leqslant \overline{S}(\Delta).$$

由 $\sum\limits_{i=1}^{n} \omega_i \Delta x_i < \varepsilon$, 即 $\overline{S}(\Delta) - \underline{S}(\Delta) < \varepsilon$, 得到

$$0 \leqslant \overline{I} - \underline{I} \leqslant \overline{S}(\Delta) - \underline{S}(\Delta) < \varepsilon.$$

由 ε 的任意性知 $\overline{I} = \underline{I}$, 所以 $f(x)$ 在 $[a,b]$ 上可积.

必要性 设 $f(x)$ 在 $[a,b]$ 上可积, 所以 $\overline{I} = \underline{I} = \int_a^b f(x)\mathrm{d}x.$

根据上积分 $\overline{I}$ 与下积分 $\underline{I}$ 的定义, 对于 $\forall \varepsilon > 0$, 存在 $[a, b]$ 的两个分割 Δ_1, Δ_2, 使得

$$0 \leqslant \overline{S}(\Delta_1) - \int_a^b f(x)\mathrm{d}x < \frac{\varepsilon}{2},$$

$$0 \leqslant \int_a^b f(x)\mathrm{d}x - \underline{S}(\Delta_2) < \frac{\varepsilon}{2}.$$

令 $\Delta = \Delta_1 \cup \Delta_2$, 则由性质 7.2.1 以及上两式, 有

$$\overline{S}(\Delta) \leqslant \overline{S}(\Delta_1) < \int_a^b f(x)\mathrm{d}x + \frac{\varepsilon}{2}$$

$$< \underline{S}(\Delta_2) + \varepsilon \leqslant \underline{S}(\Delta) + \varepsilon.$$

于是, 有

$$\overline{S}(\Delta) - \underline{S}(\Delta) < \varepsilon,$$

即

$$\sum_{i=1}^n \omega_i \Delta x_i < \varepsilon. \qquad\qquad 证毕$$

定理 7.2.6 设函数 $f(x)$ 在 $[a, b]$ 上有界. 则 $f(x)$ 在 $[a, b]$ 上可积的充分必要条件是对于任意 $\varepsilon > 0$, 任意 $\sigma > 0$, 存在 $[a, b]$ 的一个分割 Δ, 使得振幅 $\omega_i \geqslant \varepsilon$ 的那些小区间 $[x_{i-1}, x_i]$ 的长度之和小于 σ.

证明 必要性 因为 $f(x)$ 在 $[a, b]$ 上可积, 所以对 $\forall \varepsilon > 0, \forall \sigma > 0$, 由定理 7.2.5, 存在 $[a, b]$ 的一个分割 $\Delta : a = x_0 < x_1 < x_2 < \cdots < x_{n-1} < x_n = b$, 使得

$$\sum_{i=1}^n \omega_i \Delta x_i < \varepsilon\sigma.$$

于是

$$\varepsilon \sum_{\omega_i \geqslant \varepsilon} \Delta x_i \leqslant \sum_{\omega_i \geqslant \varepsilon} \omega_i \Delta x_i \leqslant \sum_{i=1}^n \omega_i \Delta x_i < \varepsilon\sigma,$$

由此得

$$\sum_{\omega_i \geqslant \varepsilon} \Delta x_i < \sigma.$$

这说明振幅 $\omega_i \geqslant \varepsilon$ 的那些小区间 $[x_{i-1}, x_i]$ 的长度之和小于 σ.

充分性 记 ω 为 $f(x)$ 在 $[a,b]$ 上的振幅. 由已知条件知, 对任意 $\varepsilon' > 0$, 任意 $\sigma > 0$, 存在 $[a,b]$ 的一个分割 Δ, 使得振幅 $\omega_i \geqslant \varepsilon'$ 的那些小区间 $[x_{i-1}, x_i]$ 的长度之和小于 σ, 即

$$\sum_{\omega_i \geqslant \varepsilon'} \Delta x_i < \sigma.$$

因此

$$\sum_{i=1}^{n} \omega_i \Delta x_i = \sum_{\omega_i \geqslant \varepsilon'} \omega_i \Delta x_i + \sum_{\omega_i < \varepsilon'} \omega_i \Delta x_i$$

$$\leqslant \omega \sum_{\omega_i \geqslant \varepsilon'} \Delta x_i + \varepsilon' \sum_{\omega_i < \varepsilon'} \Delta x_i$$

$$\leqslant \omega \sigma + \varepsilon'(b - a).$$

对任给 $\varepsilon > 0$, 取 $\varepsilon' = \dfrac{\varepsilon}{2(b-a)}, \sigma = \dfrac{\varepsilon}{2\omega + 1}$, 存在 $[a,b]$ 的一个分割 Δ, 满足

$$\sum_{i=1}^{n} \omega_i \Delta x_i < \varepsilon.$$

由定理 7.2.5, 函数 $f(x)$ 在 $[a,b]$ 上可积. 　　　　　　　　　　　证毕

上述定理说明, 函数 $f(x)$ 在 $[a,b]$ 上可积的充分必要条件是振幅不能任意小的那些小区间长度之和可以任意小.

7.2.4 可积函数类

下面, 我们根据可积准则, 来研究哪些函数类是可积的.

定理 7.2.7 若函数 $f(x)$ 在 $[a,b]$ 上连续, 则 $f(x)$ 在 $[a,b]$ 上可积.

证明 由于 $f(x)$ 在 $[a,b]$ 上连续, 所以 $f(x)$ 在 $[a,b]$ 上一致连续, 即对任给 $\varepsilon > 0, \exists \delta > 0$, 对任意 $x', x'' \in [a,b]$, 只要 $|x' - x''| < \delta$, 就有

$$|f(x') - f(x'')| < \frac{\varepsilon}{b-a}.$$

因此, 对 $[a,b]$ 的任意分割 Δ, 只要 $\lambda(\Delta) = \max\limits_{1 \leqslant i \leqslant n} \{\Delta x_i\} < \delta$, 就有 $f(x)$ 在 $[x_{i-1}, x_i]$ 上的振幅 $\omega_i = M_i - m_i < \dfrac{\varepsilon}{b-a}, i = 1, 2, \cdots, n$, 其中

$$M_i = \max \{f(x) | x_{i-1} \leqslant x \leqslant x_i\}, \quad m_i = \min \{f(x) | x_{i-1} \leqslant x \leqslant x_i\}.$$

从而

$$\sum_{i=1}^{n} \omega_i \Delta x_i < \frac{\varepsilon}{b-a} \sum_{i=1}^{n} \Delta x_i = \varepsilon,$$

由定理 7.2.4, 函数 $f(x)$ 在 $[a, b]$ 上可积.   证毕

定理 7.2.8 若函数 $f(x)$ 在 $[a, b]$ 上单调, 则 $f(x)$ 在 $[a, b]$ 上可积.

证明 不妨设 $f(x)$ 在 $[a, b]$ 上单调递增, 则 $f(x)$ 在 $[x_{i-1}, x_i]$ 上的振幅 $\omega_i = f(x_i) - f(x_{i-1})$. 对于任意给定的 $\varepsilon > 0$, 取 $\delta = \dfrac{\varepsilon}{f(b) - f(a)}$, 只要分割 $\Delta : a = x_0 < x_1 < x_2 < \cdots < x_{n-1} < x_n = b$ 满足 $\lambda(\Delta) < \delta$, 就有

$$0 \leqslant \sum_{i=1}^{n} \omega_i \Delta x_i \leqslant \lambda(\Delta) \sum_{i=1}^{n} (M_i - m_i)$$

$$< \frac{\varepsilon}{f(b) - f(a)} \sum_{i=1}^{n} (f(x_i) - f(x_{i-1})) = \varepsilon,$$

由定理 7.2.4, 函数 $f(x)$ 在 $[a, b]$ 上可积.   证毕

定理 7.2.9 若函数 $f(x)$ 在 $[a, b]$ 上有界且只有有限个间断点, 则 $f(x)$ 在 $[a, b]$ 上可积.

证明 方法 1 记 ω 为 $f(x)$ 在 $[a, b]$ 上的振幅. 为了便于读者掌握证明的本质, 我们先考虑 $f(x)$ 在 $[a, b]$ 上只有一个间断点 c, 不妨设 $a < c < b$. 任给 $\varepsilon > 0$, 选取充分小的正数 $\delta > 0$, 使得 $[c-\delta, c+\delta] \subset [a, b]$ 且 $\omega \cdot 2\delta < \dfrac{\varepsilon}{3}$.

由于 $f(x)$ 在 $[a, c-\delta]$ 上连续, 由定理 7.2.5 与定理 7.2.7, 存在 $[a, c-\delta]$ 的一个分割 Δ_1, 使得

$$\sum_{\Delta_1} \omega_i \Delta x_i < \frac{\varepsilon}{3}.$$

同理, 由于 $f(x)$ 在 $[c+\delta, b]$ 上连续, 所以存在 $[c+\delta, b]$ 的一个分割 Δ_2, 使得

$$\sum_{\Delta_2} \omega_i \Delta x_i < \frac{\varepsilon}{3}.$$

令 $\Delta = \Delta_1 \cup \Delta_2$, 则 Δ 也构成了 $[a, b]$ 的一个分割, 于是

$$\sum_{\Delta} \omega_i \Delta x_i = \sum_{\Delta_1} \omega_i \Delta x_i + \omega_c 2\delta + \sum_{\Delta_2} \omega_i \Delta x_i,$$

其中 ω_c 表示 $f(x)$ 在 $[c-\delta, c+\delta]$ 上的振幅, 显然 $\omega_c \leqslant \omega$.

根据 $\delta, \Delta_1, \Delta_2$ 的取法, 我们得到

$$\sum_{\Delta} \omega_i \Delta x_i < \frac{\varepsilon}{3} + \omega \cdot 2\delta + \frac{\varepsilon}{3} < \varepsilon,$$

由定理 7.2.5, 函数 $f(x)$ 在 $[a, b]$ 上可积.

若 $f(x)$ 在 $[a, b]$ 上有 p 个间断点, 则对任给 $\varepsilon > 0$, 先在 $[a, b]$ 上选取 p 个互不相交的长度均为 2δ 的小闭区间, 使得每个小闭区间的内部只含一个间断点 (若 a, b 是间断点, 它们可以是小闭区间的端点). 从 $[a, b]$ 中挖去这 p 个小闭区间后余下的每个小区间加上端点, 一定为有限个闭区间, 记为 $I_1, I_2, \cdots, I_N$. 选取充分小的正数 δ, 使得 $\omega \cdot 2\delta < \dfrac{\varepsilon}{N+p}$. 因为 $f(x)$ 在 $I_k(k = 1, 2, \cdots, N)$ 上连续, 由定理 7.2.5, 存在 I_k 的一个分割 Δ_k, 使得

$$\sum_{\Delta_k} \omega_i \Delta x_i < \frac{\varepsilon}{N+p}, \quad k = 1, 2, \cdots, N.$$

令 $\Delta = \Delta_1 \cup \Delta_2 \cup \cdots \cup \Delta_N$, 则 Δ 也构成了 $[a, b]$ 的一个分割.

根据 $\delta, \Delta_1, \Delta_2, \cdots, \Delta_N$ 的取法, 我们得到

$$\sum_{\Delta} \omega_i \Delta x_i < N \cdot \frac{\varepsilon}{N+p} + p \cdot \omega.2\delta < \varepsilon,$$

由定理 7.2.5, 函数 $f(x)$ 在 $[a, b]$ 上可积.

方法 2 设 $f(x)$ 在 $[a, b]$ 上间断点的个数为 p. 对于 $\forall \varepsilon > 0, \forall \sigma > 0$, 一定可以在 $[a, b]$ 上选取 p 个互不相交的小闭区间, 其长度之和小于 σ, 且每个小闭区间的内部只含一个间断点. $[a, b]$ 除去这 p 个小闭区间后得到的每个小区间加上端点, 必为有限个闭区间, 记为 $I_1, I_2, \cdots, I_N$. 由于 $f(x)$ 在每个 $I_k(k = 1, 2, \cdots, N)$ 上连续, 从而一致连续, 所以存在 $\delta > 0$, 当 x', x'' 属于同一个 I_k 且 $|x' - x''| < \delta$ 时, 有

$$|f(x') - f(x'')| < \varepsilon.$$

将每个 I_k 适当等分, 使得等分后的小区间长度小于 δ, 这样 $f(x)$ 在每个小区间上的振幅小于 ε. 这 N 个区间的等分点连同其端点, 构成了 $[a, b]$ 的一个分割 Δ. 对于分割 Δ, 显然有: 振幅不小于 ε 的区间最多 p 个, 其长度之和小于 σ. 由定理 7.2.6, 函数 $f(x)$ 在 $[a, b]$ 上可积. 证毕

例 7.2.1 证明: 黎曼函数

$$R(x) = \begin{cases} \dfrac{1}{p}, & x \in [0,1], x = \dfrac{q}{p} \ (p, q \ \text{为正整数且} \ p, q \ \text{互质}), \\ 0, & x \ \text{为}(0,1) \ \text{中无理数}, \\ 1, & x = 0 \end{cases}$$

在区间 $[0,1]$ 上可积, 且 $\displaystyle\int_0^1 R(x)\mathrm{d}x = 0$.

证明　对于 $\forall \varepsilon > 0, \forall \sigma > 0$, 在 $[0,1]$ 上使得 $R(x) \geqslant \varepsilon$ 的点最多有限个, 不妨设为 $a_1, a_2, \cdots, a_p$. 在 $[0,1]$ 上选取 p 个互不相交的小闭区间 $I_1, I_2, \cdots, I_p$, 其长度之和小于 σ, 它们包含这 p 个点, 且当 $a_k \neq 0, 1$ 时, a_k 属于某个小闭区间的内部. 这 p 个闭区间的端点构成 $[0,1]$ 的一个分割 Δ. 对于分割 Δ, 振幅不小于 ε 的区间长度之和小于 σ. 由定理 7.2.6, $R(x)$ 在 $[a,b]$ 上可积. 对每个区间 $[x_{i-1}, x_i]$, 取有理数 $\xi_i \in [x_{i-1}, x_i], i = 1, 2, \cdots, n$, 则

$$\int_0^1 R(x)\mathrm{d}x = \lim_{\lambda(\Delta) \to 0} \sum_{i=1}^n R(\xi_i)\Delta x_i = 0.$$

例 7.2.2　设函数 $f(x)$ 在 $[a,b]$ 上可积. 证明: $\mathrm{e}^{f(x)}$ 在 $[a,b]$ 上可积.

证明　由于 $f(x)$ 在 $[a,b]$ 上可积, 所以 $f(x)$ 在 $[a,b]$ 上有界, 即存在 $M > 0$, 使得

$$|f(x)| \leqslant M, \quad \forall x \in [a,b].$$

对于 $[a,b]$ 的任意分割

$$\Delta : a = x_0 < x_1 < x_2 < \cdots < x_{n-1} < x_n = b.$$

当 $x', x'' \in [x_{i-1}, x_i]$ 时, 利用 Lagrange 中值定理有

$$|\mathrm{e}^{f(x')} - \mathrm{e}^{f(x'')}| = \mathrm{e}^{\xi}|f(x') - f(x'')| \leqslant \mathrm{e}^M |f(x') - f(x'')|,$$

其中 ξ 介于 $f(x')$ 与 $f(x'')$ 之间.

用 $\omega_i, \widetilde{\omega}_i$ 分别表示函数 $f(x), \mathrm{e}^{f(x)}$ 在 $[x_{i-1}, x_i]$ 上的振幅, 由上式得到

$$\widetilde{\omega}_i \leqslant \mathrm{e}^M \omega_i, \quad i = 1, 2, \cdots, n.$$

从而

$$0 \leqslant \sum_{i=1}^n \widetilde{\omega}_i \Delta x_i \leqslant \mathrm{e}^M \sum_{i=1}^n \omega_i \Delta x_i.$$

因为 $f(x)$ 在 $[a,b]$ 上可积, 所以 $\lim\limits_{\lambda(\Delta)\to 0}\sum\limits_{i=1}^{n}\omega_i\Delta x_i=0$, 由夹逼性准则

$$\lim_{\lambda(\Delta)\to 0}\sum_{i=1}^{n}\widetilde{\omega}_i\Delta x_i=0,$$

由定理 7.2.4, 函数 $e^{f(x)}$ 在 $[a,b]$ 上可积.

7.2.5 再论可积性准则

从上面的讨论可知: 闭区间 $[a,b]$ 上只有有限个不连续点的有界函数是可积的; 闭区间 $[a,b]$ 上单调函数是可积的, 尽管单调函数可能有无限多个间断点, 但是它的间断点至多可列个; 黎曼函数是可积的, 它的间断点为有理点, 从而间断点全体所得到的集也为可列集. 这些结论启发我们, 函数的可积性与函数的间断点集所含元素的多少之间可能存在某种密切的关系, 这就是实变函数课程中著名的勒贝格定理.

在介绍这个定理之前, 我们先引入零测集的概念.

定义 7.2.3 设 A 为一实数集. 若对任意 $\varepsilon>0$, 存在至多可列的一列开区间 $\{(a_n,b_n),n\in\mathbf{N}^+\}$, 使得 $A\subset\bigcup\limits_{n=1}^{\infty}(a_n,b_n)$, 并且对任何正整数 n, 都有

$$\sum_{k=1}^{n}(b_k-a_k)<\varepsilon,$$

则称集 A 为**零测集**.

简言之, 集合 A 为零测集就是它可被长度总和任意小的可列个开区间所覆盖.

定理 7.2.10 (1) 有限个点所成的集为零测集;

(2) 零测集的子集仍然为零测集, 从而空集为零测集;

(3) 可列集为零测集;

(4) 可列个可列集的并集仍为零测集.

证明 (1) 与 (2) 的证明是显然的.

(3) 设 A 为可列集, 不妨设 $A=\{x_1,x_2,\cdots,x_n,\cdots\}$, 对 $\forall\varepsilon>0$, 令

$$a_n=x_n-\frac{\varepsilon}{2^{n+1}},\quad b_n=x_n+\frac{\varepsilon}{2^{n+1}},\quad n=1,2,\cdots,$$

显然有 $A\subset\bigcup\limits_{n=1}^{\infty}(a_n,b_n)$, 并且对任何正整数 n, 都有

$$\sum_{k=1}^{n}(b_k-a_k)=\sum_{k=1}^{n}\frac{\varepsilon}{2^k}=\frac{\frac{\varepsilon}{2}-\frac{\varepsilon}{2^{n+1}}}{1-\frac{1}{2}}<\varepsilon,$$

这说明 A 为零测集.

(4) 由于可列个可列集的并集仍为可列集, 利用 (3) 的结论知 (4) 成立. 证毕

在本节的最后, 我们不加证明地给出著名的勒贝格定理, 该定理完全解决了函数的可积性问题.

定理 7.2.11(勒贝格定理)　设函数 $f(x)$ 在 $[a,b]$ 上有界, 记 $D(f)$ 为 $f(x)$ 在 $[a,b]$ 上间断点的全体所成的集合, 则 $f(x)$ 在 $[a,b]$ 上可积的充分必要条件是 $D(f)$ 为零测集.

若函数 $f(x)$ 在 $[a,b]$ 上连续, 则 $D(f) = \varnothing$, 当然是零测集, 因此利用定理 7.2.11, 函数 $f(x)$ 在 $[a,b]$ 上可积, 这就是定理 7.2.7.

若函数 $f(x)$ 在 $[a,b]$ 上单调, 由于单调函数的间断点集至多是可列集, 从而 $D(f)$ 为零测集, 因此利用定理 7.2.11, $f(x)$ 在 $[a,b]$ 上可积, 这就是定理 7.2.8.

若函数 $f(x)$ 在 $[a,b]$ 上有界, 且只有有限个间断点, 利用定理 7.2.10, $D(f)$ 是零测集, 因此 $f(x)$ 在 $[a,b]$ 上可积, 这就是定理 7.2.9.

由于黎曼函数 $R(x)$ 在 $[0,1]$ 上有理点处都间断, 无理点处都连续, 从而 $R(x)$ 在 $[0,1]$ 上间断点全体所成的集合为零测集, 因此 $R(x)$ 在 $[0,1]$ 上可积, 这就是例 7.2.1.

注　零测集除了包含空集、有限集和可列集外, 也包含了某些不可列集. 勒贝格定理对不可列零测集也成立. 它回答了黎曼可积函数 "基本上" 是连续函数. 粗略地说, 黎曼可积函数在可积区间上不能 "有太多的不连续点", 用数学语言来精确描述就是: 黎曼可积函数在可积区间上应是 "几乎处处连续" 的.

习　题　7.2

1. 设函数 $f(x)$ 在 $[a,b]$ 上可积, $g(x)$ 与 $f(x)$ 只有有限个点上取值不等. 证明: $g(x)$ 在 $[a,b]$ 上可积, 且 $\displaystyle\int_a^b f(x)\mathrm{d}x = \int_a^b g(x)\mathrm{d}x$.

2. 设函数 $f(x)$ 在 $[a,b]$ 上有界, 它在 $[a,b]$ 上不连续点为 $\{x_n\}_{n=1}^{\infty}$, 且 $\displaystyle\lim_{n\to\infty} x_n$ 存在, 证明: 函数 $f(x)$ 在 $[a,b]$ 上可积.

3. 讨论下列函数在 $[0,1]$ 上的可积性:

(1) $f(x) = \begin{cases} 1, & x \text{ 为有理数}, \\ -1, & x \text{ 为无理数}; \end{cases}$　　　　(2) $f(x) = \begin{cases} 0, & x \text{ 为有理数}, \\ x, & x \text{ 为无理数}; \end{cases}$

(3) $f(x) = \begin{cases} \dfrac{1}{x} - \left[\dfrac{1}{x}\right], & x \neq 0, \\ -1, & x = 0; \end{cases}$　　　(4) $f(x) = \begin{cases} \mathrm{sgn}\left(\sin\dfrac{\pi}{x}\right), & x \neq 0, \\ 0, & x = 0. \end{cases}$

4. 设函数 $f(x)$ 在 $[a,b]$ 上可积, 且 $f(x) \geqslant a > 0$. 证明: $\ln f(x)$ 在 $[a,b]$ 上可积.

5. 设函数 $f(x)$ 在 $[a,b]$ 上可积, 证明: $|f(x)|$ 在 $[a,b]$ 上也可积.

6. 设函数 $f(x), g(x)$ 在 $[a, b]$ 上可积, 证明: $\max\{f(x), g(x)\}$ 及 $\min\{f(x), g(x)\}$ 在 $[a, b]$ 上也可积.

7. 设 $f(u)$ 在 $[A, B]$ 上连续, $u = \varphi(x)$ 在 $[a, b]$ 上可积, 且当 $a \leqslant x \leqslant b$ 时, 有 $A \leqslant \varphi(x) \leqslant B$. 证明: $h(x) = f[\varphi(x)]$ 在 $[a, b]$ 上可积.

7.3 定积分的性质

前面我们已经讨论了函数的可积性, 且利用定积分的定义给出了定积分的几个简单性质. 下面我们进一步来研究定积分的一些重要性质. 在下面讨论中, 用记号 $f(x) \in R[a, b]$ 表示函数 $f(x)$ 在 $[a, b]$ 上黎曼可积.

定理 7.3.1 (绝对可积性) 若 $f(x) \in R[a, b]$, 则 $|f(x)| \in R[a, b]$, 且

$$\left| \int_a^b f(x)\mathrm{d}x \right| \leqslant \int_a^b |f(x)|\mathrm{d}x.$$

证明 因为 $f(x) \in R[a, b]$, 所以对任意 $\varepsilon > 0$, 存在 $[a, b]$ 的一个分割

$$\Delta : a = x_0 < x_1 < x_2 < \cdots < x_{n-1} < x_n = b,$$

使得

$$\sum_{i=1}^n \omega_i(f)\Delta x_i < \varepsilon,$$

其中 $\omega_i(f)$ 表示 $f(x)$ 在 $[x_{i-1}, x_i]$ 上的振幅. 由于对任意 $x', x'' \in [a, b]$, 均有

$$\left| |f(x')| - |f(x'')| \right| \leqslant |f(x') - f(x'')|,$$

由此可得

$$\omega_i(|f|) \leqslant \omega_i(f), \quad i = 1, 2, \cdots, n,$$

其中 $\omega_i(|f|)$ 表示 $|f(x)|$ 在 $[x_{i-1}, x_i]$ 上的振幅.

因此

$$\sum_{i=1}^n \omega_i(|f|)\Delta x_i \leqslant \sum_{i=1}^n \omega_i(f)\Delta x_i < \varepsilon,$$

由定理 7.2.5, $|f(x)| \in R[a, b]$.

由于 $f(x) \in R[a, b]$ 以及 $|f(x)| \in R[a, b]$ 且有

$$\left| \sum_{i=1}^n f(\xi_i)\Delta x_i \right| \leqslant \sum_{i=1}^n |f(\xi_i)|\Delta x_i,$$

在上式中令 $\lambda(\Delta) \to 0$, 得到

$$\left| \int_a^b f(x)\mathrm{d}x \right| \leqslant \int_a^b |f(x)|\mathrm{d}x. \qquad \text{证毕}$$

注 1 上式右端在几何上表示直线 $x=a, x=b, x$ 轴与曲线 $y=|f(x)|$ 所围成的图形的面积, 左端表示位于 x 轴上方图形的面积减去位于 x 轴下方图形的面积的绝对值. 从几何上看, 上述不等式显然成立.

注 2 $|f(x)| \in R[a,b]$ 不一定能保证 $f(x) \in R[a,b]$, 例如

$$f(x) = \begin{cases} 1, & x \text{ 为有理数}, \\ -1, & x \text{ 为无理数}, \end{cases} \quad x \in [a,b].$$

定理 7.3.2 (区间可加性) 设 $a < c < b$, 则函数 $f(x) \in R[a,b]$ 的充分必要条件是: $f(x) \in R[a,c]$ 且 $f(x) \in R[c,b]$. 当 $f(x) \in R[a,b]$ 时, 成立

$$\int_a^b f(x)\mathrm{d}x = \int_a^c f(x)\mathrm{d}x + \int_c^b f(x)\mathrm{d}x.$$

证明　必要性 我们先证明: 若 $f(x) \in R[a,b]$, 则 $f(x)$ 在 $[a,b]$ 的任何子区间 $[a_1,b_1]$ 上可积. 事实上, 由于 $f(x) \in R[a,b]$, 所以对 $\forall \varepsilon > 0$, 存在 $[a,b]$ 的一个分割

$$\Delta: a = x_0 < x_1 < x_2 < \cdots < x_{n-1} < x_n = b,$$

使得

$$\sum_{i=1}^n \omega_i \Delta x_i < \varepsilon.$$

注意到 Δ 落在 $[a_1,b_1]$ 中的分点连同 a_1, b_1 构成了 $[a_1,b_1]$ 的分割

$$\Delta': a_1 = x_0' < x_1' < x_2' < \cdots < x_{m-1}' < x_m' = b_1,$$

显然有

$$\sum_{i=1}^m \omega_i' \Delta x_i' < \varepsilon,$$

其中 ω_i' 表示 $f(x)$ 在 $[x_{i-1}', x_i']$ 上的振幅. 由定理 7.2.5, 函数 $f(x)$ 在 $[a_1,b_1]$ 上可积. 由此得到: 若 $f(x) \in R[a,b]$, 则 $f(x) \in R[a,c]$ 且 $f(x) \in R[c,b]$.

充分性 因为 $f(x) \in R[a,c]$, 所以对任意 $\varepsilon > 0$, 存在 $[a,c]$ 的一个分割 Δ_1, 使得

$$\sum_{\Delta_1} \omega_i \Delta x_i < \frac{\varepsilon}{2}.$$

同理, 由 $f(x) \in R[c,b]$, 必存在 $[a,c]$ 的一个分割 Δ_2, 使得

$$\sum_{\Delta_2} \omega_i \Delta x_i < \frac{\varepsilon}{2}.$$

令 $\Delta = \Delta_1 \cup \Delta_2$, 则 Δ 构成 $[a,b]$ 的一个分割, 且成立

$$\sum_{\Delta} \omega_i \Delta x_i = \sum_{\Delta_1} \omega_i \Delta x_i + \sum_{\Delta_2} \omega_i \Delta x_i < \varepsilon,$$

利用定理 7.2.5, 可知 $f(x) \in R[a,b]$.

下面证明: $\int_a^b f(x)\mathrm{d}x = \int_a^c f(x)\mathrm{d}x + \int_c^b f(x)\mathrm{d}x.$

对 $[a,c]$ 的任一分割 $\Delta_1 : a = x_0 < x_1 < x_2 < \cdots < x_{n-1} < x_n = c$, 作黎曼和

$$\sum_{i=1}^n f(\xi_i)\Delta x_i.$$

对 $[c,b]$ 的任一分割 $\Delta_2 : c = x_0' < x_1' < x_2 < \cdots < x_{m-1}' < x_m = b$, 作黎曼和

$$\sum_{i=1}^m f(\xi_i')\Delta x_i'.$$

令 $\Delta = \Delta_1 \cup \Delta_2$, 则 Δ 构成 $[a,b]$ 的一个分割, 且 $\sum_{i=1}^n f(\xi_i)\Delta x_i + \sum_{i=1}^m f(\xi_i')\Delta x_i'$ 是函数 $f(x)$ 在区间 $[a,b]$ 上关于分割 Δ 的黎曼和. 由于 $\lambda(\Delta) = \max\{\lambda(\Delta_1), \lambda(\Delta_2)\}$, 所以当 $\lambda(\Delta) \to 0$ 时, 必有 $\lambda(\Delta_1) \to 0$ 且 $\lambda(\Delta_2) \to 0$.

因此

$$\lim_{\lambda(\Delta)\to 0} \left(\sum_{i=1}^n f(\xi_i)\Delta x_i + \sum_{i=1}^m f(\xi_i')\Delta x_i' \right)$$

$$= \lim_{\lambda(\Delta)\to 0} \sum_{i=1}^n f(\xi_i)\Delta x_i + \lim_{\lambda(\Delta)\to 0} \sum_{i=1}^m f(\xi_i')\Delta x_i'$$

$$= \lim_{\lambda(\Delta_1)\to 0} \sum_{i=1}^n f(\xi_i)\Delta x_i + \lim_{\lambda(\Delta_2)\to 0} \sum_{i=1}^m f(\xi_i')\Delta x_i',$$

由于 $f(x) \in R[a,b], f(x) \in R[a,c]$ 且 $f(x) \in R[c,b]$, 所以上式可以改写为

$$\int_a^b f(x)\mathrm{d}x = \int_a^c f(x)\mathrm{d}x + \int_c^b f(x)\mathrm{d}x. \qquad 证毕$$

定理 7.3.3 (乘积可积性) 若 $f(x), g(x) \in R[a,b]$, 则 $f(x)g(x) \in R[a,b]$.

证明 由于 $f(x), g(x) \in R[a,b]$, 所以 $f(x), g(x)$ 均在 $[a,b]$ 上有界, 即存在 $M > 0$, 使得 $|f(x)| \leqslant M, |g(x)| \leqslant M$, 任意 $x \in [a,b]$. 对任意 $\varepsilon > 0$, 存在 $[a,b]$ 的分割

$$\Delta : a = x_0 < x_1 < x_2 < \cdots < x_{n-1} < x_n = b,$$

使得

$$\sum_{i=1}^{n} \omega_i(f)\Delta x_i < \frac{\varepsilon}{2M}, \quad \sum_{i=1}^{n} \omega_i(g)\Delta x_i < \frac{\varepsilon}{2M},$$

其中 $\omega_i(f), \omega_i(g)$ 分别表示 $f(x), g(x)$ 在 $[x_{i-1}, x_i]$ 上的振幅.

由于对 $\forall x', x'' \in [a,b]$, 均有

$$|f(x')g(x') - f(x'')g(x'')| \leqslant |f(x') - f(x'')| \cdot |g(x')| + |g(x') - g(x'')| \cdot |f(x'')|$$

$$\leqslant M \left[|f(x') - f(x'')| + |g(x') - g(x'')| \right],$$

由此得到

$$\omega_i(f \cdot g) \leqslant M \left[\omega_i(f) + \omega_i(g) \right], \quad i = 1, 2, \cdots, n,$$

其中 $\omega_i(f \cdot g)$ 分别表示 $f(x)g(x)$ 在 $[x_{i-1}, x_i]$ 上的振幅.

于是

$$\sum_{i=1}^{n} \omega_i(f \cdot g)\Delta x_i \leqslant M \left[\sum_{i=1}^{n} \omega_i(f)\Delta x_i + \sum_{i=1}^{n} \omega_i(g)\Delta x_i \right] < \varepsilon,$$

利用定理 7.2.5, $f(x)g(x) \in R[a,b]$.   证毕

注 证明的关键是用 $f(x)$ 与 $g(x)$ 的振幅来估计 $f(x)g(x)$ 的振幅.

定理 7.3.4 (积分第一中值定理) 设 $f(x), g(x) \in R[a,b]$, 且 $g(x)$ 在 $[a,b]$ 上不变号, 则存在 $\eta \in [m, M]$, 使得

$$\int_a^b f(x)g(x)\mathrm{d}x = \eta \int_a^b g(x)\mathrm{d}x,$$

其中 m, M 分别表示 $f(x)$ 在 $[a,b]$ 上的下确界与上确界.

证明 不妨设 $g(x) \geqslant 0$, 对任意 $x \in [a,b]$, 则

$$mg(x) \leqslant f(x)g(x) \leqslant Mg(x),$$

由积分的单调性, 有

$$m \int_a^b g(x)\mathrm{d}x \leqslant \int_a^b f(x)g(x)\mathrm{d}x \leqslant M \int_a^b g(x)\mathrm{d}x.$$

(1) 若 $\displaystyle\int_a^b g(x)\mathrm{d}x = 0$, 则 $\displaystyle\int_a^b f(x)g(x)\mathrm{d}x = 0$, 此时对任意 $\eta \in [m,M]$, 结论都成立;

(2) 若 $\displaystyle\int_a^b g(x)\mathrm{d}x > 0$, 则有

$$m \leqslant \frac{\displaystyle\int_a^b f(x)g(x)\mathrm{d}x}{\displaystyle\int_a^b g(x)\mathrm{d}x} \leqslant M,$$

令 $\eta = \dfrac{\displaystyle\int_a^b f(x)g(x)\mathrm{d}x}{\displaystyle\int_a^b g(x)\mathrm{d}x}$, 结论得证.   证毕

推论 若 $f(x)$ 在 $[a,b]$ 上连续, $g(x)$ 在 $[a,b]$ 上可积且不变号, 则存在 $\xi \in [a,b]$, 使得

$$\int_a^b f(x)g(x)\mathrm{d}x = f(\xi)\int_a^b g(x)\mathrm{d}x.$$

证明 由 $f(x)$ 在 $[a,b]$ 上连续, 利用介值定理, 存在 $\xi \in [a,b]$, 使得 $f(\xi) = \eta$.   证毕

注 1 当 $f(x)$ 在 $[a,b]$ 上连续, $g(x) \equiv 1$ 时, 上述结论变为

$$\int_a^b f(x)\mathrm{d}x = f(\xi)(b-a).$$

上式有如下的几何解释: 不妨设当 $f(x) \geqslant 0$. 由直线 $x = a, x = b, y = 0$ 和曲线 $y = f(x)$ 所围的曲边梯形的面积, 等于以 $[a,b]$ 为底, $f(\xi)$ 为高的矩形的面积 (图 7.3.1).

这表明在图 7.3.1 中, 两块阴影部分图形的面积是相等的.

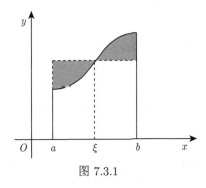

图 7.3.1

注 2　函数值 $f(\xi) = \dfrac{1}{b-a}\displaystyle\int_a^b f(x)\mathrm{d}x$ 称为 $f(x)$ **在区间** $[a,b]$ **上的平均值**.

定理 7.3.5　设 $f(x) \in R[a,b]$, 令 $F(x) = \displaystyle\int_a^x f(t)\mathrm{d}t$, $x \in [a,b]$, 则 $F(x)$ 在 $[a,b]$ 上连续.

证明　由于 $f(x) \in R[a,b]$, 所以 $f(x)$ 在 $[a,b]$ 上有界, 设

$$|f(x)| \leqslant M, \quad \forall x \in [a,b].$$

对任意 $x \in [a,b], x + \Delta x \in [a,b]$, 有

$$
\begin{aligned}
|F(x+\Delta x) - F(x)| &= \left| \int_a^{x+\Delta x} f(t)\mathrm{d}t - \int_a^x f(t)\mathrm{d}t \right| \\
&= \left| \int_x^{x+\Delta x} f(t)\mathrm{d}t \right| \leqslant \left| \int_x^{x+\Delta x} |f(t)|\mathrm{d}t \right| \leqslant M|\Delta x|,
\end{aligned}
$$

这表明当 $\Delta x \to 0$ 时, 有 $F(x+\Delta x) - F(x) \to 0$, 由此得 $F(x)$ 在 $[a,b]$ 上连续.

证毕

例 7.3.1　设函数 $f(x)$ 在 $[a,b]$ 上连续, 在 (a,b) 内可导, 且满足

$$\frac{2}{b-a}\int_a^{\frac{a+b}{2}} f(x)\mathrm{d}x = f(b).$$

证明: 存在 $\xi \in (a,b)$, 使得 $f'(\xi) = 0$.

证明　由积分第一中值定理, 存在 $\eta \in \left[a, \dfrac{a+b}{2}\right]$, 使得

$$f(\eta) = \frac{2}{b-a}\int_a^{\frac{a+b}{2}} f(x)\mathrm{d}x = f(b).$$

对函数 $f(x)$ 在 $[\eta,b]$ 上应用罗尔定理, 存在 $\xi \in (\eta,b) \subset (a,b)$, 使得

$$f'(\xi) = 0.$$

例 7.3.2　设函数 $f(x)$ 与 $g(x)$ 都在 $[a,b]$ 上可积, 证明**施瓦茨** (Schwarz) 不等式:

$$\left[\int_a^b f(x)g(x)\mathrm{d}x\right]^2 \leqslant \int_a^b f^2(x)\mathrm{d}x \int_a^b g^2(x)\mathrm{d}x.$$

证明 由于 $f(x)$ 与 $g(x)$ 都在 $[a,b]$ 上可积, 所以 $f(x)g(x), f^2(x)$ 与 $g^2(x)$ 都在 $[a,b]$ 上可积. 将 $[a,b]$ n 等分, 得到 $[a,b]$ 的分割

$$\Delta : a = x_0 < x_1 < x_2 < \cdots < x_{n-1} < x_n = b,$$

此时 $\Delta x_i = \dfrac{b-a}{n}, i = 1,2,\cdots,n.$ 任取 $\xi_i \in [x_{i-1},x_i]$, 应用柯西不等式

$$\left(\sum_{i=1}^n f(\xi_i)g(\xi_i)\Delta x_i\right)^2 = \left(\frac{b-a}{n}\sum_{i=1}^n f(\xi_i)g(\xi_i)\right)^2$$
$$\leqslant \frac{b-a}{n}\sum_{i=1}^n f^2(\xi_i) \cdot \frac{b-a}{n}\sum_{i=1}^n g^2(\xi_i)$$
$$= \sum_{i=1}^n f^2(\xi_i)\Delta x_i \cdot \sum_{i=1}^n g^2(\xi_i)\Delta x_i,$$

在上面不等式中令 $\lambda(\Delta) \to 0$, 即 $n \to \infty$ 得到

$$\left[\int_a^b f(x)g(x)\mathrm{d}x\right]^2 \leqslant \int_a^b f^2(x)\mathrm{d}x \int_a^b g^2(x)\mathrm{d}x.$$

例 7.3.3 设 $f(x)$ 在 $[0,1]$ 上可积, 且有 $0 < m \leqslant f(x) \leqslant M$, 证明:

$$\int_0^1 f(x)\mathrm{d}x \int_0^1 \frac{1}{f(x)}\mathrm{d}x \leqslant \frac{(m+M)^2}{4mM}.$$

(上式称作康托罗维奇 (Kantorovich) 不等式, 它是施瓦茨不等式的反向不等式.)

证明 由于 $(M - f(x))\left(\dfrac{1}{m} - \dfrac{1}{f(x)}\right) \geqslant 0$, 即

$$\frac{M}{m} + 1 \geqslant \frac{M}{f(x)} + \frac{f(x)}{m},$$

从而

$$\int_0^1 \left(\frac{M}{m} + 1\right)\mathrm{d}x \geqslant \int_0^1 \left(\frac{M}{f(x)} + \frac{f(x)}{m}\right)\mathrm{d}x,$$

因此

$$\frac{M+m}{m} \geqslant \frac{1}{m}\int_0^1 f(x)\mathrm{d}x + M\int_0^1 \frac{1}{f(x)}\mathrm{d}x$$

$$\geqslant 2\sqrt{\frac{M}{m}\int_0^1 f(x)\mathrm{d}x \int_0^1 \frac{1}{f(x)}\mathrm{d}x} \quad \text{(利用均值不等式),}$$

整理得到

$$\int_0^1 f(x)\mathrm{d}x \int_0^1 \frac{1}{f(x)}\mathrm{d}x \leqslant \frac{(m+M)^2}{4mM}.$$

例 7.3.4　设函数 $f(x)$ 在 $[a,b]$ 上非负、连续, 且 $\displaystyle\int_a^b f(x)\mathrm{d}x = 0$. 证明

$$f(x) \equiv 0, \quad \forall x \in [a,b].$$

证明　用反证法. 假设 $f(x)$ 不恒为零, 则存在 $x_0 \in [a,b]$, 使得 $f(x_0) > 0$. 不妨设 $x_0 \in (a,b)$. 又因为 $f(x)$ 在 x_0 处连续, 所以存在 $\delta > 0$, 当 $x \in [x_0 - \delta, x_0 + \delta]$ 时, 成立 $f(x) > \dfrac{f(x_0)}{2}$.

注意到 $\displaystyle\int_a^{x_0-\delta} f(x)\mathrm{d}x \geqslant 0$, $\displaystyle\int_{x_0+\delta}^b f(x)\mathrm{d}x \geqslant 0$, 因此

$$\int_a^b f(x)\mathrm{d}x = \int_a^{x_0-\delta} f(x)\mathrm{d}x + \int_{x_0-\delta}^{x_0+\delta} f(x)\mathrm{d}x + \int_{x_0+\delta}^b f(x)\mathrm{d}x$$

$$\geqslant \int_{x_0-\delta}^{x_0+\delta} f(x)\mathrm{d}x \geqslant \int_{x_0-\delta}^{x_0+\delta} \frac{f(x_0)}{2}\mathrm{d}x$$

$$= f(x_0)\delta > 0,$$

这与 $\displaystyle\int_a^b f(x)\mathrm{d}x = 0$ 矛盾, 结论得证.

注　在上例中, 若去掉 "$f(x)$ 在 $[a,b]$ 上连续" 这个条件, 则结论不一定成立, 例如黎曼函数 $R(x)$ 在 $[0,1]$ 上非负, $\displaystyle\int_0^1 R(x)\mathrm{d}x = 0$, 但 $R(x)$ 在 $[0,1]$ 上有理点的函数值都大于零.

例 7.3.5　设 $f(x)$ 在 $[a,b]$ 上可积, 且 $f(x) > 0, \forall x \in [a,b]$. 证明: $\displaystyle\int_a^b f(x)\mathrm{d}x > 0$.

证明　由于 $f(x)$ 在 $[a,b]$ 上可积, 且 $f(x) > 0$, 所以 $\displaystyle\int_a^b f(x)\mathrm{d}x \geqslant 0$. 下面用反证法, 证明上式等号不可能成立. 假设 $\displaystyle\int_a^b f(x)\mathrm{d}x = 0$, 则对 $\forall \varepsilon_1 > 0$, 存在 $[a,b]$ 的分割

$$\Delta : a = x_0 < x_1 < x_2 < \cdots < x_{n-1} < x_n = b,$$

使得

$$\sum_{i=1}^{n} M_i \Delta x_i < \varepsilon_1(b-a),$$

其中 M_i 为 $f(x)$ 在 $[x_{i-1}, x_i]$ 上的上确界. 由此可知: 存在某个 M_k, 使得 $M_k < \varepsilon_1$.
事实上, 若每个 $M_i \geqslant \varepsilon_1, i = 1, 2, \cdots, n$, 则有 $\sum_{i=1}^{n} M_i \Delta x_i \geqslant \varepsilon_1 \sum_{i=1}^{n} \Delta x_i = \varepsilon_1(b-a)$,
矛盾.

将 $M_k < \varepsilon_1$ 对应的小区间 $[x_{k-1}, x_k]$ 记为 $[a_1, b_1]$, 于是 $f(x)$ 在 $[a_1, b_1]$ 上可
积. 又因为

$$0 \leqslant \int_{a_1}^{b_1} f(x)\mathrm{d}x \leqslant \int_{a}^{b} f(x)\mathrm{d}x = 0,$$

所以 $\int_{a_1}^{b_1} f(x)\mathrm{d}x = 0$. 对任意 $\varepsilon_2 > 0$, 重复上述过程, 得到 $[a_2, b_2] \subset [a_1, b_1]$, 使得
$f(x)$ 在 $[a_2, b_2]$ 上的上确界小于 ε_2.

这样的步骤一直做下去, 便得到一个闭区间套 $\{[a_n, b_n]\}$, 它满足 $f(x)$ 在
$[a_n, b_n]$ 上的上确界小于 $\varepsilon_n, n = 1, 2, \cdots$. 由闭区间套定理, 存在唯一 $\xi \in [a_n, b_n]$,
且

$$f(\xi) < \varepsilon_n, \quad n = 1, 2, \cdots.$$

令 $\varepsilon_n \to 0+$, 得到 $f(\xi) \leqslant 0$, 这与已知条件 $f(x) > 0, \forall x \in [a, b]$ 矛盾.

注 上例的结论非常重要, 在数学分析课程的学习及应用中, 经常会用到.

例 7.3.6 设函数 $f(x)$ 在 $[a, b]$ 上可积. 证明: 对于任意 $\varepsilon > 0$, 存在 $[a, b]$ 上
连续函数 $g(x)$, 使得 $\int_{a}^{b} |f(x) - g(x)|\mathrm{d}x < \varepsilon$.

证明 由于 $f(x) \in R[a, b]$, 所以对任意 $\varepsilon > 0$, 存在 $[a, b]$ 的分割

$$\Delta : a = x_0 < x_1 < x_2 < \cdots < x_n = b,$$

使得

$$\sum_{i=1}^{n} \omega_i \Delta x_i < \varepsilon,$$

其中 ω_i 为 $f(x)$ 在 $[x_{i-1}, x_i]$ 上的振幅.

作折线依次连接 $(x_{i-1}, f(x_{i-1}))$ 和 $(x_i, f(x_i))\,(i = 1, 2, \cdots, n)$. 令 $g(x)$ 为
$[a, b]$ 上的函数, 其图形恰为该折线, 则 $g(x)$ 为 $[a, b]$ 上的连续函数 ($g(x)$ 也称为
分段线性函数). 记 M_i, m_i 分别为 $f(x)$ 在 $[x_{i-1}, x_i]$ 上的上确界和下确界.

显然, 当 $x \in [x_{i-1}, x_i]$ 时, 有

$$m_i \leqslant g(x) \leqslant M_i \quad (i = 1, 2, \cdots, n).$$

所以

$$|f(x) - g(x)| \leqslant M_i - m_i = \omega_i, \quad \forall x \in [x_{i-1}, x_i], \ i = 1, 2, \cdots, n.$$

因此

$$\int_a^b |f(x) - g(x)| \mathrm{d}x = \sum_{i=1}^n \int_{x_{i-1}}^{x_i} |f(x) - g(x)| \mathrm{d}x$$

$$\leqslant \sum_{i=1}^n \int_{x_{i-1}}^{x_i} \omega_i \mathrm{d}x = \sum_{i=1}^n \omega \Delta x_i < \varepsilon.$$

例 7.3.7 设非负函数 $f(x)$ 在 $[a, b]$ 上连续, 证明

$$\lim_{n \to \infty} \left(\int_a^b f^n(x) \mathrm{d}x \right)^{\frac{1}{n}} = M, \quad \text{其中 } M \text{ 为 } f(x) \text{ 在 } [a, b] \text{ 上的最大值.}$$

证明 若 $f(x) \equiv 0$, 结论显然成立. 否则, 必有 $M > 0$.

不妨设 $f(x_0) = M$, 由于 $f(x)$ 在 x_0 上连续, 所以对 $0 < \varepsilon < M$, 存在 $[\alpha, \beta] \subset [a, b]$, 使得

$$M - \varepsilon \leqslant f(x) \leqslant M, \quad \forall x \in [\alpha, \beta].$$

因此

$$\left(\int_a^b f^n(x) \mathrm{d}x \right)^{\frac{1}{n}} \leqslant \left(\int_a^b M^n \mathrm{d}x \right)^{\frac{1}{n}} = M(b-a)^{\frac{1}{n}},$$

$$\left(\int_a^b f^n(x) \mathrm{d}x \right)^{\frac{1}{n}} \geqslant \left(\int_\alpha^\beta f^n(x) \mathrm{d}x \right)^{\frac{1}{n}} \geqslant \left(\int_\alpha^\beta (M - \varepsilon)^n \mathrm{d}x \right)^{\frac{1}{n}} = (M-\varepsilon)(\beta-\alpha)^{\frac{1}{n}}.$$

于是

$$(M - \varepsilon)(\beta - \alpha)^{\frac{1}{n}} \leqslant \left(\int_a^b f^n(x) \mathrm{d}x \right)^{\frac{1}{n}} \leqslant M(b-a)^{\frac{1}{n}}.$$

利用上、下极限的性质, 并注意到 $\lim_{n \to \infty} (b-a)^{\frac{1}{n}} = 1$, $\lim_{n \to \infty} (\beta - \alpha)^{\frac{1}{n}} = 1$, 我们有

$$(M - \varepsilon) \leqslant \varliminf_{n \to \infty} \left(\int_a^b f^n(x) \mathrm{d}x \right)^{\frac{1}{n}} \leqslant \varlimsup_{n \to \infty} \left(\int_a^b f^n(x) \mathrm{d}x \right)^{\frac{1}{n}} \leqslant M.$$

令 $\varepsilon \to 0+$, 得到

$$\varliminf_{n \to \infty} \left(\int_a^b f^n(x)\mathrm{d}x \right)^{\frac{1}{n}} = \varlimsup_{n \to \infty} \left(\int_a^b f^n(x)\mathrm{d}x \right)^{\frac{1}{n}} = M,$$

这就证明了 $\displaystyle\lim_{n \to \infty} \left(\int_a^b f^n(x)\mathrm{d}x \right)^{\frac{1}{n}} = M.$

习 题 7.3

1. 设非负函数 $f(x)$ 在 $[a,b]$ 上连续, 但不恒为零, 证明:

$$\int_a^b f(x)\mathrm{d}x > 0.$$

2. 设函数 $f(x)$ 在 $[a,b]$ 上连续, 且 $\displaystyle\int_a^b f^2(x)\mathrm{d}x = 0$. 证明: $f(x)$ 在 $[a,b]$ 上恒为零.

3. 设函数 $f(x), g(x)$ 在 $[a,b]$ 上连续, p, q 为满足 $\dfrac{1}{p} + \dfrac{1}{q} = 1$ 的正数, 证明下列**霍尔德** (Hölder) **不等式**:

$$\int_a^b |f(x)g(x)|\mathrm{d}x \leqslant \left(\int_a^b |f(x)|^p \mathrm{d}x \right)^{\frac{1}{p}} \left(\int_a^b |g(x)|^q \mathrm{d}x \right)^{\frac{1}{q}}.$$

4. 设函数 $f(x), g(x)$ 在 $[a,b]$ 上都可积, 证明下列**闵可夫斯基** (Minkowski) **不等式**:

$$\left(\int_a^b [f(x) + g(x)]^2 \mathrm{d}x \right)^{\frac{1}{2}} \leqslant \left(\int_a^b f^2(x)\mathrm{d}x \right)^{\frac{1}{2}} + \left(\int_a^b g^2(x)\mathrm{d}x \right)^{\frac{1}{2}}.$$

5. 已知 $f(x) \geqslant 0$, $f(x)$ 在 $[a,b]$ 上连续, $\displaystyle\int_a^b f(x)\mathrm{d}x = 1, k$ 为任意实数. 证明:

$$\left(\int_a^b f(x)\cos kx\mathrm{d}x \right)^2 + \left(\int_a^b f(x)\sin kx\mathrm{d}x \right)^2 \leqslant 1.$$

6. 设函数 $\varphi(t)$ 在 $[0,a]$ 上连续, $f(x)$ 在 $(-\infty, +\infty)$ 上二阶可导, 且 $f''(x) \geqslant 0$. 证明:

$$f\left(\frac{1}{a} \int_0^a \varphi(t)\mathrm{d}t \right) \leqslant \frac{1}{a} \int_0^a f(\varphi(t))\mathrm{d}t.$$

7. 设函数 $f(x)$ 在 $[a,b]$ 上可积, 证明: 对任给的 $\varepsilon > 0$, 存在 $[a,b]$ 上的阶梯函数 $\varphi(x)$, 使得

$$\int_a^b |f(x) - \varphi(x)|\mathrm{d}x < \varepsilon.$$

8. 设函数 $f(x)$ 在 $[0,1]$ 上连续, 在 $(0,1)$ 内可导, 且 $\int_{\frac{7}{8}}^{1} f(x)\mathrm{d}x = \dfrac{1}{8}f(0)$, 证明: 存在 $\xi \in (0,1)$, 使得 $f'(\xi) = 0$.

9. 设函数 $f(x)$ 在 $[0,1]$ 上连续, 且单调递减, 证明: 对任意 $\alpha \in [0,1]$, 成立

$$\int_0^\alpha f(x)\mathrm{d}x \geqslant \alpha \int_0^1 f(x)\mathrm{d}x.$$

7.4　微积分基本定理

利用定积分的定义来计算定积分, 往往是十分困难或复杂的. 本节的微积分基本定理告诉我们, 定积分的计算可以转化为求原函数即不定积分.

下面先从实际问题出发, 看微分与积分之间的联系, 寻找解决问题的线索与途径.

7.4.1　变速直线运动位置函数与速度之间的联系

设物体做变速直线运动, 它在时刻 t 的速度为 $v(t)$, 物体在时间段 $[0,t]$ 内所经过的路程为 $S(t)$.

一方面, 我们在引入定积分的定义时已经知道, 物体在时间间隔 $[T_1, T_2]$ 内所经过的路程 S 可以表示为

$$S = \lim_{\lambda \to 0} \sum_{i=1}^n v(\xi_i)\Delta t_i = \int_{T_1}^{T_2} v(t)\mathrm{d}t.$$

另一方面, 物体在时间间隔 $[T_1, T_2]$ 内所经过的路程 S 也可以表示为

$$S = S(T_2) - S(T_1).$$

由于这是同一问题的两种求解方法, 因此就有

$$S(T_2) - S(T_1) = \int_{T_1}^{T_2} v(t)\mathrm{d}t.$$

注意到 $S'(t) = v(t)$, 即 $S(t)$ 是 $v(t)$ 的一个原函数, 那么上式表明: $v(t)$ 在 $[T_1, T_2]$ 上的定积分的值可以用它的一个原函数在该区间的两个端点处的函数值之差来表示.

一个自然的问题是: 这个从特殊的物理问题中得到的结论是否具有普遍性? 本节的微积分基本定理告诉我们: 在一定条件下, 这个结论具有一般性.

7.4.2 变限定积分

设函数 $f(t)$ 在 $[a,b]$ 上连续, 任取 $x \in [a,b]$, $f(t)$ 在 $[a,x]$ 上连续, 从而在 $[a,x]$ 上可积. 记

$$\phi(x) = \int_a^x f(t)\mathrm{d}t, \quad x \in [a,b],$$

则 $\phi(x)$ 是定义在 $[a,b]$ 上的一个函数. 我们称 $\phi(x)$ 为 $f(t)$ 的变上限的积分 (或积分上限的函数).

同样可以在 $[a,b]$ 上定义 $f(t)$ 的变下限的积分 (或积分下限的函数):

$$\varphi(x) = \int_x^b f(t)\mathrm{d}t, \quad x \in [a,b].$$

由于变下限的积分可以转化为变上限的积分, 下面我们只讨论 $\phi(x)$ 的性质, 我们将看到: $\phi(x)$ 具有比 $f(t)$ 更好的性质. 事实上, 在定理 7.3.5, 我们已经证明了: 当 $f(t)$ 在 $[a,b]$ 上可积时, 有 $\phi(x) = \int_a^x f(t)\mathrm{d}t$ 在 $[a,b]$ 上连续.

定理 7.4.1 若函数 $f(t)$ 在 $[a,b]$ 上连续, 则积分上限的函数

$$\phi(x) = \int_a^x f(t)\mathrm{d}t, \quad x \in [a,b]$$

在 $[a,b]$ 上可导, 且 $\phi'(x) = f(x), x \in [a,b]$.

证明 由于

$$\phi(x+\Delta x) - \phi(x) = \int_a^{x+\Delta x} f(t)\mathrm{d}t - \int_a^x f(t)\mathrm{d}t$$

$$= \int_x^{x+\Delta x} f(t)\mathrm{d}t$$

$$= f(\xi)\Delta x, \quad \xi \text{ 在 } x \text{ 与 } x+\Delta x \text{ 之间}.$$

所以

$$\phi'(x) = \lim_{\Delta x \to 0} \frac{\phi(x+\Delta x) - \phi(x)}{\Delta x} = \lim_{\Delta x \to 0} \frac{f(\xi)\Delta x}{\Delta x}$$

$$= \lim_{\xi \to x} f(\xi) = f(x).$$ 证毕

注 这个定理表明: 连续函数的原函数是存在的.

例 7.4.1 设 $F(x) = \int_0^x \mathrm{e}^t \cos 2t \mathrm{d}t$, 求 $F'(0), F'(\pi)$.

解 由于 $\mathrm{e}^t \cos 2t$ 在 $(-\infty, +\infty)$ 上连续, 所以 $F(x)$ 在 $(-\infty, +\infty)$ 上可导, 且

$$F'(x) = \mathrm{e}^x \cos 2x.$$

于是

$$F'(0) = 1, \quad F'(\pi) = \mathrm{e}^\pi.$$

例 7.4.2 设 $f(x)$ 在 $[0, +\infty)$ 上连续且 $f(x) > 0$. 证明: 函数

$$F(x) = \frac{\displaystyle\int_0^x t f(t) \mathrm{d}t}{\displaystyle\int_0^x f(t) \mathrm{d}t}$$

在 $[0, +\infty)$ 上单调递增.

证明 由于

$$\frac{\mathrm{d}}{\mathrm{d}x} \left(\int_0^x t f(t) \mathrm{d}t \right) = x f(x), \quad \frac{\mathrm{d}}{\mathrm{d}x} \left(\int_0^x f(t) \mathrm{d}t \right) = f(x),$$

所以

$$F'(x) = \frac{x f(x) \displaystyle\int_0^x f(t) \mathrm{d}t - f(x) \displaystyle\int_0^x t f(t) \mathrm{d}t}{\left(\displaystyle\int_0^x f(t) \mathrm{d}t \right)^2}$$

$$= \frac{f(x) \left[x \displaystyle\int_0^x f(t) \mathrm{d}t - \displaystyle\int_0^x t f(t) \mathrm{d}t \right]}{\left(\displaystyle\int_0^x f(t) \mathrm{d}t \right)^2}$$

$$= \frac{f(x) \displaystyle\int_0^x (x - t) f(t) \mathrm{d}t}{\left(\displaystyle\int_0^x f(t) \mathrm{d}t \right)^2}.$$

由于当 $0 \leqslant t \leqslant x$ 时, 有 $(x - t) f(t) \geqslant 0$, 所以 $\displaystyle\int_0^x (x - t) f(t) \mathrm{d}t \geqslant 0$, 于是

$$F'(x) \geqslant 0, \quad \forall x \in [0, +\infty),$$

故函数 $F(x)$ 在 $[0, +\infty)$ 上单调递增.

例 7.4.3 设 $F(x) = \displaystyle\int_0^{x^3} \mathrm{e}^{t^2}\mathrm{d}t$, 求 $F'(x)$.

解 令 $u = x^3$, 则 $F(x) = \displaystyle\int_0^{x^3} \mathrm{e}^{t^2}\mathrm{d}t$ 是 $g(u) = \displaystyle\int_0^u \mathrm{e}^{t^2}\mathrm{d}t$ 与 $u = x^3$ 的复合函数.

由于 e^{t^2} 在 $(-\infty, +\infty)$ 上连续, 所以 $g(u)$ 在 $(-\infty, +\infty)$ 上可导, 且 $g'(u) = \mathrm{e}^{u^2}$, 所以由复合函数求导的链式法则, 得到

$$F'(x) = g'(u) \cdot u'(x) = 3x^2 \mathrm{e}^{u^2} = 3x^2 \mathrm{e}^{x^6}.$$

例 7.4.4 求 $\displaystyle\lim_{x \to 0} \frac{\displaystyle\int_{\cos x}^1 \mathrm{e}^{-t^2}\mathrm{d}t}{x^2}$.

解 易知这是一个 $\dfrac{0}{0}$ 型待定式, 可利用 L'Hospital 法则来计算.

由于

$$\frac{\mathrm{d}}{\mathrm{d}x}\left(\int_{\cos x}^1 \mathrm{e}^{-t^2}\mathrm{d}t\right) = -\frac{\mathrm{d}}{\mathrm{d}x}\left(\int_1^{\cos x} \mathrm{e}^{-t^2}\mathrm{d}t\right) = -\mathrm{e}^{-\cos^2 x} \cdot (\cos x)'$$
$$= \mathrm{e}^{-\cos^2 x} \sin x,$$

所以

$$\lim_{x \to 0} \frac{\displaystyle\int_{\cos x}^1 \mathrm{e}^{-t^2}\mathrm{d}t}{x^2} = \lim_{x \to 0} \frac{\mathrm{e}^{-\cos^2 x} \sin x}{2x}$$
$$= \frac{1}{2}\lim_{x \to 0} \frac{\sin x}{x} \cdot \lim_{x \to 0} \mathrm{e}^{-\cos^2 x} = \frac{1}{2\mathrm{e}}.$$

例 7.4.5 设 $f(x)$ 在 $[a, b]$ 上连续且 $f(x) \leqslant \displaystyle\int_a^x f(t)\mathrm{d}t, \forall x \in [a, b]$. 证明: $f(x) \leqslant 0, \forall x \in [a, b]$.

证明 令 $g(x) = \displaystyle\int_a^x f(t)\mathrm{d}t, x \in [a, b]$, 则

$$g'(x) = f(x) \leqslant g(x), \quad 即 \quad g'(x) - g(x) \leqslant 0,$$

所以

$$\left(\mathrm{e}^{-x}g(x)\right)' = \mathrm{e}^{-x}\left(g'(x) - g(x)\right) \leqslant 0,$$

这表明: $\mathrm{e}^{-x}g(x)$ 在 $[a, b]$ 上单调递减, 又 $\mathrm{e}^{-a}g(a) = 0$, 所以 $g(x) \leqslant 0$, 从而 $f(x) \leqslant 0, \forall x \in [a, b]$.

7.4.3　微积分基本定理

定理 7.4.2 (微积分基本定理)　若函数 $f(x)$ 在 $[a,b]$ 上连续, $F(x)$ 是 $f(x)$ 在 $[a,b]$ 上的任意一个原函数, 则

$$\int_a^b f(x)\mathrm{d}x = F(b) - F(a).$$

证明　因为 $F(x)$ 是 $f(x)$ 在 $[a,b]$ 上的一个原函数, 而 $\phi(x) = \displaystyle\int_a^x f(t)\mathrm{d}t$ 也是 $f(x)$ 在 $[a,b]$ 上的一个原函数, 所以它们之间只相差一个常数, 即存在常数 C, 使得

$$\int_a^x f(t)\mathrm{d}t = F(x) + C.$$

在上式中, 令 $x = a$ 得 $C = -f(a)$. 再令 $x = b$, 可得

$$\int_a^b f(t)\mathrm{d}t = F(b) - F(a).$$

由于定积分的值与积分变量的选取无关, 因此

$$\int_a^b f(x)\mathrm{d}x = F(b) - F(a). \qquad\qquad\text{证毕}$$

为方便起见, 以后把 $F(b) - F(a)$ 记成 $F(x)\big|_a^b$, 于是上式又可写成

$$\int_a^b f(x)\mathrm{d}x = F(x)\big|_a^b.$$

这个定理叫做**微积分基本公式**, 也叫做**牛顿-莱布尼茨** (Newton-Leibniz) **公式**.

牛顿-莱布尼茨公式是数学分析乃至整个数学领域中非常漂亮的结论之一, 它以非常简洁的形式, 深刻地揭示了微分与积分的联系, 把定积分的计算归结为求不定积分, 为定积分提供了一个高效而简便的计算方法.

我们还可以用拉格朗日中值定理, 证明一个条件稍弱而结论相同的微积分基本定理.

定理 7.4.2′ (微积分基本定理)　若函数 $f(x)$ 在 $[a,b]$ 上可积, $F(x)$ 是 $f(x)$ 在 $[a,b]$ 上的任意一个原函数, 则

$$\int_a^b f(x)\mathrm{d}x = F(b) - F(a).$$

证明 对区间 $[a,b]$ 的任意分割

$$\Delta : a = x_0 < x_1 < x_2 < \cdots < x_n = b,$$

有

$$F(b) - F(a) = \sum_{i=1}^{n} [F(x_i) - F(x_{i-1})] = \sum_{i=1}^{n} F'(\xi_i)(x_i - x_{i-1})$$

$$= \sum_{i=1}^{n} f(\xi_i)(x_i - x_{i-1}) = \sum_{i=1}^{n} f(\xi_i)\Delta x_i,$$

在上式中, 令 $\lambda(\Delta) = \max\limits_{1 \leqslant i \leqslant n}\{\Delta x_i\} \to 0$, 由于 $f(x)$ 在 $[a,b]$ 上可积, 右边的极限为函数 $f(x)$ 在 $[a,b]$ 上的定积分, 因此

$$\int_a^b f(x)\mathrm{d}x = F(b) - F(a). \qquad\qquad 证毕$$

在本节开始, 利用定积分的定义, 计算出 $\int_0^1 \mathrm{e}^x \mathrm{d}x = \mathrm{e} - 1$. 现在用牛顿-莱布尼茨公式, 有

$$\int_0^1 \mathrm{e}^x \mathrm{d}x = \mathrm{e}^x\big|_0^1 = \mathrm{e} - 1.$$

例 7.4.6 计算曲线 $y = \sin x$ 在 $[0,\pi]$ 上与 x 轴所围成的图形的面积.

解 根据定积分的几何意义, 所围图形的面积为

$$A = \int_0^\pi \sin x \mathrm{d}x = -\cos x\big|_0^\pi = 2.$$

例 7.4.7 求 $\int_{-\frac{\pi}{2}}^\pi \sqrt{\cos^2 x}\,\mathrm{d}x$.

解
$$\int_{-\frac{\pi}{2}}^\pi \sqrt{\cos^2 x}\,\mathrm{d}x = \int_{-\frac{\pi}{2}}^{\frac{\pi}{2}} |\cos x|\mathrm{d}x + \int_{\frac{\pi}{2}}^\pi |\cos x|\mathrm{d}x$$

$$= \int_{-\frac{\pi}{2}}^{\frac{\pi}{2}} \cos x \mathrm{d}x - \int_{\frac{\pi}{2}}^\pi \cos x \mathrm{d}x$$

$$= \sin x\big|_{-\frac{\pi}{2}}^{\frac{\pi}{2}} - \sin x\big|_{\frac{\pi}{2}}^\pi = 3.$$

例 7.4.8 求 $\int_0^1 x|x - a|\mathrm{d}x$.

解 当 $a \leqslant 0$ 时,

$$\int_0^1 x|x-a|\mathrm{d}x = \int_0^1 x(x-a)\mathrm{d}x = \int_0^1 x^2\mathrm{d}x - a\int_0^1 x\mathrm{d}x = \frac{1}{3} - \frac{a}{2};$$

当 $a \geqslant 1$ 时,

$$\int_0^1 x|x-a|\mathrm{d}x = \int_0^1 x(a-x)\mathrm{d}x = \frac{a}{2} - \frac{1}{3};$$

当 $0 < a < 1$ 时,

$$\int_0^1 x|x-a|\mathrm{d}x = \int_0^a x(a-x)\mathrm{d}x + \int_a^1 x(x-a)\mathrm{d}x = \frac{1}{3}a^3 - \frac{a}{2} + \frac{1}{3}.$$

例 7.4.9 求函数 $f(x) = \displaystyle\int_0^x (t-1)(t-2)^2\mathrm{d}t$ 的极值.

解 由于 $f'(x) = (x-1)(x-2)^2$, 令 $f'(x) = 0$, 得驻点 $x = 1, 2$.

当 $x < 1$ 时, $f'(x) < 0$; 当 $1 < x < 2$ 或 $x > 2$ 时, $f'(x) > 0$, 所以 $x = 1$ 为极小值点, $x = 2$ 不是极值点. 函数 $f(x)$ 的极小值为

$$
\begin{aligned}
f(1) &= \int_0^1 (t-1)(t-2)^2\mathrm{d}t = \int_0^1 (t-2+1)(t-2)^2\mathrm{d}t \\
&= \int_0^1 (t-2)^3\mathrm{d}t + \int_0^1 (t-2)^2\mathrm{d}t \\
&= \frac{1}{4}(t-2)^4\Big|_0^1 + \frac{1}{3}(t-2)^3\Big|_0^1 = -\frac{17}{12}.
\end{aligned}
$$

例 7.4.10 求 $\displaystyle\lim_{n\to\infty}\left(\frac{1}{\sqrt{4n^2-1}} + \frac{1}{\sqrt{4n^2-2^2}} + \cdots + \frac{1}{\sqrt{4n^2-n^2}}\right)$.

解 由于

$$
\begin{aligned}
&\frac{1}{\sqrt{4n^2-1}} + \frac{1}{\sqrt{4n^2-2^2}} + \cdots + \frac{1}{\sqrt{4n^2-n^2}} \\
&= \sum_{i=1}^n \frac{1}{\sqrt{4-\left(\dfrac{i}{n}\right)^2}} \cdot \frac{1}{n},
\end{aligned}
$$

令 $f(x) = \dfrac{1}{\sqrt{4-x^2}}$, 由于 $f(x)$ 在 $[0,1]$ 上连续, 所以 $\displaystyle\int_0^1 f(x)\mathrm{d}x$ 存在, 且积分的值与区间的分法无关, 与 $[x_{i-1}, x_i]$ 上点 ξ_i 的选取无关, 因此在计算 $\displaystyle\int_0^1 f(x)\mathrm{d}x$

时, 可将 $[0,1]$ n 等分, 得到区间 $[0,1]$ 的分割

$$\Delta : 0 = x_0 < x_1 < x_2 < \cdots < x_{n-1} < x_n = 1,$$

其中 $x_i = \dfrac{i}{n}, i = 1, 2, \cdots, n.$

取 $\xi_i = x_i = \dfrac{i}{n}$, 由于 $\Delta x_i = \dfrac{1}{n}, i = 1, 2, \cdots, n$, 则

$$\sum_{i=1}^{n} f(\xi_i)\Delta x_i = \sum_{i=1}^{n} \frac{1}{\sqrt{4 - \left(\dfrac{i}{n}\right)^2}} \cdot \frac{1}{n},$$

令 $\lambda(\Delta) = \max\limits_{1 \leqslant i \leqslant n} \{\Delta x_i\} = \dfrac{1}{n} \to 0$, 即当 $n \to \infty$ 时得

$$\lim_{n \to \infty} \left(\frac{1}{\sqrt{4n^2 - 1}} + \frac{1}{\sqrt{4n^2 - 2^2}} + \cdots + \frac{1}{\sqrt{4n^2 - n^2}} \right)$$

$$= \lim_{n \to \infty} \sum_{i=1}^{n} \frac{1}{\sqrt{4 - \left(\dfrac{i}{n}\right)^2}} \cdot \frac{1}{n}$$

$$= \int_0^1 \frac{1}{\sqrt{4 - x^2}} \mathrm{d}x = \arcsin \frac{x}{2} \Big|_0^1 = \frac{\pi}{6}.$$

例 7.4.11　求 $\lim\limits_{n \to \infty} \dfrac{1^p + 2^p + \cdots + n^p}{n^{p+1}} (p > 0).$

解　当 p 为正整数时, 我们在第 2 章用斯托尔茨 (Stolz) 公式计算过这个极限. 下面我们用定积分再来计算. 由于

$$\frac{1^p + 2^p + \cdots + n^p}{n^{p+1}} = \frac{1}{n} \sum_{i=1}^{n} \left(\frac{i}{n} \right)^p$$

可看成 $f(x) = x^p$ 在 $[0,1]$ 作等距分割且取 $\xi_i = x_i = \dfrac{i}{n}$ 的黎曼和, 所以

$$\lim_{n \to \infty} \frac{1^p + 2^p + \cdots + n^p}{n^{p+1}} = \int_0^1 x^p \mathrm{d}x = \frac{1}{p+1}.$$

注　上面两例说明, 某些和式的数列极限有时可转化为定积分来计算.

例 7.4.12　设函数 $f(x)$ 在 $[a, b]$ 上连续, 证明: 存在 $\xi \in (a, b)$, 使得

$$\int_a^b f(x)\mathrm{d}x = f(\xi)(b-a).$$

证明　由于函数 $f(x)$ 在 $[a,b]$ 上连续, 所以 $f(x)$ 必有原函数, 不妨设 $F(x)$ 是 $f(x)$ 在 $[a,b]$ 上的一个原函数, 即 $F'(x) = f(x)$.

由牛顿-莱布尼茨公式, 有

$$\int_a^b f(x)\mathrm{d}x = F(b) - F(a).$$

对函数 $F(x)$ 在 $[a,b]$ 上应用拉格朗日中值定理知, 存在 $\xi \in (a,b)$, 使得

$$F(b) - F(a) = F'(\xi)(b-a) = f(\xi)(b-a),$$

因此

$$\int_a^b f(x)\mathrm{d}x = f(\xi)(b-a), \quad \xi \in (a,b).$$

例 7.4.13　设函数 $f(x)$ 在 $[a,b]$ 上可导, 且 $b-a \geqslant 4$. 证明: 至少存在一点 $\xi \in [a,b]$, 使得

$$f'(\xi) < 1 + f^2(\xi).$$

证明　用反证法. 假设对任意 $x \in [a,b]$, 均有

$$f'(x) \geqslant 1 + f^2(x).$$

于是

$$\frac{f'(x)}{1 + f^2(x)} \geqslant 1.$$

所以

$$\int_a^b \frac{f'(x)}{1 + f^2(x)}\mathrm{d}x \geqslant b-a,$$

由牛顿-莱布尼茨公式, 有

$$\arctan f(b) - \arctan f(a) \geqslant b-a \geqslant 4.$$

但 $\arctan f(b) - \arctan f(a) \leqslant \dfrac{\pi}{2} - \left(-\dfrac{\pi}{2}\right) = \pi$, 矛盾.

例 7.4.14　设函数 $f(x)$ 在 $[a,b]$ 上连续且单调递增. 证明:

$$\int_a^b x f(x)\mathrm{d}x \geqslant \frac{a+b}{2}\int_a^b f(x)\mathrm{d}x.$$

证明 **方法 1** 用变上限积分. 令

$$F(x) = \int_a^x tf(t)\mathrm{d}t - \frac{a+x}{2}\int_a^x f(t)\mathrm{d}t.$$

则 $F(a) = 0$, 且对任意 $a < x \leqslant b$, 有

$$F'(x) = xf(x) - \frac{1}{2}\int_a^x f(t)\mathrm{d}t - \frac{a+x}{2}f(x),$$

$$= \frac{x-a}{2}f(x) - \frac{1}{2}\int_a^x f(t)\mathrm{d}t$$

$$= \frac{x-a}{2}f(x) - \frac{x-a}{2}f(\xi), \quad a \leqslant \xi \leqslant x,$$

所以

$$F'(x) = \frac{x-a}{2}[f(x) - f(\xi)] \geqslant 0,$$

于是 $F(x)$ 在 $[a,b]$ 上连续且单调递增, 因此 $F(b) \geqslant F(a) = 0$, 即

$$\int_a^b xf(x)\mathrm{d}x \geqslant \frac{a+b}{2}\int_a^b f(x)\mathrm{d}x.$$

方法 2 应用积分第一中值定理.

$$\int_a^b \left(x - \frac{a+b}{2}\right)f(x)\mathrm{d}x = \int_a^{\frac{a+b}{2}}\left(x - \frac{a+b}{2}\right)f(x)\mathrm{d}x + \int_{\frac{a+b}{2}}^b\left(x - \frac{a+b}{2}\right)f(x)\mathrm{d}x$$

$$= f(\xi)\int_a^{\frac{a+b}{2}}\left(x - \frac{a+b}{2}\right)\mathrm{d}x + f(\eta)\int_{\frac{a+b}{2}}^b\left(x - \frac{a+b}{2}\right)\mathrm{d}x,$$

其中 $\xi \in \left[a, \dfrac{a+b}{2}\right], \eta \in \left[\dfrac{a+b}{2}, b\right]$. 又因为

$$\int_a^{\frac{a+b}{2}}\left(x - \frac{a+b}{2}\right)\mathrm{d}x = -\frac{1}{8}(b-a)^2, \quad \int_{\frac{a+b}{2}}^b\left(x - \frac{a+b}{2}\right)\mathrm{d}x = \frac{1}{8}(b-a)^2,$$

所以

$$\int_a^b \left(x - \frac{a+b}{2}\right)f(x)\mathrm{d}x = \frac{1}{8}(b-a)^2\left(f(\eta) - f(\xi)\right) \geqslant 0,$$

结论得证.

习　题　7.4

1. 求下列各函数的导数:

(1) $f(x) = \int_0^{x^2} \sqrt{1+t^2}\mathrm{d}t$;

(2) $f(x) = \int_x^{x^2} \dfrac{1}{\sqrt{1+t^2}}\mathrm{d}t$.

2. 求下列极限:

(1) $\displaystyle\lim_{x\to 0} \dfrac{\displaystyle\int_0^x \cos t^2 \mathrm{d}t}{x}$;

(2) $\displaystyle\lim_{x\to 0} \dfrac{\left(\displaystyle\int_0^x \mathrm{e}^{t^2}\mathrm{d}t\right)^2}{\displaystyle\int_0^x t\mathrm{e}^{2t^2}\mathrm{d}t}$;

(3) $\displaystyle\lim_{x\to +\infty} \dfrac{\displaystyle\int_0^x \sqrt{1+t^4}\mathrm{d}t}{x^3}$;

(4) $\displaystyle\lim_{x\to +\infty} \dfrac{\left(\displaystyle\int_0^x \mathrm{e}^{t^2}\mathrm{d}t\right)^2}{\displaystyle\int_0^x \mathrm{e}^{2t^2}\mathrm{d}t}$.

3. 求下列极限:

(1) $\displaystyle\lim_{n\to\infty} \int_0^1 \dfrac{x^n}{1+x}\mathrm{d}x$;

(2) $\displaystyle\lim_{n\to\infty} \int_0^{\frac{\pi}{2}} \sin^n x\mathrm{d}x$;

(3) $\displaystyle\lim_{n\to\infty} \int_n^{n+p} \dfrac{\sin x}{x}\mathrm{d}x$.

4. 求下列定积分:

(1) $\displaystyle\int_{\frac{1}{\sqrt{3}}}^{\sqrt{3}} \dfrac{1}{1+x^2}\mathrm{d}x$;

(2) $\displaystyle\int_0^{\frac{\pi}{4}} \tan^2\theta\mathrm{d}\theta$;

(3) $\displaystyle\int_0^{2\pi} |\sin x|\mathrm{d}x$;

(4) $\displaystyle\int_0^a \sqrt{a^2-x^2}\mathrm{d}x\ (a>0)$;

(5) $\displaystyle\int_0^\pi \cos^2 x\mathrm{d}x$;

(6) $\displaystyle\int_0^2 \dfrac{x}{\sqrt{1+x^2}}\mathrm{d}x$.

5. 求下列极限:

(1) $\displaystyle\lim_{n\to\infty} \left(\dfrac{1}{n+1} + \dfrac{1}{n+2} + \cdots + \dfrac{1}{n+n}\right)$;

(2) $\displaystyle\lim_{n\to\infty} \left(\dfrac{1}{n^2} + \dfrac{2}{n^2} + \cdots + \dfrac{n}{n^2}\right)$;

(3) $\displaystyle\lim_{n\to\infty} \left(\dfrac{\sin\frac{\pi}{n}}{n+\frac{1}{n}} + \dfrac{\sin\frac{2\pi}{n}}{n+\frac{2}{n}} + \cdots + \dfrac{\sin\pi}{n+1}\right)$;

(4) $\displaystyle\lim_{n\to\infty} \dfrac{\sqrt[n]{n(n+1)\cdots(2n-1)}}{n}$;

(5) $\displaystyle\lim_{n\to\infty} \dfrac{\displaystyle\sum_{k=1}^n \sqrt{k}}{\displaystyle\sum_{k=1}^n \sqrt{n+k}}$.

6. 设 $f(x)$ 在 $[a,b]$ 上可导且 $f(a) = 0$, 证明:

$$\int_a^b f^2(x)\mathrm{d}x \leqslant \frac{1}{2}(b-a)^2 \int_a^b \left[f'(x)\right]^2 \mathrm{d}x.$$

7. 设 $f(x)$ 在 $[0,1]$ 上连续, 在 $(0,1)$ 内可导且 $0 < f'(x) < 1, f(0) = 0$. 证明:

$$\left(\int_0^1 f(x)\mathrm{d}x\right)^2 \geqslant \int_0^1 f^3(x)\mathrm{d}x.$$

8. 设 $f(x)$ 在 $[a,b]$ 上可导且 $f\left(\dfrac{a+b}{2}\right) = 0$, 证明:

$$\int_a^b f(x)\mathrm{d}x \leqslant \frac{M}{24}(b-a)^3, \quad \text{其中} \quad M = \sup_{a\leqslant x\leqslant b} |f''(x)|.$$

9. 设 $f(x)$ 在 $[0,a]$ 上二阶可导 $(a > 0)$, 且 $f''(x) \geqslant 0$, 证明:

$$\int_0^a f(x)\mathrm{d}x \geqslant af\left(\frac{a}{2}\right).$$

10. 设 $f(x)$ 在 $[0,1]$ 上二阶可导, 且 $f''(x) \leqslant 0$, 证明:

$$\int_0^1 f(x^3)\mathrm{d}x \leqslant f\left(\frac{1}{4}\right).$$

11. 设 $f(x)$ 在 $[a,b]$ 上具有连续导数, 证明:

$$\max_{a\leqslant x\leqslant b} |f(x)| \leqslant \left|\frac{1}{b-a}\int_a^b f(x)\mathrm{d}x\right| + \int_a^b |f'(x)|\mathrm{d}x.$$

12. 设函数 $f(x)$ 在 $(0,+\infty)$ 上连续, 且对任何 $a,b > 0$, 积分 $\int_a^{ab} f(x)\mathrm{d}x$ 的值与 a 无关, 试求函数 $f(x)$.

7.5 定积分的换元法和分部积分法

计算定积分 $\int_a^b f(x)\mathrm{d}x$ 的主要方法是利用牛顿-莱布尼茨公式, 把它转化为求函数 $f(x)$ 的原函数的改变量. 在第 6 章, 我们知道用换元法和分部积分法可以求出一些函数的原函数, 因此在一定条件下, 我们类似可以用换元法和分部积分法来计算定积分. 下面我们来研究定积分的这两种方法计算.

7.5.1 定积分的换元法

定理 7.5.1 设 $f(x)$ 在 $[a,b]$ 上连续, $x = \varphi(t)$ 满足条件:
(1) $\varphi(\alpha) = a, \varphi(\beta) = b$, 且 $x = \varphi(t)$ 的值域包含于 $[a,b]$;

(2) $\varphi(t)$ 在 $[\alpha,\beta]$ (或 $[\beta,\alpha]$) 上具有连续导数.

则

$$\int_a^b f(x)\mathrm{d}x = \int_\alpha^\beta f(\varphi(t))\varphi'(t)\mathrm{d}t.$$

证明 由于 $f(x)$ 在 $[a,b]$ 上连续, $f(\varphi(t))\varphi'(t)$ 在 $[\alpha,\beta]$ (或 $[\beta,\alpha]$) 上连续, 所以上式两边的定积分都存在, 所以我们只需证明它们相等.

根据连续函数必有原函数, 可设 $F(x)$ 是 $f(x)$ 的一个原函数, 则

$$\int_a^b f(x)\mathrm{d}x = F(b) - F(a).$$

令 $\phi(t) = F(\varphi(t))$, 则 $\phi'(t) = F'(\varphi(t))\varphi'(t) = f(\varphi(t))\varphi'(t)$, 也就是说 $F(\varphi(t))$ 是 $f(\varphi(t))\varphi'(t)$ 的一个原函数, 于是

$$\int_\alpha^\beta f(\varphi(t))\varphi'(t)\mathrm{d}t = F(\varphi(t))|_\alpha^\beta = F(\varphi(\beta)) - F(\varphi(\alpha))$$

$$= F(b) - F(a).$$

综上所述, 有

$$\int_a^b f(x)\mathrm{d}x = \int_\alpha^\beta f(\varphi(t))\varphi'(t)\mathrm{d}t. \qquad 证毕$$

读者需特别注意的是, 在应用定积分换元公式时, 除了将 $x=\varphi(t)$ 代入被积表达式外, 积分的上、下限也要作相应的改变, 下限 α 和原来积分的下限 a 相对应, 上限 β 与原来积分的上限 b 相对应.

例 7.5.1 计算 $\int_0^a \sqrt{a^2-x^2}\mathrm{d}x(a>0)$.

解 令 $x=a\sin t$, 当 $x=0$ 时, $t=0$; 当 $x=a$ 时, $t=\dfrac{\pi}{2}$, 于是

$$\int_0^a \sqrt{a^2-x^2}\mathrm{d}x = a^2\int_0^{\frac{\pi}{2}}\cos^2 t\mathrm{d}t = \frac{a^2}{2}\int_0^{\frac{\pi}{2}}(1+\cos 2t)\mathrm{d}t$$

$$= \frac{a^2}{2}\left(t+\frac{1}{2}\sin 2t\right)\Big|_0^{\frac{\pi}{2}} = \frac{\pi a^2}{4}.$$

例 7.5.2 计算 $\int_0^{\frac{\pi}{2}}\cos^7 x\sin x\mathrm{d}x$.

解 $$\int_0^{\frac{\pi}{2}}\cos^7 x\sin x\mathrm{d}x = -\int_0^{\frac{\pi}{2}}\cos^7 x\mathrm{d}(\cos x).$$

令 $\cos x = t$, 当 $x = 0$ 时, $t = 1$; 当 $x = \dfrac{\pi}{2}$ 时, $t = 0$, 于是

$$\int_0^{\frac{\pi}{2}} \cos^7 x \sin x \mathrm{d}x = -\int_1^0 t^7 \mathrm{d}t = \int_0^1 t^7 \mathrm{d}t = \frac{1}{8}.$$

在上例中, 如果我们不写出新的积分变量 t, 那么定积分的上、下限就不要改变, 这时计算过程可写为

$$\int_0^{\frac{\pi}{2}} \cos^7 x \sin x \mathrm{d}x = -\int_0^{\frac{\pi}{2}} \cos^7 x \mathrm{d}(\cos x)$$

$$= -\frac{1}{8} \cos^8 x \Big|_0^{\frac{\pi}{2}} = \frac{1}{8}.$$

例 7.5.3 计算 $\displaystyle\int_0^\pi \sqrt{\sin^3 x - \sin^5 x}\,\mathrm{d}x$.

解
$$\int_0^\pi \sqrt{\sin^3 x - \sin^5 x}\,\mathrm{d}x = \int_0^\pi \sin^{\frac{3}{2}} x |\cos x|\mathrm{d}x$$

$$= \int_0^{\frac{\pi}{2}} \sin^{\frac{3}{2}} x \cos x \mathrm{d}x - \int_{\frac{\pi}{2}}^\pi \sin^{\frac{3}{2}} x \cos x \mathrm{d}x$$

$$= \frac{2}{5} \sin^{\frac{5}{2}} x \Big|_0^{\frac{\pi}{2}} - \frac{2}{5} \sin^{\frac{5}{2}} x \Big|_{\frac{\pi}{2}}^\pi = \frac{4}{5}.$$

例 7.5.4 计算 $\displaystyle\int_0^1 x\left(1-x^2\right)^n \mathrm{d}x (n \in \mathbf{N})$.

解
$$\int_0^1 x\left(1-x^2\right)^n \mathrm{d}x = -\frac{1}{2} \int_0^1 \left(1-x^2\right)^n \mathrm{d}(1-x^2) \ (\diamondsuit\ t = 1-x^2)$$

$$= \frac{1}{2} \int_0^1 t^n \mathrm{d}t = \frac{1}{2(n+1)}.$$

例 7.5.5 计算 $\displaystyle\int_0^1 x^{15}\sqrt{1+3x^8}\,\mathrm{d}x$.

解
$$\int_0^1 x^{15}\sqrt{1+3x^8}\,\mathrm{d}x = \frac{1}{8} \int_0^1 x^8 \sqrt{1+3x^8}\,\mathrm{d}(x^8) = \frac{1}{8} \int_0^1 t\sqrt{1+3t}\,\mathrm{d}t,$$

令 $\sqrt{1+3t} = u$, 则 $t = \dfrac{u^2-1}{3}$, 从而

$$\int_0^1 x^{15}\sqrt{1+3x^8}\,\mathrm{d}x = \frac{1}{8} \int_1^2 \frac{u^2-1}{3} u \mathrm{d}\left(\frac{u^2-1}{3}\right)$$

$$= \frac{1}{36} \int_1^2 (u^2-1)u^2 \mathrm{d}u = \frac{29}{270}.$$

例 7.5.6 设函数 $f(x)$ 在 $[-a, a]$ 上连续. 证明:

(1) 若 $f(x)$ 为奇函数, 则 $\displaystyle\int_{-a}^{a} f(x)\mathrm{d}x = 0$.

(2) 若 $f(x)$ 为偶函数, 则 $\displaystyle\int_{-a}^{a} f(x)\mathrm{d}x = 2\int_{0}^{a} f(x)\mathrm{d}x$.

证明 因为

$$\int_{-a}^{a} f(x)\mathrm{d}x = \int_{-a}^{0} f(x)\mathrm{d}x + \int_{0}^{a} f(x)\mathrm{d}x,$$

对右端第一项, 作变换 $x = -t$, 则

$$\int_{-a}^{0} f(x)\mathrm{d}x = -\int_{a}^{0} f(-t)\mathrm{d}t = \int_{0}^{a} f(-t)\mathrm{d}t = \int_{0}^{a} f(-x)\mathrm{d}x.$$

于是

$$\int_{-a}^{a} f(x)\mathrm{d}x = \int_{0}^{a} \left[f(x) + f(-x)\right]\mathrm{d}x.$$

(1) 若 $f(x)$ 为奇函数, 则 $f(-x) = -f(x)$, 从而

$$\int_{-a}^{a} f(x)\mathrm{d}x = 0.$$

(2) 若 $f(x)$ 为偶函数, 则 $f(-x) = f(x)$, 从而

$$\int_{-a}^{a} f(x)\mathrm{d}x = 2\int_{0}^{a} f(x)\mathrm{d}x.$$

利用上例的结论, 往往可简化奇函数、偶函数在对称于原点的区间上的定积分的计算.

例 7.5.7 设函数 $f(x)$ 是连续的周期函数, 周期为 T, 证明: 对任意实数 a, 有

$$\int_{a}^{a+T} f(x)\mathrm{d}x = \int_{0}^{T} f(x)\mathrm{d}x.$$

证明 $\displaystyle\int_{a}^{a+T} f(x)\mathrm{d}x = \int_{a}^{0} f(x)\mathrm{d}x + \int_{0}^{T} f(x)\mathrm{d}x + \int_{T}^{a+T} f(x)\mathrm{d}x,$

对于右端第三项, 作变换 $t = x - T$, 则有

$$\int_{T}^{a+T} f(x)\mathrm{d}x = \int_{0}^{a} f(t+T)\mathrm{d}t = \int_{0}^{a} f(t)\mathrm{d}t = -\int_{a}^{0} f(t)\mathrm{d}t = -\int_{a}^{0} f(x)\mathrm{d}x,$$

从而

$$\int_a^{a+T} f(x)\mathrm{d}x = \int_0^T f(x)\mathrm{d}x.$$

注　上式表明: 周期为 T 的周期函数在任何长度为 T 的区间上的积分相等. 由此结论, 立即可得: 若 $f(x)$ 是周期为 T 的周期函数, 则

$$\int_a^{a+nT} f(x)\mathrm{d}x = n\int_0^T f(x)\mathrm{d}x, \quad n \in \mathbf{N}.$$

例 7.5.8　设函数 $f(x)$ 是连续的周期函数, 周期为 T, 证明:

$$\lim_{x\to\infty} \frac{1}{x}\int_0^x f(t)\mathrm{d}t = \frac{1}{T}\int_0^T f(t)\mathrm{d}t.$$

证明　令 $h(x) = \int_0^x f(t)\mathrm{d}t - \frac{x}{T}\int_0^T f(t)\mathrm{d}t$, 则

$$
\begin{aligned}
h(x+T) &= \int_0^{x+T} f(t)\mathrm{d}t - \frac{x+T}{T}\int_0^T f(t)\mathrm{d}t \\
&= \int_0^x f(t)\mathrm{d}t + \int_x^{x+T} f(t)\mathrm{d}t - \frac{x}{T}\int_0^T f(t)\mathrm{d}t - \int_0^T f(t)\mathrm{d}t \\
&= \int_0^x f(t)\mathrm{d}t - \frac{x}{T}\int_0^T f(t)\mathrm{d}t = h(x),
\end{aligned}
$$

所以 $h(x)$ 是以 T 为周期的周期函数. 又因为 $h(x)$ 连续, 所以 $h(x)$ 有界, 于是

$$\lim_{x\to\infty} \frac{h(x)}{x} = 0, \quad \text{即} \quad \lim_{x\to\infty} \frac{1}{x}\int_0^x f(t)\mathrm{d}t = \frac{1}{T}\int_0^T f(t)\mathrm{d}t.$$

例 7.5.9　设函数 $f(x)$ 在 $[0,1]$ 上连续, 证明:

(1) $\displaystyle\int_0^{\frac{\pi}{2}} f(\sin x)\mathrm{d}x = \int_0^{\frac{\pi}{2}} f(\cos x)\mathrm{d}x$;

(2) $\displaystyle\int_0^{\pi} xf(\sin x)\mathrm{d}x - \frac{\pi}{2}\int_0^{\pi} f(\sin x)\mathrm{d}x$, 由此计算 $\displaystyle\int_0^{\pi} \frac{x\sin x}{1+\cos^2 x}\mathrm{d}x$.

证明　(1) 令 $x = \frac{\pi}{2} - t$, 当 $x = 0$ 时, $t = \frac{\pi}{2}$; 当 $x = \frac{\pi}{2}$ 时, $t = 0$, 于是

$$\int_0^{\frac{\pi}{2}} f(\sin x)\mathrm{d}x = -\int_{\frac{\pi}{2}}^0 f(\cos t)\mathrm{d}t$$

$$= \int_0^{\frac{\pi}{2}} f(\cos t) \mathrm{d}t = \int_0^{\frac{\pi}{2}} f(\cos x) \mathrm{d}x.$$

(2) 令 $x = \pi - t$, 当 $x = 0$ 时, $t = \pi$; 当 $x = \pi$ 时, $t = 0$, 于是

$$\int_0^\pi x f(\sin x) \mathrm{d}x = -\int_\pi^0 (\pi - t) f(\sin t) \mathrm{d}t = \int_0^\pi (\pi - t) f(\sin t) \mathrm{d}t$$

$$= \pi \int_0^\pi f(\sin t) \mathrm{d}t - \int_0^\pi t f(\sin t) \mathrm{d}t$$

$$= \pi \int_0^\pi f(\sin x) \mathrm{d}x - \int_0^\pi x f(\sin x) \mathrm{d}x,$$

解方程得

$$\int_0^\pi x f(\sin x) \mathrm{d}x = \frac{\pi}{2} \int_0^\pi f(\sin x) \mathrm{d}x.$$

利用 (2) 的结论, 有

$$\int_0^\pi \frac{x \sin x}{1 + \cos^2 x} \mathrm{d}x = \frac{\pi}{2} \int_0^\pi \frac{\sin x}{1 + \cos^2 x} \mathrm{d}x = -\frac{\pi}{2} \int_0^\pi \frac{1}{1 + \cos^2 x} \mathrm{d}(\cos x)$$

$$= -\frac{\pi}{2} \arctan(\cos x) \Big|_0^\pi = \frac{\pi^2}{4}.$$

例 7.5.10　设 $f(x)$ 在 $[0, \pi]$ 上连续, 证明:

$$\lim_{n \to \infty} \int_0^\pi f(x) |\sin nx| \mathrm{d}x = \frac{2}{\pi} \int_0^\pi f(x) \mathrm{d}x.$$

证明　将 $[0, \pi]$ 等分成 n 个子区间 $\left[(k-1) \cdot \frac{\pi}{n}, k \cdot \frac{\pi}{n} \right]$, $k = 1, 2, 3, \cdots, n$, 则

$$\int_0^\pi f(x) |\sin nx| \mathrm{d}x$$

$$= \sum_{k=1}^n \int_{\frac{(k-1)\pi}{n}}^{\frac{k\pi}{n}} f(x) |\sin nx| \mathrm{d}x \quad (\text{应用积分第一中值定理})$$

$$= \sum_{k=1}^n f(\xi_k) \int_{\frac{(k-1)\pi}{n}}^{\frac{k\pi}{n}} |\sin nx| \mathrm{d}x \left(\text{其中 } \xi_k \in \left[(k-1) \cdot \frac{\pi}{n}, k \cdot \frac{\pi}{n} \right] (\diamondsuit \ nx = t) \right)$$

$$= \sum_{k=1}^n f(\xi_k) \int_{(k-1)\pi}^{k\pi} |\sin t| \frac{1}{n} \mathrm{d}t \ (\text{因 } |\sin t| \text{ 的周期为 } \pi)$$

$$= \frac{1}{n} \sum_{k=1}^{n} f(\xi_k) \int_0^{\pi} \sin t \mathrm{d}t = \frac{2}{\pi} \sum_{k=1}^{n} f(\xi_k) \cdot \frac{\pi}{n},$$

即

$$\int_0^{\pi} f(x) |\sin nx| \mathrm{d}x = \frac{2}{n} \sum_{k=1}^{n} f(\xi_k) \cdot \frac{\pi}{n}.$$

在上式两边令 $n \to \infty$, 得到

$$\lim_{n \to \infty} \int_0^{\pi} f(x) |\sin nx| \mathrm{d}x = \frac{2}{\pi} \int_0^{\pi} f(x) \mathrm{d}x.$$

例 7.5.11 证明: 对于任意实数 α, 成立

$$\int_0^{\frac{\pi}{2}} \frac{1}{1 + \tan^{\alpha} x} \mathrm{d}x = \int_0^{\frac{\pi}{2}} \frac{1}{1 + \cot^{\alpha} x} \mathrm{d}x = \frac{\pi}{4}.$$

证明 两个积分相等可由变换 $x = \frac{\pi}{2} - t$ 得到. 由于

$$\frac{1}{1 + \cot^{\alpha} x} = \frac{\tan^{\alpha} x}{1 + \tan^{\alpha} x} = 1 - \frac{1}{1 + \tan^{\alpha} x},$$

所以

$$\int_0^{\frac{\pi}{2}} \frac{1}{1 + \cot^{\alpha} x} \mathrm{d}x = \int_0^{\frac{\pi}{2}} \left(1 - \frac{1}{1 + \tan^{\alpha} x} \right) \mathrm{d}x = \frac{\pi}{2} - \int_0^{\frac{\pi}{2}} \frac{1}{1 + \tan^{\alpha} x} \mathrm{d}x,$$

由两个积分相等, 解得

$$\int_0^{\frac{\pi}{2}} \frac{1}{1 + \tan^{\alpha} x} \mathrm{d}x = \int_0^{\frac{\pi}{2}} \frac{1}{1 + \cot^{\alpha} x} \mathrm{d}x = \frac{\pi}{4}.$$

例 7.5.12 计算 $I = \int_0^1 \frac{\ln(1 + x)}{1 + x^2} \mathrm{d}x$.

解 令 $x = \tan t$, 得到 $I = \int_0^{\frac{\pi}{4}} \ln(1 + \tan t) \mathrm{d}t$. 记

$$f(t) = \ln(1 + \tan t), \quad t \in \left[0, \frac{\pi}{4} \right],$$

$$f\left(\frac{\pi}{4} - t \right) = \ln \left[1 + \tan \left(\frac{\pi}{4} - t \right) \right] = \ln \left(1 + \frac{1 - \tan t}{1 + \tan t} \right)$$

$$= \ln 2 - \ln(1 + \tan t) = \ln 2 - f(t),$$

从而

$$f\left(\frac{\pi}{4} - t\right) - \frac{1}{2}\ln 2 = -\left(f(t) - \frac{1}{2}\ln 2\right),$$

令 $g(t) = f(t) - \dfrac{1}{2}\ln 2$, 则上式变为 $g\left(\dfrac{\pi}{4} - t\right) = -g(t)$, 这说明 $g(t)$ 在 $\left[0, \dfrac{\pi}{4}\right]$ 上关于区间的中点为奇函数, 所以根据定积分的定义 (或利用习题 7.5 第 5 题的结论) 可知

$$\int_0^{\frac{\pi}{4}} g(t)\mathrm{d}t = 0.$$

即 $\displaystyle\int_0^{\frac{\pi}{4}}\left(\ln(1 + \tan t) - \frac{1}{2}\ln 2\right)\mathrm{d}t = 0$, 于是

$$\int_0^{\frac{\pi}{4}} \ln(1 + \tan t)\mathrm{d}t = \frac{\pi}{8}\ln 2.$$

因此

$$I = \int_0^1 \frac{\ln(1 + x)}{1 + x^2}\mathrm{d}x = \frac{\pi}{8}\ln 2.$$

例 7.5.13　设函数 $f(x)$ 在 $[A, B]$ 上连续, $A < a < b < B$, 证明:

$$\lim_{h \to 0} \frac{1}{h}\int_a^b (f(x + h) - f(x))\mathrm{d}x = f(b) - f(a).$$

证明　令 $t = x + h$, 得

$$\int_a^b f(x + h)\mathrm{d}x = \int_{a+h}^{b+h} f(t)\mathrm{d}t = \int_{a+h}^a f(t)\mathrm{d}t + \int_a^b f(t)\mathrm{d}t + \int_b^{b+h} f(t)\mathrm{d}t$$

$$= \int_a^b f(t)\mathrm{d}t + \int_b^{b+h} f(t)\mathrm{d}t - \int_a^{a+h} f(t)\mathrm{d}t,$$

于是

$$\int_a^b (f(x + h) - f(x))\mathrm{d}x = \int_b^{b+h} f(t)\mathrm{d}t - \int_a^{a+h} f(t)\mathrm{d}t.$$

由积分第一中值定理, 有

$$\int_b^{b+h} f(t)\mathrm{d}t = f(\xi)h, \quad \text{其中 } \xi \text{ 在 } b \text{ 与 } b + h \text{ 之间,}$$

$$\int_a^{a+h} f(t)\mathrm{d}t = f(\eta)h, \quad \text{其中 } \eta \text{ 在 } a \text{ 与 } a+h \text{ 之间,}$$

$$\frac{1}{h}\int_a^b (f(x+h)-f(x))\mathrm{d}x = f(\xi) - f(\eta),$$

因此

$$\lim_{h\to 0}\frac{1}{h}\int_a^b (f(x+h)-f(x))\mathrm{d}x = \lim_{h\to 0} f(\xi) - \lim_{h\to 0} f(\eta)$$

$$= \lim_{\xi\to b} f(\xi) - \lim_{\eta\to a} f(\eta)$$

$$= f(b) - f(a).$$

7.5.2 定积分的分部积分法

定理 7.5.2 设函数 $u(x), v(x)$ 在 $[a,b]$ 上可导, 且 $u'(x), v'(x)$ 在 $[a,b]$ 上可积, 则

$$\int_a^b u(x)v'(x)\mathrm{d}x = u(x)v(x)\big|_a^b - \int_a^b v(x)u'(x)\mathrm{d}x.$$

上式也经常写成

$$\int_a^b u(x)\mathrm{d}v(x) = u(x)v(x)\big|_a^b - \int_a^b v(x)\mathrm{d}u(x).$$

证明 由于
$$(u(x)v(x))' = u'(x)v(x) + u(x)v'(x),$$
上式两边在 $[a,b]$ 上积分, 得到

$$\int_a^b (u(x)v(x))'\,\mathrm{d}x = \int_a^b u'(x)v(x)\mathrm{d}x + \int_a^b u(x)v'(x)\mathrm{d}x,$$

由牛顿-莱布尼茨公式, 移项得

$$\int_a^b u(x)v'(x)\mathrm{d}x = u(x)v(x)\big|_a^b - \int_a^b v(x)u'(x)\mathrm{d}x. \qquad \text{证毕}$$

例 7.5.14 计算 $\displaystyle\int_0^{2\pi} x\sin x\mathrm{d}x$.

解
$$\int_0^{2\pi} x\sin x\mathrm{d}x = -\int_0^{2\pi} x\mathrm{d}(\cos x)$$

$$= -x\cos x\big|_0^{2\pi} + \int_0^{2\pi}\cos x\mathrm{d}x = -2\pi.$$

例 7.5.15   计算 $\int_0^{\sqrt{3}} x \arctan x \mathrm{d}x$.

解 $\displaystyle \int_0^{\sqrt{3}} x \arctan x \mathrm{d}x = \int_0^{\sqrt{3}} \arctan x \mathrm{d}\left(\frac{x^2}{2}\right)$

$$= \frac{x^2}{2}\arctan x \Big|_0^{\sqrt{3}} - \int_0^{\sqrt{3}} \frac{x^2}{2}\mathrm{d}\left(\arctan x\right)$$

$$= \frac{\pi}{2} - \frac{1}{2}\int_0^{\sqrt{3}} \frac{x^2}{1+x^2}\mathrm{d}x$$

$$= \frac{\pi}{2} - \frac{1}{2}\int_0^{\sqrt{3}} \left(1 - \frac{1}{1+x^2}\right)\mathrm{d}x$$

$$= \frac{2\pi}{3} - \frac{\sqrt{3}}{2}.$$

例 7.5.16   证明: $\int_0^{\frac{\pi}{2}} \sin^n x \mathrm{d}x = \int_0^{\frac{\pi}{2}} \cos^n x \mathrm{d}x$, 并计算 $I_n = \int_0^{\frac{\pi}{2}} \sin^n x \mathrm{d}x$ (n 为非负整数).

解   两个积分相等可以由变换 $x = \dfrac{\pi}{2} - t$ 得到. 直接计算有

$$I_0 = \int_0^{\frac{\pi}{2}} \mathrm{d}x = \frac{\pi}{2}, \quad I_1 = \int_0^{\frac{\pi}{2}} \sin x \mathrm{d}x = 1.$$

当 $n \geqslant 2$ 时, 有

$$I_n = \int_0^{\frac{\pi}{2}} \sin^n x \mathrm{d}x = -\int_0^{\frac{\pi}{2}} \sin^{n-1} x \mathrm{d}(\cos x)$$

$$= -\sin^{n-1} x \cos x \Big|_0^{\frac{\pi}{2}} + \int_0^{\frac{\pi}{2}} \cos x \mathrm{d}(\sin^{n-1} x)$$

$$= (n-1)\int_0^{\frac{\pi}{2}} \sin^{n-2} x (1 - \sin^2 x)\mathrm{d}x$$

$$= (n-1)I_{n-2} - (n-1)I_n,$$

整理得到递推公式

$$I_n = \frac{n-1}{n}I_{n-2}.$$

由此得

$$I_{2n} = \frac{(2n-1)!!}{(2n)!!} \cdot \frac{\pi}{2}, \qquad I_{2n+1} = \frac{(2n)!!}{(2n+1)!!} \ (n = 1, 2, \cdots),$$

其中

$$(2n)!! = 2n \cdot (2n-2) \cdots 4 \cdot 2,$$

$$(2n+1)!! = (2n+1) \cdot (2n-1) \cdots 3 \cdot 1.$$

注 在定积分的计算中, 上面公式经常用到, 望读者牢记并能熟练运用.

例 7.5.17 证明 (沃利斯 (Wallis) 公式):

$$\lim_{n \to \infty} \frac{1}{2n+1} \left(\frac{(2n)!!}{(2n-1)!!} \right)^2 = \frac{\pi}{2}.$$

证明 记 $I_n = \int_0^{\frac{\pi}{2}} \sin^n \mathrm{d}x$, 由于

$$\sin^{2n+2} x < \sin^{2n+1} x < \sin^{2n} x, \quad 0 < x < \frac{\pi}{2},$$

所以

$$I_{2n+2} < I_{2n+1} < I_{2n}.$$

而

$$I_{2n+2} = \frac{2n+1}{2n+2} I_{2n},$$

因此

$$\frac{2n+1}{2n+2} I_{2n} < I_{2n+1} < I_{2n}.$$

由夹逼性准则有

$$\lim_{n \to \infty} \frac{I_{2n+1}}{I_{2n}} = 1,$$

将 $I_{2n} = \frac{(2n-1)!!}{(2n)!!} \cdot \frac{\pi}{2}, I_{2n+1} = \frac{(2n)!!}{(2n+1)!!}$ 代入上式, 得

$$\lim_{n \to \infty} \frac{1}{2n+1} \left(\frac{(2n)!!}{(2n-1)!!} \right)^2 = \frac{\pi}{2}.$$

注 从上式可得 Wallis 公式的另一等价形式:

$$\frac{(2n-1)!!}{(2n)!!} \sim \frac{1}{\sqrt{n\pi}} (n \to \infty).$$

例 7.5.18 计算欧拉 (Euler) 积分

$$\mathrm{B}(m,n) = \int_0^1 x^{m-1}(1-x)^{n-1}\mathrm{d}x \quad (m, n \text{ 为正整数}).$$

解 $\quad \mathrm{B}(m,n) = \displaystyle\int_0^1 x^{m-1}(1-x)^{n-1}\mathrm{d}x = \frac{1}{m}\int_0^1 (1-x)^{n-1}\mathrm{d}(x^m)$

$$= \frac{1}{m}\left[x^m\,(1-x)^{n-1}\big|_0^1 - \int_0^1 x^m\mathrm{d}((1-x)^{n-1})\right]$$

$$= \frac{n-1}{m}\int_0^1 x^m(1-x)^{n-2}\mathrm{d}x$$

$$= \frac{n-1}{m}\mathrm{B}(m+1,n-1).$$

重复使用上述递推公式, 得到

$$\mathrm{B}(m,n) = \frac{n-1}{m}\mathrm{B}(m+1,n-1)$$

$$= \frac{n-1}{m}\cdot\frac{n-2}{m+1}\cdots\frac{1}{m+n-2}\mathrm{B}(m+n-1,1).$$

而 $\mathrm{B}(m+n-1,1) = \displaystyle\int_0^1 x^{m+n-2}\mathrm{d}x = \frac{1}{m+n-1}$, 所以

$$\mathrm{B}(m,n) = \frac{(n-1)!}{m(m+1)\cdots(m+n-1)} = \frac{(n-1)!(m-1)!}{(m+n-1)!}.$$

我们已经学习了带佩亚诺余项和拉格朗日余项的泰勒公式, 下面我们利用分部积分法, 推导出带积分余项的泰勒公式.

定理 7.5.3 设函数 $f(x)$ 在点 x_0 的某邻域 $O(x_0,\delta)$ 内具有 $n+1$ 阶连续导数, 则对任意 $x \in O(x_0,\delta)$, 有

$$f(x) = f(x_0) + f'(x_0)(x-x_0) + \frac{f''(x_0)}{2!}(x-x_0)^2 + \cdots + \frac{f^{(n)}(x_0)}{n!}(x-x_0)^n + R_n(x),$$

其中

$$R_n(x) = \frac{1}{n!}\int_{x_0}^x f^{(n+1)}(t)(x-t)^n\mathrm{d}t.$$

证明 $\quad f(x) = f(x_0) + \displaystyle\int_{x_0}^x f'(t)\mathrm{d}t = f(x_0) - \int_{x_0}^x f'(t)\mathrm{d}(x-t)$

$$= f(x_0) - f'(t)\,(x-t)\big|_{x_0}^x + \int_{x_0}^x (x-t)f''(t)\mathrm{d}t$$

$$= f(x_0) + f'(x_0)(x-x_0) - \frac{1}{2!}\int_{x_0}^x f''(t)\mathrm{d}(x-t)^2$$

$$= f(x_0) + f'(x_0)(x-x_0) + \frac{f''(x_0)}{2!}(x-x_0)^2$$

$$+ \frac{1}{2!}\int_{x_0}^x (x-t)^2 f'''(t)\mathrm{d}t.$$

重复上述过程, 便可得到所要证明的结论. 证毕

定理中的公式称为**带积分余项的泰勒公式**, 其中的余项称为**积分余项**.

注 1 由于 $g(t) = (x-t)^n$ 在积分区间 $[x_0, x]$ 上保号, $f^{(n+1)}(t)$ 连续, 利用积分第一中值定理, 有

$$R_n(x) = \frac{f^{(n+1)}(\xi)}{n!} \int_{x_0}^x (x-t)^n \mathrm{d}t = \frac{f^{(n+1)}(\xi)}{(n+1)!}(x-x_0)^{n+1},$$

这就是朗格朗日余项.

注 2 由积分第一中值定理, 余项也可表示为

$$R_n(x) = \frac{f^{(n+1)}(\xi)}{n!}(x-\xi)^n(x-x_0), \quad 其中 \xi 在 x 与 x_0 之间.$$

由于 x 与 x_0 之间的数 ξ 也可表示为 $\xi = x_0 + \theta(x-x_0)$, 其中 $0 < \theta < 1$, 因此

$$R_n(x) = \frac{1}{n!}f^{(n+1)}(x_0 + \theta(x-x_0))(1-\theta)^n(x-x_0)^{n+1}, \quad 0 < \theta < 1,$$

该余项叫做**柯西余项**, 对应的泰勒公式也叫做**带柯西余项的泰勒公式**. 柯西余项将在第 11 章讨论函数 $f(x) = (1+x)^\alpha$ 展开成幂级数时会用到.

习 题 7.5

1. 计算下列定积分:

(1) $\displaystyle\int_0^{\frac{\pi}{2}} \sin\varphi\cos^3\varphi\mathrm{d}\varphi;$

(2) $\displaystyle\int_1^4 \frac{\mathrm{d}x}{1+\sqrt{x}};$

(3) $\displaystyle\int_0^1 (2^x+3^x)^2\mathrm{d}x;$

(4) $\displaystyle\int_{-\sqrt{2}}^{\sqrt{2}} \sqrt{8-2x^2}\mathrm{d}x;$

(5) $\displaystyle\int_1^{\sqrt{3}} \frac{\mathrm{d}x}{x^2\sqrt{1+x^2}};$

(6) $\displaystyle\int_1^{e^2} \frac{\mathrm{d}x}{x\sqrt{1+\ln x}};$

(7) $\displaystyle\int_{-\frac{\pi}{2}}^{\frac{\pi}{2}} \cos^4\varphi\mathrm{d}\varphi;$

(8) $\displaystyle\int_{-\pi}^{\pi} x^6\sin x\mathrm{d}x;$

(9) $\displaystyle\int_0^{\ln 2} \sqrt{\mathrm{e}^x-1}\mathrm{d}x;$

(10) $\displaystyle\int_0^1 \frac{\arcsin\sqrt{x}}{\sqrt{x(1-x)}}\mathrm{d}x;$

(11) $\displaystyle\int_0^a x^2\sqrt{a^2-x^2}\mathrm{d}x(a>0);$

(12) $\displaystyle\int_0^2 [\circ^x]\mathrm{d}x;$

(13) $\displaystyle\int_1^{10} \ln[x]\mathrm{d}x;$

(14) $\displaystyle\int_0^1 \frac{x^2+1}{x^4+1}\mathrm{d}x.$

2. 计算下列定积分:

(1) $\displaystyle\int_0^1 \arcsin x\mathrm{d}x;$

(2) $\displaystyle\int_0^1 x\mathrm{e}^{-x}\mathrm{d}x;$

(3) $\displaystyle\int_1^e x\ln x\mathrm{d}x$;

(4) $\displaystyle\int_0^1 x^2\arctan x\mathrm{d}x$;

(5) $\displaystyle\int_0^{\frac{\pi}{2}} e^{2x}\cos x\mathrm{d}x$;

(6) $\displaystyle\int_0^{\frac{\pi}{2}} e^x\sin^2 x\mathrm{d}x$;

(7) $\displaystyle\int_1^e \sin(\ln x)\mathrm{d}x$;

(8) $\displaystyle\int_{\frac{1}{e}}^e |\ln x|\mathrm{d}x$;

(9) $\displaystyle\int_0^3 \arcsin\sqrt{\dfrac{x}{1+x}}\mathrm{d}x$;

(10) $\displaystyle\int_0^1 (1-x^2)^n\mathrm{d}x$;

(11) $\displaystyle\int_0^1 x^m(\ln x)^n\mathrm{d}x$;

(12) $A_n=\displaystyle\int_0^\pi x\sin^n x\mathrm{d}x$ (n 为正整数).

3. 设函数 $f(x)$ 在 $[a,b]$ 上可积, 证明: $\displaystyle\int_a^b f(x)\mathrm{d}x=\int_a^b f(a+b-x)\mathrm{d}x$, 特别当积分区间为 $[0,a]$ 时, 有 $\displaystyle\int_0^a f(x)\mathrm{d}x=\int_0^a f(a-x)\mathrm{d}x$.

4. 设函数 $f(x)$ 在 $[0,a]$ 上可积, 且有 $f(x)=f(a-x)$, 即 $f(x)$ 关于区间的中点为偶函数 $\left(\text{也就是关于直线 } x=\dfrac{a}{2} \text{ 为偶函数}\right)$, 证明:

$$\int_0^a f(x)\mathrm{d}x=2\int_0^{\frac{a}{2}} f(x)\mathrm{d}x.$$

5. 设函数 $f(x)$ 在 $[0,a]$ 上可积, 且有 $f(x)=-f(a-x)$, 即 $f(x)$ 关于区间的中点为奇函数, 证明:

$$\int_0^a f(x)\mathrm{d}x=0.$$

6. 设 a,b 为任意两个不同时为零的实数, 计算

$$\int_0^\pi \frac{\cos x}{\sqrt{a^2\cos^2 x+b^2\sin^2 x}}\mathrm{d}x.$$

7. 设函数 $f(x)$ 在 $(-\infty,+\infty)$ 上连续, 证明:

$$\int_0^x\left\{\int_0^u f(x)\mathrm{d}x\right\}\mathrm{d}u=\int_0^x f(u)(x-u)\mathrm{d}u.$$

8. 计算 $I=\displaystyle\int_0^{\frac{\pi}{2}}\frac{f(x)}{\sqrt{x}}\mathrm{d}x$, 其中 $f(x)=\displaystyle\int_{\sqrt{x}}^{\sqrt{\frac{\pi}{2}}}\frac{\mathrm{d}t}{1+(\tan t^2)^{\sqrt{2}}}$.

9. 证明: $\displaystyle\int_0^{\frac{\pi}{2}}\frac{\sin^2 x}{\sin x+\cos x}\mathrm{d}x=\int_0^{\frac{\pi}{2}}\frac{\cos^2 x}{\sin x+\cos x}\mathrm{d}x$, 并计算 $\displaystyle\int_0^{\frac{\pi}{2}}\frac{\sin^2 x}{\sin x+\cos x}\mathrm{d}x$.

10. 计算 $\displaystyle\int_0^{n\pi} x|\sin x|\mathrm{d}x$, 其中 n 为正整数.

11. 设 $S(x)=\displaystyle\int_0^x|\cos t|\mathrm{d}t$.

(1) 当 n 为正整数, 且 $n\pi\leqslant x<(n+1)\pi$ 时, 证明: $2n\leqslant S(x)<2(n+1)$;

(2) $\lim\limits_{x\to+\infty}\dfrac{S(x)}{x}$.

12. 记 n 次勒让德多项式为 $P_n(x) = \dfrac{1}{2^n n!}\dfrac{\mathrm{d}^n}{\mathrm{d}x^n}\left(x^2-1\right)^n$, $n = 0, 1, 2, \cdots$, 计算

$$\int_{-1}^{1} P_m(x)P_n(x)\mathrm{d}x.$$

13. 设函数 $f(x)$ 在 $[0,\pi]$ 上连续, 且 $\displaystyle\int_0^{\pi} f(x)\mathrm{d}x = 0, \int_0^{\pi} f(x)\cos x\mathrm{d}x = 0$. 证明: 方程 $f(x) = 0$ 在 $(0,\pi)$ 内至少有两个不同的实根.

7.6 定积分在几何学中的应用

7.6.1 微元法

在定积分的应用中, 经常采用的一种方法叫做微元法. 为了说明这种方法, 我们先简要回顾一下求曲边梯形面积的过程.

设 $y = f(x)$ 在 $[a,b]$ 上非负、连续, 由直线 $x = a, x = b, x$ 轴及曲线 $y = f(x)$ 所围成的图形面积为 A, 面积 A 的计算步骤如下:

(1) 对 $[a,b]$ 作分割 $\Delta : a = x_0 < x_1 < x_2 < \cdots < x_{n-1} < x_n = b$, 则

$$A = \sum_{i=1}^{n} \Delta A_i,$$

其中 ΔA_i 表示 $[x_{i-1}, x_i]$ 所对应的小曲边梯形的面积;

(2) 求 ΔA_i 的近似值

$$\Delta A_i \approx f(\xi_i)\Delta x_i, \quad \text{其中} \quad \xi_i \in [x_{i-1}, x_i];$$

(3) 求和, 得面积 A 的近似值

$$A \approx \sum_{i=1}^{n} f(\xi_i)\Delta x_i;$$

(4) 取极限, 得

$$A - \lim_{\lambda(\Delta)\to 0} \sum_{i=1}^{n} f(\xi_i)\Delta x_i = \int_a^b f(x)\mathrm{d}x,$$

其中 $\lambda(\Delta) = \max\limits_{1\leqslant i\leqslant n}\{\Delta x_i\}$.

在上述四个步骤中, 关键是第二步, 即求小区间 $[x_{i-1}, x_i]$ 所对应的小曲边梯形面积 ΔA_i 的近似值 $f(\xi_i)\Delta x_i$. 在实际应用中, 为简便起见, 省略下标 i, 用 ΔA

表示区间 $[x, x + \Delta x]$ 对应的小曲边梯形的面积, 则

$$\Delta A = \int_x^{x+\Delta x} f(t)\mathrm{d}t = f(\xi)\Delta x = (f(x) + o(1))\,\Delta x = f(x)\Delta x + o(\Delta x) \quad (\Delta x \to 0),$$

令 $\Delta x \to 0$, Δx 变成了 $\mathrm{d}x$, 得到 $\mathrm{d}A = f(x)\mathrm{d}x$, 它在几何上表示以 $\mathrm{d}x$ 为底, 以 $f(x)$ 为高的矩形的面积.

第四步是将小曲边梯形面积相加, 再取极限, 这个过程可看作对 $\mathrm{d}A = f(x)\mathrm{d}x$ 在 $[a,b]$ 上求定积分, 得到大曲边梯形的面积 $A = \int_a^b f(x)\mathrm{d}x$.

综上所述, 求曲边梯形面积的四个步骤可以简化为两步:

(1) 任取 $[x, x + \mathrm{d}x] \subset [a,b]$($\mathrm{d}x$ 称为自变量 x 的微元), 写出 A 的微元 $\mathrm{d}A = f(x)\mathrm{d}x$;

(2) 对 $\mathrm{d}A = f(x)\mathrm{d}x$ 在 $[a,b]$ 上积分, 得 $A = \int_a^b f(x)\mathrm{d}x$.

上述这种处理和解决问题的方法叫做**微元法**. 由于微元法略去了 $\Delta x \to 0$ 的极限过程以及在运算过程中可能出现的高阶无穷小量, 所以运用起来非常方便. 与此同时, 闭区间上的连续函数一定是一致连续的, 这保证了微元法有严格的数学基础作支撑. 读者将会看到, 微元法在几何学以及物理学中, 有着广泛的应用, 显示出超强的实际应用价值. 抛开问题的具体背景, 可用微元法来计算的量 I 应满足下列条件:

(1) I 是与某个连续变量 (例如 x) 的变化区间 $[a,b]$ 有关的量;

(2) I 对于区间 $[a,b]$ 具有可加性, 换言之, 若把 $[a,b]$ 分成若干个部分区间, 则 I 相应也分成若干个部分量 $\Delta I_i, i = 1, 2, \cdots, n$, 且 $I = \sum_{i=1}^n \Delta I_i$;

(3) 部分量 ΔI_i 可近似表示为 $f(\xi_i)\Delta x_i$.

下面, 我们用微元法来解决平面图形的面积、曲线的弧长、某些特殊几何体的体积等问题.

7.6.2 平面图形的面积

1. 直角坐标系下平面图形的面积

我们已经知道, 当 $f(x)$ 在 $[a,b]$ 上非负、连续时, 由直线 $x = a, x = b, y = 0$ 及曲线 $y = f(x)$ 所围成的图形面积 $A = \int_a^b f(x)\mathrm{d}x$.

如果去掉 $f(x)$ 非负这个条件, 则由直线 $x = a, x = b, x$ 轴及曲线 $y = f(x)$

所围成的图形面积应为

$$A = \int_a^b |f(x)| \mathrm{d}x.$$

事实上, 任取 $[x, x+\mathrm{d}x] \subset [a, b]$, 可得面积微元 $\mathrm{d}A = |f(x)|\mathrm{d}x$, 再在 $[a, b]$ 上积分, 得到 A 的表达式.

一般地, 由直线 $x = a, x = b$ 及曲线 $y = f(x), y = g(x)$ 所围成的图形面积为

$$A = \int_a^b |f(x) - g(x)| \mathrm{d}x.$$

上式可通过面积微元 $\mathrm{d}A = |f(x) - g(x)|\mathrm{d}x$ 在 $[a, b]$ 上积分得到.

例 7.6.1 求由抛物线 $y = x^2$ 和 $x = y^2$ 所围成的平面图形的面积.

解 这两条抛物线所围成的图形如图 7.6.1 所示.

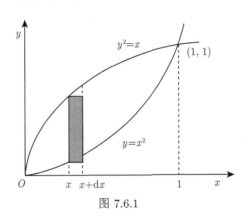

图 7.6.1

不难求出曲线 $y = x^2$ 和 $x = y^2$ 的交点为 $(0,0)$ 和 $(1,1)$. 选取 x 为积分变量, 它的变化区间为 $[0,1]$, 任取 $[x, x+\mathrm{d}x] \subset [0,1]$, 小区间 $[x, x+\mathrm{d}x]$ 所对应的窄条的面积近似等于高为 $\sqrt{x} - x^2$、底为 $\mathrm{d}x$ 的窄矩形的面积, 从而得到面积微元

$$\mathrm{d}A = (\sqrt{x} - x^2)\mathrm{d}x,$$

因此所求面积为

$$A = \int_0^1 (\sqrt{x} - x^2)\mathrm{d}x = \frac{1}{3}.$$

例 7.6.2 求由抛物线 $y^2 = 2x$ 与直线 $y = x - 4$ 所围成的平面图形的面积.

解 抛物线 $y^2 = 2x$ 与直线 $y = x - 4$ 所围成的图形如图 7.6.2 所示, 它们的交点为 $(2, -2)$ 和 $(8, 4)$.

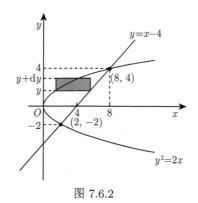

图 7.6.2

选取 y 为积分变量, 它的变化区间为 $[-2, 4]$ 任取 $[y, y + \mathrm{d}y] \subset [-2, 4]$, 得面积微元

$$\mathrm{d}A = \left(y + 4 - \frac{y^2}{2} \right) \mathrm{d}y,$$

因此所求面积为

$$A = \int_{-2}^{4} \left(y + 4 - \frac{y^2}{2} \right) \mathrm{d}y = 18.$$

若选 x 为积分变量, 如何用微元法求平面图形的面积, 留给读者去完成.

2. 参数方程表示的曲线所围平面图形的面积

设曲线 Γ 是用参数形式

$$\begin{cases} x = x(t), \\ y = y(t), \end{cases} \quad t \in [T_1, T_2]$$

给出的, $x(t)$ 在 $[T_1, T_2]$ 上具有连续导数, 且 $x'(t) \neq 0, t \in (T_1, T_2)$. 记 $x(T_1) = a, x(T_2) = b$, 下面我们证明: 由直线 $x = a, x = b, x$ 轴以及曲线 Γ 所围成平面图形的面积

$$A = \int_{T_1}^{T_2} |y(t)x'(t)| \mathrm{d}t.$$

由于 $x'(t) \neq 0, t \in (T_1, T_2)$, 由导数介值定理知, $x'(t)$ 在 (T_1, T_2) 上或者都大于零, 或者都小于零, 于是函数 $x(t)$ 在 $[T_1, T_2]$ 上严格单调.

(1) 若 $x(t)$ 在 $[T_1, T_2]$ 上严格单调递增, 则 $b > a$. 于是, 由直线 $x = a, x = b, x$ 轴以及曲线 Γ 所围成图形的面积

$$A = \int_{a}^{b} |y| \mathrm{d}x.$$

利用定积分的换元法, 令 $x = x(t)$, 则 $y = y(t)$, 注意到此时 $x'(t) > 0, t \in (T_1, T_2)$, 因此

$$A = \int_{T_1}^{T_2} |y(t)| x'(t) \mathrm{d}t = \int_{T_1}^{T_2} |y(t) x'(t)| \mathrm{d}t.$$

(2) 若 $x(t)$ 在 $[T_1, T_2]$ 上严格单调递减, 则 $b < a$. 于是, 由直线 $x = a, x = b, x$ 轴以及曲线 Γ 所围成图形的面积

$$A = \int_b^a |y| \mathrm{d}x.$$

利用定积分的换元法, 令 $x = x(t)$, 则 $y = y(t)$, 注意到此时 $x'(t) < 0, t \in (T_1, T_2)$, 因此

$$A = \int_{T_2}^{T_1} |y(t)| x'(t) \mathrm{d}t = -\int_{T_1}^{T_2} |y(t)| x'(t) \mathrm{d}t$$

$$= \int_{T_1}^{T_2} |y(t) x'(t)| \mathrm{d}t.$$

例 7.6.3 求椭圆 $\dfrac{x^2}{a^2} + \dfrac{y^2}{b^2} = 1$ 所围成的平面图形的面积.

解 方法 1 x 轴上方椭圆的直角坐标方程为

$$y = \frac{b}{a}\sqrt{a^2 - x^2}, \quad -a \leqslant x \leqslant a.$$

由于椭圆所围的图形关于 x 轴对称, 所以所求图形的面积为

$$A = 2\int_{-a}^a \frac{b}{a}\sqrt{a^2 - x^2}\mathrm{d}x = \frac{4b}{a}\int_0^a \sqrt{a^2 - x^2}\mathrm{d}x,$$

令 $x = a\sin t$, 有

$$A = \frac{4b}{a}\int_0^{\frac{\pi}{2}} a^2 \cos^2 t \mathrm{d}t = 4ab\int_0^{\frac{\pi}{2}} \cos^2 t \mathrm{d}t = 4ab \cdot \frac{1}{2} \cdot \frac{\pi}{2} = \pi ab.$$

方法 2 椭圆的参数方程为

$$\begin{cases} x = a\cos t, \\ y = b\sin t, \end{cases} \quad t \in [0, 2\pi].$$

用 A_1 表示椭圆在第一象限部分与两坐标轴所围图形的面积, 则

$$A_1 = \int_0^{\frac{\pi}{2}} |y(t)x'(t)| \mathrm{d}t = \int_0^{\frac{\pi}{2}} ab\sin^2 t \mathrm{d}t = \frac{\pi}{4}ab.$$

由对称性可知, 所求的面积 $A = 4A_1 = \pi ab$.

特别地, 当 $a = b$ 时, 就得到大家非常熟悉的圆的面积公式: $A = \pi a^2$.

例 7.6.4 求星形线 $\begin{cases} x = a\cos^3 t, \\ y = a\sin^3 t, \end{cases} t \in [0, 2\pi](a > 0)$ 所围成的平面图形的面积.

解 用 A_1 表示星形线在第一象限部分与两坐标轴所围图形的面积, 则

$$A_1 = \int_0^{\frac{\pi}{2}} |y(t)x'(t)| \mathrm{d}t = 3a^2 \int_0^{\frac{\pi}{2}} \sin^4 t \cos^2 t \mathrm{d}t$$

$$= 3a^2 \int_0^{\frac{\pi}{2}} \sin^4 t (1 - \sin^2 t) \mathrm{d}t = 3a^2 \left(\int_0^{\frac{\pi}{2}} \sin^4 t \mathrm{d}t - \int_0^{\frac{\pi}{2}} \sin^6 t \mathrm{d}t \right).$$

由于

$$\int_0^{\frac{\pi}{2}} \sin^6 t \mathrm{d}t = \frac{5}{6} \int_0^{\frac{\pi}{2}} \sin^4 t \mathrm{d}t,$$

所以

$$A_1 = 3a^2 \cdot \frac{1}{6} \int_0^{\frac{\pi}{2}} \sin^4 t \mathrm{d}t = \frac{a^2}{2} \cdot \frac{3.1}{4.2} \cdot \frac{\pi}{2},$$

由对称性可知, 所求面积

$$A = 4A_1 = \frac{3}{8}\pi a^2.$$

3. 极坐标系下平面图形的面积

有些平面图形, 我们用极坐标来计算它们的面积比较方便.

设曲线 Γ 的极坐标方程为 $r = r(\theta), \theta \in [\alpha, \beta]$, 其中 $r(\theta)$ 在 $[\alpha, \beta]$ 上连续, $0 < \beta - \alpha \leqslant 2\pi$. 下面我们来计算由曲线 Γ 与两条射线 $\theta = \alpha, \theta = \beta$ 所围成的平面图形 (图 7.6.3) 的面积 A.

取极角 θ 为积分变量, 其变化区间为 $[\alpha, \beta]$. 任取 $[\theta, \theta + \mathrm{d}\theta] \subset [\alpha, \beta]$, 该小区间对应的平面图形由曲线 Γ 与射线 $\theta_1 = \alpha, \theta_2 = \beta$ 所围成, 它的面积可以用半径为 $r = r(\theta)$, 中心角为 $\mathrm{d}\theta$ 的扇形面积来近似, 于是面积微元

$$\mathrm{d}A = \frac{1}{2}r^2(\theta)\mathrm{d}\theta,$$

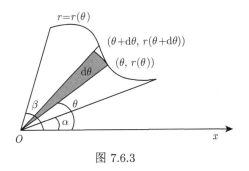

图 7.6.3

将上式在 $[\alpha,\beta]$ 上积分, 得到面积

$$A = \frac{1}{2}\int_\alpha^\beta r^2(\theta)\mathrm{d}\theta.$$

例 7.6.5 计算心形线 $r = a(1+\cos\theta)(a > 0)$ 所围成的平面图形的面积.

解 函数 $r = a(1+\cos\theta)$ 是周期为 2π 的周期函数, 其图形如图 7.6.4 所示.

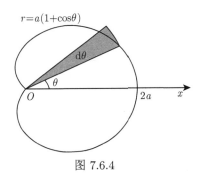

图 7.6.4

该图形关于极轴对称, 因此所求图形的面积 A 是极轴上方图形面积 A_1 的 2 倍. 极轴上方图形的极角 θ 的变化范围为 $[0,\pi]$. 任取 $[\theta,\theta+\mathrm{d}\theta] \subset [0,\pi]$, 对应的面积元素

$$\mathrm{d}A_1 = \frac{1}{2}a^2(1+\cos\theta)^2\mathrm{d}\theta,$$

故所求面积

$$A = 2A_1 = \int_0^\pi a^2(1+\cos\theta)^2\mathrm{d}\theta = \frac{3}{2}\pi a^2.$$

例 7.6.6 计算曲线 $r = 1+\cos\theta, r = 3\cos\theta \left(-\dfrac{\pi}{3} \leqslant \theta \leqslant \dfrac{\pi}{3}\right)$ 所围成的平面图形的面积.

解 曲线 $r = 1 + \cos\theta$ 为心形线, $r = 3\cos\theta$ 表示圆心在 $\left(\dfrac{3}{2}, 0\right)$, 直径为 3 的圆.

当 $-\dfrac{\pi}{3} \leqslant \theta \leqslant \dfrac{\pi}{3}$ 时, 两曲线所围图形的面积

$$A = \frac{1}{2}\int_{-\frac{\pi}{3}}^{\frac{\pi}{3}} (3\cos\theta)^2 \mathrm{d}\theta - \frac{1}{2}\int_{-\frac{\pi}{3}}^{\frac{\pi}{3}} (1 + \cos\theta)^2 \mathrm{d}\theta$$

$$= \int_0^{\frac{\pi}{3}} (3\cos\theta)^2 \mathrm{d}\theta - \int_0^{\frac{\pi}{3}} (1 + \cos\theta)^2 \mathrm{d}\theta$$

$$= \int_0^{\frac{\pi}{3}} (4\cos 2\theta - 2\cos\theta + 3)\mathrm{d}\theta = \pi.$$

7.6.3 平行截面面积已知的立体的体积

设三维空间中某几何体 Ω 夹在平面 $x = a$ 和 $x = b$ 之间, 假设对任意 $x \in [a, b]$, 过 x 点且垂直于 x 轴的平面与该几何体相截, 截面的面积为已知函数 $A(x)$ (图 7.6.5), 且 $A(x)$ 在 $[a, b]$ 上连续. 下面我们来计算立体 Ω 的体积.

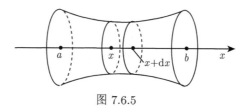

图 7.6.5

选 x 为积分变量, 它的变化区间为 $[a, b]$, 任取 $[x, x + \mathrm{d}x] \subset [a, b]$, 分别过点 x 和 $x + \mathrm{d}x$ 作垂直于 x 轴的平面, 立体 Ω 夹在这两个平行平面之间的立体体积近似等于底面积为 $A(x)$, 高为 $\mathrm{d}x$ 的柱体的体积, 从而得到体积微元

$$\mathrm{d}V = A(x)\mathrm{d}x,$$

将体积微元在 $[a, b]$ 上积分, 由此得到立体 Ω 的体积为

$$V = \int_a^b A(x)\mathrm{d}x.$$

由这个结论可以得到: 若函数 $f(x)$ 在 $[a, b]$ 上连续, 则由直线 $x = a, x = b, x$ 轴以及曲线 $y = f(x)$ 所围成的平面图形绕 x 轴旋转一周所得到的立体的体积为

$$V = \pi\int_a^b f^2(x)\mathrm{d}x.$$

例 7.6.7 求由椭圆 $\dfrac{x^2}{a^2} + \dfrac{y^2}{b^2} = 1$ 所围成的图形绕 x 轴旋转一周而成立体 (称为旋转椭球体) 的体积.

解 该椭球体也可视为由上半椭圆: $y = \dfrac{b}{a}\sqrt{a^2 - x^2}, -a \leqslant x \leqslant a$ 与 x 轴围成的图形绕 x 轴旋转一周而成的立体. 因此旋转椭球体的体积

$$V = \pi \int_{-a}^{a} y^2 \mathrm{d}x = \frac{2\pi b^2}{a^2} \int_0^a (a^2 - x^2)\mathrm{d}x = \frac{4}{3}\pi ab^2.$$

特别地, 当 $a = b$ 时, 旋转椭球体就是半径为 a 的球, 它的体积为 $\dfrac{4}{3}\pi a^3$, 这是大家非常熟悉的球的体积公式.

例 7.6.8 设平面 π_1 经过半径为 R 的圆柱体的底圆中心, 并与底面所在平面 π_2 的夹角为 α (图 7.6.6). 求圆柱体被平面 π_1 与 π_2 所截得的那部分的体积.

解 先建立坐标系. 将底面所在平面 π_2 取为 xOy 平面, 平面 π_1 与圆柱体的底面的交线取为 x 轴, 底面上过圆的中心且与 x 轴垂直的直线取为 y 轴, 则底圆的方程为 $x^2 + y^2 = R^2$.

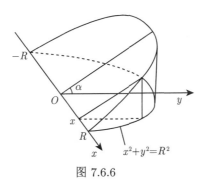

图 7.6.6

方法 1 选 x 为积分变量, 它的变化区间为 $[-R, R]$. 任取 $x \in [-R, R]$, 过 x 点且垂直于 x 轴的平面与该立体的截面为一个直角三角形, 容易得到截面积

$$A(x) = \frac{1}{2}(R^2 - x^2)\tan\alpha,$$

将 $A(x)$ 在 $[-R, R]$ 上积分, 得到所求立体的体积

$$V = \frac{1}{2}\int_{-R}^{R}(R^2 - x^2)\tan\alpha\,\mathrm{d}x = \frac{2}{3}R^3\tan\alpha.$$

方法 2 选 y 为积分变量, 它的变化区间为 $[0, R]$. 任取 $y \in [0, R]$, 过 y 点且垂直于 y 轴的平面与该立体的截面为一个矩形, 容易得到截面积

$$A(y) = 2\sqrt{R^2 - y^2} \cdot y \tan \alpha,$$

将 $A(y)$ 在 $[0, R]$ 上积分, 得到所求立体的体积

$$V = \int_0^R 2\sqrt{R^2 - y^2} \cdot y \tan \alpha \mathrm{d}y = \frac{2}{3} R^3 \tan \alpha.$$

例 7.6.9 求星形线 $\begin{cases} x = a \cos^3 t, \\ y = a \sin^3 t, \end{cases} t \in [0, 2\pi](a > 0)$ 所围成的图形绕 x 轴旋转一周所得立体的体积.

解 **方法 1** 该立体也可视为由 x 轴上方星形线: $\begin{cases} x = a \cos^3 t, \\ y = a \sin^3 t, \end{cases} t \in [0, \pi]$ 与 x 轴围成的图形绕 x 轴旋转一周而成的立体, 因此, 所求体积

$$V = \pi \int_{-a}^a y^2 \mathrm{d}x = \pi \int_{\pi}^0 (a \sin^3 t)^2 3a \cos^2 t (-\sin t) \mathrm{d}t$$

$$= 3\pi a^3 \int_0^\pi \sin^7 t (1 - \sin^2 t) \mathrm{d}t = 6\pi a^3 \int_0^{\frac{\pi}{2}} \sin^7 t (1 - \sin^2 t) \mathrm{d}t.$$

记 $I_n = \int_0^{\frac{\pi}{2}} \sin^n t \mathrm{d}t$, 由例 7.5.16 的结论有

$$I_7 = \frac{6}{7} \cdot \frac{4}{5} \cdot \frac{2}{3}, \quad I_9 = \frac{8}{9} I_7.$$

于是

$$V = 6\pi a^3 (I_7 - I_9) = 3\pi a^3 \cdot \frac{1}{9} I_7 = \frac{32}{105} \pi a^3.$$

方法 2 消去参数 t, 得到 $x^{\frac{2}{3}} + y^{\frac{2}{3}} = a^{\frac{2}{3}}$, 从而

$$y = \left(a^{\frac{2}{3}} - x^{\frac{2}{3}} \right)^{\frac{3}{2}}, \quad x \in [-a, a].$$

由旋转体的体积公式, 所求体积

$$V = \pi \int_{-a}^a y^2 \mathrm{d}x = \pi \int_{-a}^a \left(a^{\frac{2}{3}} - x^{\frac{2}{3}} \right)^3 \mathrm{d}x$$

$$= 2\pi \int_0^a \left(a^{\frac{2}{3}} - x^{\frac{2}{3}}\right)^3 \mathrm{d}x$$

$$= 2\pi \int_0^a \left(a^2 - 3a^{\frac{4}{3}}x^{\frac{2}{3}} + 3a^{\frac{2}{3}}x^{\frac{4}{3}} - x^2\right) \mathrm{d}x = \frac{32}{105}\pi a^3.$$

7.6.4 平面曲线的弧长

数学家刘徽利用圆的内接正多边形的周长当边数趋于无穷时的极限, 定义了圆的周长, 这个方法叫做割圆术. 下面将刘徽的割圆术加以推广, 给出平面上连续曲线弧长的概念, 并得到平面曲线弧长的计算公式.

设平面曲线 Γ 的参数方程为

$$\begin{cases} x = x(t), \\ y = y(t), \end{cases} t \in [\alpha, \beta].$$

对 $[\alpha, \beta]$ 作分割:

$$\Delta : \alpha = t_0 < t_1 < t_2 < \cdots < t_n = \beta,$$

得到曲线 Γ 上的 $n+1$ 个分点

$$P_i(x(t_i), y(t_i)), \quad i = 0, 1, \cdots, n.$$

依次连接相邻的分点得到一条折线, 用 $\overline{P_{i-1}P_i}$ 表示连接点 P_{i-1} 和 P_i 的直线段的长度, 则内接折线的长度是可以求出的, 记为 $L(\Delta)$, 则 $L(\Delta) = \sum_{i=1}^n \overline{P_{i-1}P_i}$. 一般说来, 分割 Δ 不同, $L(\Delta)$ 也不同.

定义 7.6.1 记 $\lambda = \max_{1 \leqslant i \leqslant n} \{\Delta t_i\}$, 若 $\lim_{\lambda \to 0} \sum_{i=1}^n \overline{P_{i-1}P_i}$ 存在, 且极限值与 $[\alpha, \beta]$ 的分割无关, 则称曲线 Γ **可求长**, 并把此极限值 $\lim_{\lambda \to 0} \sum_{i=1}^n \overline{P_{i-1}P_i}$ 叫做曲线 Γ 的**弧长**.

设 $\Gamma : \begin{cases} x = x(t), \\ y = y(t), \end{cases} t \in [\alpha, \beta]$ 是一条曲线, 若 $x(t), y(t)$ 在 $[\alpha, \beta]$ 上具有连续导数, 且 $[x'(t)]^2 + [y'(t)]^2 \neq 0, \forall t \in [\alpha, \beta]$, 则称曲线 Γ 是一条**光滑曲线**.

下面的定理说明: 光滑曲线是可求长的.

定理 7.6.1 设 $\Gamma : \begin{cases} x = x(t), \\ y = y(t), \end{cases} t \in [\alpha, \beta]$ 是一条光滑曲线, 则它一定可求

长, 且弧长

$$s = \int_\alpha^\beta \sqrt{[x'(t)]^2 + [y'(t)]^2} \mathrm{d}t.$$

证明 对 $[\alpha, \beta]$ 作分割

$$\Delta : \alpha = t_0 < t_1 < t_2 < \cdots < t_n = \beta,$$

得到曲线 Γ 上的 $n + 1$ 个分点 $P_i(x(t_i), y(t_i)), i = 0, 1, \cdots, n$. 由两点间的距离
公式有

$$\overline{P_{i-1}P_i} = \sqrt{[x(t_i) - x(t_{i-1})]^2 + [y(t_i) - y(t_{i-1})]^2}.$$

利用拉格朗日中值定理, 有

$$x(t_i) - x(t_{i-1}) = x'(\xi_i)\Delta t_i, \quad \xi_i \in (t_{i-1}, t_i),$$

$$y(t_i) - y(t_{i-1}) = y'(\eta_i)\Delta t_i, \quad \eta_i \in (t_{i-1}, t_i),$$

于是曲线 Γ 的内接折线长:

$$\sum_{i=1}^n \overline{P_{i-1}P_i} = \sum_{i=1}^n \sqrt{[x'(\xi_i)]^2 + [y'(\eta_i)]^2}\Delta t_i.$$

由于

$$\left| \sum_{i=1}^n \overline{P_{i-1}P_i} - \sum_{i=1}^n \sqrt{[x'(\xi_i)]^2 + [y'(\xi_i)]^2}\Delta t_i \right|$$

$$= \left| \sum_{i=1}^n \sqrt{[x'(\xi_i)]^2 + [y'(\eta_i)]^2}\Delta t_i - \sum_{i=1}^n \sqrt{[x'(\xi_i)]^2 + [y'(\xi_i)]^2}\Delta t_i \right|$$

$$\leqslant \sum_{i=1}^n \left| \sqrt{[x'(\xi_i)]^2 + [y'(\eta_i)]^2} - \sqrt{[x'(\xi_i)]^2 + [y'(\xi_i)]^2} \right|\Delta t_i$$

$$\leqslant \sum_{i=1}^n |y'(\eta_i) - y'(\xi_i)|\Delta t_i,$$

上面最后一个不等式用到了下面的结论:

$$\left| \sqrt{A^2 + B^2} - \sqrt{A^2 + C^2} \right| \leqslant |B - C|.$$

用 ω_i 表示 $y'(t)$ 在 $[t_{i-1}, t_i]$ 上的振幅, 则

$$|y'(\eta_i) - y'(\xi_i)| \leqslant \omega_i,$$

从而有

$$\left| \sum_{i=1}^{n} \overline{P_{i-1}P_i} - \sum_{i=1}^{n} \sqrt{[x'(\xi_i)]^2 + [y'(\xi_i)]^2} \Delta t_i \right| \leqslant \sum_{i=1}^{n} \omega_i \Delta t_i.$$

由于 $y'(t)$ 在 $[\alpha, \beta]$ 上连续, 所以 $y'(t)$ 在 $[\alpha, \beta]$ 上可积, 故

$$\lim_{\lambda \to 0} \sum_{i=1}^{n} \omega_i \Delta t_i = 0,$$

因此

$$s = \lim_{\lambda \to 0} \sum_{i=1}^{n} \overline{P_{i-1}P_i} = \lim_{\lambda \to 0} \sum_{i=1}^{n} \sqrt{[x'(\xi_i)]^2 + [y'(\xi_i)]^2} \Delta t_i$$

$$= \int_{\alpha}^{\beta} \sqrt{[x'(t)]^2 + [y'(t)]^2} \mathrm{d}t. \qquad\qquad \text{证毕}$$

通常把 $\mathrm{d}s = \sqrt{[x'(t)]^2 + [y'(t)]^2} \mathrm{d}t$ 称为**弧微分**.

如果曲线 Γ 由直角坐标方程 $y = f(x), x \in [a, b]$ 给出, 且 $f'(x)$ 在 $[a, b]$ 上连续, 则曲线 Γ 可用参数方程表示为

$$\Gamma : \begin{cases} x = x, \\ y = f(x), \end{cases} \quad x \in [a, b].$$

于是曲线 Γ 的弧长

$$s = \int_{a}^{b} \sqrt{1 + [f'(x)]^2} \mathrm{d}x.$$

如果曲线 Γ 由极坐标方程 $r = r(\theta), \theta \in [\alpha, \beta]$ 给出, 且 $r'(\theta)$ 在 $[\alpha, \beta]$ 上连续, 则曲线 Γ 可用参数方程表示为

$$\Gamma : \begin{cases} x = r(\theta)\cos\theta, \\ y = r(\theta)\sin\theta, \end{cases} \quad \theta \in [\alpha, \beta].$$

代入参数方程的弧长公式, 得到曲线 Γ 的弧长

$$s = \int_{\alpha}^{\beta} \sqrt{[r(\theta)]^2 + [r'(\theta)]^2} \mathrm{d}\theta.$$

例 7.6.10 求星形线 $\begin{cases} x = a\cos^3 t, \\ y = a\sin^3 t, \end{cases}$ $t \in [0, 2\pi]$ $(a > 0)$ 的弧长.

解 用 s_1 表示星形线在第一象限部分的弧长, 则

$$s_1 = \int_0^{\frac{\pi}{2}} \sqrt{[x'(t)]^2 + [y'(t)]^2} \mathrm{d}t$$

$$= \int_0^{\frac{\pi}{2}} \sqrt{[3a\cos^2 t \sin t]^2 + [3a\sin^2 t \cos t]^2} \mathrm{d}t = \frac{3}{2}a.$$

由对称性知, 星形线的弧长 $s = 4s_1 = 6a$.

例 7.6.11 求曲线 $y = \ln x$ 上相应于 $\sqrt{3} \leqslant x \leqslant \sqrt{8}$ 的一段弧长.

解 由 $y' = \dfrac{1}{x}$ 知, 所求曲线的弧长为

$$s = \int_{\sqrt{3}}^{\sqrt{8}} \sqrt{1 + \frac{1}{x^2}} \mathrm{d}x = \int_{\sqrt{3}}^{\sqrt{8}} \frac{\sqrt{1 + x^2}}{x} \mathrm{d}x$$

$$= \frac{1}{2} \int_{\sqrt{3}}^{\sqrt{8}} \frac{\sqrt{1 + x^2}}{x^2} \mathrm{d}(x^2) = \frac{1}{2} \int_3^8 \frac{\sqrt{1 + t}}{t} \mathrm{d}t,$$

令 $\sqrt{1 + t} = u$, 则

$$s = \int_2^3 \frac{u^2}{u^2 - 1} \mathrm{d}u = \int_2^3 \left(1 + \frac{1}{u^2 - 1}\right) \mathrm{d}u = 1 + \frac{1}{2}\ln\frac{3}{2}.$$

7.6.5 旋转曲面的面积

设曲线 Γ 为一条光滑曲线, 其参数方程为

$$\begin{cases} x = x(t), \\ y = y(t), \end{cases} \quad t \in [\alpha, \beta],$$

且当 $t \in [\alpha, \beta]$ 时, 有 $y(t) \geqslant 0$. 将曲线 Γ 绕 x 轴旋转一周得到一个旋转曲面, 下面我们来计算旋转曲面的面积.

任取 $[t, t + \mathrm{d}t] \subset [\alpha, \beta]$, 记 $P_t = (x(t), y(t))$, $P_{t+\mathrm{d}t} = (x(t + \mathrm{d}t), y(t + \mathrm{d}t))$, 记曲线 Γ 在 $[t, t + \mathrm{d}t]$ 对应的部分绕 x 轴旋转一周所得的旋转曲面的面积为 ΔS, 则为 ΔS 近似等于连接曲线 Γ 上点 P_t 和 $P_{t+\mathrm{d}t}$ 的直线段绕 x 轴旋转一周得到的圆台的侧面积, 于是

$$\Delta S \approx \pi[y(t) + y(t + \mathrm{d}t)] \cdot \overline{P_t P_{t+\mathrm{d}t}}.$$

由于当 $\mathrm{d}t$ 充分小时, $\overline{P_t P_{t+\mathrm{d}t}} \approx \sqrt{[x'(t)]^2 + [y'(t)]^2}\mathrm{d}t, y(t+\mathrm{d}t) \approx y(t)$, 因此面积微元

$$\mathrm{d}S = 2\pi y(t)\sqrt{[x'(t)]^2 + [y'(t)]^2}\mathrm{d}t.$$

将面积微元 $\mathrm{d}S$ 在 $[\alpha, \beta]$ 上积分, 得到旋转曲面的面积为

$$S = 2\pi \int_\alpha^\beta y(t)\sqrt{[x'(t)]^2 + [y'(t)]^2}\mathrm{d}t.$$

如果曲线 Γ 由直角坐标方程 $y = f(x), x \in [a,b]$ 给出, 且 $f'(x)$ 在 $[a,b]$ 上连续, 则旋转曲面的面积为

$$S = 2\pi \int_a^b f(x)\sqrt{1 + [f'(x)]^2}\mathrm{d}x.$$

例 7.6.12 求半径为 R 的球的表面积.

解 方法 1 半径为 R 的圆的上半支 Γ 的参数方程为

$$\begin{cases} x = R\cos t, \\ y = R\sin t, \end{cases} \quad t \in [0, \pi],$$

将曲线 Γ 绕 x 轴旋转一周得到的旋转曲面就是半径为 R 的球面, 因此球面面积

$$S = 2\pi \int_0^\pi R\sin t\sqrt{(-R\sin t)^2 + (R\cos t)^2}\mathrm{d}t = 4\pi R^2.$$

方法 2 半径为 R 的球面可看成上半圆周

$$\Gamma : y = \sqrt{R^2 - x^2}, \quad -R \leqslant x \leqslant R$$

绕 x 轴旋转一周得到的旋转曲面, 而 $y' = -\dfrac{x}{\sqrt{R^2 - x^2}}$, 故球面面积

$$S = 2\pi \int_{-R}^R f(x)\sqrt{1 + [f'(x)]^2}\mathrm{d}x$$

$$= 2\pi R \int_{-R}^R \mathrm{d}x = 4\pi R^2.$$

例 7.6.13 求心形线 $r = a(1 + \cos\theta)(a > 0)$ 绕极轴旋转一周所得的旋转曲面的面积.

解　将心形线的极坐标方程化为参数方程:

$$\begin{cases} x = a(1 + \cos\theta)\cos\theta, \\ y = a(1 + \cos\theta)\sin\theta. \end{cases}$$

由对称性知, 旋转曲面可以看成是位于极轴上方的心形线绕极轴旋转一周得到的. 由于

$$\sqrt{[x'(\theta)]^2 + [y'(\theta)]^2} = \sqrt{r^2 + r'^2} = a\sqrt{2(1 + \cos\theta)},$$

所以所求面积

$$\begin{aligned} S &= 2\pi \int_0^\pi y(\theta)\sqrt{[x'(\theta)]^2 + [y'(\theta)]^2}\mathrm{d}\theta \\ &= 2\pi \int_0^\pi a(1 + \cos\theta)\sin\theta \cdot a\sqrt{2(1 + \cos\theta)}\mathrm{d}\theta \\ &= 2\sqrt{2}\pi a^2 \int_0^\pi (1 + \cos\theta)^{\frac{3}{2}}\sin\theta\mathrm{d}\theta \\ &= -2\sqrt{2}\pi a^2 \int_0^\pi (1 + \cos\theta)^{\frac{3}{2}}\mathrm{d}(1 + \cos\theta) = \frac{32}{5}\pi a^2. \end{aligned}$$

习　题　7.6

1. 求由下列各组曲线所围成的平面图形的面积:

(1) $y = \dfrac{1}{x}$ 与直线 $y = x$ 及 $x = 2$;

(2) $y = \mathrm{e}^x, y = \mathrm{e}^{-x}, x = 1$;

(3) $y = x^2, x + y = 2$;

(4) $y = |\ln x|, y = 0, x = 0.1, x = 10$.

2. 求由参数方程 $\begin{cases} x = a + a\cos t, \\ y = a + a\sin t, \end{cases}$　$0 \leqslant t \leqslant 2\pi$ 所围图形的面积.

3. 求旋轮线 (摆线) $\begin{cases} x = a(t - \sin t), \\ y = a(1 - \cos t), \end{cases}$　$0 \leqslant t \leqslant 2\pi$ 与 x 轴所围图形的面积.

4. 求 $r = 3\cos\theta$ 和 $r = 1 + \cos\theta$ 所围的图形的面积.

5. 求下列曲线所围图形的面积:

(1) $r = 2a\cos\theta\,(a > 0)$;

(2) $r = 2a\sin\theta\,(a > 0)$;

(3) $r = 2a(2 + \cos\theta)\,(a > 0)$;

(4) 双纽线 $r^2 = a^2\cos 2\theta\,(a > 0)$.

6. 求曲面 $\dfrac{x^2}{a^2} + \dfrac{y^2}{b^2} + \dfrac{z^2}{c^2} = 1$ 所围立体的体积.

7. 求下列已知曲线所围成的图形绕指定的轴旋转所产生的旋转体的体积:

(1) $y = x^2, x = y^2$, 绕 y 轴;

(2) $y = \sin x, y = 0, 0 \leqslant x \leqslant \pi$, (i) 绕 x 轴, (ii) 绕 y 轴;

(3) $x^2 + (y - b)^2 = a^2$, 绕 x 轴;

(4) 旋轮线 $\begin{cases} x = a(t - \sin t), \\ y = a(1 - \cos t), \end{cases}$ $0 \leqslant t \leqslant 2\pi$ 与 x 轴, 绕直线 $y = 2a$.

8. 设 D 是由曲线 $y = x^{\frac{1}{3}}$, 直线 $x = a(a > 0)$ 及 x 所围成的平面图形, V_x, V_y 分别是 D 绕 x 轴、y 轴旋转一周所得旋转体的体积, 若 $V_y = 10V_x$, 则求 a 的值.

9. 设函数 $f(x)$ 在 $[a, b]$ 上连续, 证明: 由平面图形 $0 \leqslant a < b, 0 \leqslant y \leqslant f(x)$ 绕 y 轴旋转一周所得旋转体的体积为

$$V = 2\pi \int_a^b x f(x) \mathrm{d}x.$$

10. 证明: 极坐标下由曲线 $r = r(\theta)$ 与射线 $\theta = \alpha, \theta = \beta (0 \leqslant \alpha < \beta \leqslant \pi)$ 所围平面图形绕极轴旋转一周所得的旋转体的体积为

$$V = \frac{2\pi}{3} \int_\alpha^\beta r^3(\theta) \sin\theta \mathrm{d}\theta.$$

11. 求下列曲线的弧长:

(1) $y = \ln\cos x, 0 \leqslant x \leqslant a$, 其中 $0 < a < \dfrac{\pi}{2}$;

(2) 旋轮线 $\begin{cases} x = a(t - \sin t), \\ y = a(1 - \cos t), \end{cases}$ $0 \leqslant t \leqslant 2\pi$;

(3) 圆的渐伸线 $\begin{cases} x = a(\cos t + t\sin t), \\ y = a(\sin t - t\cos t), \end{cases}$ $0 \leqslant t \leqslant 2\pi$;

(4) 阿基米德螺线 $r = a\theta, 0 \leqslant \theta \leqslant 2\pi$.

12. 求下列曲线绕 x 轴旋转一周所得旋转曲面的面积:

(1) 星形线 $x^{\frac{2}{3}} + y^{\frac{2}{3}} = a^{\frac{2}{3}}$;

(2) $x^2 + (y - b)^2 = a^2$;

(3) $y = \sin x, 0 \leqslant x \leqslant \pi$;

(4) 旋轮线 $\begin{cases} x = a(t - \sin t), \\ y = a(1 - \cos t), \end{cases}$ $0 \leqslant t \leqslant 2\pi$.

7.7 定积分在物理学中的应用

本节介绍定积分在物理学中的应用, 主要讨论一些规则物体的质心、转动惯量以及变力沿直线所做的功.

7.7.1 平面曲线弧与平面图形的质心

假设平面上有 n 个质点, 它们的位置与质量分别为

$$A_1(x_1, y_1), A_2(x_2, y_2), \cdots, A_n(x_n, y_n);$$

$$m_1, m_2, \cdots, m_n.$$

在物理学中我们已经知道, 这个质点系的质心坐标为

$$\overline{x} = \frac{\sum\limits_{i=1}^{n} m_i x_i}{\sum\limits_{i=1}^{n} m_i} = \frac{M_y}{M}, \quad \overline{y} = \frac{\sum\limits_{i=1}^{n} m_i y_i}{\sum\limits_{i=1}^{n} m_i} = \frac{M_x}{M},$$

其中 M 表示质点系的总质量, $M_x = \sum\limits_{i=1}^{n} m_i y_i, M_y = \sum\limits_{i=1}^{n} m_i x_i$ 分别称为质点系关于 x 轴和 y 轴的**静力矩**.

现在我们来研究如何计算平面内一条物质曲线弧 Γ 的质心. 设 Γ 是一条光滑曲线, 它的方程为 $y = f(x), x \in [a, b]$, 同时 Γ 的线密度为 $\rho(x), x \in [a, b]$. 下面我们用微元法来推导曲线弧 Γ 的质心公式.

任取 $[x, x + \mathrm{d}x] \subset [a, b]$, 则 Γ 的弧长微元为

$$\mathrm{d}s = \sqrt{1 + [f'(x)]^2}\mathrm{d}x.$$

从而 Γ 的质量微元为

$$\mathrm{d}M = \rho(x)\mathrm{d}s = \rho(x)\sqrt{1 + [f'(x)]^2}\mathrm{d}x.$$

将质量微元在 $[a, b]$ 上积分, 得到物质曲线 Γ 的质量为

$$M = \int_a^b \rho(x)\sqrt{1 + [f'(x)]^2}\mathrm{d}x.$$

从静力矩的定义可知, Γ 关于 x 轴和 y 轴的静力矩微元分别为

$$\mathrm{d}M_x = \mathrm{d}M \cdot y = \rho(x)f(x)\sqrt{1 + [f'(x)]^2}\mathrm{d}x,$$

$$\mathrm{d}M_y = \mathrm{d}M \cdot x = \rho(x)x\sqrt{1 + [f'(x)]^2}\mathrm{d}x,$$

将 Γ 关于 x 轴和 y 轴的静力矩微元分别在 $[a, b]$ 上积分, 得到 Γ 关于 x 轴和 y 轴的静力矩分别为

$$M_x = \int_a^b \rho(x)f(x)\sqrt{1 + [f'(x)]^2}\mathrm{d}x,$$

$$M_y = \int_a^b \rho(x)x\sqrt{1+[f'(x)]^2}\mathrm{d}x,$$

于是得到物质曲线 Γ 的质心坐标 $(\bar{x}, \bar{y})$ 的计算公式:

$$\bar{x} = \frac{M_y}{M} = \frac{\displaystyle\int_a^b \rho(x)x\sqrt{1+[f'(x)]^2}\mathrm{d}x}{\displaystyle\int_a^b \rho(x)\sqrt{1+[f'(x)]^2}\mathrm{d}x},$$

$$\bar{y} = \frac{M_x}{M} = \frac{\displaystyle\int_a^b \rho(x)f(x)\sqrt{1+[f'(x)]^2}\mathrm{d}x}{\displaystyle\int_a^b \rho(x)\sqrt{1+[f'(x)]^2}\mathrm{d}x}.$$

若质量均匀分布在曲线 Γ 上, 即 Γ 的线密度 $\rho(x) = \rho$ 为常数, 则曲线 Γ 的质心坐标为

$$\bar{x} = \frac{\displaystyle\int_a^b x\sqrt{1+[f'(x)]^2}\mathrm{d}x}{L}, \quad \bar{y} = \frac{\displaystyle\int_a^b f(x)\sqrt{1+[f'(x)]^2}\mathrm{d}x}{L},$$

其中 L 表示曲线 Γ 的弧长.

由于质量均匀分布的曲线 Γ, 其质心完全由它的形状决定, 因此均匀物质的质心也叫**形心**. 我们将上面最后一个式子改写成

$$2\pi\bar{y}L = 2\pi\int_a^b f(x)\sqrt{1+[f'(x)]^2}\mathrm{d}x,$$

注意到上式右端恰好是曲线 Γ 绕 x 轴旋转一周得到的旋转曲面的面积 S, 因此上式也可以简写为

$$2\pi\bar{y}L = S.$$

由此得到以下结论:

古鲁金 (Guldin) 第一定理 一条平面曲线绕 x 轴旋转一周所得旋转曲面的面积, 等于该曲线的弧长与质心绕 x 轴旋转一周的周长的乘积.

例 7.7.1 求曲线 $\Gamma: y = \sqrt{R^2 - x^2}, x \in [-R, R]$ 的质心.

解 方法 1 设质心为 $(\bar{x}, \bar{y})$, 则

$$\bar{x} = \frac{\displaystyle\int_{-R}^R x\sqrt{1+[f'(x)]^2}\mathrm{d}x}{L} = \frac{\displaystyle\int_{-R}^R \frac{Rx}{\sqrt{R^2-x^2}}\mathrm{d}x}{L} = 0,$$

$$\overline{y} = \frac{\displaystyle\int_{-R}^{R} f(x)\sqrt{1 + [f'(x)]^2}\,\mathrm{d}x}{L} = \frac{\displaystyle\int_{-R}^{R} \sqrt{R^2 - x^2} \cdot \frac{R}{\sqrt{R^2 - x^2}}\,\mathrm{d}x}{\pi R} = \frac{2R}{\pi}.$$

方法 2 由于曲线 Γ 关于 y 轴对称, 且质量均匀分布, 因此质心 $(\bar{x}, \bar{y})$ 必在 y 轴上, 于是 $\overline{x} = 0$. 由于曲线 Γ 的长度 $L = \pi R$, 曲线 Γ 绕 x 轴旋转一周得到的旋转曲面的面积 $S = 4\pi R^2$, 利用古鲁金第一定理有

$$2\pi\overline{y} \cdot \pi R = 4\pi R^2,$$

因此

$$\overline{y} = \frac{2R}{\pi}, \quad \text{从而得到质心} \quad \left(0, \frac{2R}{\pi}\right).$$

下面我们来考虑平面图形的质心问题. 设 $y_1(x), y_2(x)$ 都是定义在 $[a, b]$ 上的函数, 且 $y_1(x) \leqslant y_2(x), \forall x \in [a, b]$. 用 D 表示由直线 $x = a, x = b$ 与曲线 $y = y_1(x), y = y_2(x)$ 围成的图形 (图 7.7.1), 并假设平面图形的质量是均匀分布的, 其面密度 $\rho = 1$. 现在我们用微元法来求平面图形 D 的质心.

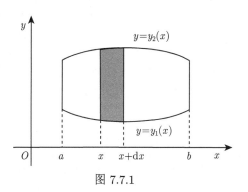

图 7.7.1

任取 $[x, x + \mathrm{d}x] \subset [a, b]$, 过点 x 和 $x + \mathrm{d}x$ 作垂直于 x 轴的直线, 平面图形 D 介于这两直线之间的部分可近似看成一个小矩形, 从而质量微元为 $\mathrm{d}M = (y_2(x) - y_1(x))\,\mathrm{d}x$, 质心坐标近似为 $\left(x, \dfrac{y_1(x) + y_2(x)}{2}\right)$. 于是平面图形 D 关于 x 轴和 y 轴的静力矩微元分别为

$$\mathrm{d}M_x = \frac{y_1(x) + y_2(x)}{2} \cdot (y_2(x) - y_1(x))\,\mathrm{d}x = \frac{1}{2}\left(y_2^2(x) - y_1^2(x)\right)\mathrm{d}x,$$

$$\mathrm{d}M_y = x\left(y_2(x) - y_1(x)\right)\mathrm{d}x.$$

将静力矩微元在 $[a, b]$ 上积分, 得到平面图形 D 关于 x 轴和 y 轴的力矩分别为

$$M_x = \frac{1}{2} \int_a^b \left(y_2^2(x) - y_1^2(x)\right) \mathrm{d}x,$$

$$M_y = \int_a^b x\left(y_2(x) - y_1(x)\right) \mathrm{d}x.$$

由于平面图形 D 的面密度 $\rho = 1$, 所以 D 的质量为

$$M = \int_a^b \left(y_2(x) - y_1(x)\right) \mathrm{d}x,$$

因此平面图形 D 的质心坐标 $(\bar{x}, \bar{y})$ 为

$$\bar{x} = \frac{M_y}{M} = \frac{\displaystyle\int_a^b x\left(y_2(x) - y_1(x)\right)\mathrm{d}x}{\displaystyle\int_a^b \left(y_2(x) - y_1(x)\right)\mathrm{d}x} = \frac{\displaystyle\int_a^b x\left(y_2(x) - y_1(x)\right)\mathrm{d}x}{S},$$

$$\bar{y} = \frac{M_x}{M} = \frac{\dfrac{1}{2}\displaystyle\int_a^b \left(y_2^2(x) - y_1^2(x)\right)\mathrm{d}x}{\displaystyle\int_a^b \left(y_2(x) - y_1(x)\right)\mathrm{d}x} = \frac{\displaystyle\int_a^b \left(y_2^2(x) - y_1^2(x)\right)\mathrm{d}x}{2S}.$$

其中 S 为平面图形 D 的面积. 将 $\bar{y}$ 的计算公式改写为

$$2\pi \bar{y} S = \pi \int_a^b \left(y_2^2(x) - y_1^2(x)\right)\mathrm{d}x = V,$$

上式右端恰好等于平面图形 D 绕 x 轴旋转一周得到的旋转体的体积, 由此得到以下结论:

古鲁金 (Guldin) 第二定理 一平面图形绕 x 轴旋转一周, 所得旋转体的体积等于该平面图形的面积与质心绕 x 轴旋转一周的圆周长的乘积.

例 7.7.2 求由曲线 $y = \sqrt{R^2 - x^2}, x \in [-R, R]$ 与 x 轴所围成的半圆盘的质心.

解 方法 1 取 $y_1(x) = 0, y_2(x) = \sqrt{R^2 - x^2}, x \in [-R, R], S = \frac{1}{2}\pi R^2$, 代入质心公式有

$$\bar{x} = \frac{\displaystyle\int_{-R}^R x\sqrt{R^2 - x^2}\mathrm{d}x}{S} = 0,$$

$$\overline{y} = \frac{1}{2} \cdot \frac{\displaystyle\int_{-R}^{R} (R^2 - x^2)\mathrm{d}x}{S} = \frac{4R}{3\pi}.$$

因此半圆盘的质心坐标为 $\left(0, \dfrac{4R}{3\pi}\right)$.

方法 2　设半圆盘的质心坐标为 $(\overline{x}, \overline{y})$. 由对称性得 $\overline{x} = 0$.
利用古鲁金第二定理有 $2\pi\overline{y}S = V$, 即

$$2\pi\overline{y} \cdot \frac{1}{2}\pi R^2 = \frac{4}{3}\pi R^3,$$

于是

$$\overline{y} = \frac{4R}{3\pi}.$$

因此半圆盘的质心坐标为 $\left(0, \dfrac{4R}{3\pi}\right)$.

7.7.2　转动惯量

假设平面上有 n 个质点, 它们的位置与质量分别为

$$A_1(x_1, y_1), A_2(x_2, y_2), \cdots, A_n(x_n, y_n);$$

$$m_1, m_2, \cdots, m_n.$$

在物理学中我们已经知道, 质点系关于 x 轴与 y 轴的转动惯量分别为

$$I_x = \sum_{i=1}^{n} m_i y_i^2, \quad I_y = \sum_{i=1}^{n} m_i x_i^2.$$

一个自然的问题是: 一个质量连续分布的物体绕固定轴转动, 怎样计算其转动惯量呢? 一般来说, 这需要用到今后要学习的多元函数微积分中的重积分、曲线积分或曲面积分. 但是, 对于质量均匀分布且具有某种对称性的物体, 有时也可以用定积分来计算其转动惯量. 现在我们来研究如何计算平面内一条物质曲线弧 Γ 关于 x 轴与 y 轴的转动惯量.

设 Γ 是一条光滑曲线弧, 它的方程为 $y = f(x), x \in [a, b]$, 其线密度为 $\rho(x), x \in [a, b]$. 利用微元法, 类似于质心公式的推导方法, 我们可以得到 Γ 关于 x 轴与 y 轴的转动惯量:

$$I_x = \int_a^b f^2(x)\rho(x)\sqrt{1 + [f'(x)]^2}\mathrm{d}x,$$

$$I_y = \int_a^b x^2 \rho(x) \sqrt{1 + [f'(x)]^2} \mathrm{d}x.$$

例 7.7.3 设有一均匀细杆, 长为 $2l$, 质量为 M. 固定 y 轴通过细杆的中心且与细杆垂直 (图 7.7.2), 求细杆关于 y 轴的转动惯量.

解 选取细杆中心为原点 O, 以细杆所在的直线为 x 轴建立坐标系 (图 7.7.2).

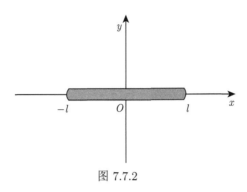

图 7.7.2

则细杆的方程为 $y = 0, -l \leqslant x \leqslant l$. 由于细杆是均匀的, 所以它的线密度

$$\rho(x) = \frac{M}{2l}, \quad x \in [-l, l].$$

由转动惯量的计算公式, 有

$$I_y = \int_{-l}^l x^2 \rho(x) \sqrt{1 + [f'(x)]^2} \mathrm{d}x$$

$$= \int_{-l}^l x^2 \frac{M}{2l} \mathrm{d}x = \frac{1}{3} M l^2.$$

最后我们举例说明用微元法来计算一个质量均匀的平面物体的转动惯量.

例 7.7.4 求质量为 M、半径为 R 的均匀圆盘, 关于它的一条直径的转动惯量.

解 选取如图 7.7.3 的坐标系. 下面我们计算均匀圆盘对 x 轴的转动惯量.

方法 1 任取 $[x, x + \mathrm{d}x] \subset [-R, R]$, 过点 x 和 $x + \mathrm{d}x$ 作垂直于 x 轴的直线, 圆盘介于这两直线之间的部分可近似看成一个细杆, 其长度为 $2\sqrt{R^2 - x^2}$, 质量为

$$\mathrm{d}M = \frac{M}{\pi R^2} \cdot 2\sqrt{R^2 - x^2} \mathrm{d}x.$$

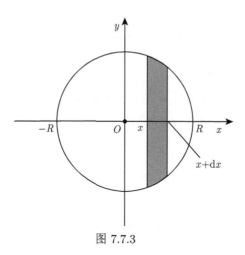

图 7.7.3

由例 7.7.3 可知, 圆盘对 x 轴的转动惯量微元为

$$\mathrm{d}I_x = \frac{1}{3} \cdot \mathrm{d}M \cdot y^2 = \frac{2M}{3\pi R^2} \cdot \left(R^2 - x^2\right)^{\frac{3}{2}} \mathrm{d}x.$$

将转动惯量微元在 $[-R, R]$ 上积分, 得到所求的转动惯量

$$\begin{aligned}
I_x &= \int_{-R}^{R} \frac{2M}{3\pi R^2} \cdot \left(R^2 - x^2\right)^{\frac{3}{2}} \mathrm{d}x \\
&= \frac{4M}{3\pi R^2} \int_{0}^{R} \left(R^2 - x^2\right)^{\frac{3}{2}} \mathrm{d}x \quad (\diamondsuit\ x = R\sin t) \\
&= \frac{4M}{3\pi R^2} \int_{0}^{\frac{\pi}{2}} R^4 \cos^4 t \mathrm{d}t = \frac{1}{4} M R^2.
\end{aligned}$$

方法 2　任取 $[y, y+\mathrm{d}y] \subset [-R, R]$, 过点 y 和 $y+\mathrm{d}y$ 作垂直于 y 轴的直线, 圆盘介于这两直线之间的部分可近似看成一个细杆, 其长度为 $2\sqrt{R^2 - y^2}$, 质量为

$$\mathrm{d}M = \frac{M}{\pi R^2} \cdot 2\sqrt{R^2 - y^2}\mathrm{d}y,$$

于是圆盘对 x 轴的转动惯量微元为

$$\mathrm{d}I_x = \mathrm{d}M \cdot y^2 = \frac{2M}{\pi R^2} \cdot y^2 \sqrt{R^2 - y^2}\mathrm{d}y,$$

将转动惯量微元 $\mathrm{d}I_x$ 在 $[-R, R]$ 上积分, 得到所求的转动惯量为

$$I_x = \int_{-R}^{R} \frac{2M}{\pi R^2} \cdot y^2 \sqrt{R^2 - y^2}\mathrm{d}y$$

$$= \frac{4M}{\pi R^2} \int_0^R y^2 \sqrt{R^2 - y^2} \mathrm{d}y \quad (\diamondsuit \ y = R\sin t)$$

$$= \frac{4M}{\pi R^2} \int_0^{\frac{\pi}{2}} R^4 \sin^2 t \cos^2 t \mathrm{d}t$$

$$= \frac{4MR^2}{\pi} \left(\int_0^{\frac{\pi}{2}} \sin^2 t \mathrm{d}t - \int_0^{\frac{\pi}{2}} \sin^4 t \mathrm{d}t \right)$$

$$= \frac{4MR^2}{\pi} \left(\frac{1}{2} \cdot \frac{\pi}{2} - \frac{3}{4} \cdot \frac{1}{2} \cdot \frac{\pi}{2} \right) = \frac{1}{4} MR^2.$$

7.7.3 变力沿直线所做的功

我们知道, 如果物体在恒力 $\boldsymbol{F}$ 作用下做直线运动, 且 $\boldsymbol{F}$ 的方向与物体的运动方向一致, 那么当物体移动了距离 s 时, 恒力 $\boldsymbol{F}$ 对物体所做的功为

$$W = |\boldsymbol{F}| \cdot s,$$

其中 $|\boldsymbol{F}|$ 表示力 $\boldsymbol{F}$ 的大小.

一个自然的问题是: 如果物体在做直线运动的过程中, 所受到的力为变力 (在这里我们假设力的方向不变, 只是大小在变), 如何计算变力所做的功? 下面我们通过具体的例子来说明.

例 7.7.5 设有一理想的弹簧, 它的一端固定在负半轴上一点, 且使数轴的原点 O 与弹簧的另一端的平衡位置重合. 众所周知, 弹簧在拉伸过程中, 需要的力 F (单位: N) 与伸长量 x(单位: cm) 成正比, 即 $F = kx$, 其中 k 是弹簧的弹性系数. 若把弹簧由原长拉伸 6cm, 计算拉力所做的功.

解 任取 $[x, x+\mathrm{d}x] \subset [0,6]$, 在这个过程, 力所做的功近似等于 $F \cdot \mathrm{d}x \cdot 0.01(\mathrm{J})$, 即拉力所做的功的微元为

$$\mathrm{d}W = 0.01kx\mathrm{d}x.$$

将 $\mathrm{d}W$ 在 $[0,6]$ 上积分, 得到拉力所做的功为

$$W = \int_0^6 0.01kx\mathrm{d}x = 0.18k(\mathrm{J}).$$

习 题 7.7

1. 求两条抛物线 $y^2 = ax, x^2 = ay(a > 0)$ 所围成的平面图形的质心.

2. 设有一质量为 M、半径为 R 的均匀物质圆周, 求它对通过其中心且垂直于圆周所在平面的固定轴 u 的转动惯量.

3. 把一个带电荷量 $+q$ 的点电荷放在 r 轴上坐标原点 O 处, 它产生一个电场. 这个电场对周围的电荷有作用力. 由物理学知道, 如果有一个单位正电荷放在这个电场中距离原点 O 为 r 的地方, 那么电场对它的作用力的大小为

$$F = k\frac{q}{r^2} \quad (k \text{ 是常数}).$$

当这个单位正电荷在电场中从 $r = a$ 处沿 r 轴移动到 $r = b\ (a < b)$ 处时, 计算电场力 F 对它所做的功.

4. 一个圆柱形的贮水桶, 其底圆半径为 3m, 高 5m, 桶内盛满了水. 欲将水全部抽尽, 求所做的功 (g 取 9.8m/s^2).

7.8　定积分的近似计算

利用牛顿-莱布尼茨公式, 虽然可以精确计算出定积分的值, 但它仅适用被积函数的原函数能直接求出的情形. 在实际应用中, 经常会遇到如下情形:

(1) 被积函数的原函数不是初等函数, 例如, $\displaystyle\int_0^1 \frac{\sin x}{x}\mathrm{d}x, \int_0^1 \mathrm{e}^{-x^2}\mathrm{d}x$ 等就是这样的定积分.

(2) 被积函数是用图形或表格给出的, 没有表达式.

(3) 被积函数的原函数虽可用初等函数表示, 但计算过程非常复杂, 反而不如采用近似计算有效.

基于以上原因, 以及近年来计算机的运算速度越来越快、计算能力越来越强, 定积分的近似计算已经成为应用定积分来解决实际问题的不可缺少的方法. 定积分的近似计算公式的出发点是基于定积分的几何意义, 即近似求出曲边梯形的面积, 也就近似算出了定积分.

下面, 我们介绍两种定积分的近似计算方法: 梯形法和抛物线法.

7.8.1　梯形公式

从几何意义上说, 梯形法就是用曲线上相邻两点的弦近似代替对应的小曲线段所得到的近似计算定积分的方法.

设函数 $f(x)$ 在 $[a,b]$ 上可积, 将区间 $[a,b]$ 等分成 n 个小区间, 分点为

$$a = x_0 < x_1 < \cdots < x_n = b,$$

对应的被积函数值为

$$y_0, y_1, \cdots, y_n \quad (y_k = f(x_k), k = 0, 1, 2, \cdots, n),$$

曲线 $y = f(x)$ 上相应的点为

$$P_0, P_1, \cdots, P_n \quad (P_k(x_k, y_k), k = 0, 1, 2, \cdots, n).$$

依次用直线连接曲线上相邻两点 $P_{k-1}(x_{k-1}, y_{k-1})$ 与 $P_k(x_k, y_k)$, 得到 n 个梯形 (图 7.8.1).

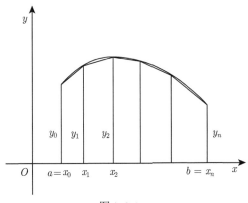

图 7.8.1

用小直边梯形的面积去近似代替小曲边梯形的面积, 有

$$\int_{x_{k-1}}^{x_k} f(x)\mathrm{d}x \approx \frac{y_{k-1} + y_k}{2} \cdot \frac{b-a}{n}.$$

因此

$$\int_a^b f(x)\mathrm{d}x \approx \sum_{k=1}^n \frac{y_{k-1} + y_k}{2} \cdot \frac{b-a}{n}$$

$$= \frac{b-a}{n} \cdot \left(\frac{y_0 + y_n}{2} + y_1 + y_2 + \cdots + y_{n-1} \right),$$

上述公式称为近似计算定积分的**梯形公式**.

定理 7.8.1 若 $f''(x)$ 在 $[a,b]$ 上连续, 且 $|f''(x)| \leqslant M, x \in [a,b]$, 梯形公式的误差不超过

$$\frac{(b-a)^3}{12n^2}M.$$

证明从略.

利用梯形公式近似计算定积分, 如果给定的误差限是 $\varepsilon > 0$, 要

$$\frac{(b-u)^3}{12n^2}M < \varepsilon$$

成立, 只需将 $[a,b]$ 等分的小区间个数 n 满足

$$n > \sqrt{\frac{(b-a)^3}{12\varepsilon}M}.$$

例 7.8.1 用梯形公式求 $\ln 5 = \displaystyle\int_1^5 \frac{\mathrm{d}x}{x}$ 的近似值 $(n = 8)$, 并估算其误差.

解 由于 $n = 8$, 所以 $\dfrac{b-a}{n} = \dfrac{5-1}{8} = 0.5$, 分点是

$$1,\ 1.5,\ 2,\ 2.5,\ 3,\ 3.5,\ 4,\ 4.5,\ 5.$$

函数 $f(x) = \dfrac{1}{x}$ 在分点的值分别是

x	1	1.5	2	2.5	3	3.5	4	4.5	5
$\dfrac{1}{x}$	1	$\dfrac{2}{3}$	$\dfrac{1}{2}$	$\dfrac{2}{5}$	$\dfrac{1}{3}$	$\dfrac{2}{7}$	$\dfrac{1}{4}$	$\dfrac{2}{9}$	$\dfrac{1}{5}$

由梯形公式, 有

$$\ln 5 = \int_1^5 \frac{\mathrm{d}x}{x}$$

$$\approx \frac{1}{2}\left(\frac{1 + \dfrac{1}{5}}{2} + \frac{2}{3} + \frac{1}{2} + \frac{2}{5} + \frac{1}{3} + \frac{2}{7} + \frac{1}{4} + \frac{2}{9} \right)$$

$$\approx 1.63.$$

直接计算有

$$f'(x) = -\frac{1}{x^2}, \quad f''(x) = \frac{2}{x^3},$$

取 $M = \max\limits_{1 \leqslant x \leqslant 5} |f''(x)| = \max\limits_{1 \leqslant x \leqslant 5} \left| \dfrac{2}{x^3} \right| = 2.$

由定理 7.8.1 可知, 利用梯形公式计算定积分的误差不超过

$$\frac{(b-a)^3}{12n^2} M = \frac{4^3}{12 \cdot 8^2} \cdot 2 \approx 0.1667.$$

例 7.8.2 设在宽为 200m 的河面上, 测量河流横断面的面积. 从河的一岸向对岸每隔 20m 测量一次水深, 测得数据如下表所列 (水深单位: m).

x	0	20	40	60	80	100	120	140	160	180	200
y(水深)	2	5	9	11	13	17	21	15	11	6	2

求此河流横断面的面积 A 的近似值.

解 设河流横断面的底边方程为 $y = f(x)$, 则所求面积为

$$A = \int_0^{200} f(x)\mathrm{d}x.$$

利用梯形公式, 由于 $n = 10, \dfrac{b-a}{n} = 20$, 因此

$$
\begin{aligned}
A &= \int_0^{200} f(x)\mathrm{d}x \\
&\approx 20\left(\frac{2+2}{2} + 5 + 9 + 11 + 13 + 17 + 21 + 15 + 11 + 6\right) \\
&= 2000\,(\mathrm{m}^2).
\end{aligned}
$$

7.8.2 抛物线公式

抛物线法是用经过曲线上相邻三点的抛物线近似代替对应的小曲线段所得到的近似计算定积分的方法.

将 $[a, b]$ 等分成 $2n$ 个小区间, 分点为

$$a = x_0 < x_1 < \cdots < x_{2n-1} < x_{2n} = b,$$

对应的被积函数值为

$$y_0, y_1, \cdots, y_{2n-1}, y_{2n},$$

其中 $y_k = f(x_k), k = 0, 1, 2, \cdots, 2n$.

曲线上相应分点记为

$$M_0, M_1, M_2, \cdots, M_{2n-1}, M_{2n} \quad (M_k(x_k, y_k), k = 0, 1, 2, \cdots, 2n).$$

我们知道, 过平面上的三点可唯一确定一条抛物线. 在两个相邻小区间 $[x_0, x_1]$ 与 $[x_1, x_2]$ 上, 用经过曲线 $y = f(x)$ 上三点

$$M_0(x_0, y_0), \quad M_1(x_1, y_1), \quad M_2(x_2, y_2)$$

的抛物线 $y = Ax^2 + Bx + C$ 代替 $[x_0, x_2]$ 上的曲线 $y = f(x)$ (图 7.8.2), 其中系数 A, B, C 由方程组

$$
\begin{cases}
y_0 = Ax_0^2 + Bx_0 + C, \\
y_1 = Ax_1^2 + Bx_1 + C, \\
y_2 = Ax_2^2 + Bx_2 + C
\end{cases}
$$

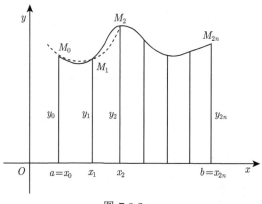

图 7.8.2

确定. 现在, 我们用定积分来计算该抛物线与直线 $x = x_0, x = x_\alpha$ 以及 x 轴所围图形的面积.

$$\int_{x_0}^{x_2} (Ax^2 + Bx + C)\mathrm{d}x$$

$$= \frac{A}{3}(x_2^3 - x_0^3) + \frac{B}{2}(x_2^2 - x_0^2) + C(x_2 - x_0)$$

$$= \frac{x_2 - x_0}{6}[y_2 + A(x_2 + x_0)^2 + 2B(x_2 + x_0) + 4C + y_0].$$

将 $x_1 = \dfrac{x_2 + x_0}{2}$ 代入, 并消去 A, B, C 得到

$$\int_{x_0}^{x_2} \left(Ax^2 + Bx + C\right)\mathrm{d}x$$

$$= \frac{x_2 - x_0}{6}\left[y_2 + 4Ax_1^2 + 4Bx_1 + 4C + y_0\right]$$

$$= \frac{x_2 - x_0}{6}(y_0 + 4y_1 + y_2).$$

一般地, 经过 $M_{2k-2}(x_{2k-2}, y_{2k-2}), M_{2k-1}(x_{2k-1}, y_{2k-1}), M_{2k}(x_{2k}, y_{2k})$ 三点的抛物线下方图形的面积为

$$\frac{x_{2k} - x_{2k-2}}{6}(y_{2k-2} + 4y_{2k-1} + y_{2k}).$$

这样的抛物线一共有 n 条, 把它们下方曲边梯形的面积全部加起来, 得到原曲边梯形面积$\left(\text{即} \displaystyle\int_a^b f(x)\mathrm{d}x\right)$的一个近似值, 注意到

$$x_2 - x_0 = x_4 - x_2 = \cdots = x_{2n} - x_{2n-2} = \frac{b-a}{n},$$

于是

$$\int_a^b f(x)\mathrm{d}x \approx \sum_{k=1}^n \frac{x_{2k} - x_{2k-2}}{6}(y_{2k-2} + 4y_{2k-1} + y_{2k})$$

$$= \frac{b-a}{6n}\left[(y_0+y_{2n}) + 2(y_2+y_4+\cdots+y_{2n-2}) + 4(y_1+y_3+\cdots+y_{2n-1})\right].$$

上述公式称为近似计算定积分的**抛物线公式**或**辛普森 (Simpson) 公式**.

定理 7.8.2 若 $f^{(4)}(x)$ 在 $[a,b]$ 上连续, 且 $|f^{(4)}(x)| \leqslant M, x \in [a,b]$, 则抛物线公式的误差不超过

$$\frac{(b-a)^5}{180 \cdot (2n)^4}M.$$

证明从略.

例 7.8.3 用抛物线公式求 $\ln 5 = \displaystyle\int_1^5 \frac{\mathrm{d}x}{x}$ 的近似值 $(n = 4)$, 并估算其误差.

解 将区间 $[1,5]$ 分为 $8\,(= 2n)$ 等份, $\dfrac{b-a}{2n} = \dfrac{5-1}{8} = 0.5$, 分点是

$$1, \quad 1.5, \quad 2, \quad 2.5, \quad 3, \quad 3.5, \quad 4, \quad 4.5, \quad 5.$$

函数 $\dfrac{1}{x}$ 在分点的值分别是

x	1	1.5	2	2.5	3	3.5	4	4.5	5
$\dfrac{1}{x}$	1	$\dfrac{2}{3}$	$\dfrac{1}{2}$	$\dfrac{2}{5}$	$\dfrac{1}{3}$	$\dfrac{2}{7}$	$\dfrac{1}{4}$	$\dfrac{2}{9}$	$\dfrac{1}{5}$

由抛物线公式, 有

$$\ln 5 = \int_1^5 \frac{\mathrm{d}x}{x}$$

$$\approx \frac{4}{24}\left[1 + \frac{1}{5} + 2\left(\frac{1}{2} + \frac{1}{3} + \frac{1}{4}\right) + 4\left(\frac{2}{3} + \frac{2}{5} + \frac{2}{7} + \frac{2}{9}\right)\right]$$

$$\approx 1.61.$$

直接计算有

$$f'(x) = -\frac{1}{x^2}, \quad f''(x) = \frac{2}{x^3}, \quad f'''(x) = -\frac{6}{x^4}, \quad f^{(4)}(x) = \frac{24}{x^5},$$

$$\text{取 } M = \max_{1 \leqslant x \leqslant 5} \left| f^{(4)}(x) \right| = \max_{1 \leqslant x \leqslant 5} \left| \frac{24}{x^5} \right| = 24.$$

利用定理 7.8.2, 用抛物线公式计算定积分的误差不超过

$$\frac{(b-a)^5}{180 \cdot (2n)^4} M = \frac{4^5}{180 \cdot 8^4} \cdot 24 \approx 0.0333.$$

   显然这里的计算结果比例 7.8.1 的结果精确些, 因为 $\ln 5$ 精确到小数点后第三位的近似值是 1.609, 用抛物线公式计算是 1.61, 而用梯形公式计算却是 1.63. 从估算误差可以看出, 在等分的小区间个数相等的情况下, 抛物线公式较梯形公式精度更高.

习　题　7.8

   1. 试把积分区间 $[0,1]$ 分成 10 等份, 分别用梯形公式和抛物线公式求 $\int_0^1 \frac{\mathrm{d}x}{1+x^2}$ 的近似值.

   2. 用抛物线公式求 $\int_0^1 \mathrm{e}^{-x^2}\mathrm{d}x(n=5)$ 的近似值, 并估算其误差.

第 8 章 反 常 积 分

在一些实际问题中, 经常会遇到积分区间为无穷区间, 或者被积函数为无界函数的积分. 而以前所讨论的定积分, 积分区间是有限区间, 被积函数在该区间上是有界函数. 本章把定积分进行两个方面的推广: 一是将积分区间从有限区间推广到无穷区间; 二是将被积函数从有界函数推广到无界函数. 积分区间为无穷区间的积分称为**无穷积分**, 被积函数为无界的积分称为**瑕积分**, 通常把这两种积分统称为**反常积分** (或**广义积分**), 而以前学过的定积分称为**常义积分**.

8.1 无穷积分的概念和性质

8.1.1 无穷积分的概念

定义 8.1.1 设函数 $f(x)$ 在 $[a, +\infty)$ 上有定义, 且对任意 $A > a$, 有 $f(x)$ 在 $[a, A]$ 上可积. 若极限 $\lim\limits_{A \to +\infty} \int_a^A f(x)\mathrm{d}x$ 存在, 则称无穷积分 $\int_a^{+\infty} f(x)\mathrm{d}x$ **收敛**, 或称 $f(x)$ 在 $[a, +\infty)$ 上**可积**, 并记

$$\int_a^{+\infty} f(x)\mathrm{d}x = \lim_{A \to +\infty} \int_a^A f(x)\mathrm{d}x.$$

若极限 $\lim\limits_{A \to +\infty} \int_a^A f(x)\mathrm{d}x$ 不存在, 则称无穷积分 $\int_a^{+\infty} f(x)\mathrm{d}x$ **发散**.

类似地, 我们定义

$$\int_{-\infty}^b f(x)\mathrm{d}x = \lim_{a \to -\infty} \int_a^b f(x)\mathrm{d}x,$$

$$\int_{-\infty}^{+\infty} f(x)\mathrm{d}x = \lim_{\substack{a \to -\infty \\ b \to +\infty}} \int_a^b f(x)\mathrm{d}x.$$

关于 $\int_{-\infty}^{+\infty} f(x)\mathrm{d}x$ 的敛散性, 也经常采用如下的定义: 设函数 $f(x)$ 在 $(-\infty, +\infty)$ 上任何有限区间上可积, 任取 $c \in \mathbf{R}$, 若 $\int_{-\infty}^c f(x)\mathrm{d}x$ 与 $\int_c^{+\infty} f(x)\mathrm{d}x$ 都收敛, 则

称 $\int_{-\infty}^{+\infty} f(x)\mathrm{d}x$ 收敛, 并且规定

$$\int_{-\infty}^{+\infty} f(x)\mathrm{d}x = \int_{-\infty}^{c} f(x)\mathrm{d}x + \int_{c}^{+\infty} f(x)\mathrm{d}x.$$

若 $\int_{c}^{+\infty} f(x)\mathrm{d}x$ 与 $\int_{-\infty}^{c} f(x)\mathrm{d}x$ 中有一个发散, 则称 $\int_{-\infty}^{+\infty} f(x)\mathrm{d}x$ 发散.

注 1　无穷积分是通过常义积分的极限来定义. 只有当无穷积分收敛时, 它才表示一个有限数.

注 2　对定积分和无穷积分, 可积的含义是不同的. 定积分的可积, 是指黎曼可积, 而无穷积分的可积, 是指无穷积分收敛.

例 8.1.1　讨论无穷积分 $\int_{a}^{+\infty} \dfrac{1}{x^p}\mathrm{d}x \ (a>0)$ 的敛散性 $(p\in\mathbf{R})$.

解　因为

$$\int_{a}^{A} \frac{1}{x^p}\mathrm{d}x = \begin{cases} \dfrac{1}{1-p}\, x^{1-p}\Big|_{a}^{A}, & p\neq 1, \\ \ln A - \ln a, & p = 1 \end{cases}$$

$$= \begin{cases} \dfrac{1}{1-p}\left(A^{1-p}-a^{1-p}\right), & p\neq 1, \\ \ln A - \ln a, & p = 1, \end{cases}$$

显然, 当且仅当 $p>1$ 时, $\lim\limits_{A\to+\infty}\int_{a}^{A}\dfrac{1}{x^p}\mathrm{d}x = \dfrac{a^{1-p}}{p-1}$ 存在.

因此, 当 $p>1$ 时, $\int_{a}^{+\infty}\dfrac{1}{x^p}\mathrm{d}x$ 收敛; 当 $p\leqslant 1$ 时, $\int_{a}^{+\infty}\dfrac{1}{x^p}\mathrm{d}x$ 发散.

例 8.1.2　讨论无穷积分 $\int_{2}^{+\infty} \dfrac{1}{x(\ln x)^p}\mathrm{d}x$ 的敛散性 $(p\in\mathbf{R})$.

解　$\int_{2}^{A} \dfrac{1}{x(\ln x)^p}\mathrm{d}x = \int_{2}^{A} \dfrac{1}{(\ln x)^p}\mathrm{d}(\ln x) = \int_{\ln 2}^{\ln A} \dfrac{1}{t^p}\mathrm{d}t.$

方法 1　$\lim\limits_{A\to+\infty}\int_{2}^{A}\dfrac{1}{x(\ln x)^p}\mathrm{d}x = \int_{\ln 2}^{+\infty}\dfrac{1}{t^p}\mathrm{d}t$, 由例 8.1.1 的结果可知: $\int_{\ln 2}^{+\infty}\dfrac{1}{t^p}\mathrm{d}t$ 当 $p>1$ 时收敛, 当 $p\leqslant 1$ 时发散, 因此 $\int_{2}^{+\infty}\dfrac{1}{x(\ln x)^p}\mathrm{d}x$ 当 $p>1$ 时收敛, 当 $p\leqslant 1$ 时发散.

方法 2 (1) 当 $p = 1$ 时,

$$\int_2^A \frac{1}{x(\ln x)^p} \mathrm{d}x = \int_{\ln 2}^{\ln A} \frac{1}{t} \mathrm{d}t = \ln(\ln A) - \ln(\ln 2) \to +\infty \quad (A \to +\infty).$$

(2) 当 $p \neq 1$ 时, 由于

$$\int_2^A \frac{1}{x(\ln x)^p} \mathrm{d}x = \int_{\ln 2}^{\ln A} \frac{1}{t^p} \mathrm{d}t = \frac{1}{1-p} \left((\ln A)^{1-p} - (\ln 2)^{1-p} \right),$$

所以

$$\lim_{A \to +\infty} \int_2^A \frac{1}{x(\ln x)^p} \mathrm{d}x = \begin{cases} \dfrac{1}{p-1} (\ln 2)^{1-p}, & p > 1, \\ +\infty, & p < 1. \end{cases}$$

综上可得 $\displaystyle\int_2^{+\infty} \frac{1}{x(\ln x)^p} \mathrm{d}x$ 当 $p > 1$ 时收敛, 当 $p \leqslant 1$ 时发散.

例 8.1.3 计算 $\displaystyle\int_0^{+\infty} \frac{1}{1+x^2} \mathrm{d}x$.

解 $\displaystyle\int_0^{+\infty} \frac{1}{1+x^2} \mathrm{d}x = \lim_{A \to +\infty} \int_0^A \frac{1}{1+x^2} \mathrm{d}x = \lim_{A \to +\infty} \arctan A = \frac{\pi}{2}$.

例 8.1.4 证明: 无穷积分 $\displaystyle\int_a^{+\infty} \cos x \, \mathrm{d}x$ 发散.

证明 对任意 $A > a$, 有 $\displaystyle\int_a^A \cos x \, \mathrm{d}x = \sin A - \sin a$, 而 $\lim\limits_{A \to +\infty} \sin A$ 不存在,

所以 $\lim\limits_{A \to +\infty} \displaystyle\int_a^A \cos x \, \mathrm{d}x$ 不存在, 因此无穷积分 $\displaystyle\int_a^{+\infty} \cos x \, \mathrm{d}x$ 发散.

8.1.2 无穷积分的性质

利用常义积分的性质、无穷积分敛散性的定义以及极限的性质, 下面三个定理的结论显然成立, 我们只证明第一个定理, 后面两个定理的证明留给读者去完成.

定理 8.1.1 (线性性质) 若 $\displaystyle\int_a^{+\infty} f(x)\mathrm{d}x$ 和 $\displaystyle\int_a^{+\infty} g(x)\mathrm{d}x$ 收敛, k_1, k_2 是常数, 则 $\displaystyle\int_a^{+\infty} [k_1 f(x) + k_2 g(x)]\mathrm{d}x$ 也收敛, 且

$$\int_a^{+\infty} [k_1 f(x) + k_2 g(x)]\mathrm{d}x = k_1 \int_a^{+\infty} f(x)\mathrm{d}x + k_2 \int_a^{+\infty} g(x)\mathrm{d}x.$$

证明　因为 $\displaystyle\int_a^{+\infty} f(x)\mathrm{d}x$ 和 $\displaystyle\int_a^{+\infty} g(x)\mathrm{d}x$ 收敛, 所以它们为两个有限数, 记

$$\int_a^{+\infty} f(x)\mathrm{d}x = \lim_{A\to+\infty}\int_a^A f(x)\mathrm{d}x = H_1, \qquad \int_a^{+\infty} g(x)\mathrm{d}x = \lim_{A\to+\infty}\int_a^A g(x)\mathrm{d}x = H_2.$$

因此

$$\int_a^{+\infty} [k_1 f(x) + k_2 g(x)]\mathrm{d}x = \lim_{A\to+\infty}\int_a^A [k_1 f(x) + k_2 g(x)]\mathrm{d}x$$

$$= k_1 \lim_{A\to+\infty}\int_a^A f(x)\mathrm{d}x + k_2 \lim_{A\to+\infty}\int_a^A g(x)\mathrm{d}x$$

$$= k_1 \int_a^{+\infty} f(x)\mathrm{d}x + k_2 \int_a^{+\infty} g(x)\mathrm{d}x. \qquad\qquad 证毕$$

定理 8.1.2（区间可加性）　若 $\displaystyle\int_a^{+\infty} f(x)\mathrm{d}x$ 收敛, 则对任意 $b > a$, 有 $\displaystyle\int_b^{+\infty} f(x)\mathrm{d}x$ 收敛且

$$\int_a^{+\infty} f(x)\mathrm{d}x = \int_a^b f(x)\mathrm{d}x + \int_b^{+\infty} f(x)\mathrm{d}x.$$

定理 8.1.3　若 $\displaystyle\int_a^{+\infty} f(x)\mathrm{d}x$ 收敛, 且 $f(x) \geqslant 0, \forall x \in [a, +\infty)$, 则

$$\int_a^{+\infty} f(x)\mathrm{d}x \geqslant 0.$$

推论（保序性）　若 $\displaystyle\int_a^{+\infty} f(x)\mathrm{d}x$ 和 $\displaystyle\int_a^{+\infty} g(x)\mathrm{d}x$ 收敛, 且对任意 $x \in [a, +\infty)$, 成立 $f(x) \geqslant g(x)$, 则

$$\int_a^{+\infty} f(x)\mathrm{d}x \geqslant \int_a^{+\infty} g(x)\mathrm{d}x.$$

由函数极限的柯西收敛原理知, 对任意函数 $g(x)$, $\displaystyle\lim_{x\to+\infty} g(x)$ 存在的充分必要条件是对任给的 $\varepsilon > 0$, 存在 $A_0 > a$, 当 $A'' > A' \geqslant A_0$ 时, 有 $|g(A'') - g(A')| < \varepsilon$. 由此立即得到下面的结论.

定理 8.1.4 (柯西收敛原理) 无穷积分 $\int_a^{+\infty} f(x)\mathrm{d}x$ 收敛的充分必要条件是: 对任给的 $\varepsilon > 0$, 存在 $A_0 > a$, 当 $A'' > A' \geqslant A_0$ 时, 有

$$\left| \int_{A'}^{A''} f(x)\mathrm{d}x \right| < \varepsilon.$$

证明 令 $F(A) = \int_a^A f(x)\mathrm{d}x$, 则

$$\int_a^{+\infty} f(x)\mathrm{d}x \text{ 收敛} \Leftrightarrow \lim_{x \to +\infty} F(A) \text{ 存在}$$

$$\Leftrightarrow \text{对任给的 } \varepsilon > 0, \text{存在 } A_0 > a, \text{当 } A'' > A' \geqslant A_0 \text{ 时,}$$

$$\text{有 } |F(A'') - F(A')| < \varepsilon, \text{即 } \left| \int_{A'}^{A''} f(x)\mathrm{d}x \right| < \varepsilon. \quad \text{证毕}$$

定义 8.1.2 设函数 $f(x)$ 在 $[a, +\infty)$ 上有定义, 且对任意 $A > a$, 有 $f(x)$ 在 $[a, A]$ 上可积. 若无穷积分 $\int_a^{+\infty} |f(x)|\mathrm{d}x$ 收敛, 则称 $\int_a^{+\infty} f(x)\mathrm{d}x$ **绝对收敛**, 或称 $f(x)$ 在 $[a, +\infty)$ 上**绝对可积**; 若 $\int_a^{+\infty} f(x)\mathrm{d}x$ 收敛, 但 $\int_a^{+\infty} |f(x)|\mathrm{d}x$ 发散, 则称 $\int_a^{+\infty} f(x)\mathrm{d}x$ **条件收敛**, 或称 $f(x)$ 在 $[a, +\infty)$ 上**条件可积**.

定理 8.1.5 设函数 $f(x)$ 在 $[a, +\infty)$ 上任意有限区间上可积. 若 $\int_a^{+\infty} f(x)\mathrm{d}x$ 绝对收敛, 则 $\int_a^{+\infty} f(x)\mathrm{d}x$ 收敛.

证明 因为 $\int_a^{+\infty} |f(x)|\mathrm{d}x$ 收敛, 利用柯西收敛原理, 对任给的 $\varepsilon > 0$, 存在 $A_0 > a$, 当 $A'' > A' \geqslant A_0$ 时, 有

$$\left| \int_{A'}^{A''} |f(x)|\mathrm{d}x \right| < \varepsilon,$$

即

$$\int_{A'}^{A''} |f(x)|\mathrm{d}x < \varepsilon.$$

于是当 $A'' > A' \geqslant A_0$ 时, 有

$$\left| \int_{A'}^{A''} f(x)\mathrm{d}x \right| \leqslant \int_{A'}^{A''} |f(x)|\mathrm{d}x < \varepsilon.$$

再由柯西收敛原理, 这就证明了 $\int_a^{+\infty} f(x)\mathrm{d}x$ 收敛.   证毕

8.1.3 无穷积分的计算

由于无穷积分是定积分与函数极限的结合, 因此定积分计算的公式、方法与技巧, 几乎都能用于无穷积分的计算. 我们仅以牛顿–莱布尼茨公式为例, 给出对应的结果, 并加以证明. 换元法以及分部积分法的相应结果及证明在此就不罗列了.

定理 8.1.6 设函数 $f(x)$ 在 $[a, +\infty)$ 上可积, 且有原函数 $F(x)$, 则

$$\int_a^{+\infty} f(x)\mathrm{d}x = F(+\infty) - F(a),$$

其中 $F(+\infty) = \lim\limits_{x \to +\infty} F(x)$.

证明 根据无穷积分收敛的定义, 我们有

$$\begin{aligned}
\int_a^{+\infty} f(x)\mathrm{d}x &= \lim_{A \to +\infty} \int_a^A f(x)\mathrm{d}x \\
&= \lim_{A \to +\infty} (F(A) - F(a)) \\
&= F(+\infty) - F(a).
\end{aligned}$$

证毕

类似地, 若函数 $f(x)$ 在 $(-\infty, b]$ 上可积, 且有原函数 $F(x)$, 则

$$\int_{-\infty}^b f(x)\mathrm{d}x = F(b) - F(-\infty),$$

其中 $F(-\infty) = \lim\limits_{x \to -\infty} F(x)$.

若函数 $f(x)$ 在 $(-\infty, +\infty)$ 上可积, 且有原函数 $F(x)$, 则

$$\int_{-\infty}^{+\infty} f(x)\mathrm{d}x = F(+\infty) - F(-\infty).$$

例 8.1.5 计算 $I_n = \displaystyle\int_0^{+\infty} \dfrac{\mathrm{d}x}{(a^2 + x^2)^n}$ $(a > 0, n$ 为正整数$)$.

解 令 $x = a\tan t$, 则

$$I_n = \int_0^{\frac{\pi}{2}} \frac{a\sec^2 t}{(a^2\sec^2 t)^n}\mathrm{d}t = \frac{1}{a^{2n-1}}\int_0^{\frac{\pi}{2}}\cos^{2n-2} t\mathrm{d}t.$$

当 $n = 1$ 时, $I_1 = \dfrac{\pi}{2a}$.

当 $n > 1$ 时, $I_n = \dfrac{\pi}{2a^{2n-1}}\cdot\dfrac{(2n-3)!!}{(2n-2)!!}$.

例 8.1.6 计算 $I_n = \displaystyle\int_0^{+\infty} x^n\mathrm{e}^{-x}\mathrm{d}x$ (n 为非负整数).

解 $$I_0 = \int_0^{+\infty}\mathrm{e}^{-x}\mathrm{d}x = -\left.\mathrm{e}^{-x}\right|_0^{+\infty} = 1.$$

当 $n \geqslant 1$ 时, 利用分部积分公式, 有

$$I_n = -\int_0^{+\infty} x^n\mathrm{d}(\mathrm{e}^{-x}) = -\left.x^n\,\mathrm{e}^{-x}\right|_0^{+\infty} + n\int_0^{+\infty} x^{n-1}\mathrm{e}^{-x}\mathrm{d}x$$

$$= n\int_0^{+\infty} x^{n-1}\mathrm{e}^{-x}\mathrm{d}x = nI_{n-1}.$$

反复利用递推公式 $I_n = nI_{n-1}$, 得到 $I_n = n!$.

例 8.1.7 计算 $I = \displaystyle\int_0^{+\infty}\mathrm{e}^{-ax}\cos bx\mathrm{d}x$ $(a > 0)$.

解 $$I = -\frac{1}{a}\int_0^{+\infty}\cos bx\mathrm{d}(\mathrm{e}^{-ax})$$

$$= -\frac{1}{a}\left(\left.\mathrm{e}^{-ax}\cos bx\right|_0^{+\infty} - \int_0^{+\infty}\mathrm{e}^{-ax}\mathrm{d}(\cos bx)\right)$$

$$= -\frac{1}{a}\left(-1 + b\int_0^{+\infty}\mathrm{e}^{-ax}\sin bx\mathrm{d}x\right)$$

$$= -\frac{1}{a}\left(-1 - \frac{b}{a}\int_0^{+\infty}\sin bx\mathrm{d}(\mathrm{e}^{-ax})\right)$$

$$= \frac{1}{a} + \frac{b}{a^2}\left(\left.\mathrm{e}^{-ax}\sin bx\right|_0^{+\infty} - b\int_0^{+\infty}\mathrm{e}^{-ax}\cos bx\mathrm{d}x\right)$$

$$= \frac{1}{a} - \frac{b^2}{a^2}I,$$

解方程得

$$I = \int_0^{+\infty}\mathrm{e}^{-ax}\cos bx\mathrm{d}x = \frac{a}{a^2 + b^2}.$$

类似可以得到

$$\int_0^{+\infty} e^{-ax}\sin bx\,dx = \frac{b}{a^2+b^2} \quad (a>0).$$

例 8.1.8 计算 $\displaystyle\int_0^{+\infty}\frac{x\ln x}{(1+x^2)^2}dx$.

解 注意到 $\lim\limits_{x\to 0+} x\ln x = 0$, 所以上面的积分为无穷积分.

$$\int_0^{+\infty}\frac{x\ln x}{(1+x^2)^2}dx = \int_0^1\frac{x\ln x}{(1+x^2)^2}dx + \int_1^{+\infty}\frac{x\ln x}{(1+x^2)^2}dx,$$

对上式右端的第二个积分, 作变换 $x=\dfrac{1}{t}$, 得到

$$\int_1^{+\infty}\frac{x\ln x}{(1+x^2)^2}dx = -\int_0^1\frac{t\ln t}{(1+t^2)^2}dt = -\int_0^1\frac{x\ln x}{(1+x^2)^2}dx,$$

因此

$$\int_0^{+\infty}\frac{x\ln x}{(1+x^2)^2}dx = 0.$$

例 8.1.9 计算 $\displaystyle\int_0^{+\infty}\frac{1}{(1+x^2)(1+x^\alpha)}dx\ (\alpha\in\mathbf{R})$.

解
$$\int_0^{+\infty}\frac{1}{(1+x^2)(1+x^\alpha)}dx = \int_0^1\frac{1}{(1+x^2)(1+x^\alpha)}dx$$
$$+ \int_1^{+\infty}\frac{1}{(1+x^2)(1+x^\alpha)}dx,$$

对上式右端的第二个积分, 作变换 $x=\dfrac{1}{t}$, 得到

$$\int_1^{+\infty}\frac{1}{(1+x^2)(1+x^\alpha)}dx = \int_0^1\frac{t^\alpha}{(1+t^2)(1+t^\alpha)}dt = \int_0^1\frac{x^\alpha}{(1+x^2)(1+x^\alpha)}dx,$$

因此

$$\int_0^{+\infty}\frac{1}{(1+x^2)(1+x^\alpha)}dx = \int_0^1\frac{1}{(1+x^2)(1+x^\alpha)}dx + \int_0^1\frac{x^\alpha}{(1+x^2)(1+x^\alpha)}dx$$
$$= \int_0^1\frac{1}{1+x^2}dx = \frac{\pi}{4}.$$

例 8.1.10 设函数 $f(x)$ 在 $(-\infty, +\infty)$ 上任何有限区间上可积, 并且极限 $\lim\limits_{x \to +\infty} f(x) = A$, $\lim\limits_{x \to -\infty} f(x) = B$ 存在. 证明：对任意 $a > 0$, $\int_{-\infty}^{+\infty} [f(x + a) - f(x)]\mathrm{d}x$ 收敛, 并求它的值.

证明
$$\int_{A'}^{A''} [f(x + a) - f(x)]\mathrm{d}x$$

$$= \int_{A'}^{A''} f(x + a)\mathrm{d}x - \int_{A'}^{A''} f(x)\mathrm{d}x$$

$$= \int_{A'+a}^{A''+a} f(t)\mathrm{d}t - \int_{A'}^{A''} f(x)\mathrm{d}x = \int_{A'+a}^{A''+a} f(x)\mathrm{d}x - \int_{A'}^{A''} f(x)\mathrm{d}x$$

$$= \int_{A''}^{A''+a} f(x)\mathrm{d}x - \int_{A'}^{A'+a} f(x)\mathrm{d}x$$

$$= \int_{A''}^{A''+a} [A + (f(x) - A)]\mathrm{d}x - \int_{A'}^{A'+a} [B + (f(x) - B)]\mathrm{d}x$$

$$= (A - B)a + \int_{A''}^{A''+a} (f(x) - A)\mathrm{d}x - \int_{A'}^{A'+a} (f(x) - B)\mathrm{d}x.$$

由于 $\lim\limits_{x \to +\infty} f(x) = A$, $\lim\limits_{x \to -\infty} f(x) = B$, 因此

$$\lim\limits_{A'' \to +\infty} \int_{A''}^{A''+a} (f(x) - A)\mathrm{d}x = 0, \quad \lim\limits_{A' \to -\infty} \int_{A'}^{A'+a} (f(x) - B)\mathrm{d}x = 0,$$

于是

$$\lim\limits_{\substack{A' \to -\infty \\ A'' \to +\infty}} \int_{A'}^{A''} [f(x + a) - f(x)]\mathrm{d}x = (A - B)a,$$

这就证明了 $\int_{-\infty}^{+\infty} [f(x + a) - f(x)]\mathrm{d}x$ 收敛, 且其值为 $(A - B)a$.

例 8.1.11 设无穷积分 $\int_{a}^{+\infty} f(x)\,\mathrm{d}x$ 收敛, 且 $\lim\limits_{x \to +\infty} f(x)$ 存在, 证明：

$$\lim\limits_{x \to +\infty} f(x) = 0.$$

证明 设 $\lim\limits_{x \to +\infty} f(x) = \alpha$. 若 $\alpha > 0$, 则存在 $A_0 > a$, 使得当 $x > A_0$ 时, 有

$$f(x) > \frac{\alpha}{2}.$$

因此, 对于 $A > A_0$, 有

$$
\begin{aligned}
\int_a^A f(x)\mathrm{d}x &= \int_a^{A_0} f(x)\mathrm{d}x + \int_{A_0}^A f(x)\mathrm{d}x \\
&> \int_a^{A_0} f(x)\mathrm{d}x + \int_{A_0}^A \frac{\alpha}{2}\mathrm{d}x \\
&= \int_a^{A_0} f(x)\mathrm{d}x + \frac{\alpha}{2}(A - A_0) \to +\infty \quad (A \to +\infty),
\end{aligned}
$$

这与 $\displaystyle\int_a^{+\infty} f(x)\mathrm{d}x$ 收敛相矛盾, 因此 α 不可能是正数.

同理可证: α 也不可能是负数, 因此 $\alpha = 0$, 即 $\displaystyle\lim_{x \to +\infty} f(x) = 0$.

定义 8.1.3 设函数 $f(x)$ 在 $(-\infty, +\infty)$ 上有定义, 且在任何有限区间上可积. 若极限

$$
\lim_{A \to +\infty} \int_{-A}^A f(x)\mathrm{d}x
$$

存在, 则称该极限值为无穷积分 $\displaystyle\int_{-\infty}^{+\infty} f(x)\,\mathrm{d}x$ 的**柯西 (Cauchy) 主值**, 记为 (cpv)

$\displaystyle\int_{-\infty}^{+\infty} f(x)\mathrm{d}x$.

当 $\displaystyle\int_{-\infty}^{+\infty} f(x)\mathrm{d}x$ 收敛时, 显然有 (cpv) $\displaystyle\int_{-\infty}^{+\infty} f(x)\mathrm{d}x = \int_{-\infty}^{+\infty} f(x)\mathrm{d}x$.

但是当 $\displaystyle\int_{-\infty}^{+\infty} f(x)\mathrm{d}x$ 发散时, 它的柯西主值可能存在, 例如 $\displaystyle\int_{-\infty}^{+\infty} \sin x\mathrm{d}x$ 发散, 但是 (cpv) $\displaystyle\int_{-\infty}^{+\infty} \sin x\mathrm{d}x = \lim_{A \to +\infty} \int_{-A}^A \sin x\mathrm{d}x = 0$.

注 讨论无穷积分 $\displaystyle\int_{-\infty}^{+\infty} f(x)\mathrm{d}x$ 的敛散性时, 需讨论两个独立的极限, 但在讨论这个无穷积分的柯西主值时, 只需讨论一个极限.

例 8.1.12 计算 (cpv) $\displaystyle\int_{-\infty}^{+\infty} \frac{1 + x}{1 + x^2}\mathrm{d}x$.

解 (cpv) $\displaystyle\int_{-\infty}^{+\infty} \frac{1 + x}{1 + x^2}\mathrm{d}x = \lim_{A \to +\infty} \int_{-A}^A \frac{1 + x}{1 + x^2}\mathrm{d}x$

$$
= \lim_{A \to +\infty} \left(\int_{-A}^A \frac{1}{1 + x^2}\mathrm{d}x + \int_{-A}^A \frac{x}{1 + x^2}\mathrm{d}x \right)
$$

$$= 2 \lim_{A \to +\infty} \int_0^A \frac{1}{1+x^2} \mathrm{d}x = \pi.$$

习　题　8.1

1. 计算下列无穷积分:

(1) $\displaystyle\int_{-\infty}^{+\infty} \frac{\mathrm{d}x}{x^2 + 2x + 2}$;

(2) $\displaystyle\int_0^{+\infty} \mathrm{e}^{-ax} \sin bx \mathrm{d}x \ (a > 0)$;

(3) $\displaystyle\int_0^{+\infty} \frac{\arctan x}{(1+x^2)^{\frac{3}{2}}} \mathrm{d}x$;

(4) $\displaystyle\int_{-\infty}^{+\infty} \frac{\mathrm{d}x}{(x^2 + x + 1)^2}$;

(5) $\displaystyle\int_0^{+\infty} \frac{\mathrm{d}x}{1+x^3}$;

(6) $\displaystyle\int_0^{+\infty} \frac{\mathrm{d}x}{(a^2 + x^2)^{\frac{3}{2}}} \ (a > 0)$;

(7) $\displaystyle\int_0^{+\infty} \frac{\mathrm{d}x}{(1+x)(1+x^2)}$;

(8) $\displaystyle\int_0^{+\infty} \frac{\mathrm{d}x}{(\mathrm{e}^x + \mathrm{e}^{-x})^2}$;

(9) $\displaystyle\int_1^{+\infty} \frac{\mathrm{d}x}{x\sqrt{1+x^2}}$;

(10) $\displaystyle\int_1^{+\infty} \frac{\arctan x}{x^3} \mathrm{d}x$;

(11) $\displaystyle\int_0^{+\infty} \frac{\ln x}{1+x^2} \mathrm{d}x$;

(12) $\displaystyle\int_0^{+\infty} \frac{x\mathrm{e}^{-x}}{(1+\mathrm{e}^{-x})^2} \mathrm{d}x$;

(13) $\displaystyle\int_0^{+\infty} \frac{x^2 + 1}{x^4 + 1} \mathrm{d}x$;

(14) $\displaystyle\int_0^{+\infty} \frac{\mathrm{d}x}{1+x^4}$.

2. 讨论无穷积分 $\displaystyle\int_3^{+\infty} \frac{1}{x \ln x (\ln\ln x)^p} \mathrm{d}x$ 的敛散性 $(p \in \mathbf{R})$.

3. 判断积分 $\displaystyle\int_0^{+\infty} x \sin x^2 \mathrm{d}x$ 的敛散性.

4. 计算 $\displaystyle\int_0^{\frac{\pi}{2}} \frac{\mathrm{d}x}{1 + \tan^{100} x}$.

5. 用柯西收敛原理证明: $\displaystyle\int_1^{+\infty} \frac{\sin x}{x^2} \mathrm{d}x$ 绝对收敛.

6. 设函数 $f(x)$ 在 $[0, +\infty)$ 上非负连续, 且 $\displaystyle\int_0^{+\infty} f(x)\mathrm{d}x = 0$, 证明: $f(x) \equiv 0$.

7. 设 $\displaystyle\int_a^{+\infty} f(x)\mathrm{d}x$ 收敛, 且 $f(x)$ 在 $[a, +\infty)$ 上单调, 证明: $\displaystyle\lim_{x \to +\infty} f(x) = 0$.

8. 设函数 $f(x)$ 在 $[1, +\infty)$ 上的定义如下:

$$f(x) = \begin{cases} n+1, & x \in \left[n, \, n + \dfrac{1}{n(n+1)^2}\right], \\[2mm] 0, & x \in \left(n + \dfrac{1}{n(n+1)^2}, n+1\right), \end{cases} \quad n = 1, 2, \cdots.$$

证明: 无穷积分 $\displaystyle\int_1^{+\infty} f(x)\,\mathrm{d}x$ 收敛.

9. 设 $f(x)$ 在 $[a,+\infty)$ 上连续且 $\displaystyle\int_a^{+\infty} f(x)\mathrm{d}x$ 收敛. 证明: 存在数列 $\{x_n\} \subset [a,+\infty)$, 满足

$$\lim_{n\to\infty} x_n = +\infty, \quad \lim_{n\to\infty} f(x_n) = 0.$$

10. 把一个带电荷量 $+q$ 的点电荷放在空间点 O 处, 它产生一个电场. 由物理学知道, 如果有一个单位正电荷放在这个电场中距离点 O 为 r 的地方, 那么电场对它的作用力的大小为 $F = k\dfrac{q}{r^2}$ (k是常数). 计算将单位正电荷从 $r = a$ 处移到无穷远处时电场力所做的功.

8.2 无穷积分的敛散性判别法

讨论无穷积分 $\displaystyle\int_a^{+\infty} f(x)\mathrm{d}x$ 的敛散性就是研究当 $A \to +\infty$ 时, 积分上限函数 $F(A) = \displaystyle\int_a^A f(x)\mathrm{d}x$ 是否存在极限的问题. 但并不是所有函数的原函数都是初等函数, 而且即使是初等函数, 有些积分的计算也很复杂, 不容易求出, 因此我们有必要探讨直接根据被积函数的性质来判定无穷积分是否收敛的方法.

8.2.1 非负函数无穷积分的敛散性判别法

定理 8.2.1 设函数 $f(x)$ 在 $[a,+\infty)$ 上非负, 且在任意有限区间上可积, 则无穷积分 $\displaystyle\int_a^{+\infty} f(x)\mathrm{d}x$ 收敛的充分必要条件是: 函数 $F(A) = \displaystyle\int_a^A f(x)\mathrm{d}x$ 在 $[a,+\infty)$ 上有上界.

证明 由于 $f(x)$ 在 $[a,+\infty)$ 上非负, 所以函数 $F(A) = \displaystyle\int_a^A f(x)\mathrm{d}x$ 在 $[a,+\infty)$ 上单调递增, 因此由单调有界定理知, $\displaystyle\lim_{A\to+\infty} F(A)$ 存在的充分必要条件是 $F(A) = \displaystyle\int_a^A f(x)\mathrm{d}x$ 在 $[a,+\infty)$ 上有上界. 根据无穷积分收敛的定义, $\displaystyle\int_a^{+\infty} f(x)\mathrm{d}x$ 收敛的充分必要条件是函数 $F(A) = \displaystyle\int_a^A f(x)\mathrm{d}x$ 在 $[a,+\infty)$ 上有上界.   证毕

对于非负函数的无穷积分, 有下面的比较判别法.

定理 8.2.2 (比较判别法) 设函数 $f(x),g(x)$ 在 $[a,+\infty)$ 上的任意有限区间可积, 且存在常数 $C > 0$, 使得 $0 \leqslant f(x) \leqslant Cg(x), x \in [a,+\infty)$, 则

(1) 当 $\displaystyle\int_a^{+\infty} g(x)\mathrm{d}x$ 收敛时, 有 $\displaystyle\int_a^{+\infty} f(x)\mathrm{d}x$ 收敛;

(2) 当 $\displaystyle\int_a^{+\infty} f(x)\mathrm{d}x$ 发散时, 有 $\displaystyle\int_a^{+\infty} g(x)\mathrm{d}x$ 发散.

证明 我们只需证明 (1) 成立, 因为 (2) 是 (1) 的逆否命题, 用反证法即可证明.

因为 $\displaystyle\int_a^{+\infty} g(x)\mathrm{d}x$ 收敛, 由定理 8.2.1 知, 函数 $G(A) = \displaystyle\int_a^{A} g(x)\mathrm{d}x$ 在 $[a, +\infty)$ 上有上界, 即存在 $M > 0$, 使得 $\displaystyle\int_a^{A} g(x)\mathrm{d}x \leqslant M,\ A \in [a, +\infty)$.

又由于 $0 \leqslant f(x) \leqslant Cg(x), x \in [a, +\infty)$, 所以

$$F(A) = \int_a^{A} f(x)\mathrm{d}x \leqslant C \int_a^{A} g(x)\mathrm{d}x \leqslant CM,$$

因此, $F(A) = \displaystyle\int_a^{A} f(x)\mathrm{d}x$ 在 $[a, +\infty)$ 上有上界, 再次利用定理 8.2.1, 得到无穷积分 $\displaystyle\int_a^{+\infty} f(x)\mathrm{d}x$ 收敛. 证毕

这个定理可以简单地记为 "对于非负函数, 被积函数大的积分收敛可推出被积函数小的积分收敛; 被积函数小的积分发散可推出被积函数大的积分也发散".

该定理也可用 Cauchy 收敛原理来证明, 留给读者去完成.

注 根据无穷积分收敛的定义可知, $\displaystyle\int_a^{+\infty} f(x)\mathrm{d}x$ 与 $\displaystyle\int_{A_0}^{+\infty} f(x)\mathrm{d}x$ 具有相同的敛散性, 因此定理 8.2.2 的条件 "$0 \leqslant f(x) \leqslant Cg(x), x \in [a, +\infty)$" 可以减弱为 "存在 $A_0 > a$, 使得 $0 \leqslant f(x) \leqslant Cg(x), x \in [A_0, +\infty)$".

推论 (比较判别法的极限形式) 设非负函数 $f(x), g(x)$ 在 $[a, +\infty)$ 上任意有限区间上可积, 且

$$\lim_{x \to +\infty} \frac{f(x)}{g(x)} = l,$$

则

(1) 当 $0 < l < +\infty$ 时, $\displaystyle\int_a^{+\infty} f(x)\mathrm{d}x$ 与 $\displaystyle\int_a^{+\infty} g(x)\mathrm{d}x$ 同时收敛或同时发散;

(2) 当 $l = 0$ 时, 若 $\displaystyle\int_a^{+\infty} g(x)\mathrm{d}x$ 收敛, 则 $\displaystyle\int_a^{+\infty} f(x)\mathrm{d}x$ 收敛;

(3) 当 $l = +\infty$ 时, 若 $\displaystyle\int_a^{+\infty} g(x)\mathrm{d}x$ 发散, 则 $\displaystyle\int_a^{+\infty} f(x)\mathrm{d}x$ 发散.

证明 我们只证明 (1) 成立, (2), (3) 可类似证明, 留给读者去完成.

因为 $\lim\limits_{x\to+\infty}\dfrac{f(x)}{g(x)}=l$, 利用极限的定义, 存在 $A_0>a$, 使得当 $x>A_0$ 时, 有

$$\frac{l}{2}<\frac{f(x)}{g(x)}<\frac{3}{2}l,$$

即

$$\frac{l}{2}g(x)<f(x)<\frac{3l}{2}g(x),$$

由定理 8.2.2 知, $\displaystyle\int_a^{+\infty}f(x)\mathrm{d}x$ 与 $\displaystyle\int_a^{+\infty}g(x)\mathrm{d}x$ 同时收敛或同时发散.　　　　证毕

在用比较判别法或其极限形式来判断无穷积分的敛散性时, 关键在于确定和哪个函数进行比较. 通常被用作比较的函数有 $\dfrac{1}{x^p},\dfrac{1}{x^p\ln^q x},\mathrm{e}^{-\alpha x}$ 等, 读者应熟练掌握这些函数中的参数取值与无穷积分敛散性之间的关系. 例如, $\displaystyle\int_1^{+\infty}\dfrac{1}{x^p}\mathrm{d}x$ 当 $p>1$ 时收敛, $p\leqslant1$ 时发散; $\displaystyle\int_2^{+\infty}\dfrac{1}{x^p\ln^q x}\mathrm{d}x$ 当 $p>1$ 时收敛; 当 $p=1,q>1$ 时收敛, 而对于其他情形, 积分发散; $\displaystyle\int_0^{+\infty}P(x)\mathrm{e}^{-\alpha x}\mathrm{d}x$ 当 $\alpha>0$ 时收敛, 其中 $P(x)$ 为任意多项式.

例 8.2.1　判断 $\displaystyle\int_1^{+\infty}\dfrac{\sin x\arctan x}{x\sqrt{x}}\mathrm{d}x$ 的敛散性.

解　因为

$$\left|\frac{\sin x\arctan x}{x\sqrt{x}}\right|\leqslant\frac{\pi}{2}\cdot\frac{1}{x^{\frac{3}{2}}},\quad x\in[1,+\infty),$$

而 $\displaystyle\int_1^{+\infty}\dfrac{1}{x^{\frac{3}{2}}}\mathrm{d}x$ 收敛, 由比较判别法, $\displaystyle\int_1^{+\infty}\dfrac{\sin x\arctan x}{x\sqrt{x}}\mathrm{d}x$ 绝对收敛, 由定理 8.1.5 知, $\displaystyle\int_1^{+\infty}\dfrac{\sin x\arctan x}{x\sqrt{x}}\mathrm{d}x$ 收敛.

例 8.2.2　判断 $\displaystyle\int_1^{+\infty}\dfrac{x\arctan x}{x^3+2x^2-x+1}\mathrm{d}x$ 的敛散性.

解　令 $f(x)=\dfrac{x\arctan x}{x^3+2x^2-x+1}$, 则 $f(x)\geqslant0,x\in[1,+\infty)$, 且

$$\lim_{x\to+\infty}\frac{f(x)}{\frac{1}{x^2}}=\frac{\pi}{2},$$

所以 $\displaystyle\int_1^{+\infty}\dfrac{x\arctan x}{x^3+2x^2-x+1}\mathrm{d}x$ 与 $\displaystyle\int_1^{+\infty}\dfrac{1}{x^2}\mathrm{d}x$ 具有相同的敛散性, 而 $\displaystyle\int_1^{+\infty}\dfrac{1}{x^2}\mathrm{d}x$

收敛, 因此 $\displaystyle\int_1^{+\infty}\dfrac{x\arctan x}{x^3+2x^2-x+1}\mathrm{d}x$ 收敛.

例 8.2.3 证明: $\displaystyle\int_1^{+\infty}\left(\dfrac{1}{[x]}-\dfrac{1}{x}\right)\mathrm{d}x=\lim_{n\to\infty}\left(1+\dfrac{1}{2}+\dfrac{1}{3}+\cdots+\dfrac{1}{n}-\ln n\right).$

证明 对任意 $x\geqslant 2$, 有

$$0\leqslant\frac{1}{[x]}-\frac{1}{x}\leqslant\frac{1}{(x-1)x}\quad(\text{因为}[x]\leqslant x<[x]+1),$$

而 $\displaystyle\int_2^{+\infty}\dfrac{1}{(x-1)x}\mathrm{d}x$ 收敛, 由比较判别法知, $\displaystyle\int_1^{+\infty}\left(\dfrac{1}{[x]}-\dfrac{1}{x}\right)\mathrm{d}x$ 收敛.

$$\begin{aligned}
\int_1^{+\infty}\left(\frac{1}{[x]}-\frac{1}{x}\right)\mathrm{d}x&=\lim_{n\to\infty}\int_1^n\left(\frac{1}{[x]}-\frac{1}{x}\right)\mathrm{d}x\\
&=\lim_{n\to\infty}\sum_{k=1}^{n-1}\int_k^{k+1}\left(\frac{1}{[x]}-\frac{1}{x}\right)\mathrm{d}x\\
&=\lim_{n\to\infty}\sum_{k=1}^{n-1}\int_k^{k+1}\left(\frac{1}{k}-\frac{1}{x}\right)\mathrm{d}x\\
&=\lim_{n\to\infty}\sum_{k=1}^{n-1}\left(\frac{1}{k}-\ln\frac{k+1}{k}\right)\\
&=\lim_{n\to\infty}\left(1+\frac{1}{2}+\cdots+\frac{1}{n-1}-\ln n\right),
\end{aligned}$$

因为 $\displaystyle\lim_{n\to\infty}\left(1+\dfrac{1}{2}+\cdots+\dfrac{1}{n}-\ln n\right)$ 存在, 所以

$$\begin{aligned}
\int_1^{+\infty}\left(\frac{1}{[x]}-\frac{1}{x}\right)\mathrm{d}x&=\lim_{n\to\infty}\left(1+\frac{1}{2}+\frac{1}{3}+\cdots+\frac{1}{n}-\ln n\right)-\lim_{n\to\infty}\frac{1}{n}\\
&=\lim_{n\to\infty}\left(1+\frac{1}{2}+\frac{1}{3}+\cdots+\frac{1}{n}-\ln n\right).
\end{aligned}$$

例 8.2.4 设无穷积分 $\displaystyle\int_a^{+\infty}f(x)\mathrm{d}x$ 绝对收敛且 $\displaystyle\lim_{x\to+\infty}f(x)=0$. 证明: $\displaystyle\int_a^{+\infty}f^2(x)\mathrm{d}x$ 收敛.

证明 因 $\lim\limits_{x\to+\infty} f(x) = 0$, 所以 对 $\varepsilon = 1, \exists A > a, \forall x \geqslant A$, 有 $|f(x)| < 1$. 由此得到

$$f^2(x) \leqslant |f(x)|, \quad \forall x \geqslant A.$$

而 $\displaystyle\int_a^{+\infty} f(x)\mathrm{d}x$ 绝对收敛, 由比较判别法知, $\displaystyle\int_a^{+\infty} f^2(x)\mathrm{d}x$ 收敛.

例 8.2.5 设 $f(x) \leqslant h(x) \leqslant g(x), x \in [a, +\infty)$, $h(x)$ 在 $[a, +\infty)$ 上任意有限区间上可积且无穷积分 $\displaystyle\int_a^{+\infty} f(x)\mathrm{d}x$ 与 $\displaystyle\int_a^{+\infty} g(x)\mathrm{d}x$ 都收敛, 证明: $\displaystyle\int_a^{+\infty} h(x)\mathrm{d}x$ 收敛.

证明 由 $f(x) \leqslant h(x) \leqslant g(x), x \in [a, +\infty)$ 知,

$$0 \leqslant h(x) - f(x) \leqslant g(x) - f(x),$$

又因为 $\displaystyle\int_a^{+\infty} f(x)\mathrm{d}x$ 与 $\displaystyle\int_a^{+\infty} g(x)\mathrm{d}x$ 收敛, 所以 $\displaystyle\int_a^{+\infty} (g(x) - f(x))\mathrm{d}x$ 收敛, 利用比较判别法得 $\displaystyle\int_a^{+\infty} (h(x) - f(x))\mathrm{d}x$ 收敛, 从而 $\displaystyle\int_a^{+\infty} h(x)\mathrm{d}x$ 收敛.

例 8.2.6 判别 $\displaystyle\int_0^{+\infty} x\sin x^4 \sin x\mathrm{d}x$ 的敛散性.

解 设 $A'' > A' > A$, 利用分部积分法, 有

$$\int_{A'}^{A''} x\sin x^4 \sin x\mathrm{d}x = -\int_{A'}^{A''} \frac{\sin x}{4x^2}\mathrm{d}(\cos x^4)$$

$$= -\left.\frac{\cos x^4 \sin x}{4x^2}\right|_{A'}^{A''} + \frac{1}{4}\int_{A'}^{A''} \frac{\cos x^4 \cos x}{x^2}\mathrm{d}x$$

$$- \frac{1}{2}\int_{A'}^{A''} \frac{\cos x^4 \sin x}{x^3}\mathrm{d}x,$$

因此

$$\left|\int_{A'}^{A''} x\sin x^4 \sin x\mathrm{d}x\right| \leqslant \frac{1}{4}\left(\frac{1}{(A')^2} + \frac{1}{(A'')^2}\right) + \frac{1}{4}\int_{A'}^{A''} \frac{1}{x^2}\mathrm{d}x + \frac{1}{2}\int_{A'}^{A''} \frac{1}{x^3}\mathrm{d}x.$$

由于 $\displaystyle\int_1^{+\infty} \frac{1}{x^2}\mathrm{d}x$ 与 $\displaystyle\int_1^{+\infty} \frac{1}{x^3}\mathrm{d}x$ 收敛, 利用 Cauchy 收敛原理, 当 $A \to +\infty$ 时, 上式右端第二项与第三项都可以任意小, 而第一项当 $A \to +\infty$ 时显然趋于零.

因此当 $A \to +\infty$ 时, 上式左端也可以任意小, 这就证明了: 对任给 $\varepsilon > 0$, 存在充分大的 A, 当 $A'' > A' > A$ 时, 有

$$\left| \int_{A'}^{A''} x \sin x^4 \sin x \mathrm{d}x \right| < \varepsilon,$$

由 Cauchy 收敛原理, $\displaystyle\int_0^{+\infty} x \sin x^4 \sin x \mathrm{d}x$ 收敛.

8.2.2 任意函数无穷积分的敛散性判别法

无穷积分的比较判别法及其极限形式, 主要用于判定无穷积分的绝对收敛. 对于非绝对收敛的无穷积分, 为了判别其敛散性, 需要更加精细的判别法. 为此, 我们需要引入积分第二中值定理.

定理 8.2.3 (积分第二中值定理) 设函数 $f(x)$ 在 $[a,b]$ 上可积.

(1) 若 $g(x)$ 在 $[a,b]$ 上单调递增, 且 $g(a) \geqslant 0$, 则存在 $\xi \in [a,b]$, 使得

$$\int_a^b f(x)g(x)\mathrm{d}x = g(b) \int_\xi^b f(x)\mathrm{d}x.$$

(2) 若 $g(x)$ 在 $[a,b]$ 上单调递减, 且 $g(b) \geqslant 0$, 则存在 $\xi \in [a,b]$, 使得

$$\int_a^b f(x)g(x)\mathrm{d}x = g(a) \int_a^\xi f(x)\mathrm{d}x.$$

(3) 若 $g(x)$ 在 $[a,b]$ 上单调, 则存在 $\xi \in [a,b]$, 使得

$$\int_a^b f(x)g(x)\mathrm{d}x = g(a) \int_a^\xi f(x)\mathrm{d}x + g(b) \int_\xi^b f(x)\mathrm{d}x.$$

证明 我们只证明 (1) 和 (3), (2) 的证明类似于 (1), 留给读者去完成.

由于 $f(x)$ 在 $[a,b]$ 上可积, 所以存在 $K > 0$, 使得 $|f(x)| \leqslant K$. 又 $g(x)$ 在 $[a,b]$ 上单调递增, 所以 $g(x), f(x)g(x)$ 都在 $[a,b]$ 上可积.

令 $F(x) = \displaystyle\int_x^b f(t)\mathrm{d}t$, 则 $F(x)$ 在 $[a,b]$ 上连续, 从而 $F(x)$ 在 $[a,b]$ 上必有最大值和最小值, 分别记为 M 和 m.

如果我们能证明下面不等式

$$mg(b) \leqslant \int_a^b f(x)g(x)\mathrm{d}x \leqslant Mg(b)$$

成立, 那么必有 $\eta \in [m, M]$, 使得 $\displaystyle\int_a^b f(x)g(x)\mathrm{d}x = \eta f(b)$, 再利用连续函数的介值定理, 存在 $\xi \in [a,b]$, 使得 $F(\xi) = \eta$, 结论 (1) 得证.

对于 $[a,b]$ 的任意分割 $\Delta: a = x_0 < x_1 < x_2 < \cdots < x_{n-1} < x_n = b$, 记 $\Delta x_i = x_i - x_{i-1}$, ω_i 为 $g(x)$ 在 $[x_{i-1}, x_i]$ 上的振幅, $\lambda = \max\limits_{1 \leqslant i \leqslant n}\{\Delta x_i\}$.

$$\int_a^b f(x)g(x)\mathrm{d}x = \sum_{i=1}^n \int_{x_{i-1}}^{x_i} f(x)g(x)\mathrm{d}x = \sum_{i=1}^n \int_{x_{i-1}}^{x_i} f(x)[g(x_i) + (g(x) - g(x_i))]\mathrm{d}x$$

$$= \sum_{i=1}^n g(x_i) \int_{x_{i-1}}^{x_i} f(x)\mathrm{d}x + \sum_{i=1}^n \int_{x_{i-1}}^{x_i} f(x)(g(x) - g(x_i))\mathrm{d}x.$$

由于

$$\left| \sum_{i=1}^n \int_{x_{i-1}}^{x_i} f(x)(g(x) - g(x_i))\mathrm{d}x \right| \leqslant \sum_{i=1}^n \int_{x_{i-1}}^{x_i} |f(x)| \cdot |g(x) - g(x_i)|\mathrm{d}x$$

$$\leqslant K \sum_{i=1}^n \omega_i \Delta x_i \to 0 \quad (\lambda \to 0),$$

所以

$$\int_a^b f(x)g(x)\mathrm{d}x = \lim_{\lambda \to 0} \sum_{i=1}^n g(x_i) \int_{x_{i-1}}^{x_i} f(x)\mathrm{d}x.$$

下面证明

$$mg(b) \leqslant \lim_{\lambda \to 0} \sum_{i=1}^n g(x_i) \int_{x_{i-1}}^{x_i} f(x)\mathrm{d}x \leqslant Mg(b).$$

由于

$$\int_{x_{i-1}}^{x_i} f(x)\mathrm{d}x = \int_{x_{i-1}}^b f(x)\mathrm{d}x - \int_{x_i}^b f(x)\mathrm{d}x = F(x_{i-1}) - F(x_i), \quad \text{且 } F(x_n) = F(b) = 0,$$

所以

$$\sum_{i=1}^n g(x_i) \int_{x_{i-1}}^{x_i} f(x)\mathrm{d}x = \sum_{i=1}^n g(x_i)\left(F(x_{i-1}) - F(x_i)\right)$$

$$= g(x_1)F(x_0) + \sum_{i=2}^n g(x_i)F(x_{i-1}) - \sum_{i=1}^{n-1} g(x_i)F(x_i)$$

$$= g(x_1)F(x_0) + \sum_{i=1}^{n-1} g(x_{i+1})F(x_i) - \sum_{i=1}^{n-1} g(x_i)F(x_i)$$

$$= g(x_1)F(x_0) + \sum_{i=1}^{n-1} [g(x_{i+1}) - g(x_i)]F(x_i).$$

注意到

$$m \leqslant F(x) \leqslant M, \ x \in [a,b], \quad g(x_{i+1}) - g(x_i) \geqslant 0, \ g(x_1) \geqslant 0,$$

所以

$$\sum_{i=1}^{n} g(x_i) \int_{x_{i-1}}^{x_i} f(x)\mathrm{d}x \leqslant g(x_1)M + M\sum_{i=1}^{n-1} [g(x_{i+1}) - g(x_i)] = Mg(b),$$

并且

$$\sum_{i=1}^{n} g(x_i) \int_{x_{i-1}}^{x_i} f(x)\mathrm{d}x \geqslant g(x_1)m + m\sum_{i=1}^{n-1} [g(x_{i+1}) - g(x_i)] = mg(b),$$

在上面两个不等式中, 令 $\lambda \to 0$ 得到

$$mg(b) \leqslant \lim_{\lambda \to 0} \sum_{i=1}^{n} g(x_i) \int_{x_{i-1}}^{x_i} f(x)\mathrm{d}x \leqslant Mg(b),$$

即

$$mg(b) \leqslant \int_a^b f(x)g(x)\mathrm{d}x \leqslant Mg(b),$$

这样我们就证明了 (1) 的结论成立.

现在利用 (1) 来证明 (3).

不妨设 $g(x)$ 在 $[a,b]$ 上单调递增, 令 $h(x) = g(x) - g(a)$, 则 $h(x)$ 在 $[a,b]$ 上单调递增且 $h(a) = 0$, 利用 (1) 的结论, 存在 $\xi \in [a,b]$, 使得

$$\int_a^b f(x)h(x)\mathrm{d}x = h(b) \int_\xi^b f(x)\mathrm{d}x,$$

即

$$\int_a^b f(x)(g(x) - g(a))\mathrm{d}x = (g(b) - g(a)) \int_\xi^b f(x)\mathrm{d}x,$$

移项整理得

$$\int_a^b f(x)g(x)\mathrm{d}x = g(a) \int_a^\xi f(x)\mathrm{d}x + g(b) \int_\xi^b f(x)\mathrm{d}x. \qquad \text{证毕}$$

定理 8.2.4 (阿贝尔 (Abel) 判别法) 若无穷积分 $\int_a^{+\infty} f(x)\mathrm{d}x$ 收敛, 且 $g(x)$ 在 $[a, +\infty)$ 上单调有界, 则无穷积分 $\int_a^{+\infty} f(x)g(x)\mathrm{d}x$ 收敛.

证明 设 $|g(x)| \leqslant M, \forall x \in [a, +\infty)$. 由于 $\int_a^{+\infty} f(x)\mathrm{d}x$ 收敛知, 对任给 $\varepsilon > 0$, 存在 $A_0 > a$, 当 $A' > A \geqslant A_0$ 时, 有

$$\left| \int_A^{A'} f(x)\mathrm{d}x \right| < \varepsilon.$$

由积分第二中值定理, 有

$$\int_A^{A'} f(x)g(x)\mathrm{d}x = g(A) \int_A^{\xi} f(x)\mathrm{d}x + g(A') \int_{\xi}^{A'} f(x)\mathrm{d}x, \quad \xi \in [A, A'].$$

由于 A, ξ, A' 都大于 A_0, 所以

$$\left| \int_A^{\xi} f(x)\mathrm{d}x \right| < \varepsilon, \quad \left| \int_{\xi}^{A'} f(x)\mathrm{d}x \right| < \varepsilon,$$

因此

$$\left| \int_A^{A'} f(x)g(x)\mathrm{d}x \right| \leqslant |g(A)| \cdot \left| \int_A^{\xi} f(x)\mathrm{d}x \right| + |g(A')| \cdot \left| \int_{\xi}^{A'} f(x)\mathrm{d}x \right|$$
$$< 2K\varepsilon,$$

由柯西收敛原理知, 无穷积分 $\int_a^{+\infty} f(x)g(x)\mathrm{d}x$ 收敛. 证毕

定理 8.2.5 (狄利克雷判别法) 若函数 $F(A) = \int_a^A f(x)\mathrm{d}x$ 在 $[a, +\infty)$ 上有界, $g(x)$ 在 $[a, +\infty)$ 上单调且 $\lim_{x \to +\infty} g(x) = 0$, 则无穷积分 $\int_a^{+\infty} f(x)g(x)\mathrm{d}x$ 收敛.

证明 设 $|F(A)| \leqslant M, \forall A \in [a, +\infty)$. 从而对任意 $A' > A \geqslant a$, 有

$$\left| \int_A^{A'} f(x)\mathrm{d}x \right| = \left| \int_a^{A'} f(x)\mathrm{d}x - \int_a^A f(x)\mathrm{d}x \right| \leqslant 2M.$$

由于 $\lim\limits_{x\to+\infty} g(x) = 0$, 所以对任给 $\varepsilon > 0$, 存在 $A_0 > a$, 当 $x \geqslant A_0$ 时, 有

$$|g(x)| < \varepsilon.$$

由积分第二中值定理, 有

$$\int_A^{A'} f(x)g(x)\mathrm{d}x = g(A)\int_A^{\xi} f(x)\mathrm{d}x + g(A')\int_{\xi}^{A'} f(x)\mathrm{d}x, \quad \xi \in [A, A'].$$

于是, 对任意 $A' > A \geqslant A_0$, 有

$$\left| \int_A^{A'} f(x)g(x)\mathrm{d}x \right| \leqslant |g(A)| \cdot \left| \int_A^{\xi} f(x)\mathrm{d}x \right| + |g(A')| \cdot \left| \int_{\xi}^{A'} f(x)\mathrm{d}x \right|$$

$$\leqslant |g(A)| \cdot 2M + |g(A')| \cdot 2M$$

$$< 4M\varepsilon,$$

由柯西收敛原理知, 无穷积分 $\int_a^{+\infty} f(x)g(x)\mathrm{d}x$ 收敛. 证毕

例 8.2.7 证明: 无穷积分 $\int_0^{+\infty} \dfrac{\sin x}{x}\mathrm{d}x$ 为条件收敛.

证明 由于

$$f(x) = \begin{cases} \dfrac{\sin x}{x}, & x \neq 0, \\ 1, & x = 0 \end{cases}$$

在 $[0, +\infty)$ 上连续, 因此我们只需证明 $\int_1^{+\infty} \dfrac{\sin x}{x}\mathrm{d}x$ 为条件收敛.

由于 $\left| \int_1^A \sin x\, \mathrm{d}x \right| \leqslant 2$, 所以 $F(A) = \int_1^A \sin x\, \mathrm{d}x$ 在 $[1, +\infty)$ 上有界. 又函数 $\dfrac{1}{x}$ 在 $[1, +\infty)$ 上单调趋于零, 由狄利克雷判别法知 $\int_1^{+\infty} \dfrac{\sin x}{x}\mathrm{d}x$ 收敛.

由于

$$\left| \dfrac{\sin x}{x} \right| \geqslant \dfrac{\sin^2 x}{x} = \dfrac{1}{2x} - \dfrac{\cos 2x}{2x} \geqslant 0, \quad x \in [1, +\infty),$$

用狄利克雷判别法, 可以证明 $\int_1^{+\infty} \dfrac{\cos 2x}{2x}\mathrm{d}x$ 收敛, 而 $\int_1^{+\infty} \dfrac{1}{2x}\mathrm{d}x$ 发散, 所以 $\int_1^{+\infty} \dfrac{\sin^2 x}{x}\mathrm{d}x$ 发散. 由比较判别法知, $\int_1^{+\infty} \left| \dfrac{\sin x}{x} \right|\mathrm{d}x$ 发散.

综上所述, 无穷积分 $\displaystyle\int_0^{+\infty}\frac{\sin x}{x}\mathrm{d}x$ 为条件收敛.

例 8.2.8　判别无穷积分 $\displaystyle\int_1^{+\infty}\cos x^2\,\mathrm{d}x$ 的敛散性.

解　作变换 $t=x^2$, 则

$$\int_1^{+\infty}\cos x^2\mathrm{d}x=\frac{1}{2}\int_1^{+\infty}\frac{\cos t}{\sqrt{t}}\mathrm{d}t,$$

由于 $\left|\displaystyle\int_1^A\cos t\mathrm{d}t\right|\leqslant 2$, 所以 $F(A)=\displaystyle\int_1^A\cos t\,\mathrm{d}t$ 在 $[1,+\infty)$ 上有界.

又 $\dfrac{1}{\sqrt{t}}$ 在 $[1,+\infty)$ 上单调趋于零, 由狄利克雷判别法知 $\displaystyle\int_1^{+\infty}\frac{\cos t}{\sqrt{t}}\mathrm{d}t$ 收敛,

所以 $\displaystyle\int_1^{+\infty}\cos x^2\mathrm{d}x$ 收敛.

注　从这个例子可以看出, 函数 $f(x)$ 在 $[a,+\infty)$ 上连续且 $\displaystyle\int_a^{+\infty}f(x)\mathrm{d}x$ 收敛, 也不能保证 $\displaystyle\lim_{x\to+\infty}f(x)=0$.

例 8.2.9　证明: $\displaystyle\int_1^{+\infty}\frac{\cos x\arctan x}{\sqrt{x}}\mathrm{d}x$ 收敛.

证明　由狄利克雷判别法知, $\displaystyle\int_1^{+\infty}\frac{\cos x}{\sqrt{x}}\mathrm{d}x$ 收敛. 又 $\arctan x$ 在 $[1,+\infty)$ 上单调有界, 利用阿贝尔判别法可知, $\displaystyle\int_1^{+\infty}\frac{\cos x\arctan x}{\sqrt{x}}\mathrm{d}x$ 收敛.

例 8.2.10　设 $f(x)$ 在 $[0,+\infty)$ 上单调递减, $f'(x)$ 在 $[0,+\infty)$ 上连续, 且 $\displaystyle\lim_{x\to+\infty}f(x)=0$. 证明: $\displaystyle\int_0^{+\infty}f'(x)\sin^2 x\mathrm{d}x$ 收敛.

证明

$$\int_0^{+\infty}f'(x)\sin^2 x\mathrm{d}x=\int_0^{+\infty}\sin^2 x\mathrm{d}f(x)$$

$$=f(x)\sin^2 x\Big|_0^{+\infty}-\int_0^{+\infty}f(x)\sin 2x\mathrm{d}x$$

$$=-\int_0^{+\infty}f(x)\sin 2x\mathrm{d}x.$$

由于 $\left|\displaystyle\int_0^A\sin 2x\mathrm{d}x\right|\leqslant 1$, 所以 $F(A)=\displaystyle\int_0^A\sin 2x\mathrm{d}x$ 在 $[0,+\infty)$ 上有界, 而 $f(x)$

在 $[0, +\infty)$ 上单调趋于零, 由狄利克雷判别法知, $\displaystyle\int_0^{+\infty} f(x) \sin 2x \mathrm{d}x$ 收敛, 从而 $\displaystyle\int_0^{+\infty} f'(x) \sin^2 x \mathrm{d}x$ 收敛.

例 8.2.11 设正值函数 $f(x)$ 在 $[a, +\infty)$ 上单调递减, 证明: $\displaystyle\int_a^{+\infty} f(x) \mathrm{d}x$ 与 $\displaystyle\int_a^{+\infty} f(x) \sin^2 x \mathrm{d}x$ 具有相同的敛散性.

证明 由 $f(x) > 0$ 且在 $[a, +\infty)$ 上单调递减, 可设 $\displaystyle\lim_{x \to +\infty} f(x) = c \geqslant 0$.

(1) 若 $c = 0$, 则由狄利克雷判别法知, $\displaystyle\int_a^{+\infty} f(x) \cos 2x \mathrm{d}x$ 收敛.

因为

$$\int_a^{+\infty} f(x) \sin^2 x \mathrm{d}x = \int_a^{+\infty} f(x) \frac{1 - \cos 2x}{2} \mathrm{d}x$$
$$= \frac{1}{2} \int_a^{+\infty} f(x) \mathrm{d}x - \frac{1}{2} \int_a^{+\infty} f(x) \cos 2x \mathrm{d}x,$$

所以 $\displaystyle\int_a^{+\infty} f(x) \mathrm{d}x$ 与 $\displaystyle\int_a^{+\infty} f(x) \sin^2 x \mathrm{d}x$ 具有相同的敛散性.

(2) 若 $c > 0$, 则 $f(x) \geqslant c, \forall x \in [a, +\infty)$, 显然有 $\displaystyle\int_a^\infty f(x) \mathrm{d}x$ 发散.

对任意 $A_0 > a$, 选取 $A = 2n\pi, A' = 2n\pi + \pi$, 使得 $A' > A \geqslant A_0$, 此时有

$$\left| \int_{A'}^{A''} f(x) \sin^2 x \mathrm{d}x \right| \geqslant c \int_{2n\pi}^{2n\pi + \pi} \sin^2 x \mathrm{d}x = c \int_0^\pi \sin^2 x \mathrm{d}x = \frac{\pi c}{2},$$

由柯西收敛原理知, $\displaystyle\int_a^{+\infty} f(x) \sin^2 x \mathrm{d}x$ 发散.

综上所述, $\displaystyle\int_a^{+\infty} f(x) \mathrm{d}x$ 与 $\displaystyle\int_a^{+\infty} f(x) \sin^2 x \mathrm{d}x$ 具有相同的敛散性.

例 8.2.12 讨论无穷积分 $\displaystyle\int_0^{+\infty} \frac{\sin x}{x^p + \sin x} \mathrm{d}x \ (p > 0)$ 的敛散性.

解 因为

$$\lim_{x \to 0+} \frac{\sin x}{x^p + \sin x} = \begin{cases} \dfrac{1}{2}, & p = 1, \\ 1, & p > 1, \\ 0, & p < 1, \end{cases}$$

所以适当定义 $f(x) = \dfrac{\sin x}{x^p + \sin x}$ 在 $x = 0$ 处的函数值, 可使 $f(x) = \dfrac{\sin x}{x^p + \sin x}$ 在 $[0, +\infty)$ 上连续, 因此我们只需讨论 $\displaystyle\int_2^{+\infty} \dfrac{\sin x}{x^p + \sin x}\mathrm{d}x \ (p > 0)$ 的敛散性.

由于

$$\frac{\sin x}{x^p + \sin x} = \frac{\sin x}{x^p} \cdot \frac{x^p}{x^p + \sin x} = \frac{\sin x}{x^p} - \frac{\sin^2 x}{x^p(x^p + \sin x)}.$$

(1) 对任意 $p > 0$, 由狄利克雷判别法知, $\displaystyle\int_2^{+\infty} \dfrac{\sin x}{x^p}\mathrm{d}x$ 收敛.

(2) 下面讨论 $\displaystyle\int_2^{+\infty} \dfrac{\sin^2 x}{x^p(x^p + \sin x)}\mathrm{d}x$ 的敛散性.

(i) 当 $p > \dfrac{1}{2}$ 时, 由于

$$0 \leqslant \frac{\sin^2 x}{x^p(x^p + \sin x)} \leqslant \frac{1}{x^p(x^p - 1)} \sim \frac{1}{x^{2p}}(x \to +\infty),$$

而 $\displaystyle\int_2^{+\infty} \dfrac{1}{x^{2p}}\mathrm{d}x$ 当 $p > \dfrac{1}{2}$ 时收敛, 由比较判别法知 $\displaystyle\int_2^{+\infty} \dfrac{\sin^2 x}{x^p(x^p + \sin x)}\mathrm{d}x$ 收敛.

(ii) 当 $p \leqslant \dfrac{1}{2}$, 我们有

$$\frac{\sin^2 x}{x^p(x^p + \sin x)} \geqslant \frac{\sin^2 x}{x^p(x^p + 1)} = \frac{1}{2x^p(x^p + 1)} - \frac{\cos 2x}{2x^p(x^p + 1)} \geqslant 0, \quad x \in [2, +\infty).$$

由狄利克雷判别法知, 当 $p > 0$ 时, $\displaystyle\int_2^{+\infty} \dfrac{\cos 2x}{2x^p(x^p + 1)}\mathrm{d}x$ 收敛, 且 $p \leqslant \dfrac{1}{2}$ 时, $\displaystyle\int_2^{+\infty} \dfrac{1}{2x^p(x^p + 1)}\mathrm{d}x$ 发散, 因此 $\displaystyle\int_2^{+\infty} \dfrac{\sin^2 x}{x^p(x^p + \sin x)}\mathrm{d}x$ 发散.

综上所述, $\displaystyle\int_0^{+\infty} \dfrac{\sin x}{x^p + \sin x}\mathrm{d}x$ 当 $p > \dfrac{1}{2}$ 时收敛, 当 $0 < p \leqslant \dfrac{1}{2}$ 时发散.

例 8.2.13　设函数 $f(x)$ 在 $[a, +\infty)$ 上一致连续且 $\displaystyle\int_a^{+\infty} f(x)\mathrm{d}x$ 收敛, 证明:

$$\lim_{x \to +\infty} f(x) = 0.$$

证明　用反证法. 假设在题设的条件下, $\displaystyle\lim_{x \to +\infty} f(x) = 0$ 不成立, 则根据极限的定义知, 存在 $\varepsilon_0 > 0$, 使得对任意 $A > a$, 存在 $x_1 > A$, 使得 $|f(x_1)| \geqslant \varepsilon_0$.

又因为 $f(x)$ 在 $[a,+\infty)$ 上一致连续, 所以对任意 $\dfrac{\varepsilon_0}{2} > 0$, 存在 $\delta > 0$, 使得对任意 $x', x'' \in [a,+\infty)$, 当 $|x' - x''| \leqslant \delta$ 时, 有 $|f(x') - f(x'')| < \dfrac{\varepsilon_0}{2}$.

于是当 $x \in [x_1, x_1 + \delta]$ 时, 有

$$|f(x)| = |f(x_1) + f(x) - f(x_1)| \geqslant |f(x_1)| - |f(x) - f(x_1)|$$

$$> \varepsilon_0 - \frac{\varepsilon_0}{2} = \frac{\varepsilon_0}{2},$$

并且 $f(x)$ 与 $f(x_1)$ 同号, 从而 $f(x)$ 在 $[x_1, x_1 + \delta]$ 上保号. 事实上, 若 $f(x)$ 与 $f(x_1)$ 异号, 则有

$$|f(x) - f(x_1)| > |f(x_1)| \geqslant \varepsilon_0,$$

这与 $|f(x) - f(x_1)| < \varepsilon_0$ 矛盾.

由于 $f(x)$ 在 $[x_1, x_1 + \delta]$ 上不变号, 因此有

$$\left| \int_{x_1}^{x_1+\delta} f(x)\mathrm{d}x \right| = \int_{x_1}^{x_1+\delta} |f(x)|\mathrm{d}x \geqslant \int_{x_1}^{x_1+\delta} \frac{\varepsilon_0}{2}\mathrm{d}x = \frac{\varepsilon_0 \delta}{2}.$$

由柯西收敛原理知, $\displaystyle\int_a^{+\infty} f(x)\mathrm{d}x$ 发散, 这与题目的条件相矛盾. 因此 $\displaystyle\lim_{x \to +\infty} f(x) = 0$.

习　题　8.2

1. 讨论下列无穷积分的敛散性:

(1) $\displaystyle\int_0^{+\infty} \mathrm{e}^{-x^2}\mathrm{d}x$;

(2) $\displaystyle\int_0^{+\infty} \mathrm{e}^{-x^2} \sin ax\mathrm{d}x$;

(3) $\displaystyle\int_1^{+\infty} \frac{\mathrm{d}x}{x\sqrt{x^2+3x+1}}$;

(4) $\displaystyle\int_1^{+\infty} \frac{\arctan x}{1+x^4}\mathrm{d}x$;

(5) $\displaystyle\int_0^{+\infty} \frac{x^2+1}{x^4-x^2+2}\mathrm{d}x$;

(6) $\displaystyle\int_1^{+\infty} \frac{\ln^4 x}{x^p}\mathrm{d}x \ (p > 0)$;

(7) $\displaystyle\int_0^{+\infty} P_n(x)\mathrm{e}^{-ax}\mathrm{d}x$ (其中 $a > 0$, $P_n(x)$ 为 n 次多项式);

(8) $\displaystyle\int_0^{+\infty} \frac{x^q}{1+x^p}\mathrm{d}x \ (p > 0, q > 0)$.

2. 讨论下列无穷积分的敛散性 (包括绝对收敛、条件收敛和发散):

(1) $\displaystyle\int_2^{+\infty} \frac{\cos x}{x \ln x}\mathrm{d}x$;

(2) $\displaystyle\int_1^{+\infty} \frac{\cos x}{x^p}\mathrm{d}x \ (p > 0)$;

(3) $\displaystyle\int_0^{+\infty} \sin x^2\mathrm{d}x$;

(4) $\displaystyle\int_1^{+\infty} \frac{\sin x \arctan x}{x^p}\mathrm{d}x \ (p > 0)$;

(5) $\displaystyle\int_2^{+\infty} \frac{\ln \ln x}{\ln x}\cos x\mathrm{d}x$.

3. 设 $f(x)$ 是 $(-\infty, +\infty)$ 上非负函数, 且在其任何有限区间上可积, 证明: $\displaystyle\int_{-\infty}^{+\infty} f(x)\mathrm{d}x$ 收敛的充分必要条件是 (cpv) $\displaystyle\int_{-\infty}^{+\infty} f(x)\mathrm{d}x$ 收敛.

4. 设 $f(x)$ 在 $[a, +\infty)$ 上单调, 且无穷积分 $\displaystyle\int_a^{+\infty} f(x)\mathrm{d}x$ 收敛, 证明: $\displaystyle\lim_{x \to +\infty} xf(x) = 0$.

5. 设 $xf(x)$ 在 $[a, +\infty)$ 上单调递减, 无穷积分 $\displaystyle\int_a^{+\infty} f(x)\mathrm{d}x$ 收敛, 证明:

$$\lim_{x \to +\infty} xf(x) \ln x = 0.$$

6. 设 $f(x), g(x)$ 都在 $[a, +\infty)$ 上连续且有 $\displaystyle\lim_{x \to +\infty} \frac{g(x)}{f(x)} = 1$, $\displaystyle\int_a^{+\infty} f(x)\mathrm{d}x$ 收敛. 问 $\displaystyle\int_a^{+\infty} g(x)\mathrm{d}x$ 是否必收敛? 说明理由.

7. 设 $f(x)$ 是 $(-\infty, +\infty)$ 上周期为 2π 的连续函数, 且 $\displaystyle\int_0^{2\pi} f(x)\mathrm{d}x = 0$, 证明: 对任意 $p > 0$, 无穷积分 $\displaystyle\int_1^{+\infty} x^{-p} f(x)\mathrm{d}x$ 收敛.

8. 设 $f(x)$ 是 $[0, +\infty)$ 上非负可导函数, $f(0) = 0, f'(x) \leqslant \dfrac{1}{2}$. 假设 $\displaystyle\int_0^{+\infty} f(x)\mathrm{d}x$ 收敛. 证明: 对任意 $\alpha > 1$, $\displaystyle\int_0^{+\infty} f^{\alpha}(x)\mathrm{d}x$ 也收敛, 并且

$$\int_0^{+\infty} f^{\alpha}(x)\mathrm{d}x \leqslant \left(\int_0^{+\infty} f(x)\mathrm{d}x \right)^{\beta}, \quad \beta = \frac{\alpha+1}{2}.$$

9. 设 $\displaystyle\int_a^{+\infty} f(x)\mathrm{d}x$ 收敛, $g(x)$ 在 $[a, +\infty)$ 上有界. 问 $\displaystyle\int_a^{+\infty} f(x)g(x)\mathrm{d}x$ 是否必收敛? 说明理由.

8.3 瑕 积 分

8.3.1 瑕积分的概念

在引入瑕积分的概念之前, 我们先来看两个例子.

按照黎曼可积的定义, 区间 $[a,b]$ 上的无界函数是不可积的. 但是在实际中, 我们需要对无界函数求积分, 例如要求半径为 R 的圆的周长 l, 我们只需求出圆在第一象限的部分的弧长 l_1, 则有 $l = 4l_1$. 圆在第一象限部分曲线的方程为

$$y = \sqrt{R^2 - x^2}, \quad x \in [0, R],$$

利用弧长公式有

$$l_1 = \int_0^R \sqrt{1 + (y')^2}\mathrm{d}x = \int_0^R \frac{R}{\sqrt{R^2 - x^2}}\mathrm{d}x = R\arcsin\frac{x}{R}\Big|_0^R = \frac{\pi R}{2},$$

从而圆的周长 $l = 4l_1 = 2\pi R$.

但是细心的读者就会发现, 函数 $f(x) = \dfrac{1}{\sqrt{R^2 - x^2}}$ 在 $[0, R)$ 上无界 $\bigg($ 事实上, 容易看出 $\lim\limits_{x \to R-} \dfrac{1}{\sqrt{R^2 - x^2}} = +\infty \bigg)$, 因此, 按照以前定积分的定义, $\displaystyle\int_0^R \frac{R}{\sqrt{R^2 - x^2}}\mathrm{d}x$ 是没有意义的. 这样就出现了一个问题: 一个原本没有定义的积分 $\displaystyle\int_0^R \frac{R}{\sqrt{R^2 - x^2}}\mathrm{d}x$, 由于被积函数存在有界的原函数, 当我们仍按照常义积分的计算公式进行计算时, 却得到了正确的结果.

对于函数 $f(x) = \begin{cases} 2x\sin\dfrac{1}{x^2} - \dfrac{2}{x}\cos\dfrac{1}{x^2}, & x \neq 0, \\ 0, & x = 0, \end{cases}$ 不难看出 $f(x)$ 在 $x = 0$ 处的附近无界, 从而函数 $f(x)$ 在包含原点的任何区间 $[a, b]$ 上的定积分没有定义, 但是容易验证

$$F(x) = \begin{cases} x^2\sin\dfrac{1}{x^2}, & x \neq 0, \\ 0, & x = 0 \end{cases}$$

是 $f(x)$ 的一个原函数, 且 $F(x)$ 有界.

基于上述情况, 我们有必要把定积分的定义推广到被积函数在 $[a, b]$ 上无界的情形. 在这一节中, 我们不讨论一般无界函数的积分, 只讨论在 $[a, b]$ 中某一点 x_0 附近无界的函数 $f(x)$ 的积分. 我们称这种点 x_0 为函数 $f(x)$ 的一个**瑕点** (或**奇点**), 并把含有瑕点的函数的积分称为**瑕积分**.

定义 8.3.1 设函数 $f(x)$ 在 $(a, b]$ 上有定义, a 是 $f(x)$ 的一个瑕点. 若对于任意 $0 < \eta < b - a$, 有 $f(x)$ 在 $[a+\eta, b]$ 上黎曼可积, 且极限

$$\lim_{\eta \to 0+} \int_{a+\eta}^{b} f(x)\mathrm{d}x$$

存在, 则称瑕积分 $\int_a^b f(x)\mathrm{d}x$ 收敛 (或称无界函数 $f(x)$ 在 $[a, b]$ 上可积), 记为

$$\int_a^b f(x)\mathrm{d}x = \lim_{\eta \to 0+} \int_{a+\eta}^{b} f(x)\mathrm{d}x.$$

若极限 $\lim\limits_{\eta \to 0+} \int_{a+\eta}^{b} f(x)\mathrm{d}x$ 不存在, 则称瑕积分 $\int_a^b f(x)\mathrm{d}x$ 发散.

注 当函数 $f(x)$ 在 $[a, b]$ 上黎曼可积时, 由于定积分作为下限的函数是连续的, 因此

$$\int_a^b f(x)\mathrm{d}x = \lim_{\eta \to 0+} \int_{a+\eta}^{b} f(x)\mathrm{d}x,$$

这表明瑕积分收敛是黎曼可积的推广.

同理当 b 是 $f(x)$ 在 $[a, b]$ 上的唯一瑕点时, 可以类似定义

$$\int_a^b f(x)\mathrm{d}x = \lim_{\eta \to 0+} \int_a^{b-\eta} f(x)\mathrm{d}x.$$

当 $c \, (a < c < b)$ 是 $f(x)$ 在 $[a, b]$ 上的唯一瑕点时, 若 $\int_a^c f(x)\mathrm{d}x$ 与 $\int_c^b f(x)\mathrm{d}x$ 都收敛, 则称瑕积分 $\int_a^b f(x)\mathrm{d}x$ 收敛, 否则称瑕积分 $\int_a^b f(x)\mathrm{d}x$ 发散. 并且当 $\int_a^b f(x)\mathrm{d}x$ 收敛时, 规定其积分值

$$\int_a^b f(x)\mathrm{d}x = \int_a^c f(x)\mathrm{d}x + \int_c^b f(x)\mathrm{d}x.$$

在这里还要指出, 瑕积分在写法上与普通的黎曼积分完全一样. 发散的瑕积分虽然也用 $\int_a^b f(x)\mathrm{d}x$ 表示, 但是它不再表示一个数.

例 8.3.1 讨论瑕积分 $\int_0^1 \dfrac{1}{x^p}\mathrm{d}x \, (p > 0)$ 的敛散性.

解 $x = 0$ 是被积函数在 $[0,1]$ 上唯一的瑕点.

当 $p \neq 1$ 时,

$$\int_0^1 \frac{1}{x^p}\mathrm{d}x = \lim_{\eta \to 0+} \int_\eta^1 \frac{1}{x^p}\mathrm{d}x$$

$$= \lim_{\eta \to 0+} \frac{1}{1-p}\left(1 - \eta^{1-p}\right) = \begin{cases} \dfrac{1}{1-p}, & 0 < p < 1, \\ +\infty, & p > 1. \end{cases}$$

当 $p = 1$ 时, $\displaystyle\int_0^1 \frac{1}{x^p}\mathrm{d}x = \lim_{\eta \to 0+} \int_\eta^1 \frac{1}{x}\mathrm{d}x = \lim_{\eta \to 0+} (\ln 1 - \ln \eta) = +\infty.$

综上所述, 瑕积分 $\displaystyle\int_0^1 \frac{1}{x^p}\mathrm{d}x$ 当 $p < 1$ 时收敛, 当 $p \geqslant 1$ 时发散.

例 8.3.2 计算瑕积分 $\displaystyle\int_0^a \frac{\mathrm{d}x}{\sqrt{a^2 - x^2}}\ (a > 0)$.

解 $x = a$ 是被积函数在 $[0,a]$ 上唯一的瑕点.

$$\int_0^a \frac{\mathrm{d}x}{\sqrt{a^2 - x^2}} = \lim_{\eta \to 0+} \int_0^{a-\eta} \frac{\mathrm{d}x}{\sqrt{a^2 - x^2}} = \lim_{\eta \to 0+} \arcsin \frac{x}{a}\Big|_0^{a-\eta} = \frac{\pi}{2}.$$

例 8.3.3 判断瑕积分 $\displaystyle\int_0^1 \frac{\mathrm{e}^{\frac{1}{x}}}{x^2}\mathrm{d}x$ 的敛散性.

解 **方法 1** $x = 0$ 是被积函数在 $[0,1]$ 上唯一的瑕点.
由于

$$\int_0^1 \frac{\mathrm{e}^{\frac{1}{x}}}{x^2}\mathrm{d}x = \lim_{\eta \to 0+} \int_\eta^1 \frac{\mathrm{e}^{\frac{1}{x}}}{x^2}\mathrm{d}x = -\lim_{\eta \to 0+} \int_\eta^1 \mathrm{e}^{\frac{1}{x}}\mathrm{d}\left(\frac{1}{x}\right)$$

$$= -\lim_{\eta \to 0+} \left(\mathrm{e} - \mathrm{e}^{\frac{1}{\eta}}\right) = +\infty,$$

因此, 瑕积分 $\displaystyle\int_0^1 \frac{\mathrm{e}^{\frac{1}{x}}}{x^2}\mathrm{d}x$ 发散.

方法 2 作变换 $t = \dfrac{1}{x}$, 则

$$\int_0^1 \frac{\mathrm{e}^{\frac{1}{x}}}{x^2}\mathrm{d}x = \int_{+\infty}^1 t^2 \mathrm{e}^t \mathrm{d}\left(\frac{1}{t}\right) = \int_1^{+\infty} \mathrm{e}^t \mathrm{d}t = +\infty,$$

因此, 瑕积分 $\displaystyle\int_0^1 \frac{\mathrm{e}^{\frac{1}{x}}}{x^2}\mathrm{d}x$ 发散.

8.3.2 瑕积分的敛散性判别法

对于瑕积分敛散性的判别, 经常用到的方法就是经过适当的变换, 将瑕积分转化为无穷积分, 然后利用无穷积分的敛散性判别法来讨论. 但有些瑕积分, 将其化为无穷积分后, 被积函数会变得相当复杂, 不便于讨论其敛散性, 因此有必要探讨直接从瑕积分本身的被积函数出发, 来判断其敛散性的方法.

8.2 节关于无穷积分的敛散性判别法的结论, 也都可以平行地用于瑕积分. 对于函数 $f(x)$ 在 $[a,b]$ 上只有一个瑕点 $x = a$ 的情形, 我们列出相应的结果, 证明留给读者去完成.

在下面讨论中, 对于定义在 $(a,b]$ 上的函数 $f(x), g(x)$, 我们总假定 $x = a$ 是它们的唯一瑕点, 并且它们都在 $(a,b]$ 中任意闭子区间上可积.

由函数极限存在的柯西收敛原理, 可得下面的结论.

定理 8.3.1 (柯西收敛原理) 设 $f(x)$ 在 $(a,b]$ 中任意闭子区间上可积. 则瑕积分 $\displaystyle\int_a^b f(x)\mathrm{d}x$ 收敛的充分必要条件是: 对于任给 $\varepsilon > 0$, 存在 $\delta > 0$, 当 $0 < \eta' < \eta'' < \delta$ 时, 有

$$\left| \int_{a+\eta'}^{a+\eta''} f(x)\mathrm{d}x \right| < \varepsilon.$$

对于瑕积分, 同样有绝对收敛和条件收敛的概念. 由柯西收敛原理, 可以证明如下结论.

定理 8.3.2 设 $f(x)$ 在 $(a,b]$ 中的任意闭子区间上可积, 若瑕积分 $\displaystyle\int_a^b f(x)\mathrm{d}x$ 绝对收敛, 则 $\displaystyle\int_a^b f(x)\mathrm{d}x$ 收敛.

对于非负函数的瑕积分, 有如下的比较判别法.

定理 8.3.3 (比较判别法) 设 $f(x), g(x)$ 在 $(a,b]$ 中的任意闭子区间上可积, $x = a$ 是它们的唯一瑕点, 且存在常数 $C > 0$, 使得

$$0 \leqslant f(x) \leqslant Cg(x), \quad x \in (a,b],$$

则

(1) 当 $\displaystyle\int_a^b g(x)\mathrm{d}x$ 收敛时, 有 $\displaystyle\int_a^b f(x)\mathrm{d}x$ 收敛;

(2) 当 $\displaystyle\int_a^b f(x)\mathrm{d}x$ 发散时, 有 $\displaystyle\int_a^b g(x)\mathrm{d}x$ 发散.

推论 (比较判别法的极限形式) 设非负函数 $f(x), g(x)$ 在 $(a, b]$ 中的任意闭子区间上可积, $x = a$ 是它们的唯一瑕点, 且

$$\lim_{x \to a+} \frac{f(x)}{g(x)} = l,$$

则

(1) 当 $0 < l < +\infty$ 时, $\int_a^b f(x)\mathrm{d}x$ 与 $\int_a^b g(x)\mathrm{d}x$ 同时收敛或同时发散;

(2) 当 $l = 0$ 时, 若 $\int_a^b g(x)\mathrm{d}x$ 收敛, 则 $\int_a^b f(x)\mathrm{d}x$ 收敛;

(3) 当 $l = +\infty$ 时, 若 $\int_a^b g(x)\mathrm{d}x$ 发散, 则 $\int_a^b f(x)\mathrm{d}x$ 发散.

对于一般函数的瑕积分, 利用积分第二中值定理和柯西收敛原理, 我们有如下的阿贝尔判别法和狄利克雷判别法.

定理 8.3.4 (阿贝尔判别法) 若瑕积分 $\int_a^b f(x)\mathrm{d}x$ 收敛, $g(x)$ 在 $(a, b]$ 上单调有界, 则 $\int_a^b f(x)g(x)\mathrm{d}x$ 收敛.

定理 8.3.5 (狄利克雷判别法) 若函数 $F(\eta) = \int_{a+\eta}^b f(x)\mathrm{d}x$ 在 $(0, b-a]$ 上有界, $g(x)$ 在 $(a, b]$ 上单调且 $\lim\limits_{x \to a+} g(x) = 0$, 则 $\int_a^b f(x)g(x)\mathrm{d}x$ 收敛.

例 8.3.4 讨论积分 $\int_0^1 |\ln x|^p \mathrm{d}x \ (p \in \mathbf{R})$ 的敛散性.

解 (1) 当 $p = 0$ 时, 这是常义积分, 此时积分值为 1.

(2) 当 $p > 0$ 时, $x = 0$ 为唯一瑕点. 由于 $\lim\limits_{x \to 0+} \dfrac{|\ln x|^p}{x^{-\frac{1}{2}}} = \lim\limits_{x \to 0+} x^{\frac{1}{2}} |\ln x|^p = 0$, 而 $\int_0^1 x^{-\frac{1}{2}}\mathrm{d}x$ 收敛, 由比较判别法的极限形式知, $\int_0^1 |\ln x|^p \mathrm{d}x$ 收敛.

(3) 当 $p < 0$ 时, 由于 $\lim\limits_{x \to 0+} |\ln x|^p = 0$, 因此 $x = 0$ 不是瑕点, 于是我们可以补充被积函数在 $x - 0$ 处的函数值, 而不改变积分的敛散性. 又由于 $\lim\limits_{x \to 1-} |\ln x|^p = +\infty$, 所以 $x = 1$ 为瑕点.

由于

$$|\ln x|^p = |\ln(1 - (1 - x))|^p \sim (1 - x)^p = \frac{1}{(1 - x)^{-p}} \quad (x \to 1-),$$

因此 $\displaystyle\int_0^1 |\ln x|^p \mathrm{d}x$ 当 $0 < -p < 1$, 即 $-1 < p < 0$ 时收敛; 当 $p \leqslant -1$ 时发散.

综上所述, $\displaystyle\int_0^1 |\ln x|^p \mathrm{d}x$ 当 $p > -1$ 时收敛, 当 $p \leqslant -1$ 时发散.

例 8.3.5　讨论反常积分 $\displaystyle\int_0^{+\infty} \frac{\ln(x+1)}{x^p}\mathrm{d}x \ (p \in \mathbf{R})$ 的敛散性.

解　　$\displaystyle\int_0^{+\infty} \frac{\ln(x+1)}{x^p}\mathrm{d}x = \int_0^1 \frac{\ln(x+1)}{x^p}\mathrm{d}x + \int_1^{+\infty} \frac{\ln(x+1)}{x^p}\mathrm{d}x.$

(1) 当 $x \to 0+$ 时, $\dfrac{\ln(x+1)}{x^p} \sim \dfrac{1}{x^{p-1}}$, 所以由比较判别法的极限形式, 有

当 $p - 1 < 1$, 即 $p < 2$ 时, $\displaystyle\int_0^1 \frac{\ln(x+1)}{x^p}\mathrm{d}x$ 收敛;

当 $p \geqslant 2$ 时, $\displaystyle\int_0^1 \frac{\ln(x+1)}{x^p}\mathrm{d}x$ 发散.

(2) 当 $p > 1$ 时, 取 $1 < \lambda < p$, 则

$$\lim_{x \to +\infty} x^\lambda \cdot \frac{\ln(x+1)}{x^p} = \lim_{x \to +\infty} \frac{\ln(x+1)}{x^{p-\lambda}} = 0,$$

而 $\displaystyle\int_1^{+\infty} \frac{1}{x^\lambda}\mathrm{d}x$ 收敛, 由比较判别法的极限形式知, $\displaystyle\int_1^{+\infty} \frac{\ln(x+1)}{x^p}\mathrm{d}x$ 当 $p > 1$ 时收敛.

当 $p \leqslant 1$ 时, 由于 $\dfrac{\ln(x+1)}{x^p} \geqslant \dfrac{\ln 2}{x^p}, x \in [1, +\infty)$, 而 $\displaystyle\int_1^{+\infty} \frac{1}{x^p}\mathrm{d}x$ 发散, 由比较判别法知, $\displaystyle\int_1^{+\infty} \frac{\ln(x+1)}{x^p}\mathrm{d}x$ 当 $p \leqslant 1$ 时发散.

综上所述, 当 $1 < p < 2$ 时, 反常积分 $\displaystyle\int_0^{+\infty} \frac{\ln(x+1)}{x^p}\mathrm{d}x$ 收敛.

例 8.3.6　讨论反常积分 $\displaystyle\int_0^{+\infty} \frac{\sin x}{x^p}\mathrm{d}x \ (p > 0)$ 的敛散性.

解　(1) 由于 $\displaystyle\lim_{x \to 0+} \frac{\sin x}{x^p} = \begin{cases} 1, & p = 1, \\ 0, & 0 < p < 1. \end{cases}$ 所以当 $0 < p \leqslant 1$ 时, $x = 0$ 不是瑕点, 于是原积分与 $\displaystyle\int_1^{+\infty} \frac{\sin x}{x^p}\mathrm{d}x$ 具有相同的敛散性. 由于 $\left| \displaystyle\int_1^A \sin x \mathrm{d}x \right| \leqslant 2$, 所以 $F(A) = \displaystyle\int_1^A \sin x \mathrm{d}x$ 在 $[1, +\infty)$ 上有界. 又函数 $\dfrac{1}{x^p}$ 在 $[1, +\infty)$ 上单调趋于

零, 由 Dirichlet 判别法知 $\displaystyle\int_1^{+\infty}\dfrac{\sin x}{x^p}\mathrm{d}x$ 收敛, 从而反常积分 $\displaystyle\int_0^{+\infty}\dfrac{\sin x}{x^p}\mathrm{d}x$ 收敛.

(2) 当 $p>1$ 时, $x=0$ 是瑕点. 由于

$$\int_0^{+\infty}\frac{\sin x}{x^p}\mathrm{d}x = \int_0^1\frac{\sin x}{x^p}\mathrm{d}x + \int_1^{+\infty}\frac{\sin x}{x^p}\mathrm{d}x \triangleq I_1+I_2.$$

对于 I_1, 由于 $\dfrac{\sin x}{x^p}\sim\dfrac{1}{x^{p-1}}(x\to 0+)$, 而 $\displaystyle\int_0^1\dfrac{1}{x^{p-1}}\mathrm{d}x$ 当 $p-1<1$, 即 $p<2$ 时收敛, 当 $p\geqslant 2$ 时发散, 因此 I_1 当 $p<2$ 时收敛, $p\geqslant 2$ 时发散.

对于 I_2, 由于 $\left|\dfrac{\sin x}{x^p}\right|\leqslant\dfrac{1}{x^p}$, 而 $\displaystyle\int_1^{+\infty}\dfrac{1}{x^p}\mathrm{d}x$ 收敛, 所以 I_2 绝对收敛, 从而收敛.

因此当 $1<p<2$ 时, 反常积分 $\displaystyle\int_0^{+\infty}\dfrac{\sin x}{x^p}\mathrm{d}x$ 收敛.

综上所述, 反常积分 $\displaystyle\int_0^{+\infty}\dfrac{\sin x}{x^p}\mathrm{d}x$ 当 $0<p<2$ 时收敛, $p\geqslant 2$ 时发散.

例 8.3.7 讨论反常积分 $\displaystyle\int_0^{+\infty}\dfrac{\sin\left(x+\dfrac{1}{x}\right)}{x^p}\mathrm{d}x$ 的敛散性 (包括绝对收敛、条件收敛、发散).

解 $$\int_0^{+\infty}\frac{\sin\left(x+\dfrac{1}{x}\right)}{x^p}\mathrm{d}x$$

$$=\int_0^1\frac{\sin\left(x+\dfrac{1}{x}\right)}{x^p}\mathrm{d}x + \int_1^{+\infty}\frac{\sin\left(x+\dfrac{1}{x}\right)}{x^p}\mathrm{d}x \triangleq I_1+I_2,$$

对于 I_1, 作变换 $x=\dfrac{1}{t}$, 有

$$I_1=\int_0^1\frac{\sin\left(x+\dfrac{1}{x}\right)}{x^p}\mathrm{d}x = \int_1^{+\infty}\frac{\sin\left(t+\dfrac{1}{t}\right)}{t^{2-p}}\mathrm{d}t.$$

下面, 我们统一考虑 $I_2=\displaystyle\int_1^{+\infty}\dfrac{\sin\left(x+\dfrac{1}{x}\right)}{x^p}\mathrm{d}x$ 的敛散性.

(1) 当 $p > 1$ 时, 由 $\left| \dfrac{\sin\left(x + \dfrac{1}{x}\right)}{x^p} \right| \leqslant \dfrac{1}{x^p}$ 知, I_2 绝对收敛.

(2) 当 $0 < p \leqslant 1$ 时, 对 $\forall A \geqslant 1$, 由于

$$|G(A)| = \left| \int_1^A \sin\left(x + \frac{1}{x}\right) \mathrm{d}x \right| = \left| \int_1^A \left(1 - \frac{1}{x^2} + \frac{1}{x^2}\right) \sin\left(x + \frac{1}{x}\right) \mathrm{d}x \right|$$

$$\leqslant \left| \int_1^A \left(1 - \frac{1}{x^2}\right) \sin\left(x + \frac{1}{x}\right) \mathrm{d}x \right| + \left| \int_1^A \frac{1}{x^2} \sin\left(x + \frac{1}{x}\right) \mathrm{d}x \right|$$

$$\leqslant \left| \int_1^A \sin\left(x + \frac{1}{x}\right) \mathrm{d}\left(x + \frac{1}{x}\right) \right| + \int_1^A \frac{1}{x^2} \mathrm{d}x \leqslant 2 + \int_1^{+\infty} \frac{1}{x^2} \mathrm{d}x = 3,$$

而函数 $\dfrac{1}{x^p}$ 在 $[1, +\infty)$ 上单调趋于 0, 由狄利克雷判别法知, 当 $0 < p \leqslant 1$ 时, I_2 收敛.

下面证明: I_2 为条件收敛. 由于

$$\frac{\left| \sin\left(x + \dfrac{1}{x}\right) \right|}{x^p} \geqslant \frac{\sin^2\left(x + \dfrac{1}{x}\right)}{x^p} = \frac{1}{2x^p} - \frac{\cos 2\left(x + \dfrac{1}{x}\right)}{2x^p} \geqslant 0.$$

利用狄利克雷判别法, 仿上可证 $\displaystyle\int_1^{+\infty} \dfrac{\cos 2\left(x + \dfrac{1}{x}\right)}{2x^p} \mathrm{d}x$ 收敛. 又 $\displaystyle\int_1^{+\infty} \dfrac{1}{2x^p} \mathrm{d}x$ 当 $0 < p \leqslant 1$ 时发散, 由比较判别法知: $\displaystyle\int_1^{+\infty} \dfrac{\left| \sin\left(x + \dfrac{1}{x}\right) \right|}{x^p} \mathrm{d}x$ 当 $0 < p \leqslant 1$ 时发散.

故当 $0 < p \leqslant 1$ 时 I_2 条件收敛.

(3) 当 $p \leqslant 0$ 时, 对任意 $A > 1$, 记 $A' = 2n\pi + \dfrac{\pi}{6}, A'' = 2n\pi + \dfrac{\pi}{3}$, 取充分大的 n, 使得 $2n\pi + \dfrac{\pi}{6} > A$ 且当 $2n\pi + \dfrac{\pi}{6} \leqslant x \leqslant 2n\pi + \dfrac{\pi}{3}$ 时, 有

$$2n\pi + \frac{\pi}{6} < x + \frac{1}{x} \leqslant 2n\pi + \frac{\pi}{2}.$$

于是

$$\left| \int_{A'}^{A''} \frac{\sin\left(x + \frac{1}{x}\right)}{x^p} \mathrm{d}x \right| \geqslant \int_{A'}^{A''} \sin\left(x + \frac{1}{x}\right) \mathrm{d}x \geqslant \int_{A'}^{A''} \sin\left(2n\pi + \frac{\pi}{6}\right) \mathrm{d}x = \frac{\pi}{12},$$

由柯西收敛原理知, 当 $p \leqslant 0$ 时 I_2 发散.

因此, I_2 当 $p > 1$ 时绝对收敛, 当 $0 < p \leqslant 1$ 时条件收敛, 当 $p \leqslant 0$ 时发散.

注意到 $I_1 = \displaystyle\int_1^{+\infty} \dfrac{\sin\left(x + \dfrac{1}{x}\right)}{x^{2-p}} \mathrm{d}x$, 利用 I_2 的敛散性结论知: I_1 当 $p < 1$ 时绝对收敛, $1 \leqslant p < 2$ 时条件收敛, $p \geqslant 2$ 时发散.

综上所述, 反常积分 $\displaystyle\int_0^{+\infty} \dfrac{\sin\left(x + \dfrac{1}{x}\right)}{x^p} \mathrm{d}x$ 当 $0 < p < 2$ 时条件收敛.

8.3.3 瑕积分的计算

由于瑕积分是定积分与函数极限的结合, 因此定积分计算的公式与方法, 都能用于瑕积分的计算.

例 8.3.8 计算 Euler 积分 $I = \displaystyle\int_0^{\frac{\pi}{2}} \ln\sin x \mathrm{d}x$.

解 作变换 $x = 2t$, 有

$$
\begin{aligned}
I &= \int_0^{\frac{\pi}{2}} \ln\sin x \mathrm{d}x = 2\int_0^{\frac{\pi}{4}} \ln\sin 2t \mathrm{d}t \\
&= 2\int_0^{\frac{\pi}{4}} (\ln 2 + \ln\sin t + \ln\cos t)\mathrm{d}t \\
&= \frac{\pi}{2}\ln 2 + 2\int_0^{\frac{\pi}{4}} \ln\sin t \mathrm{d}t + 2\int_0^{\frac{\pi}{4}} \ln\cos t \mathrm{d}t.
\end{aligned}
$$

令 $u = \dfrac{\pi}{2} - t$, 有

$$
\int_0^{\frac{\pi}{4}} \ln\cos t \mathrm{d}t = \int_{\frac{\pi}{4}}^{\frac{\pi}{2}} \ln\sin u \mathrm{d}u = \int_{\frac{\pi}{4}}^{\frac{\pi}{2}} \ln\sin t \mathrm{d}t.
$$

所以 $I = \dfrac{\pi}{2}\ln 2 + 2I$, 从而 $I = -\dfrac{\pi}{2}\ln 2$.

例 8.3.9 设 $f(x)$ 在 $[0, +\infty)$ 上连续, 且极限 $f(+\infty)$ 存在, 计算傅汝兰尼 (Frullani) 积分

$$
\int_0^{+\infty} \frac{f(ax) - f(bx)}{x}\mathrm{d}x \quad (b > a > 0).
$$

解 对 $0 < r < R < +\infty$, 有

$$
\int_r^R \frac{f(ax) - f(bx)}{x}\mathrm{d}x = \int_r^R \frac{f(ax)}{x}\mathrm{d}x - \int_r^R \frac{f(bx)}{x}\mathrm{d}x
$$

$$= \int_{ar}^{aR} \frac{f(x)}{x}\mathrm{d}x - \int_{br}^{bR} \frac{f(x)}{x}\mathrm{d}x$$

$$= \int_{ar}^{br} \frac{f(x)}{x}\mathrm{d}x - \int_{aR}^{bR} \frac{f(x)}{x}\mathrm{d}x.$$

利用积分第一中值定理, 有

$$\int_{ar}^{br} \frac{f(x)}{x}\mathrm{d}x = f(\xi) \int_{ar}^{br} \frac{1}{x}\mathrm{d}x = f(\xi)\ln\frac{b}{a} \quad (ar < \xi < br),$$

$$\int_{aR}^{bR} \frac{f(x)}{x}\mathrm{d}x = f(\eta) \int_{aR}^{bR} \frac{1}{x}\mathrm{d}x = f(\eta)\ln\frac{b}{a} \quad (aR < \eta < bR),$$

在以上两式中, 令 $r \to 0+, R \to +\infty$, 注意到这时 $\xi \to 0+, \eta \to +\infty$, 得到

$$\lim_{r\to 0+} \int_{ar}^{br} \frac{f(x)}{x}\mathrm{d}x = f(0)\ln\frac{b}{a}, \quad \lim_{R\to +\infty} \int_{aR}^{bR} \frac{f(x)}{x}\mathrm{d}x = f(+\infty)\ln\frac{b}{a},$$

因此

$$\int_0^{+\infty} \frac{f(ax)-f(bx)}{x}\mathrm{d}x = \lim_{\substack{r\to 0+\\ R\to+\infty}} \int_r^R \frac{f(ax)-f(bx)}{x}\mathrm{d}x$$

$$= [f(0) - f(+\infty)]\ln\frac{b}{a}.$$

类似于无穷积分的柯西主值, 瑕积分也有柯西主值的概念.

定义 8.3.2　设函数 $f(x)$ 在 $[a,b]$ 中只有一个瑕点 $c, a < c < b$, 且在 $[a,c),(c,b]$ 中任何闭子区间上可积. 若极限

$$\lim_{\eta\to 0+} \left(\int_a^{c-\eta} f(x)\mathrm{d}x + \int_{c+\eta}^b f(x)\mathrm{d}x \right)$$

存在, 则称该极限值为瑕积分 $\int_a^b f(x)\mathrm{d}x$ 的**柯西主值**, 记为 (cpv) $\int_a^b f(x)\mathrm{d}x$.

当 $\int_a^b f(x)\mathrm{d}x$ 收敛时, 显然 (cpv) $\int_a^b f(x)\mathrm{d}x = \int_a^b f(x)\mathrm{d}x$.

但当 $\int_a^b f(x)\mathrm{d}x$ 发散时, 它的柯西主值可能存在. 例如 $\int_{-1}^1 \frac{1}{x}\mathrm{d}x$ 发散, 但是

(cpv) $\int_{-1}^1 \frac{1}{x}\mathrm{d}x = \lim_{\eta\to 0+} \left(\int_{-1}^{-\eta} \frac{1}{x}\mathrm{d}x + \int_\eta^1 \frac{1}{x}\mathrm{d}x \right) = \lim_{\eta\to 0+} (\ln\eta - \ln\eta) = 0.$ 因此柯西主值是瑕积分收敛概念的一种推广.

习 题 8.3

1. 计算下列积分:

(1) $\displaystyle\int_0^1 (\ln x)^n \mathrm{d}x$ (n为正整数);

(2) $\displaystyle\int_0^1 \frac{\ln x}{\sqrt{1-x^2}} \mathrm{d}x$;

(3) $\displaystyle\int_0^\pi x \ln \sin x \mathrm{d}x$;

(4) $\displaystyle\int_0^\pi \frac{x \sin x}{1 - \cos x} \mathrm{d}x$;

(5) $\displaystyle\int_0^{+\infty} \frac{\ln x}{1+x^2} \mathrm{d}x$;

(6) $\displaystyle\int_0^{\frac{\pi}{2}} \frac{\mathrm{d}x}{\sqrt{\tan x}}$.

2. 讨论下列积分的敛散性:

(1) $\displaystyle\int_a^b \frac{\mathrm{d}x}{(b-x)^p}$;

(2) $\displaystyle\int_{-1}^1 \frac{\mathrm{d}x}{(1-x^2)^p}$;

(3) $\displaystyle\int_0^\pi \frac{\mathrm{d}x}{\sqrt{\sin x}}$;

(4) $\displaystyle\int_0^1 \frac{1}{x^p} \sin \frac{1}{x} \mathrm{d}x$ $(p < 2)$;

(5) $\displaystyle\int_0^1 x^{p-1}(1-x)^{q-1}\mathrm{d}x$;

(6) $\displaystyle\int_0^1 \frac{\ln x}{1-x^2}\mathrm{d}x$;

(7) $\displaystyle\int_0^{\frac{\pi}{2}} \frac{\mathrm{d}x}{\sin^p x \cos^q x}$;

(8) $\displaystyle\int_0^1 \frac{\ln x}{\sqrt{x}(1-x)^2}\mathrm{d}x$.

3. 讨论下列积分的敛散性:

(1) $\displaystyle\int_0^{+\infty} \left[\ln\left(1+\frac{1}{x}\right) - \frac{1}{1+x}\right]\mathrm{d}x$;

(2) $\displaystyle\int_0^{+\infty} \frac{\sin x}{x}\mathrm{e}^{-x}\mathrm{d}x$;

(3) $\displaystyle\int_0^{+\infty} \frac{\mathrm{d}x}{x^p + x^q}$;

(4) $\displaystyle\int_1^{+\infty} \frac{\mathrm{d}x}{x^p \ln^q x}$.

4. 讨论下列积分的收敛性与绝对收敛性:

(1) $\displaystyle\int_0^{+\infty} \frac{\sin x^2}{x^p}\mathrm{d}x$;

(2) $\displaystyle\int_0^{+\infty} \frac{x^p \sin x}{1+x^q}\mathrm{d}x$ $(q \geqslant 0)$.

5. 设 $f(x)$ 在 $[0, +\infty)$ 上连续, 且 $\displaystyle\int_1^{+\infty} \frac{f(x)}{x}\mathrm{d}x$ 收敛, 证明: 对任何 $b > a > 0$, 有

$$\int_0^{+\infty} \frac{f(ax) - f(bx)}{x}\mathrm{d}x = f(0)\ln\frac{b}{a}.$$

6. 设 $b > a > 0$, 计算下列积分:

(1) $\displaystyle\int_0^{+\infty} \frac{\arctan ax - \arctan bx}{x}\mathrm{d}x$;

(2) $\displaystyle\int_0^{+\infty} \frac{\cos ax - \cos bx}{x}\mathrm{d}x$;

(3) $\displaystyle\int_0^{+\infty} \frac{\mathrm{e}^{-ax} - \mathrm{e}^{-bx}}{x}\mathrm{d}x$.

7. 设函数 $f(x)$ 在 $(0,1]$ 上单调, $x = 0$ 为瑕点且 $\displaystyle\int_0^1 f(x)\mathrm{d}x$ 收敛, 证明:

$$\int_0^1 f(x)\mathrm{d}x = \lim_{n\to\infty} \frac{1}{n}\sum_{k=1}^n f\left(\frac{k}{n}\right).$$

8. 计算 (cpv) $\displaystyle\int_{\frac{1}{2}}^2 \frac{\mathrm{d}x}{x\ln x}$.

部分习题答案与提示

第 1 章

习题 1.1

3. $(-2, 3)$.

4. $[-1, 5]$.

习题 1.2

4. (1) 一方面, $\forall x \in A, y \in B$, 有 $x + y \leqslant \sup A + \sup B$, 从而 $\sup C \leqslant \sup A + \sup B$. 另一方面, $\forall \varepsilon > 0, \exists x_1 \in A, y_1 \in B$, 使得 $x_1 + y_1 > \sup A + \sup B - 2\varepsilon$, 这说明 $\sup C \geqslant \sup A + \sup B - 2\varepsilon$. 令 $\varepsilon \to 0+$ 得证.

5. 利用上、下确界的定义去证明.

6. 提示: 用反证法.

7. (1) 有上确界, 不一定有最大值. (2) 有上确界.

习题 1.3

1. $f(x) = \begin{cases} -4, & x \leqslant -2, \\ 2x, & -2 < x < 2, \\ 4, & x \geqslant 2. \end{cases}$

2. $f(x) = \dfrac{1}{3}(x^2 + 2x - 1)$.

3. (1) 周期函数, $\quad T = 2\pi$;   (2) 周期函数, $\quad T = \dfrac{\pi}{2}$;

(3) 周期函数, $\quad T = \pi$;   (4) 不是周期函数.

5. $g(x) = \dfrac{f(x) + f(-x)}{2}$, $\quad h(x) = \dfrac{f(x) - f(-x)}{2}$.

6. $f(g(x)) = \begin{cases} 1, & x < 0, \\ 0, & x = 0, \\ -1, & x > 0, \end{cases} \quad g(f(x)) = \begin{cases} \mathrm{e}, & |x| < 1, \\ 1, & |x| = 1, \\ \mathrm{e}^{-1}, & |x| > 1. \end{cases}$

7. $f(x)$ 的值域与它限制在 $[a, a+T]$ 上的值域相同.

8. $y = \mathrm{arsh}x = \ln\left(x + \sqrt{x^2 + 1}\right)$.

10. 利用数学归纳法.

11. 利用 $\left(1+\dfrac{1}{n-1}\right)^{n-1} = \left(1+\dfrac{1}{n-1}\right) \cdot \left(1+\dfrac{1}{n-1}\right) \cdots \left(1+\dfrac{1}{n-1}\right) \cdot 1$, 再由均值不等式, 得到左边的不等式. 利用二项式定理, 有

$$\left(1+\frac{1}{n}\right)^n = 1 + \binom{n}{1}\frac{1}{n} + \cdots + \binom{n}{k}\frac{1}{n^k} + \cdots + \binom{n}{n}\frac{1}{n^n}.$$

当 $k \geqslant 2$ 时, 有

$$\binom{n}{k}\frac{1}{n^k} \leqslant \frac{1}{k!} \leqslant \frac{1}{2^{k-1}}.$$

第 2 章

习题 2.1

4. (1) $\dfrac{1}{5}$;　(2) $\dfrac{1-b}{1-a}$;　(3) 4;　(4) $\dfrac{1}{3}$;　(5) 1;

(6) $\dfrac{1}{4}$;　(7) 0;　(8) 3;　(9) 0;　(10) $\dfrac{1}{1-\alpha}$.

5. (1) 1;　(2) $\dfrac{1}{2}$;　(3) 9;　(4) 2;　(5) 0;　(6) 1;　(7) 0.

6. $\dfrac{a+2b}{3}$.

7. (1) $\{x_n + y_n\}$ 必发散, $\{x_n y_n\}$ 不一定发散;

(2) $\{x_n + y_n\}, \{x_n y_n\}$ 不一定发散;

(3) $\{x_n\}$ 与 $\{y_n\}$ 不一定为无穷小量.

8. 令 $\dfrac{x_n - a}{x_n + a} = y_n$, 则 $x_n = a \cdot \dfrac{1 + y_n}{1 - y_n}$.

习题 2.2

2. 利用斯托尔茨定理.

3. (1) 先利用 Abel 变换, 再利用斯托尔茨定理.

(2) 利用均值不等式以及 (1) 的结论.

4. (1) 0;　(2) 0;　(3) $\dfrac{4}{3}$;　(4) 1;　(5) 2.

5. 利用斯托尔茨定理, 证明 $\lim\limits_{n\to\infty} \dfrac{a_n^2}{2n} = 1$.

习题 2.3

1. (1) e;　(2) $\dfrac{1}{e}$;　(3) $\sqrt{e}$;　(4) e^2;

(5) e, 提示: $1 + \dfrac{1}{n+2} \leqslant 1 + \dfrac{1}{n} - \dfrac{1}{n^2} < 1 + \dfrac{1}{n}, n \geqslant 2$.

3. 利用 $e^x > 1 + x, x \neq 0$.

5. (1) 证明 $\{x_n\}$ 单调递增且 $x_n < 4$, $\lim\limits_{n\to\infty} x_n = 4$;

(2) 证明 $\{x_n\}$ 单调递增且 $x_n < 2$, $\lim\limits_{n\to\infty} x_n = 2$;

(3) 证明 $\{x_n\}$ 单调递增且 $0 < x_n < 1$, $\lim\limits_{n\to\infty} x_n = 1$;

(4) 利用 $\ln(1+x) \leqslant x, x > -1$, 证明 $\{s_n\}$ 从第二项后单调递增且 $s_n < 1$, $\lim\limits_{n\to\infty} s_n = 1$.

6. 证明 $\{a_n\}$ 单调递减有下界, $\lim\limits_{n\to\infty} a_n = \sqrt{b}$.

习题 2.4

1.

$$|x_{2n} - x_n| = \frac{1}{(n+1)^\alpha} + \frac{1}{(n+2)^\alpha} + \cdots + \frac{1}{(n+n)^\alpha}$$
$$\geqslant \frac{1}{n+1} + \frac{1}{n+2} + \cdots + \frac{1}{2n} \geqslant \frac{1}{2}.$$

2. 证明数列为基本数列.

5. 利用柯西收敛原理证明.

习题 2.5

1. (1) $\overline{\lim\limits_{n\to\infty}} x_n = \underline{\lim\limits_{n\to\infty}} x_n = +\infty$;

(2) $\overline{\lim\limits_{n\to\infty}} x_n = 1$, $\underline{\lim\limits_{n\to\infty}} x_n = -\cos\dfrac{\pi}{5}$;

(3) $\overline{\lim\limits_{n\to\infty}} x_n = 1$, $\underline{\lim\limits_{n\to\infty}} x_n = -1$;

(4) $\overline{\lim\limits_{n\to\infty}} x_n = +\infty$, $\underline{\lim\limits_{n\to\infty}} x_n = -\infty$;

(5) $\overline{\lim\limits_{n\to\infty}} x_n = 1 + \dfrac{\sqrt{3}}{2}$, $\underline{\lim\limits_{n\to\infty}} x_n = 1 - \dfrac{\sqrt{3}}{2}$;

(6) $\overline{\lim\limits_{n\to\infty}} x_n = \underline{\lim\limits_{n\to\infty}} x_n = 0$.

4. (2) 一方面 $\overline{\lim\limits_{n\to\infty}}(x_n + y_n) \leqslant \overline{\lim\limits_{n\to\infty}} x_n + \overline{\lim\limits_{n\to\infty}} y_n = \lim\limits_{n\to\infty} x_n + \overline{\lim\limits_{n\to\infty}} y_n$;

另一方面 $\overline{\lim\limits_{n\to\infty}} y_n = \overline{\lim\limits_{n\to\infty}}(x_n + y_n - x_n) \leqslant \overline{\lim\limits_{n\to\infty}}(x_n + y_n) - \lim\limits_{n\to\infty} x_n$.

6. (1) 只需证明 $\inf\limits_{k\geqslant n}\{x_k + y_k\} \leqslant \inf\limits_{k\geqslant n}\{x_k\} + \sup\limits_{k\geqslant n}\{y_k\}$, 利用 $\inf(-E) = -\sup E$;

(2) 只需证明 $\sup\limits_{k\geqslant n}\{x_k + y_k\} \geqslant \inf\limits_{k\geqslant n}\{x_k\} + \sup\limits_{k\geqslant n}\{y_k\}$.

7. 由于 $0 \leqslant \dfrac{a_n}{n} \leqslant a_1$, 所以数列 $\left\{\dfrac{a_n}{n}\right\}$ 有界, 从而其上、下极限为有限数; 再证它的上、下极限相等.

第 3 章

习题 3.1

2. (1) $\dfrac{2}{3}$; (2) 1; (3) $\dfrac{1}{2}$; (4) $-\sin a$; (5) n; (6) $\dfrac{mn(n-m)}{2}$; (7) $\dfrac{n}{m}$; (8) 12.

3. 提示：利用 $\left|\,|f(x)| - |A|\,\right| \leqslant |f(x) - A|$, 反例, 取 $f(x) = \mathrm{sgn}(x)$ (符号函数), $\lim\limits_{x \to 0} |f(x)| = 1$, 但 $\lim\limits_{x \to 0} f(x)$ 不存在.

4. (1) 1;   (2) 1;   (3) $+\infty$.

5. (1) $0 < \dfrac{x^m}{a^x} \leqslant \dfrac{([x]+1)^m}{a^{[x]}}$, 利用 $\lim\limits_{n \to \infty} \dfrac{(n+1)^m}{a^n} = 0$;

(2) 令 $\ln x = t$, 再利用 (1) 的结论.

6. (1) $\lim\limits_{x \to 0+} f(x) = 0$, $\lim\limits_{x \to 0-} f(x) = 1$;   (2) $\lim\limits_{x \to 0+} f(x) = 1$, $\lim\limits_{x \to 0-} f(x) = -1$;

(3) $\lim\limits_{x \to 0+} f(x) = 1$, $\lim\limits_{x \to 0-} f(x) = -1$;   (4) $\lim\limits_{x \to \frac{1}{n}-0} f(x) = 0$, $\lim\limits_{x \to \frac{1}{n}+0} f(x) = 1$;

(5) $D(x)$ 在任意点无左、右极限.

7. 存在. $\lim\limits_{x \to 0+} f(x) = 1$, $\lim\limits_{x \to 0-} f(x) = 1$.

8. (1) $a = 1, b = -1$;   (2) $a = 1, b = -\dfrac{1}{2}$.

9. (1) 1;   (2) 不存在;   (3) 0;   (4) 0;

(5) $\lim\limits_{x \to +\infty} x^\alpha \sin\dfrac{1}{x} = \begin{cases} 1, & \alpha = 1, \\ +\infty, & \alpha > 1, \\ 0, & \alpha < 1; \end{cases}$

(6) 1;   (7) 不存在.

10. (1) $\dfrac{3}{7}$;   (2) e^2;   (3) 1;   (4) e^3.

11. 利用海涅定理. 取 $x_n = \dfrac{1}{2n\pi + \dfrac{\pi}{2}}$, $y_n = \dfrac{1}{2n\pi}$, $n = 1, 2, \cdots$, 数列 $\left\{\cos\dfrac{1}{x_n}\right\}$ 和 $\left\{\cos\dfrac{1}{y_n}\right\}$ 分别收敛于 0 和 1, 所以 $\lim\limits_{x \to 0} \cos\dfrac{1}{x}$ 不存在.

12. 提示：前面的结论用极限定义证明：

$$\lim_{x \to 0} f(x)\text{存在} \Rightarrow \lim_{x \to 0} f(x^2)\text{存在}, \quad \text{反之不成立}.$$

13. 充分性证明. 提示:先证明 $\{f(x_n)\}$ 收敛于同一个极限 A, 再用反证法证明：$\lim\limits_{x \to +\infty} f(x)$ 存在.

14. 证明：设 $f(x)$ 周期为 T, 若存在 $x_0 \in (-\infty, +\infty)$ 使得 $f(x_0) \neq 0$, 记 $x_n = x_0 + n \cdot T$, $n = 1, 2, \cdots$, 则 $\lim\limits_{n \to \infty} x_n = +\infty$, 由第 13 题的结论知：$\lim\limits_{n \to \infty} f(x_n) = 0$, 但事实上, $f(x_n) = f(x_0)$, $\lim\limits_{n \to \infty} f(x_n) = f(x_0) \neq 0$, 矛盾.

15. 任取 $x_0 \in (0, +\infty)$, $f(x_0) = f(2x_0) = \cdots = f(2^n x_0)$,

$$f(x_0) = \lim_{n \to \infty} f(2^n x_0) = \lim_{x \to +\infty} f(x) = A.$$

习题 3.2

1. (1) $\dfrac{2}{3}$;   (2) 0;   (3) 2;   (4) e.

2. $f(x) + g(x)$ 在 $x = x_0$ 处不连续, $f(x)g(x)$ 在 $x = x_0$ 处不一定不连续.

3. $\lim\limits_{x \to x_0} f^2(x) = f^2(x_0), \left| |f(x)| - |f(x_0)| \right| \leqslant |f(x) - f(x_0)|$;

不能, 例如 $f(x) = \begin{cases} 1, & x \geqslant 0, \\ -1, & x < 0, \end{cases}$ 则 $f^2(x)$ 与 $|f(x)|$ 在 $x = 0$ 处连续, 但 $f(x)$ 在 $x = 0$ 处不连续.

4. 利用 $\max\{f, g\} = \dfrac{1}{2}\left(f + g + |f - g|\right); \min\{f, g\} = \dfrac{1}{2}\left(f + g - |f - g|\right).$

5. (1) $x = 0$, 跳跃间断点.

(2) $x = 0$, 可去间断点; $x = k\pi (k \in \mathbf{Z}, k \neq 0)$, 第二类间断点.

(3) $x = 1, -2$, 第二类间断点.

(4) $x = n (n \in \mathbf{Z})$, 跳跃间断点.

(5) $x = 0$, 跳跃间断点; $x = 1$, 可去间断点; $x = -1$, 第二类间断点.

(6) $x = 0$, 可去间断点.

(7) $x = 0$, 第二类间断点.

(8) 非整数点, 第二类间断点.

6. $f(x) = f\left(2 \cdot \dfrac{x}{2}\right) = f\left(\dfrac{x}{2}\right) = f\left(\dfrac{x}{2^2}\right) = \cdots = f\left(\dfrac{x}{2^n}\right)$, 利用 $f(x)$ 在 $x = 0$ 处连续, 有 $f(x) = \lim\limits_{n \to \infty} f\left(\dfrac{x}{2^n}\right) = f(0).$

7. 当 $x > 0$ 时, 由 $f(x) = f\left(x^{\frac{1}{2}}\right) = f\left(x^{\frac{1}{2^2}}\right) = \cdots = f\left(x^{\frac{1}{2^n}}\right)$, 于是 $f(x) = \lim\limits_{n \to \infty} f\left(x^{\frac{1}{2^n}}\right) = f(1)$; 当 $x < 0$ 时, 则有 $f(x) = f(x^2) = f(1)$;

当 $x = 0$ 时, $f(0) = \lim\limits_{x \to 0} f(x) = f(1)$. 综上有 $f(x) \equiv f(1).$

8. 当 $x \neq 0$ 时, 有

$$\left| \frac{f(x)}{x} \right| = \left| a_1 \frac{\sin x}{x} + a_2 \frac{\sin 2x}{x} + \cdots + a_n \frac{\sin nx}{x} \right| \leqslant \left| \frac{\sin x}{x} \right|,$$

令 $x \to 0$, 得到 $|a_1 + 2a_2 + \cdots + na_n| \leqslant 1.$

9. 在 $f\left(\dfrac{x+y}{2}\right) \leqslant \dfrac{f(x) + f(y)}{2}$ 中, 令 $x = x_0, y \to x_0+$ 取极限;

令 $x = x_0, y \to x_0-$ 取极限; 令 $x = x_0 + h, y = x_0 - h, h \to 0+$ 取极限.

习题 3.3

3. 提示: 用反证法以及局部保号性.

4. 提示: 对 $g(x) = f(x) - x$ 在 $[a, b]$ 上用零点存在定理.

6. 令 $f(x) = x^3 + px + q$, 由 $\lim\limits_{x \to -\infty} f(x) = -\infty$, $\lim\limits_{x \to +\infty} f(x) = +\infty$, 利用零点存在定理: 方程 $f(x) = 0$ $(-\infty, +\infty)$ 上至少有一个实根; 再证明 $f(x)$ 在 $(-\infty, +\infty)$ 上严格单调递增.

8. 令 $a = \min\{x_1, x_2, \cdots, x_n\}, b = \max\{x_1, x_2, \cdots, x_n\}$, 则 $f(x)$ 在 $[a, b]$ 上连续, 记 $m = \min\{f(x) | x \in [a, b]\}, M = \max\{f(x) | x \in [a, b]\}, m \leqslant \sqrt[n]{f(x_1)f(x_2)\cdots f(x_n)} \leqslant \dfrac{f(x_1) + f(x_2) + \cdots + f(x_n)}{n} \leqslant M$, 在 $[a, b]$ 上利用连续函数的介值定理.

9. 提示: 当 x', x'' 同属于 $(-\infty, c]$, 或 $[c, +\infty)$, $|f(x') - f(x'')| < \varepsilon$ 显然;

当 $x' < c < x''$ 时, 利用不等式 $|f(x') - f(x'')| \leqslant |f(x') - f(c)| + |f(x'') - f(c)|$.

11. 由 $\lim\limits_{x \to +\infty} f(x) = A$ 知, 任给 $\varepsilon > 0$, 存在 $X > 0$, 当 $x', x'' > X$ 时, 有 $|f(x') - f(x'')| < \varepsilon$, 因此 $f(x)$ 在 $[X, +\infty)$ 上一致连续.

由康托尔定理知 $f(x)$ 在 $[a, X]$ 上一致连续, 利用第 9 题结论得证.

12. 利用不等式 $|\ln x' - \ln x''| \leqslant |x' - x''|, \forall x', x'' \in [1, +\infty)$.

13. (1) 利用定义; (2) 取 $f(x) = g(x) = x$, 则它们在 $(-\infty, +\infty)$ 上一致连续, 但 x^2 在 $(-\infty, +\infty)$ 上不一致连续.

14. 取 $x_n' = \sqrt{2n\pi}, x_n'' = \sqrt{2n\pi + \dfrac{\pi}{2}}, n = 1, 2, \cdots,$

$$\lim_{n \to \infty} (x_n' - x_n'') = 0, \quad \text{但} \quad \lim_{n \to \infty} (f(x_n') - f(x_n'')) = 1 \neq 0.$$

习题 3.4

1. (1) $2x$;   (2) x^2;   (3) x;   (4) x;   (5) $-\dfrac{3}{2}x^2$;   (6) x.

2. (1) x^4;   (2) $\dfrac{1}{x}$;   (3) $\sqrt{x}$;   (4) $\dfrac{1}{3x}$.

3. $\ln^k x (k > 0), x^\beta (\beta > 0), a^x (a > 1), x^x$.

4. (1) 0;   (2) $\dfrac{1}{a}$;   (3) 1;   (4) $\dfrac{1}{2}$;   (5) $-\dfrac{1}{2}$;   (6) 1;   (7) e^2;   (8) -1.

第 4 章

习题 4.1

1. $f'(0)$.   2. (1) $-f'(x_0)$;   (2) $f'(x_0)$;   (3) $2f'(x_0)$.

4. $y = x + 1$.

5. 利用 $f(0) = 0$, 不等式两边除以 x, 再取极限.

7. $(2, -1)$.

8. $f'_+(a) = g(a), f'_-(a) = -g(a)$, 当 $g(a) = 0$ 时, $f(x)$ 在 $x = a$ 处可导.

10. $m \geqslant 1; m \geqslant 2$.

11. (1) $-1, 1$;   (2) $1, -1$;   (3) $-1, 1$.

12. 可导; 不可导; $a \geqslant 0$ 时, 不连续, 从而不可导, $a < 0$ 时, 可导.

14. 先证 $f(0) = 1$, 再利用导数的定义.

15. 利用连续函数的局部保号性, 分三种情况: $f(a) > 0; f(a) < 0; f(a) = 0$ 进行讨论.

16. 当 $f(0) \neq 0$ 时, $|f(x)|$ 在 $x = 0$ 处可导;

当 $f(0) = 0, f'(0) = 0$ 时, $|f(x)|$ 在 $x = 0$ 处可导.

习题 4.2

1. (1) $\dfrac{1}{2\sqrt{x}} + \dfrac{1}{x^2} + 3x^2$;　　　　　　(2) $e^{2x}\left(2\cos 3x - 3\sin 3x\right)$;

(3) $\sec x \tan x$;　　　　　　　　　　(4) $-\csc x \cot x$;

(5) $\dfrac{7}{8}x^{-\frac{1}{8}}$;　　　　　　　　　　　(6) $3^x\left(3x^2 + x^3 \ln 3\right)$;

(7) $\dfrac{-2x - \sin 2x}{(x\sin x - \cos x)^2}$;　　　　　(8) $x^2(1 + 3\ln x) - (x+1)e^x$.

2. (1) $\cot x$;　(2) $\dfrac{1}{\sqrt{x^2 + a^2}}$;　(3) $\dfrac{1}{x\ln x}$;　(4) $3\sin^2 x \cos x + 2\sin 2x$;

(5) $-e^{-\sin^2 x}\sin 2x$;　(6) $\dfrac{1}{\sin x}$;　(7) $\sec x$;　(8) $\csc x$.

3. (1) $\dfrac{2}{3}x^{-\frac{1}{3}}f(\sqrt[3]{x^2})$;　(2) $\dfrac{f'(x)}{1 + f^2(x)}$;　(3) $3x^2 e^{x^3} f'\left(f\left(e^{x^3}\right)\right) f'\left(e^{x^3}\right)$;

(4) $-\cos\left(f(\cos x)\right)f'(\cos x)\sin x$.

4. (1) $\sqrt{x^2 - a^2}$;　(2) $-\dfrac{1}{(1+x)\sqrt{2x(1-x)}}$;　(3) $(\sin x)^{\cos x - 1}\left(\cos^2 x - \sin^2 x \ln\sin x\right)$;

(4) $\dfrac{x\sqrt{1-x^2}}{\sqrt{1+x^3}}\left[\dfrac{1}{x} - \dfrac{x}{1-x^2} - \dfrac{3x^2}{2(1+x^3)}\right]$.

5. (1) $\dfrac{1+y^2}{y^2}$;　(2) $\dfrac{y+y^2}{1-x-xy}$;　(3) $\dfrac{x+y}{x-y}$;　(4) $\dfrac{\cos x}{\sin 2y}$.

6. (1) $-\dfrac{b}{a}e^{2t}$;　(2) $-\tan t$;　(3) $\dfrac{t}{2}$;　(4) $\dfrac{(\sin t - \cos t)\tan t}{\sin t + \cos t}$.

8. $\dfrac{1}{2}$.　9. $\dfrac{f'(0)}{2}$.

10. (1) $\dfrac{1}{2}$;　(2) $\sqrt{e}$.

11. $f(x) = \begin{cases} x^2, & x \text{ 是有理数}, \\ 0, & x \text{ 是无理数}, \end{cases}$　$f'(0) = 0$, 但任何 $x \neq 0$, 都是 $f(x)$ 的第二类间断点.

12. (1) 不一定, 例如 $f(x) = \dfrac{1}{x} + \sin\dfrac{1}{x}$, $\lim\limits_{x\to 0+} f(x) = \infty$,

$$f'(x) = -\dfrac{1}{x^2}\left(1 + \cos\dfrac{1}{x}\right), \quad \lim_{x\to 0+} f'(x) = \infty \text{不成立}.$$

(2) 不一定, 例如 $f(x) = \sqrt{x}$ 在 $(0,1)$ 上可导,

$$f'(x) = \dfrac{1}{2\sqrt{x}}, \quad \lim_{x\to 0+} f'(x) = \infty, \quad \text{在} \lim_{x\to 0+} f(x) = 0.$$

13. (1) 在恒等式 $(1+x)^n = \sum\limits_{k=0}^{n} C_n^k x^k$ 两边对 x 求导, 再令 $x = 1$; (2) 在 $(1+x)^n = \sum\limits_{k=0}^{n} C_n^k x^k$ 两边对 x 求导得 $n(1+x)^{n-1} = \sum\limits_{k=1}^{n} k C_n^k x^{k-1}$, 上述恒等式两边同乘以 x, 再求导后令 $x = 1$.

14. 利用 $\displaystyle\sum_{k=0}^{n} \mathrm{C}_n^k x^k (1-x)^{n-k} = 1$.

习题 4.3

1. (1) $\left(\mathrm{e}^{\sin x}\cos x + \dfrac{1}{1+x^2}\right)\mathrm{d}x$;　　　　(2) $(a\cos bx - b\sin bx)\,\mathrm{e}^{ax}\mathrm{d}x$;

(3) $x^{\sin x^2}\left(2x\ln x\cos x^2 + \dfrac{\sin x^2}{x}\right)\mathrm{d}x$;　　(4) $-\dfrac{x\mathrm{d}x}{|x|\sqrt{1-x^2}}$.

2. (1) $\ln|x|$;　(2) $\arctan x$;　(3) $2\sqrt{x}$;　(4) $\ln(x+\sqrt{1+x^2})$;　(5) $\ln\ln x$;　(6) $\dfrac{1}{2}\sin^2 x$;

(7) $\dfrac{1}{3}\tan 3x$;　(8) $\dfrac{x}{2} - \dfrac{\sin 2x}{4}$;　(9) $\sin x - \cos x$;　(10) $\dfrac{4}{7}x^{\frac{7}{4}} - \dfrac{4}{15}x^{\frac{15}{4}}$.

3. (1) $\dfrac{v\mathrm{d}u - u\mathrm{d}v}{u^2+v^2}$;　(2) $\dfrac{u\mathrm{d}u + v\mathrm{d}v}{u^2+v^2}$;　(3) $\cot(u+v)(\mathrm{d}u+\mathrm{d}v)$;　(4) $-\dfrac{u\mathrm{d}u+v\mathrm{d}v}{(u^2+v^2)^{\frac{3}{2}}}$.

4. (1) $\dfrac{1}{1+\mathrm{e}^y}$;　(2) $\dfrac{2xy}{1+y}$;　(3) $-\dfrac{b^2 x}{a^2 y}$;　(4) $-\sqrt{\dfrac{y}{x}}$.

5. (1) 1.0067;　(2) 1.01;　(3) 0.06;　(4) 0.5151;　(5) $\dfrac{2651}{242} \approx 10.9545$.

习题 4.4

1. (1) $12x^2\ln x + 7x^2$;　(2) $\dfrac{3x^2+8x+8}{4(1+x)^{\frac{5}{2}}}$;　(3) $\dfrac{6\ln x - 5}{x^4}$;

(4) $\left[2\left(2x^2-1\right)\arcsin x + \dfrac{x(4x^2-3)}{(1-x^2)^{\frac{3}{2}}}\right]\mathrm{e}^{-x^2}$.

2. (1) $y'' = \dfrac{4xy'+2y-\mathrm{e}^{x^2+y}[2+4x^2+4xy'+(y')^2]}{\mathrm{e}^{x^2+y}-x^2}$, 其中 $y' = \dfrac{2x\left(y-\mathrm{e}^{x^2+y}\right)}{\mathrm{e}^{x^2+y}-x^2}$;

(2) $y'' = \dfrac{2y^3\sin x - 4y^2 y'\cos x - yy' + x(y')^2}{xy+2y^2\sin x}$, 其中 $y' = -\dfrac{2y^2\cos x + y\ln y}{x+2y\sin x}$.

3. (1) $\dfrac{t^2+2}{a(\cos t - t\sin t)^3}$;　(2) $\dfrac{t^2+2-2\sin t - t\cos t}{(1-\sin t - t\cos t)^3}$;

(3) $-2(1-t)^{-\frac{3}{2}}$;　(4) $-\dfrac{b(a\sin at\sin bt + b\cos at\cos bt)}{a^2\cos^3 at}$.

4. (1) $\dfrac{f''(x)f(x)-(f'(x))^2}{f^2(x)}$;　(2) $\dfrac{f''(\ln x)-f'(\ln x)}{x^2}$;

(3) $\dfrac{f''(\arctan x)-2xf'(\arctan x)}{(1+x^2)^2}$;　(4) $\mathrm{e}^{-2x}f''(\mathrm{e}^{-x}) + \mathrm{e}^{-x}f'(\mathrm{e}^{-x})$.

6. $y^{(2n)}(0)=0, y^{(2n+1)}(0)=(-1)^n(2n)!$.

7. $y'(0)=1, y^{(2n)}(0)=0, y^{(2n+1)}(0)=[(2n-1)!!]^2$.

8. (1) $(-1)^n n!\left[\dfrac{1}{(x-2)^{n+1}} - \dfrac{1}{(x-1)^{n+1}}\right]$;　(2) $-2^{n-1}\cos\left(2x+\dfrac{n}{2}\pi\right)$;

(3) $2^n\mathrm{e}^{2x}\left[x^2+(n+2)x+\dfrac{n^2+3n-12}{4}\right]$;　(4) $4^{n-1}\cos\left(4x+\dfrac{n\pi}{2}\right)$;

(5) $2^{\frac{n}{2}} e^x \sin\left(x + \dfrac{n\pi}{4}\right)$;   (6) $\dfrac{(-1)^{n+1} n!}{(x-1)^{n+1}}$;   (7) $\dfrac{(-1)^n n!}{x^{n+1}}\left(\ln x - \displaystyle\sum_{k=1}^{n} \dfrac{1}{k}\right)$.

9. (1) $\left(x^4 - 8x^3 + 12x^2\right) e^{-x} dx^2$;   (2) $x^x\left[(1 + \ln x)^2 + \dfrac{1}{x}\right] dx^2$;

(3) $(n!)^2 \displaystyle\sum_{k=0}^{n} \dfrac{2^k x^k \cos\left(2x + \frac{k\pi}{2}\right)}{(k!)^2 (n-k)!} dx^n$.

第 5 章

习题 5.1

2. 令 $\varphi(x) = \dfrac{f(x)}{e^x}, x \in (-\infty, +\infty)$, 再证明 $\varphi'(x) = 0, x \in (-\infty, +\infty)$.

3. 反复利用罗尔定理.

4. 对函数 $f(x) = \ln x$ 在 $[a, b]$ 上利用拉格朗日中值定理.

9. 对函数 $\varphi(x) = e^{-\alpha x} f(x)$ 在 $[a, b]$ 上利用拉格朗日中值定理.

10. (1) 对函数 $g(x) = f(x) - x$ 在 $\left[\dfrac{1}{2}, 1\right]$ 上利用零点存在定理.

(2) 转化为证明 $g'(\eta) = \lambda g(\eta)$, 利用上题的结论即可.

11. 设 $\varphi(x) = f(x) - cx$, 利用第一题的结论.

12. 固定 $x \in (a, b)$, 令 $\eta = \dfrac{2f(x)}{(x-a)(x-b)}$, 构造函数

$$\varphi(t) = f(t) - \frac{\lambda}{2}(t-a)(t-b),$$

则 $\varphi(a) = \varphi(x) = \varphi(b)$. 再利用第 3 题的结论.

15. 设 $F(x) = f(x) - 2f\left(\dfrac{a+x}{2}\right) + f(a), g(x) = (x-a)^2$. 对 $F(x), g(x)$ 在区间 $[a, b]$ 上利用柯西中值定理.

16. 利用 $q_{2n-m} = \dfrac{d^m}{dx^m}\left(x^2 - 1\right)^n (m = 0, 1, 2, \cdots, n-1)$ 都含有 $x^2 - 1$ 因子, 对 m 用归纳法, 反复利用罗尔定理.

19. 利用 $Q(x) = (xP'(x) + P(x))(xP(x) + P'(x)) = (xP(x))' \cdot \left(e^{\frac{x^2}{2}} P(x)\right)' \cdot e^{-\frac{x^2}{2}}$ 以及罗尔定理.

习题 5.2

1. (1) n;   (2) 1;   (3) $-\dfrac{1}{8}$;   (4) 1;   (5) $\dfrac{2}{3}$;   (6) 0;   (7) $-\dfrac{e}{2}$;   (8) e^{-1};

(9) $e^{-\frac{2}{\pi}}$;   (10) 1;   (11) $e^{-\frac{1}{3}}$;   (12) $\dfrac{1}{6}$;   (13) $-\dfrac{1}{6}$.

2. 利用 $\theta = \dfrac{x - \ln(1+x)}{x \ln(1+x)}$.

5. 3. 6. 2. 7. (1) $f(0) = -3, f'(0) = 0, f''(0) = 9$; (2) $\dfrac{9}{2}$.

8. 连续.

9. 提示：利用 $\lim\limits_{x \to +\infty} f(x) = \lim\limits_{x \to +\infty} \dfrac{\mathrm{e}^x f(x)}{\mathrm{e}^x}$.

10. 提示：用洛必达法则，求极限 $\lim\limits_{x \to +\infty} \dfrac{f(x)}{x^n}$.

习题 5.3

1. (1) $\ln 10 + \dfrac{1}{10}(x - 10) - \dfrac{1}{2 \cdot 10^2}(x - 10)^2 + \cdots + \dfrac{(-1)^{n-1}}{n \cdot 10^n}(x - 10)^n + o((x - 10)^n)$;

(2) $\sin x^2 = \displaystyle\sum_{k=1}^{n} (-1)^{k-1} \dfrac{x^{4k-2}}{(2k-1)!} + o\left(x^{4n+2}\right)$;

(3) $f(x) = -56 + 21(x - 4) + 37(x - 4)^2 + 11(x - 4)^3 + (x - 4)^4$;

(4) $f(x) = 1 - 9x + 30x^2 - 45x^3 + 30x^4 - 9x^5 + x^6$;

(5) $f(x) = \displaystyle\sum_{k=1}^{n} (-1)^k \left(\dfrac{3}{4} - \dfrac{3^{2k+1}}{4}\right) \dfrac{x^{2k+1}}{(2k+1)!} + o\left(x^{2n+1}\right)$;

(6) $\dfrac{1}{x^2} = \displaystyle\sum_{k=0}^{n} (k+1)(x+1)^k + o((x+1)^n)$;

(7) $f(x) = \dfrac{1}{3} \displaystyle\sum_{k=0}^{n} \left[1 + \dfrac{(-1)^{k+1}}{2^k}\right] x^k + o\left(x^n\right)$.

2. (1) $f(x) = 1 + x + \dfrac{1}{2}x^2 - \dfrac{1}{8}x^4 + o(x^4)$;

(2) $f(x) = x^3 + \dfrac{x^7}{15} + o(x^7)$;

(3) $f(x) = 1 + 2x + x^2 - \dfrac{2}{3}x^3 - \dfrac{5}{6}x^4 - \dfrac{1}{15}x^5 + o(x^5)$;

(4) $f(x) = 1 - \dfrac{1}{2}x + \dfrac{1}{12}x^2 - \dfrac{1}{720}x^4 + o(x^4)$;

(5) $f(x) = -\dfrac{1}{2}x^2 - \dfrac{1}{12}x^4 - \dfrac{1}{45}x^6 + o(x^6)$;

(6) $f(x) = 1 + \dfrac{x^2}{6} + \dfrac{7x^4}{360} + o(x^4)$;

(7) $f(x) = x - \dfrac{7}{18}x^7 - \dfrac{1}{3240}x^{13} + o(x^{13})$;

(8) $f(x) = -\dfrac{1}{6}x^2 - \dfrac{1}{180}x^4 + o(x^4)$.

3. (1) $\dfrac{1}{2}$; (2) $\dfrac{1}{3}$; (3) $\dfrac{1}{3}$; (4) 1; (5) $-\dfrac{3}{16}$; (6) $\dfrac{1}{6}$; (7) $-\dfrac{1}{6}$.

4. $a = \dfrac{4}{3}, b = -\dfrac{1}{3}$.

5. (1) $f(0) = f'(0) = 0, f''(0) = 4$; (2) e^2.

6. 提示：将 $f'(x)$ 在最大值点处作泰勒展开.

8. 提示：将 $f(a), f(b)$ 在 $x = \dfrac{a+b}{2}$ 点处作泰勒展开.

9. 提示：将 $f\left(\dfrac{a+b}{2}\right)$ 分别在 $x=a$, $x=b$ 点处作泰勒展开.

10. 提示：将 $f(0)$, $f(1)$ 在最小值点处作 Taylor 展开.

15. 提示：利用带 Lagrange 余项的 Taylor 公式.

习题 5.4

2. (1) 在 $(-\infty,-1]$, $[3,+\infty)$ 上单调递增, 在 $[-1,3]$ 上单调递减;

(2) 在 $(-\infty,+\infty)$ 内单调递增;

(3) 在 $\left(-\infty,\dfrac{1}{2}\right]$ 内单调递减, 在 $\left[\dfrac{1}{2},+\infty\right)$ 内单调递增;

(4) 在 $[0,n]$ 上单调递增, 在 $[n,+\infty)$ 内单调递减.

3. 当 $a>\dfrac{1}{e}$ 时, 没有实根; 当 $0<a<\dfrac{1}{e}$ 时, 有两个实根; 当 $a=\dfrac{1}{e}$ 时, 有一个实根.

4. (1) 极小值 $f(0)=0$;

(2) 极大值 $f(\pm1)=1$, 极小值 $f(0)=0$;

(3) 极大值 $f\left(2k\pi+\dfrac{\pi}{4}\right)=\dfrac{\sqrt{2}}{2}e^{2k\pi+\frac{\pi}{4}}$;

极小值 $f\left((2k+1)\pi+\dfrac{\pi}{4}\right)=-\dfrac{\sqrt{2}}{2}e^{(2k+1)\pi+\frac{\pi}{4}}$ $(k\in\mathbf{Z})$;

(4) 极大值 $f(e)=e^{\frac{1}{e}}$.

6. $\lim\limits_{n\to\infty}x_n=\dfrac{1}{2}$.

7. $0<k<1$.

8. (1) 最大值 $f(4)=80$, 最小值 $f(-1)=-5$;

(2) 最大值 $f\left(\dfrac{3}{4}\right)=1.25$, 最小值 $f(-5)=-5+\sqrt{6}$.

9. $\sqrt{2}a$, $\sqrt{2}b$.

10. 底宽为 $\sqrt{\dfrac{40}{4+\pi}}=2.367(\mathrm{m})$.

11. (1) $a+b$; (2) ab.

12. $\dfrac{ah}{4}$.

13. (1) 拐点 $\left(\dfrac{5}{3},\dfrac{20}{27}\right)$, 在 $\left(-\infty,\dfrac{5}{3}\right]$ 内是上凸的, 在 $\left[\dfrac{5}{3},+\infty\right)$ 内是下凸的;

(2) 拐点 $\left(2,\dfrac{2}{e^2}\right)$, 在 $(-\infty,2]$ 内是上凸的, 在 $[2,+\infty)$ 内是下凸的;

(3) 拐点 $(-1,\ln 2)$, $(1,\ln 2)$, 在 $(-\infty,-1]$, $[1,+\infty)$ 内是上凸的, 在 $[-1,1]$ 内是下凸的;

(4) 拐点 $\left(\dfrac{1}{2},e^{\frac{1}{2}}\right)$, 在 $\left[\dfrac{1}{2},+\infty\right)$ 内是上凸的, 在 $\left(-\infty,\dfrac{1}{2}\right]$ 内是下凸的. 用下凸函数的定义.

15. 利用凸函数的定义.

16. 证明 $F''(x)\geqslant 0$.

18. 利用上题的结论.

19. 先证有上界, 再证有下界.

20. (1) 垂直渐近线 $x = 1$, 斜渐近线 $y = x + 5$;

(2) 垂直渐近线 $x = -1$, 斜渐近线 $y = x$;

(3) 垂直渐近线 $x = 2$, $x = 3$, 水平渐近线 $y = 1$;

(4) 垂直渐近线 $x = -1$, 斜渐近线 $y = \dfrac{x}{3} - 1$;

(5) 垂直渐近线 $x = 0$, 水平渐近线 $y = 0$;

(6) 斜渐近线 $y = x - \dfrac{1}{3}$.

第 6 章

习题 6.1

2. (1) $-\dfrac{1}{2x^2} + C$;   (2) $\dfrac{3}{7} x^{\frac{7}{3}} + C$;

(3) $\dfrac{x^3}{3} + \dfrac{2}{5} x^{\frac{5}{2}} - \dfrac{2}{3} x^{\frac{3}{2}} - x + C$;

(4) $2 \arctan x - \arcsin x + C$;   (5) $\tan x - \sec x + C$;

(6) $-\cot x - x + C$;

(7) $\dfrac{1}{2} (x - \sin x) + C$;

(8) $\dfrac{4^x}{\ln 4} + \dfrac{2}{\ln 2 - \ln 3} \left(\dfrac{2}{3}\right)^x - \dfrac{1}{\ln 9} \cdot \dfrac{1}{9^x} + C$;

(9) $\sin x - \cos x + C$;

(10) $x^3 - x + \arctan x + C$.

4. $y = \ln x + 2$.

习题 6.2

1. (1) $-\dfrac{1}{2} e^{-x^2} + C$;   (2) $\dfrac{1}{2} \sin x^2 + C$;

(3) $-2 \cos \sqrt{x} + C$;   (4) $\dfrac{3}{2} (\sin x - \cos x)^{\frac{2}{3}} + C$;

(5) $\dfrac{1}{2 \cos^2 x} + C$;   (6) $\dfrac{1}{4} \ln |1 - x^4| + C$;

(7) $\arctan(x - 1) + C$;   (8) $-\cos x + \dfrac{2}{3} \cos^3 x - \dfrac{1}{5} \cos^5 x + C$;

(9) $-\dfrac{1}{x \ln x} + C$;   (10) $\dfrac{1}{11} \tan^{11} x + C$;

(11) $\ln \ln \ln x + C$;   (12) $x + \ln(1 + x^2) + C$;

(13) $\dfrac{1}{2} \arctan \left(\sin^2 x\right) + C$;   (14) $-\dfrac{1}{\arcsin x} + C$;

(15) $\left(\arctan \sqrt{x}\right)^2 + C$;   (16) $-\ln \left|\cos \sqrt{1 + x^2}\right| + C$;

(17) $\dfrac{1}{97(1 - x)^{97}} - \dfrac{1}{49(1 - x)^{98}} + \dfrac{1}{99(1 - x)^{99}} + C$;

(18) $\dfrac{1}{2}\arcsin\dfrac{2}{3}x + \dfrac{1}{4}\sqrt{9 - 4x^2} + C.$

2. (1) $-\dfrac{3}{140}\left(9 + 12x + 14x^2\right)(1 - x)^{\frac{4}{3}} + C;$ (2) $\dfrac{x^2}{2} - \dfrac{9}{2}\ln\left(x^2 + 9\right) + C;$

(3) $\ln\left(\sqrt{1 + e^{2x}} - 1\right) - x + C;$　　　　(4) $\sqrt{x^2 - 9} + 3\arcsin\dfrac{3}{x} + C;$

(5) $\dfrac{a^2}{2}\arcsin\dfrac{x}{a} - \dfrac{1}{2}x\sqrt{a^2 - x^2} + C;$　　(6) $\dfrac{\sqrt{1 - x^2} - 1}{x} + \arcsin x + C;$

(7) $\dfrac{x}{\sqrt{1 - x^2}} + C;$　　　　　　　(8) $\dfrac{a^2}{2}\arcsin\dfrac{x}{a} + \dfrac{x}{2}\sqrt{a^2 - x^2} + C;$

(9) $\dfrac{x}{a^2\sqrt{a^2 + x^2}} + C;$　　　　　　(10) $\arccos\dfrac{1}{x} + C;$

(11) $\sqrt{x^2 - a^2} - a\ln\left|x + \sqrt{x^2 - a^2}\right| + C;$

(12) $\dfrac{1}{2}\left(\dfrac{x + 1}{x^2 + 1} + \ln\left(x^2 + 1\right) + \arctan x\right) + C.$

3. $f(x) = 2\sqrt{x} + C,\ x > 0.$

习题 6.3

1. (1) $-e^{-x}(x + 1) + C;$

(2) $\dfrac{1}{3}x^3\ln x - \dfrac{1}{9}x^3 + C;$

(3) $\dfrac{1}{3}x^3\arctan x - \dfrac{1}{6}x^2 + \dfrac{1}{6}\ln(1 + x^2) + C;$

(4) $-\dfrac{1}{2}x^2 + x\tan x + \ln|\cos x| + C;$

(5) $\dfrac{1}{2}e^{-x}(\sin x - \cos x) + C;$

(6) $\dfrac{1}{2}\left(\sec x\tan x + \ln|\sec x + \tan x|\right) + C;$

(7) $-\dfrac{1}{x}\left(\ln^3 x + 3\ln^2 x + 6\ln x + 6\right) + C;$

(8) $\left(\dfrac{1}{2} - \dfrac{1}{5}\sin 2x - \dfrac{1}{10}\cos 2x\right)e^x + C;$

(9) $x(\arcsin x)^2 + 2\sqrt{1 - x^2}\arcsin x - 2x + C;$

(10) $x\ln\left(x + \sqrt{1 + x^2}\right) - \sqrt{1 + x^2} + C;$

(11) $\dfrac{1}{2}x[\cos(\ln x) + \sin(\ln x)] + C;$

(12) $-\dfrac{1}{2}\dfrac{\ln x}{1 + x^2} + \dfrac{1}{4}\ln\dfrac{x^2}{1 + x^2} + C.$

2. (1) $I_n = \dfrac{1}{n}\sin x\cos^{n-1}x + \dfrac{n - 1}{n}I_{n-2},\ I_0 = x + C,\ I_1 = \sin x + C;$

(2) $I_n = \dfrac{1}{n - 1}\tan^{n-1}x - I_{n-2}\ (n \geqslant 2),\ I_0 = x + C,\ I_1 = -\ln|\cos x| + C;$

(3) $I_n = \dfrac{1}{1+n^2}\mathrm{e}^x(\sin^n x - n\sin^{n-1}x\cos x) + \dfrac{n(n-1)}{1+n^2}I_{n-2}$ $(n \geqslant 2)$,

$$I_0 = \mathrm{e}^x + C, \quad I_1 = \frac{1}{2}\mathrm{e}^x(\sin x - \cos x) + C;$$

(4) $I_n = -\dfrac{1}{n-1}\dfrac{\sqrt{1+x}}{x^{n-1}} - \dfrac{2n-3}{2n-2}I_{n-1}(n \geqslant 2)$,

$$I_0 = 2\sqrt{1+x} + C, \quad I_1 = \ln\left|\frac{\sqrt{1+x}-1}{\sqrt{1+x}+1}\right| + C.$$

4. (1) $\dfrac{1}{a^2+b^2}(bx - a\ln|a\cos x + b\sin x|) + C;$

(2) $\dfrac{\mathrm{e}^{ax}}{a^2+b^2}(a\cos bx + b\sin bx) + C.$

6. (1) $\dfrac{\mathrm{e}^x}{1+x} + C;$ (2) $\mathrm{e}^x\tan\dfrac{x}{2} + C.$

习题 6.4

1. (1) $-\dfrac{1}{3(x-1)} + \dfrac{2}{9}\ln\left|\dfrac{x-1}{x+2}\right| + C;$ (2) $\dfrac{1}{x+1} + \dfrac{1}{2}\ln|x^2-1| + C;$

(3) $\dfrac{1}{8}\ln\left|\dfrac{(x+1)(x+2)^{16}}{(x+3)^{17}}\right| + \dfrac{9x^2+50x+68}{4(x+2)(x+3)^2} + C;$

(4) $-\dfrac{1}{x-2} - \arctan(x-2) + C;$

(5) $\dfrac{1}{4}\ln\left|\dfrac{x-1}{x+1}\right| - \dfrac{1}{2}\arctan x + C;$

(6) $\dfrac{1}{4}\ln\dfrac{x^2+x+1}{x^2-x+1} + \dfrac{1}{2\sqrt{3}}\arctan\dfrac{x^2-1}{x\sqrt{3}} + C;$

(7) $\dfrac{1}{6}\ln\dfrac{(x-1)^2}{x^2+x+1} - \dfrac{1}{\sqrt{3}}\arctan\dfrac{2x-1}{\sqrt{3}} + C;$

(8) $-\dfrac{1}{96(x-1)^{96}} - \dfrac{3}{97(x-1)^{97}} - \dfrac{3}{98(x-1)^{98}} - \dfrac{1}{99(x-1)^{99}} + C;$

(9) $\dfrac{1}{8}\ln\left|\dfrac{x^2-1}{x^2+1}\right| - \dfrac{1}{4}\arctan(x^2) + C;$ (10) $\dfrac{x^4}{4} + \dfrac{1}{4}\ln\dfrac{x^4+1}{(x^4+2)^4} + C;$

(11) $-\dfrac{x^5+2}{10(x^{10}+2x^5+2)} - \dfrac{1}{10}\arctan(x^5+1) + C;$

(12) $\dfrac{1}{10}\ln\dfrac{x^{10}}{x^{10}+1} + \dfrac{1}{10(x^{10}+1)} + C;$

(13) $\dfrac{1}{2n}\left(\arctan(x^n) - \dfrac{x^n}{x^{2n}+1}\right) + C;$

(14) $\dfrac{1}{\sqrt{3}}\arctan\dfrac{x^2-1}{\sqrt{3}x} + C.$

2. $-\sum\limits_{k=0}^{n-1}\dfrac{P_n^{(k)}(a)}{k!(n-k)(x-a)^{n-k}}+\dfrac{P_n^{(n)}(a)}{n!}\ln|x-a|+C.$

3. (1) $\dfrac{1}{2}\arctan\left(2\tan\dfrac{x}{2}\right)+C;$

(2) $\dfrac{1}{2\sqrt{3}}\ln\left|\dfrac{\tan x+2-\sqrt{3}}{\tan x+2+\sqrt{3}}\right|+C;$

(3) $\ln\left|\tan\dfrac{x}{2}+1\right|+C;$

(4) $\ln|\cos 2x-\cos x-1|+\dfrac{1}{\sqrt{5}}\ln\left|\dfrac{2\cos x-1-\sqrt{5}}{2\cos x-1+\sqrt{5}}\right|+C;$

(5) $\dfrac{1}{3\cos^3 x}-\dfrac{1}{\cos x}+C;$

(6) $-\dfrac{\cos^3 x}{2\sin^2 x}-\dfrac{3}{2}\ln\left|\tan\dfrac{x}{2}\right|-\dfrac{3}{2}\cos x+C;$

(7) $-8\cot 2x-\dfrac{8}{3}\cot^3 2x+C;$

(8) $\dfrac{1}{4}\tan^4 x+\dfrac{3}{2}\tan^2 x-\dfrac{1}{2}\cot^2 x+3\ln|\tan x|+C;$

(9) $\dfrac{1}{\sqrt{5}}\arctan\left(\dfrac{3\tan\dfrac{x}{2}+1}{\sqrt{5}}\right)+C;$

(10) $\dfrac{1}{6}\ln\dfrac{(1-\cos x)(2+\cos x)^2}{(1+\cos x)^3}+C.$

4. (1) $2\sqrt{x}-2\ln(1+\sqrt{x})+C;$

(2) $\dfrac{1}{2}x^2-\dfrac{1}{2}x\sqrt{x^2-1}+\dfrac{1}{2}\ln\left|x+\sqrt{x^2-1}\right|+C;$

(3) $\dfrac{2}{(1+\sqrt[4]{x})^2}-\dfrac{4}{1+\sqrt[4]{x}}+C;$

(4) $-\dfrac{6}{7}t^7+\dfrac{6}{5}t^5+\dfrac{3}{2}t^4-2t^3-3t^2+6t+3\ln(1+t^2)-6\arctan t+C,$ 其中 $t=\sqrt[6]{x+1}$;

(5) $\sqrt{x}+\dfrac{x}{2}-\dfrac{1}{2}\sqrt{x(x+1)}-\dfrac{1}{2}\ln(\sqrt{x}+\sqrt{x+1})+C;$

(6) $\dfrac{2-x}{3(1-x)^2}\sqrt{1-x^2}+C;$

(7) $-\dfrac{\sqrt{x^2+1}}{2x^2}+\dfrac{1}{2}\ln\dfrac{1+\sqrt{x^2+1}}{|x|}+C;$

(8) $4\sqrt{x^2-2x}+\ln\left|x-1+\sqrt{x^2-2x}\right|+C;$

(9) $\dfrac{1}{3}(x^2-2x+5)^{\frac{3}{2}}+(x-1)\sqrt{x^2-2x+5}+4\ln\left|x-1+\sqrt{x^2-2x+5}\right|+C;$

(10) $\dfrac{1}{2}\arctan\sqrt[4]{x^4+1}+\dfrac{1}{4}\ln\dfrac{\sqrt[4]{x^4+1}-1}{\sqrt[4]{x^4+1}+1}+C.$

第 7 章

习题 7.1

4. (1) $\dfrac{1}{2}(b^2 - a^2)$;   (2) $\dfrac{1}{3}(b^3 - a^3)$.

6. (1) 0;   (2) $\dfrac{(b-a)^2}{4}$;   (3) 0;   (4) $\dfrac{9}{2}\pi$.

习题 7.2

1. 令 $h(x) = g(x) - f(x)$, 则 $h(x)$ 只在有限个点上取非零值, 从而只有有限个不连续点.

3. (1) 不可积;   (2) 不可积;   (3) 可积;   (4) 可积.

5. $\omega_i(|f|) \leqslant \omega_i(f)$.

6. $\max\{f, g\} = \dfrac{1}{2}\left(f + g + |f - g|\right), \quad \min\{f, g\} = \dfrac{1}{2}\left(f + g - |f - g|\right)$.

习题 7.3

2. 用反证法.

3. 利用 $ab \leqslant \dfrac{1}{p}a^p + \dfrac{1}{q}b^q$, 其中 $a, b \geqslant 0$, p, q 为满足 $\dfrac{1}{p} + \dfrac{1}{q} = 1$ 的正数.

4. 利用施瓦茨不等式.

5. 利用施瓦茨不等式.

6. $f(x)$ 在 $(-\infty, +\infty)$ 上为下凸函数, 利用詹森不等式以及定积分的定义.

7. 利用定理 7.2.4.

8. 利用积分第一中值定理和罗尔定理.

9. 利用积分第一中值定理.

习题 7.4

1. (1) $2x\sqrt{1 + x^4}$;   (2) $\dfrac{2x}{\sqrt{1 + x^4}} - \dfrac{1}{\sqrt{1 + x^2}}$.

2. (1) 1;   (2) 2;   (3) $\dfrac{1}{3}$;   (4) 0.

3. (1) 0;   (2) 0;   (3) 0.

4. (1) $\dfrac{\pi}{6}$;   (2) $1 - \dfrac{\pi}{4}$;   (3) 4;   (4) $\dfrac{\pi a^2}{4}$;   (5) $\dfrac{\pi}{2}$;   (6) $\sqrt{5} - 1$.

5. (1) $\ln 2$;   (2) $\dfrac{1}{2}$;   (3) $\dfrac{2}{\pi}$;   (4) $\dfrac{4}{e}$;   (5) $\dfrac{1}{2\sqrt{2} - 1}$.

6. 利用 $f(x) = \displaystyle\int_a^x f'(t)\mathrm{d}t$ 以及施瓦茨不等式.

7. 作辅助函数 $F(t) = \left(\displaystyle\int_0^t f(x)\mathrm{d}x\right)^2 \geqslant \displaystyle\int_0^t f^3(x)\mathrm{d}x, t \in [0, 1]$.

8. 将函数 $f(x)$ 在 $x_0 = \dfrac{a + b}{2}$ 处作泰勒展开.

12. $f(x) = \dfrac{c}{x}, x \in (0, +\infty)$, 其中 c 为常数.

习题 7.5

1. (1) $\dfrac{1}{4}$;   (2) $2 + 2\ln\dfrac{2}{3}$;   (3) $\dfrac{3}{2\ln 2} + \dfrac{10}{\ln 6} + \dfrac{4}{\ln 3}$;   (4) $\sqrt{2}(\pi + 2)$;

(5) $\sqrt{2} - \dfrac{2}{3}\sqrt{3}$;   (6) $2(\sqrt{3} - 1)$;   (7) $\dfrac{3}{8}\pi$;   (8) 0;

(9) $2 - \dfrac{\pi}{2}$;   (10) $\dfrac{\pi^2}{4}$;   (11) $\dfrac{\pi a^4}{16}$;   (12) $14 - \ln(7!)$;

(13) $\ln(9!)$;   (14) $\dfrac{\sqrt{2}}{4}\pi$.

2. (1) $\dfrac{\pi}{2} - 1$;   (2) $1 - \dfrac{2}{e}$;   (3) $\dfrac{1}{4}(e^2 + 1)$;   (4) $\dfrac{\pi}{12} + \dfrac{\ln 2 - 1}{6}$;

(5) $\dfrac{1}{5}(e^\pi - 2)$;   (6) $\dfrac{1}{5}(3e^{\frac{\pi}{2}} - 2)$;   (7) $\dfrac{1}{2}(e\sin 1 - e\cos 1 + 1)$;   (8) $2\left(1 - \dfrac{1}{e}\right)$;

(9) $\dfrac{4\pi}{3} - \sqrt{3}$;   (10) $\dfrac{(2n)!!}{(2n+1)!!}$;   (11) $(-1)^n \dfrac{n!}{(m+1)^{n+1}}$;

(12) $A_1 = \pi, A_{2n} = \dfrac{(2n-1)!!}{(2n)!!} \cdot \dfrac{\pi^2}{2}, A_{2n+1} = \dfrac{(2n)!!}{(2n+1)!!}\pi, n = 1, 2, \cdots$.

6. 利用第 5 题的结论, 积分值为 0.

8. $\dfrac{\pi}{4}$.   9. $\dfrac{\sqrt{2}}{2}\ln\left(1 + \sqrt{2}\right)$.

10. $n^2\pi$.

11. (2) $\dfrac{2}{\pi}$.

12. $\displaystyle\int_{-1}^{1} p_m(x)p_n(x)\mathrm{d}x = \begin{cases} 0, & m \neq n, \\ \dfrac{2}{2n+1}, & m = n. \end{cases}$

13. 提示: 令 $F(x) = \displaystyle\int_0^x f(t)\mathrm{d}t$, 则 $F(0) = F(\pi) = 0$. 只需证明存在 $0 < \xi < \pi$, 使得 $F(\xi) = 0$, 再对 $F(x)$ 在 $[0, \xi], [\xi, \pi]$ 上分别应用罗尔定理.

习题 7.6

1. (1) $\dfrac{3}{2} - \ln 2$;   (2) $e + \dfrac{1}{e} - 2$;   (3) $\dfrac{9}{2}$;   (4) $\dfrac{99}{10}\ln 10 - \dfrac{81}{10}$.

2. πa^2.

3. $3\pi a^2$.

4. $\dfrac{1}{2} + \dfrac{2}{3}\sqrt{2}$.

5. (1) πa^2;   (2) πa^2;   (3) $18\pi a^2$;   (4) a^2.

6. $\dfrac{4}{3}\pi abc$.

7. (1) $\dfrac{3}{10}\pi$;   (2) (i) $\dfrac{\pi^2}{2}$, (ii) $2\pi^2$;   (3) $2\pi^2 a^2 b$;   (4) $7\pi^2 a^3$.

8. $a = 7\sqrt{7}$.

11. (1) $\ln\tan\left(\dfrac{\pi}{4} + \dfrac{a}{2}\right)$;   (2) $8a$;   (3) $2a\pi^2$;   (4) $\pi a\sqrt{1 + 4\pi^2} + \dfrac{a}{2}\ln\left(2\pi + \sqrt{1 + 4\pi^2}\right)$.

12. (1) $\dfrac{12}{5}\pi a^2$;   (2) $4\pi^2 ab$;   (3) $2\sqrt{2}\pi + 2\pi\ln(1+\sqrt{2})$;   (4) $\dfrac{64}{3}\pi a^2$.

习题 **7.7**

1. $\left(\dfrac{9a}{20}, \dfrac{9a}{20}\right)$.

2. MR^2.

3. $kq\left(\dfrac{1}{a} - \dfrac{1}{b}\right)$.

4. 1102.5πkJ.

习题 **7.8**

1. 0.7850, 0.7853982.

2. 0.74683, 0.00001.

第 8 章

习题 **8.1**

1. (1) π;   (2) $\dfrac{b}{a^2+b^2}$;   (3) $\dfrac{\pi}{2} - 1$;   (4) $\dfrac{4\pi}{3\sqrt{3}}$;

(5) $\dfrac{2\pi}{3\sqrt{3}}$;   (6) $\dfrac{1}{a^2}$;   (7) $\dfrac{\pi}{4}$;   (8) $\dfrac{1}{4}$;   (9) $\ln(1+\sqrt{2})$;

(10) $\dfrac{1}{2}$;   (11) 0;   (12) $\ln 2$;   (13) $\dfrac{\pi}{\sqrt{2}}$;   (14) $\dfrac{\pi}{2\sqrt{2}}$.

2. 当 $p > 1$ 时收敛, $p \leqslant 1$ 时发散.

3. 发散.

4. $\dfrac{\pi}{4}\ (\diamondsuit\ t = \tan x)$.

6. 反证法.

7. 提示：用反证法证明 $\lim\limits_{x\to+\infty} f(x)$ 不可能为 $+\infty$, 也不可能为 $-\infty$.

9. 利用柯西收敛原理.

10. $\dfrac{kq}{a}$.

习题 **8.2**

1. (1) 收敛;   (2) 收敛;   (3) 收敛;   (4) 收敛;   (5) 收敛;

(6) 当 $p > 1$ 时收敛, 当 $0 < p \leqslant 1$ 时发散;   (7) 收敛;

(8) 当 $p - q > 1$ 时收敛, 当 $p - q \leqslant 1$ 时发散.

2. (1) 条件收敛;   (2) 当 $p > 1$ 时绝对收敛, $0 < p \leqslant 1$ 时条件收敛;

(3) 条件收敛;   (4) 当 $p > 1$ 时绝对收敛, $0 < p \leqslant 1$ 时条件收敛;

(5) 条件收敛.

7. 利用狄利克雷判别法.

8. 提示：证明 $\displaystyle\int_0^t f^\alpha(x)\mathrm{d}x \leqslant \left(\int_0^t f(x)\mathrm{d}x\right)^\beta, \forall t \in [0, +\infty)$.

9. 不一定, 考察 $\int_1^{+\infty} \dfrac{\sin x}{x} \mathrm{d}x$, $g(x) = \sin x$.

习题 8.3

1. (1) $(-1)^n n!$;　(2) $-\dfrac{\pi}{2} \ln 2$;　(3) $-\dfrac{\pi^2}{2} \ln 2$;　(4) $2\pi \ln 2$;　(5) 0;　(6) $\dfrac{\pi}{\sqrt{2}}$.

2. (1) 当 $p < 1$ 时收敛, 当 $p \geqslant 1$ 时发散;　(2) 当 $p < 1$ 时收敛, 当 $p \geqslant 1$ 时发散;

(3) 收敛;　(4) 收敛;　(5) 当 $p > 0$ 且 $q > 0$ 时收敛, 其他情形发散;

(6) 收敛;　(7) 当 $p < 1$ 且 $q < 1$ 时收敛;　(8) 发散.

3. (1) 收敛;　(2) 收敛;　(3) 当 $\max\{p,q\} > 1, \min\{p,q\} < 1$ 时收敛;

(4) 当 $p > 1$ 且 $q < 1$ 时收敛.

4. (1) 当 $-1 < p \leqslant 1$ 时条件收敛, 当 $1 < p < 3$ 时绝对收敛;

(2) 当 $p > -2, q > p + 1$ 时绝对收敛, 当 $p > -2, p < q \leqslant p + 1$ 时条件收敛.

6. (1) $-\dfrac{\pi}{2} \ln \dfrac{b}{a}$;　(2) $\ln \dfrac{b}{a}$;　(3) $\ln \dfrac{b}{a}$.

8. 0.